Wörterbuch der Wirbellosen /
Dictionary of Invertebrates

Bereits von diesem Autor bei Springer Spektrum erschienen:

Wörterbuch der Biologie, 4te Aufl.

Dictionary of Biology, 4th edn.

Deutsch – Englisch

English – German

ISBN 978-3-642-55327-1 (Hardcover)

ISBN 978-3-642-55328-8 (ebook)

Wörterbuch der Biotechnologie

Dictionary of Biotechnology

Deutsch – Englisch

English – German

ISBN 978-3-8274-1918-7

Wörterbuch der Chemie

Dictionary of Chemistry

Deutsch – Englisch

English – German

ISBN 978-3-8274-1608-7

Wörterbuch Polymerwissenschaften

Polymer Science Dictionary

Deutsch – Englisch

English – German

ISBN 978-3-540-31096-9 (Hardcover)

ISBN 978-3-642-32401-7 (Softcover)

Wörterbuch Labor, 2te Aufl.

Laboratory Dictionary, 2nd edn.

Deutsch – Englisch

English – German

ISBN 978-3-540-88579-5 (Hardcover)

ISBN 978-3-642-32370-6 (Softcover)

Wörterbuch der Lebensmittel

Dictionary of Foods

Deutsch – Englisch

English – German

ISBN 978-3-8274-1992-7 (Hardcover)

ISBN 978-3-642-39731-8 (Softcover)

Wörterbuch der Tiernamen

Latein-Deutsch-Englisch

Deutsch-Latein-Englisch

ISBN 978-3-662-44241-8 (Softcover)

Wörterbuch der Säugetiernamen

Dictionary of Mammal Names

Latein – Englisch – Deutsch

ISBN 978-3-662-46269-0 (Hardcover)

ISBN 978-3-662-46270-6 (eBook)

Theodor C. H. Cole

Wörterbuch der Wirbellosen / Dictionary of Invertebrates

Latein-Deutsch-Englisch

Theodor C. H. Cole, Dipl. rer. nat.
Heidelberg, Baden-Württemberg
Deutschland

ISBN 978-3-662-52868-6 ISBN 978-3-662-52869-3 (eBook)
DOI 10.1007/978-3-662-52869-3

Die Deutsche Nationalbibliothek verzeichnet diese Publikation in der Deutschen Nationalbibliografie; detaillierte bibliografische Daten sind im Internet über http://dnb.d-nb.de abrufbar.

Springer Spektrum

Planung: Merlet Behncke-Braunbeck

Gedruckt auf säurefreiem und chlorfrei gebleichtem Papier

Springer Spektrum ist Teil von Springer Nature
Die eingetragene Gesellschaft ist Springer-Verlag GmbH Berlin Heidelberg

Man gave names to all the animals
Bob Dylan, 1979

Vorwort

Das *Wörterbuch der Wirbellosen* umfasst die Mehrzahl der in den deutschsprachigen Gebieten Europas vorkommenden wirbellosen Tiere, für die bereits Trivialnamen existieren. Darüber hinaus ist eine Vielzahl wichtiger globaler Arten aufgeführt. Die Namen der hier gelisteten 12.800 wirbellosen Tiere sind geordnet nach Großgruppen und darin jeweils alphabetisch nach wissenschaftlichen Namen – ergänzt durch deren englische Trivialnamen, soweit vorhanden. Zu Grunde liegt eine umfangreiche Literaturbearbeitung enzyklopädischer Werke, Faunen, Naturführer, Roter Listen und Monographien einzelner Tiergruppen (siehe Literatur im Anhang).

Dieses Referenz- und Nachschlagewerk ist nicht nur hilfreich und wichtig für Wissenschaftler, Übersetzer und Journalisten, sondern auch für all diejenigen, die sich auf verschiedenste Art und Weise mit Tieren beschäftigen, zum Beispiel in den Bereichen:

• Ökologie/Biodiversität/ Artenschutz/Naturschutz	• Parasitenkunde/Gifttiere	• Aquaristik/Terraristik
• Umweltbestandsaufnahmen	• Pflanzenschutz/Schädlinge/ Nützlinge	• Meeresbiologie/ Tauchen
• Zoologische Sammlungen/ Naturkundemuseen	• Tierhandel	• Lebensmittelsektor

Ziel des Wörterbuchs ist die Sammlung gebräuchlicher Trivialnamen. Eine Standardisierung wäre durch entsprechende Expertengremien zwar möglich; dies wurde im deutschsprachigen Bereich bislang allerdings noch nicht ernsthaft betrieben – und wird im vorliegenden Werk nicht angestrebt. Oft existieren regional verschiedene Namen für ein und dasselbe Tier. Namen können mehr oder weniger angemessen und „sinnvoll" sein, häufig werden sie dem Tier keineswegs gerecht – sowohl im Falle von Trivial- als auch von wissenschaftlichen Namen. Gelegentlich nisten sich falsche Namen ein, die auf Rechtschreibefehlern beruhen (Östlicher Panzerkanker/Östlicher Panzerknacker, Fensterspinne/Finsterspinne). Namen sind „Kreationen", Schöpfungen, und oft ausgesprochene Phantasiegebilde – sie erweisen sich erst durch ihren Gebrauch in der Sprache. Populärnamen sollten daher nur in Verbindung mit dem validen (derzeit gültigen) wissenschaftlichen Namen verwendet werden.

Ausgangspunkt dieses Buches sind die Wirbellosen aus dem „Wörterbuch der Tiernamen“, das der Autor im Jahr 2000 bei Spektrum Akademischer Verlag veröffentlichte. Die Zahl der Arten wurde für das vorliegende Buch verdoppelt. Die meisten wissenschaftlichen Namen wurden auf den aktuellen Stand gebracht, wichtige und noch gelegentlich verwendete Synomyme sind oft mit aufgeführt. Einige Tiere, für die in der Literatur keine entsprechenden Populärnamen (Trivialnamen, volkstümliche Namen, Vulgärnamen) aufzufinden waren, erhielten im vorliegenden Buch eine Bezeichnung, die sich vom wissenschaftlichen Namen, der geographischen Verbreitung oder prägnanten Merkmalen ableitet (jeweils mit * gekennzeichnet).

Gattungsnamen können sich durch Revision ändern. Falls eine Tierart nicht über den Gattungsnamen auffindbar sein sollte, wird empfohlen, den Artnamen anhand der elektronischen Version des Buches zu suchen (Achtung: sprachlicher Genus!). Nach allgemein gültigen Nomenklaturregeln wird der Artname (Art-Epitheton) der Erstbeschreibung meist beibehalten.

Hinweis auf den Umgang mit Trivialnamen (Haftungsausschluss): Die hier aufgeführten Trivialnamen lassen sich nicht in allen Fällen eindeutig einem bestimmten Tier zuordnen, bzw. gibt es Trivialnamen, die für verschiedene Arten verwendet werden. Eindeutig ist allein ein valider wissenschaftlicher Name. Dies ist besonders relevant im medizinischen Bereich (Erkrankungen durch Parasiten, akute Vergiftungen durch Stiche/Bisse von Gifttieren). So gibt es bei Skorpionen und Vogelspinnen eine erhebliche regionale Variation innerhalb einer Art und unterschiedliche Arten können sich äußerlich bis zur Verwechslung ähneln. Die vielen unterschiedlichen regional verwendeten Trivialnamen, oder identische Trivialnamen für unterschiedliche Arten, können zu weiterer Verwirrung beitragen. Für eine eindeutige Kommunikation bedarf es des wissenschaftlichen Namens anhand einer fundiert durchgeführten Identifizierung des Individuums – wobei etwaig bekannte Trivialnamen natürlich zur „Eingrenzung“ für die Bestimmung des jeweiligen Tieres auch hilfreich sein können.

Danksagungen

Für die langjährige und vertrauensvolle Zusammenarbeit möchte ich mich bei meiner Verlegerin Merlet Behncke-Braunbeck herzlich bedanken.

Dankbar bin ich vor allem Erika Siebert-Cole, M.A., die mich mit Rat und Tat und fürsorglich durch eine weitere „Expedition ins Tierreich“ begleitete, nunmehr das elfte Wörterbuchprojekt.

Heidelberg, Deutschland
im Sommer 2016

Theodor C. H. Cole

Preface

This *Dictionary of Invertebrates* contains the majority of invertebrates occurring in the German-speaking part of Central Europe for which common names have been coined. The 12,800 animal names are arranged alphabetically within each of the major groups. While emphasizing the European fauna, a broad selection of globally important animals is also included, selected on the basis of their distribution, popularity, economic and medical importance, and ecological significance. Names were obtained from encyclopedic sources, faunas, field guides, red data lists, and monographs on individual animal groups (see References).

This dictionary is a ready reference for scientists, translators, journalists, and anybody involved in the fields of:

• Ecology/Biodiversity/Endangered Species/Nature Protection	• Parasites/ Venomous Animals	• Aquaristics/ Terraristics
• Environmental Assessment Analyses/ Surveys/Relevés	• Pest Control/Agriculture	• Marine Biology/ Diving
• Zoos/Collections/ Natural History Museums	• Animal Trade	• Food/Nutrition

This listing is a compilation of common names, rare names, colloquial names, vernacular names, trivial names, trade names, sometimes even vulgar names without claiming the authority of fixing any one name as the only acceptable English name, while such a ranking may be desirable. Some animals for which common names could not be identified in the literature have been assigned a suggested English/German name (marked by asterisk *); these names are derived from their scientific names, geographic occurrance, or other pertinent characteristics. All names are "creations" – they prove themselves by being used, or they perish!

As stated by the Committee on Names of Aquatic Invertebrates (CNAI) of the American Fisheries Society (AFS): "Common names have the potential to be stabilized by general agreement; scientific names, on the other hand, often change with advancing knowledge." While genus names may change due to revisions, species/specific names (epithets) are more stable and thus more reliable. If a particular animal is not identifiable by genus name here, one may be able to trace the according species by its epithet in the e-book version of this dictionary.

A word of caution in the use of common names and a "disclaimer": In some cases common names can be utterly confusing. One and the same animal may be known by several common names and one name may be used by different people to designate different animals. Besides, the usage of names may change over time. This may pose a particular problem in the case of medically relevant animals (parasitic or venomous). For instance, scorpions and tarantulas show a great degree of regional variation within one and the same species, and two different species may physically resemble each other to the point of being nearly undistinguishable by a nonspecialist. Yet many antivenoms are highly specific and only usefully applied if the particular culprit is known. Attempts have been made by some members of the scientific community to establish uniform common names, for North America this notably applies to insects (through the American Entomological Society) and arachnids (through the American Arachnological Society), for German vernacular names of central and northern European Auchenorrhyncha (planthoppers, froghoppers, cicadas etc.) this has been achieved by Nickel & Remane (2002).

Acknowledgements

Sincere thanks and special compliments to my publisher Merlet Behncke-Braunbeck for the long-year collaboration.

Erika Siebert-Cole (M.A.) accompanied me reliably and faithfully through this eleventh book project with her expertise and care.

Heidelberg, Germany
in the summer of 2016

Theodor C. H. Cole

Inhaltsverzeichnis

I. Protozoa – Protozoen – Protozoans

Actinophrys sol	Sonnentierchen	sun animalcule (a heliozoan)
Amoebozoa	Amöben, Wechseltierchen, Wurzeltierchen, Rhizopoden	amoebas, amebas
Chaos chaos	Riesenamöbe	giant amoeba, giant ameba
Ciliata	Wimpertierchen, Ciliaten	ciliates
Colpidium colpoda	Busentierchen	a colpodean ciliate
Colpoda cucullus	Kappentierchen, Heutierchen	reniform colpodean ciliate
Didinium nasutum	Nasentierchen	a carnivorous ciliate
Pseudomonilicaryon anser/ Dileptus anser	Gänsetierchen	a proboscid ciliate (dileptid)
Dinoflagellata	Panzergeißler, Dinoflagellaten	dinoflagellates
Entamoeba histolytica	Ruhramöben (Amöbiasis)	dysentery ameba (amebic dysentery/amebiasis)
Entodinium caudatum	Geschwänztes Pansenwimpertierchen	caudate rumen ciliate
Euglena spp.	„Augentierchen“	euglenas
Euglenophyta	Augenflagellaten	euglenoids, euglenids
Foraminiferida	Foraminiferen	foraminiferans, forams
Gymnamoebia	Nacktamöben, Nackte Amöben	naked amebas
Halteria grandinella	Springwimperling	jumping oligotrich (a spirotrich ciliate)
Heliozoa	Sonnentierchen, Heliozoen	sun animalcules, heliozoans
Mastigophora	Geißeltierchen, Geißelträger, Flagellaten	flagellates, mastigophorans
Paramecium bursaria	Grünes Pantoffeltierchen	green slipper animalcule
Paramecium caudatum	Pantoffeltierchen	slipper animalcule
Paramecium spp.	Pantoffeltierchen	slipper animalcules

T.C.H. Cole, *Wörterbuch der Wirbellosen / Dictionary of Invertebrates*,
DOI 10.1007/978-3-662-52869-3_1

Protozoa	Protozoen, Urtierchen, Urtiere, „Einzeller"	protozoans, first animals
Radiolaria	Radiolarien, Strahlentierchen	radiolarians
Rhizopoda	Wechseltierchen, Wurzeltierchen, Wurzelfüßer, Rhizopoden, Amöben	amoebas, amebas
Sporozoa	Sporentierchen, Sporozoen	spore-former, sporozoans
Stentor coeruleus	Blaues Trompetentierchen	blue trumpet animalcule
Stentor polymorphus	Grünes Trompetentierchen	green trumpet animalcule
Stentor spp.	Trompetentierchen	trumpet animalcules
Testacea	Thekamöben, Beschalte Amöben	testate amebas
Trichodina pediculus	Polypenlaus	a mobiline peritrich ciliate
Vorticella spp.	Glockentierchen	bell animalcules

II. Porifera – Schwämme – Sponges

Acanthella acuta	Stachelschwamm, Orangener Stachelschwamm, Kaktusschwamm	cactus sponge
Acarnus erithacus	Roter Vulkanschwamm	red volcano sponge
Adocia cinerea	Wattschwamm	mudflat sponge*
Agelas clathrodes	Elefantenohrschwamm, Elefantenohr-Schwamm	orange wall sponge, orange elephant ear sponge
Agelas conifera	Brauner Röhrenschwamm	brown tube sponge, Pan pipe sponge
Agelas oroides	Zäher Orangefarbener Hornschwamm, Zäher Goldschwamm	orange crater sponge, leathery gold sponge, Maltese sponge
Amphilectus fucorum	Tang-Schwamm, Tangschwamm	shredded carrot sponge
Aplysilla sulfurea	Gelber Stachelschwamm	sulfur sponge, yellow prickly sponge
Aplysina aerophoba/ Verongia aerophoba	Goldschwamm, Farbwechselnder Zylinderschwamm, Goldener Zapfenschwamm	yellow tube sponge, aureate sponge*
Aplysina fistularis	Neptunsschwamm, Gelber Tubenschwamm	yellow tube sponge, candle sponge, sulphur sponge (dead man's fingers)
Aplysina lacunosa	Zylinderschwamm	giant tube sponge (convoluted barrel sponge)
Asteropus sarassinorum	Sternporenschwamm	starpore sponge
Axinella damicornis/ Hymerhabdia damicornis	Gelber Lamellengeweihschwamm	crumpled duster sponge, yellow sponge
Axinella dissimilis	Gelber Geweihschwamm	yellow staghorn sponge
Axinella infundibuliformis	Gemeiner Schwamm, Nordatlantischer Trichterschwamm*	prawn cracker sponge, North atlantic cup sponge
Axinella polypoides	Löchriger Geweihschwamm	common antler sponge, common antlers sponge

T.C.H. Cole, *Wörterbuch der Wirbellosen / Dictionary of Invertebrates*,
DOI 10.1007/978-3-662-52869-3_2

Axinella verrucosa	Glatter Geweihschwamm, Lamellen-Geweihschwamm	Mediterranean mermaid's glove
Cacospongia scalaris	Lederschwamm	leather sponge
Calcarea	Kalkschwämme	calcareous sponges
Callyspongia vaginalis	Verzweigter Vasenschwamm	tube sponge, branching vase sponge
Chondrilla nucula	Glänzender Lederschwamm	chicken liver sponge
Chondrosia reniformis	Nierenschwamm, Lederschwamm	chicken liver sponge, kidney sponge
Clathria atrasanguinea	Blutkrustenschwamm	blood-red antler sponge*
Clathria procera	Oranger Fingerschwamm	orange tree sponge, orange antler sponge*
Clathrina clathrus	Gelber Gitterkalkschwamm	yellow lattice sponge
Clathrina coriacea	Weißer Gitterkalkschwamm	white lattice sponge, white lace sponge
Clathrina pennata/ Ophlitaspongia pennata	Roter Schwamm	velvety red sponge
Cliona celata	Gelber Bohrschwamm, Zellenbohrschwamm	yellow boring sponge, sulfur sponge
Cliona delitrix	Oranger Bohrschwamm	orange boring sponge
Cliona lampa	Roter Bohrschwamm	red boring sponge
Cliona spp.	Bohrschwämme	boring sponges
Cliona viridis	Grüner Bohrschwamm	green boring sponge
Cornacuspongiae	Hornschwämme, Netzfaserschwämme	horny sponges
Crambe crambe	Höckeriger Krustenschwamm	red encrusting sponge, bumping encrusting sponge
Dercitus bucklandi	Teerschwarzer Schwamm*	black tar sponge
Dysidea arenaria	Kraterschwamm	crater sponge*
Dysidea fragilis	Feiner Stachelschwamm	goose bump sponge, goosebump sponge
Echinoclathria gigantea	Wabenschwamm*	honeycomb sponge
Ephydatia fluviatilis	Flussschwamm, Großer Süßwasserschwamm, Klumpenschwamm	greater freshwater sponge
Ephydatia muelleri	Kleiner Süßwasserschwamm, Blasenzellenschwamm	lesser freshwater sponge
Euplectella aspergillum	Gießkannenschwamm	Venus' flower basket
Geodia cydonium/ Geodia gigas	Stinkender Ankerschwamm, Riesenschwamm, Riesenkieselschwamm	giant sponge*

Geodia gibberosa	Weißschwamm*, Weißer Krustenschwamm	white sponge, white encrusting sponge
Grantia compressa/ Scypha compressa/ Spongia compressa	Beutel-Kalkschwamm, Meertäschchen*	purse sponge, compressed purse sponge
Halichondria panicea	Brotkrustenschwamm, Brotkrumenschwamm, Meerbrot	breadcrumb sponge, crumb of bread sponge
Haliclona fulva	Orangener Polsterschwamm	orange encrusting sponge
Haliclona mediterranea	Mittelmeer-Zylinderschwamm, Rosa-Zylinderschwamm, Rosa Röhrenschwamm	Mediterranean tube sponge, pink tube sponge
Haliclona oculata	Geweihschwamm	mermaid's glove, deadman's finger, finger sponge, "eyed sponge", encrusting turret sponge
Haliclona permollis	Lila Schwamm*	purple encrusting sponge, purple sponge
Haliclona rubens	Roter Geweihschwamm*	red sponge
Haliclona urceolus	Krugschwamm	stalked tube sponge, stalked urn sponge
Haliclona viscosa	Fleischschwamm, Rosa Zylinderschwamm	fleshy sponge, flesh sponge, volcano sponge
Halisarca dujardini	Gallertschwamm, Dujardins Gallertschwamm	Dujardin's slime sponge
Hemimycale columella	Kraterschwamm	crater sponge, honeycomb sponge
Heteromeyenia baleyi	Borkenschwamm, Smaragdschwamm	emerald sponge*
Hexactinellida	Glasschwämme, Hexactinelliden	glass sponges
Hippospongia canaliculata	Wollschwamm	wool sponge, sheepswool sponge
Hippospongia communis	Pferdeschwamm	horse sponge
Hippospongia lachne	Schafswollschwamm*	sheep's wool sponge
Hymeniacidon perlevis	Hornkieselschwamm, Blutschwamm	crumb-of-bread sponge
Ircinia campana	Vasenschwamm	vase sponge, bell sponge
Ircinia fasciculata	Krustenlederschwamm	stinker sponge
Ircinia muscarum	Schwarzer Lederschwamm	black sponge*
Ircinia oros	Grauer Lederschwamm	grey leather sponge, stinker sponge
Ircinia strobilina	Schwarzer Schwammball	bumpy ball sponge, loggerhead sponge, cake sponge, pillow stinking sponge

Ircinia variabilis	Variabler Lederschwamm	variable loggerhead sponge
Isodictya palmata	Palmenschwamm*	common palmate sponge
Latrunculia magnifica	Prachtfeuerschwamm	magnificent fire sponge
Leucandra heath	Heaths Kalkschwamm*	Heath's sponge
Leucandra nivea	Fladen-Kalkschwamm	pancake sponge*
Leucetta chagosensis	Zitronengelber Kalkschwamm*	lemon sponge
Leucetta philippinensis	Gelber Kalkschwamm	yellow calcareous sponge
Leucetta primigenia	Rostroter Kalkschwamm	ferruginous sponge*
Leucilla nuttingi	Nuttings Schwamm	Nutting's sponge
Leuconia aspera	Knollen-Kalkschwamm	knobby calcareous sponge*
Leucosolenia botryoides	Traubiger Röhrenkalkschwamm	organ-pipe sponge, orange pipe sponge
Leucosolenia complicata	Verzweigter Röhrenkalkschwamm	Barents Sea sponge
Leucosolenia fragilis	Zarter Sack-Kalkschwamm	fragile calcareous sponge*
Leucosolenia nautilia	Spagetti-Schwamm*	spaghetti sponge
Microciona prolifera	Roter Moosschwamm*	red bread sponge, red moss sponge, red sponge
Monanchora arbuscula	Roter Krustenschwamm	red-white marbled sponge
Mycale lingua	Zungenschwamm	sheep's tongue sponge
Mycale ovulum	Polsterschwamm	padded sponge*
Myxilla incrustans/ Halichondria incrustans	Grubenschwamm	yellow lobed sponge, encrusting yellow sponge
Neofibularia nolitangere	Brennschwamm, "Fass-mich-nicht-an-Schwamm"	do-not-touch-me sponge
Neopetrosia exigua/ Xestospongia exigua	Geschnürter Schwamm*, Schnurschwamm*	string sponge
Oscarella lobularis	Feigenbohrschwamm (Fleischschwamm)	lobate fig sponge*, flesh sponge
Pachymatisma johnstonia	Elefantenhaut-Schwamm*	elephant hide sponge, elephant ear sponge
Petrosia ficiformis	Feigenhornschwamm	stony sponge
Phakellia ventilabrum	Kelchschwamm	chalice sponge
Plocamia karykina	Glattroter Schwamm*	smooth red sponge
Polymastia boletiformis	Aufrechter Schwamm	yellow hedgehog sponge
Polymastia mamillaris/ Polymastia mammillaris	Papillenschwamm, Zackiger Röhrenschwamm	papillate sponge*, teat sponge
Polymastia penicillus	Schornsteinschwamm*	chimney sponge
Polymastia robusta	Warzenschwamm*	nipple sponge

Poterion neptuni	Neptunsbecher	Neptune's cup sponge
Pseudosuberites montiniger/ Suberites montiniger	Pfirsichschwamm*	peach ball sponge
Raspailia ramosa	Schokoladenfinger-Schwamm*	chocolate finger sponge
Reniera cinerea	Röhrenschwamm	redbeard sponge
Rhaphidophlus cervicornis	Roter Fingerschwamm	red antler sponge
Sarcotragus spinosulus	Schwarzer Lederschwamm	black leather sponge
Silicospongiae	Kieselschwämme (Demospongien)	siliceous sponges, demosponges
Siphonochalina siphonella	Röhrenschwamm u. a.	tube sponge
Spheciospongia vesparia	Tölpelkopfschwamm	loggerhead sponge
Spirastrella cunctatrix	Oranger Strahlenschwamm	orange vented sponge, orange ray sponge
Spirastrella purpurea	Orangeroter Bohrschwamm	orangered boring sponge*, purple boring sponge
Spongia agaricina	Elefantenohr	elephant's ear sponge
Spongia irregularis	Gelbschwamm	yellow sponge, hardhead sponge
Spongia officinalis	Dalmatiner Schwamm, Badeschwamm, Tafelschwamm	bath sponge
Spongia officinalis lamella	Elefantenohrschwamm	elephant's ear sponge
Spongia officinalis mollissima	Feiner Levantinerschwamm	fine Levant sponge, Turkey cup sponge
Spongia zimocca	Zimokkaschwamm	brown Turkey cup sponge
Spongilla fragilis	Bruchschwamm, Sternlochschwamm	freshwater sponge
Spongilla lacustris	Teichschwamm, Stinkschwamm, (Geweihschwamm)	pond sponge, freshwater sponge
Suberites domuncula	Häuschenschwamm, Korkschwamm, Einsiedler-Korkschwamm, Einsiedlerschwamm	sulphur sponge, sulfur sponge, hermit crab sponge
Suberites ficus/ Ficulina ficus	Feigenschwamm, Korkschwamm	fig sponge, sea orange
Sycon ciliatum/ Scypha ciliata	Meergürkchen, Wimper-Kalkschwamm, Wimpern-Kalkschwamm	little vase sponge, thistle sponge, ciliated sponge
Sycon coronatum	Kronen-Kalkschwamm, Kronenkalkschwamm	crowned vase sponge*
Sycon raphanus	Rettich-Kalkschwamm, Borstiger Kalkschwamm	radish sponge*, bristly vase sponge*

Tedania ignis	Feuerschwamm	fire sponge
Terpios gelatinosa	Blauer Weichschwamm, Blauer Krustenschwamm	blue encrusting sponge
Tethya aurantium/ Tethya aurantia/ Tethya lyncurium	Meerorange, Apfelsinenschwamm, Kugelschwamm	orange puffball sponge, orange golfball sponge, orange golf ball sponge
Tethya citrina	Zitronenschwamm	sea lemon, yellow golfball sponge, yellow golf ball sponge
Trochospongilla horrida	Rauher Süßwasserschwamm	rough freshwater sponge
Xestospongia muta	Gigantischer Tonnenschwamm, Karibischer Vasenschwamm	gigantic barrel sponge, giant barrel sponge, Caribbean barrel sponge
Xestospongia testudinaria	Badewannenschwamm, Großer Vasenschwamm	turtleshell bath sponge, large barrel sponge

III. Coelenterata – Hohltiere – Coelenterates: Cnidaria (Nesseltiere/Jellyfish, Hydroids), Ctenophora (Rippenquallen/Comb Jellies)

Abietinaria abietina	Tannenmoos, Moostanne, Meertanne	sea fir
Abietinaria filicula	Farnmoos*	fern hydroid
Acropora azurea	Himmelblaue Geweihkoralle	sky blue coral
Acropora cervicornis	Hirschgeweihkoralle	staghorn coral
Acropora clathrata	Plattenkoralle	plate coral*
Acropora echinata	Violette Geweihkoralle (eine kleinpolypige Steinkoralle)	thorny staghorn coral, ice fire, icefire
Acropora hyacinthus	Hyazinthen-Tischkoralle	hyacinth table coral, hyacinth tabling coral
Acropora palmata	Elchhornkoralle, Elchgeweihkoralle	elkhorn coral
Acropora prolifera	Fächergeweihkoralle*, Verschmolzene Geweihkoralle	fused staghorn coral
Acropora spp.	Baumkorallen	horn corals
Actinauge verrillii	Netzanemone*	reticulate anemone
Actinia cari	Gürtelrose, Ringelrose	green sea anemone
Actinia equina	Purpurrose, Pferdeaktinie	beadlet anemone, red sea anemone, plum anemone
Actinia fragacea	Erdbeerrose, Erdbeeranemone	strawberry anemone
Actiniaria	Seeanemonen	sea anemones
Actinodendron arboreum	Bäumchen-Anemone	tree anemone
Actinodendron plumosum	Gefiederte Anemone	hell's fire sea anemone, hell's fire anemone, pinnate anemone

T.C.H. Cole, *Wörterbuch der Wirbellosen / Dictionary of Invertebrates*,
DOI 10.1007/978-3-662-52869-3_3

Actinothoe sphyrodeta	Felsrose	sandalled anemone, white striped anemone
Adamsia palliata/ Adamsia carciniopados	Mantelaktinie	cloak anemone, mantle anemone (hermit crab anemone a. o.)
Aequorea aequorea	Gerippte Hydromeduse	many-ribbed hydromedusa
Aequorea forskalea	Forskal-Qualle, Kristallqualle	crystal jelly, many-ribbed jellyfish
Aequorea victoria	Wässrige Hydromeduse*	water jellyfish, crystal jelly
Agaricia agaricites	Salatkoralle, Lärchenpilzkoralle	lettuce coral
Agaricia fragilis	Zerbrechliche Tellerkoralle	fragile saucer coral
Agaricia lamarcki	Lamarcks Salatblattkoralle	lamarck's sheet coral
Agaricia spp.	Salatblattkorallen	lettuce corals
Agaricia tenuifolia	Salatblattkoralle, Folienkoralle	lettuce-leaf coral*
Agaricia undata	Schnörkelkoralle*	scroll coral
Aglantha digitalis	Rosa Fingerhutqualle	pink helmet
Aglaophenia cupressina	Zypressen-Federpolyp, Zypressen-Nesselfarn	cypress plume hydroid, sea cypress
Aglaophenia spp.	Federpolypen, Nesselpolypen, Nesselfarne	plume hydroids, feather hydroids
Aglaophenia struthionides	Straußen-Federpolyp, Straußen-Nesselfarn	ostrich plume hydroid
Aglaophenia tubulifera	Federpolyp, Nesselpolyp, Nesselfarn	plume hydroid, plumed hydroid
Aiptasia diaphana	Gelbe Glasrose, Gelbe Aiptasie, Gelbe Siebanemone	Yellow aiptasia, small rock anemone, yellow glass rose anemone
Aiptasia mutabilis	Glasrose, Siebanemone, Trompetenanemone	Trumpet anemone, glassrose anemone
Aiptasia pallida	Blasse Glasrose	Pale anemone, glass anemone, brown glass anemone
Aiptasia pulchella	Glasrose, Biskaya-Glasrose	glass anemone, Biscay glass anemone*
Aiptasia tagetes	Blasse Karibik-Anemone*	Caribbean pale anemone
Alcyonacea/ Alcyonaria	Weichkorallen, Lederkorallen	soft corals, alcyonaceans
Alcyoniidae	Weichkorallen, Lederkorallen	soft corals, alcyoniids
Alcyonium digitatum	Tote Manneshand, Meerhand, Nordische Korkkoralle (Lederkoralle)	dead-man's fingers, dead man's fingers, sea-fingers

Alcyonium glomeratum	Rote Korkkoralle, Roter Seefinger	red sea-fingers, red fingers
Alcyonium palmatum	Seemannshand, Diebeshand, Mittelmeer-Korkkoralle	Mediterranean sea-fingers
Alicia mirabilis	Beerenanemone, Wunderanemone	berried anemone, wonder anemone
Amplexidiscus fenestrafer	Großes Elefantenohr	giant cup mushroom coral, giant mushroom anemone, giant disc anemone, giant flower coral, giant elephant's ear mushroom coral, giant elephant's ear anemone, large elephant ear
Andresia partenopea/ Andresia parthenopea	Grabende Anemone	burrowing anemone
Anemonia sargassensis	Sargassum-Anemone	sargassum anemone
Anemonia viridis/ Anemonia sulcata	Wachsrose	snakelocks anemone, opelet anemone
Anseropoda placenta	Gänsefuß-Seestern, Gänsefußstern	goose foot sea star, goose foot starfish
Anthelia glauca	Winkende Hand*	waving hand polyp a. o., pulse coral a. o.
Anthopleura artemisia	Mondschein-Anemone*	moonglow anemone
Anthopleura elegantissima	Klon-Anemone*, Seeanemone	clonal anemone, aggregating anemone
Anthopleura xanthogrammica	Grüne Riesenanemone	giant green anemone, great green anemone, giant green sea anemone, giant tidepool anemone
Anthozoa	Blumentiere, Blumenpolypen, Anthozoen	flower animals, anthozoans
Antipatharia	Dornkorallen, Dörnchenkorallen, Schwarze Edelkorallen	thorny corals, black corals, antipatharians
Antipathes atlantica	Atlantische Schwarze Koralle	Atlantic black coral
Antipathes subpinnata	Schwarze Koralle	black coral
Apolemia uvaria	Perlenketten-Qualle	string jelly
Arachnanthus oligopodus	Gebänderte Zylinderrose	banded tube anemone, banded tube-dwelling anemone
Astrangia oculata	Nördliche Sternkoralle	northern star coral
Astreopora gracilis	Sternkoralle	star coral a. o.*
Astroides calycularis	Kelchkoralle	chalice coral*

Aulactinia verrucosa	Edelsteinrose	gem anmeone
Aurelia aurita	Ohrenqualle	moon jelly, common jellyfish
Aurelia limbata	Braungebänderte Ohrenqualle	brown banded moon jelly
Balanophyllia europaea	Warzenkoralle, Europäische Warzenkoralle	european star coral
Balanophyllia floridana	Porige Warzenkoralle	porous star coral, porous cupcoral
Balanophyllia regia	Königliche Warzenkoralle	royal star coral, scarlet-and-gold star coral, scarlet and gold star-coral
Balanophyllia verrucaria	Warzenkoralle, Warzige Sternkoralle	warty star coral, warty cupcoral
Bartholomea annulata	Ringelanemone	ringed anemone, curley-cue anemone
Bartholomea lucida	Leuchtanemone	luminant anemone
Beroe cucumis	Gurkenqualle, Melonenqualle	melon jellyfish, melon comb jelly
Beroe mitrata	Mützenqualle	sea mitre
Beroe ovata	Mittelmeer-Melonenqualle, Mittelmeer-Gurkenqualle	ovate comb jelly, ovate beroid
Beroe spp.	Melonenquallen, Gurkenquallen	beroids, melon jellyfish
Beroida	Melonenquallen, Mützenquallen	beroids
Blackfordia virginica	Black Sea jellyfish	Schwarzmeer-Qualle
Bolina hydatina	Lappenqualle u. a.	lobate comb jely a. o.
Bolinopsis infundibulum	Glas-Lappenqualle	common northern comb jelly
Bolinopsis microptera	Kurzlappenqualle*	short-lobed comb jelly
Bolocera tuediae	Schlamm-Seerose, Schlammseerose, Glatte Seedahlie	deeplet sea anemone
Bougainvillia ramosa	Bougainvillia-Polyp	Bougainvillia polyp*
Briareum asbestinum	Karibische Asbestkoralle*	corky sea fingers
Bunodactis verrucosa	Edelsteinrose, Warzenrose	wartlet anemone, gem anemone
Calceola sandalina	Sandalenkoralle, Pantoffelkoralle	sandal coral
Calliactis parasitica/ Peachia parasitica/ Adamsia rondeletii	Einsiedlerrose (Schmarotzerrose)	hermit anemone, hermit crab anemone (parasitic anemone)
Callicarpa chazaliei	Federmoos*	plumed hydroid
Calycella syringa	Kriechendes Glockenmoos*	creeping bell hydroid

Campanularia spp./ *Obelia* ???		wine-glass hydroids
Capnea lucida/ Heteractis lucida	Atlantische Glasperlenanemone	Atlantic beaded anemone
Capnella thyrsoidea	Blumenkohl-Weichkoralle	cauliflower soft coral
Carijoa riisei	Schneeflockenkoralle	snowflake coral, branched pipe coral
Carybdea alata	Seewespe u. a.	sea wasp a. o.
Carybdea marsupialis	Mittelmeer Seewespe, Mittelmeer-Würfelqualle	Mediterranean seawasp
Caryophyllia calix	Atlantische Becherkoralle	Atlantic cupcoral
Caryophyllia cornuformis	Kleine Nelkenkoralle*	lesser cupcoral, lesser horncoral
Caryophyllia inormata	Runde Nelkenkoralle	circular cupcoral, southern cup-coral
Caryophyllia smithii	Kreiselkoralle, Ovale Nelkenkoralle	Devonshire cup-coral, Devonshire cupcoral
Caryophyllia spp.	Nelkenkorallen	cupcorals
Cassiopeia andromedra	Saugschirmqualle	sucker upsidedown jellyfish, suction cup jellyfish
Cassiopeia xamachana	Mangrovenqualle	mangrove upsidedown jellyfish
Catablema vesicarium	Korsettqualle*	constricted jellyfish
Catostylus mosaicus	Kreuzqualle	blue blubber jellyfish, jelly blubber, blue blubber
Cavernularia obesa	Walzen-Seefeder	barrel sea-pen*
Cavernulina cylindrica	Zylindrische Seefeder	cylindrical sea-pen
Cereus pedunculatus	Seemaßliebchen, Seemannsliebchen, Sonnenrose	daisy anemone
Ceriantharia	Zylinderrosen	tube anemones, cerianthids
Cerianthopsis americanus	Amerikanische Zylinderrose	sand anemone, burrowing sea anemone, tube-dwelling sea anemone
Cerianthus lloydii	Nordsee-Zylinderrose	North Sea tube anemone, North Sea cerianthid
Cerianthus membranaceus	Mittelmeer-Zylinderrose	firewoks anemone, Mediterranean tube anemone, Mediterranean cerianthid
Cerianthus spp.	Zylinderrosen	cerianthids, cylinder anemones
Cestidea	Venusgürtel	cestids
Cestus veneris	Venusgürtel	Venus's girdle

Chironex fleckeri	Australische Würfelqualle, Seewespe u. a.	Australian box jellyfish, box jelly, deadly sea wasp
Chiropsalmus quadrigatus	Seewespe u. a.	sea wasp a. o.
Chlorohydra viridissima/ Hydra viridis	Grüne Hydra, Grüner Süßwasserpolyp	green hydra
Chrysaora hysoscella	Kompassqualle	compass jellyfish, red-banded jellyfish
Chrysaora melanaster	Braune Nesselqualle, Pazifische Braune Nesselqualle	brown jellyfish, brown giant jellyfish
Chrysaora quinquecirrha	Seenessel	sea nettle
Chrysaora spp.	Nesselquallen	sea nettles
Cirripathes anguina/ Cirrhipathes anguina	Gewundene Dörnchenkoralle, Gewundene Drahtkoralle	coiled wire coral, whip coral
Cirripathes rumphii/ Cirrhipathes rumphii	Große Dörnchenkoralle, Große Drahtkoralle	giant whip coral
Cirripathes spiralis/ Cirrhipathes spiralis	Spiralen-Dörnchenkoralle, Spiralige Drahtkoralle	spiraled whip coral
Cladocora arbuscula	Röhrchenkoralle, Röhrenkoralle	tube coral
Cladocora caespitosa	Rasenkoralle, Rasige Röhrchenkoralle	Caespitose tube coral, lawn coral
Cladocora debilis	Feine Röhrchenkoralle*	Thin tube coral
Cladonema radiatum	Aquarienmeduse	aquarium medusa*
Clava multicornis	Keulenpolyp, Keulen-Polyp	club-headed hydroid, club hydroids, club polyps
Cnidaria/ Coelenterata	Nesseltiere, Hohltiere, Cnidarien, Coelenteraten	cnidarians, coelenterates
Coenothecalia/ Helioporida	Blaukorallen	blue corals
Colangia immersa	Kleine Gefleckte Nelkenkoralle	lesser speckled cupcoral
Colpophyllia amaranthus	Grobe Atlantische Hirnkoralle	coarse Atlantic brain coral
Colpophyllia natans	Gerillte Atlantische Hirnkoralle	boulder brain coral, large-grooved brain coral
Condylactis aurantiaca	Sandgoldrose, Goldrose, Goldfarbige Seerose	golden anemone, golden sand anemone
Condylactis gigantea	Riesen-Goldrose, Karibische Goldrose	giant Caribbean anemone, pink-tipped anemone, „condy" anemone, Atlantic anemone
Corallium rubrum	Edelkoralle, Rote Edelkoralle	red coral, precious red coral (jewel coral)
Cordylophora caspia	Keulenpolyp	Ponto-Caspian freshwater hydroid

Cornularia cornucopiae	Füllhornkoralle	cornucopic coral*
Coronata	Kranzquallen, Tiefseequallen	coronate medusas
Corymorpha nutans	Nickender Kölbchenpolyp	nodding hydroid
Corynactis californica	Erdbeeranemone	strawberry anemone
Corynactis viridis	Grüne Juwelenanemone	green jewel anemone
Coryne pusilla	Roter Kölbchenpolyp	red flowerhead polyp
Coryne spp.	Kölbchenpolypen, Kolbenpolypen	flowerhead polyps
Cotylorhiza tuberculata	Knollenqualle, Spiegelei-Qualle	fried-egg jellyfish, Mediterranean jellyfish
Craspedacusta sowerbyi/ Microhydra sowerbyi	Süßwassermeduse, Süßwasserqualle	freshwater jellyfish, Regent's Park medusa
Craterolophus convolvulus	Stielqualle	stalked jellyfish
Craterolophus tethys	Schlanke Becherqualle, Tethys-Becherqualle	tethys jelly*
Cribinopsis crassa	Felsenrose, Mini-Anemone	dahlia anemone
Cryptodendrum adhaesivum	Noppenrand-Anemone, Noppenrand-Meerblume, Pizza-Anemone	pizza anemone, nap-edged anemone
Ctenophora	Ctenophoren, Kammquallen, Rippenquallen	ctenophores (sea gooseberries, sea combs, comb jellies, sea walnuts)
Cubomedusae/ Cubozoa	Würfelquallen	cubomedusas, box jellies, sea wasps, fire medusas
Cyanea capillata	Gelbe Feuerqualle, Gelbe Haarqualle	lion's mane (jellyfish), giant jellyfish, hairy stinger, sea blubber, sea nettle, pink jellyfish
Cyanea lamarckii	Blaue Nesselqualle, Blaue Feuerqualle	blue lion's mane, blue jellyfish, bluefire jellyfish, cornflower jellyfish
Cydippidea	Cydippen	cydippids (comb jellies)
Deltocyathus calcar	Tiefsee-Sternkoralle*	deepsea star coral
Dendrogyra cylindrus	Säulenkoralle*	pillar coral
Dendrophyllia cornigera	Gelbe Baumkoralle, Gelbe Bäumchenkoralle, Hornige Baumkoralle	yellow tree coral
Dendrophyllia ramea	Orange Baumkoralle, Orangene Astkoralle	orange tree coral
Diadumene cincta	Brackwasseraktinie, Zwergseerose	orange anemone

Diadumene leucolena	Geisteraktinie*	white anemone, ghost anemone
Dichocoenia stellaris	Pfannkuchen-Koralle*	pancake star coral
Dichocoenia stokesi	Ananaskoralle*	pineapple coral
Diphasia pinastrum	Kiefernmoos*	sea pine hydroid
Diphasia rosacea	Rosenpolyp, Lilienmoos*	lily hydroid
Diploastrea heliopora	Blumensternkoralle	honeycomb coral, flowery star coral*
Diploria clivosa	Knotige Hirnkoralle	knobby brain coral
Diploria labyrinthiformis	Labyrinthkoralle, Gefurchte Hirnkoralle, Feine Atlantische Hirnkoralle	labyrinthine brain coral, grooved brain coral, depressed brain coral
Diploria spp.	Hirnkorallen u. a.	brain corals a. o.
Diploria strigosa	Symmetrische Hirnkoralle, Gewöhnliche Hirnkoralle	symmetrical brain coral
Discosoma spp.	Scheibenanemonen	disc anemones, disc corallimorphs
Drymonema dalmatinum	Dalmatinische Fahnenqualle	stinging cauliflower, Dalmatian mane jelly*
Duncanopsammia axifuga	Bartkoralle	Duncan coral, whisker coral, daisy coral
Dynamena pumila/ Dynamena cavolini/ Sertularia pumila	Kleines Seemoos, Zwergmoos	sea oak, minute garland hydroid, minute hydroid
Ectopleura crocea/ Tubularia crocea	Rosamundiger Röhrenpolyp*	pinkmouth tubularian, pink-mouth hydroid
Ectopleura larynx	Gewöhnlicher Köpfchenpolyp	flower-head polyp, ringed tubularia
Edwardsia elegans	Schöne Grabanemone*	elegant burrowing anemone
Edwardsia ivelli	Ivells Seeanemone*	ivell's sea anemone
Edwardsiella carnea	Wurm-Anemone, Wurmanemone	worm anemone
Entacmaea quadricolor	Blasenanemone, Kupferanemone, Knubbelanemone	four-colored anemone, bubble-tip anemone, bulb-tip anemone, bulb-tentacle sea anemone, maroon anemone
Epiactis arctica	Arktische Brutanemone*	Arctic brooding anemone
Epiactis prolifera	Westpazifische Brutanemone	proliferating anemone
Epizoanthus arenaceus	Weichboden-Krustenanemone	gray zoanthid, gray encrusting anemone
Epizoanthus paxii	Braune Krustenanemone	brown zoanthid, brown encrusting anemone

Epizoanthus scotinus	Orangefarbene Krustenanemone	orange zoanthid, orange encrusting anemone
Eudendrium album	Weißer Bäumchenpolyp	white stickhydroid
Eudendrium annulatum	Ringel-Bäumchenpolyp	annulate stickhydroid
Eudendrium carneum	Roter Bäumchenpolyp	red stickhydroid
Eudendrium racemosum	Traubenförmiger Bäumchenpolyp	grapevine hydroid*, botryoid stickhydroid*
Eudendrium ramosum	Bäumchenpolyp	stickhydroid, stick hydroid
Eudendrium tenue	Schlanker Bäumchenpolyp	slender stickhydroid
Eunicea calyculata	Höckerige Hornkoralle	knobby candelabrum
Eunicella cavolini	Gelbe Hornkoralle, Gelbe Gorgonie	yellow horny coral, yellow sea fan
Eunicella singularis	Weiße Hornkoralle, Weiße Gorgonie, Gestreckte Hornkoralle	white horny coral, white sea fan
Eunicella spp.	Seefächer, Hornkorallen u. a.	horny corals a. o., sea fans
Eunicella stricta	Weiße Mittelmeer-Hornkoralle	Mediterranean white horny coral
Eunicella verrucosa	Warzenkoralle, Warzige Hornkoralle, Kleiner Seefächer	warty coral, pink sea fan, pink sea-fan
Euphyllia ancora	Hammerkoralle	hammer-tooth coral*
Euphyllia spp.	Große Bukettkorallen	tooth corals
Eusmilia fastigiata	Glatte Blumenkoralle	smooth flower coral
Fagesia lineata	Liniierte Anemone*	lined anemone
Favia favus	Knopfkoralle	honeycomb coral, pineapple coral
Favia fragum	Kleine Sternkoralle	golfball coral, star coral
Favites spp.	Wabenkorallen*	honeycomb corals
Flabellum macandrewi	Spalt-Fächerkoralle*	splitting fan coral
Flabellum spp.	Fächerkorallen u. a.	fan corals
Fungia fungites	Pilzkoralle	mushroom coral
Fungia spp.	Pilzkorallen	mushroom corals
Funicula quadrangularis	Seepeitsche	sea whip, tall sea pen
Funiculina quadrangularis	Riesen-Seefeder	tall sea pen, tall sea-pen
Galaxea astreata	Sternkoralle, Skalpellkoralle	scalpel coral*
Galaxea fascicularis	Kristallkoralle	crystal coral*
Galeolaria truncata	Helmqualle	helmet jelly*
Gerardia savaglia	Strauchkoralle	bushy crust coral*
Gersemia rubiformis	See-Erdbeere*	red soft coral, sea strawberry

Geryonia proboscidalis	Rüsselqualle, Rüsselmeduse	trunked jellyfish
Gonionemus vertens	Ansaugqualle*	clinging jellyfish, angled hydromedusa
Goniopora lobata	Grobe Porenkoralle	coarse porous coral, flowerpot coral
Goniopora planulata	Anemonenkoralle	anemone coral*
Gonothyraea loveni	Tangpolyp	a seedweed-dwelling hydroid
Gorgonacea	Hornkorallen	gorgonians, gorgonian corals, horny corals
Gorgonaria	Rindenkorallen, Hornkorallen	gorgonians, gorgonian corals, horny corals
Gorgonia flabellum/ Gorgonia ventalina/ Rhipidogorgia flabellum	Venusfächer, Großer Seefächer, Große Fächerkoralle, Große Netzgorgonie	Venus sea fan, Venus' fan, common sea fan
Gorgonia spp.	Seefächer u. a., Fächerkorallen u. a.	sea fans a. o.
Gymnangium montagui	Gelbfederpolyp, Seefarn	yellow feathers (hydroid)
Gyrostoma helianthus	Rote Riesenaktinie	giant red anemone*
Halcampoides purpureus	Purpur-Anemone	purple anemone*
Halecium halecinum/ Halecium halecium	Fiederzweigpolyp, Fiederzweig-Polyp	herringbone hydroid, herring-bone hydroid
Halecium muricatum	Stacheliger Fiederzweigpolyp*	sea hedgehog hydroid
Haliclystus auricula	Öhrchen-Stielqualle	kaleidoscope jellyfish
Haliclystus octoradiatus	Achtstrahlige Becherqualle, Kleine Becherqualle	octaradiate stalked jellyfish*
Haliclystus salpinx	Trompeten-Becherqualle	trumpet stalked jellyfish
Haliclystus spp.	Trompeten-Becherquallen	trumpet stalked jellyfish
Haliplanella lineata/ Haliplanella luciae/ Diadumene luciae	Strandrose, Hafenrose, Streifenanemone*	orange-striped anemone, striped sea anemone
Halitholus cirratus	Ballonqualle	balloon jelly*
Heliopora coerulea	Blaue Koralle, Blaue Feuerkoralle	blue coral, blue fire coral
Heliopora spp.	Blaue Korallen	blue corals
Herpolitha limax	Pantoffelkoralle*	slipper coral
Heteractis aurora	Glasperlenanemone, Glasperlen-Anemone	beaded sea anemone, mat anemone, aurora anemone, button anemone
Heteractis crispa	Indopazifische Lederanemone	leather anemone

Heteractis magnifica	Prachtanemone	magnificent anemone, magnificent sea anemone
Hexacorallia	Hexakorallen	hexacorallians, hexacorals
Hoplangia durotrix		Weymouth carpet coral
Hormathia nodosa		rugose anemone
Hybocodon pendulus	Einarmqualle*	one-arm jellyfish
Hydnophora rigida	Stachelkoralle	
Hydra oligactis/ Pelmatohydra oligactis	Braune Hydra (Grzimek: Graue Hydra), Gestielter Süßwasserpolyp	brown hydra
Hydra viridissima/ Chlorohydra viridissima/ Hydra viridis	Grüne Hydra	green hydra
Hydra vulgaris/ Hydra americana	Gemeiner Süßwasserpolyp	white hydra, swiftwater hydra, common hydra
Hydractinia echinata	Stachelpolyp	snailfur, snail fur, hermit crab fur, hermit crab hydroid
Hydrallmania falcata	Korallenmoos	sickle hydroid, sickle coralline, coral moss
Hydroida	Hydrozoen	hydrozoans, hydra-like animals, hydroids
Isaurus tuberculatus	Schlangenpolyp*	snake polyps
Isidella elongata	Weiße Koralle	white coral*
Isis hippuris	Goldener Seefächer, Königsgliederkoralle	sea fan, golden sea fan
Isophyllia multiflora	Kleine Kaktuskoralle	lesser cactus coral
Isophyllia sinuosa	Gewellte Kaktuskoralle	sinuous cactus coral
Junceela fragilis	Zerbrechliche Seepeitsche, Helle Seepeitsche	fragile sea whip
Junceela juncea	Seepeitsche u. a., Peitschen-Gorgonie u. a.	sea whip
Kirchenpaueria pinnata	Federpolyp	fine feather-hydroid, plumed hydroid
Laomedea flexuosa	Glockenpolyp	seabells* (a calyptoblastic hydroid)
Leiopathes glaberrima	Glatte Schwarzkoralle*	smooth black coral
Leptogorgia chilensis	Rote Gorgonie	red sea fan, red gorgonian, carmine sea spray, violet sea whip
Leptogorgia virgulata	Seepeitsche u. a., Peitschen-Gorgonie u. a.	whip coral, sea whip, colorful sea whip
Leptopsammia pruvoti	Gelbe Nelkenkoralle	sunset star coral, sunset cup coral, sunset cup-coral

Leptoseris cucullata	Wellenkoralle	sunray lettuce coral
Leuckartiara octona/ Perigonimus repens	Mützenmeduse	an athecate encrusting hydroid
Leucothea multicornis/ Eucharis multicornis	Glas-Lappenrippenqualle	vitreous lobate comb-jelly, warty comb jelly
Linuche unguiculata	Fingerhutqualle*	thimble jellyfish
Lobata	Lappenrippenquallen	lobate comb-jellies, lobates
Lobophyllia corymbosa	Gelappte Becherkoralle, Faltenbecherkoralle	lobed cup coral, meat coral
Lobophyllia costata	Gezackte Becherkoralle	dentate flower coral, meat coral
Lophelia pertusa	Augenkoralle	eye coral*
Lophogorgia ceratophyta	Orangerote Gorgonie	
Lophogorgia miniata	Karminroter Seereisig	
Lucernaria quadricornis	Breite Becherqualle	horned stalked jellyfish
Lytocarpia myriophyllum	Fasanenfedermoos*	pheasant-tail hydroid (pheasant's tail coralline)
Lytocarpus nuttingi	Brennmoos*	stinging hydroid
Lytocarpus philippinus	Fieder-Hydrozoe	white stinging hydroid
Macrodactyla doreensis	Korkenzieheranemone, Fadenanemone	corkscrew anemone, long tentacle anemone (L.T.A.), red base anemone
Madracis decactis	Knotige Koralle, Felderkoralle	ten-ray star coral
Madracis mirabilis	Zweigkoralle	yellow pencil coral
Madracis pharensis	Krustenkoralle	crusty pencil coral
Madrepora oculata	Augenkoralle, Weiße Koralle	ocular coral, white coral
Madreporaria/ Scleractinia	Riffkorallen, Steinkorallen	stony corals, madreporarian corals, scleractinians
Manicina areolata areolata	Rosenkoralle*	rose coral
Mastigias papua	Papua-Qualle, Palau-Qualle	spotted jelly, lagoon jelly, Papuan jellyfish, golden medusa
Meandrina meandrites meandrites	Labyrinthkoralle*, Mäanderkoralle	maze coral (brainstone)
Mertensia ovum	Seenuss	sea nut, Arctic sea gooseberry
Metridium farcimen/ Metridium giganteum	Riesen-Seenelke, Pazifische Riesenanemone	gigantic anemone, giant plumose anemone, giant plumed anemone, white-plumed anemone

Metridium senile	Seenelke	clonal plumose anemone, frilled anemone, plumose sea anemone, brown sea anemone, plumose anemone
Microhydra ryderi/ Microhydra sowerbyi (Craspedacusta sowerbyi)	Zwergpolyp (Süßwasserqualle, Süßwassermeduse)	freshwater polyp (freshwater jellyfish, Regent's Park medusa)
Millepora alcicornis	Verzweigte Feuerkoralle	branching fire coral
Millepora complanata	Blättrige Feuerkoralle	bladed fire coral
Millepora dichotoma	Netz-Feuerkoralle	ramified fire coral, reticulated fire coral
Millepora platyphylla	Brettartige Feuerkoralle, Platten-Feuerkoralle	sheet fire coral
Millepora spp.	Feuerkorallen	fire corals, stinging corals
Millepora squarrosa	Krustige Feuerkoralle	crustal fire coral
Millepora tortuosa	Verzweigte Feuerkoralle	ramified fire coral*
Milleporina	Feuerkorallen	milleporine hydrocorals, stinging corals, fire corals
Mitrocoma cellularia	Kreuzqualle*	cross jellyfish
Mnemiopsis leidyi	Meerwalnuss, Katzenauge	sea walnut, cat's eye
Montastrea annularis	Knopfkoralle	boulder star coral
Montastrea cavernosa	Große Sternkoralle	great star coral, large star coral
Montipora foliosa	Folien-Mikroporenkoralle, Folien-Koralle	leaf coral
Montipora monasteriata	Monasteria-Mikroporenkoralle	Monasteria microporous coral*
Montipora tuberculosa	Mikroporenkoralle	microporous coral
Muricea muricata	Kratzige Seepeitsche	spiny sea fan, spiny sea whip (gorgonians)
Mussa angulosa	Atlantische Dickstielige Doldenkoralle	spiny flower coral
Mycedium elephantotus	Chinakohl-Koralle	Chinese cabbage coral*
Mycetophyllia danaana	Niedrighöckerige Kaktuskoralle	lowridge cactus coral
Mycetophyllia ferox	Raue Kaktuskoralle, Lamarcks Kaktuskoralle	rough cactus coral
Mycetophyllia lamarckiana	Faltenkoralle, Höckerige Kaktuskoralle	ridged cactus coral
Narcomedusae	Narkomedusen	narcomedusas
Nausithoe punctata	Kronenqualle*	crown jellyfish
Nemanthus nitidus	Schmuckanemone	jewel anemone

Nematostella vectensis	Sternchenanemone*	starlet sea anemone
Nemertesia antennina	Meerfarn, Meerbart*, Antennenpolyp	sea beard, antenna hydroid
Nemertesia ramosa	Verzweigter Meerfarn, Verzweigter Antennenpolyp	branched sea beard, branched antenna hydroid
Nemopsis bachei	Amerikanische Brackwassermeduse	clinging jellyfish, American brackish water medusa*
Obelia bidentata	Zweizahn-Glockenpolyp	doubletoothed hydroid
Obelia dichotoma	Gegabelter Glockenpolyp	sea thread hydroid, thin-walled obelia
Obelia geniculata/ Laomedea geniculata	Zickzack-Glockenpolyp	knotted thread hydroid, zig-zag wine-glass hydroid, kelp fur
Obelia spp.	Glockenpolypen	thread hydroids, bushy wine-glass hydroids
Octocorallia	Oktokorallen	octocorallians, octocorals
Oculina arbuscula	Feinverzweigte Augenkoralle	compact ivory bush coral
Oculina diffusa	Diffuse Augenkoralle, Elfenbein-Buschkoralle	diffuse ivory bush coral, ivory bush coral
Oculina robusta	Feste Augenkoralle	robust ivory tree coral
Oculina spp.	Augenkorallen	eyed coral, ivory bush corals
Oculina tenella	Zarte Augenkoralle	delicate ivory bush coral
Olindias phosphorica	Nachtaktive Hydromeduse	iridescent limnomedusian
Pachyclavularia violacea		brown star polyp
Palythoa grandis	Sonnen-Krustenanemone, Große Krustenanemone	giant colonial anemone, golden sea mat, button polyps, polyp rock, cinnamon polyp
Palythoa mammillosa	Warzige Krustenanemone	knobby zoanthid
Paracerianthus lloydi	„Weichkoralle“	
Paracyathus pulchellus	Papillen-Nelkenkoralle*	papillose cupcoral
Paragorgia arborea	Kaugummi-Koralle	bubblegum coral
Parahalomitra robusta	Hutkoralle	basket coral
Paramuricea chamaeleon	Violette Hornkoralle	violet horny coral
Paramuricea clavata	Farbwechselnde Hornkoralle, Farbwechselnde Gorgonie	chameleon sea fan, variable gorgonian*
Parazoanthus anguicomus	Weiße Krustenanemone	white cluster anemone
Parazoanthus axinellae	Gelbe Krustenanemone	yellow commensal zoanthid, yellow cluster anemone, yellow encrusting sea anemone

Parazoanthus parasiticus	Parasitische Krustenanemone	parasitic colonial anemone, sponge zoanthid
Parazoanthus swiftii	Gelbe Karibik-Krustenanemone	golden zoanthid, yellow Caribbean colonial anemone
Parerythropodium coralloides	Falsche Edelkoralle, Trugkoralle	encrusting leather coral, false red coral
Peachia boeckii/ Peachia hastata	Speer-Anemone, Speeranemone	spear anemone
Peachia parasitica	Einsiedlerrose, Schmarotzerrose	parasitic anemone, hermit crab anemone
Peachia quninquecapitata	Zwölfarmige Schmarotzerrose	twelve-tentacle parasitic anemone, twelve-tentacled parasitic anemone, 12-tentacle parasitic anemone
Pectinia lactuca	Knüllpapierkoralle	carnation coral
Pelagia colorata	Violette Streifenqualle*	purplestriped jellyfish
Pelagia noctiluca	Leuchtqualle, Feuerqualle	phosphorescent jellyfish, purple jellyfish, pink jellyfish, night-light jellyfish, mauve stinger
Pelagia spp.	Lilastreifen-Quallen	Purplestriped jellyfishes
Pelmatohydra oligactis/ Hydra oligactis	Graue Hydra, Grauer Süßwasserpolyp	grey hydra*, brown hydra
Peltodoris atromaculata	Leopardenschnecke	leopard nudibranch
Pennaria disticha/ Pennaria tiarella	Seenessel, Federmoos*	feathered hydroid
Pennatula phosphorea	Leuchtende Seefeder	luminescent sea-pen, phosphorescent sea-pen
Pennatula rubra	Dunkelrote Seefeder	dark-red sea-pen
Pennatularia	Seefedern	sea pens, pennatulaceans
Phacellophora camtschatica	Kamtschatka-Qualle, Dotterqualle*	eggyolk jellyfish, fried egg jellyfish
Phyllangia americana	Versteckte Nelkenkoralle	hidden cupcoral
Phyllorhiza punctata	Gepunktete Wurzelmundqualle	white spotted jellyfish, Australian spotted jellyfish, floating bell
Physalia physalis	Portugiesische Galeere, Blasenqualle, Seeblase	Portuguese man-of-war, Portuguese man-o-war, blue-bottle
Platyctenidea	Platte Rippenquallen	Platyctenids
Platydoris argo	Rotbraune Ledernacktschnecke	redbrown nudibranch

Platygyra spp.	Hirnkorallen u. a., Neptunskorallen	brain corals a. o.
Plerogyra sinuosa	Blasenkoralle u. a.	bubble coral a. o.
Pleurobrachia bachei	Pazifische Seestachelbeere	Pacific sea gooseberry, cat's eye
Pleurobrachia pileus/ Pleurobrachia rhodophis	Atlantische Seestachelbeere, Meeresstachelbeere	Atlantic sea gooseberry
Pleurobrachia spp.	Seestachelbeeren, Meeresstachelbeeren	sea gooseberries, cat's eyes
Plexaura flava	Gelbe Seerute, Gelbe Federgorgonie	yellow sea rod
Plexaura flexuosa	Seerute, Biegsame Seerute	flexible sea rod, bent sea rod
Plexaura homomalla	Schwarze Seerute	black sea rod
Plumularia setacea	Kleiner Strauch-Hydroid	little seabristle, glassy plume hydroid
Pociliopora verrucosa	Warzige Buschkoralle	warty bushcoral
Pocillopora damicornis	Himbeerkoralle, Keulenkoralle	raspberry coral*
Pocillopora eydouxi	Blumenkohlkoralle	cauliflower coral*
Podocoryna carnea		smoothspined snailfur
Polymyces fragilis	Zwölfwurzelkoralle*	twelve-root cupcoral
Polyorchis penicillatus	Pinselqualle*	penicillate jellyfish
Polyphyllia talpina	Zungenkoralle	lingual coral*
Porites astreoides	Knotige Porenkoralle	mustard hill coral, knobby porous coral, yellow porous coral
Porites branneri	Blaue Krustenanemone	blue crust coral
Porites cylindrica	Zylindrische Porenkoralle	cylindrical finger coral, cylindrical porous coral
Porites porites	Fingerförmige Porenkoralle, Fingerkoralle	clubtip finger coral, clubbed finger coral, thick finger coral
Porites rus	Bergkoralle	mountain cupcoral*
Porpita pacifica	Pazifische Floßqualle*	raft hydroid
Porpita porpita	Blauknopf*	blue button
Porpita umbella	Tellerqualle	umbel button jelly* (a raft hydroid)
Protanthea simplex	Tiefwasser-Meeresarm-Anemone*	sealoch anemone
Pseudopterogorgia spp.	Seefedern, Federgorgonien	sea plumes, feather gorgonian
Pteroeides griseum	Graue Seefeder	gray sea-pen
Pteroeides spinosum	Stachelige Seefeder	spinose sea-pen, spiny sea-pen

Pterogorgia citrina	Gelbe Bänderhornkoralle, Flache Gorgonie, Seeblatt-Gorgonie	yellow sea whip, yellow ribbon
Radianthus ritteri/ Heteractis magnifica	Rosa Riesenanemone	purple-base anemone
Renilla spp.	Seestiefmütterchen	sea pansies
Rhipidogorgia flabellum/ Gorgonia flabellum/ Gorgonia ventalina	Venusfächer	Venus sea fan, Venus' fan, common sea fan
Rhizocaulus verticillatus	Pferdeschwanz*	horsetail hydroid
Rhizosmilia maculata		speckled cupcoral
Rhizostoma octopus (syn. R. pulmo)	Blaue Lungenqualle	blue cabbage bleb
Rhizostoma pulmo (syn. R. octopus)	Gelbe Lungenqualle	football jellyfish, yellow Mediterranean cabbage bleb, dustbin-lid jellyfish
Rhizostoma spp.	Lungenquallen, Blumenkohlquallen	cabbage bleb, marigold, blubber, football jellyfish
Rhizostomeae	Wurzelmundquallen	rhizostome medusas
Rhodactis inchoata	Kleines Elefantenohr	Tonga blue mushroom anemone, blue Tonga mushroom anemone
Rhodactis indosinensis	Indochinesisches Elefantenohr	hairy mushroom anemone
Rhodactis mussoides	Gewelltes Elefantenohr	elephant ear (metallic mushroom anemone, leaf mushroom anemone)
Rhodactis rhodostoma	Rotmund-Elefantenohr	red-mouth mushroom anemone
Rhopalonema velatum	Schleiermeduse	veiled medusa*
Ricordea florida	Falsche Floridakoralle*	Florida false coral
Rugosa	Runzelkorallen	rugose corals
Rumphella aggregata	Buschgorgonie, Busch-Gorgonie	bushy sea rod, bushy whip coral, brown brushy sea fan
Rumphella antipathes	Schwarze Koralle, Echte Schwarze Koralle	black sea rod, black sea whip, Formosan gorgonian, Formosan gorgonian coral
Sagartia elegans	Elegante Tangrose, Silberanemone, Elegante Anemone, Weißmundrose, Rosenanemone*	rosy anemone, elegant anemone
Sagartia rhododactylos	Tangrose	kelp-rose anemone*

Sagartia troglodytes/ Actinothoe troglodytes	Kolibrirose, Schlickanemone	mud sagartia, cave-dwelling anemone, cave-burrowing anemone*
Sagartiogeton laceratus	Fransige Witwenrose	fountain anemone
Sagartiogeton undatus/ Actinothoe clavata/ Actinia clavata	Schlangenhaarrose, Witwenrose	small snakelocks anemone
Sagartiogeton viduatus	Seegrasrose	eelgrass anemone
Sanderia malayensis	Malaienqualle	Amakusa jellyfish
Sarcophyton trocheliophorum	Elefantenohrkoralle*	elephant ear coral, yellow-green soft-coral (leather coral)
Sarsia tubulosa	Klappermoos*	clapper hydroid, clapper hydromedusa
Scolanthus callimorphus	Wurmanemone*	worm anemone
Scolymia cubensis	Artischocken-Koralle	artichoke coral
Scolymia lacera	Atlantische Pilzkoralle*	Atlantic mushroom coral
Scyphozoa	Schirmquallen, Scheibenquallen, Scyphozoen (echte Quallen)	cup animals, scyphozoans
Semaeostomea	Fahnenquallen, Fahnenmundquallen	semeostome medusas, semaeostome medusae
Seriatopora caliendrum	Nadelkoralle	
Seriatopora hystrix	Stachelige Nadelkoralle, Stachelige Buschkoralle, Dornige Reihenkoralle, Christusdorn-Koralle	needle coral, spiny row coral
Sertularella polyzonias	Zahnmoos*	great tooth hydroid
Sertularella rugosa	Schneckenmoos*	snail trefoil hydroid
Sertularia argentea	Buschschwanzmoos*	squirrel's tail hydroid, sea fir
Sertularia cupressina	Seemoos, Zypressenmoos	sea cypress, whiteweed hydroid
Sertularia pumila/ Dynamena pumila/ Dynamena cavolini	Kleines Seemoos, Zwergmoos	minute hydroid, garland hydroid
Siderastrea radians	Vieltrichterkoralle	lesser starlet coral
Sinularia flexibilis	Spaghettikoralle	slimy leather coral, flexible leather coral, spaghetti finger leather coral
Siphonophora	Staatsquallen	siphonophorans
Solenastrea bournoni	Glatte Sternkoralle*	smooth star coral
Solenastrea hyades	Knotige Sternkoralle*	knobby star coral
Stauromedusae	Becherquallen, Stielquallen	stauromedusas

Stauromedusidae	Becherquallen	stauromedusids
Staurophora mertensi	Kreuzqualle, Weißstern-Qualle*	whitecross jellyfish
Stenocyathus vermiformis	Wurmkoralle*	worm coral
Stephanocoenia michelinii	Kleinäugige Sternkoralle	blushing star coral
Stichodactyla gigantea/ Stichodactyla mertensi/ Stoichactis giganteum	Riesenanemone, Mertens Anemone, Nessellose Riesenanemone	giant carpet anemone, giant anemone
Stichodactyla haddoni	Haddons Anemone, Teppichanemone	Haddon's anemone, saddle anemone, carpet anemone
Stichodactyla helianthus	Sonnenanemone	sun anemone, Atlantic carpet anemone
Stichopathes leutkeni	Spiralige Drahtkoralle	spiraling wire coral, black wire coral
Stomolophus meleagris	Kanonenkugel-Qualle	cannonball jellyfish
Stomphia coccinea	Schwimmanemone	swimming anemone
Studeriotes longiramosa	Weihnachtsbaumkoralle*	Christmas tree coral
Stylaster californicus	Kalifornische Filigrankoralle	Californian hydrocoral
Stylasteridae	Hydrokorallen, Stylasteriden	sylasterine hydrocorals, lace corals
Stylatula elongata	Schlanke Seefeder	slender sea-pen
Stylobates aenus	Mantelanemone*	cloak anemone
Stylophora pistillata	Griffelkoralle	pistillate coral*
Subergorgia apressa	Fächergorgonie u. a.	sea fan a. o.
Swiftia exserta	Orangerote Seefeder*	orange sea fan, soft red sea fan
Swiftia pallida	Nördliche Seefeder*	northern sea fan
Taelia felina	Seedahlie, Dickhörnige Seerose	dahlia anemone
Tamarisca tamarisca	Seetamariske	sea tamarisk
Tentaculifera	Tentaculiferen, Tentakeltragende Rippenquallen (Ctenophora)	tentaculiferans, "tentaculates"
Thuiaria thuja	Flaschenbürstenmoos*	bottlebrush hydroid, bottle-brush hydroid
Triactis producta	Krabbenanemone	crab anemone*
Tubastraea micrantha	Schwarze Kelchkoralle	black cup coral, black sun coral, black tube coral
Tubastraea spp. *(T. coccinea, T. faulkneri, T. aurea)*	Orange Kelchkoralle	orange cup coral, orange cupcoral, orange sun coral, orange tube coral, daisy cup coral

Tubipora musica	Orgelkoralle	organ-pipe coral, organ pipe coral, pipe-organ coral
Tubipora spp.	Orgelkorallen	organ-pipe corals, pipe-organ corals
Tubularia indivisa	Hochstämmiger Röhrenpolyp, Ungeteilter Röhrenpolyp	oaten pipes hydroid, oaten pipe, tall tubularian, tall tubularia
Tubularia larynx	Röhrenpolyp	ringed tubularian, ringed tubularia
Tubularia spp.	Köpfchenpolypen	tubularian hydroids
Turbinaria mesenterina	Gewundene Salatkoralle, Folienkoralle, Kraterkoralle	folded lettuce coral,scroll coral, twisted lettuce coral*
Turbinaria reniformis	Kartoffelchipkoralle	potatochip coral
Urticina columbiana	Sandrosen-Anemone	sand-rose anemone
Urticina coriacea	Lederanemone	leathery anemone, stubby rose anemone
Urticina crassicornis	Dickhörnige Seerose	mottled anemone, rose anemone, northern red anemone, crassicorn anemone, Christmas anemone, painted anemone, painted urticina
Urticina eques (nomen dubium)	Rote Seedahlie	horseman anemone
Urticina felina/ Tealia felina	Seedahlie, Braune Seedahlie, Dickhörnige Seerose	feline dahlia anemone, feline sea dahlia
Urticina piscivora	Fischfressende Seedahlie	piscivorous sea dahlia, fish-eating anemone, fish-eating urticina
Velella velella	Segelqualle	by-the-wind sailor, little sail
Veretillum cynomorium	Gelbe Seefeder	yellow sea-pen, round sea pen, sea carrot
Virgularia mirabilis	Zauberhafte Seefeder, Schmale Seefeder	slender sea-pen, slender sea pen, common sea pen, sea rush
Xenia elongata	Pumpkoralle, Pump-Koralle	fast pulse coral, brown fast-pulse coral
Xenia umbellata	Pumpkoralle, Pump-Koralle, Pumpende Straußkoralle	pulse coral, white pulse coral, pom pom xenia
Zoantharia	Krustenanemonen	zoanthids
Zoanthus pulchellus	Matten-Krustenanemone	mat anemone

IV. Plathelminthes (Plattwürmer), Rotatoria (Rädertiere), Nematomorpha (Saitenwürmer), Nemertini (Schnurwürmer), Acanthocephala (Kratzer), Chaetognatha (Pfeilwürmer), Phoronida (Hufeisenwürmer), Gastrotricha (Bauchhärlinge), Enteropneusta (Eichelwürmer), Pterobranchia (Flügelkiemer) – Platyhelminthes (flatworms, tapeworms), Rotatoria (rotifers), Nematomorpha (horsehair worms), Nemertini (nemertines), Acanthocephala (spiny-headed worms), Chaetognatha (arrow worms), Phoronida (phoronids), Gastrotricha (gastrotrichs), Enteropneusta (acorn worms), Pterobranchia (sea angels)

Acanthocephala	Kratzer, Kratzwürmer	spiny-headed worms, thorny-headed worms, acanthocephalans
Acanthocephalus lucii	Fischkratzer	spiny-headed worm, thorny-headed worm of fish, fish acanthocephalan
Amphiporus lactifloreus (Nemertini)	Heller Schnurwurm, Helle Nemertine, Milchweißer Schnurwurm	milk-white ribbon worm
Anoplocephala spp.	Pferdebandwürmer	horse tapeworms, equine tapeworms
Arthurdendyus triangulatus/ Artioposthia triangulatus	Neuseelandplattwurm, Neuseeland-Plattwurm	New Zealand flatworm

T.C.H. Cole, *Wörterbuch der Wirbellosen / Dictionary of Invertebrates*,
DOI 10.1007/978-3-662-52869-3_4

Balanoglossus clavigerus (Enteropneusta)	Keulen-Eichelwurm	Mediterranean acorn worm
Bonellia viridis (Echiura)	Grüner Igelwurm (Rüsselwurm)	green spoonworm
Brachionus calyciflorus	Wappen-Rädertier	rotifer
Brachionus plicatilis	Salzwasser-Rädertier (L-Typ)	L-type rotifer
Brachionus rotundiformis	Salzwasser-Rädertier (S-Typ)	S-type rotifer
Caryophyllaeus laticeps	Nelkenwurm, Nelkenbandwurm	clove worm
Cerebratulus fuscus (Nemertini)	Brauner Schnurwurm	brown ribbon worm
Cerebratulus marginatus (Nemertini)	Schwarzer Schnurwurm, Schwarze Nemertine	black ribbon worm
Cestoda	Bandwürmer, Cestoden	tapeworms, cestodes
Chaetognatha	Pfeilwürmer, Borstenkiefer, Chaetognathen	arrow worms, chaetognathans
Clonorchis sinensis	Asiatischer Leberegel*, Chinesischer Leberegel*	Asian liver fluke, Chinese liver fluke, Oriental liver fluke
Dactylogyrus vastator	Kiemensaugwurm	gill fluke, fish gill fluke
Davainea proglottina	Hausgeflügel-Bandwurm*	poultry tapeworm
Dicrocoelium dendriticum/ Dicrocoelium lanceolatum/ Fasciola lanceolatum	Kleiner Leberegel (Lanzettegel)	lancet fluke, lancet liver fluke, common lancet fluke
Dicrocoelium hospes	Afrikanischer Leberegel (Afrikanischer Lanzettegel)	African lancet fluke
Diphyllobothrium latum	Fischbandwurm, Breiter Bandwurm	broad fish tapeworm, broad tapeworm
Diphyllobothrium spp.	Fischbandwürmer	fish tapeworms
Dipylidium caninum	Gurkenkernbandwurm, Kürbiskernbandwurm	double-pored dog tapeworm
Drepanophorus crassus (Nemertini)	Band-Schnurwurm, Band-Nemertine	a nemertean
Echinococcus granulosus	Hundebandwurm, Dreigliedriger Hundebandwurm	dwarf dog tapeworm, dog tapeworm, hydatid tapeworm
Echinococcus multilocularis	Kleiner Fuchsbandwurm	lesser fox tapeworm, alveolar hydatid tapeworm
Echinostoma ilocanum	Echinostomose-Darmegel	intestinal echinostome
Echiura	Igelwürmer, Stachelschwänze, Echiuriden	spoon worms, echiuroid worms
Enteropneusta	Eichelwürmer, Enteropneusten	acorn worms, enteropneusts

Entoprocta	Kelchwürmer, Nicktiere, Kamptozooen	kamptozoans, entoprocts
Fasciola gigantica	Riesenleberegel	giant liver fluke
Fasciola hepatica	Großer Leberegel	sheep liver fluke
Fascioloides magna	Großer Amerikanischer Leberegel*	large American liver fluke
Fasciolopsis buski	Riesendarmegel, Großer Darmegel	giant intestinal fluke
Floscularia ringens/ Melicerta ringens	Blumen-Rädertier	little blossom rotifer, floral rotifer*
Gastrodiscoides hominis	Schweine-Egel, Schweineegel, Schweinesaugwurm, Rattenegel	pig intestinal fluke, rat fluke
Gastrodiscus aegyptiacus	Afrikanischer Pferdesaugwurm* (u. a. auch in Schweinen)	equine intestinal fluke
Gastrotricha	Bauchhaarlinge, Bauchhärlinge, Flaschentierchen, Gastrotrichen	gastrotrichs, hairybacks
Girardia tigrina/ Dugesia tigrina	Gefleckter Strudelwurm, Tigerplanarie, Tiger-Strudelwurm	immigrant triclad flatworm, immigrant triclad planarian, brown planaria
Glossobalanus minutus (Enteropneusta)	Kleiner Eichelwurm	lesser acorn worm
Gordius aquaticus (Nematomorpha)	Wasserkalb, Rosshaarwurm, Gemeiner Wasserdrahtwurm	gordian worm, common horsehair worm, common hair worm
Gyrodactylus elegans	Hautsaugwurm (bei Aquarienfischen)	skin fluke, body fluke (in aquarium fish)
Gyrodactylus salaris	Lachs-Hautsaugwurm	salmon fluke
Heterophyes heterophyes	Zwergdarmegel	intestinal fish fluke (of humans), a heterophyid fluke
Hydatigera taeniaeformis/ Taenia taeniaeformis	Dickhalsiger Bandwurm, Katzenbandwurm u. a.	common cat tapeworm
Hymenolepis diminuta	Ratten-Bandwurm, Maus-Bandwurm	rat tapeworm, mouse tapeworm
Hymenolepis nana	Zwerg-Darm-Bandwurm	dwarf tapeworm
Hymenolepis spp.	Zwerg-Darm-Bandwürmer	dwarf intestinal tapeworms
Lecane acus	Zipfelpanzer-Rädertier, Moor-Zipfelpanzer-Rädertier	a loricate rotifer
Lineus geniculatus (Nemertini)	Gebänderter Schnurwurm	banded bootlace

Lineus longissimus (Nemertini)	Langer Schnurwurm, Engländischer Langwurm	giant bootlace worm, sea longworm
Lineus ruber (Nemertini)	Roter Schnurwurm, Rote Nemertine	red bootlace
Lineus viridis (Nemertini)	Grüner Schnurwurm, Grüne Nemertine	green bootlace
Linguatula serrata	Nasenwurm (des Hundes), Gemeiner Zungenwurm	common tongue worm, dog tongue worm, nasal worm of dogs, canine pentastome, canine tongue worm
Macracanthorhynchus hirudinaceus (Acanthocephala)	Riesenkratzer	thorny headed worm
Metagonimus yokogawai	Zwerg-Darmegel, Kleiner Darmegel	Yokogawa fluke (intestinal fish fluke of humans)
Monommata longiseta	Einaugen-Rädertier	one-eyed rotifer*
Multiceps multiceps/ Taenia multiceps	Quesenbandwurm, Hundebandwurm u. a.	dog tapeworm a.o. (> gid/ sturdy in sheep)
Nematomorpha	Saitenwürmer	horsehair worms, hairworms, gordian worms, threadworms, nematomorphans, nematomorphs
Nemertini/ Nemertea/ Rhynchocoela	Schnurwürmer	nemertines, nemerteans, proboscis worms, rhynchocoelans, ribbon worms (broad/flat), bootlace worms(long)
Oligocladus sanguinolentus	Blutfleckplanarie	a polyclad flatworm
Onychophora	Stummelfüßer, Onychophoren	velvet worms, onychophorans
Opisthorchis felineus	Katzenleberegel, Katzenegel	cat liver fluke, Siberian liver fluke
Opisthorchis viverrini	Kleiner Fischegel, Südostasiatischer Leberegel	small liver fluke, Southeast Asian liver fluke
Paragonimus westermani	Lungenegel, Ostasiatischer Lungenegel	Oriental lung fluke, human lung fluke
Paramphistomum cervi	Gemeiner Pansenegel	common stomach fluke, rumen fluke
Paramphistomum spp.	Pansenegel	stomach flukes, rumen flukes
Paranoplocephala mamillana	Zwerg-Pferdebandwurm	dwarf equine tapeworm
Pentastomida	Zungenwürmer, Linguatuliden, Pentastomitiden	tongue worms, linguatulids, pentastomids
Phoronidea	Hufeisenwürmer, Phoroniden	phoronids

Plathelminthes (Platyhelminthes)	Plattwürmer, Plathelminthen	flatworms, platyhelminths
Pogonophora	Bartwürmer, Bartträger	beard worms, beard bearers, pogonophorans
Priapulida	Priapswürmer, Priapuliden	priapulans
Priapulus caudatus	Geschwänzter Keulenwurm	tailed priapulid worm
Prosorhochmus claparedi (Nemertini)	Lebendgebärender Schnurwurm	livebearing nemertean
Prostheceraeus moseleyi	Gefleckte Bandplanarie	Moseley's flatworm
Prostheceraeus roseus	Rosa Plattwurm	pink flatworm
Prostheceraeus spp.	Bandplanarien	polyclad flatworms a.o.
Prostheceraeus vittatus	Bandplanarie, Gestreifte Bandplanarie*	candy-striped flatworm, candy-stripe flatworm
Prosthogonimus spp.	Eileiteregel*	oviduct flukes (of birds/ poultry)
Prostoma graecense	Süßwasser-Schnurwurm	freshwater nemertean, Central European freshwater nemertean
Pseudoceros dimidiatus	Symmetrischer Strudelwurm, Tiger-Plattwurm*	divided flatworm, tiger flatworm, symmetrical flatworm
Pseudoceros maximum	Großer Hörnerplattwurm	big horned flatworm, large horned flatworm
Rotaria rotatoria	Weißliches Teleskop-Rädertier	pale-white bdelloid rotifer*
Rotatoria	Rädertiere, Rotatorien	rotifers, wheel animalcules
Saccoglossus cambrensis (Enteropneusta)	Roter Eichelwurm	red acorn worm
Sagitta setosa (Chaetognatha)	Küsten-Pfeilwurm	coastal arrow worm
Schistosoma spp.	Pärchenegel (Blutegel)	blood flukes
Sipunculida	Spritzwürmer, Sternwürmer, Sipunculiden	peanut worms, sipunculoids, sipunculans
Spadella cephaloptera (Chaetognatha)	Brauner Pfeilwurm	brown arrow worm
Stylochus pilidium	Braune Fleckplanarie	spotted flatworm, brown-spotted flatworm
Taenia hydatigena/ Taenia marginata	Geränderter Bandwurm, Geränderter Hundebandwurm	margined dog tapeworm
Taenia ovis	Schafsfinnen-Bandwurm	sheep-and-goat tapeworm
Taenia pisiformis/ Taenia serrata	Gesägter Bandwurm, Gesägter Hundebandwurm	serrated dog tapeworm, rabbit tapeworm

Taenia saginata/ Taeniarhynchus saginatus	Rinderbandwurm, Rinder-Menschenbandwurm, Rinderfinnen-Bandwurm, Unbewaffneter Menschenbandwurm	beef tapeworm
Taenia solium	Schweinebandwurm, Schweinefinnenbandwurm (Bewaffneter Menschenbandwurm)	pork tapeworm
Taenia taeniaeformis/ Hydatigera taeniaeformis	Dickhalsiger Bandwurm, Katzenbandwurm u. a.	common cat tapeworm
Testudinella patina	Schildkröten-Rädertier	turtle rotifer
Tetrastemma melanocephalum (Nemertini)	Schwarzkopf-Schnurwurm, Schwarzkopf-Nemertine	black-headed ribbonworm, black head ribbon worm, black-headed nemertine
Thalassema mellita (Echiura)	Melitta-Wurm*	keyhole urchin spoon worm
Thalassema thalassemum/ Thalassema neptuni (Echiura)	Seesandwurm	Gaertner's spoon worm (echiuran)
Thysanosoma actinioides	Fransen-Bandwurm*	fringed tapeworm
Thysanozoon brochii	Zottenplanarie	skirt dancer
Trematoda	Trematoden, Egel, Saugwürmer	flukes, trematodes
Triaenophorus nodulosus	Hechtbandwurm	pike tapeworm
Tubulanus annulatus (Nemertini)	Ringel-Schnurwurm, Ringelnemertine	football jersey worm
Turbellaria	Turbellarien, Strudelwürmer	turbellarians, free-living flatworms
Urechis caupo (Echiura)	Kalifornischer Igelwurm	innkeeper worm
Vampirolepis fraterna	Ratten-Zwergbandwurm	rat tapeworm, dwarf rat tapeworm
Vampirolepis nana/ Hymenolepis nana	Zwergbandwurm	dwarf tapeworm
Yungia aurantiaca	Goldener Plattwurm	orange polyclad worm, Mediterranean orange polyclad worm, orange flatworm

V. Tentaculata/Lophophorata (Tentakulaten): Bryozoa (Moostiere/Bryozoen), Brachiopoda (Armfüßer), Phoronida (Hufeisenwürmer) – Tentaculata/Lophophorata (tentaculates): Bryozoa (bryozoans/moss animals), Brachiopoda (brachiopods/lamp shells), Phoronida (phoronids/horseshoe worms)

Alcyonidium diaphanum	Aufrechtes Gallert-Moostierchen, Aufrechtes Ledermoostierchen	sea chervil
Alcyonidium gelatinosum	Gallert-Moostierchen	gelatinous bryozoan, gelatinous leather bryozoan
Bicellariella ciliata	Haariges Moostierchen	furry bryozoan
Brachiopoda	Armfüßer, Armkiemer, Lampenmuscheln, Stielmuscheln, Brachiopoden	lamp shells, lampshells, brachiopods
Bryozoa > Ectoprocta/ Polyzoa	Moostierchen, Bryozoen	moss animals, lace animals, bryozoans
Bugulina avicularia/ Bugula avicularia	Vogelköpfchen*, Vogelkopf-Moostierchen*	bird's head coralline
Cabera boryi	Fächer-Moostierchen	palmate bryozoan*
Calpensia nobilis	Krustiges Moostierchen, Edles Krusten-Moostierchen	crusty bryozoan
Cellepora ramulosa	Geweih-Moostierchen	rameous bryozoan*, rameous false coral
Cheilostomata	Lippenmünder, Lappenmünder	cheilostomates
Crisia eburnea	Elfenbein-Moostierchen, Stacheliges Moostierchen	ivory bryozoan*
Cristatella mucedo	Gallert-Moostierchen	a freshwater bryozoan
Crisularia plumosa/ Bugula plumosa	Feder-Moostierchen	feather bryozoan, plumose coralline
Cryptosula pallasiana	Flaches Krusten-Moostierchen	red crust

T.C.H. Cole, *Wörterbuch der Wirbellosen / Dictionary of Invertebrates*,
DOI 10.1007/978-3-662-52869-3_5

Ctenostomata	Kammmünder	ctenostomates
Ectoprocta/ Polyzoa (Bryozoa)	Moostierchen, Bryozoen	moss animals, lace animals, bryozoans
Electra pilosa	Zottige Seerinde	hairy sea-mat
Eucrate loricata	Paarzweig-Moostierchen	paired bryozoan*
Flustra foliacea	Blätter-Moostierchen	broad-leaved hornwrack, broad-leaved horn wrack, greater hornwrack
Flustrellidra corniculata	Stacheliges Leder-Moostierchen	spiny leather bryozoan
Frondipora verrucosa	Höckerzweig-Moostierchen, Verwachsenes Moostierchen	warty leaf-bryozoan*
Gymnolaemata/ Stelmatopoda	Kreiswirbler	gymnolaemates, "naked throat" bryozoans
Hippodiplosia foliacea	Blattzweig-Moostierchen, Elchgeweih-Moostierchen	antler bryozoan, leafy horse-bryozoan*
Hornera frondiculata	Farn-Moostierchen, Feinästiges Moostierchen	fern bryozoan
Lichenopora radiata	Korallen-Moostierchen	coralline bryozoan*
Lingula anatina	Zungenmuschel, Gemeine Asiatische Zungenmuschel	common oriental lamp shell, duck lingula, duck's bill lingula, duck lamp shell, sea bamboo shoots
Lophopoda/ Phylactolaemata	Armwirbler, Süßwasserbryozoen	phylactolaemates, "covered throat" bryozoans, freshwater bryozoans
Lophopus crystallinus	Süßwasser-Moostierchen, Süßwasserbryozoe	crystal moss-animal, bellflower
Magellania venosa (Brachiopoda)	Großer Glattschaliger Magellan-Brachiopode*, Große Glattschalige Magellan-Stielmuschel*	large smooth brachiopod, large South American lampshell
Membranipora membranacea	Seerinde	sea-mat
Membranipora pilosa	Bedornte Seerinde	thorny sea-mat
Megerlia truncata (Brachiopoda)	Gestutzte Stielmuschel	truncated brachiopod*
Myriapora truncata	Trugkoralle, Hundskoralle (Falsche Koralle)	false coral
Pentapora fascialis	Elchgeweih-Moostierchen, Band-Moostierchen	banded bryozoan, ross (bryozoan)
Pentapora foliacea	Meerrose	ross coral, rose coral, rose-coral bryozoan, sea rose, potato crisp bryozoan

Phoronida	Hufeisenwürmer	phoronids, phoronid worms, horseshoe worms
Phoronis australis (Phoronida)	Südlicher Hufeisenwurm	southern horseshoe worm, black horseshoe worm
Phoronis hippocrepia (Phoronida)	Weißer Ostatlantischer Hufeisenwurm*	Westatlantic white phoronid
Phoronis ijimai (Phoronida)	Weißer Ostpazifischer Hufeisenwurm, Weißer Nordamerikanischer Pazifik-Hufeisenwurm*	white colonial phoronid, white phoronid
Phoronis muelleri (Phoronida)	Weißer Nordatlantischer Hufeisenwurm*	common elongated phoronid, horseshoe worm
Phoronopsis californica (Phoronida)	Goldener Hufeisenwurm, Goldener Kalifornischer Hufeisenwurm	golden phoronid
Phoronopsis harmeri/ Phoronopsis viridis (Phoronida)	Großer Grüner Hufeisenwurm	large green phoronid
Phylactolaemata/ Lophopoda	Süßwasserbryozoen, Armwirbler	phylactolaemates, "covered throat" bryozoans, freshwater bryozoans
Plumatella fungosa	Klumpen-Moostierchen	fungoid bryozoan, knoll bryozoan* (a freshwater bryozoan)
Plumatella repens	Kriechendes Moostierchen	creeping bryozoan* (a freshwater bryozoan)
Retepora spp./ *Reteporella* spp./ *Sertella* spp.	Neptunschleier, Netzkorallen, Neptunsmanschetten	lace ‚corals', fan bryozoans
Schizobrachiella sanguinea	Rotbraunes Krusten-Moostierchen	sanguine crustal bryozoan*, blood-red encrusting bryozoan
Scrupocellaria scabra	Schild-Moostierchen*	shielded bryozoan
Securiflustra securifrons	Schmalblättriges Moostierchen, Gabeliges Moostierchen	narrow-leaved hornwrack
Sertella beaniana	Neptunschleier, Netzkoralle	net 'coral'
Smittina cervicornis/ Porella cervicornis	Hirschgeweih-Moostierchen, Geweih-Moostierchen	staghorn bryozoan, deer-antler crust*
Stenolaemata/ Stenostomata	Engmünder	stenostomates, stenolaemates, "narrow throat" bryozoans
Terebratella sanguinea (Brachiopoda)	Roter Armfüßer, Rote Lampenmuschel, Rote Stielmuschel	large red brachiopod, papa kura iti

Terebratulina septentrionalis	Nördliche Stielmuschel	northern lamp shell
Tubicellepora magnicostata	Orangenschalen-Moostierchen*	orange peel bryozoan
Tubulipora flabellaris	Röhrenfächer-Moostierchen	a tubular bryozoan
Victorella pavida	Zitternde Seerinde*	trembling sea-mat

VI. Nematoda – Fadenwürmer – Nematodes

Aelurostrongylus abstrusus	Katzenlungenwurm	feline lungworm
Ancylostoma braziliense	Hunde-und-Katzen-Hakenwurm	cat and dog hookworm
Ancylostoma caninum	Hunde-Hakenwurm	canine hookworm
Ancylostoma duodenale	Altwelt-Hakenwurm, Grubenwurm	Old World hookworm
Ancylostoma tubaeforme	Katzen-Hakenwurm	feline hookworm, cat hookworm
Angiostrongylus cantonensis	Asiatischer Lungenfadenwurm, Ratten-Lungenwurm	rat lungworm
Angiostrongylus costaricensis	Amerikanischer Eingeweidewurm	American abdominal worm, American mesenterial worm
Angiostrongylus vasorum	Französischer Herzwurm	French heartworm
Anguillicoloides crassus/ Anguillicola crassus	Schwimmblasenwurm, Aal- Schwimmblasenwurm	swimbladder nematode
Anguillula aceti/ Turbatrix aceti	Essigälchen	vinegar eel, vinegar nematode
Anguina tritici	Weizenälchen, Weizengallenälchen (Radekrankheit)	wheat-gall nematode, wheat nematode, wheat eelworm, ear-cockle nematode
Aphelenchoides besseyi	Reisblattälchen, Reis-Weißspitzenälchen	rice leaf nematode, rice white tip nematode
Aphelenchoides fragariae	Erdbeerälchen, Erdbeerblattälchen	strawberry leaf nematode, strawberry foliar nematode, strawberry crimp nematode, spring crimp nematode

T.C.H. Cole, *Wörterbuch der Wirbellosen / Dictionary of Invertebrates*,
DOI 10.1007/978-3-662-52869-3_6

Aphelenchoides ritzemabosi	Chrysanthemenblattälchen	chrysanthemum leaf nematode, chrysanthemum foliar nematode, currant nematode
Aphelenchoides spp.	Blattnematoden	leaf nematodes
Ascaris lumbricoides	Spulwurm	giant intestinal worm, common intestinal roundworm
Ascaris suum	Schweine-Spulwurm	pig roundworm
Aschelminthes/ Nemathelminthes	Aschelminthen, Nemathelminthen, Schlauchwürmer, Rundwürmer *sensu lato (Pseudocölomaten)*	aschelminths, nemathelminths, pseudocoelomates
Baylisascaris procyonis	Waschbärenälchen, Waschbärenspulwurm	raccoon roundworm
Brugia malayi	Malayische Lymphfilarie	Malayan filaria
Bunestomum spp.	Hakenwürmer u. a.	hookworms a. o.
Bursaphelenchus xylophilus	Kiefernholznematode	pine wood nematode, pinewood nematode, pine wilt nematode (PWN)
Capillaria hepatica/ Calodium hepaticum	Leber-Haarwurm, Leberhaarwurm	hepatic hairworm, hepatic capillary worm
Capillaria philippinensis/ Paracapillaria philippinensis	Philippinischer Intestinalwurm, Philippinischer Haarwurm (>Capillariasis)	Philippine intestinal roundworm (>intestinal capillariasis)
Capillaria plica/ Pearsonema plica	Harnblasen-Haarwurm, Harnblasenhaarwurm	dog bladder worm
Chabertia ovina	Großmaul-Stuhlwurm*	large-mouth bowel worm
Crenosoma vulpis	Fuchs-Lungenwurm	fox bronchial worm
Dictyocaulus arnfieldi	Pferde-Lungenwurm, Pferdelungenwurm	horse lungworm
Dictyocaulus filaria	Mittelmeer-Schafs-Lungenwurm, Mittelmeer-Schaf-Lungenwurm, Großer Schaf-Lungenwurm	Mediterranean sheep lungworm, Mediterranean goat lungworm
Dictyocaulus viviparus	Rinder-Lungenwurm	cattle lungworm (>husk, hoose)
Dioctophyme renale	Nierenwurm, Riesennierenwurm	kidney worm, giant kidney worm
Dirofilaria immitis	Herzwurm, Hundeherzwurm	heartworm, dog heartworm
Dirofilaria repens	Hundehautwurm	canine cutaneous dirofilaria
Dirofilaria spp.	Herzwürmer	heartworms

Ditylenchus angustus	Reisstängelälchen, Reisstengelälchen	rice nematode (ufra disease of rice)
Ditylenchus destructor	Kartoffelkrätzeälchen (Nematodenfäule der Kartoffel)	potato rot nematode, potato tuber nematode
Ditylenchus dipsaci	Luzerneälchen, Stängelälchen, Stengelälchen, Stängelnematode, Stengelnematode, Stockälchen, Rübenkopfälchen, Kleeälchen, Roggenälchen	lucerne stem nematode, stem-and-bulb eelworm, stem and bulb nematode, stem nematode, bulb nematode (potato tuber eelworm)
Ditylenchus radicicola/ Subanguina radicicola	Graswurzelälchen	grass nematode
Dracunculus medinensis	Medinawurm, Guineawurm, Drachenwurm	fiery serpent, medina worm, guinea worm
Enoplus meridionalis	ein Meernematode	a marine nematode
Enterobius vermicularis	Madenwurm (Springwurm, Pfriemenschwanz)	pinworm (of man), seatworm
Eucoleus aerophilus/ Capillaria aerophila	Lungenhaarwurm, Katzen-Lungenwurm*	cat lungworm, feline and canine bronchial capillarid
Eucoleus boehmi/ Capillaria boehmi	Hunde-Nasenwurm*	nasal worm, canine nasal capillarid
Filaroides hirthi	Hunde-Lungenwurm	canine lungworm
Filaroides osleri/ Oslerus osleri	Hunde-Lungenwurm	canine tracheal and bronchial nodular worm, dog lungworm
Globodera pallida	Weißer Kartoffelnematode	white potato cyst nematode, pale potato cyst nematode, potato root eelworm
Globodera rostochiensis	Gelber Kartoffelnematode, Goldener Kartoffelnematode	yellow potato cyst nematode, golden nematode, potato root eelworm
Gnathostoma spinigerum	Magenzystenwurm	stomach worm
Gnathostoma spp.	Magenzystenwürmer	stomach cyst worms, stomach cyst nematodes (of swine)
Gongylonema pulchrum	Ösophagus-Wurm	gullet worm, zigzag worm
Habronema muscae	Pferdemagenwurm u. a.	equine stomach worm a. o.
Haemonchus placei	Großer Rindermagennematode, Großer Rindermagenwurm	Barber's poleworm, large stomach worm (of cattle), wire worm
Helicotylenchus dihystera/ Helicotylenchus nannus	Steiners Spiralälchen	Cobb's spiral nematode, Steiner's spiral nematode (on cowpea/tomato)
Heterakis gallinae	Geflügel-Pfriemenschwanz	cecal worm, caecal worm
Heterakis spp.	Pfriemenschwänze	pinworms a. o.

Heterodera avenae/ Heterodera major	Getreidezystenälchen, Haferzystenälchen, Hafernematode	cereal root nematode, oat cyst nematode, cereal cyst nematode, Ustinov cyst nematode
Heterodera carotae	Karottenzystenälchen, Karottenzystennematode	carrot cyst nematode ("carrot sickness")
Heterodera cruciferae	Kohlzystenälchen, Kohlzystennematode	cabbage cyst nematode ("carrot sickness")
Heterodera glycines	Sojazystenälchen, Sojazystennematode, Sojabohnenzystennematode	soybean cyst nematode (SCN)
Heterodera goettingiana	Erbsenzystenälchen, Erbsenälchen	pea cyst nematode ("pea sickness")
Heterodera humuli	Hopfenzystenälchen, Hopfenzystennematode	hop cyst nematode
Heterodera oryzae	Reiszystenälchen, Reiszystennematode	rice cyst nematode
Heterodera rostochiensis/ Globodera rostochiensis	Kartoffelzystenälchen, Gelbe Kartoffelnematode	golden nematode (golden nematode disease of potato)
Heterodera schachtii	Rübenzystenälchen, Rübenzystennematode, Rübenälchen	beet eelworm, sugar-beet eelworm, beet cyst nematode
Heterodera trifolii	Kleezystenälchen	clover cyst nematode
Heterodera zeae	Maiszystenälchen	corn cyst nematode
Hyostrongylus rubidus	Roter Magenwurm	red stomach worm (of swine)
Loa loa	Afrikanischer Augenwurm, Wanderfilarie	African eye worm
Mansonella ozzardi	Ozzard-Filarie	Ozzard's filaria
Meloidogyne chitwoodi	Columbia-Wurzelgallenälchen	Columbia root-knot nematode
Meloidogyne graminis	Graswurzelgallenälchen	grass root-knot nematode
Meloidogyne hapla	Nördliches Wurzelgallenälchen	northern root-knot nematode
Meloidogyne incognita	Südliches Wurzelgallenälchen	southern root-knot nematode
Meloidogyne javanica	Javanisches Wurzelgallenälchen	Javanese root-knot nematode
Meloidogyne mali	Apfelgallenälchen	apple root-knot nematode
Meloidogyne naasi	Weizenwurzelgallenälchen	root-knot nematode (on wheat)
Meloidogyne spp.	Wurzelgallenälchen	root-knot nematodes, root-knot eelworms
Mesocriconema xenoplax/ Macroposthonia xenoplax/ Criconemella xenoplax/ Criconemoides xenoplax	Ringälchen (der Weinrebe)	ring nematode (on grapevine)

Metastrongylus elongatus/ Metastrongylus apri	Schweine-Lungenwurm, Hausschwein-Lungenwurm	swine lungworm, hog lungworm
Muellerius capillaris	Schaf-Lungenwurm, Ziegen-Lungenwurm	nodular lungworm, sheep lungworm, goat lungworm (a hair lungworm)
Nacobbus aberrans	Falsches Wurzelgallenälchen	false root-knot nematode
Necator americanum	Neuwelt-Hakenwurm	New World hookworm
Nematoda	Fadenwürmer, Nematoden, Rundwürmer (*sensu strictu*)	roundworms, nematodes
Oesophagostomum columbianum	Schafs-Knötchenwurm	sheep nodular worm
Oesophagostomum dentatum	Schweine-Knötchenwurm	porcine nodular worm
Oesophagostomum radiatum	Knötchenwurm	nodular worm
Onchocerca reticulata/ Onchocerca cervicalis	Cervicalis-Fadenwurm*	neck threadworm
Onchocerca volvulus	Knotenwurm	nodular worm, nodule worm, blinding nodular worm
Ostertagia ostertagi	Mittlerer Rindermagennematode, Mittlerer Rindermagenwurm, Brauner Magenwurm	medium stomach worm (bovine stomach worm), brown stomach worm
Oxyuris equi	Pfriemenschwanz des Pferdes	horse pinworm, equine pinworm
Parascaris equorum	Großer Pferdenematode, Großer Pferdespulwurm	large equine roundworm, horse roundworm
Paratylenchus curvitatus	Speerälchen	pin nematode, South African pin nematode
Physaloptera spp.	Magenwürmer u. a.	stomach worms
Pratylenchus pratensis	Wiesenälchen	De Man's meadow nematode (brown rot of tobacco)
Pratylenchus spp.	Wurzelfäule-Älchen	root-lesion nematodes
Probstmayria vivipara	Kleiner Pferdepfriemenschwanz	small pinworm (equine)
Punctodera punctata/ Heterodera punctata	Gräserzystenälchen, Gräserzystennematode	grass cyst nematode
Radopholus similis	Grabender Bananen-Zitrus-Nematode*	burrowing nematode
Rotylenchulus reniformis	Nierenförmiger Nematode	reniform nematode
Setaria equina	Pferdebauchhöhlenfilarie	equine abdominal worm
Sphaerularia bombi	Hummelnematode, Hummelälchen	bumblebee nematode

Spirocerca lupi/ Spirocerca sanguinolenta	Hunde Spirocercose-Wurm, Ösophagus-Rollschwanz, Speiseröhrenwurm	esophageal worm (of dog)
Stephanurus dentatus	Nierenwurm des Schweines	pig kidney worm, swine kidney worm, lard worm of swine
Strongyloides papillosus	Darm-Zwergfadenwurm*	intestinal threadworm (cattle, sheep, goat a. o.)
Strongyloides ransomi	ein Darm-Zwergfadenwurm	intestinal threadworm
Strongyloides westeri	Fohlenwurm, Pferde-Zwergfadenwurm, Kleiner Palisadenwurm, Kleiner Pferdepalisadenwurm, Kleine Strongyliden	equine threadworm
Strongylus gigas/ Dioctophyma renale	Nieren-Riesen-Palisadenwurm	renal blood-red nematode
Strongylus vulgaris	Blutwurm, Großer Palisadenwurm, Roter Palisadenwurm*, Pferdepalisadenwurm, Große Strongyliden	bloodworm
Syngamus trachea	Roter Luftröhrenwurm, Rotwurm, Gabelwurm	gapeworm (of poultry)
Ternidens diminutus	Afrikanischer Kolonwurm	false hookworm
Thelazia lacrymalis	Augenwurm, Augenfadenwurm	eyeworm of horses
Toxocara canis	Hundespulwurm	canine ascarid, canine roundworm, dog roundworm
Toxocara cati	Katzenspulwurm	feline ascarid, feline roundworm, cat roundworm
Toxocara spp.	Spulwürmer u. a.	arrowhead worms
Trichinella spiralis	Trichine	trichina worm
Trichostrongylus axei	Kleiner Rindermagennematode, Kleiner Rindermagenwurm	small stomach worm (of cattle and horses), stomach hair worm
Trichuris spp.	Peitschenwürmer	whipworms
Trilobus gracilis	Süßwassernematode u. a.	freshwater nematode a. o.
Tubatrix aceti	Essigälchen	vinegar eel, vinegar nematode
Tubulanus annulatus	Ringelnemertine	football jersey worm
Uncinaria stenocephala	Hundehakenwurm, Fuchshakenwurm	dog hookworm
Wuchereria bancrofti	Haarwurm, Bancroft-Filarie	Bancroftian filariae
Xiphinema spp.	Mundstachelnematode*	dagger nematodes

VII. Mollusca: Bivalvia – Muscheln – Bivalves

Abra aequalis	Gemeine Atlantische Pfeffermuschel	common Atlantic abra (common Atlantic furrow-shell)
Abra alba	Weiße Pfeffermuschel, Kleine Pfeffermuschel	white abra (white furrow-shell)
Abra nitida	Glänzende Pfeffermuschel	shiny abra (glossy furrow-shell)
Abra prismatica	Lange Pfeffermuschel	prismatic abra, elongate abra (elongate furrow-shell)
Abra spp.	Kleine Pfeffermuscheln	abras (lesser European abras)
Abra tenuis	Platte Pfeffermuschel	flat European abra (flat furrow-shell)
Acanthocardia aculeata	Stachelige Herzmuschel, Große Herzmuschel	spiny cockle
Acanthocardia echinata	Dornige Herzmuschel	prickly cockle, European prickly cockle, thorny cockle
Acanthocardia paucicostata	Schwachgerippte Herzmuschel	poorly ribbed cockle
Acanthocardia spinosa	Sand-Herzmuschel*	sand cockle
Acanthocardia tuberculata	Knotige Herzmuschel, Warzige Herzmuschel	rough cockle, tuberculate cockle, Moroccan cockle
Acar bailyi/ Barbatia bailyi	Miniatur-Archenmuschel	miniature ark
Acropagia crassa	Dickschalige Tellmuschel	blunt tellin
Aequipecten flabellum/ Argopecten flabellum	Afrikanische Fächermuschel*, Afrikanische Fächer-Kammmuschel	African fan scallop

T.C.H. Cole, *Wörterbuch der Wirbellosen / Dictionary of Invertebrates*,
DOI 10.1007/978-3-662-52869-3_7

Aequipecten opercularis	Kleine Pilgermuschel, Bunte Kammmuschel, Kleine Kammmuschel	queen scallop
Americardia media	Atlantische Erdbeer-Herzmuschel*	Atlantic strawberry-cockle
Ammonoidea	Ammoniten	ammonites
Amusium japonicum	Japanische „Sonne und Mond"-Muschel	Japanese sun and moon scallop
Amusium papyraceum	Papier-Kammmuschel	paper scallop
Amusium pleuronectes	Kompassmuschel	Asian moon scallop
Amygdalum papyrium	Atlantische Papiermuschel	Atlantic papermussel
Amygdalum phaseolinum	Bohnen-Papiermuschel	kidney-bean horse mussel, kidney-bean papermussel
Anadara grandis	Riesenarchenmuschel	grand ark
Anadara granosa/ Tegillarca granosa	Genarbte Archenmuschel, Genarbte Arche, Westpazifische Archenmuschel	granular ark (granular ark shell), blood cockle, blood clam
Anadara notabilis	Öhrchenmuschel*, Ohrenarche	eared ark (eared ark shell)
Anadara ovalis	Blutarche*, Blutrote Archenmuschel	blood ark, blood ark clam (blood ark shell)
Anadara subcrenata	Japanische Archenmuschel	mogal clam
Anadara uropygimelana	Verbrannte Archenmuschel	burnt-end ark (burnt-end ark shell)
Anatina anatina	Glatte Ententrogmuschel	smooth duckclam
Angulus fabula/ Fabulina fabula/ Tellina fabula	Gerippte Tellmuschel	bean-like tellin, semi-striated tellin
Angulus incarnatus/ Tellina incarnatus	Rote Tellmuschel	red tellin
Angulus planatus	Mittelmeer-Tellmuschel	Mediterranean tellin
Angulus tenuis/ Tellina tenuis	Platte Tellmuschel, Zarte Tellmuschel, Plattmuschel	thin tellin, plain tellin, petal tellin
Anodonta anatina	Gemeine Teichmuschel, Flache Teichmuschel, „Entenmuschel"	duck mussel
Anodonta cygnea	Große Teichmuschel, Schwanenmuschel, Weiher-Muschel	swan mussel
Anodonta spp.	Teichmuscheln	pond mussels*, floaters
Anodontia alba	Butterblumen-Mondmuschel*	buttercup lucine
Anomia ephippium	Europäische Sattelauster, Sattelmuschel, Zwiebelmuschel, Zwiebelschale	European saddle oyster (European jingle shell)

Anomia simplex	Gewöhnliche Sattelmuschel	common saddle oyster (common jingle shell)
Anomia spp.	Sattelmuscheln	saddle oysters (jingle shells)
Anomiidae	Sattelmuscheln, Zwiebelmuscheln	saddle oysters (jingle shells)
Antalis dentalis (Scaphopoda)	Meerzahn	European tusk
Antalis longitrorsum (Scaphopoda)	Langer Elefantenzahn	elongate tusk
Antalis pretiosum/ Dentalium pretiosum (Scaphopoda)	Indischer Elefantenzahn, Kostbarer Elefantenzahn	Indian money tusk, wampum tuskshell
Antalis tarentinum/ Dentalium vulgare (Scaphopoda)	Gemeiner Elefantenzahn, Gemeine Zahnschnecke	common elephant's tusk, common tusk (common tuskshell)
Antigona lamellaris	Kleine Pazifische Venusmuschel	lamellate venus clam
Antigona magnifica/ Periglypta magnifica	Prächtige Venusmuschel, Hübsche Venusmuschel	magnificent venus clam
Arca imbricata	Schuppige Archenmuschel	mossy ark (mossy ark shell)
Arca noae	Arche Noah, Archenmuschel	Noah's ark (Noah's ark shell)
Arca nodulosa	Knotige Archenmuschel	nodular ark (nodular ark shell)
Arca tetragona	Vierkantige Archenmuschel	tetragonal ark (tetragonal ark shell)
Arca zebra	Truthahnflügel	turkey wing, Atlantic turkey wing
Arcidae	Archenmuscheln	arks (ark shells)
Arcinella arcinella	Stachel-Juwelendose*	spiny jewel box clam, spiny jewel box
Arcinella cornuta	Florida-Stachel-Juwelendose*	Florida spiny jewel box clam, Florida spiny jewel box
Arcopagia crassa/ Tellina crassa	Stumpfe Tellmuschel	blunt tellin
Arctica islandica	Islandmuschel	Icelandic cyprine, Iceland cyprina, ocean quahog
Arcuatula senhousia/ Musculista senhousia/ Musculus senhousia	Asiatische Miesmuschel	Asian date mussel, Asian mussel, bag mussel
Arenomya arenaria/ Mya arenaria	Sandmuschel, Sandklaffmuschel, Strandauster, Große Sandklaffmuschel	sand gaper, soft-shelled clam, softshell clam, large-neck clam, steamer
Argopecten gibbus	Calico-Pilgermuschel, Atlantische Calico-Kammmuschel	Calico scallop, Atlantic Calico scallop, calicot scallop

Argopecten irradians	Karibik-Pilgermuschel, Karibik-Kammmuschel	bay scallop, Atlantic bay scallop
Argopecten irradians concentricus/ Pecten circularis	Runde Pilgermuschel	circular scallop
Argopecten lineolaris/ Aequipecten lineolaris	Wellenlinien-Pilgermuschel	wavy-lined scallop
Argopecten purpuratus	Violette Pilgermuschel, Purpur-Kammmuschel	purple scallop, Peruvian scallop
Argopecten ventricosus/ Argopecten solidulus	Pazifische Calico-Kammmuschel, Gefleckte Kammmuschel	Pacific Calico scallop, Catarina scallop, speckled scallop
Asaphis deflorata	Karibische Sandmuschel*	gaudy asaphis
Asaphis violascens	Pazifische Sandmuschel	Pacific asaphis, violet asaphis
Astarte arctica	Arktische Astarte	Arctic astarte
Astarte borealis	Nördliche Astarte	boreal astarte
Astarte castanea	Kastanien-Astarte, Glatte Astarte	smooth astarte
Astarte crenata	Kerben-Astarte*	crenulate astarte
Astarte elliptica	Elliptische Astarte, Gerippte Astarte	elliptical astarte
Astarte montagui/ Tridonta montagui	Kugel-Astarte, Schmalband-Astarte*	narrow-hinge astarte, Montagu tridonta
Astarte sulcata	Gefurchte Astarte*	sulcate astarte
Astartidae	Astartiden	astartes
Atrina fragilis/ Pinna fragilis	Zerbrechliche Steckmuschel	fragile penshell, fan mussel (fragile fanshell)
Atrina pectinata	Kamm-Steckmuschel*	comb penshell
Atrina rigida	Steife Steckmuschel	stiff penshell
Atrina seminuda	Halbentblößte Steckmuschel*	half-naked penshell
Atrina serrata	Sägezahn-Steckmuschel	sawtooth penshell, saw-toothed penshell
Atrina vexillum	Flaggenmuschel, Flaggen-Steckmuschel	flag penshell
Aulacomya ater	Magellan-Miesmuschel	Magellan mussel, black-ribbed mussel
Barbatia amygdalumtostum	Gebrannte Mandel	burnt-almond ark
Barbatia barbata	Bärtige Archenmuschel, Haarige Arche	bearded ark (bearded ark shell)
Barbatia cancellaria	Rotbraune Archenmuschel	red-brown ark (red-brown ark shell)
Barbatia candida	Weißbärtige Archenmuschel	white-beard ark (white-beard ark shell)

Barbatia foliata	Blättrige Archenmuschel*	leafy ark (leafy ark shell)
Barnea candida	Weiße Bohrmuschel	white piddock
Barnea parva	Kleine Bohrmuschel	Lıttle piddock
Barnea truncata	Westatlantische Schlamm-Bohrmuschel* (eine Amerikanische Bohrmuschel)	Atlantic mud-piddock, Atlantic mud piddock, fallen angel wing
Bassina disjecta/ Callanaitis disjecta	Hochzeitstorten-Venusmuschel	wedding-cake venus
Bivalvia/ Pelecypoda/ Lamellibranchiata	Muscheln	bivalves, pelecypods, "hatchet-footed animals" (clams: sedimentary, mussels: freely exposed)
Botula fusca	Zimtmuschel	cinnamon mussel
Callista chione/ Meretrix chione	Braune Venusmuschel, Glatte Venusmuschel	brown callista, brown venus, smooth venus
Callista erycina	Rote Venusmuschel	red callista, reddish callista, red venus
Cardiidae	Herzmuscheln	cockles (cockle shells)
Carditidae	Trapezmuscheln	carditas, cardita clams
Cardium costatum	Gerippte Herzmuschel	costate cockle
Cardium edule/ Cerastoderma edule	Essbare Herzmuschel, Gemeine Herzmuschel	common cockle, common European cockle, edible cockle
Caribachlomys pellucens/ Pecten imbricatus	Kleine Knopf-Kammmuschel*	little knobbly scallop
Caryocorbula contracta/ Corbula contracta	Schrumpfmuschel*	contracted corbula, contracted box clam
Caryocorbula luteola/ Corbula luteola	Westamerikanische Korbmuschel, Gelbe Korbmuschel	common western corbula, yellow basket clam
Cerastoderma edule/ Cardium edule	Essbare Herzmuschel, Gemeine Herzmuschel	common cockle, common European cockle, edible cockle
Cerastoderma glaucum/ Cerastoderma lamarcki	Lagunen-Herzmuschel, Brackwasser-Herzmuschel	lagoon cockle, brackish cockle
Chama brassica	Kohl-Juwelendose	cabbage jewel box
Chama gryphoides	Gemeine Lappenmuschel, Juwelendose	common jewel box
Chama lazarus	Lazarusklappe, Lazarus-Schmuckkästchen, Stachelige Hufmuschel, Stachelige Gienmuschel	Lazarus jewel box
Chama pacifica	Pazifische Juwelendose	Pacific jewel box

Chamelea gallina/ Venus gallina/ Chione gallina	Gemeine Venusmuschel, Strahlige Venusmuschel	striped venus, chicken venus
Chamelea striatula	Gestreifte Venusmuschel	striped venus clam
Chamidae	Gienmuscheln, Juwelendosen, Hufmuscheln	jewel boxes, jewelboxes
Chione cancellata	Querstreifige Venusmuschel*	cross-barred venus
Chione ovata/ Timoclea ovata	Ovale Venusmuschel	oval venus
Chione subimbricata	Stufige Venusmuschel	stepped venus
Chlamys hastata	Stachelige Kammmuschel, Stachelige Rosa Kammmuschel, Schwimmende Kammmuschel, Speermuschel	spear scallop, spiny scallop, spiny pink scallop, swimming scallop
Chlamys islandica	Isländische Kammmuschel, Island-Kammmuschel	Iceland scallop
Chlamys rubida	Pazifische Rosa Kammmuschel	Pacific pink scallop, pink scallop
Choromytilus chorus	Chormuschel	chorus mussel
Circe scripta	Schrift-Venusmuschel, Schriftmuschel	script venus
Clausinella fasciata/ Venus fasciata	Gebänderte Venusmuschel	banded venus
Clinocardium ciliatum	Isländische Herzmuschel	hairy cockle, Iceland cockle
Cochlodesma praetenue	Fragile Löffelmuschel	European spoon clam
Contradens contradens/ Uniandra contradens	Grüne Thaimuschel, Grüne Jademuschel, Jademuschel, Jadegrüne Muschel	green mussel
Corbicula fluminea	Asiatische Körbchenmuschel, Grobgestreifte Körbchenmuschel, Grobgerippte Körbchenmuschel, Weitgerippte Körbchenmuschel	Asian clam, Asian basket clam, Asian corbicula
Corbicula javanicus	Goldene Körbchenmuschel	yellow clam, yellow mangrove clam, golden clam
Corbula gibba	Korbmuschel, Körbchenmuschel	common corbula, common basket clam
Corbulidae	Korbmuscheln	box clams, little basket clams
Corculum cardissa	Herzmuschel, Echte Herzmuschel, Flache Herzmuschel	true heart cockle
Crassostrea angulata/ Gryphaea angulata	Portugiesische Auster, Greifmuschel	Portuguese oyster

Crassostrea gigas	Riesenauster, Pazifische Auster	Pacific oyster, Pacific giant oyster, giant Pacific oyster, Japanese oyster
Crassostrea rhizophorae	Pazifische Felsenauster	Pacific cupped oyster, mangrove cupped oyster
Crassostrea virginica/ Gryphaea virginica	Amerikanische Auster	American oyster, eastern oyster, blue point oyster, American cupped oyster
Crenatula picta	Bunte Baummuschel	painted tree-oyster
Crenella decussata	Gegitterte Crenella	decussate crenella, cross-sculpture crenella
Cristaria tenuis/ Cristaria discoidea	Grüne Süßwassermuschel	green mussel*
Cryptopecten pallium	Königsmantel	royal cloak scallop
Cryptopecten phrygium	Spatenmuschel	spathate scallop
Ctenoides scabra/ Lima scabra	Raue Feilenmuschel	rough lima, rough fileclam (rough file shell, Atlantic rough file shell)
Cucullaea labiata	Hauben-Archenmuschel	hooded ark (hooded ark shell)
Cuspidaria glacialis	Gletschermuschel*	glacial dipperclam
Cyrtopleura costata	Engelsflügel	angel's wings, angel wing
Dendostrea cristata/ Ostrea cristata	Hahnenkammauster	cock's comb oyster*
Dendostrea frons	Wedel-Kammauster, Wedelauster	frond oyster
Dentaliidae (Scaphopoda)	Zahnschnecken, Elefantenzähne	tusks, tuskshells
Dentalium aprinum (Scaphopoda)	Eberzahnschnecke	boar's tusk
Dentalium corneum (Scaphopoda)	Horn-Zahnschnecke	horned tusk, horned tuskshell
Dentalium elephantinum (Scaphopoda)	Elefantenzahnschnecke	elephant's tusk, elephant's tuskshell
Dentalium entale/ Antalis entale/ Antalis entalis (Scaphopoda)	Nordeuropäische Elefantenzahnschnecke	North European elephant tusk, common elephant tusk
Dentalium pretiosum/ Antalis pretiosum (Scaphopoda)	Indischer Elefantenzahn, Kostbarer Elefantenzahn	Indian money tusk, wampum tuskshell
Dentalium vulgare/ Antalis tarentinum (Scaphopoda)	Gemeiner Elefantenzahn, Gemeine Zahnschnecke	common elephant's tusk, common tusk (common tuskshell)

Donacidae	Stumpfmuscheln, Dreiecksmuscheln, Dreieckmuschel, Sägezähnchen	wedge clams, donax clams (wedge shells)
Donax cuneatus	Wiegenmuschel	cuneate wedge clam, cuneate beanclam, cradle donax
Donax gouldii	Goulds Dreiecksmuschel	Gould's wedge clam, Gould beanclam
Donax scortum/ Hecuba scortum	Ledrige Dreiecksmuschel	leather donax
Donax serra	Südafrikanische Riesen-Dreiecksmuschel	white mussel, giant South African wedge clam
Donax trunculus	Gestutzte Dreiecksmuschel, Sägezahnmuschel	truncate donax, truncated wedge clam
Donax variabilis	Schmetterlings-Dreiecksmuschel	variable coquina, coquina clam, pompano (coquina shell, butterfly shell)
Donax vittatus	Gebänderte Dreiecksmuschel, Gebänderte Sägemuschel, Sägezähnchen	banded wedge clam
Dosinia anus	Greisinnenmuschel	old-woman dosinia
Dosinia concentrica/ Dosinia elegans	Zauberhafte Artmuschel	elegant dosinia
Dosinia exoleta	Gemeine Artmuschel, Artemismuschel, Nordische Venusmuschel	rayed dosinia, rayed artemis
Dosinia lupinus	Glatte Artmuschel, Glatte Artemis, Helle Artemismuschel	smooth dosinia, smooth artemis
Dreissena bugensis/ Dreissena rostriformis bugensis	Quagga-Dreikantmuschel	quagga mussel
Dreissena polymorpha	Dreikantmuschel, Wandermuschel	zebra mussel, many-shaped dreissena
Ennucula tenuis/ Nucula tenuis	Dünnschalige Nussmuschel, Glatte Nussmuschel	smooth nutclam
Ensis directus/ Ensis americanus	Atlantische Schwertmuschel, Amerikanische Schwertmuschel, Gerade Scheidenmuschel	Atlantic jackknife clam
Ensis ensis	Gemeine Schwertmuschel, Schwertförmige Messerscheide, Schwertförmige Scheidenmuschel	common razor clam, narrow jackknife clam, sword razor
Ensis siliqua	Schotenförmige Schwertmuschel, Schotenförmige Messerscheide, Taschenmesser-Muschel, Schotenmuschel	pod razor clam, giant razor clam

Eulamellibranchia	Lamellenkiemer, Blattkiemer	eulamellibranch bivalves
Euvola ziczac/ Pecten ziczac	Zickzack-Kammmuschel	zigzag scallop, Bermuda sand scallop
Filibranchia	Fadenkiemer	filibranch bivalves
Fissidentalium vernedei (Scaphopoda)	Vernedes Zahnschnecke	Vernede's tusk
Flexopecten glaber/ Chlamys glabra/ Chlamys proteus/ Ostrea glabra	Glatte Kammmuschel	smooth scallop
Flexopecten hyalinus	Transparente Kammmuschel	hyaline scallop
Fragum unedo	Erdbeer-Herzmuschel, Pazifische Erdbeermuschel	strawberry cockle
Gafrarium divaricatum	Verzweigte Venusmuschel	forked venus
Galeomma turtoni	Turtons Wieselauge*	Turton's weasel-eye
Gari depressa/ Psammobia depressa	Flache Sandmuschel, Große Flache Sandmuschel	large sunsetclam, flat sunsetclam
Gari fervensis	Violettgestreifte Sandmuschel	Faroe sunsetclam
Gari fucata	Gezeichnete Sandmuschel	painted sunsetclam
Gari ornata	Platte Sandmuschel	ornate sunsetclam
Gastrochaena dubia/ Rocellaria dubia	Europäische Gastrochaena	flask shell, European flask shell
Gemma gemma	Amethystmuschel*	amethyst gemclam
Gibbomodiola adriatica/ Modiolus adriaticus	Adria-Miesmuschel*	Adriatic mussel, tulip mussel, tulip horse mussel
Glaucomone rugosa	Braune Mangrovenmuschel	brown mud mussel, brown mangrove mussel, wrinkled sea-green mussel
Gloripallium pallium/ Chlamys pallium	Mantel-Kammmuschel, Herzogsmantel	mantle scallop, royal cloak scallop
Gloripallium sanguinolenta	Blutfleck-Kammmuschel	blood-stained scallop
Glossus humanus	Ochsenherz, Menschenherz	ox heart, heart cockle
Glycymeridae/ Glycymerididae	Samtmuscheln	dog cockles, bittersweets, bittersweet clams (U.S.)
Glycymeris americana/ Glycymeris gigantea	Riesensamtmuschel	giant bittersweet, American bittersweet, giant American bittersweet
Glycymeris cor	Braune Pastetenmuschel	brown bittersweet*
Glycymeris decussata	Gekreuztrippige Samtmuschel*	decussate bittersweet
Glycymeris formosa	Schöne Samtmuschel	beautiful bittersweet
Glycymeris gigantea/ Glycymeris americana	Riesensamtmuschel	giant bittersweet, American bittersweet

Glycymeris glycymeris	Gemeine Samtmuschel, Archenkammmuschel, Mandelmuschel, Meermandel, Englisches Pastetchen	dog cockle, orbicular ark (combshell)
Glycymeris pectinata	Kamm-Samtmuschel	comb bittersweet
Glycymeris pectiniformis	Kammmuschelartige Samtmuschel	scalloplike bittersweet
Glycymeris pilosa	Echte Samtmuschel, Violette Pastetenmuschel	hairy dog cockle, hairy bittersweet
Glycymeris spp.	Samtmuscheln	dog cockles (Br.), bittersweet clams (U.S.)
Glycymeris subobsoleta	Pazifik-Samtmuschel	Pacific Coast bittersweet, West Coast bittersweet
Glycymeris undata	Gewellte Samtmuschel, Atlantik-Samtmuschel	wavy bittersweet, Atlantic bittersweet, lined bittersweet
Goodallia triangularis	Sanddorn-Astarte	triangular astarte, tiny astarte
Hecuba scortum/ Donax scortum	Leder-Koffermuschel, Ledrige Dreiecksmuschel	leather donax
Heteranomia squamula/ Pododesmus squamula	Kleine Sattelmuschel	prickly jingle, smallest saddle oyster
Heterodonax bimaculatus	Atlantische Falsche Dreiecksmuschel*	false-bean clam
Heterodonax pacificus	Pazifische Falsche Dreiecksmuschel*	Pacific false-bean clam
Hiatella arctica	Arktischer Felsenbohrer, Nördlicher Felsenbohrer	Arctic hiatella, red-nose clam, red nose, wrinkled rock borer, Arctic rock borer
Hiatella rugosa/ Hiatella striata	Gemeiner Felsenbohrer	common rock borer
Hiatellidae	Felsenbohrer	rock borers
Hiatula diphos	Diphos-Sandmuschel	diphos sunset clam, diphos sanguin
Hinnites giganteus	Pazifische Riesen-Felskammmuschel	giant rock scallop
Hippopus hippopus	Pferdehufmuschel	bear's paw clam, bear paw clam (IUCN), horseshoe clam, horse's hoof, strawberry clam
Hippopus porcellanus	Chinesische Hufmuschel	China clam
Hyotissa hyotis	Riesen-Zackenauster, Große Zackenauster	giant honeycomb oyster
Hyotissa inermis/ Ostrea imbricata	Schindelauster*	imbricate oyster

Hyriopsis bialatus	Haifischflossenmuschel, Haifischflossen-Muschel	shark tooth mussel, sharkfin mussel, shark tooth freshwater mussel
Irus irus/ Venerupis irus	Irusmuschel	irus clam
Isognomon alatus	Flache Baumauster*	flat tree-oyster
Isognomon bicolor	Zweifarben-Baumauster*	bicolor purse-oyster
Isognomon janus	Dünnschalige Baumauster	thin purse-oyster
Isognomon radiatus	Strahlenauster*, Strahlenförmige Baumauster*	radial purse-oyster, Lister's tree-oyster
Isognomon recognitus	Westliche Baumauster*	purple purse-oyster, western tree-oyster (purse shell)
Kurtiella bidentata/ Mysella bidentata	Kleine Linsenmuschel	two-toothed Montagu shell
Laevicardium attenuatum	Schlanke Herzmuschel	attenuated cockle
Laevicardium crassum	Norwegische Herzmuschel	Norway cockle, Norwegian cockle
Laevicardium elatum	Pazifische Riesen-Herzmuschel	giant eggcockle, giant Pacific eggcockle
Laevicardium laevigatum	Atlantische Herzmuschel	eggcockle
Laevicardium oblongum	Lange Herzmuschel	oblong cockle
Laevichlamys squamosa/ Chlamys squamosa	Schuppige Kammmuschel	squamose scallop
Lasaeidae	Münzmuscheln*	coin shells
Laternula anatina	Entenlaterne	duck lantern clam
Laternulidae	Laternenmuscheln	lantern clams
Leptonidae	Leptoniden	coin shells
Lima inflata	Bauchige Feilenmuschel	inflated fileclam, inflated lima
Lima lima	Gewöhnliche Feilenmuschel	spiny fileclam, spiny lima (frilled file shell)
Lima scabra/ Ctenoides scabra	Raue Feilenmuschel	rough lima, rough fileclam (rough file shell, Atlantic rough file shell)
Lima vulgaris	Pazifische Feilenmuschel	Pacific fileclam
Limaria hians	Klaffende Feilenmuschel	gaping fileclam
Limidae	Feilenmuscheln	file clams (file shells)
Lindapecten exasperatus/ Aequipecten acanthodes	Distel-Kammmuschel	thistle scallop
Lindapecten muscosus/ Aequipecten muscosus	Raue Kammmuschel	rough scallop

Lioconcha castrensis	Zeltlagermuschel	chocolate flamed venus, camp pitar-venus, tent clam, zigzag venus
Lithophaga aristata	Scheren-Seedattel*	scissor datemussel, scissor date mussel
Lithophaga corrugata/ Lithophaga antillarum	Riesenseedattel	giant datemussel, giant date mussel
Lithophaga lithophaga (see: Petrophaga lithographica)	Seedattel, Steindattel, Meeresdattel	datemussel, common date mussel, European date mussel
Lithophaga spp.	Seedatteln, Meeresdatteln	datemussels, date mussels
Lopha cristagalli	Hahnenkammauster	cock's-comb oyster, cockscomb oyster, coxcomb oyster
Lucina pectinata	Dicke Mondmuschel	thick lucine
Lucinella divaricata	Weißliche Mondmuschel	divaricate lucine
Lucinidae	Mondmuscheln	lucines (hatchet shells)
Lucinisca muricata	Stachlige Mondmuschel	spinose lucine
Lucinoma borealis	Nördliche Mondmuschel	northern lucine, northern lucina
Lutraria lutraria	Ottermuschel	common otter clam, common otter shell
Lutraria oblonga/ Lutraria magna	Längliche Ottermuschel	oblong otter clam, oblong otter shell
Lutrariidae	Ottermuscheln	otter clams
Lyrocardium lyratum	Leier-Herzmuschel	lyre cockle
Lyrodus pedicellatus	Schwarzspitzen-Schiffsbohrwurm*	blacktip shipworm
Lyropecten corallinoides	Korallen-Kammmuschel	coral scallop
Lyropecten subnodosus	Pazifische Löwenpranke	Pacific lion's paw, giant lion's paw
Macoma baltica	Baltische Tellmuschel, Baltische Plattmuschel, Rote Bohne	Baltic macoma
Macoma calcarea	Kalkige Tellmuschel, Kalk-Plattmuschel	chalky macoma
Macoma loveni	Blasige Tellmuschel	inflated macoma
Macoma moesta	Flache Tellmuschel	flat macoma
Mactra stultorum/ Mactra corallina/ Mactra cinerea	Weiße Trogmuschel, Gemeine Trogmuschel, Strahlenkörbchen	rayed trough clam, rayed trough shell, white trough clam, white trough shell
Mactrellona alata	Flügel-Trogmuschel	winged surfclam
Mactrellona exoleta	Reife Trogmuschel	mature surfclam
Mactridae	Trogmuscheln	mactras, trough clams (trough shells)

Mactrotoma californica	Kalifornische Trogmuschel	California surfclam, Californian mactra
Malleidae	Hammermuscheln	hammer oysters
Malleus albus	Weiße Hammermuschel	white hammer-oyster
Malleus candeanus	Amerikanische Hammermuschel, Karibische Hammermuschel	Caribbean hammer-oyster, American hammer oyster, American malleus
Malleus malleus	Häufige Hammermuschel, Schwarze Hammermuschel	common hammer-oyster
Malleus spp.	Hammermuscheln	hammer oysters
Manupecten pesfelis	Katzenpfotenmuschel	cat's paw scallop
Margaritifera auricularia/ Pseudunio auricularius	Riesen-Flussperlmuschel, Große Flussperlmuschel	Spengler's freshwater mussel, giant European freshwater pearl mussel
Margaritifera falcata	Westliche Flussperlmuschel	western pearlshell, western freshwater pearl mussel
Margaritifera margaritifera	Flussperlmuschel	freshwater pearl mussel (Scottish pearl mussel), eastern pearlshell
Megacardita incrassata	Dicke Trapezmuschel	thickened cardita
Mercenaria campechiensis	Südliche Quahog-Muschel	southern quahog
Mercenaria mercenaria	Nördliche Quahog-Muschel	northern quahog, quahog (hard clam)
Meretrix lusoria	Japanische Venusmuschel, Indopazifische Venusmuschel	Japanese hard clam, Asian hard clam, common oriental clam, hamaguri
Meretrix lyrata	Weiße Venusmuschel	lyrate Asiatic hard clam, lyrate hard clam, hard clam, white clam
Microcondylaea bonellii/ Microcondylaea compressa	Kleinzahn-Flussmuschel	
Mimachlamys asperrima/ Chlamys asperrima/ Chlamys australis	Stachlige Kammuschel, Südliche Kammmuschel	doughboy scallop, prickly scallop, austral scallop
Mimachlamys sanguinea/ Chlamys senatoria/ Chlamys nobilis	Feine Kammmuschel, Edle Kammmuschel	senate scallop, noble scallop
Mimachlamys varia/ Chlamys varia	Bunte Kammmuschel	variegated scallop
Mirapecten mirificus	Wundervolle Kammmuschel	miraculous scallop

Mizuhopecten yessoensis/ Patinopecten yessoensis/ Pecten yessoensis	Japanische Kammmuschel	Yesso scallop, giant Ezo scallop, Ezo giant scallop
Modiolaria tumida	Marmor-Bohnenmuschel*	marbled crenella
Modiolula phaseolina	Bohnenförmige Miesmuschel, Bohnenmiesmuschel*	bean horse mussel
Modiolus barbatus/ Lithographa barbatus	Haarige Miesmuschel, Bartige Miesmuschel, Bartmuschel	bearded horse mussel
Modiolus modiolus	Große Miesmuschel	horse mussel, northern horsemussel
Moerella pygmaea/ Tellina pygmaea	Zwerg-Tellmuschel, Winzige Tellmuschel	dwarf tellin
Monia patelliformis	Gerippte Sattelauster, Rippen-Sattelauster	ribbed saddle oyster
Monia patelliformis/ Pododesmus patelliformis	Große Sattelmuschel	ribbed saddle-oyster, ribbed saddle oyster
Montacuta bidentata	Zweizähnige Linsenmuschel	bidentate montacutid
Montacuta substriata	Konkave Linsenmuschel	substriated montacutid
Musculium lacustre/ Sphaerium lacustre	Haubenmuschel, Häubchenmuschel, Teich-Kugelmuschel	lake orb mussel, lake fingernailclam, capped orb mussel
Musculium transversum	Längliche Haubenmuschel, Eckige Häubchenmuschel	oblong orb mussel
Musculus discors	Grüne Bohnenmuschel	discordant mussel, green crenella
Musculus niger	Schwarze Bohnenmuschel	black mussel, black musculus, little black mussel
Musculus subpictus/ Musculus marmoratus/ Modiolarca subpicta	Marmorierte Bohnenmuschel	spotted mussel, marbled mussel, marbled musculus
Mya arenaria/ Arenomya arenaria	Sandmuschel, Sandklaffmuschel, Strandauster, Große Sandklaffmuschel	sand gaper, soft-shelled clam, softshell clam, large-neck clam, steamer
Mya spp.	Klaffmuscheln	gaper clams
Mya truncata	Gestutzte Klaffmuschel, Gestutzte Sandklaffmuschel, Abgestutzte Klaffmuschel	blunt gaper clam, truncate softshell (clam)
Myidae	Klaffmuscheln	gaper clams
Mytilaster minimus	Zwergmiesmuschel	dwarf mussel
Mytilidae/ Mytiloidea	Miesmuscheln	mussels

Mytilopsis leucophaeata/ Congeria cochleata	Brackwasser-Dreieckmuschel, Brackwasser-Dreiecksmuschel, Brackwasserdreiecksmuschel	dark false mussel, Conrad's false mussel, brackish water wedge clam
Mytilus californianus	Kalifornische Miesmuschel	California mussel (common mussel)
Mytilus chilensis	Chilenische Miesmuschel	Chilean mussel
Mytilus crassitesta	Koreanische Miesmuschel	Korean mussel
Mytilus edulis	Gemeine Miesmuschel	blue mussel, bay mussel, common mussel, common blue mussel
Mytilus galloprovincialis	Mittelmeer-Miesmuschel, Blaubartmuschel, Seemuschel	Mediterranean mussel, Padstow mussel, Galician mussel
Mytilus planulatus	Australische Miesmuschel	Australian mussel
Mytilus platensis	Rio-de-la-Plata Miesmuschel	River Plate mussel
Mytilus smaragdinus/ Perna viridis	Grüne Miesmuschel	green mussel
Mytilus trossulus	Pazifische Miesmuschel	northern bay mussel, foolish mussel, Pacific blue mussel
Neotrigonia margaritacea	Australmuschel	Australian brooch clam
Nodipecten nodosus/ Lyropecten nodosus	Löwenpranke	lion's-paw scallop, lion's paw
Nodipecten subnodosus	Pazifische Riesen-Löwenpranke	giant lion's-paw (scallop)
Nototeredo norvagicus/ Teredo norvegica	Nordischer Schiffsbohrwurm, Norwegischer Bohrwurm	Norway shipworm, Norwegian shipworm
Nucula crenulata	Feingekerbte Nussmuschel	crenulate nutclam
Nucula exigua	Pazifische Nussmuschel	iridescent nutclam, Pacific crenulate nutclam
Nucula nitidosa/ Nucula turgida	Glänzende Nussmuschel	shiny nutclam*, shiny nut clam*
Nucula nucleus	Gemeine Nussmuschel	common nut clam, nuclear nut clam
Nucula proxima	Atlantische Nussmuschel	Atlantic nutclam, Atlantic nut clam
Nucula spp.	Nussmuscheln	nut clams, nutclams
Nucula sulcata	Große Nussmuschel, Streifen-Nussmuschel	sulcate nut clam, furrowed nutclam
Nuculacea	Nussmuscheln	nutclams, nut clams
Nuculana minuta	Geschnäbelte Nussmuschel, Kleine Schnabelmuschel	minute nutclam, beaked nutclam
Nuculana pernula	Nördliche Nussmuschel, Große Schnabelmuschel	northern nutclam, northern nut clam, Müller's nutclam, Müller's nut clam

Nuculanidae	Schwanenhalsmuscheln, Schwanenhals-Nussmuscheln	swan-neck nut clams (swan-neck shells), elongate nut clams
Nuculidae	Nussmuscheln	nut clams (nut shells)
Nuttallia nuttallii	Mahagoni-Muschel*	California mahogany-clam, mahogany clam
Ostrea angasi	Australische Plattauster, Australische Flachauster	southern mud oyster, Australian flat oyster, Australian native oyster, Angasi oyster
Ostrea conchaphila	Westamerikanische Auster	Olympia oyster
Ostrea denticulata	Gezähnte Auster	denticulate rock oyster
Ostrea edulis	Europäische Auster, Gemeine Auster	common oyster, flat oyster, European flat oyster
Ostrea equestris	Atlantische Kammauster*	crested oyster
Ostrea lurida	Kleine Pazifik-Auster, Pazifische Plattauster	native Pacific oyster, Olympia flat oyster, Olympic oyster
Ostrea lutaria	Neuseeland-Plattauster	New Zealand dredge oyster
Ostrea puelchana	Argentinische Auster	Argentine flat oyster
Ostrea virginica	Amerikanische Auster	American oyster, eastern oyster
Ostreidae	Austern	oysters
Palliolum tigerinum	Tigermuschel, Tiger-Kammmuschel	tiger scallop
Palliolum tigerinum/ Chlamys tigerina/ Pecten tigerinus	Tiger-Kammmuschel	tiger scallop
Pandora glacialis	Gletscherbüchse*	glacial pandora
Pandoridae	Büchsenmuscheln, Pandoramuscheln	pandoras, pandora's boxes
Panomya norvegica/ Panomya arctica	Arktische Klaffmuschel	Arctic roughmya
Panopea abrupta/ Panopea generosa	Pazifische Panopea, Elefantenrüsselmuschel, Königsmuschel	Pacific geoduck, geoduck (*pronounce:* "gouy-duck"), elephant trunk clam
Panopea bitruncata	Westatlantische Panopea	Atlantic geoduck
Panopea glycymeris	Europäische Panopea	European panopea
Paphia alapapilionis	Schmetterlingsflügel	butterfly venus, butterfly-wing venus
Paphia rhomboides/ Venerupis rhomboides/ Tapes rhomboides	Einfache Teppichmuschel	banded carpetclam, banded venus (banded carpet shell)
Parvicardium exiguum	Dreieckige Herzmuschel, Kleine Herzmuschel	little cockle
Parvicardium hauniense	Kopenhagener Herzmuschel	Copenhagen cockle

Parvicardium pinnulatum/ Parvicardium ovale	Ovale Herzmuschel	oval cockle
Patinopecten caurinus	Pazifische Riesen-Kammmuschel	giant Pacific scallop
Pecten albicans	Japanische Backmuschel*	Japanese baking scallop
Pecten fumatus/ Pecten meridionalis	Australische Jakobsmuschel	Australian scallop
Pecten jacobaeus	Jakobs-Pilgermuschel, Jakobsmuschel	St.James's scallop, great scallop, pilgrim's scallop, pilgrim mussel, great Mediterranean scallop
Pecten maximus	Große Pilgermuschel, Große Jakobsmuschel	great scallop, king scallop, common scallop, coquille St. Jacques, great Atlantic scallop
Pecten novaezealandiae	Neuseeländische Jakobsmuschel	New Zealand scallop
Pecten sulcicostatus	Südafrikanische Kammmuschel, Südatlantische Kammmuschel	South African scallop, South Atlantic scallop
Pectinidae	Kammmuscheln, Pilgermuscheln, Jakobsmuscheln	scallops
Periglypta puerpera	Jugendliche Venusmuschel*	youthful venus
Periglypta reticulata	Gebogene Venusmuschel	reticulated venus
Perna canaliculus	Neuseeland-Miesmuschel, Grünlippmuschel, Große Streifen-Miesmuschel*	New Zealand mussel, channel mussel, New Zealand greenshell^{TM}
Perna perna	Westatlantische Miesmuschel, Braune Miesmuschel	Mexilhao mussel, South American rock mussel, "brown mussel"
Perna viridis/ Mytilus smaragdinus	Grüne Miesmuschel	green mussel
Petricola lapicida	Atlantische Bohrmuschel	boring petricola
Petricolaria pholadiformis/ Petricola pholadiformis	Amerikanische Bohrmuschel	American piddock, false angelwing (U.S.)
Petricolidae	Engelsflügel	piddocks
Pharus legumen	Taschenmessermuschel	bean razor clam
Phaxas pellucidus	Durchsichtige Messerscheide, Durchscheinende Messerscheide, Durchsichtige Scheidenmuschel, Durchscheinende Scheidenmuschel, Kleine Schwertmuschel	transparent razor shell
Pholadidae	Bohrmuscheln, Echte Bohrmuscheln	piddocks
Pholadidea loscombiana	Papierschalige Bohrmuschel*	paper piddock, American rock borer
Pholas campechiensis	Campeche-Bohrmuschel*	Campeche angel wing

Pholas dactylus	Gemeine Bohrmuschel, Große Bohrmuschel, Dattelmuschel	common piddock
Phylloda foliacea/ Tellina foliacea	Goldzunge	foliated tellin, leafy tellin
Pictodentalium formosum (Scaphopoda)	Hübsche Zahnschnecke	beautiful tusk
Pilsbryoconcha exi	Thai-Süßwassermuschel, Tropische Süßwassermuschel	Thai freshwater mussel, golden tropical mussel, tropical freshwater mussel
Pinctada imbricata	Atlantische Perlmuschel	Atlantic pearl-oyster
Pinctada margaritifera/ Pteria margaritifera/ Meleangrina margaritifera	Große Seeperlmuschel, Schwarzlippige Perlmuschel	Pacific pearl-oyster, black-lipped pearl oyster, black-lip pearl oyster
Pinctada martensi	Japanische Perlmuschel	Japanese pearl-oyster, Marten's pearl oyster
Pinctada maxima	Große Perlmuschel	gold-lip pearl-oyster, golden-lip pearl oyster, black silver pearl oyster, mother-of-pearl shell, pearl button oyster
Pinctada penguin	Schwarzflügel-Perlmuschel	blackwing pearl-oyster
Pinctada radiata	Gestreifte Perlmuschel	rayed pearl-oyster
Pinna carnea	Bernstein-Steckmuschel, Fleischfarbene Steckmuschel	amber penshell
Pinna fragilis/ Atrina fragilis	Zerbrechliche Steckmuschel	fragile penshell, fan mussel (fragile fanshell)
Pinna nobilis	Steckmuschel, Edle Steckmuschel, Große Steckmuschel	rough penshell, noble penshell
Pinna rudis	Stachelige Steckmuschel, Durchsichtige Steckmuschel	rude penshell, rough penshell
Pinna squamosa	Gemeine Steckmuschel, Schinkenmuschel	common penshell
Pinnidae	Steckmuscheln	pen shells, fan mussels
Pisidium spp.	Erbsenmuscheln	pea mussels, peaclams (U.S.) (pea shells)
Pisidium amnicum	Große Erbsenmuschel	giant pea mussel, river pea mussel, large pea shell, greater European peaclam (U.S.)
Pisidium casertanum	Gemeine Erbsenmuschel	common pea mussel, caserta pea mussel, ubiquitous peaclam
Pisidium conventus	See-Erbsenmuschel	Alpine peaclam
Pisidium globulare	Sumpf-Erbsenmuschel	globular peaclam

Pisidium henslowanum	Faltenerbsenmuschel, Kleine Falten-Erbsenmuschel	Henslow pea mussel, Henslow's pea mussel, Henslow peaclam
Pisidium hibernicum	Glatte Erbsenmuschel	smooth pea mussel
Pisidium lilljeborgii	Kreisrunde Erbsenmuschel	Lilljeborg pea mussel, Lilljeborg peaclam
Pisidium milium	Eckige Erbsenmuschel	quadrangular pea mussel, quadrangular pillclam, rosy pea mussel
Pisidium moitessieranum	Winzige Falten-Erbsenmuschel, Zwerg-Erbsenmuschel	pygmy pea mussel, Moitessier's pea clam
Pisidium nitidum	Glänzende Erbsenmuschel	shining pea mussel, shiny peaclam
Pisidium obtusale	Stumpfe Erbsenmuschel, Aufgeblasene Erbsenmuschel	obtuse pea mussel
Pisidium personatum	Quell-Erbsenmuschel	
Pisidium pseudosphaerium	Flache Erbsenmuschel, Kugelige Erbsenmuschel	false orb pea mussel, pseudospherical pea mussel*
Pisidium pulchellum	Schöne Erbsenmuschel	beautiful pea mussel
Pisidium subtruncatum	Schiefe Erbsenmuschel	shortended pea mussel, shortended peaclam, short-ended peaclam
Pisidium supinum	Dreieckige Erbsenmuschel	triangular pea mussel, humpbacked peaclam
Pisidium tenuilineatum	Kleinste Erbsenmuschel	fine-lined pea mussel
Pitar dione	Kamm-Venusmuschel	royal comb venus, royal pitar
Pitar fulminatus	Blitzschlagmuschel*	lightning pitar
Pitar morrhuanus	Falsche Quahog-Muschel	false quahog
Placopecten magellanicus	Atlantische Tiefsee-Kammmuschel, Atlantik Tiefsee-Kammmuschel, Atlantischer Tiefseescallop, Übersee-Jakobsmuschel	Atlantic deep-sea scallop, sea scallop
Placuna ephippium	Große Pazifische Sattelauster	greater Pacific saddle oyster
Placuna placenta	Fenstermuschel, Fensterscheibenmuschel, Fensterscheiben-Muschel, Glockenmuschel	windowpane oyster (window shell, jingle shell)
Placuna sella	Gemeine Sattelauster	common saddle oyster
Plagiocardium pseudolima	Riesen-Herzmuschel	giant cockle
Potomida littoralis	Schwarze Rhombische Flussmuschel*	black river mussel (Southwest European)
Pronucula tenuis/ Nucula tenuis/ Ennucula tenuis	Dünnschalige Nussmuschel, Glatte Nussmuschel	smooth nutclam

Proteopecten glaber	Glatte Kammmuschel	bald scallop, smooth scallop
Protobranchiata	Kammkiemer, Fiederkiemer	protobranch bivalves
Psammobia depressa/ Gari gari	Flache Sandmuschel, Große Flache Sandmuschel	flat sunsetclam, large sunsetclam
Psammobiidae	Sandmuscheln	sunsetclams
Pseudammusium clavatum	Gewellte Kammmuschel	club scallop
Pseudammusium peslutrae/ Pseudammusium septemradiatum	Siebenstrahlige Kammmuschel	seven-rayed scallop
Pseudanodonta complanata	Abgeplattete Teichmuschel, Schmale Teichmuschel	compressed river mussel, depressed river mussel
Pseudochama gryphina/ Chama gryphina	Schuppige Hufmuschel	left-handed jewel box
Pteria colymbus	Atlantische Flügelmuschel	Atlantic wing-oyster
Pteria hirundo	Vogelmuschel, Europäische Vogelmuschel, Flügelmuschel, Europäische Flügelmuschel	European wing-oyster (European wing shell)
Pteria longisquamosa	Schuppen-Flügelmuschel	scaly wing-oyster
Pteria penguin	Pinguin-Flügelmuschel	penguin wing-oyster
Pteria tortirostris	Gedrehte Flügelmuschel	twisted wing-oyster
Pteria vitrea	Gläserne Flügelmuschel	glassy wing-oyster
Pteriidae	Vogelmuscheln, Perlmuscheln	wing oysters and pearl oysters
Pycnodonta folium/ Lopha folium/ Ostrea folium	Blattauster	leaf oyster
Pycnodonta frons/ Lopha frons/ Ostrea frons/ Dendrostrea frons	Klammerauster	coon oyster
Quadrula quadrula	Ahornblatt-Flussmuschel, Amerikanische Ahornblatt-Muschel*	mapleleaf mussel, mapleleaf, stranger
Ruditapes philippinarum/ Tapes philippinarum/ Venerupis philippinarum/ Tapes japonica	Japanische Teichmuschel, Japanische Teppichmuschel	Japanese littleneck, short-necked clam, Japanese clam, Manilla clam
Saccostrea cucullata	Deckel-Auster, Deckel-Felsenauster, Südafrikanische Felsenauster, Natal-Felsenauster	hooded oyster, Natal rock oyster
Saccostrea glomerata/ Saccostrea commercialis	Sydney-Felsenauster	Sydney rock oyster, Sydney cupped oyster
Sanguinolaria cruenta	Blutrote Sandmuschel	blood-stained sanguin
Sanguinolaria sanguinolenta	Atlantische Sandmuschel	Atlantic sanguin

Saxidomus ssp.	Buttermuscheln*	butter clams
Scabies crispata	Ornamentmuschel, Grüne Ornamentmuschel	scribbled mussel
Schizothaerus nuttalli	Sommermuschel*	summer clam, gaper
Scorbiculariidae	Pfeffermuscheln	furrow clams (furrow shells)
Scrobicularia plana	Große Pfeffermuschel, Flache Pfeffermuschel	peppery furrow clam (peppery furrow shell)
Semele purpurascens	Purpur-Semele	purplish semele
Semipallium dianae/ Chlamys dianae	Diana Kammmuschel	Diana's scallop
Semipallium fulvicostatum/ Chlamys luculenta/ Pecten luculentus	Weißstreifen-Kammmuschel	white-streaked scallop
Septibranchia	Siebkiemer, Verwachsenkiemer	septibranch bivalves, septibranchs
Serripes groenlandicus	Grönländische Herzmuschel	Greenland cockle
Siliqua costata	Atlantische Messermuschel	Atlantic razor clam
Siliqua patula	Pazifische Messermuschel	Pacific razor clam
Siliqua radiata	Sonnenstrahl-Messermuschel, Sonnenstrahl-Scheidenmuschel	sunset razor clam, sunset siliqua
Siliqua squama	Raue Atlantische Messermuschel	rough razor clam, squamate razor clam
Simomactra dolabriformis	Beilmuschel*, Beil-Trogmuschel*	hatchet surfclam
Sinanodonta woodiana	Chinesische Teichmuschel	Chinese pond mussel
Solecurtidae	Kurze Messermuscheln, Kurze Scheidenmuscheln	short razor clams
Solecurtus scopula	Scheidenmuschel, Gemeine Scheidenmuschel	short razor clam, short razor-shell
Solecurtus strigilatus/ Solecurtus strigillatus	Striegelmuschel, Gemeine Striegelmuschel	scraper clam, rosy razor clam
Solemya borealis	Nördliche Schotenmuschel	boreal awningclam
Solemya grandis	Grosse Schotenmuschel	grand awningclam
Solemya togata	Toga-Schotenmuschel	toga awningclam
Solemya velum	Atlantische Schotenmuschel	Atlantic awningclam
Solen marginatus	Gefurchte Scheidenmuschel	grooved razor clam
Solen vagina	Große Scheidenmuschel	European razor clam
Solen viridis	Grüne Scheidenmuschel	green jackknife clam
Solenidae	Scheidenmuscheln	razor clams (razor shells)
Solenoconchae/ Scaphopoda	Kahnfüßer, Grabfüßer, Scaphopoden	scaphopods, scaphopodians (tooth shells, tusk shells, spade-footed mollusks)

Sphaeriidae	Kugelmuscheln	orb mussels (orb shells, sphere shells)
Sphaerium corneum	Gemeine Kugelmuschel, Hornfarbene Kugelmuschel, Linsenmuschel	horny orb mussel, European fingernailclam
Sphaerium lacustre/ Musculium lacustre	Haubenmuschel, Häubchenmuschel, Teich-Kugelmuschel	lake orb mussel, lake fingernailclam
Sphaerium ovale	Ovale Kugelmuschel	
Sphaerium rivicola	Große Kugelmuschel, Ufer-Kreismuschel, Fluss-Kugelmuschel	nut orb mussel (nut orb shell), river orb mussel, nut fingernailclam
Sphaerium solidum	Dickschalige Kugelmuschel	thickshelled fingernailclam, Witham orb mussel
Sphaerium spp.	Kugelmuscheln	orb mussels, fingernailclams
Spisula elliptica	Kleine Trogmuschel, Elliptische Trogmuschel	elliptical surfclam (elliptical trough shell)
Spisula sachalinensis/ Mactra sachalinensis	Sachalin-Trogmuschel	Sakhalin surfclam, hen clam
Spisula solida	Ovale Trogmuschel, Dickschalige Trogmuschel, Dickwandige Trogmuschel	thick surfclam (thick trough shell)
Spisula solidissima/ Hemimactra gigantea	Atlantische Riesentrogmuschel	Atlantic surfclam, solid surfclam, bar clam
Spisula spp.	Trogmuscheln	surfclams, surf clams a. o. (trough shells)
Spisula subtruncata	Gedrungene Trogmuschel, Stumpfe Trogmuschel, Dreieckige Trogmuschel	cut surfclam (cut trough shell)
Spondylidae	Stachelaustern	thorny oysters
Spondylus americanus	Atlantik-Stachelauster, Atlantische Stachelauster, Amerikanische Stachelauster	Atlantic thorny oyster, American thorny oyster
Spondylus anacanthus	Nackte Stachelauster	nude thorny oyster
Spondylus barbatus	Bärtige Stachelauster	bearded thorny oyster
Spondylus butleri	Butlers Stachelauster	Butler's thorny oyster
Spondylus gaederopus	Stachelauster, Eselshuf, Lazarusklapper	European thorny oyster
Spondylus ictericus	Fingerige Stachelauster*, Gefingerte Stachelauster*	digitate thorny oyster
Spondylus linguaefelis	Katzenzungen-Auster	cat's-tongue oyster
Spondylus princeps	Pazifik-Stachelauster, Pazifische Stachelauster, Panama-Stachelauster	Pacific thorny oyster

Spondylus regius	Königliche Stachelauster	royal thorny oyster
Spondylus squamosus	Schuppige Stachelauster	scaly thorny oyster
Spondylus tenellus	Scharlach-Stachelauster	scarlet thorny oyster
Spondylus wrighteanus	Wrights Stachelauster	Wright's thorny oyster
Striarca lactea	Milchweiße Archenmuschel, Weiße Archenmuschel	milky-white ark
Talochlamys multistriata/ Chlamys tincta	Färber-Kammmuschel	tinted scallop
Talochlamys pusio/ Chlamys distorta	Höckerige Kammmuschel	hunchback scallop
Tapes aureus/ Venerupis aurea/ Paphia aureus	Goldene Teppichmuschel	golden carpetclam, golden venus (golden carpet shell)
Tapes decussatus/ Venerupis decussata	Gekreuzte Teppichmuschel	chequered carpetclam, chequered venus (chequered carpet shell)
Tapes litterata	Buchstaben-Teppichmuschel*	lettered carpetclam, lettered venus (lettered carpet shell)
Tapes rhomboides/ Venerupis rhomboides/ Paphia rhomboides	Einfache Teppichmuschel, Gebänderte Teppichmuschel, Essbare Venusmuschel	banded carpetclam, banded venus (banded carpet shell)
Tellimya ferruginosa	Längliche Linsenmuschel, Rostrote Mondmuschel	rusty Montagu shell
Tellina agilis	Nordatlantische Zwerg-Tellmuschel	northern dwarf-tellin, dwarf tellin
Tellina crassa/ Arcopagia crassa	Stumpfe Tellmuschel	blunt tellin
Tellina fabula/ Angulus fabula/ Fabulina fabula	Gerippte Tellmuschel	bean-like tellin, semi-striated tellin
Tellina foliacea/ Phylloda foliacea	Goldzunge	foliated tellin, leafy tellin
Tellina laevigata	Glatte Tellmuschel	smooth tellin
Tellina lineata	Rosenmuschel*, Rosen-Tellmuschel*	rose-petal tellin, rose tellin, rose petal
Tellina linguaefelis	Katzenzungen-Tellmuschel, Katzenzunge	cat's-tongue tellin
Tellina listeri	Listers Tellmuschel	speckled tellin
Tellina nuculoides/ Tellina salmonea	Pazifische Lachs-Tellmuschel	salmon tellin
Tellina pulcherrima	Zauberhafte Tellmuschel*	beautiful tellin

Tellina radiata	Strahlige Tellmuschel	sunrise tellin (rising sun)
Tellina scobinata	Raspel-Tellmuschel	rasp tellin
Tellina solidula	Hartschalige Tellmuschel	hardshell tellin
Tellina tenuis/ Angulus tenuis	Platte Tellmuschel, Zarte Tellmuschel, Plattmuschel	thin tellin, plain tellin, petal tellin
Tellina virgata/ Tellina pulchella	Gestreifte Tellmuschel (Jungfräuliche Tellmuschel)	virgate tellin, striped tellin
Tellinidae	Tellmuscheln, Plattmuscheln	tellins, sunset clams (sunset shells)
Teredinidae	Pfahlwürmer, Schiffsbohrwürmer	shipworms
Teredo megotara	Schwebende Schiffsbohrmuschel, Schiffsbohrwurm	drifting shipworm
Teredo navalis	Schiffsbohrmuschel, Pfahlwurm	naval shipworm, common shipworm, great shipworm
Teredo norvegica/ Nototeredo norvagicus	Nordische Schiffsbohrmuschel, Nordischer Schiffsbohrwurm	Norway shipworm, Norwegian shipworm
Teskeyostrea weberi	Fadenauster*	threaded oyster
Thracia devexa	Geneigte Thracia	sloping thracia
Thracia myopsis	Arktische Thracia	Arctic thracia
Thracia phaseolina	Weiße Bohne, Schlanke Spatelmuschel	kidneybean thracia, paper thracia
Thracia pubescens	Lange Spatelmuschel	pubescent thracia
Thracia septentrionalis	Nördliche Thracia	northern thracia
Thraciidae	Thracia-Muscheln	thraciids (lantern shells)
Thyasira flexuosa	Gewöhnliche Faltenmuschel, Gewellte Sichelmuschel*	flexuose cleftclam, wavy hatchetclam (wavy hatchet-shell)
Timoclea ovata/ Chione ovata/ Venus ovata	Ovale Venusmuschel	oval venus
Tiostrea chilensis/ Ostrea chilensis	Chilenische Plattauster, Chilenische Flachauster	Chilean flat oyster, bluff oyster
Tivela stultorum	Pismomuschel	Pismo clam
Trapezium oblongum	Lange Riffmuschel	oblong trapezium
Tresus capax	Dicke Klaffmuschel	fat gaper clam
Tresus nuttallii	Pazifische Klaffmuschel	Pacific gaper clam, "horseneck clam"
Tridacna crocea	Krokus-Riesenmuschel, Bohrende Riesenmuschel, Eingewachsene Riesenmuschel	crocus giant clam, crocus clam, boring clam, saffron-coloured clam
Tridacna derasa	Glatte Riesenmuschel	southern giant clam, smooth giant clam

Tridacna gigas	Große Riesenmuschel, Mördermuschel	giant clam, killer clam
Tridacna maxima	Längliche Riesenmuschel, Kleine Riesenmuschel	elongated clam, elongate clam, small giant clam
Tridacna mbalavuana/ Tridacna tevoroa	Teufelsmuschel	devil clam
Tridacna squamosa	Schuppen-Riesenmuschel, Schuppige Riesenmuschel	fluted giant clam, giant fluted clam, fluted clam, scaly clam
Trigoniidae	Dreiecksmuscheln	brooch clams
Trisidos semitorta	Halbgedrehte Archenmuschel	semi-twisted ark
Trisidos tortuosa/ Arca tortuosa	Propeller-Archenmuschel	propeller ark, propellor ark, twisted ark
Unio crassus	Bachmuschel, Kleine Flussmuschel, Gemeine Flussmuschel	common river mussel, common Central European river mussel
Unio pictorum/ Pollicepes pictorum	Malermuschel	painter's mussel
Unio spp.	Flussmuscheln	freshwater mussels
Unio tumidus	Große Flussmuschel, Aufgeblasene Flussmuschel	swollen river mussel
Unionidae	Flussmuscheln	freshwater mussels
Veneridae	Venusmuscheln	venus clams (venus shells)
Venerupis aurea/ Tapes aurea/ Paphia aurea	Goldene Teppichmuschel	golden carpetclam, golden venus (golden carpet shell)
Venerupis decussata/ Tapes decussata	Venusmuschel, Große Teppichmuschel, Kreuzgemusterte Teppichmuschel	cross-cut carpetclam, cross-cut venus (cross-cut carpet shell)
Venerupis geographica/ Venerupis rhomboides/ Tapes rhomboides/ Paphia rhomboides	Einfache Teppichmuschel, Gebänderte Teppichmuschel, Essbare Venusmuschel	banded carpetclam, banded venus (banded carpet shell)
Venerupis philippinarum/ Ruditapes philippinarum/ Tapes philippinarum/ Tapes japonica	Japanische Teichmuschel	Japanese littleneck, short-necked clam, Japanese clam, Manilla clam
Venerupis pullastra/ Venerupis saxatilis/ Venerupis perforans/ Venerupis senegalensis/ Tapes pullastra	Gemeine Teppichmuschel, Kleine Teppichmuschel, Getupfte Teppichmuschel	pullet carpetclam, pullet venus (pullet carpet shell)
Venerupis texturatus	Gewebte Teppichmuschel	textured carpetclam, textured venus

Venus fasciata/ Clausinella fasciata	Gebänderte Venusmuschel	banded venus
Venus gallina/ Chione gallina/ Chamelea gallina	Gemeine Venusmuschel, Strahlige Venusmuschel	striped venus, chicken venus
Venus verrucosa	Warzige Venusmuschel	warty venus
Verpa penis/ Brechites penis	Gießkannenmuschel	common watering pot (clam), watering pot shell
Xylophaga atlantica	Westatlantische Holzbohrmuschel*	Atlantic woodeater, Atlantic wood piddock
Xylophaga dorsalis	Holzbohrmuschel	wood piddock
Ylistrum japonicum/ Amusium japonicum	Japanische Fächermuschel	saucer scallop, sun and moon scallop, Japanese moon scallop
Zirfaea crispata	Krause Bohrmuschel	great piddock, oval piddock
Zirfaea pilsbryii	Raue Bohrmuschel	rough piddock
Zygochlamys delicatula/ Chlamys delicatula/ Pecten delicatula	Dünnschalige Kammuschel	delicate scallop

VIII. Mollusca: Gastropoda (Schnecken/Snails), Placophora (Käferschnecken/Chitons), Aplacophora (Wurmmollusken/Aplacophorans)

Abida secale	Roggenkornschnecke	large chrysalis snail, juniper chrysalis shell
Acanthina monodon	Einhornschnecke	unicorn, one-toothed thais
Acanthina spp.	Einhornschnecken	unicorns, unicorn snails
Acanthinula aculeata	Stachelschnecke	prickly snail
Acanthochitona communis (Polyplacophora)	Gemeine Stachel-Käferschnecke	velvety mail chiton (velvety mail shell)
Acanthochitona crinita/ Acanthochitona fascicularis/ Chiton fascicularis (Polyplacophora)	Europäische Stachel-Käferschnecke	bristly mail chiton (bristly mail shell)
Acanthodoris pilosa	Weichwarzige Sternschnecke	hairy spiny doris
Acanthopleura granulata (Polyplacophora)	Struppige Käferschnecke	West Indian fuzzy chiton, granulated chiton
Achatina achatina	Echte Achatschnecke	common African snail
Achatina fulica	Große Achatschnecke, Gemeine Riesenschnecke, Afrikanische Riesenschnecke	giant African snail, giant African land snail, giant East African land snail
Achatinella spp.	Hawaiianische Baumschnecken	Hawaiian tree snails
Achatinidae	Afrikanische Riesenschnecken	giant African snails
Acicula fusca/ Acme fusca	Braune Nadelschnecke	point snail, brown point snail (point shell)
Acicula lineata	Gestreifte Nadelschnecke	striped point snail
Acicula lineolata	Gestrichelte Nadelschnecke, Gekritzte Nadelschnecke (CH)	

T.C.H. Cole, *Wörterbuch der Wirbellosen / Dictionary of Invertebrates*,
DOI 10.1007/978-3-662-52869-3_8

Aciculidae/ Acmidae	Nadelschnecken	point snails
Acmaea mitra	Pazifische Weiße Schildkrötenschnecke	whitecap limpet, Pacific white tortoiseshell limpet, Pacific white cap limpet
Acmaea virginea/ Tectura virginea	Weiße Schildkröten-Napfschnecke, Weiße Schildkrötenschnecke, Klippkleber, Jungfräuliche Napfschnecke	white tortoiseshell limpet
Acmaeidae	Schildkrötenschnecken	tortoiseshell limpets
Acmidae/ Aciculidae	Nadelschnecken	point snails
Acroloxidae	Teichnapfschnecken	shield snails, lake limpets
Acroloxus lacustris/ Ancylus lacustris	Teichnapfschnecke, Seenapfschnecke	lake limpet, shield snail
Acteon tornatilis	Drechselschnecke, Europäische Drechselschnecke, Gebänderte Drehschnecke	European acteon, lathe acteon, beer barrel
Acteon virgatus	Gestreifte Drechselschnecke	striped acteon
Acteonidae	Drechselschnecken	barrel snails, baby bubbles (barrel shells, small bubble shells)
Aegopinella epipedostoma	Verkannte Glanzschnecke	
Aegopinella minor	Wärmeliebende Glanzschnecke	
Aegopinella nitens	Weitmündige Glanzschnecke	
Aegopinella nitidula	Rötliche Glanzschnecke	waxy glass snail, smooth glass snail, dull glass snail
Aegopinella pura	Kleine Glanzschnecke	clear glass snail, delicate glass snail
Aegopinella ressmanni	Gegitterte Glanzschnecke	
Aegopis verticillus	Riesenglanzschnecke, Wirtelschnecke	large glass snail, giant glass snail
Aeolidia papillosa	Breitwarzige Fadenschnecke	maned nudibranch, plumed sea slug, grey sea slug
Aeolidiacea/ Eolidiacea	Fadenschnecken	aeolidacean snails, aeolidaceans
Aeolidiella glauca	Braungepunktete Fadenschnecke	orange-brown aeolid
Agaronia acuminata	Spitze Scheinolive	pointed ancilla
Agaronia contortuplicata	Gedrehte Scheinolive	twisted ancilla

Agaronia hiatula	Graue Scheinolive	olive-gray ancilla
Agaronia nebulosa	Gefleckte Scheinolive	blotchy ancilla
Agaronia propatula	Weitgeöffnete Scheinolive*	open-mouthed ancilla
Agriolimacidae	Ackerschnecken	field slugs
Agriolimax caruanae/ Limax brunneus/ Deroceras panormitanum	Brauner Uferschnegel	brown slug
Akera bullata	Kugelschnecke, Gemeine Kugelschnecke	common bubble snail
Akera soluta	Papier-Kugelschnecke*	papery bubble snail
Alderia modesta	Salzwiesen-Nacktschnecke	modest alderia
Alinda biplicata/ Balea biplicata	Gemeine Schließmundschnecke	common door snail, Thames door snail (*Br.*)
Allopeas clavulinum	Stachlige Turmschnecke*	spike awlsnail
Allopeas gracile	Anmutige Turmschnecke*	graceful awlsnail
Alvania carina	Gekielte Kleinschnecke*	keeled risso, keeled spire shell
Alvania lactea	Milchweiße Kleinschnecke	milk-white risso, milky white spire shell
Amaea magnifica	Prächtige Wendeltreppe	magnificient wentletrap
Amalda marginata	Geränderte Scheinolive*	margin ancilla
Amauropsis islandica/ Bulbus islandicus	Isländische Mondschnecke, Isländische Bohrschnecke	Iceland moonsnail
Amicula vestita (Polyplacophora)	Arktische Löcher-Käferschnecke	concealed Arctic chiton
Amoria damonii	Damons Walzenschnecke	Damon's volute
Amoria ellioti	Elliots Walzenschnecke	Elliot's volute
Amoria undulata	Wellenlinien-Walzenschnecke	wavy volute, waved volute
Amoria zebra	Zebra-Walzenschnecke	zebra volute
Ampulla priamus	Gefleckte Walzenschnecke, Nordostatlantische Fleckenwalze*	spotted flask
Ampullariidae	Kugelschnecken, Blasenschnecken	apple snails, bubble snails (bubble shells)
Anachis obesa	Dickbauchige Täubchenschnecke*	fat dovesnail
Anatoma crispata	Kräusel-Riss-Schnecke*	crispate scissurelle
Ancilla castanea	Kastanien-Scheinolive	chestnut ancilla
Ancilla cingulata	Goldstreifen-Scheinolive*	Hhoney-banded ancilla
Ancilla cinnamomea	Zimt-Scheinolive*	cinnamon ancilla
Ancilla glabrata	Goldene Scheinolive*	golden ancilla

Ancilla lienardi	Lienardos Scheinolive*	Lienardo's ancilla
Ancula gibbosa	Weiße Griffelschnecke	Atlantic ancula
Ancylidae	Flussnapfschnecken	river limpets, freshwater limpets
Ancylus fluviatilis	Flussnapfschnecke, Gemeine Flussnapfschnecke	river limpet, common river limpet
Ancylus lacustris/ Acroloxus lacustris	Teichnapfschnecke, Seenapfschnecke	lake limpet, shield snail
Anentome helena/ Clea helena	Raub-Turmdeckelschnecke, Raubturmdeckelschnecke	assassin snail, bumble bee snail, killer snail
Angaria delphinus	Delphinschnecke	dolphin snail (dolphin shell)
Angariidae	Delphinschnecken	dolphin snails (dolphin shells)
Anisus leucostoma	Weißmündige Tellerschnecke	white-lipped ram's horn snail, white-lipped ramshorn snail, button ram's horn
Anisus septemgyratus	Enggewundene Tellerschnecke	
Anisus spirorbis	Gelippte Tellerschnecke	
Anisus vortex	Scharfe Tellerschnecke, Spiralige Tellerschnecke	whirlpool ram's horn snail, whirlpool ramshorn snail
Anisus vorticulus	Zierliche Tellerschnecke	lesser whirlpool ram's horn snail, little whirlpool ram's-horn snail, lesser whirlpool ramshorn snail
Aplacophora	Aplacophoren, Wurmmollusken, Wurmmolluscen	aplacophorans
Aplexa hypnorum	Moosblasenschnecke, Moos-Blasenschnecke	moss bladder snail
Aplustrum amplustre/ Hydatina amplustre	Prächtige Papierblase	royal paperbubble
Aplysia dactylomela	Großfleckiger Seehase, Geringelter Seehase, Flügel-Seehase	large-spotted sea hare
Aplysia depilans	Gefleckter Seehase	spotted sea hare
Aplysia fasciata	Band-Seehase, Großer Brauner Seehase	banded sea hare
Aplysia juliana	Gestelzter Seehase*	walking sea hare
Aplysia punctata	Gepunkteter Seehase	dotted sea hare
Aplysia rosea/ Aplysia punctata	Getupfter Seehase, Kleingepunkteter Seehase	small rosy sea hare*, common sea hare
Aplysia spp.	Seehasen	sea hares
Aplysiacea/ Anaspidea	Seehasen, Breitfußschnecken	sea hares

Aporrhais pespelecani	Pelikanfuß, Gewöhnlicher Pelikanfuß	common pelican's foot
Aporrhais serresianus	Mittelmeer-Pelikanfuß, Nadel-Pelikanfuß	Mediterranean pelican's foot
Aporrhiadae	Pelikansfüße	pelican's foot snais
Archachatina marginata	Tropische Riesenachatschnecke	tropical giant snail
Archaeogastropoda/ Diotocardia	Schildkiemer, Altschnecken	limpets and allies, archeogastropods
Archidoris pseudoargus/ Archidoris tuberculata	Meerzitrone, Warzige Sternschnecke	sea lemon
Architectonia laevigata	Glattschalige Sonnenuhrschnecke	smooth sundial (snail)
Architectonica maxima	Riesen-Sonnenuhrschnecke	giant sundial (snail), large sundial
Architectonica nobilis	Amerikanische Sonnenuhrschnecke	American sundial (snail), common American sundial, common sundial
Architectonica perspectiva	Perspektivschnecke, Europäische Sonnenuhrschnecke	clear sundial, European sundial snail
Architectonicidae/ Solariidae	Sonnenschnecken, Sonnenuhrschnecken	sundials, sundial snails (sundial shells, sun shells)
Argna ferrari	Ferraris Puppenschnecke	
Arianta arbustorum	Gefleckte Schnirkelschnecke, Baumschnecke	orchard snail, copse snail
Ariolimax columbianus	Kolumbianische Wegschnecke	Pacific banana slug, giant yellow slug
Arion alpinus	Alpen-Wegschnecke	
Arion ater	Schwarze Wegschnecke, Große schwarze Wegschnecke, Große Wegschnecke	large black slug, greater black slug, black arion, black snail (Scotland)
Arion brunneus	Moor-Wegschnecke	bog slug, bog arion
Arion circumscriptus	Graue Wegschnecke	white-soled slug, grey garden slug, brown-banded arion
Arion distinctus	Gemeine Wegschnecke, Gemeine Garten-Wegschnecke, Distinkte Wegschnecke*	darkface slug, darkface arion
Arion fasciatus	Gelbstreifige Wegschnecke	orange-banded slug, orange-banded arion, banded slug
Arion flagellus	Britische Wegschnecke	Spanish stealth slug, Durham slug

Arion fuscus	Braune Wegschnecke	
Arion hortensis	Gartenschnecke, Helle Gartenschnecke, Garten-Wegschnecke, Gartenwegschnecke	garden slug, garden arion, common garden slug, black field slug
Arion intermedius	Igel-Wegschnecke, Igelschnecke, Kleine Wegschnecke	hedgehog slug, hedgehog arion
Arion lusitanicus	Spanische Wegschnecke, Portugiesische Wegschnecke, Kapuzinerschnecke	Spanish slug, Lusitanian slug
Arion rufus	Große Rote Wegschnecke	large red slug, greater red slug, chocolate arion
Arion silvaticus	Wald-Wegschnecke	forest slug, forest arion, silver slug
Arion spp.	Wegschnecken	slugs, land slugs, roundback slugs
Arion subfuscus	Hellbraune Wegschnecke	dusky slug, dusky arion
Arionidae	Wegschnecken	roundback slugs
Arrhoges occidentalis/ Aporrhais occidentalis	Amerikanischer Pelikansfuß	American pelican's foot, American pelicanfoot
Asolene megastoma/ Pomacea megastoma	Großmündige Apfelschnecke	"big-mouth" apple snail*
Asolene spixi	Zebra-Apfelschnecke	zebra apple snail, spixi apple snail
Assiminea grayana	Kegelige Strandschnecke, Kegelige Marschschnecke, Marschenschnecke	dun sentinel
Astraea heliotropium	Sonnenschnecke	sunsnail (sun shell), sunburst star turban (sunburst star shell)
Astralium calcar/ Astraea calcar	Sternschnecke	spurred starsnail, spurred starshell
Astralium phoebium	Langstachelschnecke*	longspine starsnail
Astyris rosacea/ Mitrella rosacea	Rosa Täubchenschnecke	rosy northern dovesnail
Atlanta peroni	Perons Kielfüßer-Schwimmschnecke*	Peron's sea butterfly
Atlantidae	Rollschwimmschnecken	atlantas
Atys naucum	Weißer Pazifik-Atys	white Pacific glassy-bubble
Aulica aulica/ Cymbiola aulica	Ohr-Walzenschnecke	princely volute
Aulica nobilis/ Cymbiola nobilis	Edle Walzenschnecke	noble volute

Austroginella muscaria	Fliegenschnecke	fly marginella
Azeca goodalli/ Azeca menkeana	Bezahnte Achatschnecke, Bezahnte Glattschnecke	three-toothed moss snail, three-toothed snail, glossy trident shell
Babelomurex babelis	Babylon-Latiaxis-Schnecke	babylon latiaxis
Babelomurex spinosus	Stachelige Latiaxis-Schnecke	spined latiaxis
Babylonia spp.	Babylonische Türme	babylon snails
Balea perversa	Zahnlose Schließmundschnecke	toothless door snail, tree snail
Barleeia unifasciata	Rotspiralschnecke*	red spire snail
Basommatophora (Pulmonata)	Wasserlungenschnecken	freshwater snails
Bathyomphalus contortus	Riementellerschnecke, Riemen-Tellerschnecke	twisted ramshorn
Bela nebula	Perlmutt-Nadelschnecke	nebular needle conch*
Bellamya chinensis/ Cipangopaludina chinensis	Torpedoschnecke	Chinese mystery snail, black snail, trapdoor snail
Berthella plumula	Gelbmantel-Flankenkiemer*, Gelber Atlantischer Flankenkiemer	yellow-plumed sea slug
Bielzia coerulans	Blauschnegel	Carpathian blue slug
Biomphalaria glabrata	Blutegel-Tellerschnecke*, Bilharziose-Tellerschnecke*	bloodfluke planorb
Biplex perca/ Gyrineum perca	Ahornblatt-Triton	winged triton, maple leaf triton
Biserramenia psammobionta (Aplacophora)	Sand-Furchenfuß	sand glistenworm*
Bithynia leachii	Bauchige Schnauzenschnecke, Runde Langfühlerschnecke, Kleine Schnauzenschnecke	globose bithynia, Leach's bithynia
Bithynia tentaculata	Gemeine Schnauzenschnecke, Große Langfühlerschnecke	common bithynia, faucet snail
Bithynia troschelii	Bauchige Schnauzenschnecke	
Bithyniidae	Schnauzenschnecken	faucet snails
Bittium reticulatum	Netzhörnchen, Hornschnecke, Mäusedreck, Kleine Gitterschnecke	needle whelk (needle shell)
Boettgerilla pallens	Wurmnacktschnecke, Wurmschnegel, Wurmschnecke	worm slug
Boettgerillidae	Wurmnacktschnecken, Wurmschnegel	worm slugs
Bolinus brandaris/ Murex brandaris	Brandhorn, Herkuleskeule	purple dye murex, dye murex

Bolinus cornutus	Horn-Stachelschnecke, Gehörnte Stachelschnecke	horned murex
Bolma rugosa/ Astraea rugosa/ Astralium rugosum/ Turbo rugosus	Stachelschnecke, Roter Runzelstern, Rote Turbanschnecke	spiny topsnail, rough turbo (snail), rough starshell, rough star shell
Boreotrophon truncatus/ Trophon truncatus	Abgestutzte Purpurschnecke	bobtail trophon
Borysthenia naticina	Fluss-Federkiemenschnecke	
Brachystomia scalaris/ Odostomia scalaris	Gestufte Pyramidenschnecke	mussel pyramidsnail, mussel pyramid shell, mussel slurper (from the Dutch)
Bradybaenidae	Strauchschnecken	bush snails
Brotia henriettae	Genoppte Turmdeckelschnecke	burmese horn snail
Brotia herculea	Riesen-Turmdeckelschnecke, Riesenturmdeckelschnecke, Herkules-Turmdeckelschnecke	giant tower cap snail
Brotia pagodula	Pagoden-Turmdeckelschnecke, Pagodenschnecke, Stachelige Turmdeckelschnecke	horned armour snail, pagoda snail, porcupine snail
Buccinidae	Hornschnecken	whelks
Buccinulum corneum	Spindelhorn	horn whelk, spindle euthria whelk
Buccinum leucostoma	Gelbmund-Wellhornschnecke	yellow-mouthed whelk, yellow-lipped buccinum
Buccinum undatum	Wellhornschnecke, Gemeine Wellhornschnecke, Wellhorn	common whelk, edible European whelk, waved whelk, buckie, common northern whelk
Buccinum zelotes	Hohe Wellhornschnecke	superior buccinum
Bufonaria bufo/ Bursa bufo	Kastanien-Froschschnecke*	chestnut frogsnail
Bufonaria crumena/ Bursa crumena	Täschchen-Froschschnecke*	purse frogsnail, frilled frogsnail
Bufonaria echinata/ Bursa echinata	Stachel-Froschschnecke, Stachelige Froschschnecke	spiny frogsnail
Bufonaria elegans/ Bursa elegans	Schön-Froschschnecke	elegant frogsnail
Bufonaria margaritula/ Bufonaria nobilis/ Bursa margaritula/ Bursa nobilis	Edle Froschschnecke	noble frogsnail

Bufonaria rana/ Bursa rana	Gemeine Froschschnecke	common frogsnail
Bulbus fragilis	Zerbrechliche Mondschnecke	fragile moonsnail
Bulbus islandicus/ Amauropsis islandica	Isländische Mondschnecke, Island-Mondschnecke	Iceland moonsnail
Bulgarica cana	Graue Schließmundschnecke	grey door snail*
Bulgarica vetusta	Schlanke Schließmundschnecke	
Bulimulidae	Baumschnecken	treesnails
Bulla ampulla	Ampullenschnecke, Ampullen-Blasenschnecke	flask bubble snail, ampulle bulla, ampulle bubble
Bulla botanica	Australische Blasenschnecke	Australian bubble snail
Bulla solida	Dickschalige Blasenschnecke	solid bubble snail
Bulla striata	Gemeine Blasenschnecke	striate bubble snail, common Atlantic bubble
Bullata bullata	Blasige Randschnecke	blistered marginsnail (blistered margin shell), bubble marginella
Bullia mauritiana	Mauritische Bullia	Mauritian bullia, Mauritius bullia
Bullia tranquebarica	Gestreifte Sandschnecke	lined bullia, Belanger's bullia
Bullina exquisita	Besondere Blasenschnecke	exquisite bubble snail
Bullina lineata	Streifen-Blasenschnecke, Streifenblase	lined bubble snail
Bursa bubo	Knotige Froschschnecke, Riesenfroschschnecke	giant frogsnail
Bursa granularis	Körnige Froschschnecke	granulate frogsnail
Bursa grayana	Schöne Froschschnecke	elegant frogsnail
Bursa rubeta	Rotmund-Froschschnecke*	ruddy frogsnail
Bursa scrobilator	Pocken-Froschschnecke	pitted frogsnail
Bursa verrucosa	Warzige Froschschnecke	warty frogsnail
Bursatella leachii	Fädriger Seehase, Blaupunkt-Seehase	ragged sea hare, shaggy sea hare, hairy sea hare, blue-spotted sea hare
Bursidae	Froschschnecken	frog snails (frog shells)
Busycon candelabrum	Kandelaber-Wellhorn	splendid whelk, candelabrum whelk
Busycon carica	Warzige Wellhornschnecke*, Stachlige Feige	knobbed whelk
Busycon coarctatum	Rüben-Wellhorn*	turnip whelk

Busycon contrarium	Blitzschnecke, Linksgewundene Wellhornschnecke	lightning whelk, left-handed whelk
Busycon perversum	Blitzschnecke, Linksgewundene Feige	perverse whelk
Busycon spp.	Wellhornschnecken	whelks
Busyconidae	Wellhornschnecken, Helmschnecken	whelks
Busycotypus canaliculatus/ Busycon canaliculatum	Gefurchte Wellhornschnecke*, Gekrönte Feige	channeled whelk
Busycotypus spiratus/ Busycon spiratum	Birnenschnecke, Birnenwellhorn	pearwhelk, pear whelk, true pear whelk
Bythinella austriaca	Österreichische Quellschnecke	Austrian springsnail
Bythinella badensis	Badische Quellschnecke	a springsnail
Bythinella bavarica	Bayerische Quellschnecke	Bavarian springsnail
Bythinella compressa	Rhön-Quellschnecke	a springsnail
Bythinella dunkeri	Dunkers Quellschnecke	Dunker's springsnail
Bythinella padana	Schmidts Quellschnecke	Schmidt's springsnail
Bythinella pupoides	Puppen-Quellschnecke	a springsnail
Bythiospeum acicula	Kleine Brunnenschnecke	lesser springsnail*
Bythiospeum alpinum	Alpen-Brunnenschnecke	Alpine springsnail
Bythiospeum charpyi	Charpys Brunnenschnecke	Charpy's springsnail
Bythiospeum dubium	Lichtliebende Brunnenschnecke	a springsnail
Bythiospeum exiguum	Randecker-Maar-Brunnenschnecke	a springsnail
Bythiospeum francomontanum	Freiberger Brunnenschnecke	a springsnail
Bythiospeum gonostoma	Degenfelder Brunnenschnecke	a springsnail
Bythiospeum helveticum	Schweizer Brunnenschnecke	Swiss springsnail
Bythiospeum labiatum	Gelippte Brunnenschnecke	a springsnail
Bythiospeum pellucidum	Durchsichtige Brunnenschnecke	a springsnail
Bythiospeum putei	Festschalige Brunnenschnecke	a springsnail
Bythiospeum rhenanum	Oberrheinische Brunnenschnecke	Upper Rhine valley springsnail
Bythiospeum saxigerum	Heuberg-Brunnenschnecke	a springsnail
Bythiospeum sterkianum	Sterkis Brunnenschnecke	Sterki's springsnail
Bythiospeum suevicum	Schwäbische Brunnenschnecke	Swabian springsnail

Bythiospeum taxisi	Thurn-und-Taxis-Brunnenschnecke	Thurn-und-Taxis springsnail
Cabestana cutacea	Borken-Tritonshorn	Mediterranean bark triton
Cadlina laevis	Weiße Sternschnecke, Glatte Prachtsternschnecke	white Atlantic cadlina, white sea slug*
Caecum glabrum	Gemeine Sandohrschnecke, Zwerghörnchen	smooth blind shell
Calliostoma annulatum	Gebänderte Kreiselschnecke	purple-ring topsnail, blue-ring topsnail, ringed top snail (ringed top shell)
Calliostoma conulum	Rotbraune Kreiselschnecke	rusty topsnail
Calliostoma monile	Rotgepunktete Kreiselschnecke*	monile topsnail, Australian necklace topsnail
Calliostoma occidentale	Boreale Kreiselschnecke, Perlkreiselschnecke*	boreal topsnail, pearly topsnail
Calliostoma zizyphinum	Bunte Kreiselschnecke	painted topsnail, European painted topsnail, painted top shell
Callipara kurodai	Kurodas Lyria	Kuroda's lyria volute
Callochiton laevis (Polyplacophora)	Rote Käferschnecke	red chiton
Callochiton septemvalvis (Polyplacophora)	Rosrrote Käferschnecke, Siebenschild-Käferschnecke*	smooth European chiton, seven-plated chiton*
Calpurnus verrucosus	Fingernagel-Eischnecke	umbilical ovula snail, umbilical egg shell, warty egg cowrie, little egg cowrie
Calyptraea centralis	Rund-Mützenschnecke*	circular cup-and-saucer limpet, circular Chinese hat
Calyptraea chinensis	Chinesenhut, Chinesenhütchen	Chinaman's hat, Chinese cup-and-saucer limpet, Chinese hat
Calyptraeidae/ Crepidulidae	Mützenschnecken, Haubenschnecken	cup-and-saucer limpets, slipper limpets, slipper shells
Campylaea planospirum/ Chilostoma planospirum	Flache Felsenschnecke	
Cancellaria cancellata	Echte Gitterschnecke, Gegitterte Muskatnuss	cancellate nutmeg, lattice nutmeg
Cancellaria nodulifera	Knorrige Gitterschnecke	knobbed nutmeg
Cancellaria piscatoria	Fischernetz-Gitterschnecke	fishnet snail, fisherman's nutmeg, fishnet nutmeg
Cancellaria pulchra/ Trigonostoma pulchra	Hübsche Gitterschnecke	beautiful nutmeg
Cancellaria reticulata	Ostatlantische Gitterschnecke, Gemeine Muskatnuss	common nutmeg, common East-Atlantic nutmeg

Cancellaria spirata	Spiral-Gitterschnecke	spiral nutmeg, spiraled nutmeg
Cancellariidae	Gitterschnecken	nutmeg snails, nutmegs (nutmeg shells)
Cancilla praestantissima	Hohe Mitra	superior mitre, superior miter
Candidula gigaxii	Helle Heideschnecke	eccentric snail
Candidula intersecta/ Helicella caperata	Gefleckte Heideschnecke	wrinkled snail
Candidula unifasciata	Quendelschnecke	a variable land snail
Cantareus apertus/ Helix aperta	Grunzschnecke, Zischende Weinbergschnecke, Singende Weinbergschnecke	singing snail, green garden snail, green gardensnail
Cantharidus opalus	Opal-Kreiselschnecke	opal jewel topsnail
Cantharidus striatus	Gefurchte Kreiselschnecke*	grooved topsnail
Cantharus assimilis	Grauer Pokal	gray goblet whelk
Cantharus erythrostomus	Rotmund-Pokal	red-mouth goblet whelk
Cantharus melanostomus	Schwarzmund-Pokal	black-mouthed goblet whelk
Cantharus undosus	Wellenpokal	waved goblet whelk, wavy goblet whelk
Capulidae	Haubenschnecken (Mützenschnecken) (inkl. Haarschnecken)	cap limpets, capsnails (incl. Hairysnails)
Capulus incurvus	Eingekrümmte Haubenschnecke*	incurved capsnail
Capulus ungaricus	Ungarkappe	Hungarian capsnail, fool's cap (bonnet shell)
Caracollina lenticula	Land-Linsenschnecke	
Carinaria cristata	Glasboot	glassy nautilus
Carinaria lamarcki	Kielfußschnecke, Schwimmende Mütze	Lamarck's nautilus
Carychium minimum	Bauchige Zwergschnecke, Bauchige Zwerghornschnecke	short-toothed herald snail, herald thorn snail (US), herald snail, sedge snail
Carychium tridentatum	Dreizahn-Zwerghornschnecke, Schlanke Zwerghornschnecke	long-toothed herald snail, dentate thorn snail (US), slender herald snail (Br.)
Cassidae	Sturmhauben, Helmschnecken	helmet snails (helmet shells)
Cassidaria echinophora/ Galeoda echinophora	Stachelige Helmschnecke, Stachel-Helmschnecke	spiny helmet snail, Mediterranean spiny bonnet
Cassidula aurisfelis	Katzenohr	cat's ear cassidula, cat's ear helmet snail

Cassidula nucleus/ Cassidula mustelina	Gebänderte Ohrenschnecke, Mangroven-Helmschnecke	banded mangrove ear snail, banded mangrove helmet snail, nucleus cassidula
Cassis cornuta	Große Sturmhaube, Gehörnte Helmschnecke	horned helmet, giant helmet
Cassis flammea	Flammen-Helmschnecke	flame helmet, princess helmet
Cassis madagascariensis	Kaiserliche Helmschnecke	cameo helmet, queen helmet, emperor helmet
Cassis nana	Zwerg-Helmschnecke	dwarf helmet
Cassis saburon	Afrikanische Helmschnecke	African helmet
Cassis sulcosa	Gefurchte Sturmhaube, Gefurchte Helmschnecke	grooved helmet
Cassis tuberosa	Königshelm	Caribbean helmet, king helmet
Catascopia occulta	Verborgene Sumpfschnecke	
Catinella arenaria	Salzbernsteinschnecke	sand-bowl amber snail, sandbowl snail, sand amber snail
Caudofoveata	Schildfüßer	caudofoveates
Causa holosericum/ Isognomostoma holosericum	Genabelte Maskenschnecke	a helicid land snail
Cavolinia tridentata	Dreizahn-Seeschmetterling	three-tooth cavoline, three-toothed cavoline
Cavolinia uncinata	Haken-Seeschmetterling	uncinate cavoline, hooked cavoline
Cecilioides acicula	Blindschnecke, Blinde Turmschnecke, Nadelschnecke	blind awlsnail, blind snail, agate snail
Cecilioides aperta	Stumpfe Turmschnecke*	obtuse awlsnail
Cecilioides veneta	Bauchige Blindschnecke	
Celetaia persculpta	Blaue Turboschnecke	blue turbo snail
Cellana exarata	Schwarze Napfschnecke	black limpet
Cellana talcosa	Talkum-Napfschnecke	talcum limpet
Cepaea hortensis	Gartenschnirkelschnecke	white-lip gardensnail, white-lipped snail, garden snail, smaller banded snail
Cepaea nemoralis	Schwarzmündige Bänderschnecke, Hain-Schnirkelschnecke, Hainbänderschnecke	brown-lipped snail, grove snail, grovesnail, English garden snail, larger banded snail, banded wood snail
Cepaea sylvatica	Berg-Bänderschnecke, Fleckenstreifige Bänderschnecke, Wald-Schnirkelschnecke	forest-dwelling banded snail*

Cepaea vindobonensis	Gerippte Schnirkelschnecken	a banded snail
Cephalaspidea/ Kephalaspidea	Kopfschildschnecken, Kopfschildträger	bubble snails
Ceraesignum maximum/ Dendropoma maximum	Horndeckel-Wurmschnecke	great wormsnail, great worm shell
Ceratostoma burnetti	Burnetts Dornen-Stachelschnecke	Burnett's murex, Burnett's purpura, thorn purpura
Ceratostoma foliatum	Blattförmige Dornen-Stachelschnecke	leafy hornmouth, foliate thornmouth, leafy thornmouth, foliate thorn purpura
Cerithidea obtusa	Stumpfe Schlammschnecke, Stumpfe Hornschnecke	obtuse hornsnail, obtuse horn shell, mud creeper
Cerithideopsilla cingulata/ Cerithidea cingulata	Gürtel-Schlammschnecke	girdled hornsnail (girdled horn shell)
Cerithideopsis costata/ Cerithidea costata	Gerippte Schlammschnecke	costate hornsnail
Cerithiidae	Nadelschnecken, Hornschnecken	ceriths, cerithids, hornsnails (horn shells), needle whelks
Cerithium atratum	Dunkle Nadelschnecke	dark cerith, Florida cerith
Cerithium eburneum	Elfenbein-Nadelschnecke	ivory cerith
Cerithium litteratum	Veränderliche Nadelschnecke	stocky cerith
Cerithium lutosum	Atlantische Zwerg-Nadelschnecke	dwarf Atlantic cerith
Cerithium muscarum	Fliegenfleck-Nadelschnecke	flyspeck cerith, fly-specked cerith
Cerithium noduloum	Große Höckrige Nadelschnecke	giant knobbed cerith
Cerithium vulgatum/ Gourmya vulgata	Gemeine Nadelschnecke, Gemeine Hornschnecke, Gemeine Seenadel	European cerith, common cerith
Cernuella cisalpina	Ödland-Heideschnecke	maritime gardensnail
Cernuella ionica	Adria-Heideschnecke	
Cernuella neglecta	Rotmündige Heideschnecke	red-mouthed banded snail, neglected dune snail
Cernuella virgata	Sandheideschnecke, Gebänderte Heideschnecke, Veränderliche Trockenschnecke, Mittelmeer-Heideschnecke	banded snail, striped snail, vineyard snail, maritime gardensnail, common white snail, Mediterranean snail
Chaetoderma nitidulum (Aplacophora)	Gemeiner Schildfuß	glistenworm a. o.
Chaetopleura apiculata (Polyplacophora)	Gerippte Westindische Käferschnecke	West Indian ribbed chiton

Chaetopleura apiculata (Polyplacophora)	Gemeine Ostatlantische Käferschnecke, Bienenchiton	eastern beaded chiton, common eastern chiton, bee chiton (common American Atlantic coast chiton)
Chaetopleura papilio (Polyplacophora)	Schmetterlingschiton	butterfly chiton
Charonia lampas/ Tritonium nodiferum	Trompetenschnecke, Kinkhorn, Knotiges Tritonshorn	knobbed triton
Charonia tritonis	Pazifisches Tritonshorn, Echtes Tritonshorn	trumpet triton, Pacific triton, giant triton, triton's trumpet
Charonia variegata	Atlantisches Tritonshorn	Atlantic triton
Charpentieria dyodon	Simplon-Schließmundschnecke	
Charpentieria itala	Italienische Schließmundschnecke	
Cheilea equestris	Falsche Mützenschnecke*	false cup-and-saucer limpet
Chelidonura varians	Veränderliche Kopfschildschnecke	blue velvet headshield slug
Chicomurex laciniatus	Gelappte Stachelschnecke	laciniate murex, laciniated murex
Chicomurex superbus	Fantastische Stachelschnecke, Superbe Stachelschnecke	superb murex
Chicomurex venustulus	Bezaubernde Stachelschnecke*, Reizvolle Stachelschnecke*	charming murex
Chicoreus aculeatus	Kronleuchter-Stachelschnecke*	pendant murex
Chicoreus asianus	Japanische Stachelschnecke	Asian murex
Chicoreus axicornis	Bogenhorn-Stachelschnecke*, Axisgeweih-Stachelschnecke*	axicornis murex, centre-horned murex
Chicoreus banksii	Banks-Stachelschnecke*	Banks' murex
Chicoreus brevifrons	Kurzdornige Stachelschnecke	West Indian murex, short-frond murex, lace short-frond murex
Chicoreus brunneus	Gebrannte Stachelschnecke*	burnt murex, adusta murex
Chicoreus capucinus	Mangroven-Stachelschnecke*	mangrove murex
Chicoreus cornucervi	Hirschgeweih-Stachelschnecke	monodon murex
Chicoreus damicornis	Langhorn-Stachelschnecke*, Damgeweih-Stachelschnecke*	long-horned murex
Chicoreus florifer/ Chicoreus dilectus	Rüschen-Stachelschnecke*	flowery lace murex

Chicoreus nobilis	Edle Stachelschnecke	noble murex
Chicoreus orchidiflorus	Orchideen-Stachelschnecke	orchid murex
Chicoreus palmarosae	Rosenzweigschnecke, Rosenzweig-Stachelschnecke	rose-branch murex, rose-branched murex
Chicoreus ramosus	Riesenstachelschnecke, Riesen-Murex	giant murex, branched murex, ramose murex, ram's murex
Chicoreus saulii	Sauls Stachelschnecke	Saul's murex
Chicoreus spectrum	Gespenst-Stachelschnecke	ghost murex, spectre murex
Chicoreus torrefactus	Sengfarbenschnecke	scorched murex, firebrand murex
Chicoreus venustulus	Liebliche Stachelschnecke	lovely murex
Chicoreus virgineus	Jungfräuliche Stachelschnecke, Jungfrauen-Murex	virgin murex
Chilostoma achates	Fischäugige Felsenschnecke	
Chilostoma cingulatum	Große Felsenschnecke	great rock snail
Chilostoma glaciale	Kar-Felsenschnecke	
Chiton articulatus (Polyplacophora)	Glatte Panama-Käferschnecke	smooth Panama chiton
Chiton marmoratus (Polyplacophora)	Marmor-Käferschnecke, Marmorchiton	marbled chiton
Chiton olivaceus (Polyplacophora)	Bunte Käferschnecke, Mittelmeer-Chiton	variable chiton, Mediterranean chiton
Chiton squamosus (Polyplacophora)	Schuppige Käferschnecke	squamose chiton
Chiton striatus (Polyplacophora)	Prachtchiton	striate chiton
Chiton tuberculatus (Polyplacophora)	Grüne Westindische Käferschnecke, Grüne Westindische Chiton	West Indian green chiton, common West Indian chiton
Chiton tulipa (Polyplacophora)	Tulpen-Käferschnecke	tulip chiton
Chondrina arcadica/ Chondrina clienta	Feingerippte Haferkornschnecke, Östliche Haferkornschnecke	a snaggletooth snail
Chondrina avenacea	Westliche Haferkornschnecke	a snaggletooth snail
Chondrina megacheilos	Weitmündige Haferkornschnecke	
Chondrinidae	Kornschnecken	snaggletooth snails
Chondrula tridens	Dreizahn-Turmschnecke, Dreizahn-Vielfraßschnecke	
Chromodoris quadricolor/ Glossodoris quadricolor	Gestreifte Pyjamaschnecke	striped pyjama nudibranch

Ciliatovelutina lanigera/ Velutina lanigera	Woll-Samtschnecke*	woolly velutina, woolly lamellaria, wooly lamellaria
Ciliella ciliata	Gewimperte Laubschnecke	
Cionella lubrica/ Cochlicopa lubrica	Gemeine Achatschnecke, Gemeine Glattschnecke, Glatte Achatschnecke	slippery moss snail, glossy pillar snail (US)
Cionella lubricella/ Cochlicopa lubricella	Kleine Achatschnecke, Kleine Glattschnecke	lesser slippery moss snail, thin pillar snail (US)
Cionella morseana/ Cochlicopa morseana	Appalachen-Achatschnecke	appalachian pillar snail (US)
Cionella nitens/ Cochlicopa nitens	Glänzende Achatschnecke, Glänzende Glattschnecke	robust slippery moss snail, robust pillar snail (US)
Cionella repentina/ Cochlicopa repentina	Mittlere Achatschnecke, Mittlere Glattschnecke	intermediate moss snail, intermediate pillar snail
Cionellidae/ Cochlicopidae	Achatschnecken, Glattschnecken	slippery moss snails, pillar snails
Cipangopaludina leucythoides	Tiger-Turmdeckelschnecke, Tigerturmdeckelschnecke, Grüne Torpedo-Schnecke	tiger tuba snail, cleaner snail, green tiger snail, green torpedo snail
Clanculus pharaonius	Pharaonenklapper	strawberry top
Clausilia bidentata	Zweizähnige Schließmundschnecke	two-toothed door snail, common door snail
Clausilia cruciata	Scharfgerippte Schließmundschnecke	sharp-ribbed door snail*
Clausilia dubia	Gitterstreifige Schließmundschnecke	craven door snail
Clausilia parvula	Kleine Schließmundschnecke, Zierliche Schließmundschnecke	dwarf door snail
Clausilia pumila	Keulige Schließmundschnecke	clublike door snail*
Clausilia rugosa	Kleine Schließmundschnecke	tiny door snail
Clausiliidae	Schließmundschnecken	door snails, clausiliids
Clea helena/ Anentome helena	Raub-Turmdeckelschnecke, Raubturmdeckelschnecke, Raubschnecke	assassin snail, killer snail, bumble bee snail
Clione limacina	Nackter Seeschmetterling*	naked sea butterfly
Clithon corona	Geweihschnecke	horned nerite, thorn nerite
Clithon diadema	Diademschnecke, Zebra-Geweihschnecke, Zebra-Hörnchenschnecke	zebra horned nerite, zebra thorn nerite, zebra crown nerite
Clithon oualaniense/ Clithon oualaniensis	Bunte Zwergdiademschnecke	dubious nerite

Closia lilacina	Flieder-Randschnecke	lilac marginsnail, lilac marginella
Cochlicella acuta	Spitzschnecke*	pointed snail, pointed helicellid
Cochlicopa lubrica/ Cionella lubrica	Gemeine Achatschnecke, Gemeine Glattschnecke, Glatte Achatschnecke	slippery moss snail, glossy pillar snail (US)
Cochlicopa lubricella/ Cionella lubricella	Kleine Achatschnecke, Kleine Glattschnecke	lesser slippery moss snail, thin pillar snail (US)
Cochlicopa morseana/ Cionella morseana	Appalachen-Achatschnecke	Appalachian pillar snail (US)
Cochlicopa nitens/ Cionella nitens	Glänzende Achatschnecke, Glänzende Glattschnecke	robust slippery moss snail, robust pillar snail (US)
Cochlicopa repentina/ Cionella repentina	Mittlere Achatschnecke, Mittlere Glattschnecke	intermediate moss snail, intermediate pillar snail
Cochlicopidae/ Cionellidae	Achatschnecken, Glattschnecken	slippery moss snails, pillar snails
Cochlodina comensis	Südalpen-Schließmundschnecke	
Cochlodina costata	Berg-Schließmundschnecke	mountain door snail
Cochlodina fimbriata	Bleiche Schließmundschnecke	pallid door snail, plaited door snail
Cochlodina laminata	Glatte Schließmundschnecke	plaited door snail
Cochlodina orthostoma	Geradmund-Schließmundschnecke	straightmouth door snail*
Cochlostoma septemspirale	Kleine Walddeckelschnecke	seven-whorl snail*
Collisella digitalis	Finger-Napfschnecke	fingered limpet
Colubraria tortuosa	Verdrehter Zwergtriton	twisted dwarf triton
Colubrariidae	Zwerg-Tritonschnecken	dwarf tritons, false tritons
Columbarium pagoda	Pagodenschnecke, Taubenschlag-Pagodenschnecke	common pagoda snail
Columbarium spinicinctum	Stachelige Pagodenschnecke	spiny pagoda snail
Columbella haemastoma	Blutfleck-Täubchenschnecke	blood-stained dovesnail (blood-stained dove shell)
Columbella mercatoria	Gemeine Täubchenschnecke	West Indian dovesnail, common dove snail (common dove shell)
Columbella rustica	Schlichte Täubchenschnecke	rustic dovesnail (rustic dove shell)
Columbella strombiformis	Strombus-Täubchenschnecke	stromboid dovesnail (stromboid dove shell)
Columbellidae/ Pyrenidae	Täubchenschnecken	dove snails (dove shells)

Columella aspera	Raue Windelschnecke, Rauhe Windelschnecke	rough whorl snail
Columella columella	Hohe Windelschnecke	mellow column snail (US), hightopped chrysalis snail*
Columella edentula	Zahnlose Windelschnecke	toothless column snail (US), toothless chrysalis snail
Colus gracilis	Schlanke Spindelschnecke, Röhrenhorn	graceful colus, slender colus
Colus islandicus	Isländische Spindelschnecke	Islandic colus
Colus jeffreysianus	Geschwollene Spindelschnecke	Jeffrey's colus
Concholepas concholepas	Hasenohr, "Chile-Mausohr"	barnacle rocksnail (barnacle rock shell, hare's ear shell), Chilean *abalone* (not a true abalone), el loco
Conidae	Kegelschnecken	cone snails, cone shells, cones
Conus acutangulus	Spitz-Kegel	sharp-angled cone
Conus advertex	Referenz-Kegel*	reference cone
Conus amadis	Amadis-Kegel	Amadis cone
Conus ammiralis	Admiral, Admiralskegel	admiral cone, Ammiralis cone
Conus anabathrum	Florida-Kegelschnecke	Florida cone
Conus arenatus	Sandkegel	sand-dusted cone
Conus argillaceus	Tonerden-Kegel*	clay cone
Conus armiger	Karibik-Kegel*	mace cone
Conus attenuatus	Schlanke Karibik-Kegelschnecke	slender cone
Conus augur	Augur-Kegel	augur cone
Conus aulicus	Hof-Kegelschnecke, Fürstliche Kegelschnecke, Röhrenförmiger Kegel	princely cone, court cone, courtly cone
Conus aurantius	Goldkegel, Goldfleckkegel	golden cone
Conus auricomus	Goldblattkegel*	gold leafed cone
Conus australis	Australkegel	austral cone
Conus barthelemyi	Barthelemy-Kegelschnecke	Bartholomew's cone
Conus bengalensis	Bengalische Kegelschnecke	Bengal cone
Conus betulinus	Birken-Kegelschnecke	birch cone (erroneously called: beech cone)
Conus bulbus	Zwiebelkegel	onion cone
Conus bullatus	Blasen-Kegelschnecke	bubble cone
Conus californicus	Kalifornische Kegelschnecke	California cone

Conus cancellatus	Gitter-Kegelschnecke	cancellate cone
Conus capitaneus	Kapitäns-Kegelschnecke	captain cone
Conus cardinalis	Kardinal-Kegelschnecke	cardinal cone
Conus cedonulli	Unvergleichliche Kegelschnecke, Einzigartiger Kegel	matchless cone
Conus chaldaeus	Wurmkegel	vermiculate cone, worm cone, astrologer's cone
Conus circumcisus	Ringkegel	circumcision cone
Conus coccineus	Scharlachkegel	scarlet cone, berry cone
Conus consors	Flammenkegel*, Geflammte Kegelschnecke, Geflammter Conus	singed cone
Conus coronatus	Kronenkegel	crowned cone, coronated cone
Conus cylindraceus	Zylinderkegel	cylindrical cone
Conus dalli	Dalls Kegelschnecke	Dall's cone
Conus daucus	Mohrrüben-Kegelschnecke*, Karotten-Kegel	carrot cone
Conus dorreensis	Papstkronen-Kegelschnecke, Papstkrone	pontificial cone
Conus ebraeus	Hebräische Kegelschnecke, Hebräischer Kegel, Israelische Kegelschnecke	Hebrew cone
Conus eburneus	Elfenbeinkegel	ivory cone
Conus encaustus	Brandspurkegel*	burnt cone
Conus episcopus	Bischofs-Kegelschnecke	episcopal cone
Conus ermineus	Achat-Kegelschnecke	agate cone, turtle cone
Conus erythraeensis	Rotmeer-Kegelschnecke	Red Sea cone
Conus figulinus	Feigen-Kegelschnecke, Feigenkegel	fig cone
Conus flamingo	Flamingo-Kegelschnecke	flamingo cone
Conus flavescens	Flammen-Kegelschnecke	flame cone
Conus fulmen	Fulmen-Kegelschnecke	Fulmen's cone
Conus generalis	General-Kegelschnecke, Generalskegel	general cone
Conus genuanus	Strumpfbandkegel	garter cone, genuanus cone
Conus geographus	Landkarten-Kegelschnecke, Landkartenkegel	geography cone, geographic cone
Conus glaucus	Eisengraue Kegelschnecke	grey cone, glaucous cone
Conus gloriamaris	Ruhm des Meeres	glory-of-the-sea cone

Conus granulatus	Ruhm des Atlantiks Kegelschnecke	glory-of-the-Atlantic cone
Conus gubernator	Gouverneur-Kegelschnecke	governor cone
Conus imperialis	Königliche Kegelschnecke, Kaiserkegel	imperial cone
Conus inscriptus	Gemeißelte Kegelschnecke*, Gekachelte Kegelschnecke*	engraved cone, tiled cone
Conus leopardus	Leoparden-Kegelschnecke, Leopardenkegel	leopard cone
Conus litoglyphus	Lithographische Kegelschnecke	lithograph cone, pebble-carved cone
Conus litteratus	Tiger-Kegelschnecke, Tigerkegel, Buchstabenkegel	lettered cone
Conus locumtenens	Vizeadmiralskegel	vice admiral cone
Conus lucidus	Spinnennetzkegel	spiderweb cone
Conus magus	Zauberkegel	magical cone
Conus maldivus	Malediven-Kegelschnecke	Maldive cone
Conus marmoreus	Marmorkegel	marble cone, marbled cone
Conus marmoreus bandanus	Gebänderter Marmorkegel	banded marble cone
Conus mediterraneus	Mittelmeer-Kegelschnecke, Mittelmeerkegel	Mediterranean cone
Conus mercator	Händlerkegel	trader cone
Conus miles	Soldatenkegel	soldier cone
Conus milneedwardsi	Ruhm von Indien Kegelschnecke	glory-of-India cone
Conus monile	Halsband-Kegelschnecke	necklace cone
Conus mus	Mäusekegel	mouse cone
Conus musicus	Musikkegel	music cone
Conus mustelinus	Marder-Kegelschnecke, Wiesel-Kegelschnecke, Wieselkegel	weasel cone
Conus namocanus	Namoca-Kegelschnecke	namocanus cone
Conus nobilis	Edle Kegelschnecke	noble cone
Conus nussatella	Nussatella-Kegel	nussatella cone
Conus omaria	Omaria-Kegel	omaria cone
Conus patricius	Birnenkegel	pear cone
Conus patricius	Birnenkegel	pear cone
Conus pennaceus	Federförmige Kegelschnecke, Feder-Kegelschnecke, Federkegel	feathered cone, penniform cone

Conus pertusus	Pertusus-Kegel	lovely cone, pertusus cone
Conus praecellens	Wunderbarer Kegel	admirable cone
Conus praelatus	Prälaten-Kegelschnecke	prelate cone
Conus princeps	Prinzenkegel	prince cone, princely cone
Conus pulcher	Schmetterlingskegel	butterfly cone
Conus pulicarius	Flohstichkegel	flea-bite cone, flea-bitten cone
Conus purpurascens	Purpur-Kegelschnecke, Purpurkegel	purple cone
Conus quercinus	Eichenkegel	oak cone, yellow cone
Conus radiatus	Gedrechselte Kegelschnecke*	radial cone, rayed cone
Conus rattus	Rattenkegel	rat cone
Conus regius	Kronen-Kegelschnecke	crown cone
Conus retifer	Netzkegel	netted cone
Conus rutilus	Glanzkegel*	burnished cone
Conus sanguinolentus	Blutfleck-Kegel*	blood-stained cone
Conus spectrum	Spiegel-Kegelschnecke, Geisterkegel	spectral cone, spectre cone
Conus sponsalis	Hochzeitskegel	marriage cone
Conus spp.	Kegelschnecken	cone snails, cones (cone shells)
Conus spurius	Alphabet-Kegelschnecke	alphabet cone
Conus stercusmuscarum	Fliegenfleck-Kegelschnecke	fly-specked cone
Conus striatus	Gestreifte Kegelschnecke, Streifen-Kegelschnecke, Gestreifter Kegel	striated cone
Conus sulcatus	Gefurchte Kegelschnecke, Gefurchter Kegel	furrowed cone, sulcate cone
Conus suratensis	Surat-Kegelschnecke	Surat cone
Conus taeniatus	Ringelkegel	ringed cone
Conus tessulatus	Mosaikkegel	tessellate cone
Conus textile/ Darioconus textile	Netz-Kegelschnecke, Gewebte Kegelschnecke, Weberkegel	textile cone, cloth-of-gold cone
Conus thalassiarchus	Astkegel*	bough cone
Conus tinianus	Variabler Kegelschnecke	variable cone, ruddy cone
Conus trigonus	Dreieckskegel, Dreiecks-Kegelschnecke	trigonal cone
Conus tulipa	Tulpen-Kegelschnecke, Tulpenkegel	tulip cone
Conus vexillum	Flaggenkegel, Fahnenkegel*	flag cone

Conus viola	Veilchenkegel	violet cone
Conus virgo	Jungfernkegel, Jungfrauenkegel	virgin cone
Conus vittatus	Gebänderte Kegelschnecke, Schleifen-Kegel*	ribboned cone
Conus ximenes	Unterbrochene Kegelschnecke*	interrupted cone
Conus zeylanicus	Plumpkegel*	obese cone
Conus zonatus	Zonenkegel	zoned cone
Coralliophila galea	Helm-Korallengast	helmet coralsnail
Coralliophila meyendorffi	Lamellen-Korallengast, Lamellenschnecke	lamellose coralsnail, lamellose coral shell
Coralliophila pyriformis/ Coralliophila radula	Birnenförmiger Korallengast	pear-shaped coralsnail
Coralliophila scalariformis	Treppenhaus-Korallengast	staircase coralsnail
Coralliophila violacea/ Coralliophila neritoidea	Violetter Korallengast	violet coralsnail, purple coral snail, violet coral shell
Coralliophilidae	Latiaxis-Schnecken	coralsnails, latiaxis snails
Cornu aspersum/ Cryptomphalus aspersus/ Helix aspersa	Gefleckte Weinbergschnecke	brown garden snail, brown gardensnail, common garden snail, European brown snail
Cornu aspersum/ Helix aspersa/ Cryptomphalus aspersus	Gefleckte Weinbergschnecke	brown garden snail, brown gardensnail, common garden snail, European brown snail
Crepidula aculeata	Stachelige Pantoffelschnecke	spiny slippersnail
Crepidula convexa	Konvex-Pantoffelschnecke	convex slippersnail
Crepidula fornicata	Amerikanische Pantoffelschnecke, Porzellanpantoffel	American slipper limpet, common Atlantic slippersnail
Crepidula gibbosa	Mittelmeer-Pantoffelschnecke	Mediterranean slippersnail, Mediterranean slipper limpet
Crepidula grandis	Große Pantoffelschnecke	great slippersnail
Crepidula plana	Flache Pantoffelschnecke	eastern white slippersnail
Crepidula unguiformis	Fingernagel-Pantoffelschnecke, Fingernagel	Mediterranean slippersnail
Crossata californica	Kalifornische Froschschnecke	California frogsnail
Crucibulum striatum	Gestreifte Mützenschnecke	striate cup-and-saucer limpet
Cryptochiton stelleri (Polyplacophora)	Große Mantel-Käferschnecke	giant Pacific chiton, gumboot chiton (U.S.)

Cryptomphalus aspersus/ Cornu aspersum/ Helix aspersa	Gefleckte Weinbergschnecke	brown garden snail, brown gardensnail, common garden snail, European brown snail
Cryptonatica affinis/ Natica clausa	Arktische Mondschnecke, Arktische Nabelschnecke	Arctic moonsnail
Cryptospira elegans	Fantastische Randschnecke	elegant marginella, elegant marginsnail (elegant margin shell)
Cryptospira strigata	Gestreifte Randschnecke	striped marginella, striped marginsnail (striped margin shell)
Cryptospira ventricosa	Breite Randschnecke	broad marginella, broad marginsnail (broad margin shell)
Cuma lacera	Gekielte Felsschnecke	keeled rocksnail, carinate rocksnail (keeled rock shell)
Curtitoma trevelliana/ Oenopota trevelliana	Kleine Pfeilschnecke	small arrow cone*
Cuvierina columnella	Cuvier-Seeschmetterling*	cigar pteropod
Cyclophoridae	Turmdeckelschnecken	tropical land snails a. o.
Cylichna alba	Weiße Becherschnecke, Weiße Kelchschnecke*	white chalice-bubble snail, white chalice-bubble
Cylichna cylindracea	Gemeine Becherschnecke, Zylinderschnecke, Zylinder-Kelchschnecke*	cylindrical barrel-bubble
Cylichna occulta	Verborgene Kelchschnecke*	concealed chalice-bubble snail
Cylinder bullatus	Blasenzylinder*	bubble cone
Cymatiidae/ Ranellidae	Tritons, Tritonen, Tritonschnecken	tritons, rock whelks
Cymatium caudatum	Krummhals-Triton*	bent-neck triton
Cymatium comptum	Zwerg-Triton	dwarf triton
Cymatium corrugatum	Gefurchte Triton, Haar-Triton	corrugated triton
Cymatium femorale	Kanten-Triton*	angular triton
Cymatium flaveolum	Breitband-Triton	broad-banded triton
Cymatium hepaticum	Streifen-Triton	liver-colored triton, black-striped triton
Cymatium labiosum	Lippen-Triton*	lip triton, wide-lipped triton
Cymatium martinianum	Atlanische Haar-Triton (Atlanische behaarte Tritonschnecke)	Atlantic hairy triton
Cymatium muricinum	Warzen-Triton*	knobbed triton

Cymatium nicobaricum	Goldmund-Triton, Nicobaren-Triton	goldmouth triton, Nicobar hairy triton
Cymatium parthenopeum	Riesen-Triton, Neapolitanische Triton*	giant triton, Neapolitan triton
Cymatium pileare	Atlantische Haar-Triton	Atlantic hairy triton, common hairy triton
Cymatium retusum	Stumpfe Triton	blunted triton
Cymatium rubeculum	Rote Triton, Rotkehlchen-Triton	red triton, robin redbreast triton
Cymatium spp.	Tritons, Tritonen, Tritonschnecken, Tritonshörner	tritons
Cymatium tabulatum	Stufen-Triton*	shouldered triton
Cymatium tenuiliratum	Schlank-Triton*	slender triton
Cymatium testudinarium	Schildkröten-Triton	tortoise triton
Cymatium trigonum	Dreikant-Haar-Triton	trigonal hairy triton
Cymatium tripus	Dreifuß-Triton	tripod triton
Cymatium vestitum	Gewand-Triton*	garment triton
Cymbiola aulica	Ohr-Walzenschnecke	princely volute, courtier volute, aulica volute
Cymbiola flavicans	Gelbe Walzenschnecke*	yellow volute
Cymbiola imperialis	Kaiserkrone, Fürstliche Walzenschnecke*	imperial volute
Cymbiola magnifica	Prächtige Walzenschnecke*	magnificent volute
Cymbiola nivosa	Schneeflocken-Walzenschnecke*	snowy volute
Cymbiola nobilis	Edle Walzenschnecke	noble volute
Cymbiola rutila	Blutrote Walzenschnecke	blood-red volute
Cymbiola vespertilio	Fledermaus-Walzenschnecke	bat volute
Cymbiolacca pulchra	Hübsche Walzenschnecke	beautiful volute
Cymbium cucumis	Gurkenwalze, Gurken-Walzenschnecke	cucumber volute
Cymbium cymbium	Falscher Elefantenrüssel, Falsche Elefantenschnauzen-Walze*	false elephant's snout volute
Cymbium glans	Elefantenschnauzen-Walze*	elephant's snout volute, elephant snout
Cymbium olla/ *Cymbium papillatum*	Kahnschnecke, Ohrenwalze	Olla volute, Algarve volute
Cymbium pepo	Afrikanische Neptun-Walzenschnecke	African neptune volute

Cymbovula acicularis/ Simnia acicularis	West-Indische Gorgonien-Porzellanschnecke	West Indian simnia
Cymbula granatina/ Patella granatina	Schmirgelschnecke*, Schmirgel-Napfschnecke*	sandpaper limpet, granite limpet
Cyphoma gibbosum	Flamingozunge	flamingo tongue (snail)
Cypraea achatidea	Achatkauri	agate cowrie
Cypraea annulus	Ringkauri, Goldringer	ring cowrie, goldringer
Cypraea arabica	Arabische Kauri, Araberkauri	Arabian cowrie
Cypraea arabicula	Kleine Araberkauri	little Arabian cowrie
Cypraea argus	Argusaugenkauri, Augenfleck-Kaurischnecke	eyed cowrie, hundred-eyed cowrie
Cypraea asellus		asellus cowrie
Cypraea auriantium	Orangenkauri, Goldene Kauri	golden cowrie
Cypraea camelopardalis	Giraffenkauri	giraffe cowrie
Cypraea caputdraconis	Drachenkopfkauri	dragon-head cowrie, dragon's head cowrie
Cypraea caputserpentis	Schlangenkopfkauri	snake's head cowrie, serpent's head cowrie
Cypraea caurica	Caurica-Kauri	caurica cowrie
Cypraea cervinetta	Panama-Hirschkauri	Panamanian deer cowrie, little deer cowrie
Cypraea cervus/ Macrocypraea cervus	Atlantische Hirschkauri	Atlantic deer cowrie
Cypraea chinensis	China-Kauri	Chinese cowrie
Cypraea cinerea/ Luria cinerea/ Talparia cinerea	Graue Atlantik-Kauri	Atlantic grey cowrie, Atlantic gray cowrie (U.S.), ashen cowrie
Cypraea coxeni	Coxs Kauri	Cox's cowrie
Cypraea cribraria	Siebkauri	sieve cowrie
Cypraea diluculum	Dämmerungskauri	dawn cowrie
Cypraea eburnea	Elfenbeinkauri*	pure white cowrie
Cypraea edentula/ Cypraeovula edentula	Zahnlose Kauri	toothless cowrie
Cypraea errones	Wandernde Kauri	wandering cowrie
Cypraea felina	Katzenkauri	cat cowrie, kitten cowrie
Cypraea gracilis/ Cypraea notata/ Cypraea irescens	Zierliche Kauri	graceful cowrie
Cypraea granulata	Granula-Kauri	granulated cowrie
Cypraea guttata	Weißpunktkauri	white-spot cowrie, great spotted cowrie

Cypraea helvola	Honigkauri, Honig-Kaurischnecke	honey cowrie
Cypraea hesitata/ Umbilia hesitata	Wunderkauri	umbilicate cowrie, undecided cowrie
Cypraea hirundo	Schwalbenkauri	swallow cowrie
Cypraea isabella/ Luria isabella	Isabellfarbene Kauri	isabelline cowrie, Isabelle's cowrie, dirty-yellow cowrie
Cypraea lamarckii	Lamarcks Kauri	Lamarck's cowrie
Cypraea lurida/ Luria lurida	Braune Kauri, Braune Maus	lurid cowrie
Cypraea lynx/ Lyncina lynx	Lynxkauri	lynx cowrie, bobcat cowrie
Cypraea mappa	Landkartenkauri, Landkartenschnecke	map cowrie
Cypraea mauritiana	Buckelkauri, Buckelschnecke	hump-backed cowrie, humpback cowrie
Cypraea miliaris	Hirsekauri*	millet cowrie
Cypraea moneta/ Monetaria moneta	Geldkauri, Geldschnecke	money cowrie
Cypraea mus	Mauskauri, Mausschnecke	mouse cowrie
Cypraea nucleus	Nukleus-Kauri	nucleus cowrie
Cypraea obvelata	Tahiti-Goldringer*	walled cowrie, Tahiti gold ringer
Cypraea ocellata	Augenfleck-Kauri	ocellated cowrie, ocellate cowrie
Cypraea onyx	Onyxkauri	onyx cowrie
Cypraea ovum	Gelbzahnkauri*	orange-toothed cowrie
Cypraea pantherina	Pantherkauri, Pantherschnecke	panther cowrie
Cypraea poraria	Porige Kauri, Porenkauri	porous cowrie
Cypraea pulchra/ Luria pulchra	Hübschkauri	lovely cowrie
Cypraea pyriformis	Birnenförmige Kauri	pear-shaped cowrie
Cypraea pyrum/ Zonaria pyrum	Birnenkauri, Birnenschnecke, Birnenporzellane	pear cowrie
Cypraea quadrimaculata	Vierpunktkauri	four-spot cowrie, four-spotted cowrie
Cypraea scurra	Skurrile Kauri*, Narrenkauri*	jester cowrie
Cypraea spadicea/ Zonaria spadicea	Kastanienkauri	chestnut cowrie
Cypraea spp.	Kauris, Kaurischnecken, Porzellanschnecken, Porzellanen	cowries (*sg* cowrie or cowry)

Cypraea spurca	Variable Kauri	European yellow cowrie
Cypraea staphylaea	Traubenkauri	grape cowrie
Cypraea stolida	Solidkauri	stolid cowrie
Cypraea subviridis	Grünliche Kauri	green-tinted cowrie, greenish cowrie
Cypraea talpa/ Talparia talpa	Maulwurfskauri	mole cowrie
Cypraea teres	Zulaufende Kauri*	tapering cowrie
Cypraea tessellata/ Luria tessellata	Karierte Kauri	checkerboard cowrie, checkered cowrie
Cypraea tigris	Tigerkauri, Tigerschnecke	tiger cowrie
Cypraea turdus	Taubenkauri*	thrush cowrie
Cypraea ursellus	Kleine Bärenkauri	little bear cowrie
Cypraea vitellus	Pazifische Rehschnecke	Pacific deer cowrie, little-calf cowrie
Cypraea xanthodon	Gelbzahnkauri	yellow-toothed cowrie
Cypraea zebra/ Macrocypraea zebra	Zebrakauri, Gemaserte Kauri*	zebra cowrie, measled cowrie
Cypraea ziczac	Zickzackkauri	zigzag cowrie
Cypraea zonaria/ Zonaria zonaria	Zonenkauri	zoned cowrie
Cypraecassis rufa	Rote Porzellanschnecke, Rote Helmschnecke, Feuerofen	bullmouth helmet, bull's-mouth conch, red helmet
Cypraecassis testiculus	Netz-Helmschnecke*	reticulate cowrie-helmet
Cypraeidae	Kaurischnecken, Porzellanschnecken	cowries
Darioconus textile/ Conus textile	Netz-Kegelschnecke, Gewebte Kegelschnecke, Weberkegel	textile cone
Daudebardia brevipes	Kleine Daudebardie	
Daudebardia rufa	Rötliche Daudebardie	
Dendronotacea	Bäumchenschnecken, Baumschnecken	dendronotacean snails, dendronotaceans
Dendronotus frondosus	Bäumchenschnecke, Gemeine Bäumchenschnecke, Zottige Bäumchenschnecke, Baumschnecke	bushy-backed nudibranch, bushy-backed sea slug
Dendropoma corrodens	Geringelte Wurmschnecke	ringed wormsnail
Deroceras agreste/ Agriolimax agreste	Einfarbige Ackerschnecke, Graue Ackerschnecke	field slug, grey field slug, grey slug
Deroceras heterura	Sumpfschnegel	marsh slug (U.S.)
Deroceras juranum	Heller Schnegel	

Deroceras klemmi	Sichel-Ackerschnecke	
Deroceras laeve/ Agriolimax laevis	Wasserschnegel, Farnschnecke	meadow slug (U.S.), marsh slug, brown slug, smooth slug
Deroceras panormitanum/ Deroceras invadens/ Deroceras caruanae	Mittelmeer-Ackerschnecke, Kastanienschnecke*	longneck fieldslug (U.S.), chestnut slug (Br.), Carnana's slug, Sicilian slug
Deroceras reticulatum/ Agriolimax reticulatus	Genetzte Ackerschnecke, Gartenschnecke	netted slug, netted field slug, gray fieldslug (U.S.), grey field slug (Br.), milky slug
Deroceras rodnae	Heller Schnegel	
Deroceras sturanyi	Hammerschnegel	
Diacria trispinosa	Dreistachlige Diacria	three-spine cavoline
Diaphana minuta	Arktische Papierblase, Enggenabelte Zwergfässchenschnecke	Arctic paperbubble, Arctic paper-bubble, brown paper-bubble
Diaphorodoris luteocincta	Gelbrand-Rotrücken, Gelbrand-Nacktschencke, Spiegelei-Nacktschnecke	fried egg sea slug, fried egg nudibranch
Diodora aspera	Rauhschalige Schwellenschnecke, Raue Schwellenschnecke, Raue Schlüssellochschnecke	rough keyhole limpet
Diodora gibberula	Bucklige Schwellenschnecke, Bucklige Schlüssellochschnecke	humped keyhole limpet
Diodora graeca/ Diodora apertura	Europäische Schwellenschnecke, Griechische Schlüssellochschnecke	common keyhole limpet, Greek keyhole limpet
Diodora italica	Italienische Schlüssellochschnecke	italian keyhole limpet
Discus perspectivus	Gekielte Schüsselschnecke	keeled disc snail
Discus rotundatus	Gefleckte Schüsselschnecke, Gefleckte Knopfschnecke	rounded snail, rotund disc snail, radiated snail
Discus ruderatus	Braune Schüsselschnecke	brown disc snail
Distorsio anus	Gemeine Distorsio	common distorsio
Distorsio clathrata	Atlantische Distorsio	Atlantic distorsio
Dolabella auricularia	Stumpfenden-Seehase	shoulderblade sea cat, blunt-end seahare, wedge sea hare, donsol
Doridacea/ Holohepatica	Sternschnecken, Warzenschnecken	doridacean snails, doridaceans
Doris pseudoargus	Meerzitrone	sea lemon

Doris verrucosa	Gelbe Sternschnecke, Warzige Schwammschnecke*	sponge slug, sponge seaslug
Dorymenia vagans (Aplacophora)	Walzen-Furchenfuß	barrel solenogaster*
Drepanotrema kermatoides	Kamm-Tellerschnecke*	crested ramshorn
Drepanotrema nautiliforme	Turbanschnecke	
Drobacia banatica	Banat-Felsenschnecke	
Drupa clathrata	Gitter-Purpurschnecke	clathrate drupe
Drupa morum	Schwarze Igelschnecke, Schwarzer Igel, Violettmündige Pazifische Purpurschnecke	purple drupe, purple Pacific drupe, mulberry drupe, rough castor bean
Drupa ricinus/ Drupa ricina	Großstachlige Pazifische Igelschnecke	prickly drupe, prickly Pacific drupe, castor bean drupe, castor bean shell, spotted drupe, white-lipped castor bean, white-toothed drupe, spider-like castor bean
Drupa rubusidaeus	Erdbeer-Igelschnecke, Erdbeer-Igel	rose drupe, strawberry drupe, porcupine castor bean
Drupella cornus	Gehörnte Igelschnecke*, Höcker-Igelschnecke	horn drupe
Drupella margariticola	Geschulterte Igelschnecke*	shouldered castor bean
Drupella rugosa	Warzige Igelschnecke*	rugose drupe, harmonious drupe
Drupina grossularia/ Drupa grossularia	Orangemündige Pazifische Purpurschnecke	finger drupe, digitate Pacific drupe
Drupina lobata/ Drupa lobata	Gelappte Purpurschnecke	lobate drupe
Ecrobia ventrosa/ Hydrobia ventrosa/ Ventrosia ventrosa/ Hydrobia stagnalis	Hängende Wattschnecke, Bauchige Wattschnecke	spine snail, hanging mud snail*
Ellobiidae	Küstenschnecken	coastal snails*
Ellobium aurismidae	Midasohr, Eselohr des Midas	Midas ear cassidula (snail)
Elona quimperiana	Landposthornschnecke, Landposthorn	Quimper snail, escargot de Quimper
Elysia chlorotica	Smaragd-Samtschnecke	eastern emerald elysia, emerald green sea slug, emerald elysia
Elysia crispata/ Tridachia crispata	Salatschnecke, Kräuselschnecke	lettuce slug, lettuce sea slug
Elysia splendida/ Thuridilla hopei	Pracht-Samtschnecke	splendid velvet snail, splendid elysia
Elysia viridis	Grüne Samtschnecke	green velvet snail*, green elysia

Emarginula conica	Rosa Schlitzschnecke, Rosa Ausschnittsschnecke	pink slit limpet, pink emarginula
Emarginula crassa	Dickschalige Schlitzschnecke, Dickschalige Ausschnittsschnecke	thick slit limpet, thick emarginula
Emarginula fissura	Schlitzschnecke, Ausschnittsschnecke, Geschlitzte Napfschnecke	slit limpet
Emarginula spp.	Schlitzschnecken u. a., Ausschnittsschnecken u. a.	slit limpets a. o.
Emmericia patula	Breitlippige Zwergdeckelschnecke	wide-lipped spring snail
Ena montana	Große Turmschnecke, Berg-Vielfraßschnecke, Wald-Vielfraßschnecke, Berg-Turmschnecke	mountain bulin
Engina mendicaria/ Pusiostoma mendicaria	Hummelschnecke	striped engina, bumblebee snail, bumble bee snail
Enidae	Turmschnecken	bulins
Eobania vermiculata	Divertikelschnecke, Nudelschnecke	vermiculate snail, chocolate-band snail
Epimenia verrucosa (Aplacophora)	Warziger Furchenfuß	warty solenogaster*
Epitoniidae	Wendeltreppen	wentletraps
Epitonium acuminatum	Spitze Wendeltreppe	pointed wentletrap
Epitonium angulatum	Kantige Wendeltreppe	angulate wentletrap
Epitonium aurita	Geohrte Wendeltreppe	eared wentletrap
Epitonium clathratulum	Weiße Wendeltreppe, Kleine Wendeltreppe	white wentletrap, small wentletrap
Epitonium clathrus/ Epitonium clathrum	Unechte Wendeltreppe, Gemeine Wendeltreppe	false wentletrap, common European wentletrap
Epitonium imperialis	Kaiserliche Wendeltreppe	imperial wentletrap
Epitonium perplexa	Perplex-Wendeltreppe	perplexed wentletrap
Epitonium pyramidale	Pyramiden-Wendeltreppe	pyramid wentletrap
Epitonium scalare/ Scalaria pretiosa	Echte Wendeltreppe	precious wentletrap
Epitonium turtonis/ Epitonium turtonae	Feinrippige Wendeltreppe, Turtons Wendeltreppe	finely ribbed wentletrap, Turton's wentletrap
Erjavecia bergeri	Ohrlappige Schließmundschnecke	
Erosaria acicularis	Atlantische Gelbkauri, Gelbe Kaurischnecke	Atlantic yellow cowrie

Erosaria caputserpentis/ Cypraea caputserpentis	Schlangenkopfkauri, Kleines Schlangenköpfchen	snake's head cowrie, serpent's head cowrie
Erronea errones	Falsche Kauri	mistaken cowrie
Erronea ovum	Gemeine Eischnecke	egg cowrie
Erronea pulchella	Schönkauri*	pretty cowrie
Eubranchus exiguus	Ballon-Fadenschnecke	balloon aeolis, dwarf balloon aeolis
Eubranchus tricolor	Dreifarbige Ballon-Fadenschnecke	painted balloon aeolis
Eucobresia diaphana	Ohrförmige Glasschnecke	
Eucobresia glacialis	Gletscher-Glasschnecke	
Eucobresia nivalis	Alm-Glasschnecke	
Eucobresia pegorarii	Gipfel-Glasschnecke	
Euconulus alderi/ Euconulus trochiformis	Dunkles Waldkegelchen, Wald-Kegelchen	Alder's tawny glass snail
Euconulus fulvus	Helles Kegelchen	tawny glass snail
Euconulus praticola	Dunkles Kegelchen	brown hive snail
Euglandina rosea	Rosa Räuberschnecke	rosy predator snail
Eulimella acicula	Nadel-Pyramidenschnecke	needle pyramidsnail*
Eulimella laevis	Glatte Pyramidenschnecke	smooth pyramidsnail*
Eulimidae	Pfriemschnecken	urchin-snails
Eulithidium affine affine/ Tricolia affinis affinis	Karrierte Phasanenschnecke	checkered pheasant
Euomphalia strigella	Große Laubschnecke	
Euspira catena/ Lunatia catena/ Natica catena	Halsband-Mondschnecke, Halsband-Nabelschnecke, Große Nabelschnecke	large necklace snail, large necklace moonsnail, large necklace shell
Euspira heros/ Lunatia heros	Nördliche Mondschnecke	northern moonsnail, common northern moonsnail, sand collar moon snail
Euspira montagui/ Lunatia montagui	Ungefleckte Mondschnecke, Ungefleckte Nabelschnecke	unspotted moonsnail*
Euspira nitida/ Euspira pulchella/ Lunatia alderi/ Euspira poliana/ Lunatia poliana	Glänzende Mondschnecke, Glänzende Nabelschnecke	common necklace shell, Alder's necklace shell
Euspira pallida/ Polinices pallidus	Blasse Mondschnecke, Helle Nördliche Mondschnecke	pale moonsnail
Facelina auriculata	Schlanke Fadenschnecke	slender facelina

Facelina bostoniensis/ Facelina drummondi	Boston-Fadenschnecke, Drummonds Fadenschnecke	Boston facelina, Drummond's facelina
Falcidens crossotus (Aplacophora)	Gemeiner Zangenschildfuß	glistenworm
Falcidens gutturosus (Aplacophora)	Einfacher Zangenschildfuß	Mediterranean glistenworm a. o.
Fasciolaria lignaria	Tarentinische Spindelschnecke	Tarentine spindle snail
Fasciolaria lilium	Gebänderte Tulpenschnecke	banded tulip (banded tulip shell)
Fasciolaria tulipa	Echte Tulpenschnecke	true tulip, tulip spindle snail, (tulip spindle shell)
Fasciolariidae	Spindelschnecken, Tulpenschnecken, Pferdeschnecken, Bündelhörner	spindle snails (spindle shells) and tulip shells
Faunus ater	Teufelsdornschnecke, Kupferturmdeckelschnecke, Kupfer-Turmdeckelschnecke, Lavaschnecke	black devil snail, lava snail, devil lava snail, black faunus
Faustina illyrica	Flache Felsenschnecke	
Favartia cellulosa	Seitengruben-Stachelschnecke	pitted murex
Favartia martini	Martins Stachelschnecke	Martin's murex
Felimare bilineata	Doppellinien-Sternschnecke, Zweistreifen-Sternschnecke	double-lined sea slug
Felimare picta/ Hypselodoris picta	Variable Sternschnecke	giant doris, regal sea goddess
Felimare tricolor/ Hypselodoris tricolor	Dreifarben-Sternschnecke, Dreifarbige Sternschnecke, Dreifarbige Prachtsternschnecke	tricolor doris, tricolor sea goddess
Felimida luteorosea/ Doris luteorosea	Gefleckte Sternschnecke	yellow-dotted doris, yellow-dotted purple doris*
Felimida neona	Neonschnecke*, Neon-Sternschnecke	neon sea goddess
Felimida purpurea/ Doris purpurea	Rosa Doris, Purpur-Sternschnecke	pink doris
Ferrissia clessiniana/ Ferrissia wautieri	Flache Mützenschnecke	flat ancylid
Ferrissia spp.	Septenmützenschnecken	ancylids a. o.
Ferrussaciidae	Turmschnecken	awlsnails a. o.
Festilyria festiva	Festliche Leierschnecke*	festive volute, festive lyria
Ficidae	Feigenschnecken	fig snails (fig shells)

Ficus communis	Atlantik-Feigenschnecke, Gemeine Feigenschnecke	Atlantic figsnail (common fig shell)
Fissurella aperta	Doppelkanten-Schlüssellochschnecke	double-edged keyhole limpet
Fissurella barbadensis	Barbados-Schlüssellochschnecke	Barbados keyhole limpet
Fissurella gemmata	Weiße Schlüssellochschnecke	white keyhole limpet
Fissurella nodosa	Knotige Schlüssellochschnecke	knobby keyhole limpet, knobbed keyhole limpet
Fissurella volcano	Vulkan-Schlüssellochschnecke	volcano keyhole limpet
Fissurellidae	Schlüssellochschnecken, Schlitzschnecken	keyhole limpets, slit limpets
Flabellina affinis	Violette Mittelmeer-Fadenschnecke, Violette Fadenschnecke	Mediterranean violet aeolid, purple nudibranch, purple sea slug
Flabellina gracilis	Grazile Fadenschnecke	slender aeolis, slender seaslug
Flabellina iodinea	Kalifornische Fadenschnecke	Spanish shawl
Flabellina pedata	Rotviolette Fadenschnecke, Violette Fadenschnecke	violet seaslug, violet sea slug
Flabellina pellucida	Milchige Fadenschnecke	red-gilled nudibranch, pellucid aeolid, milky-white seaslug
Flabellina salmonacea	Lachs-Fadenschnecke	salmon seaslug, salmon aeolid, salmon-gilled nudibranch
Flabellina verrucosa	Rotrückige Fadenschnecke	red-finger aeolid, red-finger aeolis, redback seaslug, red-gilled nudibranch
Fruticicola fruticum/ Bradybaena fruticum	Genabelte Strauchschnecke	bush snail, brush snail
Fulgoraria hirasei	Hirases Walzenschnecke	Hirase's volute
Fulgoraria rupestris/ Fulgoraria fulminata	Asiatische Feuerwalzenschnecke	Asian flame volute
Fusinus colus	Weberspindel	distaff spindle
Fusinus longissimus	Lange Spindelschnecke	long spindle
Fusinus nicobaricus	Nikobaren-Spindelschnecke	Nicobar spindle
Fusinus syracusanus	Sizilianische Spindelschnecke	Sicilian spindle
Fusinus undatus	Gewellte Spindelschnecke	wavy spindle
Fusitriton magellanicum	Magellan-Triton	Magellanic triton
Fusitriton oregonensis	Oregon-Triton	Oregon triton
Fusus antiqua/ Neptunea antiqua	Gemeines Neptunshorn, Gemeine Spindelschnecke	ancient whelk, ancient neptune, common spindle snail, neptune snail, red whelk, buckie

Fusus rostratus/ Neptunea rostratus	Zierliche Spindelschnecke, Geschnäbeltes Spindelhorn	rostrate whelk, rostrate neptune
Galba cubensis/ Lymnaea cubensis/ Fossaria cubensis	Kubanische Sumpfschnecke, Kubanische Schlammschnecke	Carib fossaria
Galba truncatula/ Lymnaea truncatula	Leberegelschnecke, Kleine Sumpfschnecke	dwarf pond snail, dwarf mud snail
Galeodea echinophora	Stachlige Helmschnecke, Stachel-Helmschnecke	spiny helmet snail, Mediterranean spiny bonnet
Galeodea rugosa	Knotige Helmschnecke, Knotenschnecke, Knotenschelle	rugose helmet snail, Mediterranean rugose bonnet
Gastridium geographus/ Conus geographus	Landkarten-Kegelschnecke	geography cone
Gastropoda	Schnecken, Bauchfüßer, Gastropoden	gastropods, snails
Gastropteron rubrum	Rote Fledermausflügel-Meeresnacktschnecke	bat-wing sea-slug
Gelanga succincta	Gürtel-Tritonshorn	lesser girdled triton
Genitoconia rosea (Aplacophora)	Rosa Stilett-Leistenfuß	rosy solenogaster*
Geomalacus maculosus	Gelbgefleckte Nacktschnecke, Gelbgefleckte Wegschnecke	Kerry slug, Kerry spotted slug, spotted Irish slug, Irish spotted slug
Gibberula lavalleeana	Schneeflocken-Randschnecke*	snowflake marginella
Gibberula miliaris	Hirsekorn-Kreiselschnecke	millet topsnail
Gibbula cineraria	Friesenknopf, Aschfarbene Kreiselschnecke, Aschgraue Kreiselschnecke, Graue Kreiselschnecke	grey topsnail, grey top shell
Gibbula magus	Knorrige Kreiselschnecke, Zauberbuckelschnecke, Zauberbuckel	turban topsnail, turban top shell, great top shell
Gibbula pennanti	Pennant-Kreiselschnecke	Pennant's topsnail
Gibbula tumida	Spitze Kreiselschnecke	pointed topsnail
Gibbula umbilicalis	Flache Kreiselschnecke	flat topsnail, purple topsnail, umbilical trochid
Glabella harpaeformis	Harfen-Randschnecke	harplike marginella
Glabella pseudofaba	Königin-Randschnecke	queen marginella
Globularia fluctuata/ Cernina fluctuata	Gewellte Mondschnecke	waved moonsnail, wavy moonsnail
Gourmya gourmyi	Gourmya-Nadelschnecke	gourmya cerith

Gourmya vulgata/ Cerithium vulgatum	Gemeine Nadelschnecke, Gemeine Hornschnecke Gemeine Seenadel	European cerith, common cerith
Granaria frumentum	Wulstige Kornschnecke	an air-breathing land snail
Granaria illyrica	Illyrische Kornschnecke	
Granaria variabilis	Große Kornschnecke	
Granopupa granum	Puppenkornschnecke	
Graphis albida	Stiftschnecke	pin turban*, pin turban snail*
Graziana quadrifolgio	Vierblatt-Zwergdeckelschnecke	
Gymnosomata	Ruderschnecken, Nackte Flossenfüßer (Flügelschnecken)	naked pteropods
Gyraulus acronicus	Verbogenes Posthörnchen	Thames ram's-horn snail
Gyraulus albus	Weißes Posthörnchen, Weiße Tellerschnecke	white ramshorn
Gyraulus chinensis	Chinesisches Posthörnchen	Chinese ram's-horn snail, Chinese ramshorn
Gyraulus crista	Zwergposthörnchen, Zwerg-Posthörnchen	dwarf ramshorn, Nautilus ramshorn, star gyro
Gyraulus gigantea/ Ranella gigantea	Große Krötenschnecke, Taschenschnecke, Großes Ochsenauge, Ölkrug	giant frogsnail, oil-vessel triton
Gyraulus laevis	Glattes Posthörnchen, Glänzende Tellerschnecke	shiny ramshorn, smooth ramshorn
Gyraulus parvus	Kleines Posthörnchen, Amerikanisches Posthörnchen	lesser ramshorn, ash gyro
Gyraulus riparius	Flaches Posthörnchen	river ramshorn
Gyrineum gyrinum	Braunweißband-Triton*, Kaulquappentriton	tadpole triton
Gyrineum perca/ Biplex perca	Ahornblatt-Triton	maple leaf triton, winged triton
Gyrineum pusillum	Purpur-Tritonshorn	purple gyre triton
Gyrineum roseum	Rosige Triton	rose triton
Haliotis asinina	Eselsohr-Abalone	ass's ear abalone, donkey's ear abalone
Haliotis australis	Silberne Abalone, Silbernes Meerohr	silver abalone, silver paua
Haliotis corrugata	Rosa Abalone, Rosafarbenes Meerohr	pink abalone
Haliotis cracherodii	Schwarze Abalone, Schwarzes Meerohr	black abalone

Haliotis cylobates	Gewirbelte Abalone*, Gewirbeltes Mausohr*	whirling abalone, circular ear shell
Haliotis diversicolor	Vielfarbige Abalone, Vielfarbiges Meerohr	multicolored abalone
Haliotis elegans	Gerippte Abalone*, Geripptes Mausohr*	elegant abalone
Haliotis fulgens	Grüne Abalone, Grünes Meerohr	green abalone
Haliotis gigantea	Riesenabalone, Riesenmeerohr, Riesen-Seeohr, Japanisches Riesenmeerohr	giant abalone
Haliotis lamellosa	Mittelmeer-Abalone, Mittelländisches Seeohr	Mediterranean ormer, common ormer
Haliotis midae	Südafrikanische Abalone, Südafrikanisches Meerohr	perlemoen abalone
Haliotis rufescens	Rote Abalone, Rotes Meerohr	red abalone
Haliotis scalaris	Treppen-Abalone, Treppenhaus-Meerohr	staircase abalone
Haliotis sorenseni	Weiße Abalone	white abalone
Haliotis spp.	Abalones, Seeohren, Meerohren	abalones (U.S.), ormers (Brit.)
Haliotis tuberculata	Gemeine Abalone, Gemeines Meerohr, Gemeines Seeohr	common ormer, European edible abalone
Haliotis varia	Variable Abalone, Schillerndes Meerohr	variable abalone
Haliotis walallensis	Flache Abalone, Flaches Seeohr	flat abalone
Harpa articularis	Gegliederte Harfenschnecke	articulate harp
Harpa costata	Gerippte Harfenschnecke	imperial harp
Harpa doris	Rosenharfe	rosy harp, rose harp
Harpa harpa	Gemeine Harfenschnecke, Gewöhnliche Harfenschnecke	common harp
Harpa major/ Harpa ventricosa	Davidsharfe, Große Harfe	major harp, swollen harp
Harpago chiragra	Großer Bootshaken, Chiragra-Spinnenschnecke	chiragra spider conch
Harpidae	Harfenschnecken	harp snails (harp shells)
Harpulina lapponica	Gestrichelte Walzenschnecke	brown-lined volute
Haustellum haustellum	Schnepfenschnabel, Schnepfenkopf, Stachelschnecke, Schöpfer	snipe's bill murex, snipe's head murex, woodcock murex

Haustellum kurodai kurodai	Kuroda-Stachelschnecke	Kuroda's snipe's bill murex, Kuroda's snipe's head murex
Haustellum longicaudum	Langspitze Stachelschnecke	long-canalled snipe's bill murex, long-canalled snipe's head murex
Hawaiia minuscula	Hawaiianische Kristallglanzschnecke	minute gem snail, minute gem
Heleobia stagnorum/ Semisalsa stagnorum	Weiße Wattschnecke	lagoon spire snail
Heliacus cylindricus	Zylinder-Sonnenuhrschnecke, Atlantische Zylinder-Sonnenuhr	Atlantic cylinder sundial
Heliacus stramineus	Stroh-Sonnenuhrschnecke, Stroh-Sonnenuhr	straw sundial
Heliacus variegatus	Verschiedenfarbige Sonnenuhrschnecke	variegated sundial
Helicella bolenensis	Kugelige Heideschnecke	
Helicella itala	Gemeine Heideschnecke, Westliche Heideschnecke	common heath snail
Helicellinae	Heideschnecken	heath snails
Helicidae	Schnirkelschnecken (Gehäuseschnecken)	helicid snails, typical snails
Helicigona lapicida	Steinpicker	lapidary snail
Helicodonta angigyra	Südliche Riemenschnecke	
Helicodonta obvoluta	Riemenschnecke, Eingerollte Zahnschnecke	cheese snail
Helicopsis striata	Gestreifte Heideschnecke	striated heath snail
Helisoma nigricans	Rote Posthornschnecke	red ramshorn (snail), Brazilan black snail
Helix cincta	Gebänderte Weinbergschnecke	Greek banded snail*
Helix ligata	Italienische Weinbergschnecke	ligate snail
Helix lucorum	Gestreifte Weinbergschnecke	Turkish snail
Helix pomatia	Weinbergschnecke, "Schwäbische Auster"	Roman snail, escargot, escargot snail, edible snail, apple snail, grapevine snail, vineyard snail, vine snail
Hemifusus colosseus/ Pugilina colossea	Riesentreppenschnecke, Riesen-Spindelschnecke, Riesenspindel	colossal false fusus, giant stair shell
Herilla bosniensis	Bosnische Schließmundschnecke	

Hespererato columbella/ Erato columbella	Pazifische Tauben-Kaurischnecke, Taubenkauri	pigeon erato, columbelle erato
Hexabranchus sanguineus	Spanische Tänzerin	Spanish dancer
Hexaplex brassica/ Phyllonotus brassica	Kohlschnecke, Kohl-Stachelschnecke, Kohl-Murex	cabbage murex (rose cabbage murex)
Hexaplex cichoreum	Endivienschnecke	endive murex
Hexaplex duplex	Afrikanische Stachelschnecke, Duplex-Stachelschnecke	African murex, duplex murex
Hexaplex erythrostomus/ Chicoreus erythrostomus/ Phyllonotus erythrostomus	Rosenmundschnecke	pink-mouthed murex, pink-mouth murex
Hexaplex fulvescens	Große Amerikanische Ostküstenmurex, Atlantische Riesen-Stachelschnecke	giant eastern murex, tawny murex
Hexaplex nigritus	Rotmund-Stachelschnecke*	black murex, black-and-white murex, northern murex, northern radix murex, negrite murex
Hexaplex radix/ Muricanthus radix	Wurzelschnecke	radish murex
Hexaplex regius	Königs-Stachelschnecke, Königsschnecke*	royal murex, regal murex
Hexaplex rosarium	Rotmund-Stachelschnecke*	rosy-mouth murex
Hexaplex trunculus	Stumpfe Stachelschnecke, Abgestumpfte Stachelschnecke, Purpurschnecke u. a.	banded dye-murex, banded murex,trunk murex, trunculus murex
Hippeutis complanatus	Linsenförmige Tellerschnecke	flat ramshorn
Hipponicidae	Hufschnecken	hoof limpets, horsehoof limpets, bonnet limpets
Hipponix antiquatus	Weiße Hufschnecke	white hoofsnail
Hipponix subrufus	Orange Hufschnecke	orange hoofsnail
Homalopoma albidum	Weiße Zwerg-Turbanschnecke	white dwarf-turban
Homalopoma indutum	Zweiseitige Zwerg-Turbanschnecke	two-faced dwarf-turban
Homolocantha anatomica	Skelettschnecke*, Fächerstrahlige Stachelschnecke*, Peles Stachelschnecke	anatomical murex, Pele's murex
Homolocantha scorpio	Skorpion-Stachelschnecke, Skorpionschnecke	scorpion murex
Homolocantha zamboi	Räder-Stachelschnecke	wheel murex, Zambo's murex
Hopkinsia rosacea	Hopkins Rose	Hopkins' rose

Hyala vitrea	Durchscheinendes Spiralhorn	translucent hyala, translucent spire shell
Hyalina pallida	Farblose Randschnecke*	pallid marginella
Hyalina pergrandis	Rosa Randschnecke	pink marginella
Hydatina albocincta	Streifen-Papierblase	white-banded paperbubble
Hydatina amplustre/ Aplustrum amplustre	Prächtige Papierblase	royal paperbubble
Hydatina physis	Meeresrose	brown-line paperbubble, green-lined paperbubble, green paperbubble
Hydatina zonata	Gebänderte Papierblase	zoned paperbubble
Hydrobia spp.	Wattschnecken	mud snails
Hydrobia ulvae	Glatte Wattschnecke	laver spire snail, laver mud snail
Hydrobiidae	Wasserdeckelschnecken	mud snails
Hygromia cinctella	Kantige Laubschnecke, Gekielte Laubschnecke, Gürtelschnecke*	girdled snail
Hygromia limbata	Heckenschnecke*	hedge snail
Indothais lacera	Gekielte Felsschnecke	carinate rock snail, carinate rock shell
Iothia fulva	Gelbbraune Napfschnecke	tawny limpet
Iredalina mirabilis	Goldene Walzenschnecke	golden volute
Ischnochiton albus/ Stenosemus albus (Polyplacophora)	Weiße Käferschnecke, Helle Käferschnecke, Weißer Chiton	northern white chiton, white chiton, white northern chiton
Ischnochiton contractus (Polyplacophora)	Gitterchiton	contracted chiton
Ischnochiton erythronotus (Polyplacophora)	Gesprenkelte Käferschnecke*, Gesprenkelte Chiton*	multihued chiton
Islamia minuta	Rundmundige Quellschnecke	
Isognomostoma isognomostoma	Maskenschnecke, Geritzte Maskenschnecke	mask snail
Isognomostoma holosericeum/ Causa holosericea	Genabelte Maskenschnecke	umbilical mask snail*
Jaminia quadridens	Vierzahn-Turmschnecke	
Janolus cristatus	Kamm-Furchenschnecke, Gestreifte Dickkolbenschnecke	crystal sea slug, crested aeolis
Janthina exigua	Zwerg-Veilchenschnecke	ridged violet sea-snail, dwarf janthina

Janthina janthina	Veilchenschnecke, Floßschnecke	large violet snail, common purple sea snail, common purple snail, violet seasnail, common violet sea-snail, common janthina
Janthina nitens	Mittelmeer-Veilchenschnecke	Mediterranean purple sea snail
Janthina pallida	Blasse Veilchenschnecke	pale violet sea-snail, pallid janthina, pale janthina
Janthina umbilicata/ Janthina globosa	Kuglige Veilchenschnecke, Langgezogene Veilchenschnecke*	elongate janthina, globular janthina
Janthinidae	Veilchenschnecken	violet snails
Jenneria pustulata (Ovulidae)	Falsche Noppenkauri*, Pustel-"Kauri"	pustuled cowrie, pustulose false cowrie
Jorunna tomentosa	Graue Sternschnecke	grey sea slug*
Jujubinus exasperatus	Kegelige Kreiselschnecke	rough topsnail
Jujubinus striatus	Gestreifte Kreiselschnecke, Gefurchte Kreiselschnecke	grooved topsnail, grooved top-shell
Krynickillus melanocephalus	Schwarzkopfschnegel	
Laciniaria biplicata	Zweifaltenrandige Schließmundschnecke	two-lipped door snail
Laciniaria plicata	Faltenrandige Schließmundschnecke	single-lipped door snail*
Lacuna crassior	Dickschalige Grübchenschnecke, Bauchige Grübchenschnecke	thick lacuna, thick chink snail
Lacuna marmorata	Gefleckte Grübchenschnecke	chink snail
Lacuna pallidula	Flache Grübchenschnecke	pallid lacuna, pallid chink snail
Lacuna parva	Kleine Grübchenschnecke	tiny lacuna, small chink snail, least chink snail
Lacuna spp.	Grübchenschnecken	lacuna snails, chink snails
Lacuna vincta/ Lacuna divaricata	Gebänderte Grübchenschnecke	northern lacuna, banded chink snail
Lacunidae	Grübchenschnecken, Lacuniden	lacuna snails, chink snails (chink shells)
Laevistrombus canarium/ Strombus canarium	Hunds-Fechterschnecke, Hunds-Flügelschnecke	yellow conch, dog conch
Lambis arthritica	Arthritische Spinnenschnecke	arthritic spider conch
Lambis chiragra	Chiragra-Spinnenschnecke, Großer Bootshaken	chiragra spider conch, gouty spider conch
Lambis crocata	Rote Spinnenschnecke, Orange Spinnenschnecke	orange spider conch

Lambis digitata	Langgestreckte Spinnenschnecke	finger spider conch, elongate spider conch
Lambis lambis	Krabben-Fechterschnecke, Gemeine Spinnenschnecke	common spider conch, smooth spider conch
Lambis millepeda	Tausenfüßlerschnecke	milleped spider conch
Lambis scorpius	Skorpionschnecke, Skorpions-Flügelschnecke, Knotige Flügelschnecke	scorpion spider conch
Lambis spp.	Spinnenschnecken, Spinnen-Fechterschnecken	spider conch snails
Lambis truncata	Große Teufelskralle, Gemeine Spinnenschnecke	giant spider conch, wild-vine root
Lamellaria latens	Bedeckte Blättchenschnecke	tiny lamellaria, concealed lamellaria*
Lamellaria perspicua	Durchsichtige Blättchenschnecke	transparent lamellaria
Lamellariinae	Blättchenschnecken u. a.	lamellarias, ear snails (ear shells)
Lamellaxis clavulinus	Nagel-Ahlenschnecke	
Lamellaxis micra	Kleine Turmschnecke*	tiny awlsnail
Lamellitrochus lamellosus	Blättrige Sonnenschnecke	lamellose solarelle
Lanistes varicus	Afrikanische Apfelschnecke, Westafrikanische Apfelschnecke	West African applesnail a. o.
Latiaxis mawae	Mawes Latiaxis	Mawe's latiaxis
Latirus angulatus	Kurzschwanz-Latirus*	short-tail latirus
Latirus carinifer	Rollenschnecke	yellow latirus, trochlear latirus
Latirus craticulatus	Rotgerippte Latirus*	red-ripped latirus
Latirus infundibulum	Braunbandschnecke	brown-line latirus
Latirus nodatus	Knotenschnecke*, Knotige Latirus*	knobbed latirus
Lauria cylindracea	Genabelte Puppenschnecke	chrysalis snail, common chrysalis snail
Lauria sempronii	Südliche Puppenschnecke	southern chrysalis snail
Lehmannia flavus	Kellerschnecke, Bierschnegel, Gelber Schnegel, Gelbe Egelschnecke	tawny garden slug, yellow gardenslug, yellow slug (cellar slug, dairy slug, house slug)
Lehmannia janetscheki	Alpenschnegel	Alpine slug
Lehmannia marginata/ Limax marginatus	Baumschnegel, Baum-Egelschnecke	tree slug
Lehmannia nyctelia	Östlicher Schnegel, Unechter Baumschnegel	striped field slug

Lehmannia rupicola	Gebirgsschnegel, Bergschnegel	montane slug
Lehmannia valentiana/ Ambigolimax valentianus/ Limax valentianus	Gewächshausschnegel, Glashausschnegel, Spanische Egelschnecke, Valencianische Egelschnecke	threeband gardenslug, threeband garden slug, three-banded garden slug, greenhouse slug, Valencia slug, Iberian slug, Canadian slug
Leiostyla anglica	Englische Puppenschnecke	English chrysalis snail
Leiostyla cylindracea	Gemeine Puppenschnecke, Zylindrische Puppenschnecke	common chrysalis snail
Lemintina arenaria	Große Wurmschnecke	Mediterranean wormsnail
Lepeta caeca	Nördliche Blindkäferschnecke*	northern blind limpet
Lepetidae	Blindkäferschnecken*	blind limpets, eyeless limpets
Lepidochitona cinerea (Polyplacophora)	Aschgraue Käferschnecke, Rändel-Käferschnecke	cinereous chiton
Lepidochitona raymondi (Polyplacophora)	Zwitter-Käferschnecke	Raymond's chiton
Lepidopleurus cajetanus (Polyplacophora)	Rippen-Käferschnecke	ribbed chiton*
Lepidopleurus intermedius (Polyplacophora)	Sand-Käferschnecke	intermediate chiton, sand chiton
Lepidozona regularis (Polyplacophora)	Gewöhnliche Kalifornische Käferschnecke	regular chiton
Leptochiton asellus/ Lepidopleurus asellus (Polyplacophora)	Assel-Käferschnecke	coat-of-mail chiton, pill chiton*
Leptochiton cancellatus/ Lepidopleurus cancellatus (Polyplacophora)	Kleine Käferschnecke, Kugel-Käferschnecke	Arctic cancellate chiton
Leptoconus gloriamaris/ Conus gloriamaris	Ruhm des Meeres	glory-of-the-sea cone
Leucophytia bidentata	Zweizahn-Küstenschnecke	two-toothed white snail
Leucozonia ocellata	Weißgetupfte Bandschnecke	white-spot latirus, white-spotted latirus
Liguus fasciatus	Florida-Baumschnecke	Florida treesnail, Florida tree snail
Liguus virgineus	Haiti-Baumschnecke	candy cane snail
Limacia clavigera	Orange Keulen-Nacktschnecke	orange-clubbed nudibranch
Limacidae	Egelschnecken, Schnegel	keeled slugs
Limacina inflata	Aufgeblasener Flossenfüßer*	planorbid pteropod
Limacina lesueurii	Lesueurs Flossenfüßer	Lesueur's pteropod

Limacina retroversa	Spitze Flügelschnecke, Schiefer Schmetterling, Umgekehrter Flossenfüßer*	retrovert pteropod
Limapontia capitata	Breitköpfige Lanzettschnecke	broad-headed lanceolate sea slug
Limax cinereoniger	Schwarzer Schnegel	ash-black slug, ash-grey slug, ashy-grey slug (black keelback slug)
Limax ecarinatus/ Limax maculatus/ Limacus maculatus	Grüne Egelschnecke, Grüner Schnegel, Gefleckter Schnegel	green slug, Irish yellow slug
Limax flavus/ Limacus flavus	Kellerschnecke, Bierschnegel, Gelber Schnegel, Gelbe Egelschnecke	yellow gardenslug, yellow slug (cellar slug, dairy slug, house slug, tawny garden slug, beer slug)
Limax maximus	Große Egelschnecke, Großer Schnegel, Tigerschnegel	giant gardenslug, European giant gardenslug, great grey slug, spotted garden slug, leopard slug, tiger slug
Limifossor fratula (Aplacophora)	Südlicher Schlamm-Maulwurf (Schildfuß)	southern mole glistenworm
Limifossor talpoideus (Aplacophora)	Nördlicher Schlamm-Maulwurf (Schildfuß)	northern mole glistenworm, mole solenogaster
Limneria undata/ Velutina undata	Gewellte Samtschnecke	wavy velutina, wavy lamellaria
Linatella caudata	Bändertriton	ringed triton
Linatella succincta	Kleine Bändertriton	lesser girdled triton
Lithoglyphus naticoides	Flusssteinkleber	gravel snail
Lithopoma americanum	Amerikanische Stern-Turbanschnecke	American starsnail
Lithopoma caelatum	Gemeißelte Stern-Turbanschnecke*	carved starsnail
Lithopoma gibberosum	Rote Stern-Turbanschnecke	red starsnail, red turbansnail, red turban
Lithopoma tectum	Westindische Stern-Turbanschnecke	West Indian starsnail
Lithopoma tuber	Grüne Stern-Turbanschnecke	green starsnail
Lithopoma undosum	Gewellte Stern-Turbanschnecke	wavy starsnail, wavy turbansnail
Littorina coccinea	Rote Strandschnecke*	scarlet periwinkle
Littorina fabalis/ Littorina mariae	Flache Strandschnecke	flat periwinkle
Littorina irrorata	Sumpf-Strandschnecke*, Sumpf-Uferschnecke*	marsh periwinkle

Littorina littoralis	Zwergstrandschnecke	dwarf periwinkle
Littorina littorea	Gemeine Strandschnecke, Gemeine Uferschnecke, "Hölker"	common periwinkle, common winkle, edible winkle
Littorina obtusata	Stumpfe Strandschnecke, Stumpfkegelige Uferschnecke	flat periwinkle, yellow periwinkle, northern yellow periwinkle
Littorina planaxis/ Littorina striata/ Littorina keenae	Graue Strandschnecke	gray periwinkle, "eroded" periwinkle
Littorina saxatilis	Raue Strandschnecke, Rauhe Strandschnecke, Spitze Strandschnecke, Dunkle Strandschnecke	rough periwinkle
Littorina scabra	Mangroven-Strandschnecke	rough periwinkle, variegated periwinkle, mangrove winkle
Littorina ziczac/ Nodilittorina ziczac	Zebra-Strandschnecke	zebra periwinkle, zebra winkle
Littorinidae	Strandschnecken	winkles, periwinkles
Livonia mammilla	Falsche Melonenwalze	false melon volute, mammal volute
Lobatus gigas/ Eustrombus gigas/ Strombus gigas	Riesen-Fechterschnecke, Riesen-Flügelschnecke, Große Fechterschnecke	queen conch, pink conch
Lophiotoma indica	Indische Turmschnecke	Indian turret
Lottia gigantea	Eulen-Napfschnecke*	owl limpet
Lucilla scintilla	Glatte Scheibchenschnecke, Weiße Scheibchenschnecke, Grünliche Scheibchenschnecke	smooth coil (snail)
Lucilla singleyana	Weiße Scheibchenschnecke, Erdscheibchen	Singley's subterranean discus snail
Lymnaea auricularia	Ohren-Schlammschnecke, Geöhrte Schlammschnecke	eared pondsnail, ear pond snail
Lymnaea glabra/ Stagnicola glabra	Längliche Sumpfschnecke	oblong pondsnail, mud pondsnail, mud snail
Lymnaea palustris	Sumpf-Schlammschnecke	marsh pondsnail, marsh snail
Lymnaea peregra	Gewöhnliche Schlammschnecke	wandering pondsnail, common pondsnail
Lymnaea stagnalis	Spitzschlammschnecke, Spitzhorn, Spitzhorn-Schlammschnecke, Große Schlammschnecke	great pondsnail, swamp lymnaea
Lymnaea truncatula	Zwerg-Schlammschnecke	dwarf pondsnail

Lymnaeidae	Schlammschnecken	pondsnails, pond snails
Lyria delessertiana	Delesserts Leierschnecke	Delessert's lyria
Lyria lyraeformis	Leierschnecke	lyre-formed lyria
Lyria mitraeformis	Bischofmützen-Leierschnecke*	miter-shaped lyria
Macrocypraea cervus/ Cypraea cervus	Atlantische Hirschkauri	Atlantic deer cowrie
Macrocypraea zebra/ Cypraea zebra	Zebrakauri, Gemaserte Kauri*	zebra cowrie, measled cowrie
Macrogastra badia	Kastanienbraune Schließmundschnecke	a door snail
Macrogastra densestriata	Dichtgerippte Schließmundschnecke	a door snail
Macrogastra lineolata	Mittlere Schließmundschnecke	lined door snail
Macrogastra plicatula	Gefältete Schließmundschnecke	plicate door snail
Macrogastra rolphii	Spindelförmige Schließmundschnecke	Rolph's door snail
Macrogastra ventricosa	Bauchige Schließmundschnecke	ventricose door snail
Macron aethiops	Dunkles Riesenhorn	dusky macron
Malacolimax tenellus/ Limax tenellus	Pilzschnegel, Gelbe Wald-Egelschnecke	slender slug, tender slug, lemon slug
Malea pomum	Apfelschnecke	apple tun, Pacific grinning tun
Malea ringens	Grinsendes Fass	great grinning tun
Mammilla melanostoma	Schwarzmündige Nabelschnecke	black-mouth moonsnail
Mancinella alouina/ Thais alouina	Alou-Felsschnecke	alou rock snail, alou rock shell
Mancinella echinata/ Thais echinata	Igel-Felsschnecke, Stachelige Felsschnecke	prickly rock snail, prickly rock shell
Mancinella echinulata/ Thais echinulata	Lamarcks Felsschnecke	Lamarck's spiny rock snail, Lamarck's spiny rock shell
Margarites costalis	Nördliche Kreiselschnecke*	boreal rosy margarite, northern ridged margarite
Margarites groenlandicus	Grönland-Kreiselschnecke	Greenland margarite, Greenland topsnail (Greenland top shell)
Margarites helicinus	Glatte Perlkreiselschnecke	spiral margarite, smooth margarite, pearly topsnail (pearly top shell)

Margarites olivaceus	Oliven-Kreiselschnecke	olive margarite, olive topsnail (olive top shell)
Margarites pupillus	Puppen-Kreiselschnecke	puppet margarite (puppet top shell)
Margarites spp.	Perlkreiselschnecken	margarites, pearly topsnails (pearly top shells)
Marginella angustata	Schmale Randschnecke	narrow marginella,narrow marginsnail (narrow margin shell)
Marginella cingulata/ Marginella lineata/ Persicula cingulata	Gürtel-Randschnecke, Bänder-Randschnecke	girdled marginella,girdled marginsnail (girdled margin shell)
Marginella cornea/ Persicula cornea	Blasse Randschnecke	plain marginella, pale marginella, pale marginsnail (pale margin shell)
Marginella glabella	Glatte Randschnecke	shiny marginella, smooth marginella, smooth marginsnail (smooth margin shell)
Marginella labiata	Königliche Randschnecke	royal marginella, royal marginsnail (royal margin shell)
Marginella nebulosa	Nebel-Randschnecke, Wolken-Randschnecke	cloudy marginella, clouded marginella, clouded marginsnail (clouded margin shell, cloudy margin shell)
Marginella persicula/ Persicula persicula	Getupfte Randschnecke	spotted marginella, spotted marginsnail (spotted margin shell)
Marginella strigata/ Cryptospira strigata	Gestreifte Randschnecke	striped marginella, striped marginsnail (striped margin shell)
Marginellidae	Randschnecken	marginellas
Marisa cornuarietis	Paradiesschnecke, Gestreifte Posthornschnecke, Kolumbianische Deckel-Tellerschnecke, Südamerikanisches Posthorn	giant ramshorn snail
Marshallora adversa	Verkehrtschnecke, Linksnadel, Verdrehte Triphora	reversed needle-whelk
Marstoniopsis insubrica/ Marstoniopsis scholtzi	Schöngesichtige Zwergdeckelschnecke, Schöne Zwergdeckelschnecke, Insubrische Zwergdeckelschnecke	Taylor's spire snail
Maurea tigris	Tigerschnecke	tiger topsnail, tiger maurea (tiger top shell)

Mauritia arabica arabica	Arabische Kauri	Arabian cowrie
Mauritia eglantina	Zaunrosenkauri*	eglantine cowrie, dog-rose cowrie
Mauritia histrio	Geschichtskauri*, Harlekinkauri*	history cowrie, minstrel cowry, stage cowrie, harlequin cowrie
Mauritia mappa/ Cypraea mappa	Landkartenkauri, Landkartenschnecke	map cowrie
Mauritia mauritiana	Buckelkauri, Buckelschnecke, Großer Schlangenkopf	hump-backed cowrie, humpback cowrie
Mediterranea depressa	Flache Glanzschnecke	
Medora almissana	Cetina-Schließmundschnecke	
Medora macascarensis	Weiße Schließmundschnecke	
Megathura crenulata	Riesen-Schlüssellochschnecke, Riesen-Lochschnecke	giant keyhole limpet
Melampus coffea/ Bulla coffea/ Voluta coffea	Amerikanische Kaffeebohnenschnecke	coffee bean snail
Melanella lubrica	Glatte Pfriemschnecke	smooth urchin-snail
Melanoides tuberculatus	Nadel-Kronenschnecke, Nadelkronenschnecke, Malaiische Turmdeckelschnecke, Schwarze Turmdeckelschnecke	red-rimmed melania (Malayan livebearing snail, Malaysian trumpet snail, Malaysian trumpet shell, MTS), black trumpet snail
Melaraphe neritoides/ Littorina neritoides	Zwerg-Strandschnecke, Zwergstrandschnecke, Blaue Strandschnecke, Gewöhnliche Strandschnecke	small periwinkle
Melibe leonina	Löwen-Nacktschnecke	lion nudibranch
Melo amphora	Diadem-Walzenschnecke	diadem volute
Melo melo	Indische Walzenschnecke	baler snail (baler shell), Indian volute
Melongena corona	Gemeine Kronenschnecke, Florida-Kronenschnecke, Amerikanische Kronenschnecke	common crown conch, Florida crown conch, American crown conch
Melongena melongena	Westindische Kronenschnecke, Westindische Krone	West Indian crown conch
Melongena patula	Pazifik-Kronenschnecke	Pacific crown conch
Melongenidae	Kronenschnecken	crown snails (crown shells)

Menetus dilatatus	Amerikanische Zwergposthornschnecke	trumpet ramshorn, bugle sprite
Mercuria similis/ Mercuria confusa	Geschwollene Wasserdeckelschnecke*	swollen spire snail
Merdigera obscura/ Ena obscura	Kleine Vielfraßschnecke, Kleine Turmschnecke	lesser bulin
Micromelo undatus	Zwerg-Melo	miniature melo
Milacidae	Kielnacktschnecken, Kielschnegel	keeled slugs
Milax budapestensis/ Tandonia budapestensis	Boden-Kielnacktschnecke, Boden-Kielschnegel	Budapest slug
Milax gagates	Dunkle Kielnacktschnecke, Dunkler Kielschnegel	keeled slug, greenhouse slug, small black slug, jet slug
Milax nigricans	Schwarze Kielnacktschnecke, Schwarzer Kielschnegel	black slug
Milax rusticus/ Tandonia rustica	Große Kielnacktschnecke, Großer Kielschnegel	bulb-eating slug, root-eating slug
Milax sowerbyi/ Tandonia sowerbyi	Sowerbys Kielnacktschnecke, Gelbstreifiger Kielschnegel, Gelblicher Kielschnegel	Sowerby's keeled slug, keeled slug, Sowerby's slug
Mitra cardinalis	Kardinalsmütze	cardinal mitre, cardinal miter
Mitra ebenus/ Vexillum ebenus	Ebenholz-Mitra, Brauner Stufenturm	ivory mitre, brown mitre
Mitra fraga	Erdbeer-Mitra	strawberry mitre, strawberry miter
Mitra fusiformis f. zonata	Breitgebänderte Mitra	zoned mitre, zoned miter
Mitra incompta	Mosaik-Mitra*	tessellate mitre, tessellate miter
Mitra mitra/ Mitra episcopalis	Bischofsmütze, Gemeine Bischofsmütze	episcopal mitre, episcopal miter
Mitra nigra	Schwärzliche Mitra	black mitre, black miter
Mitra nodulosa	Knotige Mitra	beaded mitre, beaded miter
Mitra papalis	Papstkrone	papal mitre, papal miter
Mitra puncticulata	Gesprenkelte Mitra	punctured mitre, dotted miter (U.S.)
Mitra retusa	Stumpfe Mitra	blunt mitre, blunt miter
Mitra sanguisuga	Blut-Mitra*	blood-sucking mitre, blood-sucking miter
Mitra spp.	Mitra-Schnecken, Mitras	mitres a. o. (br.), miters a. o. (U.S.)
Mitra stictica	Gepunzte Mitra	pontifical mitre, pontifical miter
Mitra zonata/ Mitra fusiformis f. zonata	Kronenschnecke	zoned mitre (zoned mitra shell)

Mitrella lunata	Mond-Täubchen*, Mond-Täubchenschnecke	lunar dovesnail, crescent mitrella
Mitrella ocellata	Weißpunkt-Täubchenschnecke*	white-spot dovesnail
Mitrella scripta/ Mitrella flaminea	Schlanke Birnenschnecke, Schrifttäubchen	music dovesnail
Mitridae	Mitraschnecken, Straubschnecken, Kronenschnecken	mitres (Br.), miters (U.S.), mitras (mitra shells)
Modulidae	Maß-Schnecken	modulus snails
Modulus modulus	Atlantische Maß-Schnecke	buttonsnail, Atlantic modulus
Modulus tectum	Bedeckte Maß-Schnecke	knobby snail
Moelleria costulata	Gerippte Turbanschnecke	ribbed moelleria
Monacha cantiana	Große Kartäuserschnecke, Kentschnecke	Kentish snail
Monacha cartusiana	Kartäuserschnecke	Carthusian snail, Chartreuse snail
Monacha granulata	Samtschnecke*	silky snail, Ashford's hairy snail
Monachoides incarnatus/ Perforatella incarnatus	Rötliche Laubschnecke, Inkarnatschnecke	incarnate snail
Monachoides vicinus	Südöstliche Laubschnecke	
Monodonta labio	Dicklippige Buckelschnecke	thick-lipped topsnail, labio
Monodonta lineata	Gestrichelte Buckelschnecke	lined topsnail (lined top shell, toothed top shell, thick top shell)
Monodonta turbinata	Gewürfelte Kreiselschnecke*, Würfelturban	checkered topsnail, one-toothed turban
Monoplex aquatilis/ Cymatium aquatile	Globale Haar-Triton* (weitverbreitete behaarte Tritonschnecke)	cosmopolitan hairy triton, aquatile hairy triton
Mopalia ciliata (Polyplacophora)	Haarige Käferschnecke	hairy chiton, hairy mopalia
Mopalia lignosa (Polyplacophora)	Hölzerne Käferschnecke	woody chiton, woody mopalia
Mopalia muscosa (Polyplacophora)	Moos-Käferschnecke	mossy chiton, mossy mopalia
Morlina glabra	Glatte Glanzschnecke	
Morula anaxeres	Kleinere Maulbeerschnecke*	diminuitive purpura
Morum cancellatum	Gitterhelm	cancellate morum
Morum dennisoni	Dennisons Maulbeerschnecke	Dennison morum
Morum exquisitum	Besondere Maulbeerschnecke*	exquisite morum

Morum grande	Riesen-Maulbeerschnecke	giant morum
Morum oniscus	Atlantische Maulbeerschnecke	Atlantic morum
Morum purpureum/ Morum lamarcki	Rosenmund-Maulbeerschnecke	rose-mouth morum
Murex aduncospinosus	Gebogenstachelmurex*	bent-spined murex, bent murex, short-spined murex
Murex brandaris/ Bolinus brandaris	Brandhorn, Herkuleskeule	dye murex, purple dye murex
Murex brevispina	Kurzstachelmurex	brevispined murex, short-spine murex
Murex chrysosoma	Goldmund-Stachelschnecke, Goldmundmurex	goldmouth murex
Murex cornutus	Afrikanische Hornschnecke	African horned murex
Murex haustellum/ Haustellum haustellum	Schnepfenschnabel, Schnepfenschnabel-Stachelschnecke	snipe's bill murex
Murex palmarosae/ Chicoreus palmarosae	Rosenzweigschnecke, Rosenzweig-Stachelschnecke	rose-branch murex, rose-branched murex
Murex pecten/ Murex tenuispina	Venuskamm, Venuskamm-Stachelschnecke, Skelettspindel, Spinnenkopf	Venus comb murex, Venus comb, thorny woodcock, spiny woodcock
Murex scolopax	Waldschnepfen-Stachelschnecke*	woodcock murex
Murex spp.	Stachelschnecken	murex snails
Murex ternispina/ Murex nigrispinosus	Schwarzspitzen-Stachelschnecke, Schwarzspitzen-Murex	black-spined murex, triple-spined murex
Murex trapa	Schlicht-Stachelschnecke*	rare-spined murex, rare spined murex
Murex tribulus	Großer Spinnenkopf	caltrop murex
Murex troscheli	Troschels Stachelschnecke	Troschel's murex
Murexsul octagonus	Oktagon-Stachelschnecke	octagon murex
Muricanthus nigritus	Trauerschnecke, Schwarze Stachelschnecke	black murex
Muricanthus radix/ Hexaplex radix	Wurzelschnecke	root murex
Muricidae	Stachelschnecken, Muriciden	murex snails (murex shells, rock shells)
Myxas glutinosa	Mantelschnecke	glutinous snail
Nacella deaurata	Gold-Napfschnecke, Goldnapf	golden limpet

Nassariidae	Netzreusenschnecken	dogwhelks, dog whelks, nassa mud snails (basket shells)
Nassarius acutus	Spitze Reusenschnecke	sharp nassa
Nassarius arcularius	Schmuckkästchen-Reusenschnecke, Schmuckkästchen	casket nassa, cake nassa
Nassarius consensus	Streifenreusenschnecke	striate nassa
Nassarius coronatus	Kronenreusenschnecke	crowned nassa
Nassarius distortus	Halsketten-Reusenschnecke	necklace nassa
Nassarius fossatus	Gefurchte Reusenschnecke, Westliche Riesenreuse	channeled nassa, giant western nassa
Nassarius fraterculus	Japanische Reusenschnecke	Japanese nassa
Nassarius glans	Eichelreusenschnecke, Eichelreuse	glans nassa
Nassarius incrassatus/ Hinia incrassata	Dicklippige Netz-Reusenschnecke, Dicklippige Netzreusenschnecke, Dickmundreusenschnecke	thick-lipped dog whelk, angulate nassa, smooth western nassa
Nassarius insculptus	Glatte Reusenschnecke	smooth western nassa
Nassarius marmoreus	Marmorierte Reusenschnecke	marbled nassa
Nassarius mutabilis	Wandelbare Reusenschnecke	mutable nassa
Nassarius obsoletus/ Ilyanassa obsoleta	Östliche Reusenschnecke	eastern mudsnail, eastern nassa
Nassarius papillosus	Pustel-Reusenschnecke	papillose nassa, pimpled nassa
Nassarius pygmaeus/ Hinia pygmaea	Zwergreusenschnecke	small dog whelk
Nassarius reticulatus/ Hinia reticulata	Netz-Reusenschnecke, Gemeine Netzreusenschnecke, Netz-Fischreuse, Gemeine Netzreuse	netted nassa, netted dogwhelk, netted dog whelk
Nassarius spp.	Reusenschnecken	dog whelks, nassas
Nassarius trivittatus	Dreistreifen-Reusenschnecke	threeline mudsnail, New England nassa
Nassarius vibex	Unterlaufene Reusenschnecke*	bruised nassa
Natica acinonyx	Beeren-Mondschnecke*	African berry moonsnail
Natica alapapilionis	Schmetterlings-Mondschnecke	butterfly moonsnail
Natica arachnoidea	Spinnen-Mondschnecke	spider moonsnail
Natica canrena/ Naticarius canrena	Vielfarbige Mondschnecke*	colorful Atlantic moonsnail, colorful moonsnail

Natica castrensis	Netz-Mondschnecke	netted moonsnail
Natica catena/ Euspira catena/ Lunatia catena	Halsband-Mondschnecke, Halsband-Nabelschnecke, Große Nabelschnecke	large necklace snail, large necklace moonsnail (large necklace shell)
Natica clausa/ Cryptonatica affinis	Arktische Mondschnecke, Arktische Nabelschnecke	Arctic moonsnail
Natica fasciata	Derbe Mondschnecke	solid moonsnail
Natica lineata/ Tanea lineata	Gestreifte Mondschnecke	lined moonsnail
Natica livida	Fahlgraue Mondschnecke	livid moonsnail
Natica multipunctata/ Natica fanel	Gepunktete Mondschnecke*, Gefleckte Mondschnecke*	fanel moonsnail, the fanel moon
Natica onca	China-Mondschnecke, Chinamond	China moonsnail
Natica rubromaculata	Rotgestreifte Mondschnecke	red-striped moonsnail
Natica stellata	Gestirnte Mondschnecke	starry moonsnail, stellate sand snail
Natica stercusmuscarum/ Naticarius stercusmuscarum	Tausendpunkt-Mondschnecke, Tausendpunkt-Nabelschnecke, Fliegendreck-Mondschnecke	fly-speck moonsnail, fly-specked moonsnail
Natica unifasciata	Einband-Mondschnecke*	single-banded moonsnail
Natica violacea	Violette Mondschnecke	violet moonsnail
Natica vitellus	Kalb-Mondschnecke*	calf moonsnail
Naticarius canrena	Vielfarbige Mondschnecke*	colorful Atlantic moonsnail, colorful moonsnail
Naticarius hebraeus/ Natica hebraeus/ Natica maculata	Hebräische Mondschnecke, Hebräische Nabelschnecke	Hebrew moonsnail, Hebrew moon shell, Hebrew necklace shell
Naticidae	Mondschnecken, Nabelschnecken	moon snails, necklace snails
Nematomenia banyulensis (Aplacophora)	Schlundkegel-Glattfuß	a European solenogaster
Nematomenia corallophila (Aplacophora)	Tarnglattfuß	Mediterranean coral solenogaster*
Nematomenia flavens (Aplacophora)	Gelber Glattfuß	Mediterranean yellow solenogaster*
Neogastropoda/ Stenoglossa	Neuschnecken, Schmalzüngler	neogastropods: whelks & cone shells
Neomenia carinata (Aplacophora)	Kielmondling	keeled solenogaster*
Neostyriaca corynodes	Kalkfelsen-Schließmundschnecke	

Neptunea antiqua	Gemeines Neptunshorn, Gemeine Spindelschnecke	ancient whelk, ancient neptune snail, common spindle snail, red whelk, buckie
Neptunea brevicauda	Dickgeripptes Neptunshorn	thick-ribbed whelk
Neptunea contraria	Linksgewundenes Neptunshorn	left-handed whelk, left-handed neptune
Neptunea lyrata decemcostata	Schrumpelhorn*, Schrumpeliges Neptunshorn	wrinkle whelk, wrinkled neptune
Neptunea lyrata lyrata	Lyra-Neptunshorn	lyre whelk, common Northwest neptune, New England neptune
Neptunea tabulata	Flachrand-Neptunshorn	tabled whelk, tabled neptune
Neptunea ventricosa	Dickbauchiges Neptunshorn	fat whelk
Neptunea vinosa	Pazifisches Weinhorn*	wine whelk
Nerita exuvia	Schlangenhaut-Nixenschnecke, Schlangenhaut-Nixe	snake-skin nerite
Nerita fulgurans	Antillen-Nixenschnecke	Antillean nerite
Nerita peloronta	Blutender Zahn	bleeding tooth
Nerita polita	Glatte Nixenschnecke	polished nerite
Nerita pupa	Zebra-Nixenschnecke	zebra nerite
Nerita tessellata	Kariierte Nixenschnecke	checkered nerite, tessellate nerite
Nerita versicolor	Vierzahn-Nixenschnecke	four-tooth nerite, four-toothed nerite
Neritidae	Kahnschnecken, Schwimmschnecken, Nixenschnecken	nerites, neritids
Neritina auriculata/ Neripteron auriculata	Fledermausschnecke, Batman-Schnecke	bat snail, batman snail, batman nerite
Neritina communis/ Theodoxus communis	Zickzack-Nerite	zigzag nerite, common nerite
Neritina natalensis	Zebra-Rennschnecke, Zebra-Nerite	zebra nerite, zebra snail, tiger snail
Neritina pulligera	Algen-Rennschnecke, Stahlhelm-Schnecke, Braune Rennschnecke, Schwarze Kugelrennschnecke, Schwarze Helmschnecke	dusky nerite
Neritina virginea	Jungfrau-Nerite	virgin nerite
Nesovitrea hammonis/ Perpolita hammonis	Braune Streifenglanzschnecke, Streifen-Glanzschnecke	rayed glass snail

Nesovitrea petronella	Weiße Streifenglanzschnecke	
Neverita albumen	Weißer Mond, Weiße Mondschnecke	egg-white moonsnail
Neverita duplicata/ Polinices duplicatus	Haifischauge, Große Mondschnecke	shark eye, sharkeye moonsnail, lobed moonsnail
Neverita heliciodes	Spiralen-Mondschnecke*	spiral moonsnail
Neverita josephina	Josefinische Mondschnecke	Josephine's moonsnail
Neverita lewisii/ Lunatia lewisi	Pazifische Mondschnecke	Lewis' moonsnail, western moon shell
Neverita peselephanti	Elefantenfuß-Mondschnecke, Elefantenfußschnecke	elephant's-foot moonsnail
Neverita politiana	Glänzende Mondschnecke	polished moonsnail
Nitidella ocellata	Weißflecken-Täubchen	white-spotted dovesnail
Niveria candidula/ Trivia candidula	Weiße Kaurischnecke, Weißkauri	white trivia
Niveria nix/ Trivia nix	Schnee-Kaurischnecke, Schneekauri	snowy trivia
Niveria pediculus/ Trivia pedicula	Kaffeebohnen-Kaurischnecke	coffeebean trivia
Niveria quadripunctata	Vierpunkt-Kaurischnecke	fourspot trivia, four-spotted trivia
Niveria quadripunctata/ Trivia quadripunctata	Vierpunkt-Kaurischnecke, Vierpunktkauri	fourspot trivia, four-spotted trivia
Niveria suffusa	Rosa Kaurischnecke, Rosa Kauri	pink trivia
Niveria suffusa/ Trivia suffusa	Rosa Kaurischnecke, Rosa Kauri	pink trivia
Notaspidea (veraltet/ obsolete)	Flankenkiemer, Seitenkiemer	sidegill slugs, notaspideans
Notocochlis tigrina/ Natica tigrina	Tigermondschnecke, Tiger-Mondschnecke	tiger moon snail, tiger moonsnail
Notocochlis undulata/ Natica undulata	Zebramondschnecke, Zebra-Mondschnecke	zebra moon snail, zebra moonsnail
Nucella lapillus/ Thais lapillus	Steinschnecke, Nordische Steinchenschnecke, Steinchen, Nördliche Purpurschnecke, Nordische Purpurschnecke	Atlantic dog whelk, northern dog whelk, Atlantic dogwinkle, northern dogwinkle
Nucella lima	Feilenschnecke*, Raspelschnecke*	file dogwinkle, file dog winkle
Nudibranchia	Nacktkiemer, Meeresnacktschnecken, Nudibranchier	sea slugs, nudibranchs

Nuttallina californica (Polyplacophora)	Kalifornische Höhlen-Käferschnecke*	California Nuttall chiton, troglodyte chiton
Obtusella intersecta	Abgestumpfte Kleinschnecke	obtuse minute risso*
Ocenebra erinaceus/ Ocenebra erinacea/ Ceratostoma erinaceum	Gerippte Felsschnecke, Gerippte Purpurschnecke, Großes Seekälbchen	European sting winkle, European oyster drill, rough tingle, hedgehog murex
Ocinebrina aciculata/ Ocenebra corallina	Korallen Purpurschnecke, Korallen-Seekälbchen	coralline sting winkle*
Odostomia unidentata	Einzahn-Pyramidenschnecke	large-toothed pyramidsnail, large-toothed pyramid shell
Okenia elegans	Gelbrüschen-Meeresnacktschnecke*	yellow skirt slug
Oligolimax annularis	Alpen-Glasschnecke	
Oliva annulata	Amethyst-Olive	amethyst olive
Oliva australis	Australische Olive	Australian olive
Oliva bulbiformis	Kugelförmige Olive	rounded olive, bulb-shaped olive
Oliva bulbosa	Bauchige Olive	inflated olive
Oliva carneola	Fleischfarbene Olive*	carnelian olive
Oliva incrassata	Winkel-Olive	angled olive, angulate olive, giant olive
Oliva miniacea	Goldmund-Olive, Rotmund-Olive	gold-mouthed olive, orange-mouthed olive, red-mouth olive, red-mouthed olive
Oliva mustelina	Wiesel-Olive	weasel olive
Oliva oliva	Gemeine Olive, Gemeine Olivenschnecke	common olive
Oliva porphyria	Porphyrwalze, Zelt-Olive	tent olive
Oliva reticularis	Netzolive	Netted olive
Oliva reticularis olorinella	Perlolive	pearl olive
Oliva reticulata	Blut-Olive	blood olive
Oliva rubrolabiata	Rotlippige Olivenschnecke	red-lipped olive
Oliva rufula	Rötliche Bänder-Olive	reddish olive
Oliva sayana	Schrift-Olive	lettered olive
Oliva splendidula	Pracht-Olive	splendid olive
Oliva spp.	Oliven, Olivenschnecken	olives, olive snails
Oliva tessellata	Mosaik-Olive	tessellated olive
Oliva textilina	Textil-Olive	textile olive
Oliva tigrina	Tiger-Olive	tiger olive
Oliva tricolor	Dreifarben-Olive	tricolor olive, three-colored olive
Oliva vidua	Witwen-Olivenschencke	widow olive, black olive

Olivancillaria contortuplicata	Wendelfalten-Olivenschnecke	twisted plait olive
Olivancillaria gibbosa	Buckelolive*, Rundliche Olivenschnecke	gibbose olive, swollen olive
Olivancillaria urceus	Bärenolive*	bear olive, bear ancilla
Olivella biplicata	Purpurne Zwergolive, Purpur-Zwergolive	purple dwarf olive, two-plaited dwarf olive
Olivella dama	Dama-Zwergolive	Dama dwarf olive
Olivella gracilis	Zierliche Zwergolive	graceful dwarf olive
Olivella volutella	Geschnörkelte Zwergolive*	volute-shaped olive, volute-shaped olivella
Olividae	Olivenschnecken	olives, olive snails (olive shells)
Omalogyra atomus	Flache Zwergtellerschnecke, Atomschnecke	Aaom snail
Omphiscola glabra	Längliche Sumpfschnecke	mud snail, mud pond snail
Onchidella celtica	Keltische Nacktschnecke*	celtic sea slug, celtic sea-slug
Onchidoris muricata	Raue Sternschnecke	rough doris
Ondina divisa	Geteilte Pyramidenschnecke	divided pyramid snail*
Onoba aculeus	Spitze Kleinschnecke	pointed cingula
Onoba semicostata/ Cingula striata	Halbgerippte Kleinschnecke	semi-ribbed spire snail
Opeas pumilum	Kleine Ahlenschnecke	dwarf awlsnail
Opeas pyrgula	Scharfkantige Ahlenschnecke*	sharp awlsnail
Opeatostoma pseudodon	Dorn-Bandschnecke, Walross-Schnecke	thorn latirus, thorned latirus
Ophiodermella cancellata	Gegitterte Schlangenhautschnecke	cancellate snakeskin-snail
Ophioglossolambis violacea/ Lambis violacea	Violette Spinnenschnecke, Purpur-Spinnenschnecke	violet spider conch
Opisthobranchia	Hinterkiemenschnecken, Hinterkiemer	opisthobranch snails, opisthobranchs
Orcula dolium	Große Fässchenschnecke	
Orcula gularis	Schlanke Fässchenschnecke	
Orculidae	Fässchenschnecken, Tönnchenschnecken	air-breathing land snails
Otala lactea/ Helix lactea	Milchige Schnecke, Schwarzmund-Feldschnecke	milk snail, milky snail
Otala punctata	Spanische Feldschnecke	
Otopleura auriscati	Katzenohr-Pyramidenschnecke*, Katzenohr*	cat's ear pyramid snail, cat's ear pyram

Ovatella myosotis	Mäuseöhrchen	mouse-ear-shelled snail, mouse-eared snail, mouse-eared marsh snail
Ovula costellata	Rosamund-Eischnecke*	pink-mouthed egg cowrie, pinkmouth ovula
Ovula ovum/ Erronea ovum	Gemeine Eischnecke	common egg cowrie
Ovulidae	Ovuliden	egg cowries (egg shells)
Oxychilus alliarius	Knoblauch-Glanzschnecke	garlic snail, garlic glass snail, garlic glass-snail
Oxychilus cellarius	Keller-Glanzschnecke	cellar glass snail, cellar glass-snail, cellar snail
Oxychilus clarus	Farblose Glanzschnecke	clear glass snail
Oxychilus depressus	Flache Glanzschnecke	depressed glass snail
Oxychilus draparnaudi	Große Glanzschnecke, Draparnauds Glanzschnecke, Große Gewächshaus-Glanzschnecke	Draparnaud's glass snail, dark-bodied glass snail
Oxychilus glaber	Glatte Glanzschnecke	smooth glass snail
Oxychilus navarricus/ Oxychilus helveticus	Schweizerische Glanzschnecke, Schweizer Glanzschnecke	glossy glass snail, Swiss glass-snail (U.S.)
Oxyloma dunkeri	Dunker's Bernsteinschnecke	Dunker's ambersnail
Oxyloma elegans	Schlanke Bernsteinschnecke	Pfeiffer's ambersnail, Pfeiffer's amber snail
Oxyloma sarsii	Rötliche Bernsteinschnecke	slender amber snail, reddish ambersnail*
Oxystele sinensis	Rosenmund-Kreiselschnecke	rosy-base topsnail
Pagodulina austeniana	Südalpen-Pagodenschnecke	
Pagodulina pagodula principalis	Pagodenschnecke	pagoda snail
Paludomus loricatus	Bella Algenschnecke, Bella-Schnecke, Rotpunkt-Schnecke, Marmorschnecke	red-spotted bella snail
Papuina pulcherrima	Grüne Baumschnecke	green tree snail
Paralaoma servilis	Gerippte Punktschnecke	pinhead spot (snail)
Parametaria macrostoma	Kegel-Täubchenschnecke	conelike dovesnail
Petasina unidentata	Einzähnige Haarschnecke	
Patella barbara	Barbara Napfschnecke	Barbara limpet
Patella caerulea	Blaue Napfschnecke	rayed Mediterranean limpet
Patella crenata	Zacken-Napfschnecke	crenate limpet

Patella depressa/ Patella intermedia	Schwarzfuß-Napfschnecke, Flache Napfschnecke	black-footed limpet
Patella ferruginea	Rippen-Napfschnecke*, Rostrote Napfschnecke*	ribbed Mediterranean limpet
Patella granularis	Knotige Napfschnecke	granular limpet
Patella laticostata/ Patella neglecta	Riesen-Napfschnecke	giant limpet, neglected limpet
Patella longicosta	Spitzrippige Napfschnecke	spiked limpet, long-ribbed limpet, star limpet
Patella mamillaris	Warzen-Napfschnecke	mamillary limpet
Patella mexicana/ Patella gigantea/ Patella maxima	Mexikanische Riesen-Napfschnecke	giant Mexican limpet
Patella miniata/ Patella pulchra	Zinnober-Napfschnecke	cinnabar limpet
Patella oculus	Augen-Napfschnecke*	eye limpet, South African eye limpet
Patella pellucida/ Ansates pellucida/ Helcion pellucidum	Durchsichtige Napfschnecke, Durchscheinende Napfschnecke, Durchscheinende Häubchenschnecke	blue-rayed limpet
Patella rustica/ Patella lusitanica	Lusitanische Napfschnecke, Portugiesische Napfschnecke	Lusitanian limpet
Patella scutellaris	Schild-Napfschnecke	scutellate limpet
Patella tabularis	Abgeplattete Napfschnecke*	tabular limpet
Patella ulyssiponensis/ Patella aspera	Chinahut, Chinesische Napfschnecke	China limpet, European China limpet, painted limpet
Patella vulgata	Gemeine Napfschnecke, Gewöhnliche Napfschnecke	common limpet, common European limpet
Patellidae	Napfschnecken	limpets, true limpets
Patelloida saccharina	Süße Napfschnecke	Pacific sugar limpet
Payraudeautia intricata	Graue Mondschnecke	European gray moonsnail
Peltodoris atromaculata	Fleck-Sternschnecke, Leoparden-Sternschnecke, Kuh-Schnecke	leopard sea slug, leopard nudibranch, Swiss cow nudibranch
Perforatella bidentata	Zweizähnige Laubschnecke	double-tooth hairy snail*
Perforatella rubiginosa/ Pseudotrichia rubiginosa	Ufer-Laubschnecke, Uferlaubschnecke, Behaarte Laubschnecke	German hairy snail
Peringia ulvae	Gemeine Wattschnecke	laver spire shell, European mudsnail, common mudflat snail*

Perotrochus amabilis	Wunderbare Schlitzbandschnecke	lovely slitsnail
Perotrochus hirasei	Millionärsschnecke	Hirase's slitsnail
Persicula accola/ Marginella accola	Panama-Randschnecke*	twinned marginella, twinned marginsnail (twinned margin shell)
Persicula accola/ Marginella accola	Panama-Randschnecke*	twinned marginella, twinned marginsnail (twinned margin shell)
Persicula cingulata/ Persicula marginata	Gürtel-Randschnecke	girdled marginella, girdled marginsnail, striped marginella (girdled margin shell, belted margin shell)
Persicula cornea/ Marginella cornea	Blasse Randschnecke	plain marginella, pale marginella, pale marginsnail (pale margin shell)
Persicula persicula/ Marginella persicula	Getupfte Randschnecke	spotted marginella, spotted marginsnail (spotted margin shell)
Petasina edentula/ Trichia edentula	Zahnlose Haarschnecke	edentate marginsnail, toothless hairysnail
Petasina unidentata/ Trichia unidentata	Einzähnige Haarschnecke	unidentate marginsnail (unidentate margin shell), single-toothed hairysnail
Phalium areola	Karierte Helmschnecke*	chequered bonnet, checkered bonnet
Phalium fimbria	Gefranste Helmschnecke	fringed bonnet
Phalium flammiferum	Streifen-Helmschnecke*, Flammen-Helmschnecke*	striped bonnet, flammed bonnet
Phalium glaucum	Graue Helmschnecke	grey bonnet
Phalium granulatum	Schottenhaube	Scotch bonnet
Phalium strigatum	Gestreifte Helmschnecke	striped bonnet
Phasianella australis	Australische Fasanenschnecke	painted lady
Phasianella spp.	Fasanenschnecken	pheasant snails (pheasant shells)
Phasianella variegata	Bunte Fasanenschnecke	variegated pheasant
Phasianellidae	Fasanenschnecken	pheasant snails (pheasant shells)
Phenacolimax annularis	Alpen-Glasschnecke	Alpine glass snail
Phenacolimax major	Große Glasschnecke	greater pellucid glass snail
Philine alba	Weiße Seemandel, Weiße Blasenschnecke	white paperbubble

Philine aperta	Seemandel, Offene Seemandel, Offene Blasenschnecke	paper-bubble, European paperbubble, open-shelled paperbubble*
Philine denticulata/ Philine sinuata	Gebuchtete Seemandel	sinuate paperbubble
Philine lima	Feilen-Seemandel	file paperbubble
Philine punctata	Kleine Seemandel	tiny paperbubble
Philine quadrata	Viereckige Seemandel	quadrate paperbubble
Philine scabra	Raue Seemandel	rough paperbubble
Philinidae	Mandelschnecken, Seemandeln	paperbubbles a. o.
Philippia mediterranea	Mittelmeer-Sonnenuhrschnecke	Mediterranean sundial
Philippia radiata	Strahlende Sonnenuhrschnecke, Strahlende Sonnenuhr	radial sundial
Phorcus turbinatus	Würfelturban	turbinate monodont
Phos senticosus	Kleine Dornenschnecke	phos whelk, thorny phos, common Pacific phos
Phyllidia flava	Weißgefleckte Warzenschnecke, Weißgepunktete Warzenschnecke, Gelbe Warzenschnecke	white-spotted yellow nudibranch*, white-spotted yellow wart slug
Phyllidia picta/ Fryeria picta	Blaue Warzenschnecke	painted phyllidia, black-rayed phyllidia
Phyllidiella pustulosa/ Phyllidia pustulosa	Pustel-Warzenschnecke	pustule nudibranch, pustular phyllidia, pustulose wart slug
Phyllonotus brassica/ Hexaplex brassica	Kohlschnecke, Kohl-Stachelschnecke	cabbage murex
Phyllonotus pomum/ Chicoreus pomum	Apfel-Stachelschnecke	apple murex
Physa fontinalis	Quellblasenschnecke, Quell-Blasenschnecke, Quellenblasenschnecke	bladder snail, common bladder snail
Physella acuta/ Physa acuta/ Haitia acuta	Spitze Blasenschnecke	pointed bladder snail, acute bladder snail, European physa, tadpole snail
Physella gyrina	Glänzende Blasenschnecke	tadpole physa
Physella hendersoni	Gestufte Blasenschnecke, Hendersons Blasenschnecke	bayou physa

Physella heterostropha/ Haitia heterostropha	Gelippte Blasenschnecke, Amerikanische Blasenschnecke	pewter physa
Physidae	Blasenschnecken	bladder snails, tadpole snails
Pila ampullacea	Thai-Apfelschnecke, Vietnamesische Apfelschnecke, Asiatische Apfelschnecke, Südostasiatische Apfelschnecke	Thai apple snail, South Asian applesnail
Pila globosa	Gelbrand-Apfelschnecke, Kugel-Apfelschnecke, Gewöhnliche Indische Apfelschnecke	common Indian apple snail
Pila virens	Südindische Riesenapfelschnecke	South Indian apple snail
Pila wernei	Afrikanische Riesenapfelschnecke	large African apple snail
Pisania maculosa/ Pisania striata	Geflecktes Klipphorn	spotted pisania
Placida dendritica	Bäumchen-Schlundsackschnecke	dendritic sea slug, dendritic nudibranch
Placophora	Käferschnecken	placophorans (incl. chitons)
Planaxidae	Haufenschnecken	clusterwinks, grooved snails
Planaxis sulcatus	Gerippte Haufenschnecke	ribbed clusterwink, furrowed planaxis
Planorbarius corneus	Posthornschnecke	horn-colored ram's horn, great ramshorn (trumpet shell)
Planorbella anceps	Gekielte Posthornschnecke	
Planorbella duryi	Amerikanische Posthornschnecke, Nordamerikanische Posthornschnecke, Abgeplattete Posthornschnecke	American ram's horn snail, seminole rams-horn, miniature ramshorn snail
Planorbella trivolvis	Amerikanische Sumpf-Posthornschnecke*	marsh ram's horn snail, marsh rams-horn, marsh ramshorn
Planorbidae	Tellerschnecken	ramshorn snails
Planorbis carinatus	Gekielte Tellerschnecke	keeled ramshorn
Planorbis planorbis	Gemeine Tellerschnecke, Flache Tellerschnecke	ramshorn, common ramshorn, margined ramshorn, ram's horn (margined trumpet shell)
Platydoris argo	Rotbraune Ledernachtschnecke	redbrown leathery doris

Platyla gracilis	Zierliche Nadelschnecke	
Platyla polita	Glatte Nadelschnecke	
Pleurobranchus areolatus	Atlantische Flankenkiemenschnecke, Atlantischer Flankenkiemer	Atlantic sidegill slug, Atlantic side-gilled sea slug, Atlantic sidegilled slug
Pleurobranchus forskalii	Forskals Flankenkiemenschnecke, Forskals Flankenkiemer	Forskal's sidegill slug, Forskal's side-gilled sea slug, Forskal's sidegilled slug
Pleuroploca aurantiaca	Goldene Pferdeschnecke	golden horseconch
Pleuroploca gigantea	Riesen-Pferdeschnecke	horse conch
Pleuroploca persica	Persische Bandschnecke	Persian horseconch
Pleuroploca trapezium	Trapez-Bandschnecke, Fuchskopf-Bandschnecke	trapeze horseconch, trapezium horse conch
Pleurotomariidae	Schlitzbandschnecken, Schlitzkegelschnecken, Schlitzkegel	slitsnails (slit shells)
Plicopurpura patula	Weitmund-Purpurschnecke*	wide-mouthed purpura, wide-mouthed rock shell, wide-mouthed dye shell
Polinices aurantius	Gold-Monschnecke, Orangefarbene Mondschnecke	golden moonsnail
Polinices bifasciatus	Zweiband-Mondschnecke	two-banded moonsnail
Polinices catenus/ Lunatia catena	Gefleckte Halsband-Mondschnecke, Gefleckte Halsbandnabelschnecke	spotted necklace snail (spotted necklace shell), necklace moonsnail (European necklace shell)
Polinices grossularia	Senegalesische Mondschnecke	Senegalese moonsnail, Senegal moonsnail
Polinices polianus/ Euspira poliana	Polis Halsbandnabelschnecke, Alders Halsbandnabelschnecke	Poli's necklace snail, Alder's necklace snail (Alder's necklace shell)
Polycera atra	Orangestachel-Hörnchenschnecke*	orange-spike polycera
Polycera elegans/ Greilada elegans	Blaugetupfte Hörnchenschnecke*	spotted satsuma slug
Polycera quadrilineata	Gestreifte Hörnchenschnecke	four-striped polycera
Polyceridae	Hörnchenschnecken, Kopflappen-Sternschnecken	polyceras
Polyplacophora/ Placophora/ Loricata	Käferschnecken, Chitone	chitons, coat-of-mail shells

Pomacea bridgesi/ Pomacea diffusa	Spitze Apfelschnecke, Goldapfelschnecke, Blaue Apfelschnecke, Braune Apfelschnecke, Lila Apfelschnecke, Amerikanische Apfelschnecke	spike-topped apple snail, spiketop applesnail, golden mystery snail
Pomacea canaliculata	Gefurchte Apfelschnecke	channeled apple snail, channeled applesnail, golden apple snail, golden applesnail, golden kuhol snail
Pomacea flagellata	Schwarze Apfelschnecke, Mittelamerikanische Apfelschnecke*	Maya apple snail, Maya applesnail, Mayan apple snail, Mexican applesnail
Pomacea haustrum	Titan-Apfelschnecke, Große Apfelschnecke	titan apple snail, titan applesnail
Pomacea maculata/ Ampullarius gigas	Große Apfelschnecke, Riesenapfelschnecke, Große Kugelschnecke	giant apple snail, giant applesnail, island apple snail, island applesnail, giant bubble snail (giant bubble shell)
Pomacea paludosa	Florida-Apfelschnecke, Kuba-Apfelschnecke	Florida apple snail, Florida applesnail, Cuban apple snail, Cuba apple snail, Cuba applesnail
Pomacea urceus	Lebendgebärende Apfelschnecke	black conch, black river conch, river conch, freshwater conch
Pomatias elegans	Schöne Landdeckelschnecke	red-mouthed snail, round-mouthed snail
Pomatias spp.	Landdeckelschnecken	operculate land snails a. o.*
Pomatiasidae	Landdeckelschnecken	small operculate land snails
Ponentina subvirescens	Grüne Haarschnecke	green hairysnail, green snail
Potamididae	Teleskopschnecken*	telescope snails, mud whelks
Potamopyrgus antipodarum/ Potamopyrgus jenkinsi	Neuseeländische Zwergdeckelschnecke, Neuseeland-Zwergdeckelschnecke, Neuseeländische Deckelschnecke, Neuseeländische Zwergdeckelschnecke, Jenkins Deckelschnecke	New Zealand mudsnail (NZMS), New Zealand mud snail, New Zealand spiresnail, Jenkins's spire snail, Jenkins' spiresnail (Jenkins' spire shell)
Primovula carnea/ Pseudosimnia carnea	Rotes Vogelei, Rote Eischnecke	red dwarf ovula
Prochaetoderma raduliferum (Aplacophora)	Einfacher Doppelschildfuß	Mediterranean glistenworm a. o.

Propebela turricula/ Oenopota turricula/ Lora turricula/ Bela turricula	Treppenschnecke, Kleine Treppenschnecke, Treppengiebelchen	small staircase cone*
Prophysaon andersoni	Genetzte Nacktschnecke	reticulated slug, British garden slug
Propilidium exiguum	Gedrehte Napfschnecke*	cap limpet, curled limpet
Propustularia surinamensis	Surinam-Kauri	Suriname cowrie
Prunum cincta/ Marginella cincta	Ringelschnecke*, Ringel-Randschnecke*	encircled marginella
Prunum guttatum/ Marginella guttata	Weißflecken-Randschnecke*	white-spot marginella, white-spotted marginella
Prunum labiata/ Marginella labiata	Königliche Randschnecke*	royal marginella
Prunum prunum/ Marginella prunum	Pflaumenschnecke*, Pflaumen-Randschnecke*	plum marginella
Pseudofusulus varians	Gedrungene Schließmundschnecke	
Pseudopolinices nanus/ Euspira nana/ Neverita nana	Kleine Mondschnecke	tiny moonsnail
Pseudosimnia adriatica/ Aperiovula adriatica/ Ovula adriatica	Weißes Vogelei, Weiße Eischnecke	Adriatic ovula
Pseudosuccinea columella/ Lymnaea columella	Amerikanische Schlammschnecke	American ribbed fluke snail
Pseudotrichia rubiginosa	Ufer-Laubschnecke	German hairy snail
Pseudovertagus aluco/ Cerithium aluco/ Murex aluco	Gefleckte Hornschnecke	aluco vertagus, aluco creeper, spotted cerith, Cuming's cerith
Pterobranchia	Flügelkiemer	pterobranchs
Pterochelus acanthopterus	Stachelflügel-Schnecke*, Spitzflügel-Murex*	spiny winged murex, thorny-winged murex, thorny-winged murex
Pteropoda	Flossenfüßer, Flügelschnecken	pteropods, seabutterflies
Pteropurpura falcata	Adunca-Schnecke	adunca murex
Pteropurpura trialata	Dreiflügelschnecke	three-winged murex
Pterygia dactylus	Finger-Mitra	finger mitre, finger miter
Pterygia fenestrata	Gefensterte Mitra, Fenster-Mitra	fenestrate mitre, fenestrate miter
Pterygia nucea	Nuss-Mitra	nut mitre, nut miter

Pterygia scabricula	Raue Mitra	rough mitre, rough miter
Pterynotus elongatus	Keulen-Stachelschnecke*, Ruder-Stachelschnecke*	club murex, rudder murex
Pterynotus miyokoae	Miyoko-Stachelschnecke	Miyoko murex
Pterynotus pellucidus	Durchscheinende Stachelschnecke	pellucid murex
Pterynotus phyllopterus	Blattförmige Stachelschnecke	leafy-winged murex
Pterynotus pinnatus	Fiedrige Stachelschnecke	pinnate murex
Pugilina cochlidium	Gewundene Treppenschnecke	spiral melongena, winding stair shell
Pugilina colossea/ Hemifusus colosseus	Riesen-Treppenschnecke	colossal false fusus, giant stair shell
Pugilina morio	Riesen-Kronenschnecke	giant hairy melongena, giant melongena
Pulmonata	Lungenschnecken, Pulmonaten	pulmonate snails (freshwater & land snails and slugs)
Punctacteon eloiseae/ Acteon eloisae	Eloisenschnecke	Eloise's acteon
Punctum pygmaeum	Punktschnecke	pygmy snail, dwarf snail
Puncturella noachina	Noahs Schlüssellochschnecke, Nordische Lochschnecke	diluvian puncturella, Noah's keyhole limpet
Pupa solidula/ Solidula solidula	Derbe Puppenschnecke	solid pupa
Pupa sulcata/ Solidula sulcata	Gefurchte Puppenschnecke	sulcate pupa
Puperita pupa	Zebra-Nixenschnecke	zebra nerite
Pupilla alpicola	Alpen-Puppenschnecke	Alpine moss snail
Pupilla bigranata	Zweizähnige Puppenschnecke	bidentate moss snail
Pupilla muscorum	Moos-Puppenschnecke, Gemeines Moospüppchen	moss snail, moss chrysalis snail, widespread column snail (U.S.)
Pupilla pratensis	Feuchtwiesen-Puppenschnecken	
Pupilla spp.	Puppenschnecken	moss snails, column snails (U.S.)
Pupilla sterrii	Gestreifte Puppenschnecke	striped moss snail
Pupilla triplicata	Dreizähnige Puppenschnecke	
Pupillidae	Puppenschnecken	moss snails (column snails, snaggletooths, vertigos)
Purpura bufo	Kröten-Purpurschnecke	toad purpura, toad purple
Purpura nodosa	Kuglige Purpurschnecke	nodose purpura

Purpura panama	Rudolphs Purpurschnecke	Rudolph's purpura
Purpura patula	Weitmäulige Purpurschnecke	wide-mouthed purpura
Purpura persica	Persische Purpurschnecke	Persian purpura, princely purple, Rudolph's purpura
Purpura planospira	Flachspindel-Purpurschnecke*	eye of Judas purpura
Pusia tricolor	Buntschnecke	
Pusillina inconspicua/ Rissoa inconspicua	Gefleckte Zwergschnecke	spotted risso*
Pustularia bistrinotata/ Cypraea bistrinotata	Gelbbraunpunkt-Kauri	triple-spotted cowrie, twice-triple-spotted cowrie, treble-spotted cowrie
Pustularia cicercula/ Cypraea cicercula	Kichererbsen-Kauri*	chick-pea cowrie
Pustularia globulus/ Cypraea globulus	Kugelkauri*	globose cowrie
Pusula californiana	Kalifornische Kaurischnecke	California trivia
Pusula pediculus/ Trivia pediculus/ Niveria pediculus	Kaffeebohnen-Kaurischnecke, Kaffeebohnentrivia	coffeebean trivia, coffee bean trivia
Pusula radians/ Cypraea radians	Radians-Kaurischnecke*	radiating trivia, radians trivia, radiant button shell
Pyramidella dolabrata	Gehobelte Pyramidenschnecke, Beilpyramide	giant Atlantic pyram
Pyramidelllidae	Pyramidenschnecken (inkl. Reiskornschnecken)	pyramid snails, pyramid shells, pyrams (incl. Rice snails)
Pyramidula rupestris/ Pyramidula pusilla	Felsen-Pyramidenschnecke	rock snail
Pyrene flava	Gelbes Täubchen	yellow dovesnail
Pyrene ocellata	Augenfleck-Täubchen	lightning dovesnail
Pyrene phiippinarum	Philippinisches Täubchen	Philippine dovesnail
Pyrene punctata	Teleskop-Täubchen	punctate dovesnail, telescoped dovesnail
Pyrene scripta	Schrifttäubchen, Getupftes Täubchen	dotted dovesnail, music dovesnail
Pyrenidae/ Columbellidae	Taubenschnecken, Täubchenschnecken	dove snails (dove shells)
Pythia scarabaeus	Gemeine Ohrenschnecke	common pythia
Quickella arenaria/ Catinella arenaria	Salz-Bernsteinschnecke	sandbowl snail

Radix ampla	Weitmündige Schlammschnecke	
Radix auricularia	Ohrschlammschnecke, Ohr-Schlammschnecke, Ohrförmige Schlammschnecke	big-eared radix
Radix balthica/ Radix peregra	Gemeine Schlammschnecke, Wandernde Schlammschnecke	wandering pondsnail, wandering pond snail
Radix javanica	Javanische Schlammschnecke	
Radix labiata	Gemeine Schlammschnecke	
Radix lagotis	Schlanke Schlammschnecke	
Radix ovata	Eiförmige Schlammschnecke	ovate pondsnail (pond mud-shell)
Ranella olearium/ Ranella gigantea	Wandernde Tritonschnecke, Großes Argushorn, Krötenschnecke	wandering triton
Ranellidae/ Cymatiidae	Tritonen	tritons, rock whelks
Rapa rapa	Rettichschnecke	bubble turnip, papery rapa
Rapana bezoar	Bezoarschnecke	bezoar rapa whelk
Rapana rapiformis	Poseidonschnecke, Poseidon-Schnecke	cantaloupe, turnip snail, turnip shell
Rapana venosa	Geäderte Rapana, Wulstschnecke, Asiatische Raubschnecke, Rotmund-Wellhorn*	veined rapa whelk, Asian rapa whelk, Thomas's rapa whelk
Raphitoma linearis	Zierliche Nadelschnecke	delicate needle conch
Reishia bitubercularis/ Thais bitubercularis	Zweihöckrige Felsschnecke*, Kastanien-Felsschnecke	bituberculate rock snail, bituberculate rock shell, chestnut rock shell
Renea veneta	Gerippte Nadelschnecke	
Retinella hiulca	Südalpen-Wachsschnecke	
Retusa obtusa	Kopfschildschnecke	Arctic barrel-bubble, pearl bubble
Retusa sulcata	Gefurchte Kopfschildschnecke	sulcate barrel-bubble
Retusa truncatula	Abgestutzte Kopfschildschnecke	truncate barrel-bubble
Rhinoclavis asper	Raue Nadelschnecke	rough cerith
Rhopalomenia aglaopheniae (Aplacophora)	Schmarotzerschlauch	"parasitic" solenogaster*
Rictaxis punctocaelatus/ Acteon punctocaelatus	Carpenter-Drechselschnecke*	carpenter's acteon, carpenter's baby bubble (carpenter's barrel shell), striped barrel snail

Rissoa costata	Rippen-Rissoschnecke	costate risso snail
Rissoa membranacea	Pergament-Rissoschnecke, Pergament-Rissoe	thick-lipped risso snail, thick-lipped spire shell
Rissoa parva	Kleine Rissoschnecke, Komma-Zwergschnecke	tiny risso snail
Rissoa violacea	Violette Rissoschnecke, Violette Rissoe	violet risso snail
Rumina decollata	Stumpfschnecke	decollate snail
Ruthenica filograna	Zierliche Schließmundschnecke	
Sacoglossa/ Saccoglossa	Schlundsackschnecken, Sackschnecken, Schlauchschnecken	sacoglossans
Sadleriana bavarica	Bayerische Zwergdeckelschnecke	
Sassia subdistorta	Verbogene Tritonschnecke*	distorted rock triton
Scabricola fissurata	Netz-Mitra	reticulate mitre, reticulate miter
Scalidae	Wendeltreppen	wentletraps
Scaphander lignarius/ Bulla lignaria	Taucherschnecke, Holzboot	woody canoe-bubblesnail
Scaphander punctostriatus	Große Taucherschnecke, Großes Holzboot	giant canoe-bubblesnail
Scaphandridae	Bootschnecken	canoe bubblesnails
Scaphella junonia	Juno-Walzenschnecke	junonia, Juno's volute
Scissurella cingulata	Gürtel-Riss-Schnecke	belt scissurelle
Scissurellidae	Riss-Schnecken	scissurelles
Scutopus megaradulatus (Aplacophora)	Korkenzieher-Schildfuß*, Großzungen-Schildfuß*	corkscrew glistenworm, corkscrew solenogaster
Scutopus ventrolineatus (Aplacophora)	Echter Schildfuß	bellylined glistenworm*
Scutus antipodes/ Scutus anatinus	Schildschnecke, Elefantenschnecke	elephant slug, duckbill shell, shield shell
Scyllaea pelagica	Sargassum-Nacktschnecke	sargassum nudibranch
Segmentina nitida	Glänzende Tellerschnecke	shining ramshorn snail, shiny ram's horn, the shining ram's-horn
Semicassis granulatum granulatum	Granula-Helmschnecke	scotch bonnet
Semicassis granulatum undulatum	Mittelmeer-Helmschnecke	Mediterranean bonnet
Semilimax kotulae	Berg-Glasschnecke	

Semilimax semilimax	Weitmündige Glasschnecke	wide-mouth glass snail
Septaria porcellana	Muschelschnecke, Abalone-Schnecke	abalone snail
Siliquaria anguina	Schotenschnecke, Schlangenschnecke, Aalwurmschnecke	pod snail (pod shell, wormshell)
Siliquaria squamata/ Tenagodus squamatus	Schlitz-Wurmschnecke	slit wormsnail
Siliquariidae	Schlangenschnecken	pod snails, wormsnails (pod shells, wormshells)
Simnia spelta	Gorgonien-Porzellanschnecke	Mediterranean ovulid
Sinum perspectivum	Weiße Babyschnecke*	baby's ear moonsnail, white baby ear
Siphonaria javanica	Javanische Unechte Napfschnecke, Falsche Java-Napfschnecke	Javan false limpet
Siphonaria pectinata	Gestreifte Unechte Napfschnecke	striped false limpet
Siratus alabaster	Alabasterschnecke	alabaster murex, abyssal murex
Siratus laciniatus	Zipfelschnecke	laciniate murex
Siratus motacilla	Bachstelzen-Schnecke	wagtail murex
Skeneopsis planorbis	Gemeine Zwergtellerschnecke	flat skenea
Smaragdia viridis	Smaragdschnecke	emerald nerite
Smaragdinella calyculata/ Smaragdinella viridis	Smaragd-Kugelschnecke	emerald bubble snail, emerald bubble
Solariella obscura	Seltsame Solariella*	obscure solarelle
Solariella varicosa	Schwielen-Solariella*	varicose solarelle
Solariidae/ Architectonicidae	Sonnenschnecken	sundials, sundial snails (sun shells, sundial shells)
Solatopupa similis	Bläuliche Kornschnecke	
Solenosteira pallida	Heller Pokal	pale goblet
Spermodea lamellata	Bienenkörbchen	plaited snail
Sphaeronassa mutabilis/ Nassarius mutabilis	Wandelbare Reusenschnecke	mutable nassa
Sphyradium doliolum	Kleine Fässchenschnecke, Kleine Tönnchenschnecke	tiny drumsnail*
Spirolaxis centrifuga	Zentrifugal-Sonnenschnecke*	exquisite false-dial
Stagnicola corvus	Große Sumpfschnecke	giant pondsnail

Stagnicola fuscus/ Lymnea fusca	Braune Sumpfschnecke, Dunkle Sumpfschnecke	brown pondsnail, marsh pond snail
Stagnicola glabra/ Lymnaea glabra	Längliche Sumpfschnecke	oblong pondsnail, mud pondsnail, mud snail
Stagnicola palustris/ Galba palustris	Gemeine Sumpfschnecke	common pondsnail, common European pondsnail, marsh snail
Stagnicola turricula	Schlanke Sumpfschnecke, Mittlere Sumpfschnecke	slender pondsnail
Stellaria solaris	Sonnenstern-Lastträgerschnecke	sunburst carriersnail, sunburst carrier shell
Stenomelania torulosa/ Thiara torulosa	Langnasenschnecke	long-nosed snail, long nose snail
Stenoplax floridana (Polyplacophora)	Schlanke Käferschnecke	Florida slender chiton
Stenosemus albus/ Ischnochiton albus (Polyplacophora)	Weiße Käferschnecke, Weißer Chiton, Helle Käferschnecke	northern white chiton, white chiton, white northern chiton
Sthenorytis pernobilis	Edle Wendeltreppe	noble wentletrap
Stomatellidae	Weitmundschnecken*	false ear snails, widemouth snails (widemouth shells)
Stramonita haemastoma	Rotmund-Leistenschnecke, Rotmund-Maulbeere, Purpurschnecke	Florida dog winkle, Florida rocksnail, red-mouthed rock shell, southern oyster drill
Strombidae	Fechterschnecken, Flügelschnecken	conchs, true conchs (conch shells)
Strombus alatus	Florida-Fechterschnecke, Florida-Flügelschnecke	Florida fighting conch
Strombus aurisdianae	Dianas Fechterschnecke, Dianas Flügelschnecke, Dianas Ohr-Fechterschnecke	Diana's conch, Diana conch
Strombus bulla	Blasen-Fechterschnecke, Blasen-Flügelschnecke	bubble conch
Strombus costatus	Milchige Fechterschnecke, Milchige Flügelschnecke	milk conch
Strombus decorus	Mauritius Fechterschnecke, Mauritius Flügelschnecke	Mauritius conch, Mauritian conch
Strombus dentatus	Samar-Fechterschnecke, Samar-Flügelschnecke	Samar conch, toothed conch
Strombus epidromis	Schwanen-Fechterschnecke, Schwanen-Flügelschnecke	swan conch
Strombus galeatus	Ostpazifische Riesen-Fechterschnecke, Ostpazifische Riesen-Flügelschnecke	galeate conch, giant East Pacific conch

Strombus gallus	Hahnen-Fechterschnecke, Hahnen-Flügelschnecke	roostertail conch, rooster-tail conch
Strombus gibberulus	Buckel-Fechterschnecke, Buckel-Flügelschnecke	hump-back conch, humped conch
Strombus goliath	Goliath-Fechterschnecke, Goliath-Flügelschnecke	goliath conch
Strombus gracilior	Panama-Fechterschnecke, Ostpazifische Flügelschnecke	Eastern Pacific fighting conch, Panama fighting conch
Strombus granulatus	Körnige Fechterschnecke, Körnige Flügelschnecke	granulated conch
Strombus latissimus	Breite Fechterschnecke, Breite Flügelschnecke	heavy frog conch, wide-mouthed conch, broad Pacific conch, widest Pacific conch
Strombus latus/ Strombus bubonius	Beulen-Fechterschnecke*, Beulen-Flügelschnecke*	bubonian conch
Strombus lentiginosus	Silber-Fechterschnecke, Silber-Flügelschnecke	silver conch
Strombus listeri	Listers Fechterschnecke, Listers Flügelschnecke	Lister's conch
Strombus luhuanus	Erdbeer-Fechterschnecke, Erdbeer-Flügelschnecke	strawberry conch, blood-mouth conch
Strombus marginatus	Weißgeränderte Band-Fechterschnecke*, Geränderte Flügelschnecke*	marginate conch
Strombus minimus	Miniatur-Fechterschnecke, Miniatur-Flügelschnecke	minute conch
Strombus mutabilis	Veränderliche Fechterschnecke, Veränderliche Flügelschnecke	mutable conch, changeable conch
Strombus peruvianus	Peruanische Fechterschnecke, Peruanische Flügelschnecke	Peruvian conch
Strombus pipus	Schmetterlings-Fechterschnecke, Schmetterlings-Flügelschnecke	butterfly conch
Strombus pugilis	Rote Fechterschnecke, Rote Flügelschnecke, Westindische Fechterschnecke, Westindische Flügelschnecke	fighting conch, West Indian fighting conch
Strombus raninus	Habichtsflügelschnecke	hawkwing conch
Strombus sinuatus	Lavendelfarbene Fechterschnecke, Lavendelfarbene Flügelschnecke	lavender conch, laciniate conch, sinuous conch

Strombus taurus	Stier-Fechterschnecke, Stier-Flügelschnecke	bull conch
Strombus thersites	Thersites-Fechterschnecke, Thersites-Flügelschnecke	Thersites conch
Strombus tricornis	Dreihorn-Fechterschnecke, Dreihorn-Flügelschnecke	three-knobbed conch
Strombus urceus	Kleiner Bär, Kleine Bären-Fechterschnecke, Kleine Bären-Flügelschnecke	little bear conch, pitcher stromb
Strombus variabilis	Veränderliche Fechterschnecke, Veränderliche Flügelschnecke	variable conch
Strophochilus oblongus	Südamerikanische Riesenschnecke	giant South American snail
Struthiolaria papulosa	Großer Straußenfuß	large ostrich foot
Struthiolariidae	Straußenschnecken	ostrich foot snails
Stylommatophora (Pulmonata)	Landlungenschnecken	land snails
Subulina octona	Kleinste Turmschnecke	miniature awlsnail
Succinea putris	Gemeine Bernsteinschnecke	rotten amber snail, large amber snail, European ambersnail (U.S.)
Succineidae	Bernsteinschnecken	amber snails, ambersnails
Succinella oblonga/ Succinea oblonga	Kleine Bernsteinschnecke	small amber snail
Syrinx aruanus	Australische Rifftrompete, Große Rüsselschnecke	false trumpet snail, false trumpet, Australian trumpet
Syrinx proboscidiferus	Ritterhelm	elefant's trumpet snail
Tachyrhynchus erosus	Verwitterte Turmschnecke*	eroded turretsnail
Taia naticoides	Genoppte Pianoschnecke	nubby piano snail
Talparia cinerea/ Cypraea cinerea/ Luria cinerea	Graue Atlantik-Kauri	Atlantic grey cowrie, Atlantic gray cowrie (U.S.), ashen cowrie
Tandonia budapestensis/ Milax budapestensis	Boden-Kielnacktschnecke, Boden-Kielschnegel	Budapest slug
Tandonia ehrmanni	Ehrmanns Kielschnegel	
Tandonia rustica/ Milax rusticus	Große Kielnacktschnecke, Großer Kielschnegel	bulb-eating slug, root-eating slug
Tandonia sowerbyi/ Milax sowerbyi	Sowerbys Kielnacktschnecke, Gelblicher Kielschnegel	Sowerby's slug
Tanea euzona/ Natica euzona	Zonierte Mondschnecke	zoned moonsnail, beautifully-banded moonsnail
Tanea lineata/ Natica lineata	Gestreifte Mondschnecke	lined moonsnail

Tanea undulata/ Natica undulata	Zebramondschnecke	zebra moonsnail (wavy moonsnail)
Tanea zelandica/ Natica zelandica	Neuseeländische Mondschnecke	New Zealand moonsnail
Tarebia granifera/ Melanoides granifera/ Melania granifera/ Thiara granifera	Genoppte Turmdeckelschnecke, Venezolanische Turmdeckelschnecke, Nöppi, Nöppie	spike-tailed trumpet snail, spike-tail trumpet snail, quilted melania
Tectarius coronatus	Gekrönte Strandschnecke	beaded prickly winkle, crowned prickly winkle
Tectarius pagodus	Pagoden-Strandschnecke	pagoda prickly winkle
Tectura virginea/ Acmaea virginea	Weiße Schildkrötenschnecke	white tortoiseshell limpet
Tectus conus	Conus-Kreiselschnecke	cone-shaped topsnail, cone-shaped top
Tectus pyramis	Pyramiden-Kreiselschnecke	pyramid topsnail, pyramid top
Tegula excavata	Grünflächige Turbanschnecke	green-base tegula
Tegula fasciata	Seidige Turbanschnecke	silky tegula
Tegula funebralis	Schwarze Pazifische Turbanschnecke	black tegula, black topsnail
Tegula pulligo	Düstere Turbanschnecke*	dusky tegula, dusky turban, brown turban, northern brown turban
Telescopium telescopium	Teleskopschnecke	telescope snail, telescope creeper
Tenagodus obtusus	Wurmschnecke, Schlangenschnecke	obtuse wormsnail
Tenagodus squamatus	Schlitz-Wurmschnecke, Schuppige Schlangenschnecke	slit wormsnail
Tenellia adspersa	Lagunen-Fadenschnecke, Brackwasser-Fadenschnecke	lagoon sea slug, miniature aeolis
Tenguella granulata/ Morula granulata	Schwarze Maulbeerschnecke, Körnige Maulbeerschnecke	granular drupe
Tenguella musiva/ Morula musiva	Musikalische Maulbeerschnecke	mosaic purpura, musical drupe
Terebellum terebellum	Kleine Bohrerschnecke	little auger
Terebra areolata	Fliegendreck-Schraubenschnecke	flyspotted auger
Terebra crenulata	Gekerbte Schraube	crenulated auger
Terebra dimidiata	Orange-Schraubenschnecke	dimidiate auger, divided auger

Terebra dislocata	Ostatlantische Schraubenschnecke*	eastern auger, Atlantic auger, common American auger
Terebra duplicata	Doppelte Schraubenschnecke	duplicate auger
Terebra guttata	Weißfleck-Schraubenschnecke*	white-spotted auger (spotted auger)
Terebra maculata	Gefleckte Schraubenschnecke	marlinspike auger, giant marlin spike (spotted auger, big auger)
Terebra monilis	Geperlte Schraubenschnecke	necklace auger
Terebra ornata	Ornat-Schraubenschnecke*	ornate auger
Terebra pertusa	Löchrige Schraubenschnecke*	perforated auger
Terebra pretiosa	Kostbare Schraubenschnecke	precious auger
Terebra robusta	Dickschalige Schraubenschnecke*	robust auger
Terebra spectabilis	Hübsche Schraubenschnecke	graceful auger
Terebra strigata	Zebra-Schraubenschnecke	zebra auger
Terebra subulata	Pfriemenschnecke	subulate auger, chocolate spotted auger
Terebra taurina	Flammenschraubenschnecke, Flammenschraube	flame auger
Terebra triseriata	Dreigestreifte Schraubenschnecke	triseriate auger
Terebra vinosa	Flieder-Schraubenschnecke*	lilac auger
Terebralia palustris	Schlammkriecher	mud creeper
Terebridae	Schraubenschnecken, Pfriemenschnecken	auger snails, augers (auger shells)
Testacella haliotidea	Graugelbe Rucksackschnecke	earshell slug, ear-shelled slug, shelled slug
Testacella maugei	Braune Rucksackschnecke	Mauge's slug
Testacella scutulum	Gelbe Rucksackschnecke	Sowerby's shield shelled slug
Testacellidae	Rucksackschnecken	shelled slugs, worm-eating slugs
Testudinalia testudinalis/ Tectura testudinalis/ Tectura tessulata/ Acmaea testudinalis/ Collisella tessulata	Schildkrötenschnecke, Schildkröten-Napfschnecke, Klippkleber	plant limpet, tortoiseshell limpet, common tortoiseshell limpet
Thais haemastoma	Rotmund-Leistenschnecke, Rotmundige Steinschnecke	redmouthed rocksnail (red-mouthed rock shell)
Thais hippocastanum	Kastanien-Leistenschnecke	chestnut rocksnail (chestnut rock shell)

Thais lapillus/ Nucella lapillus	Steinschnecke, Nordische Steinchenschnecke, Nördliche Purpurschnecke, Nordische Purpurschnecke	Atlantic dog whelk, northern dog whelk, Atlantic dogwinkle, northern dogwinkle
Thais nodosa	Kugelige Felsschnecke*	nodose rocksnail, nodose rock shell, nodose purpura
Thais rugosa	Raue Felsschnecke	rough rocksnail (rough rock shell)
Thais tuberosa	Buckel-Purpurschnecke	humped rocksnail (humped rock shell)
Thatcheria mirabilis	Wunderkreisel, Wunderbare Japanische Turmschnecke, Japanische Wunderschnecke	Japanese wonder snail (miraculous Thatcher shell)
Theba pisana	Mittelmeer-Sandschnecke, Mittelmeersandschnecke, Dünenschnecke	sandhill snail, white gardensnail, Mediterranean sand snail, Mediterranean white snail
Thecosomata	Seeschmetterlinge, Beschalte Flossenfüßer (Flügelschnecken)	sea butterflies, shelled pteropods
Theodoxus corona	Kronen-Kahnschnecke	crown nerite
Theodoxus danubialis	Donau-Kahnschnecke, Sarmatische Schwimmschnecke	Danube nerite, Danube freshwater nerite
Theodoxus fluviatilis	Gemeine Kahnschnecke, Fluss-Schwimmschnecke	common freshwater nerite, river nerite, the nerite
Theodoxus prevostianus	Thermen-Kahnschnecke	black nerite
Theodoxus transversalis	Gebänderte Kahnschnecke, Binden-Schwimmschnecke	striped freshwater nerite
Thiara cancellata	Haarige Turmdeckelschnecke	hairy trumpet snail, hairy snail
Thiara scabra/ Thiara winteri/ Mieniplotia scabra	Gestachelte Turmdeckelschnecke, Stachelige Turmdeckelschnecke, Stachel-Turmdeckelschnecke	Prambanan snail, pagoda thiara, spiky MTS
Thuridilla hopei/ Elysia splendida	Pracht-Samtschnecke	splendid velvet snail, splendid elysia
Thylacodes adamsii/ Serpulorbis imbricatus	Schuppenwurmschnecke	scaly wormsnail (scaly worm shell)
Thylacodes arenarius/ Serpulorbis arenarius	Riesenwurmschnecke, Große Wurmschnecke	giant wormsnail, giant worm-shell, giant worm shell
Thylacodes colubrinus/ Serpulorbis colubrinus	Schwarze Wurmschnecke, Schlangenartige Wurmschnecke	blackish worm shell

Thylacodes decussatus/ Serpulorbis decussatus	Gekreuzte Wurmschnecke*	decussate wormsnail
Tibia curta	Indische Spindelschnecke	Indian tibia
Tibia delicatula	Dünnschalige Spindelschnecke	delicate tibia
Tibia fusus	Spindelschnecke	spindle tibia, shinbone tibia
Tibia insulae-chorab	Arabische Spindelschnecke	Arabian tibia
Tibia martini	Martins Spindelschnecke	Martin's tibia
Tibia powisi	Powis Spindelschnecke	Powis's tibia
Timbellus miyokoae	Miyoko-Stachelschnecke	miyoko murex
Tomlinia rapulum	Kleines Rüben-Wellhorn*	little turnip whelk
Tonicella lineata (Polyplacophora)	Liniierte Käferschnecke	lined chiton
Tonicella marmorea (Polyplacophora)	Marmorierte Käferschnecke, Liniierte Rote Käferschnecke	mottled red chiton, lined red chiton
Tonicella rubra (Polyplacophora)	Rote Käferschnecke	northern red chiton, red northern chiton
Tonicia chilensis (Polyplacophora)	Anmutiger Chiton	Chilean chiton
Tonicia schrammi (Polyplacophora)	Goldfleck-Chiton	gold-flecked chiton
Tonna allium	Gerippte Fassschnecke	costate tun
Tonna cepa	Gefurchte Fassschnecke	canaliculated tun
Tonna cerevisina	Bierfassschnecke	beerbarrel tun
Tonna dolium	Gefleckte Fassschnecke	spotted tun
Tonna galea	Große Fassschnecke	giant tun
Tonna olearium	Pazifische Riesenfassschnecke	giant Pacific tun
Tonna pennata/ Tonna maculosa	Atlantische Tauben-Fassschnecke	Atlantic partridge tun
Tonna perdix	Tauben-Fassschnecke	partridge tun, Pacific partridge tun
Tonna sulcosa	Gefurchte Fassschnecke	banded tun
Tonnidae	Fassschnecken	tun snails (tun shells, cask shells)
Tornus subcarinatus	Gekielte Tornus	keeled tornus, white-belted tornus, white-belted shell
Trichia edentula/ Petasina edentula	Zahnlose Haarschnecke	toothless hairysnail, edentate marginsnail

Trichia unidentata/ Petasina unidentata	Einzähnige Haarschnecke	unidentate marginsnail (unidentate margin shell), single-toothed hairysnail
Trichotropidae	Haarschnecken	hairy snails, hairysnails (hairy shells)
Trichotropis bicarinata	Zweikiel-Haarschnecke	two-keel hairysnail, two-keeled hairysnail
Trichotropis borealis	Nordmeer-Haarschnecke	boreal hairysnail
Trichotropis cancellata	Gitter-Haarschnecke*	cancellate hairysnail
Tricolia pullus	Kleine Doppelfußschnecke, Fasanküken, Dreifarbige Fasanenschnecke	lesser pheasant snail*, pheasant shell, European pheasant shell
Tricoliidae	Doppelfußschnecken	pheasant snails a. o. (see phasianellidae)
Trigonostoma pellucida	Dreiecks-Gitterschnecke	triangular nutmeg
Trigonostoma pulchra/ Cancellaria pulchra	Hübsche Gitterschnecke	beautiful nutmeg
Trigonostoma rugosum	Runzelige Gitterschnecke	rugose nutmeg
Triphoridae	Verkehrtschnecken, Linksnadelschnecken	left-handed hornsnails
Tritonia nilsodhneri	Fächerschnecke* (Nacktschnecke)	fan slug
Trivia arctica	Nördliche Kaurischnecke, Nördliche Scheinkauri, Arktische Kaurischnecke, Gerippte Kaurischnecke	northern cowrie, Arctic cowrie, unspotted European cowrie, coffee bean (groatie buckies, guinea monkey)
Trivia candidula/ Niveria candidula	Weiße Kaurischnecke, Weiße Trivia, Weißkauri	white trivia
Trivia mediterranea/ Trivia pullicina/ Trivia pulex	Tränenkauri	teardrop trivia*, Mediterranean trivia
Trivia monacha/ Trivia europaea	Gefleckte Kaurischnecke, Gefleckte Scheinkauri, Europäische Kauri, Gefleckte Kaffeebohne	spotted cowrie, European cowrie, bean cowrie
Triviella aperta/ Trivia aperta	Klaffende Kaurischnecke	gaping trivia, baby's toes
Triviidae	Scheidewegschnecken, Kaurischnecken, Scheinkauris	false cowries, bean cowries, sea buttons
Trochia cingulata	Gürtel-Felsschnecke	corded rocksnail
Trochidae	Kreiselschnecken	topsnails (top shells)

Trochoidea elegans	Kegelige Heideschnecke	elegant helicellid
Trochulus alpicola	Alpen-Haarschnecke	
Trochulus biconicus	Nidwaldner Haarschnecke	
Trochulus caelatus	Flache Haarschnecke	
Trochulus clandestinus	Aufgeblasene Haarschnecke	
Trochulus coelomphala	Auen-Haarschnecke	
Trochulus graminicola	Halden-Haarschnecke	
Trochulus hispidus/ Trichia hispida/ Helix hispida	Behaarte Laubschnecke, Haarschnecke, Gemeine Haarschnecke	hairy snail, hairysnail, bristly snail
Trochulus lubomirkii	Böhmische Haarschnecke	
Trochulus montanus	Berg-Haarschnecke	
Trochulus sericeus/ Trochulus plebeius/ Trichia plebeia/ Trichia sericea/ Trichia liberta	Seidenhaarschnecke, Seiden-Haarschnecke	velvet hairysnail
Trochulus striolatus/ Trichia striolata/ Trichia rufescens	Gestreifte Haarschnecke, Gestreifte Krautschnecke	strawberry snail, reddish snail, ruddy snail
Trochulus villosus/ Trichia villosa	Zottige Haarschnecke	villous hairysnail
Trochus maculatus	Gefleckte Kreiselschnecke	mottled topsnail
Trochus niloticus	Riesen-Kreiselschnecke	Nile topsnail, Nile trochus, commercial trochus (pearly top shell)
Truncatella subcylindrica	Glatte Stutzschnecke	looping snail
Truncatellina callicratis	Südliche Zylinderwindelschnecke	southern whorl snail
Truncatellina claustralis	Kleine Zylinderwindelschnecke	tiny whorl snail
Truncatellina costulata	Wulstige Zylinderwindelschnecke	bulging whorl snail
Truncatellina cylindrica	Zylinderwindelschnecke, Gemeine Zylinderwindelschnecke	cylindrical whorl snail
Truncatellina monodon	Rotbraune Zylinderwindelschnecke	russet whorl snail
Truncularíopsis trunculus/ Hexaplex trunculus	Purpurschnecke u. a.	trunk murex, trunculus murex
Tugali cicatricosa	Narbige Kerbschnecke	scarred notched limpet

Turbinella laevigata	Brasilianische Vasenschnecke	Brazilian chank
Turbinella pyrum	Heilige Schnecke, Hinduglocke, Echte Birnschnecke, Birn-Wirbelschnecke	sacred chank, Indian chank, chank shell, divine conch, great rapa chank
Turbinidae	Turbanschnecken	turban snails, turbans
Turbo argyrostomus	Silbermund-Turbanschnecke	silver-mouthed turban, silvermouth turban
Turbo bruneus/ Turbo brunneus	Braune Pazifik-Turbanschnecke	brown dwarf turban, brown Pacific turban
Turbo canaliculatus	Gefurchte Turbanschnecke	channeled turban
Turbo castanea	Kastanien-Turbanschnecke	chestnut turban, orange cat eye snail
Turbo chrysostomus	Goldmund-Turbanschnecke	gold-mouthed turban
Turbo cornutus	Gehörnte Turbanschnecke	horned turban
Turbo marmoratus	Grüne Turbanschnecke, Grüner Turban	green turban, great green turban, giant green turban, green snail
Turbo petholatus	Gobelin-Turbanschnecke, Gobelinturban, Katzenaugenschnecke	tapestry turban (cat's-eye shell)
Turbo sarmaticus	Südafrikanische Turbanschnecke, Südafrikanischer Turban	South African turban, giant pearlwinkle
Turbonilla acuta	Spitzes Wendeltürmchen, Spitze Pyramidenschnecke	pointed pyramidsnail*
Turbonilla crenata	Rotes Wendeltürmchen, Rote Pyramidenschnecke	red pyramidsnail
Turbonilla jeffreysii	Jeffreys Wendeltürmchen, Jeffreys Pyramidenschnecke	Jeffrey's staircase pyramidsnail, staircase pyramid
Turbonilla lactea	Milchweißes Wendeltürmchen, Milchweiße Pyramidenschnecke	milky pyramidsnail*
Turris babylonia	Babylon-Turmschnecke	Babylon turrid
Turritella communis	Gemeine Turmschnecke	common turretsnail, European turretsnail (common screw shell, common tower shell, great screw shell)
Turritella terebra	Bohrer-Schraubenschnecke	auger turretsnail (auger screw shell, tower screw shell)
Turritellidae	Turmschnecken	turret snails (tower shells, auger shells, screw shells)
Turritellopsis stimpsoni	Nadel-Turmschnecke	needle turretsnail

Tutufa bubo	Riesenfroschschnecke	giant frogsnail
Tutufa rubeta	Rotmund-Froschschnecke	red-mouthed frogsnail, ruddy frogsnail
Tylodina perversa	Verkehrte Schirmschnecke, Goldschwammschnecke	yellow tylodina, yellow umbrella slug
Tylomelania gemmifera	Goldfühler-Tylomelania	gold rabbit snail
Tylomelania patriarchalis	Schwarze Perlhuhnschnecke	white-spot rabbit snail
Tylomelania perfecta	Donnerkeilschnecke	chocolate rabbit snail, chocolate poso rabbit snail
Tylomelania spp.	Perlhuhnschnecken	rabbit snails
Umbonium vestiarium	Knopfschnecke	common button topsnail, common button top
Umbraculidae	Schirmschnecken	umbrella snails, umbrella "slugs" (umbrella shells)
Umbraculum mediterraneum	Mittelmeer-Schirmschnecke, Warzige Schirmschnecke	Mediterranean umbrella snail
Umbraculum umbraculum	Atlantik-Schirmschnecke	Atlantic umbrella snail, Atlantic umbrella "slug"
Urosalpinx cinerea	Amerikanischer Austernbohrer	American sting winkle, American oyster drill, Atlantic oyster drill
Urticicola umbrosus	Schatten-Laubschnecke	
Vallonia costata	Gerippte Grasschnecke	ribbed grass snail
Vallonia declivis	Große Grasschnecke	greater grass snail
Vallonia enniensis	Feingerippte Grasschnecke	a grass snail
Vallonia excentrica	Schiefe Grasschnecke	eccentric grass snail
Vallonia pulchella	Glatte Grasschnecke	smooth grass snail, beautiful grass snail
Vallonia spp.	Grasschnecken	grass snails
Vallonia suevica	Schwäbische Grasschnecke	Swabian grass snail
Valloniidae	Grasschnecken	grass snails
Valvata alpestris	Alpen-Federkiemenschnecke	Alpine valve snail
Valvata cristata	Flache Federkiemenschnecke	flat valve snail, crested valve snail
Valvata macrostoma	Stumpfe Federkiemenschnecke, Sumpf-Federkiemenschnecke, Niedergedrückte Federkiemenschnecke	bog valve snail, large-mouthed valve snail
Valvata naticina	Fluss-Federkiemenschnecke	livebearing European stream valve snail

Valvata piscinalis piscinalis	Teich-Federkiemenschnecke, Gemeine Federkiemenschnecke	valve snail, European stream valve snail, common valve snail, European stream valvata
Valvata pulchella	Niedergedrückte Federkiemenschnecke	large-mouthed valve snail
Valvata studeri	Moor-Federkiemenschnecke, Bayerische Federkiemenschnecke	Bavarian valve snail
Valvatidae	Federkiemenschnecken	valve snails
Vasidae	Vasenschnecken	vase snails, chank snails (vase shells, chank shells)
Vasula deltoidea/ Thais deltoidea	Delta-Purpurschnecke*	deltoid dog winkle, deltoid rocksnail, deptoid rock shell
Vasum capitellum	Karibische Stachelvase	spined Caribbean vase, spiny Caribbean vase
Vasum cassiforme	Helm-Vasenschnecke	helmet vase
Vasum muricatum	Karibische Vasenschnecke	Caribbean vase
Vasum tubiferum	Kaiservase, Kaiserliche Vasenschnecke	imperial vase
Vasum turbinellus/ Vasum turbinellum	Pazifische Vasenschnecke, Pazifische Vase	Pacific top vase
Velutina plicatilis	Schiefe Samtschnecke*	oblique velutina, oblique lamellaria
Velutina velutina	Glatte Samtschnecke*	smooth velutina, smooth lamellaria, velvet snail (velvet shell)
Velutinidae (incl. Lamellariinae)	Blättchenschnecken	vetulinas, lamellarias
Vermetidae	Wurmschnecken	worm snails (worm shells)
Vermetus triquetrus/ Bivonia triquetra	Dreikant-Wurmschnecke, Dreieckswurmschnecke	a Mediterranean vermetid worm snail
Vermicularia spirata	Westindische Wurmschnecke	West Indian wormsnail, common wormsnail
Vertiginidae	Windelschnecken	vertigos, whorl snails and chrysalis snails
Vertigo alpestris	Alpen-Windelschnecke	Alpine whorl snail, mountain whorl snail, tundra vertigo (U.S.)
Vertigo angustior	Schmale Windelschnecke	narrow whorl snail, narrow-mouthed whorl snail
Vertigo antivertigo	Sumpf-Windelschnecke	marsh whorl snail
Vertigo genesii	Rundmündige Windelschnecke, Blanke Windelschnecke	round-mouthed whorl snail

Vertigo geyeri	Vierzähnige Windelschnecke	Geyer's whorl snail
Vertigo heldi	Schlanke Windelschnecke, Helds Windelschnecke	Held's whorl snail
Vertigo lilljeborgi	Moor-Windelschnecke	Lilljeborg's whorl snail
Vertigo modesta	Arktische Windelschnecke	Arctic whorl snail, cross whorl snail, cross vertigo (U.S.)
Vertigo moulinsiana	Bauchige Windelschnecke	Desmoulin's whorl snail, ventricose whorl snail
Vertigo pusilla	Mauer-Windelschnecke, Linksgewundene Windelschnecke	wall whorl snail, wry-necked whorl snail
Vertigo pygmaea	Gemeine Windelschnecke, Zwergwindelschnecke	dwarf whorl snail, common whorl snail, crested vertigo (U.S.)
Vertigo ronnebyensis	Nordische Windelschnecke	
Vertigo substriata	Gebänderte Windelschnecke, Gestreifte Windelschnecke	striated whorl snail
Vestia turgida	Aufgeblähte Schließmungschnecke	
Vexilla vexillum	Gebänderte Jopas	vexillate jopas, ribboned jopas, vexillum rock shell
Vexillum aureolatum	Goldene Mitra	golden mitre, golden miter
Vexillum citrinum	Königliche Mitra	regal mitre, regal miter
Vexillum coccineum	Schmuck-Mitra	ornate mitre, ornate miter
Vexillum histrio	Harlekin-Mitra	harlequin mitre, harlequin miter
Vexillum luculentum/ Mitra tricolor	Dreifarben-Mitra	three-color mitre, three-color miter
Vexillum pulchellum	Hübsche Mitra	beautiful mitre, beautiful miter
Vexillum sanguisuga/ Vexillum sanguisugum	Blutsauger-Mitra	bloodsucking mitre, bloodsucking miter, bloodsucker miter
Vexillum spp.	Mitras, Mitraschnecken u. a.	mitres, miters (U.S.)
Vexillum taeniatum/ Mitra vittata/ Mitra crocea	Gebänderte Mitra	ribboned mitre, ribboned miter
Vexillum vulpecula	Fuchs-Mitra, Kleiner Fuchs	little fox mitre, little fox miter
Vitrea contracta	Weitgenabelte Kristallschnecke	milky crystal snail, contracted glass snail
Vitrea crystallina	Gemeine Kristallschnecke	crystal snail
Vitrea diaphana	Ungenabelte Kristallschnecke	a crystal snail
Vitrea subrimata	Enggenabelte Kristallschnecke	a crystal snail

Vitrea transsylvanica	Transsilvanische Kristallschnecke	Transylvanian crystal snail
Vitrina pellucida	Durchsichtige Glasschnecke, Kugelige Glasschnecke	pellucid glass snail, western glass-snail
Vitrinidae	Glasschnecken	glass snails
Vitrinobrachium breve	Kurze Glasschnecke	
Vittina coromandeliana	Zebra-Rennschnecke, Zebrarennschnecke	zebra nerite snail
Vitularia salebrosa	Schuppiges Meerkalb	rugged seacalf
Viviparidae	Flussdeckelschnecken, Sumpfdeckelschnecken	river snails
Viviparus acerosus	Donau-Flussdeckelschnecke	Danube river snail
Viviparus ater	Italienische Sumpfdeckelschnecke	
Viviparus contectus	Spitze Sumpfdeckelschnecke	pointed river snail, Lister's river snail
Viviparus intertextus	Rundliche Sumpfdeckelschnecke	rotund mysterysnail
Viviparus spp.	Sumpfdeckelschnecken	river snails
Viviparus subpurpureus	Olivfarbene Sumpfdeckelschnecke	olive mysterysnail
Viviparus viviparus	Stumpfe Sumpfdeckelschnecke, Sumpfdeckelschnecke	river snail, common river snail
Volema myristica	Schwere Kronenschnecke	nutmeg melongena, heavy crown shell
Volema paradisiaca	Birnen-Kronenschnecke, Birnenkrone	pear melongena
Voluta ebraea	Hebräische Walzenschnecke	Hebrew volute
Voluta musica	Notenwalze, Notenschnecke, Musikwalze	music volute
Volutidae	Walzenschnecken, Faltenschnecken, Rollschnecken	volutes, bailer shells
Volutopsius norwegicus	Norwegische Wellhornschnecke	Norway whelk
Volva volva	Weberschiffchen	shuttle volva, shuttlecock volva (shuttle shell), shuttlecock, egg spindle
Xandarovula patula/ Simnia patula	Offene Spelze	open simnia*
Xenophalium pyrum pyrum	Birnen-Helmschnecke	pear bonnet

Xenophora conchyliophora	Atlantische Lastträgerschnecke	Atlantic carriersnail, American carriersnail
Xenophora corrugata	Rauschalige Lastträgerschnecke	rough carriersnail
Xenophora crispa	Gekräuselte Lastträgerschnecke	curly carriersnail, Mediterranean carriersnail
Xenophora pallidula	Blasse Lastträgerschnecke	pallid carriersnail
Xenophoridae	Lastträgerschnecken	carrier snails (carrier shells)
Xerocrassa geyeri	Zwergheideschnecke, Zwerg-Heideschnecke	
Xerolenta obvia/ Helicella obvia	Weiße Heideschnecke, Östliche Heideschnecke	white heath snail
Zebrina detrita	Weiße Turmschnecke, Große Turmschnecke, Märzenschnecke, Zebraschnecke, Große Vielfraßschnecke	large bulin, zebra snail
Zebrina varnensis	Varna-Turmschnecke	
Zenobiella subrufescens/ Perforatella subrufescens	Braunschnecke*	dusky snail, brown snail
Zonaria annettae	Annettes Kaurischnecke	Annette's cowrie
Zonaria pyrum/ Cypraea pyrum	Birnenkauri, Birnenporzellane	pear cowrie
Zonaria spadicea/ Cypraea spadicea	Kastanienkauri	chestnut cowrie
Zonitidae	Glanzschnecken	glass snails
Zonitoides arboreus	Kleine Gewächshaus-Glanzschnecke, Gewächshaus-Dolchschnecke, Glashaus-Dolchschnecke	quick gloss (snail), quick glass snail, bark snail
Zonitoides excavatus	Britische Dolchschnecke, Hohlschnecke*, Hohl-Glanzschnecke	hollowed glass snail
Zonitoides nitidus	Moder-Glanzschnecke, Glänzende Dolchschnecke	black gloss (snail), shiny glass snail
Zoogenetes harpa	Harfenschnecke	boreal top (snail)

IX. Mollusca: Cephalopoda – Kopffüßer – Cephalopods

Abralia veranyi	Blitzaugenkalmar*	eye-flash squid
Allonautilus scrobiculatus/ Nautilus scrobiculatus	Salomons-Perlboot	Salomon's nautilus, crusty nautilus
Allorossia glaucopsis	Blauäugige Rossie	blue-eyed bob-tailed squid
Alloteuthis media	Marmorierter Zwergkalmar, Mittelländischer Zwergkalmar	marbled little squid, midsize squid (FAO)
Alloteuthis subulata	Gepfriemter Zwergkalmar	little squid, European common squid (FAO)
Amphioctopus carolinensis/ Octopus carolinensis	Karolinenkrake	Carolinian octopus
Amphioctopus fangsiao/ Octopus fangsiao	Goldfleckenkrake	gold-spot octopus
Ancistroteuthis lichtensteini	Engelskalmar	angel squid
Architeuthidae	Riesenkalmare	giant squids
Architeuthis dux	Atlantischer Riesenkalmar	Atlantic giant squid
Architeuthis japonica	Japanischer Riesenkalmar	Japanese giant squid
Architeuthis spp.	Riesenkalmare	giant squids
Argonauta argo	Papierboot, Großes Papierboot	greater argonaut, common paper nautilus
Argonauta hians	Geflügeltes Papierboot, Braunes Papierboot	winged argonaut, brown paper nautilus
Argonauta nodosus	Warziges Papierboot	knobby argonaut
Argonauta spp.	Papierboote	paper nautiluses
Bathothauma lyromma	Tiefenwunder	deepsea squid a. o.

T.C.H. Cole, *Wörterbuch der Wirbellosen / Dictionary of Invertebrates*,
DOI 10.1007/978-3-662-52869-3_9

Bathypolypus arcticus	Arktischer Tiefenkrake	spoonarm octopus, offshore octopus, Arctic deepsea octopus
Belemnitida	Belemniten	belemnites
Callistoctopus bunurong/ Octopus bunurong	Südlicher Weißfleckenkrake, Südostaustralischer Weißfleckenkrake	southern white-spot octopus
Callistoctopus macropus/ Octopus macropus	Großer Krake, Atlantische Weißfleckenkrake, Weißfleck-Oktopus, Weißgefleckter Oktopus, Langarmiger Krake	white-spotted octopus, Atlantic white-spotted octopus, long-armed octopus, grass octopus
Callistoctopus ornatus	Weißstreifenkrake*, Weißstreifen-Oktopus*	ornate octopus, white-striped octopus
Cephalopoda	Kopffüßer, Cephalopoden	cephalopods
Chiroteuthis veranii (larvae: Doratopsis vermicularis)	Anglerkalmar (Anglerkalmarlarve)	long-armed squid (worm squid)
Cirroteuthis muelleri	Arktischer Wunderschirm	cirrate octopus
Cirrothauma murrayi	Blinder Wunderschirm	blind cirrate octopus
Coleoidea/ Dibranchiata	Tintenfische	coleoids
Cranchia scabra	Warziger Gallertschirm	cockatoo squid
Cranchiidae	Gallertkalmare	glass squids
Decapoda/ Decabrachia	Zehnarmige Tintenschnecken, Zehnarmer	cuttlefish & squids
Dosidicus gigas	Humboldt-Kalmar, Riesen-Pfeilkalmar, Riesen-Flugkalmar, Jumbokalmar	jumbo flying squid, jumbo squid, Humboldt squid
Eledone cirrhosa/ Ozeana cirrosa	Zirrenkrake, Nördlicher Krake	lesser octopus, curled octopus
Eledone moschata/ Ozeana moschata	Moschuskrake, Moschuspolyp	white octopus, musky octopus
Enteroctopus dofleini	Pazifische Riesenkrake	giant Pacific octopus
Euleoteuthis luminosa	Leuchtkalmar*, Leuchtender Flugkalmar*	luminous flying squid, striped squid
Gonatus fabricii	Köderkalmar	boreoatlantic armhook squid
Graneledone verrucosa	Warzenkrake	warty octopus
Hapalochlaena fasciata	Blaugestreifter Krake	blue-lined octopus
Hapalochlaena lunulata	Großer Blaugeringelter Krake	greater blue-ringed octopus
Hapalochlaena maculosa	Blaubandkrake, Blaugeringelter Krake	blue-ringed octopus
Histioteuthis bonellii	Segelkalmar	umbrella squid, Bonnelli's jewel squid, jewelled squid

Histioteuthis elongata	Länglicher Segelkalmar*	elongate jewel squid
Illex argentinus	Argentinischer Kurzflossenkalmar	Argentine short-fin squid
Illex coindetii	Roter Kalmar, Breitschwanz-Kurzflossenkalmar, Kurzflossiger Kalmar	southern shortfin squid, broad-tail shortfin squid
Illex illecebrosus	Nördlicher Kurzflossenkalmar	northern shortfin squid, common shortfin squid, northern squid, boreal squid
Illex oxygonius	Pfeilflossenkalmar	sharptail shortfin squid, arrow-finned squid
Lepidoteuthis grimaldi	Schuppenkalmar	scaly squid*
Loliginidae	Kalmare	inshore squids
Loligo edulis	Schwertspitzenkalmar	swordtip squid
Loligo forbesi	Nordischer Kalmar, Forbes' Kalmar	long-finned squid, northern squid, veined squid (FAO)
Loligo opalescens	Pazifischer Opalkalmar, Opalisierender Kalmar	opalescent inshore squid, opalescent squid (American "market squid"), common Pacific squid
Loligo pealei	Nordamerikanischer Kalmar, Langflossen-Schelfkalmar	longfin inshore squid, Atlantic long-fin squid, Atlantic long-finned squid
Loligo reynaudi	Kap-Kalmar	Cape Hope squid, chokker squid
Loligo vulgaris	Gemeiner Kalmar, Roter Gemeiner Kalmar	common squid
Lolliguncula brevis	Gedrungener Kalmar, Kurz-Kalmar*	Atlantic brief squid, brief squid, brief thumbstall squid, small squid
Lycoteuthis diadema/ Thaumatolampas diadema	Wunderlampe	deepsea luminescent squid a. o.
Macroctopus maorum	Maorikrake	Maori octopus, New Zealand octopus
Macrotritopus defilippi/ Octopus deflilppi	Langarmkrake, Atlantischer Langarmkrake	Atlantic longarm octopus, lilliput longarm octopus, lilliput long-armed octopus
Martialia hyadesii	Siebenstern-Flugkalmar	sevenstar flying squid
Megaeledone senoi	Atlantischer Riesenkrake	giant Atlantic octopus
Mesonychoteuthis hamiltoni	Koloss-Kalmar	colossal squid
Nautiloidea	Nautilusverwandte	nautilus (*pl* nautili)

Nautilus macromphalus	Neukaledonisches Perlboot	New Caledonian nautilus, bellybutton nautilus (FAO)
Nautilus pompilius	Gemeines Perlboot, Gemeines Schiffsboot	chambered nautilus, emperor nautilus (FAO)
Nautilus spp.	Perlboote, Schiffsboote	chambered nautiluses, pearly nautiluses
Nototodarus sloani	Wellington-Flugkalmar	Wellington flying squid, New Zealand arrow squid
Octopoda/ Octobrachia	Achtarmige Tintenschnecken, Kraken	octopods, octopuses
Octopodoteuthis sicula	Achtarmkalmar	octopod squid
Octopus bimaculatus	Zweifleckkrake	two-spotted octopus, two-spot octopus, California two-spot octopus
Octopus bimaculoides	Kalifornischer Zweipunktkrake	lesser two-spotted octopus, California two-spot octopus, mud-flat octopus
Octopus briareus	Karibischer Riffkrake	Caribbean reef octopus
Octopus californicus	Kalifornischer Krake	North Pacific bigeye octopus, orange bigeye octopus, California octopus
Octopus cyanea	Großer Blauer Krake	big blue octopus, day octopus, Cyane's octopus
Octopus dofleini	Pazifischer Riesenkrake	North Pacific giant octopus, giant Pacific octopus, common Pacific octopus
Octopus horridus/ Octopus argus	Rotmeerkrake	Red Sea octopus
Octopus hummelincki/ Octopus filosus	Karibischer Zweifleckenoktopus	bumblebee octopus, bumblebee two-spot octopus, Caribbean two-spot octopus
Octopus joubini	Atlantischer Zwergkrake, Joubins Krake	Atlantic pygmy octopus, dwarf octopus, Joubin's octopus
Octopus kaurna	Südlicher Sandkrake	southern sand octopus
Octopus lobensis	Lappenkrake	lobed octopus
Octopus marginatus	Kokosnuss-Krake	sand bird octopus
Octopus maya	Mexikanischer Vieraugenkrake	Mexican four-eyed octopus
Octopus nocturnus	Nachtkrake	Philippine octopus, Philippine night octopus
Octopus oculifer	Galapagos-Riffkrake	Galapagos reef octopus
Octopus ornatus	Weißstreifenkrake	white-striped octopus, ornate octopus

Octopus pallidus	Bleichkrake	pale octopus
Octopus parvus	Japanischer Zwergkrake	Japanese pygmy octopus
Octopus rubescens	Pazifischer Roter Krake	Pacific red octopus
Octopus salutii	Schirmkrake, Schirm-Oktopus	spider octopus
Octopus tetricus	Gemeiner Sydneykrake	Sydney octopus, gloomy octopus
Octopus vitiensis	Großkopfkrake	bighead octopus
Octopus vulgaris	Gemeiner Krake, Gemeiner Octopus, Polyp	common octopus, common Atlantic octopus, common European octopus
Octopus zonatus	Atlantischer Streifenkrake	Atlantic banded octopus
Ocythoe tuberculata	Schmarotzerkrake, Höckeriger Seepolyp	tuberculate pelagic octopus
Ommastrephes bartrami/ Sthenoteuthis bartrami	Fliegender Kalmar, Flugkalmar, Pfeilkalmar	red flying squid, neon flying squid (FAO), akaika, red squid
Onychoteuthis banksii	Hakenkalmar, Krallenkalmar	common clubhook squid, clawed squid, clawed calamary squid
Opistoteuthidae	Scheibenschirme	flapjack octopuses
Ornithoteuthis antillarum		Atlantic bird squid
Pteroctopus hoylei	Pazifischer Vierhornkrake	Pacific fourhorn octopus
Pteroctopus tetracirrhus	Atlantischer Vierhornkrake	Atlantic fourhorn octopus
Rondeletiola minor/ Sepietta minor	Kleine Sepiette, Linsen-Sepiette	lentil bobtail squid
Rossia macrosoma	Große Rossie	Ross' cuttlefish, Ross' cuttle, large-head bob-tailed squid
Rossia pacifica	Pazifische Rossie	North Pacific bobtail squid, Pacific bob-tailed squid
Rossia tenera/ Semirossia tenera	Atlantische Rossie	lesser bobtail squid, Atlantic bob-tailed squid
Sandalops melancholicus	Sandalenauge	sandal-eye squid
Scaeurgus unicirrhus	Einhornkrake	unihorn octopus, Atlantic warty octopus
Semirossia equalis	Riesen-Rossie	greater bobtail squid
Sepia aculeata	Nadel-Sepie	needle cuttlefish
Sepia apama	Riesensepia,	giant Australian cuttlefish, giant Australian cuttlefish
Sepia elegans	Kleine Sepie, Schlammsepie	elegant cuttlefish
Sepia esculenta	Goldene Sepie*	golden cuttlefish
Sepia latimanus	Breitarm-Sepie, Breitkeulen-Sepie	broadclub cuttlefish

Sepia officinalis	Gemeiner Tintenfisch, Gewöhnlicher Tintenfisch, Gemeine Tintenschnecke, Gemeine Sepie	common cuttlefish
Sepia orbignyana	Dornsepie, Dornsepia	pink cuttlefish (FAO), Orbigny's cuttlefish
Sepia pharaonis	Pharaosepie, Pharao-Tintenfisch	Pharaoh cuttlefish
Sepia typica/ Hemisepius typicus	Halbsepie	pore-bellied cuttlefish
Sepiella inermis	Stachellose Sepiette*	spineless cuttlefish
Sepiella ornata	Schmuck-Sepiette*	ornate cuttlefish
Sepietta neglecta/ Sepiola elegans	Elegante Sepiette*	elegant bobtail squid
Sepietta obscura	Obskure Sepiette, Sepiette	mysterious bobtail squid
Sepietta oweniana	Große Sepiette	greater cuttlefish, common bobtail squid (FAO)
Sepioidea (or Sepiida)	Tintenschnecken, Eigentliche Tintenschnecken	cuttlefish & sepiolas
Sepiola atlantica	Atlantische Sepiole, Atlantik-Stummelschwanzsepie	Atlantic cuttlefish, little cuttlefish, Atlantic bobtail squid (FAO)
Sepiola rondeleti	Mittelmeer-Sepiole, Zwerg-Sepia, Zwergtintenfisch, Kleine Sprutte	Mediterranean dwarf cuttlefish, lesser cuttlefish, dwarf bobtail squid (FAO)
Sepioteuthis lessoniana	Großflossen-Sepiakalmar, Großflossen-Riffkalmar	bigfin reef squid
Sepioteuthis sepioidea	Echter Sepiakalmar, Karibischer Riffkalmar	Caribbean reef squid, Atlantic oval squid
Spirula spirula	Posthörnchen	ram's horn squid, ram's horn shell, common spirula
Sthenoteuthis bartrami/ Ommastrephes bartrami	Fliegender Kalmar, Roter Flugkalmar	red flying squid
Sthenoteuthis pteropus/ Ommastrephes pteropus	Orangerücken-Flugkalmar	orangeback squid, orangeback flying squid
Stoloteuthis leucoptera	Schmetterlingstintenfisch	butterfly bobtail squid
Stoloteuthis spp.	Schmetterlingstintenfische	butterfly squids
Symplectoteuthis luminosa/ Eucleoteuthis luminosa	Leuchtender Flugkalmar	luminous flying squid, striped squid
Symplectoteuthis oualaniensis	Violetter Flugkalmar	purpleback squid, purpleback flying squid

Tetracheledone spinicirrus	Stachelhornkrake*, Augenbrauenkrake	spiny-horn octopus, eyebrow octopus
Teuthoidea (Teuthida)	Kalmare	squids
Thaumoctopus mimicus	Mimik-Oktopus	mimic octopus
Todarodes pacificus	Japanischer Flugkalmar	Japanese flying squid
Todarodes sagittatus/ Ommastrephes sagittatus	Pfeilkalmar	flying squid, European flying squid, sagittate squid, sea-arrow, red squid
Todaropsis eblanae	Kleiner Pfeilkalmar	lesser flying squid
Tremoctopus violaceus	Löcherkrake	common blanket octopus, common umbrella octopus
Vampyromorpha	Tiefseevampire, Vampirtintenschnecken	vampire squids
Vampyroteuthis infernalis	Vampirkalmar	vampire squid
Velodona togata	Engelskrake	angel octopus
Watasenia scintillans	Leuchtkäferkalmar, Leuchtkalmar	Japanese firefly squid, sparkling enope squid

X. Annelida – Ringelwürmer – Annelids

Acanthobdelliformes	Borstenegel	bristly leeches
Alentia gelatinosa	Gallert-Schuppenwurm*	gelatinous scale worm, gelatinous scaleworm
Alitta virens/ Nereis virens/ Neanthes virens	Grüner Seeringelwurm, Irisierender Seeringelwurm	sandworm, clam worm, king ragworm, king rag
Alkmaria romijni	Brackwasser-Ringelwurm*	tentacled lagoon worm
Allolobophora caliginosa	Kleiner Wiesenwurm	grey worm
Allolobophora chlorotica	Kleiner Ackerwurm	green worm
Allolobophora longa	Großer Wiesenwurm	long worm, deep-burrowing longworm
Amphinome spp.	Feuerwürmer u. a.	firewoms a. o.
Amphitrite ornata	Zierwurm*	ornate worm
Annelida	Ringelwürmer, Gliederwürmer, Borstenfüßer, Anneliden	segmented worms, annelids
Aphrodita aculeata	Gemeine Seemaus, Filzwurm, Wollige Seemaus, Seeraupe	European sea mouse
Aphrodita spp.	Seemäuse, Filzwürmer	sea mice
Aphroditidae	Seemäuse, Seeraupen	sea mice (scaleworms a. o.)
Arabella iricolor	Opalwurm	opal worm, iridescent worm
Arenicola cristata	Amerikanischer Sandpierwurm	American lug worm
Arenicola defoliens	Schwarzer Pierwurm	black lug worm, black lug, runnydown
Arenicola marina	Pierwurm, Sandpier, Sandpierwurm, Köderwurm	European lug worm, blow lug, lobworm, yellowtail
Arenicolidae	Sandwürmer	lug worms, lugworms

T.C.H. Cole, *Wörterbuch der Wirbellosen / Dictionary of Invertebrates*,
DOI 10.1007/978-3-662-52869-3_10

Armandia cirrhosa	Lagunen-Sandwurm*	lagoon sandworm
Axiothella spp.	Bambuswürmer u. a.	bamboo worms a. o.
Bispira brunnea	Kolonialer Röhrenwurm, Kolonialer Fächerröhrenwurm	social feather duster worm, social feather duster, cluster duster
Bispira melanostigma/ Bispira variegata	Vielfarbiger Fächerröhrenwurm	variegated fanworm, variegated feather duster worm, variegated feather duster
Bispira volutacornis	Fächerröhrenwurm, Doppelköpfiger Palmfächerwurm	twin-fanworm, twin fan worm, spiral fan worm, double-crowned fan worm, double spiral worm
Branchiobdella spp.	Kiemenegel, Krebsegel	crayfish worms
Branchiobdellidae	Kiemenegel, Krebsegel	branchiobdellid "leeches", crayfish worms
Branchiura sowerbyi	Kiemenwurm, Krebsegel	a tubificid worm
Capitellidae	Kopfringler	capitellid worms
Chaetopoda	Chaetopoden, Borstenwürmer (Polychaeten & Oligochaeten)	chaetopods, bristle worms (annelids with chaetae: polychetes and oligochetes)
Chaetopteridae	Pergamentwürmer	parchment tubeworms, chaetopterid worms
Chaetopterus variopedatus	Pergamentwurm	parchment tubeworm, parchment worm
Cirratulidae	Rankenwürmer, Fadenkiemer	cirratulid worms, cirratulids
Cirratulus cirratus/ Cirratulus borealis	Fadenbüschelwurm, Nordischer Rankenwurm	northern cirratule, redthreads
Clitellata	Clitellaten, Gürtelwürmer	clitellata
Clymenella torquata	Gewöhnlicher Bambuswurm	common bamboo worm
Cystobranchus mammillatus	Ruttenegel, Quappenegel	burbot leech
Cystobranchus respirans	Barbenegel, Platter Fischegel	flat fish leech
Dinobdella ferox	Nasenegel*	nasal leech
Driloleirus americanus	Palouse-Riesenregenwurm, Palouse-Erdwurm	giant Palouse earthworm, Washington giant earthworm
Driloleirus macelfreshi	Oregon-Riesenregenwurm	Oregon giant earthworm
Eisenia fetida/ Eisenia foetida	Mistwurm, Dungwurm, Kompostwurm	brandling, manure worm, tiger worm
Eisenia rosea	Rötelwurm*	rosy worm
Eisenia veneta/ Eisenia hortensis/ Dendrobaena veneta	Riesen-Rotwurm	European nightcrawler, bluenose worm, blue nosed worm (a compost worm)

Eiseniella tetraedra	Vierkantwurm	square-tailed worm
Enchytraeidae	Enchyträen	potworms, aster worms, white worms
Enchytraeus albidus	Topfwurm, Weißer Topfwurm	white potworm, whiteworm
Enchytraeus buchholzi	Grindalwurm	grindal worm
Erpobdella octoculata/ Herpobdella octoculata	Rollegel, Achtäugiger Schlundegel	eight-eyed leech
Eudrilus eugeniae	Westafrikanischer Regenwurm	African night crawler
Eulalia viridis	Grüner Blattwurm, Grüner Borstenwurm	greenleaf worm, green-leaf worm, green paddle worm, green worm
Eunice aphroditois	Wunderwurm*	wonder-worm
Eunice fucata	Atlantischer Palolo	Atlantic palolo worm
Eunice gigantea	Riesenborster	giant eunice (bristleworm)
Eunice schemacephala	Westindischer Palolo	West Indian palolo worm
Eunice viridis/ Palola viridis	Samoa-Palolo	Pacific palolo worm, Samoan palolo worm
Eupolymnia nebulosa	Polymnia, Erdbeerwurm*	strawberry worm
Eurythoe complanata	Feuerwurm	fireworm
Ficopomatus enigmaticus	Tüten-Kalkröhrenwurm	Australian tubeworm
Gattyana cirrhosa/ Aphrodita cirrhosa	Großer Schuppenwurm	a scaleworm
Glossiphonia complanata	Großer Schneckenegel	snail leech, greater snail leech
Glossiphonia heteroclita	Kleiner Schneckenegel	small snail leech
Glossiphoniidae	Knorpelegel, Plattegel	glossiphoniid leeches
Glycera spp.	Glyzerinwürmer	glycerine worm
Gnathobdelliformes	Kieferegel	jawed leeches
Haemadipsa japonica	Japanischer Landblutegel	Japanese land leech, Japanese mountain leech
Haemadipsa picta	Tigeregel, Tiger-Blutegel, Tigerblutegel	tiger leech
Haemadipsa sylvestris	Indischer Landblutegel, Indischer Blutegel	Indian leech
Haemadipsa zeylanica	Ceylonegel, Sri Lanka-Egel, Landblutegel	Sri Lanka leech, land leech, brown leech
Haemadipsidae	Landegel	terrestrial leeches, haemadipsid leeches
Haementeria costata	Schildkrötenegel	turtle leech
Haementeria ghilianii	Riesenegel, Amazonas-Riesenblutegel	giant turtle leech, giant Amazon leech, giant Amazonian leech, giant leech

Haemopis marmorata	Amerikanischer Pferdeegel	American horse leech, green horse leech
Haemopis sanguisuga	Pferdeegel, Vielfraßegel	European horse leech
Haplotaxidae	Brunnenwürmer	haplotaxid worms
Haplotaxis gordioides	Brunnendrahtwurm	haplotaxid worm
Harmothoe imbricata	Gemeiner Schuppenwurm	common fifteen-scaled worm
Harmothoe spp.	Schuppenwürmer	fifteen-scaled worms
Hediste diversicolor/ Nereis diversicolor	Schillernder Seeringelwurm	estuary ragworm, harbour ragworm, harbour rag
Helobdella stagnalis	Zweiäugiger Plattenegel, Zweiäugiger Plattegel, Schlammegel, Europäischer Platt-Egel	a common freshwater proboscid leech*, biocular leech*
Hermodice carunculata	Grüner Feuerwurm, Bart-Feuerborstenwurm	green fireworm, green bristle worm, bearded fireworm
Herpobdella octoculata/ Erpobdella octoculata	Hundegel, Rollegel, Achtäugiger Schlundegel	eight-eyed leech
Hesiocaeca methanicola	Methan-Eiswurm	methane ice worm
Hesione pantherina	Pantherwurm	panther worm
Heteromastus filiformis	Kotpillenwurm, Roter Gummiband-Wurm	red thread worm, capitellid thread worm, capitellid threadworm
Hirudinaria granulosa	Indischer Blutegel	cattle leech, Indian cattle leech
Hirudinaria manillensis	Asiatischer Büffelegel (ein medizinischer Blutegel)	Asian buffalo leech, Asian medicinal leech
Hirudinaria viridis/ Poecilobdella viridis	Grüner Westindischer Blutegel*	green Indian freshwater leech, green Indian medicinal leech
Hirudinea	Egel, Hirudineen	leeches, hirudineans
Hirudo medicinalis	Blutegel, Medizinischer Blutegel	medicinal leech, European medicinal leech, European blood-sucking leech
Hirudo nipponia	Fernöstlicher Medizinischer Blutegel	East Asian medicinal leech, Far Eastern blood-sucking leech, Korean blood-sucking leech
Hirudo troctina	Afrikanischer Blutegel, Afrikanischer Medizinischer Blutegel	African medicinal leech, North African dragon leech
Hirudo verbana	Ungarischer Blutegel	Hungarian leech
Hydroides uncinata	Atlantischer Röhrenwurm	Atlantic tubeworm
Ichthyobdellidae/ Piscicolidae	Fischegel	fish leeches

Lagis koreni/ Pectinaria koreni/ Amphictene koreni	Köcherwurm	trumpet worm
Lanice conchilega	Muschelsammlerin, Sandröhrenwurm, Bäumchenröhrenwurm	sand mason, sand mason worm
Leodice harassii/ Eunice harassii	Kieferwurm	a eunice bristleworm
Lepidonotus squamatus	Flacher Schuppenwurm	twelve-scaled worm
Limnatis nilotica	Pferdeegel, Rossegel, Pferdeblutegel	horse leech
Loimia medusa	Medusenwurm, Spaghetti-Wurm	medusa worm, spaghetti worm
Lumbricidae	Regenwürmer	earthworms
Lumbriculus variegatus	Glanzwurm	blackworm, California blackworm
Lumbricus badensis	Badischer Riesenregenwurm	giant earthworm
Lumbricus castaneus	Brauner Laubfresser	chestnut worm, marsh worm, purple worm
Lumbricus rubellus	Roter Waldregenwurm, Blaukopfwurm	red earthworm, red worm, red-head worm, blood worm
Lumbricus terrestris	Gemeiner Regenwurm, Tauwurm	common earthworm, earthworm; lob worm, dew worm, squirreltail worm, twachel (Br.)
Macrobdella decora	Amerikanischer Blutegel, Nordamerikanischer Blutegel, Amerikanischer Medizinischer Blutegel, Nordamerikanischer Medizinischer Blutegel	North American medicinal leech, North American leech
Marphysa sanguinea	Blutkieferwurm	rock worm, red rock worm, red-gilled marphysa
Megascolides australis	Australischer Riesenregenwurm	giant Gippsland earthworm, karmai
Mesenchytraeus solifugus	Gletscher-Eiswurm	glacier ice worm, ice worm
Mimobdella buettikoferi	Roter Kinabalu-Riesenegel	Kinabalu giant red leech
Myxicola infundibulum	Schlicksabelle, Schlickröhrenwurm	slime feather duster, mud feather duster, eyelash worm
Myxobdella africana	Afrikanischer Blutegel	pharyngeal leech
Naididae/ Tubificidae	Schlammröhrenwürmer, Wasserschlängler, Naiden	naidid oligochaetes, naidids, sludge-worms
Nephtyidae	Opalwürmer	catworms
Nephtys cirrosa	Weißer Opalwurm*	white catworm
Nephtys spp.	Opalwürmer	catworms, shimmy worms
Nereidae	Nereiden, Seeringelwürmer u. a.	nereids

Nereis pelagica	Gemeiner Seeringelwurm, Brauner Seeringelwurm, Schwimmender Seeringelwurm	slender ragworm, pelagic clam worm
Oligochaeta	Wenigborster, Oligochaeten	oligochetes
Onuphidae	Schopfwürmer	beachworms
Ophelia denticulata	Sandbankwurm*	sand bar worm
Ophelia limacina	Schneckenwurm, Großer Hamletwurm	Hamlet's ophelia worm, snail opheliid*
Opheliidae	Sandbankwürmer*	sandbar worms
Ophiodromus pugettensis	Flügelsternwurm*	bat star worm
Osedax spp.	Knochenwürmer, Knochenfressende Würmer, Zombiewürmer	boneworms, bone-eating worms, zombie worms
Ottonia brunnea	Brauner Fischegel	brown fish worm
Palola viridis/ Eunice viridis	Samoa-Palolo	Pacific palolo worm, Samoan palolo worm
Pectinaria auricoma	Schillernder Goldwurm, Krummer Köcherwurm	golden trumpet worm
Pectinaria gouldii	Trompetenwurm	ice cream cone worm, trumpet worm
Pectinariidae	Kammwürmer, Kammborstenwürmer	comb worms, trumpet worms, ice-cream-cone worms, pectinariids
Perinereis cultrifera	Seeringelwurm	marine ragworm a. o.
Pharyngobdelliformes	Schlundegel	pharyngobdelliform leeches
Pheretima darnleiensis	Kinabalu-Riesenregenwurm	Kinabalu giant earthworm
Phyllodoce maculata/ Anaitides maculata	Gefleckter Blattwurm, Gefleckter Ruderwurm	spotted paddleworm, spotted leafworm*
Phyllodoce spp.	Paddelwürmer, Ruderwürmer	paddleworms
Phyllodocidae	Paddelwürmer, Ruderwürmer	paddleworms
Phytobdella catenifera	Kettstreifiger Blutegel*	chain-striped leech
Piscicola geometra	Gemeiner Fischegel	common fish leech, great tailed leech
Placobdella costata	Schildkrötenegel	European turtle leech, European pond turtle leech
Placobdella ornata	Nordamerikanischer Schildkrötenegel	North American turtle leech
Placobdelloides jaegerskioeldi	Flusspferdegel, Flusspferd-Egel	hippo leech, hippo rectum leech
Platynereis dumerilii	Dumerils Ringelwurm	Dumeril's clam worm, comb-toothed nereid

Polychaeta	Vielborster, Borstenwürmer, Polychaeten	bristle worms, polychaetes, polychetes, polychete worms
Polydora ciliata	Gewöhnlicher Polydora-Wurm	common polydora worm
Polydora ligni	Holzbohrender Polydora-Wurm	polydora mud worm
Polynoidae	Schuppenwürmer u. a.	polynoids, scaleworms a. o.
Polyodontidae	Schuppenwürmer u. a.	polyodontids, scaleworms a. o.
Pomatoceros lamarcki	Lamarck-Kielwurm	Lamarck's keelworm
Pomatoceros triqueter	Dreikantröhrenwurm, Dreikantwurm, Kielwurm	keelworm
Pomatostegus stellatus	Stern-Röhrenwurm*	star tubeworm
Pontobdella muricata	Rochenegel	skate leech, ray leech
Proceraea fasciata	Rot-Weiß-Blau-Wurm*	red-white-and-blue worm
Protula tubularia	Glatter Kalkröhrenwurm, Glattwandiger Kalkröhrenwurm	smooth tubeworm
Protulopsis intestinum/ Protula intestinum	Roter Kalkröhrenwurm, Blutroter Röhrenwurm	blood-red tubeworm*, red calcareous tubeworm
Pseudonereis variegata	Miesmuschel-Seeringelwurm	mussel worm
Pygospio elegans	Pygospio-Wurm	pygospio worm
Pygospio filiformis	Fadenförmiger Pygospio-Wurm, (ein Sandröhrenwurm)	filiform pygospio
Rhynchobdelliformes	Rüsselegel	proboscis leeches
Riftia pachyptila	Riesenröhrenwurm, Riesen-Bartwurm, Riesenbartwurm	giant tube worm, giant tubeworm
Sabella crassicornis	Gebänderter Fächerwurm*	banded feather-duster worm
Sabella pavonina	Pfauenfederwurm, Pfauenwurm	peacock worm, peacock feather-duster worm
Sabella spallanzanii/ Spirographis spallanzanii	Schraubensabelle, Großer Fächerwurm	fanworm, feather-duster worm a. o.
Sabellaria alveolata	Trichterwurm, Röhren-Sandkoralle	honeycomb worm
Sabellaria spinulosa	Pümpwurm, Sandkoralle	spiny feather-duster worm
Sabellaria vulgaris	Gemeiner Trichterwurm, Amerikanischer Trichterwurm*	sand-builder worm, common feather-duster worm*
Sabellastarte magnifica	Großer Federwurm	giant feather-duster worm
Sabellidae	Federwürmer u. a., Fächerwürmer u. a.	sabellids, sabellid fanworms, sabellid feather-duster worms a. o.
Salmacina dysteri	Korallenwurm	coral worm

Scoloplos armiger	Kiemenringelwurm, Bewehrter Pfahlwurm (Gummibandwurm)	armored bristleworm*
Serpula vermicularis	Bunter Kalkröhrenwurm, Roter Kalkröhrenwurm, Kleiner Kalkröhrenwurm, Deckel-Kalkröhrenwurm	red tubeworm, calcareous tubeworm, fan worm
Serpulidae	Röhrenwürmer	serpulids, serpulid tubeworms, serpulid worms
Siboglinidae/ Pogonophora	Bartwürmer, Bartträger	beard worms
Sigalionidae	Sigalioniden	sigalionids, scaleworms a. o.
Spio quadricornis	Vierhorn-Haarwurm*	four-horned spio
Spio seticornis	Borstenfühleriger Haarwurm	seticorn spio*
Spio setosa	Sandröhren-Haarwurm	sand chimney worm
Spiochaetopterus costarum	Glasröhrenwurm*	glassy tubeworm
Spionidae	Haarwürmer	spionid worms, spios, spionids
Spirobranchus giganteus	Tannenbäumchen-Röhrenwurm, Weihnachtsbaum-Röhrenwurm, Weihnachtsbaumwurm, Bunter Spiralröhrenwurm, Staubwedel-Schraubensabelle, Spiralröhrenwurm	spiral-gilled tubeworm, Christmas tree worm
Spirobranchus tetraceros	Vierzahn-Röhrenwurm	four-tooth tubeworm
Spirobranchus triqueter	Dreikantwurm	feelworm
Spirographis spallanzanii/ Sabella spallanzanii	Schraubensabelle	fanworm, feather-duster worm a. o.
Spirorbidae	Posthörnchenwürmer	spiral tubeworms
Spirorbis spp.	Posthörnchenwürmer	spiral tubeworms
Sthenelais boa	Sand-Schuppenwurm	boa worm, boa-shaped scaleworm
Stylaria lacustris	Gezüngelte Naide, Teichschlange, Teichschlänglein	a lacustrine naidid
Tardigrada	Bärentierchen, Bärtierchen, Tardigraden (*sg* Tardigrad *m*)	water bears, tardigrades
Terebdellidae	Schopfwürmer	terebdellid worms
Theromyzon tessulatum	Entenegel	duck leech
Tomopteris helgolandica	Planktonwurm	plankton worm
Tubifex costatus	Blutwurm*	bloodworm
Tubifex spp.	Schlammröhrenwürmer	sludge worms
Tubifex tubifex	Gemeiner Schlammröhrenwurm, Gemeiner Bachröhrenwurm, Bachwurm	river worm, sludge worm, sewage worm, "lime snake"
Xerobdella lecomtei	Europäischer Landblutegel	European land leech

XI. Arthropoda: Chelicerata – Spinnentiere – Spiders, Mites, Horseshoe Crabs

Abacarus hystrix	Getreiderostmilbe	grain rust mite, cereal rust mite
Acalitus essigi	Brombeermilbe	redberry mite, blackberry mite
Acalitus phloeocoptes	Pflaumenrinden-Gallmilbe*	plum spur mite
Acalitus rudis	Birken-Hexenbesenmilbe	birch witches' broom mite
Acalitus vaccinii	Heidelbeer-Knospengallmilbe	blueberry bud mite
Acanthepeira stellata	Sternbauchspinne*	starbellied spider, starbellied orbweaver, star-bellied spider
Acanthoscurria antillensis	Antillen-Vogelspinne	Antilles pink patch tarantula
Acanthoscurria brocklehursti	Brasilianische Schmuck-Vogelspinne	Brazilian giant black-and-white tarantula
Acanthoscurria geniculata	Weißknie-Vogelspinne (Weiße Smithi)	whitebanded tarantula, Brazilian whiteknee tarantula, giant white-knee tarantula, giant Brazilian white-knee
Acanthoscurria insubtilis	Schwarze Samtvogelspinne	Chaco mouse-brown tarantula
Acarapis spp.	Tracheenmilben	tracheal mites
Acarapis woodi	Bienenmilbe, Tracheenmilbe	bee mite, honey bee mite
Acari/ Acarina	Milben & Zecken	mites & ticks
Acaridae/ Tyroglyphidae	Vorratsmilben	acarid mites, house dust mites
Acarus siro/ Tyroglyphus farinae	Mehlmilbe (>Bäckerkrätze)	flour mite, grain mite
Aceria campestricola/ Aceria ulmicola	Ulmen-Gallmilbe	elm bead-gall mite

T.C.H. Cole, *Wörterbuch der Wirbellosen / Dictionary of Invertebrates*,
DOI 10.1007/978-3-662-52869-3_11

Aceria dispar	Pappeltrieb-Gallmilbe	aspen leaf gall mite, aspen leaf mite
Aceria erinea/ Eriophyes erineus	Walnussfilzgallmilbe	walnut leaf erineum mite
Aceria fici/ Aceria ficus	Feigenmilbe	fig mite, fig bud mite, fig blister mite
Aceria fraxinivora	Klunkern-Gallmilbe	ash gall mite
Aceria lycopersici	Tomatenmilbe	tomato erineum mite
Aceria macrochelus	Ahornblatt-Gallmilbe	maple leaf solitary-gall mite
Aceria macrorhyncha	Hörnchengallmilbe, Ahorngallmilbe, Ahorn-Beutelgallmilbe (Bergahorn)	maple bead-gall mite
Aceria oleae	Ölbaum-Knospenmilbe	olive bud mite
Aceria sheldoni	Zitrus-Knospenmilbe	citrus bud mite
Aceria tristriatus	Walnussblatt-Gallmilbe	walnut leaf gall mite, Persian walnut leaf blister mite
Achaearenea lunata	Mondspinne	crescent comb-foot (spider)
Actinotrichida	Actinotriche Milben	actinotrichid mites
Aculepeira ceropegia/ Araneus ceropegius	Eichblatt-Radspinne, Eichenblatt-Radnetzspinne, Eichenblatt-Kreuzspinne	oak spider
Aculops acericola	Platanengallmilbe	sycamore gall mite
Aculops lycopersici	Tomatenrostmilbe	tomato russet mite
Aculops pelekassi	Rosafarbene Zitrusspinnmilbe, Rosa Zitrusrostmilbe*, Japanische Zitrus-Rostmilbe*	pink citrus rust mite
Aculops tetanothrix	Weiden-Gallmilbe	willow leaf gall mite
Aculus fockeui/ Aculus cornutus	Pflaumenrostmilbe	plum rust mite, peach silver mite
Aculus schlechtendali	Apfelrostmilbe	apple rust mite, apple leaf and bud mite
Aelurillus v-insignitus	V-Fleck-Springspinne, V-Springspinne	
Agalenatea redii/ Araneus redii	Strauchradspinne, Körbchenspinne	gorse orbweaver, basket weaver*
Agelena labyrinthica	Labyrinthspinne, Gemeine Labyrinthspinne	grass funnel-weaver, labyrinth spider
Agelenidae	Trichterspinnen, Trichternetzspinnen	funnel-web weavers, funnel-weavers
Agnyphantes expunctus	Getilgte Zartweberin	
Agroeca brunnea	Braune Feenlämpchenspinne, Braune Feldspinne	brown lantern-spider

Agroeca cuprea	Goldene Feenlämpchenspinne, Kupferne Feldspinne	golden lantern-spider
Agroeca proxima	Verwandte Feldspinne	
Agroeca lusatica	Lausitzer Feldspinne	
Allagelena gracilens	Zarte Trichterspinne	
Allodermanyssus sanguineus/ Liponyssoides sanguineus	Hausmausmilbe	house-mouse mite
Allothrombium fulginosum	Bräunlichrote Samtmilbe	red velvet mite
Alopecosa accentuata	Grau-Weiß-Dunkle Pantherspinne*, Auffällige Tarantel	conspicuous fox-spider*
Alopecosa aculeata	Stachelige Pantherspinne, Dunkelbraune Tarantel	keel-stripe fox-spider*
Alopecosa barbipes	Österliche Pantherspinne*, Oster-Tarantel*	Easter fox-spider
Alopecosa cuneata	Dickfuß-Pantherspinne, Keilförmige Tarantel	cuneate fox-spider*
Alopecosa cursor	Spitzpalpen-Pantherspinne*, Spitzpalpen-Tarantel*	
Alopecosa fabrilis	Sand-Pantherspinne*, *Sandliebende Tarantel*	great fox-spider
Alopecosa inquilina	Berg-Pantherspinne, Zugewanderte Tarantel	
Alopecosa pulverulenta	Dunkle Pantherspinne, Überstäubte Tarantel	common fox-spider
Alopecosa spp.	Pantherspinnen, Panterspinnen, Taranteln	fox-spiders
Alopecosa striatipes	Gestreiftbeinige Pantherspinne*, Längsstreifbeinige Pantherspinne*, Streifbeinige Tarantel	
Alopecosa trabalis	Balken-Pantherspinne, Balken-Tarantel	
Altella lucida	Leuchtende Kräuselspinne	
Amaurobiidae	Finsterspinnen	white-eyed spiders
Amaurobius fenestralis	Fensterspinne, Weißaugen-Finsterspinne	white-eyed spider, window lace-weaver spider
Amaurobius ferox	Schwarze Finsterspinne, Kellerspinne	black lace-weaver spider
Amaurobius similis	Große Finsterspinne (Ähnliche Finsterspinne)	lace-weaver spider

Amblyomma americanum	Amerikanische Buntzecke, Amerikanische Sternzecke*	lone star tick
Amblyomma cajennense	Cayenne-Zecke	Cayenne tick
Amblyomma hebraeum	Buntzecke	bont tick
Amblyomma maculatum	Amerikanische Golfküsten-Buntzecke	Gulf Coast tick
Amblyomma variegatum	Tropische Buntzecke	tropical bont tick
Amblypygi	Geißelspinnen	tailless whipscorpions
Amilenus aurantiacus	Höhlenlangbein	
Analgidae	Federmilben	feather mites
Androctonus amoreuxi	Neongelber Dickschwanzskorpion, Neongelber-Wüstenskorpion, Afrikanischer Dickschwanzskorpion	Egyptian yellow fattailed scorpion, Egyptian pale yellow desert scorpion (a North-African fat-tailed scorpion)
Androctonus australis	Nordafrikanischer Dickschwanzskorpion, Sahara-Dickschwanzskorpion	yellow fattailed scorpion, yellow fat-tailed scorpion, African fat-tailed scorpion, Omdurman scorpion
Androctonus bicolor	Schwarzer Dickschwanzskorpion, Schwarzer Wüstenskorpion	black North African fattailed scorpion, black North African fat-tailed scorpion
Androctonus crassicauda	Arabischer Dickschwanzskorpion	Arabian fattailed scorpion, Arabian fat-tailed scorpion
Androctonus mauritanicus	Mauritanischer Dickschwanzskorpion	Mauritanian fattailed scorpion, Mauritanian fat-tailed scorpion
Androlaelaps casalis	Vogelnestmilbe, Hühnernestmilbe	poultry litter mite, cosmopolitan nest mite
Anguliphantes angulipalpis	Winkelpalpen-Zartweberin	
Anelasmocephalus hadzii	Hadžis Krümelkanker	
Anelasmocephalus cambridgei	Westeuropäischer Krümelkanker	a harvestman
Anelosimus vittatus	Laubkugelspinne	
Anocentor nitens/ Dermacentor nitens	Tropische Pferdezecke	tropical horse tick
Antistea elegans	Moor-Bodenspinne	
Antrodiaetidae	Falttürspinnen	folding trapdoor spiders
Anyphaena accentuata	Vierfleck-Zartspinne, Auffällige Zartspinne	buzzing spider
Anyphaenidae	Zartspinnen	ghost spiders
Aphonopelma bicoloratum	Orangebein-Vogelspinne	Mexican blood leg tarantula

Aphonopelma chalcodes	Seidenvogelspinne, Mexikanische Blond-Vogelspinne	Mexican blond tarantula, southwestern Mexican blond tarantula, desert blond tarantula, palomino blonde
Aphonopelma crinirufum	Blauzahn-Vogelspinne	Mexican green tarantula, Costa Rican blue-front tarantula
Aphonopelma hentzi	Texas-Vogelspinne	Texas brown tarantula, North American palomino
Aphonopelma johnnycashi	Folsom-Vogelspinne	Folsom tarantula
Aphonopelma moderatum	Bunte Rio Grande-Vogelspinne	Rio Grande gold tarantula
Aphonopelma seemanni	Gestreifte Guatemala-Vogelspinne	Costa Rican zebra tarantula
Arachnida	Spinnentiere, Arachniden	arachnids
Araneae	Spinnen, Webspinnen	spiders
Araneidae	Radnetzspinnen, Kreuzspinnen	orbweavers, orb-weaving spiders (broad-bodied orbweavers)
Araneinae	Eigentliche Kreuzspinnen	typical orbweavers
Araneus adiantus/ Neoscona adianta	Heide-Radspinne, Heideradspinne	heathland orbweaver
Araneus alsine	Erdbeerspinne, Erdbeer-Kreuzspinne, Sumpfkreuzspinne, Sumpf-Kreuzspinne, Rote Kreuzspinne	strawberry spider
Araneus angulatus	Gehörnte Kreuzspinne	angular orb-weaver
Araneus cavaticus	Amerikanische Scheunenspinne	barn orbweaver, barn spider
Araneus diadematus	Gemeine Kreuzspinne, Gartenkreuzspinne, Garten-Kreuzspinne	cross orbweaver, European garden spider, diadem spider, crowned orbweaver, cross spider
Araneus marmoreus	Marmorierte Kreuzspinne, Marmor-Kreuzspinne	marbled orbweaver, marbled spider
Araneus quadratus	Vierfleck-Kreuzspinne, Vierfleckige Kreuzspinne	four-spot orb-weaver, fourspotted orbweaver
Araneus spp.	Kreuzspinnen	orbweavers (angulate & roundshouldered orbweavers)
Araneus sturmi	Schulterkreuzspinne	
Araneus trifolium	Shamrock-Spinne*	shamrock orbweaver, shamrock spider, pumpkin spider
Araneus triguttatus	Helle Schulterkreuzspinne	

Araneus umbraticus/ Nuctenea umbratica	Spaltenkreuzspinne	crevice spider*
Araniella cucurbitina/ Araneus cucurbitinus	Kürbisspinne	gourd spider, pumpkin spider, cucumber spider
Araniella displicata	Rotbraune Kürbisspinne, Amerikanische Sechspunktspinne*	sixspotted orbweaver, six-spotted orb weaver
Araniella inconspicua	Unauffällige Kreuzspinne	
Arctosa cinerea	Flussufer-Wolfspinne, Flussufer-Riesenwolfspinne, Ufer-Wolfspinne, Sand-Wolfspinne, Sandtarantel, Graue Bärin	giant riverbank wolf spider, northern bear-spider
Arctosa leopardus	Leopard-Bärin, Leoparden-Bärin, Moos-Wolfspinne*	a wolf spider
Arctosa lutetiana	Pariser Bärin	a wolf spider
Arctosa perita	Sand-Wolfsspinne	sand wolf spider
Argas persicus	Persische Zecke	fowl tick, Persian poultry tick (bluebug, abode tick, tampan)
Argas reflexus	Taubenzecke	pigeon tick
Argas spp.	Geflügelzecken	fowl ticks
Argasidae	Saumzecken, Lederzecken	soft ticks, softbacked ticks
Argiope argentata	Silber-Wespenspinne	silver argiope, silver garden spider
Argiope aurantia	Gold-Wespenspinne	black-and-yellow argiope, black-and-yellow garden spider, yellow garden spider, writing spider
Argiope bruennichi	Wespenspinne, Zebraspinne	black-and-yellow argiope, black-and-yellow garden spider
Argiope trifasciata	Amerikanische Wespenspinne	banded garden spider, American banded garden spider, banded argiope, whitebacked garden spider
Argiope versicolor	Vielfarben-Wespenspinne	multicolored argiope
Argiopinae	Zebraspinnen	garden spiders
Argyroneta aquatica	Wasserspinne	European water spider
Argyronetidae	Wasserspinnen	water spiders
Asagena phalerata	Bewehrte Fettspinne	
Astrobunus laevipes	Östlicher Panzerkanker (***nicht:*** Östlicher Panzerknacker)	a harvestman

Atrax robustus	Australische Trichternetzspinne, Sydney-Trichternetzspinne	Australian funnel-web spider, Sydney funnel-web spider
Atypidae	Tapezierspinnen	purse-web spiders
Atypus affinis	Tapezierspinne, Gemeine Tapezierspinne	purse-web spider
Atypus piceus	Pechschwarze Tapezierspinne	
Avicularia avicularia	Gemeine Vogelspinne, Rotfuß-Vogelspinne	pinktoe tarantula
Avicularia bicegoi	Rotleib-Vogelspinne	Brazilian pinktoe tarantula
Avicularia huriana	Braune Rotfußvogelspinne	Ecuadorian pinktoe tarantula
Avicularia metallica	Weißfuß-Vogelspinne	metallic whitetoe tarantula
Avicularia minatrix	Venezuela-Baumvogelspinne, Venezuela-Baum-Vogelspinne	Venezuelan redstripe tarantula
Avicularia purpurea	Purpur-Vogelspinne, Purpur-Rotfußvogelspinne, Purpur-Rotfuß-Vogelspinne	purple pinktoe tarantula, Ecuadorian purple tarantula, Ecuadorian purple pinktoe tarantula, Antilles pinktoe tarantula, Martinique red tree spider
Avicularia urticans	Peruanische Rotfußvogelspinne, Peruanische Rotfuß-Vogelspinne	Peruvian pinktoe tarantula
Avicularia velutina	Trinidad Rotfußvogelspinne, Trinidad Rotfuß-Vogelspinne	Trinidad pinktoe tarantula
Avicularia versicolor	Martinique-Baumvogelspinne	Antilles pinktoe tarantula, Antilles pinktoe tree spider, Martinique pinktoe tarantula, Martinique red tree spider
Babycurus gigas	Großer Tansanischer Waldskorpion, Großer Tansania-Waldskorpion	giant Tanzanian bark scorpion
Babycurus jacksoni	Roter Tansania-Rindenskorpion, Roter Tansania-Dickschwanzskorpion, Roter Dickschwanzskorpion	red Tanzanian bark scorpion, red bark scorpion, rusty thick tail scorpion
Balaustium murorum	Mauermilbe	wall mite*
Ballus chalybeius	Laubspringspinne, Rüsslerspinne, Käfer-Springspinne	a European jumping spider*
Bathyphantes approximatus	Weißgestreifte Zwergbaldachinspinne	

Bathyphantes gracilis	Gestreifte Zwergbaldachinspinne	
Bathyphantes nigrinus	Schwarze Zwergbaldachinspinne	
Bathyphantes parvulus	Kleinste Zwergbaldachinspinne	
Bdellidae	Schnabelmilben	snout mites
Boophilus annulatus	Nordamerikanische Rinderzecke	North American cattle tick
Boophilus decoloratus	Afrikanische Schweinezecke, Blauzecke*	blue tick
Boophilus microplus	Tropische Rinderzecke	tropical cattle tick
Brachypelma albiceps/ Brachypelma ruhnaui	Goldrücken-Vogelspinne, Mexikanische Goldrücken-Vogelspinne	Mexican golden red rump tarantula
Brachypelma albopilosum	Kraushaar-Vogelspinne	curlyhair tarantula
Brachypelma auratum	Goldknie-Vogelspinne	Mexican flameknee tarantula, Mexican flame-knee tarantula
Brachypelma boehmei	Mexikanische Rotbein-Vogelspinne	Mexican fireleg tarantula
Brachypelma emilia	Rotbein-Vogelspinne	Mexican redleg tarantula, Mexican red-legged tarantula
Brachypelma klaasi	Rosabein-Vogelspinne*	Mexican pink tarantula
Brachypelma sabulosum	Acapulco-Vogelspinne	Guatemalan redrump tarantula
Brachypelma schroederi	Schwarze Vogelspinne, Mexikanische Schwarze Samt-Vogelspinne, Acapulco-Vogelspinne	Mexican black velvet tarantula
Brachypelma smithi	Rotknie-Vogelspinne, Mexikanische Rotknie-Vogelspinne, Rotfüßige Vogelspinne	Mexican redknee tarantula, Mexican red-knee tarantula
Brachypelma vagans	Schwarzrote Vogelspinne	Mexican redrump tarantula
Brevipalpus spp.	Falsche Spinnmilben, Unechte Spinnmilben	false spider mites, false red spider mites
Brigittea civica/ Dictyna civica	Mauerspinne	a dictynid spider*
Bryobia cristata	Gras-Birnen-Spinnmilbe	grass and pear bryobia mite
Bryobia graminum	Grasmilbe, Gras-Spinnmilbe	grass mite
Bryobia kissophila	Efeuspinnmilbe, Efeu-Spinnmilbe	ivy bryobia mite

Bryobia praetiosa	Kleemilbe, Klee-Spinnmilbe, Stachelbeermilbe	clover bryobia mite, clover mite
Bryobia ribis	Stachelbeermilbe, Stachelbeer-Spinnmilbe	gooseberry mite, gooseberry bryobia, gooseberry red spider mite
Bryobia rubrioculus	Braune Spinnmilbe, Braune Obstbaumspinnmilbe	brown mite, apple and pear bryobia mite
Buthacus arenicola	Giftgelber Wüstenskorpion, Sand-Skorpion	sand scorpion, Egyptian sand scorpion
Buthacus leptochelys	Neongelber Dickschwanzskorpion, Jordanischer Dickschwanzskorpion, Neongelber Jordanischer Dickschwanzskorpion	a yellow fat-tailed sand scorpion/dune scorpion (Near to Middle East)
Buthus atlantis	Gelber Dünnschwanzskorpion	yellow narrow-tail scorpion*
Buthus occitanus	Okzitanischer Skorpion, Gelber Mittelmeerskorpion, Gemeiner Mittelmeerskorpion, Felsenskorpion, Feldskorpion	common yellow scorpion
Calepitrimerus vitis	Rebstock-Kräuselmilbe, Weinblatt-Kräuselmilbe	vine rust mite
Callilepis nocturna	Ameisenfressende Plattbauchspinne	moon spider
Carcinoscorpius rotundicauda (Xiphosura)	Mangroven-Pfeilschwanzkrebs	mangrove horseshoe crab
Carinostoma carinatum	Girlandenkanker	
Carpoglyphidae	Backobstmilben	driedfruit mites, dried-fruit mites
Carpoglyphus lactis	Backobstmilbe	driedfruit mite, dried fruit mite
Castianeira spp.	Ameisenspinnen u. a.	ant spiders a. o.
Castianeirinae	Ameisenspinnen	ant spiders
Cecidophyopsis grossulariae	Stachelbeer-Knospenmilbe	gooseberry bud mite
Cecidophyopsis psilaspis	Eibengallmilbe	yew big bud mite, yew gall mite
Cecidophyopsis ribis	Johannisbeergallmilbe	black currant gall mite
Celaenia distincta	Australische Bola-Sinne	Australian bolas spider
Cenopalpus pulcher	Ziegelrote Spinnmilbe	flat scarlet mite
Centruroides bicolor	Zweifarbiger Rindenskorpion	slender brown scorpion, Florida bark scorpion, brown bark scorpion
Centruroides exilicauda	Arizona-Rindenskorpion	Arizona bark scorpion, Baja California bark scorpion

Centruroides gracilis	Dunkler Honduras-Skorpion, Dunkler Honduras-Rindenskorpion, Florida-Rindenskorpion	slender brown scorpion, brown bark scorpion, Florida bark scorpion
Centruroides margaritatus	Zentralamerikanischer Rindenskorpion, Karibischer Rindenskorpion	Central American bark scorpion, Honduran yellow brown scorpion, Honduran yellow-gold scorpion
Centruroides spp.	Rindenskorpione	bark scorpions
Centruroides vittatus	Arizona-Rindenskorpion, Kleiner Texasskorpion	striped bark scorpion
Ceratogyrus brachycephalus	Afrikanische Großhorn-Vogelspinne	greater horned baboon tarantula, horned monkey baboon tarantula, rhino horn baboon
Ceratogyrus darlingi/ Ceratogyrus bechuanicus	Afrikanische Höckervogelspinne, Hornvogelspinne	East African horned baboon tarantula, African rear-horned baboon tarantula, burst-horned baboon, straight horn tarantula
Ceratogyrus meridionalis/ Pterinochilus meridionalis	Kilimanjaro-Vogelspinne, Kilimandscharo-Vogelspinne	gray baboon tarantula, grey mustard baboon, Zambian grey baboon tarantula, Zimbabwe grey baboon tarantula
Cercidia prominens	Erdkreuzspinne, Erd-Kreuzspinne	ground-dwelling orb-weaver*
Chaetopelma aegyptiacum	Ägyptische Vogelspinne	Egyptian tarantula
Cheiracanthium oncognathum	Ähnlicher Dornfinger	
Cheiracanthium erraticum	Heide-Dornfinger	
Cheiracanthium inclusum	Amerikanische Gelbe Sackspinne	American yellow sac spider, agrarian sac spider, black-footed yellow sac spider
Cheiracanthium punctorium	Dornfinger, Ammen-Dornfinger	European sac spider, European yellow sac spider
Cheiracanthium virescens	Grüner Dornfinger	
Chelicerata	Chelizeraten, Scherenhörnler	chelicerates
Chelifer cancroides	Bücherskorpion	house pseudoscorpion
Chernes cimicoides	Gemeiner Baumrinden-Pseudoskorpion	common tree-chernes
Chernetidae	Chernetiden	chernetids
Cheyletidae	Raubmilben	quill mites, predatory mites
Cheyletiella parasitivorax	Kaninchenpelzmilbe	rabbit fur mite a. o.
Cheyletiella yasguri	Hundepelzmilbe	dog fur mite
Cheyletiellidae	Pelzmilben	fur mites

Chilobrachys huahini	Orangerote Asien-Vogelspinne, Siam-Vogelspinne	Asian fawn tarantula, Huahini tarantula
Chilobrachys sericeus	Rangun-Vogelspinne*	Asian mustard tarantula, Rangoon mustard tarantula
Chorioptes bovis (C. equi/ C. ovis etc.)	Nagemilbe des Rindes/ Pferdes/Schafes (Schwanzräude, Steißräude)	chorioptic mange mite, oxtail mange mite, symbiotic mange mite, itchy leg mite, leg mange mite (horses a. o. Equids: foot mange mite)
Chromatopelma cyaneopubescens	Cyanblaue Venezuela-Vogelspinne, Cyanblaue Vogelspinne, Sapphirblaue Vogelspinne	greenbottle blue tarantula, green bottle blue tarantula
Cicurina cicur	Herbststreu-Spinne, Graubraune Kräuselspinne	
Clubiona brevipes	Kurzbeinige Sackspinne	
Clubiona caerulescens	Bläuliche Sackspinne	
Clubiona comta	Kleine Herzfleck-Sackspinne, Gefällige Sackspinne	
Clubiona corticalis	Rinden-Sackspinne, Herzfleck-Sackspinne	bark sac-spider
Clubiona frisia	Friesen-Sackspinne, Friesische Sacknetzspinne	
Clubiona germanica	Deutsche Sackspinne	
Clubiona juvenis	Junge Sackspinne	
Clubiona lutescens	Leuchtende Sackspinne	
Clubiona neglecta	Vernachlässigte Sackspinne, Übersehene Sackspinne	
Clubiona norvegica	Norwegische Sackspinne	
Clubiona pallidula	Blasse Sackspinne	
Clubiona phragmitis	Schilf-Sackspinne	reed sac-spider
Clubiona reclusa	Einsiedler-Sackspinne	
Clubiona similis	Ähnliche Sackspinne	
Clubiona stagnatilis	Sumpf-Sackspinne	
Clubiona subtilis	Zwerg-Sackspinne	
Clubiona terrestris	Erd-Sackspinne	
Clubiona trivialis	Gewöhnliche Sackspinne	
Clubionidae	Sackspinnen, Röhrenspinnen	sac spiders, two-clawed hunting spiders, foliage spiders, clubiones, clubionids

Coelotes atropos	Bodentrichterspinne, Große Wald-Trichterspinne	
Coelotes terrestris	Waldboden-Finsterspinne, Erd-Finsterspinne, Erdfinsterspinne	
Colomerus vitis	Rebenpockenmilbe, Rebenblattfilzmilbe	vine leaf blister mite, grape leaf blister mite, grapevine blister mite, grape erineum mite (GEM)
Comaroma simoni	Simons Zwergkugelspinne	
Coremiocnemis valida	Malaysia-Vogelspinne	Singapore brown tarantula, Malay reddish brown tarantula
Coriarachne depressa	Wanzenspinne	flat crab spider
Corinnidae	Ameisenspinnen u. a.	ant spider a. o.
Cribellatae	Kräuselfadenwebspinnen	hackled band spiders
Crustulina guttata	Gefleckte Kugelspinne	
Ctenidae	Kammspinnen, Wanderspinnen	wandering spiders, running spiders
Cteniza sauvagei	Falltürspinne	trapdoor spider
Ctenizidae	Falltürspinnen, Miniervogelspinnen	trapdoor spiders
Cyclosa conica	Kreisspinne, Konusspinne, Konische Kreisspinne, Konische Radspinne	trashline orbweaver
Cyclosa spp.	Kreisspinnen	trashline orbweavers
Cyclosternum fasciatum	Rote Tigervogelspinne	Costa Rican tiger rump tarantula
Cyphophthalmi	Zwergweberknechte	mite harvestmen
Cyphophthalmus duricorius	Josephs Milbenkanker	
Cyriopagopus paganus	Schwarze Thai-Vogelspinne	Thai tiger tarantula, Vietnamese earthtiger, Asian chevron tarantula
Cyriopagopus schioedtei	Asiatische Baumvogelspinne	Malaysian earthtiger, Malaysian earth tiger tarantula
Cyrtophora citricola	Opuntienspinne	fig-cactus spider
Cytodites nudus	Fallschirm-Milbe*	air-sac mite
Damon variegatus (Amblypygi)	Geißelspinne, Afrikanische Geißelspinne	Tanzanian whipscorpion, giant tailless whip scorpion, Tanzanian giant tailless whipscorpion, African whip spider
Dasylobus graniferus	Palpenbürstenkanker	
Deinopidae/ Dinopidae	Ogerspinnen, Kescherspinnen	ogre-faced spiders

Deinopis longipes	Ogerspinne, Kescherspinne	net-casting spider
Demodex bovis	Rinder-Haarbalgmilbe, Haarbalgmilbe des Rindes	cattle follicle mite
Demodex brevis	Talgdrüsenmilbe, Talgfollikelmilbe*	lesser follicle mite, sebaceous follicle mite
Demodex canis	Hunde-Haarbalgmilbe	dog follicle mite
Demodex cati	Katzen-Haarbalgmilbe	cat follicle mite
Demodex equi	Pferde-Haarbalgmilbe	horse follicle mite (>horse demodectic mange mite)
Demodex folliculorum	Haarbalgmilbe (des Menschen)	follicle mite, human follicle mite
Demodex ovis	Schaf-Haarbalgmilbe, Haarbalgmilbe der Schafe	sheep follicle mite (>sheep demodectic mange mite)
Demodex phylloides	Schweine-Haarbalgmilbe	hog follicle mite, pig follicle mite, pig head mange mite
Demodicidae	Haarbalgmilben	follicle mites
Dermacentor albipictus	Winterzecke	winter tick, shingle tick
Dermacentor andersoni	Rocky Mountains Waldzecke*	Rocky Mountains wood tick
Dermacentor marginatus	Schafzecke	European sheep tick
Dermacentor nigrolineatus	Braune Winterzecke*	brown winter tick
Dermacentor nitens/ Anocentor nitens	Tropische Pferdezecke	tropical horse tick
Dermacentor occidentalis	Pazifikküsten-Zecke*	Pacific Coast tick
Dermacentor reticulatus	Auenwaldzecke, Marschzecke*	marsh tick
Dermacentor spp.	Waldzecken u. a.	wood ticks a. o.
Dermacentor variabilis	Amerikanische Hundezecke	American dog tick
Dermanyssidae	Vogelmilben	dermanyssid mites, poultry mites
Dermanyssus gallinae	Rote Hühnermilbe, Rote Vogelmilbe	red mite of poultry, poultry red mite, red chicken mite, roost mite, chicken mite
Dermatophagoides farinae	Amerikanische Hausstaubmilbe	American house dust mite
Dermatophagoides pteronyssinus	Hausstaubmilbe, Europäische Hausstaubmilbe	European house dust mite
Desidae	Meeresspinnen*	marine spiders
Diaea dorsata	Grüne Krabbenspinne, Grünbraune Krabbenspinne	green crab spider
Dicranolasma scabrum	Karpaten-Kapuzenkanker, Großer Kappenkanker	

Dicranopalpus gasteinensis	Gasteiner Geweihkanker	
Dictyna arundinacea	Wiesen-Lauerspinne, Gewöhnliche Kräuselspinne	common mesh-weaver
Dictyna civica	Mauerspinne	
Dictyna uncinata	Heckenlauerspinne	barbed mesh-weaver
Dictynidae	Kräuselspinnen, Eigentliche Kräuselspinnen	dictynid spiders
Dicymbium nigrum	Schwarze Zwergspinne	
Diplocephalus connatus	Triebhafter Doppelkopf	
Diplocephalus cristatus	Hauben-Doppelkopf-Zwergbaldachinspinne, Kamm-Doppelkopf	
Diplocephalus dentatus	Gezähnter Doppelkopf	
Diplocephalus latrifrons	Breitstirniger Doppelkopf	
Diplocephalus permixtus	Verwechselter Doppelkopf	
Diplocephalus picinus	Wald-Doppelkopf	
Diplocephalus protuberans	Vorstehender Doppelkopf	
Dipluridae	Trichternetz-Vogelspinnen	funnel-web spiders, funnel-web tarantulas, sheetweb building tarantulas
Dipoena spp.	Ameisenspinnen u. a.	ant spiders a. o.
Diptacus gigantorhynchus	Große Pflaumenmilbe	big-beaked plum mite
Dolomedes fimbriatus	Gebänderte Listspinne, Gerandete Listspinne, Gerandete Jagdspinne	raft spider, fimbriate fishing spider*
Dolomedes plantarius	Moor-Jagdspinne	fen raft spider, great raft spider
Dolomedes spp.	Jagdspinnen	fishing spiders
Dolomedes triton	Sechspunkt-Jagdspinne	sixspotted fishing spider
Drapetisca socialis	Graue Wald-Baldachinspinne	
Drassodes cupreus	Kupferne Mausspinne	
Drassodes lapidosus	Stein-Mausspinne	
Drassodidae/ Gnaphosidae	Plattbauchspinnen, Glattbauchspinnen	ground spiders
Drassyllus pusillus	Hellbeinige Plattbauchspinne	
Dysdera crocota	Großer Asseljäger, Safran-Sechsaugenspinne, Große Asselspinne*	woodlouse spider (woodlouse hunter, sowbug hunter, sowbug killer, pillbug hunter, slater spider)
Dysdera erythrina	Kleiner Asseljäger, Rote Sechsaugenspinne	lesser woodlouse spider

Dysderidae	Sechsaugenspinnen, Dunkelspinnen, Walzenspinnen	dysderids
Ebrechtella tricuspidata	Dreieck-Krabbenspinne	
Ecribellatae	Klebfadenwebspinnen	viscid band spiders
Egaenus convexus	Schwarzbrauner Plumpweberknecht	a harvestman
Enoplognatha mordax/ Cheiracanthium mordax	Garten-Kugelspinne	pale leaf spider, common garden sac spider
Enoplognatha ovata	Rotgestreifte Kugelspinne	red-and-white spider, candy-striped spider, candy-stripe spider, candystripe spider, polymorphic spider
Enoplognatha thoracica	Dunkle Kugelspinne	
Eotetranychus carpini	Hainbuchen-Spinnmilbe	hornbeam spider mite, yellow spider mite
Eotetranychus tiliarum/ Eotetranychus telarius	Linden-Spinnmilbe, Lindenspinnmilbe	hornbeam spider mite, yellow spider mite
Ephebopus cyanognathus	Blauzahn-Vogelspinne, Blauzahnvogelspinne	blue fang skeleton tarantula, bluefang tarantula
Ephebopus murinus	Goldstreifen-Vogelspinne, Gelbknie-Skelett-Vogelspinne	yellow-knee skeleton tarantula
Ephebopus rufescens	Berg-Vogelspinne, Rote Skelett-Vogelspinne	burgundy skeleton tarantula
Episinus spp.	Seilspinnen	
Epitrimerus piri	Birnenrostmilbe	pear rust mite
Epitrimerus trilobus	Holundergallmilbe	elder leaf mite
Eratigena agrestis/ Tegenaria agrestis	Hobospinne*, Feldwinkelspinne	hobo spider (US), agressive house spider (US), yard spider (Br.)
Eratigena atrica/ Tegenaria atrica/ Tegenaria gigantea	Große Hauswinkelspinne, Große Winkelspinne	giant European house spider, giant house spider, larger house spider, cobweb spider
Eresidae	Röhrenspinnen	velvet spiders, eresid spiders
Eresus kollari/ Eresus cinnaberinus/ Eresus niger	Rote Röhrenspinne, Schwarze Röhrenspinne	ladybird spider
Eresus sandaliatus	Zinnoberrote Röhrenspinne	
Erigone atra	Schwarze Glücksspinne	
Erigone dentipalpis	Gewöhnliche Glücksspinne	
Erigone longipalpis	Langpalpen-Zwergspinne	

Erigoninae	Zwergspinnen	dwarf spiders
Eriophyes erinea/ Eriophyes tristriatus	Walnusspockenmilbe, Walnuss-Gallmilbe	walnut blister mite
Eriophyes essigi/ Acalitus essigi	Brombeermilbe	redberry mite, blackberry mite
Eriophyes laevis	Erlengallmilbe	alder bead-ball mite
Eriophyes leiosoma	Lindengallmilbe	lime leaf erineum mite
Eriophyes loewi	Fliedergallmilbe	lilac bud mite
Eriophyes macrorhynchus	Ahorngallmilbe	maple nail-gall mite (>maple nail gall)
Eriophyes macrotrichus	Hainbuchengallmilbe	hornbeam leaf gall mite
Eriophyes nervisequus	Buchenhaarfilzgallmilbe	beech leaf-vein gall mite
Eriophyes padi	Pflaumenblattgallmilbe	plum leaf gall mite
Eriophyes prunispinosae	Schlehen-Beutelgallmilbe, Schlehen-Blattrand-Beutelgallmilbe*	blackthorn leaf-blade blister gall mite
Eriophyes pyri	Birnenpockenmilbe	pear leaf blister mite
Eriophyes ribis	Johannisbeergallmilbe, Johannisbeerknospen-Gallmilbe	currant gall mite
Eriophyes sheldoni	Zitrusknospenmilbe	citrus bud mite
Eriophyes similis	Pflaumenblatt-Beutelgallmilbe, Pflaumenbeutelgallmilbe	plum pouch-gall mite
Eriophyes sorbi	Schlehen-Beutelgallmilbe	
Eriophyes tiliae	Lindengallmilbe	lime nail-gall mite (>lime nail gall)
Eriophyes triradiatus	Weidenwirrzopf-Gallmilbe	willow witches' broom gall mite
Eriophyes vitis/ Colomerus vitis	Rebenpockenmilbe	grapeleaf blister mite
Eriophyiidae	Gallmilben	gall mites, eriophyiid mites
Ero furcata	Zweizack-Spinnenfresser, Zweizackiger Spinnenfresser, Gefurchter Spinnenfresser	forked pirate spider
Ero tuberculata	Gehöckerter Spinnenfresser	
Euathlus pulcherrimaklaasi	Peru-Rotleib-Vogelspinne	Ecuadorian blue-femur tarantula
Eucratoscelus longipes	Afrikanische Rotbauch-Vogelspinne*, Afrikanische Fiederbein-Vogelspinne*	African redrump tarantula, African red-rump tarantula, feather-leg baboon tarantula
Eucratoscelus pachypus	Dickbein-Vogelspinne	Tanzania stoutleg baboon spider, stout-leg tarantula
Euophrys frontalis	Kettenstreifige Springspinne	

Eupalaestrus campestratus	Paraguay-Vogelspinne	pink zebra beauty (tarantula)
Eupalaestrus weijenberghi	Weißnacken-Vogelspinne, Blaue Argentinische Vogelspinne	white-collared tarantula
Eurypterida	Seeskorpione	sea scorpions, eurypterids
Euscorpius flavicaudis	Gelbschwänziger Skorpion	yellowtail scorpion
Euscorpius gamma	Gammaskorpion, Karawankenskorpion	gamma scorpion
Euscorpius germanus	Alpenskorpion, Deutscher Skorpion, Europäischer Skorpion, Bergskorpion	Alpine scorpion, German scorpion
Euscorpius italicus	Italienischer Skorpion, Italienskorpion	Italian scorpion
Euscorpius tergestinus	Triestiner Skorpion	Triestino scorpion
Eutrombicula alfreddugesi/ Trombicula alfreddugesi	Amerikanische Erntemilbe*	American chigger mite, common chigger mite
Evarcha arcuata	Gekrümmte Springspinne, Schwarze Springspinne	
Evarcha falcata	Sichel-Springspinne, Braune Springspinne	
Faculiferidae	Gefiedermilben	feather mites*
Formiphantes lepthyphantiformis	Zartweberförmige Zartweberin	
Frontinella pyramitela/ Frontinella communis	Gemeine Frontinella*	bowl and doily spider
Gasteracantha cancriformis	Krebsspinne*	spinybacked spider
Gasteracantha spp.	Stachelspinnen	spiny orbweavers
Gasteracanthinae	Stachelspinnen	spiny-bellied spiders
Geolycosa spp.		burrowing wolf spiders
Gibbaranea bituberculata	Zweihöckerige Kreuzspinne	
Gibbaranea gibbosa	Höcker-Radnetzspinne, Höckerradnetzspinne, Buckel-Kreuzspinne	
Gibbaranea omoeda	Wipfel-Kreuzspinne	
Glycyphagus domesticus	Polstermilbe, Hausmilbe	furniture mite
Gnaphosa bicolor	Zweifarbige Plattbauchspinne	
Gnaphosa leporina	Hüpfende Plattbauchspinne	
Gnaphosa lucifuga	Lichtscheue Plattbauchspinne	
Gnaphosa lugubris	Traurige Plattbauchspinne	
Gnaphosa spp.	Echte Plattbauchspinnen	hunting spiders a. o.

Gnaphosidae/ Drassodidae	Plattbauchspinnen, Glattbauchspinnen	hunting spiders, ground spiders
Goheria fusca	Braune Mehlmilbe	brown fluor mite
Gonatium rubellum	Rotgelbe Zwergspinne	
Grammostola actaeon	Brasilianische Blauschwarze Vogelspinne	Brazilian redrump tarantula, Brazilian red rump tarantula, Brazilian woolly black tarantula
Grammostola burzaquensis/ Grammostola argentinensis	Argentinische Busch-Vogelspinne	Argentinean rose tarantula, Argentine rose tarantula
Grammostola pulchra	Schwarze Uruguay-Vogelspinne	Brazilian black tarantula
Grammostola pulchripes/ Grammostola aureostriata	Goldstreifen-Vogelspinne	Chaco golden knee tarantula
Grammostola rosea (Grammostola cala & Grammostola spatulata)	Chile-Vogelspinne, Rote Chile-Vogelspinne	Chilean rose tarantula
Grosphus ankarana	Dreifarbiger Madagaskarskorpion	colourful Madagascar scorpion, northern Madagascan thick-tail scorpion, northern Malagasy scorpion, Ankarana scorpion
Grosphus flavopiceus	Madagaskarskorpion	Madagascar bark scorpion
Grosphus grandidieri	Schwarzer Madagaskarskorpion	black Madagascar scorpion, Madagascar black scorpion, Madagascan black thick-tail scorpion, Malagasy black scorpion
Gyas annulatus	Weißstirniger Riesenweberknecht	
Gyas titanus	Schwarzer Riesenweberknecht	
Hadogenes bicolor	Zweifarbiger Spaltenskorpion, Zweifarbiger Riesenspaltenskorpion	giant banded flat rock scorpion
Hadogenes paucidens	Riesen-Spaltenskorpion, Olivgestreifter Riesenspaltenskorpion	olive-keeled flat rock scorpion, banded flat rock scorpion
Hadogenes spp.	Spaltenskorpione	South African rock scorpions, flat rock scorpions
Hadogenes troglodytes	Südafrikanischer Spaltenskorpion	South African rock scorpion, giant flat rock scorpion
Hadrurus arizonensis	Haariger Wüstenskorpion, Großer Texas-Skorpion, Behaarter Arizona-Skorpion	Arizona hairy scorpion, giant desert hairy scorpion
Haemaphysalis leachi	Gelbe Hundezecke	yellow dog tick

Haemaphysalis leporipalustris	Amerikanische Hasenzecke, Kaninchenzecke	rabbit fever tick, rabbit tick, grouse tick
Haemaphysalis longicornis	Neuseeländische Rinderzecke	New Zealand cattle tick
Haemaphysalis punctata	Rote Schafzecke	red sheep tick
Hahnia difficilis	Schwierige Bodenspinne	
Hahnia montana	Berg-Bodenspinne	
Hahnia nava	Schnee-Bodenspinne	
Hahnia pusilla	Behaarte Bodenspinne	
Hahniidae	Bodenspinnen	hahniids
Halacaridae	Meeresmilben	sea mites
Halotydeus destructor	Rotbeinige Erdmilbe, Schwarze Sandmilbe	redlegged earth mite, black sand mite
Hapalopus formosus	Bunte Rotfußvogelspinne	pumpkin patch tarantula
Haplodrassus signifer	Rötliche Mausspinne	
Haplodrassus silvestris	Wald-Mausspinne	
Haplopelma albostriatum	Gestreifte Thai-Vogelspinne	Thailand zebra tarantula, Thailand earth tiger tarantula, Thailand black tarantula, Thailand black velvet tarantula
Haplopelma hainana/ Ornithoctonus hainana	Schwarze Tigervogelspinne	Chinese bird spider, black earth tiger, Chinese black earth tiger tarantula
Haplopelma lividum	Kobaltblaue Vogelspinne, Blaue Thai-Vogelspinne, Blaue Burma-Vogelspinne	cobalt blue tarantula, Burmese blue bird spider
Haplopelma longipes	Vietnam-Tigervogelspinne	cobalt blue tarantula, Thai blue tarantula, Burmese blue tarantula
Haplopelma minax	Schwarze Thai-Vogelspinne*	Thailand black tarantula
Haplopelma schmidti	Blaue Tigervogelspinne	Chinese giant gold tarantula
Harpactea hombergi	Wald-Sechsaugenspinne, Hombergs Sechsaugenspinne	sneak spider
Harpactea lepida	Hüpfende Sechsaugenspinne	
Harpactea rubicunda	Rubinfarbene Sechsaugenspinne, Haus-Sechsaugenspinne	russet six-eyed spider*
Hasarius adansoni	Gewächshausspringspinne	house jumping spider, Adanson's house jumper
Heliophanus cupreus	Kupfrige Sonnenspringspinne, Kupfrige Sonnen-Springspinne	
Heliophanus flavipes	Gelbfüßige Sonnenspringspinne	

Hemitarsonemus tepidariorum	Farnmilbe*	fern mite
Herpyllus ecclesiasticus	Parson-Spinne	Parson spider
Heterometrus cyaneus	Blauschwarzer Waldskorpion	Asian blue forest scorpion, Javan blue forest scorpion
Heterometrus fulvipes	Schwarzer Indischer Waldskorpion	Black Indian forest scorpion
Heterometrus indus	Indischer Waldskorpion	giant Indian forest scorpion
Heterometrus laoticus	Schwarzer Laos-Skorpion, Schwarzer Laos-Riesenskorpion, Schwarzer Asienskorpion	Laos forest scorpion, Laos black forest scorpion, Asian giant forest scorpion
Heterometrus longimanus	Asiatischer Waldskorpion, Asiatischer Langklauen-Waldskorpion Asiatischer Riesenskorpion, Schwarzer Thaiskorpion	Asian long-clawed forest scorpion, Asian long-clawed scorpion
Heterometrus madraspatensis	Indischer Schwarzskorpion	Madras forest scorpion
Heterometrus mysorensis	Indischer Glanzskorpion	Mysore forest scorpion, Mysore Indian forest scorpion
Heterometrus scaber	Schwarzer Asien-Skorpion, Schwarzer Asienskorpion, Schwarzer Thaiskorpion, Schwarzer Thai-Skorpion	Asian forest scorpion
Heterometrus spinifer	Blauer Thaiskorpion	giant blue scorpion, Malaysian forest scorpion, Thai black scorpion
Heterometrus spp.	Asiatische Waldskorpione	Asian forest scorpions
Heterometrus swammerdami	Indischer Riesenskorpion	giant Indian forest scorpion, Indian giant forest scorpion, giant Indian scorpion
Heterometrus xanthopus	Schwarzer Pakistan-Skorpion, Schwarzer Pakistanskorpion	yellowleg forest scorpion
Heteropoda venatoria	Bananenspinne	banana spider, large brown spider, huntsman spider
Heteropodidae (Eusparassidae, Sparassidae)	Jagdspinnen, Riesenkrabbenspinnen	giant crab spiders, huntsman spiders
Heteroscodra maculata	Afrikanische Baumvogelspinne	ornamental baboon spider, Togo starburst tarantula Togo starburst baboon tarantula
Heterotheridion nigrovariegatum	Schwarzgefleckte Kugelspinne	
Hexathelidae	Röhrenvogelspinnen	Australian funnel-web spiders
Histiogaster carpio	Essigmilbe, Karpfenschwanzmilbe	vinegar mite*, carptail mite*

Histiostoma feroniarum	Feuchtmilbe*	damp mite
Histiostoma spp.	Abwassermilben*	sewage mites
Histopona torpida	Wald-Trichterspinne	
Histricostoma dentipalpe	Schwarzer Zehndorn	a harvestman
Hoffmannius spinigerus/ Vaejovis spinigerus	Arizons-Streifenschwanz-Skorpion	Arizona stripetail scorpion, Arizona stripe-tailed scorpion, Arizons devil scorpion
Hogna radiata	Schwarzbäuchige Tarantel	false tarantula
Holoscotolemon unicolor	Ostalpen-Klauenkanker	Eastern Alps harvestman*
Holothele incei/ Hapalopus incei	Trinidad-Zwergvogelspinne	Trinidad olive tarantula
Homalenotus quadridentatus	Vierzahn-Panzerkanker	
Hottentota hottentota	Roter Afrika-Skorpion, Roter Togo-Skorpion, Roter Togoskorpion	West African ground scorpion, Congo red alligator-back scorpion
Hottentota tamulus/ Buthus tamulus/ Mesobuthus tamulus	Indischer Roter Skorpion	Indian red scorpion, Eastern Indian scorpion
Humerobates rostrolamellatus	Kirsch-Hornmilbe	cherry beetle mite
Hydrachnellae/ Hydrachnidia	Süßwassermilben	freshwater mites
Hypochilidae/ Hypochelidae	Vierlungenspinnen*	four-lunged spiders
Hypomma bituberculatum	Zweihöckrige Zwergspinne*	money spider, marsh knob-head
Hypsosinga albovittata	Weißfleckige Glanzkreuzspinne, Weißgestreifte Glanzspinne	
Hypsosinga pygmaea/ Singa pygmaea	Gestreifte Glanzkreuzspinne, Zwerg-Glanzkreuzspinne, Zwerg-Glanzspinne	
Hypsosinga sanguinea/ Singa sanguinea	Rote Glanzspinne	
Hyptiotes cavatus	Amerikanische Dreieckspinne, Amerikanische Dreiecksspinne	American triangle spider
Hyptiotes paradoxus	Europäische Dreieckspinne, Europäische Dreiecksspinne	European triangle spider, triangle weaver
Hysterocrates crassipes	Kleinere Kamerunvogelspinne	Cameroon burrowing tarantula, Cameroon brown tarantula, Cameroon brown baboon tarantula, Cameroon brown baboon, lesser Cameroon tarantula

Hysterocrates gigas	Afrikanische Riesenvogelspinne, Rötliche Kamerun-Riesenvogelspinne	Cameroon red tarantula, Cameroon red baboon tarantula
Hysterocrates hercules	Herkules-Vogelspinne, Herkulesvogelspinne	African goliath tarantula, hercules baboon spider
Ischnocolus hancocki	Larache-Vogelspinne, Marokkanische Gold-Vogelspinne*	Larach gold tarantula, Moroccan gold tarantula*
Ischnocolus valentinus/ Ischnocolus triangulifer	Europäische Vogelspinne u. a.	European tarantula, Spanish tarantula a. o.
Ischyropsalis carli	Kleiner Scherenkanker	
Ischyropsalis hadzii	Hadžis Scherenkanker	
Ischyropsalis hellwigi	Schneckenkanker, Schwarzer Schneckenkanker, Schwarzer Scherenkanker, Hellwigsche Afterspinne	
Ischyropsalis helvetica	Schweizer Scherenkanker	
Ischyropsalis kollari	Kollars Schneckenkanker	
Isometrus maculatus	Kleiner Kosmopoliten-Skorpion*	lesser brown scorpion
Ixodes canisuga	Hundezecke	dog tick, British dog tick
Ixodes hexagonus	Igelzecke	hedgehog tick, English dog tick
Ixodes holocyclus	Australische Paralysezecke (Zeckenlähme)*	Australian paralysis tick, scrub tick
Ixodes pacificus	Kalifornischer Holzbock	California black-eyed tick, western black-legged tick
Ixodes persulcatus	Taigazecke	Taiga tick
Ixodes ricinus	Holzbock, Gemeiner Holzbock	castor bean tick, European castor bean tick, European sheep tick
Ixodes rubicundus	Karroo-Zecke*	South African paralysis tick, Karoo paralysis tick
Ixodes scapularis/ Ixodes dammini	Hirschzecke	deer tick, black-legged tick, bear tick
Ixodidae	Schildzecken (Holzböcke)	hard ticks, hardbacked ticks
Ixodides	Zecken	ticks
Knemidokoptes gallinae/ Cnemidokoptes gallinae	Rote Vogelmilbe, Federabwurfsmilbe*	depluming mite, depluming itch mite
Knemidokoptes mutans/ Cnemidokoptes mutans	Hausgeflügel-Kalkbeinmilbe (Fußräude)	scalyleg mite (of fowl)
Knemidokoptes pilae/ Cnemidokoptes pilae	Wellensittich-Kalkbeinmilbe, Wellensittich-Schuppenbeinmilbe*	scalyleg mite (of budgerigars)

Labulla thoracica	Breitbrust-Baldachinspinne	shadow hammock-spider
Lacinius dentiger	Steingrüner Zahnäugler	
Lacinius ephippiatus	Gesattelter Zahnäugler	
Lacinius horridus	Stachliger Zahnäugler	
Laelaps echidnina	Stachlige Rattenmilbe	spiny rat mite
Laminosioptes cysticola	Knötchenmilbe, Geflügel-Zystenmilbe*	fowl cyst mite, flesh mite, subcutaneous mite
Lampropelma violaceopes	Blaue Malaysia-Vogelspinne	Singapore blue tarantula
Larinioides cornutus/ Araneus cornutus/ Nuctenea cornuta	Schilfradspinne, Schilfradnetzspinne, Schilf-Radnetzspinne, Gehörnte Spaltenkreuzspinne	furrow orbweaver, furrow spider, furrow orb spider, foliate spider
Larinioides patagiatus	Gerandete Schilfradspinne, Hecken-Kreuzspinne, Strauchradspinne	
Larinioides sclopetarius/ Araneus sclopetarius	Brückenkreuzspinne, Brücken-Kreuzspinne, Brückenspinne	bridge orbweaver
Lasiodora difficilis	Brasilianische Feuerrote Vogelspinne	Brazilian fire red tarantula
Lasiodora klugi	Bahia-Riesenvogelspinne	Bahia scarlet birdspider (tarantula)
Lasiodora parahybana	Parahyba-Vogelspinne, Brasilianische Riesenvogelspinne	Brazilian salmon tarantula, Brazilian salmon pink tarantula
Lasiodorides polycuspulatus	Goldene Regenwaldvogelspinne	Peruvian blonde tarantula
Lasiodorides striatus	Gestreifte Peru-Vogelspinne	Brazilian brown giant tarantula, orange-striped tarantula
Latrodectus bishopi	Rote Witwe, Rotbeinwitwe*	red-legged widow, red widow spider
Latrodectus geometricus	Braune Witwe	brown widow spider, brown widow (geometric button spider)
Latrodectus hasseltii	Rotrückenspinne, Australische Witwenspinne	redback widow spider, red-back spider, Australian redback widow spider, Australian red-back spider, redback spider
Latrodectus hesperus	West-Amerikanische Schwarze Witwe	western black widow spider
Latrodectus katipo	Katipo, Rote Katipo	katipo widow (spider), red katipo, night-stinger
Latrodectus mactans	Schwarze Witwe, Südliche Schwarze Witwe	European black widow, Southern black widow (hourglass spider, shoe button spider, po-ko-moo spider)

Latrodectus pallidus	Weiße Witwe	white widow (spider)
Latrodectus spp.	Witwen	widow spiders
Latrodectus tredecimguttatus	Schwarze Witwe, Europäische Schwarze Witwe, Mediterrane Schwarze Witwe, Malmignatte	European black widow, Mediterranean black widow, southern black widow
Latrodectus variolus	Nördliche Amerikanische Schwarze Witwe	northern black widow spider
Leiobunum limbatum	Ziegelrückenkanker	
Leiobunum roseum	Karminrückenkanker	
Leiobunum rotundum	Braunrückenkanker	
Leiobunum rupestre	Schwarzrückenkanker	
Leiobunum subalpinum	Subalpiner Schwarzrückenkanker	
Leiurus quinquestriatus	Fünfstreifenskorpion, Fünfstreifen-Wüstenskorpion, Gelber Mittelmeerskorpion, Lybischer Streifenskorpion	fivekeeled gold scorpion, African gold scorpion, deathstalker
Lepidoglyphus destructor/ Glycyphagus destructor/ Lepidoglyphus cadaverum	Pflaumenmilbe	cosmopolitan food mite, grocers' itch mite
Lepthyphantes leprosus	Fleckige Hausbaldachinspinne	
Lepthyphantes minutus	Kleine Zartweberin	
Leptotrombidium akamushi/ Trombicula akamushi	Japanische Fleckfiebermilbe (Tsutsugamushi-Fieber-Erntemilbe)	scrub typhus chigger mite, Japanese scrub typhus chigger mite*
Limulus polyphemus (Xiphosura)	Atlantischer Pfeilschwanzkrebs, Amerikanischer Pfeilschwanzkrebs, Atlantischer Schwertschwanz, Seemaulwurf	Atlantic horseshoe crab, American horseshoe crab
Linyphia hortensis	Garten-Baldachinspinne	
Linyphia tenuipalpis	Zartpalpige Baldachinspinne	
Linyphia triangularis	Gemeine Baldachinspinne, Dreieckige Baldachinspinne	European sheet-web spider, European hammock spider, common hammock-weaver
Linyphiidae	Deckennetzspinnen (Baldachinspinnen) und Zwergspinnen	sheet-web weavers, sheet-web spinners, line-weaving spiders, line weavers, money spiders
Liocranidae	Feldspinnen	liocranid spiders
Liphistiidae	Gliederspinnen	trap-door spiders

Liponyssoides sanguineus/ Allodermanyssus sanguineus	Hausmausmilbe	house-mouse mite
Listrophoridae	Haarmilben	fur mites
Listrophorus gibbus	Kaninchen-Haarmilbe, Kaninchenmilbe	rabbit fur mite a. o.
Lophopilio palpinalis	Kleiner Dreizack	
Loxosceles deserta	Wüsten-Braunspinne	desert loxosceles, desert brown spider
Loxosceles laeta	Südamerikanische Braunspinne	South American brown spider
Loxosceles reclusa	Braune Spinne	violin spider, brown recluse spider, fiddleback spider
Lychas mucronatus	Chinesischer Schwimmerskorpion, Gestreifter Borkenskarpion	Chinese swimming scorpion, Chinese striped bark scorpion, ornate bark scorpion
Lycosa narbonensis	Tarantel	European tarantula
Lycosa rabida	Tollwut-Tarantel*	abid tarantula, rabid wolf spider
Lycosa tarentula	Apulische Tarantel	Apulian tarantula
Lycosidae	Wolfsspinnen, Wolfspinnen	wolf spiders, ground spiders
Macrargus rufus	Rote Wald-Baldachinspinne	
Macronyssidae	Nagermilben	rodent mites
Macrothele calpeiana	Andalusische Trichternetzspinne	Gibraltar funnel-web spider, Iberian funnel-web spider, Spanish funnel-web spider
Malthonica campestris	Acker-Winkelspinne, Feld-Winkelspinne	
Malthonica ferruginea	Rostrote Winkelspinne	
Malthonica picta	Gefleckte Winkelspinne	
Malthonica silvestris	Wald-Winkelspinne	
Mangora acalypha	Streifenkreuzspinne, Streifenradnetzspinne, Streifen-Radnetzspinne	lined orbweaver
Mangora gibberosa	Höckrige Streifenkreuzspinne*	gibbose lined orbweaver
Mansuphantes mansuetus	Zahme Zartweberin	
Marpissa muscosa	Rinden-Springspinne, Rindenspringspinne	
Marpissa radiata	Schilf-Springspinne	reed slender spider*, reed spider*
Mastigoproctus giganteus	Essigskorpion, Geißelskorpion	giant vinegaroon, giant whip-scorpion, giant whip scorpion

Mastophora bisaccata	Amerikanische Bola-Spinne, Lasso-Spinne	American bolas spider
Mastophora spp.	Bola-Spinnen, Lasso-Spinnen	bolas spiders
Mecynogea lemniscata	Basilikaspinne*	basilica spider, basilica orbweaver
Megabunus lesserti	Nördliches Riesenauge (Phalangiidae, ein Schneider)	a harvestman
Megabunus armatus	Südliches Riesenauge (Phalangiidae, ein Schneider)	a harvestman
Megalepthyphantes nebulosus	Haus-Baldachinspinne, Hausbaldachinspinne	
Megaphobema robustum	Kolumbianische Rotbein-Vogelspinne	Columbian giant tarantula
Megaphobema velvetosoma	Braune Equador-Samt-Vogelspinne, Equadorianische Braune Samtvogelspinne	Ecuadorian brownvelvet tarantula, Ecuadorian brown velvet tarantula
Meioneta rupestris	Feld-Zwergbaldachinspinne	
Mesobuthus gibbosus	Gelber Skorpion, Aristoteles-Skorpion, Aristotelesskorpion	Mediterranean checkered scorpion
Mesobuthus martensii	Goldener China-Skorpion, Gelber China-Skorpion	Manchurian scorpion, Chinese scorpion, Chinese armor-tail scorpion, Chinese golden scorpion
Meta menardi	Große Höhlenspinne, Höhlen-Kreuzspinne Höhlenkreuzspinne	cave orbweaver, European cave spider
Metellina mengei	Kleine Herbstspinne, Menges Herbstspinne	
Metellina segmentata/ Meta segmentata	Herbstspinne	lesser garden spider, autumn orbweaver*
Metidae	Herbstspinnen	metid spiders, autumn orbweavers*
Micaria dives	Prächtige Ameisen-Plattbauchspinne	
Micaria fulgens	Glänzende Ameisen-Plattbauchspinne	
Micaria guttulata	Gefleckte Ameisen-Plattbauchspinne	
Micaria lenzi	Blasse Ameisen-Plattbauchspinne	
Micaria nivosa	Schnee-Ameisen-Plattbauchspinne	

Micaria pulicaria	Ameisenspinne	
Micaria spp.	Schillerspinnen	ant spiders a. o.
Micaria subopaca	Dunkle Ameisen-Plattbauchspinne	
Microlinyphia pusilla	Gefleckte Zwergbaldachinspinne	
Micrommata virescens/ Micrommata rosea	Grüne Huschspinne, Grasgrüne Huschspinne	green huntsman spider
Micryphantidae	Zwergspinnen	dwarf spiders
Mimetidae	Spinnenfresser	pirate spiders, spider-hunting spiders
Missulena insignis	Kleine Rotkopf-Mausspinne	lesser red-headed mouse spider, redheaded mouse spider
Misumena spp.	Blüten-Krabbenspinne*	flower crab spiders
Misumena vatia	Veränderliche Krabbenspinne	goldenrod crab spider
Misumenops tricuspidatus	Grüne Krabbenspinne	
Mitopus glacialis	Gletscherweberknecht	
Mitopus morio	Gemeiner Gebirgsweberknecht	
Mitostoma alpinum	Alpen-Fadenkanker	
Mitostoma chrysomelas	Schwarzgoldener Fadenkanker, Mitteleuropäischer Fadenkanker	
Monocentropus balfouri	Blaue Pavian-Vogelspinne	Socotra Island blue baboon tarantula
Monocephalus castaneipes	Braunbeiniger Einkopf	
Monocephalus fuscipes	Gelbbeiniger Einkopf	
Myrmarachne formicaria	Ameisenspringspinne, Ameisenspinne	an ant-mimic jumping spider*
Myrmecium spp.	Ameisenspinnen u. a.	ant spiders a. o.
Nelima apenninica	Apenninen-Langbeinkanker	
Nelima sempronii	Honiggelber Langbeinkanker	
Nemastoma bidentatum	Zweizahnkanker	
Nemastoma dentigerum	Einzahn-Mooskanker	
Nemastoma triste	Schwarzer Mooskanker	
Nemastoma lugubre	Östlicher Silberfleckkanker	
Nemastomatidae	Fadenkanker	nemastomatids
Nemesiidae	Falltürklappenspinnen	tube trapdoor spiders, wishbone spiders
Neobisium carcinoides	Moosskorpion	moss neobisid, common neobisid

Neon levis	Neon-Springspinne	
Neon reticulatus	Netz-Springspinne	
Neoscona adianta	Heide-Radspinne, Heideradspinne, Heideradnetzspinne	heathland orbweaver
Neoscona spp.	Gefleckte Radspinnen*	spotted orbweavers
Neotrombicula autumnalis	Erntemilbe, Herbstmilbe, Herbstgrasmilbe	harvest mite, red bug, chiggers
Neottiura bimaculata	Zweifleckige Kugelspinne	
Nephila clavipes	Goldene Seidenspinne	golden-silk spider, golden silk orbweaver
Nephila maculata	Gefleckte Seidenspinne, Riesen-Waldspinne	giant wood spider
Nephila senegalensis	Tropische Seidenspinne, Riesenradnetzspinne	banded-legged golden orbweaver
Nephila spp.	Seidenspinnen	golden-silk spiders, golden orb spiders, golden orbweavers
Nephilidae	Seidenspinnen	silk spiders
Neriene clathrata	Dunkle Baldachinspinne	
Neriene montana	Berg-Baldachinspinne	
Neriene peltata	Wald-Baldachinspinne	
Nescona adianta	Heide-Radnetzspinne	
Nesticidae	Höhlenspinnen	cave cobweb spiders, scaffold web spiders
Nesticus cellulanus	Höhlenspinne	comb-footed cellar spiders
Nesticus eremita	Einsiedler-Höhlenspinne	
Nhandu carapoensis	Brasilianische Schwarzweiße Vogelspinne	Brazilian red tarantula, Brazilian giant orange tarantula
Nhandu chromatus	Brasilianische Rote Vogelspinne, Rotweiße Brasilianische Vogelspinne, „Weißknie-Vogelspinne"	Brazilian red & white tarantula
Nhandu coloratovillosus	Brasilianische Schwarzweiße Vogelspinne	Brazilian black & white tarantula
Nhandu vulpinus/ Nhandu tripepii	Fuchsspinne, Fuchsfarbene Riesenvogelspinne	Brazilian giant blonde tarantula
Nigma flavescens	Gelbe Kräuselspinne, Gelbliche Lauerspinne	
Nigma walckenaeri	Grüne Kräuselspinne, Grüne Lauerspinne, Fassadenbewohnende Kräuselspinne	

Nuctenea umbratica/ Araneus umbraticus	Spalten-Kreuzspinne, Spaltenkreuzspinne	walnut orb-weaver spider
Obscuriphantes obscurus	Dunkle Zwergbaldachinspinne, Verborgene Zartweberin	
Odiellus spinosus	Großer Sattelkanker	
Odontobuthus doriae	Gelber Iranischer Wüstenskorpion*	yellow Iranian scorpion
Odontobuthus odonturus	Pakistanischer Wüstenskorpion	Pakistan deathstalker
Oecobiidae	Scheibennetzspinnen und Zeltdachspinnen	flatmesh weavers
Oecobius navus	Gewöhnliche Scheibennetzspinne	wall spider, baseboard spider, stucco spider
Oecobius spp.	Scheibennetzspinnen	wall spiders, baseboard spiders, stucco spiders
Oligolophus tridens	Gemeiner Dreizackkanker	
Oligonychus ununguis	Nadelbaum-Spinnmilbe, Fichtenspinnmilbe	spruce spider mite, conifer spinning mite
Oonopidae	Zwergsechsaugenspinnen, Zwergsechsaugen	dwarf sixeyed spiders (minute jumping spiders)
Oonops domesticus	Haus-Zwergsechsaugenspinne, Kleine Hausspinne*	tiny house spider
Oonops pulcher	Schöne Zwergsechsaugenspinne	
Ophionyssus natricis	Schlangenmilbe	snake mite
Opilio canestrinii	Apenninenkanker	
Opilio dinaricus	Dinaridenkanker	
Opilio parietinus	Wandkanker	
Opilio ruzickai	Balkankanker	
Opilio saxatilis	Steinkanker	
Opiliones/ Phalangida	Weberknechte, Kanker, Afterspinnen	harvestmen, "daddy longlegs"
Opistophthalmus boehmi	Gelber Tansania-Skorpion, Orangegelber Tansania-Skorpion	golden scorpion, African golden burrowing scorpion, Tanzanian hissing scorpion
Opistophthalmus carinatus	Roter Tansania-Skorpion	robust burrowing scorpion, African yellow-leg scorpion
Opistophthalmus glabrifrons	Glänzender Höhlenskorpion	shiny burrowing scorpion, yellow-legged burrowing scorpion

Opistophthalmus wahlbergii	Glanzskorpion	Wahlberg's burrowing scorpion, tri-color burrowing scorpion, tri-color hissing scorpion, tricolor scorpion
Orbatida	Hornmilben, Moosmilben	orbatid mites, beetle mites, moss mites
Ornithodoros coriaceus	Pajarello-Zecke*	pajarello tick
Ornithodoros hermsi	Westküsten-Rückfallfieberzecke*	West Coast relapsing fever tick
Ornithodoros moubata	Tampan-Zecke	tampan tick, eyeless tampan
Ornithodoros savignyi	Sandtampan	eyed tampan, sand tampan
Ornithodoros turicata	Rückfallfieberzecke (trop. Lederzecke)	relapsing fever tick
Ornithonyssus bacoti/ Liponyssus bacoti	Tropische Rattenmilbe, Nagermilbe	tropical rat mite
Ornithonyssus bursa	Tropische Geflügelmilbe	tropical fowl mite
Ornithonyssus natricis	Schlangenmilbe	snake mite
Ornithonyssus sylviarum	Europäische Hühnermilbe, Nordische Vogelmilbe	northern fowl mite
Oryphantes angulatus	Eckige Zartweberin	
Ostearius melanopygius	Schwarzendige Zwergspinne	
Otobius megnini	Stachel-Ohrenzecke*	spinose ear tick
Oxyopes lineatus	Gebänderte Luchsspinne	banded lynx spider
Oxyopes ramosus	Gerandete Luchsspinne	
Oxyopidae	Luchsspinnen, Scharfaugenspinnen	lynx spiders
Ozyptila praticola	Rinden-Krabbenspinne	
Pachygnatha clercki	Clercks Streckerspinne, Clerks Dickkiefer-Spinne, Längsgestreifte Dickkieferspinne	
Pachygnatha degeeri	Boden-Streckerspinne, Dunkle Dickkieferspinne	
Pachygnatha listeri	Listers Streckerspinne, Listers Dickkiefer-Spinne, Listers Dickkieferspinne, Rotbraune Dickkieferspinne	
Pachygnatha spp.	Eigentliche Kieferspinnen	thick-jawed spiders, thick-jawed orb weavers
Paidiscura pallens	Blasse Kugelspinne, Zwerg-Kugelspinne	
Pallidiphantes ericaeus	Heide-Zartweberin	

Pallidiphantes insignis	Auffällige Zartweberin	
Pallidiphantes pallidus	Bleiche Zartweberin	
Palpigradi	Palpigraden	microwhipscorpions, palpigrades
Pamphobeteus antinous	Peru Blaufuß-Riesenvogelspinne, Peruanisch-Bolivianische Blaufuß-Riesenvogelspinne	Bolivian bluelegged tarantula, Bolivian steely-blue legged tarantula, Bolivian steely-blue legged bird-eating spider, Peruvian steely-blue legged tarantula, steely-blue leg
Pamphobeteus fortis	Braune Kolumbianische Baumbewohnende Riesenvogelspinne	Colombian brown tarantula
Pamphobeteus insignis	Kolumbianische Lilastrahlige Riesenvogelspinne	Colombian purplebloom tarantula
Pamphobeteus nigricolor	Schwarze Blaustrahlige Riesenvogelspinne, Südamerikanische Blaustrahlige Riesenvogelspinne	giant blue bloom tarantula, giant blue bloom bird spider, giant blue bloom birdeater
Pamphobeteus ornatus	Kolumbianische Rosastrahlige Riesenvogelspinne	Colombian pinkbloom tarantula, Colombian pinky-red bloom bird spider, ornate bird spider
Pamphobeteus platyomma	Brasilianische Rosastrahlige Riesenvogelspinne, Brasilianische Rosa-Blüten Riesenvogelspinne	Brazilian pinkbloom tarantula
Pamphobeteus ultramarinus	Blaufemur-Vogelspinne, Ecuador-Blaufemur-Vogelspinne	Ecuadorian blue femur tarantula, Ecuador purple femur tarantula
Pamphobeteus vespertinus	Ecuadorianische Rotstrahlige Riesenvogelspinne	Ecuadorian redbloom tarantula, Ecuadorian red bloom, red bloom birdeater
Pandinus cavimanus/ Pandinus militaris (nicht: P. karvimanus)	Rotscheren-Riesenskorpion, Rotscheren-Kaiserskorpion, Rotbrauner Kaiserskorpion	red-clawed scorpion, red-claw scorpion, Tanzanian red-clawed scorpion
Pandinus gregoryi	Gregory's Kaiserskorpion	Gregory's emperor scorpions
Pandinus imperator	Kaiserskorpion, Afrikanischer Riesenskorpion, Afrikanischer Waldskorpion, Großer Waldskorpion	common emperor scorpion, imperial scorpion
Pandinus spp.	Afrikanische Riesenskorpione	African emperor scorpions
Pandinus viatoris	Wandernder Kaiserskorpion, Schwarzroter Skorpion, Zwergrotfuß-Skorpion	cave clawed scorpion

Panonychus citri	Rote Zitrus-Spinnmilbe, Rote Zitrusspinnmilbe	citrus red spider mite
Panonychus ulmi/ Metatetranychus ulmi	Obstbaumspinnmilbe, Fruchtspinnmilbe, Rote Spinne	fruit tree red spider mite, European fruit tree red spider mite
Parabuthus leiosoma/ Parabuthus liosoma	Schwarzschwanz-Skorpion (ein Afrikanischer Dickschwanzskorpion u. a.)	African black-tailed scorpion, African black-tail scorpion, African black-tipped scorpion, African black-tip spitting scorpion
Parabuthus transvaalicus	Transvaal-Dickschwanzskorpion (ein Südafrikanischer Dickschwanzskorpion u. a.)	Transvaal thick-tailed scorpion, dark scorpion, South African fattailed scorpion, South African spitting scorpion, black spitting thicktail scorpion
Paranemastoma bicuspidatum	Schwarzer Zweidorn	
Paranemastoma quadripunctatum	Vierfleckiger Fadenkanker, Vierfleckkanker	
Paraphysa manicata/ Euathlus manicata	Zwerg-Kupfervogelspinne*	Chilean copper tarantula, dwarf Chile tarantula, dwarf rose tarantula
Paraphysa scrofa/ Phrixotrichus scrofa	Kupfervogelspinne	Chilean copper tarantula
Parasitidae	Käfermilben	beetle mites
Parasitus coleoptratorum	Käfermilbe	beetle mite
Parasitus fucorum	Hummelmilbe	bumblebee mite
Parasteatoda tepidariorum/ Achaearanea tepidariorum	Gewächshausspinne, Amerikanische Hausspinne	house spider, American common house spider, common American house spider, domestic spider
Parasteatoda tepidariorum/ Archaearanea tepidariorum/ Theridion tepidariorum	Gewächshausspinne, Gewächshausnetzspinne	common house spider (US), American house spider
Pardosa agrestis	Feld-Wolfspinne	
Pardosa agricola	Acker-Wolfspinne	
Pardosa alacris	Eifrige Wolfspinne, Lebhafte Wolfspinne	
Pardosa amentata	Dunkle Wolfspinne	
Pardosa bifasciata	Zweigesichtige Wolfspinne	
Pardosa hortensis	Garten-Wolfspinne	
Pardosa lugubris	Trauer-Wolfspinne	
Pardosa monticola	Berg-Wolfspinne	

Pardosa nigriceps	Schwarzkopf-Wolfspinne, Schwarzköpfige Wolfspinne	black-palp wolf spider
Pardosa paludicola	Morast-Wolfspinne, Sumpfbewohnende Wolfspinne	
Pardosa palustris	Sumpf-Wolfspinne	marsh wolf-spider
Pardosa prativaga	Umherstreifende Wolfspinne, Wiesen-Wolfspinne	
Pardosa proxima	Ähnliche Wolfspinne	
Pardosa pullata	Wiesen-Wolfspinne, Schwarzgekleidete Wolfspinne	common wolf-spider
Pardosa saltans	Springende Wolfspinne	
Pardosa sphagnicola	Moor-Wolfspinne	
Pardosa spp.	Schmalbeinige Wolfspinnen*	thin-legged wolf spiders
Paroligolophus agrestis	Silberstreifenkanker	
Paruroctonus mesaensis	Kalifornischer Sandskorpion, Kalifornischer Wüstenskorpion	giant sand scorpion, giant desert sand scorpion, Californian desert sand scorpion
Pedipalpi (Uropygi & Amblypygi)	Geißelskorpione & Geißelspinnen	whipscorpions and tail-less whipscorpions (incl. Vinegaroons)
Pelinobius muticus/ Citharischius crawshayi	Kenia-Vogelspinne, Kenia-Riesenvogelspinne	king baboon (tarantula), king baboon spider
Pellenes tripunctatus	Kreuzspringspinne, Kreuz-Springspinne	crucifix jumping spider*
Penthaleus major	Wintergetreidemilbe*	winter grain mite
Petrobia latens	Braune Weizenmilbe*	brown wheat mite
Phalangiidae	Echte Weberknechte, Schneider	daddy-long-legs
Phalangium opilio	Gemeiner Weberknecht, Hornweberknecht, Horn-Weberknecht, Hornkanker (AUS)	common harvestman, common Central European harvestman
Philodromidae	Laufspinnen, Flachstrecker	running crab spiders, philodromids, philodromid spiders
Philodromus albidus	Weißlicher Flachstrecker, Weiße Laufspinne	
Philodromus aureolus	Goldgelber Flachstrecker, Goldfarbige Laufspinne	golden running-spider, golden running crab spider, wandering crab spider
Philodromus cespitum	Braune Laufspinne, Graubrauner Flachstrecker	turf running-spider

Philodromus collinus	Hügel-Laufspinne, Rotbrauner Flachstrecker	
Philodromus dispar	Weißrandiger Flachstrecker	white-edge running crab spider*
Philodromus emarginatus	Ungerandeter Flachstrecker	
Philodromus fallax	Sand-Laufspinne, Sandlaufspinne	sand running-spider, sand running crab spider
Philodromus praedatus	Räuberische Laufspinne	
Philodromus rufus	Rote Laufspinne, Rotgelber Flachstrecker	
Phlegra fasciata	Gebänderte Springspinne, Gestreifte Springspinne, Gebänderte Bodenspringspinne	banded jumper (a jumping spider)
Pholcus opilionoides	Kleine Zitterspinne	lesser long-bodied cellar spider, lesser longbodied cellar spider
Pholcus phalangioides	Große Zitterspinne	long-bodied cellar spider, longbodied cellar spider
Pholicidae	Zitterspinnen	cellar spiders
Phormictopus cancerides	Haiti-Vogelspinne	Haitian brown tarantula
Phormictopus cubensis	Cuba-Riesenvogelspinne, Kuba-Riesenvogelspinne	Cuban giant tarantula
Phormictopus platus	Goldgraue Vogelspinne	golden-grey Caribbean birdeater, Caribbean gray tarantula
Phrixotrichus cala	Rote Chile-Vogelspinne*	Chilean rose tarantula
Phrixotrichus spatulata	Gemeine Chile-Vogelspinne*	Chilean common tarantula
Phrurolithus festivus	Gefleckte Feldspinne	
Phyllocoptes goniothorax	Weißdorn-Gallmilbe	hawthorn leaf gall mite
Phyllocoptes gracilis	Himbeerblattmilbe	raspberry leaf and bud mite
Phyllocoptes malinus	Apfelfilzmilbe	apple leaf erineum mite
Phyllocoptruta oleivora	Zitrusrostmilbe	citrus rust mite
Phylloneta impressa	Braune Kugelspinne, Braunweiße Kugelspinne, Eingedrückte Kugelspinne	a brown-white cobweb spider*
Phylloneta sisyphia	Korinther Kugelspinne	
Physocyclus globosus	Gedrungene Kellerspinne*	short-bodied cellar spider
Phytonemus pallidus fragariae	Erdbeermilbe	strawberry mite
Phytonemus pallidus/ Tarsonemus pallidus	Alpenveilchenmilbe, Begonienmilbe	cyclamen mite, begonia mite
Phytoptus avellanae	Haselnuss-Knospengallmilbe, Hasel-Gallmilbe	filbert bud mite, filbert big bud mite, hazelnut gall mite, nut gall mite

Pirata hygrophilus	Feuchteliebender Wasserjäger	
Pirata knorri	Gebirgsbach-Wasserjäger	
Pirata latitans	Scheue Piratenspinne	
Pirata piraticus	Piratenspinne, Piraten-Wasserjäger	pirate spider
Pirata piscatorius	Fischender Wasserjäger	
Pirata tenuitarsis	Zartfüßiger Wasserjäger	
Pirata uliginosus	Morast-Piratenspinne, Moor-Wasserjäger	
Pisaura mirabilis	Listspinne, Raubspinne	a nursery-web spider, fantastic fishing spider*
Pisauridae	Raubspinnen, Jagdspinnen	nursery-web spiders, fisher spiders, fishing spiders
Pityohyphantes costatus	Hängemattenspinne*	hammock spider
Platnickina tincta	Dunkelgefleckte Kugelspinne, Angestrichene Kugelspinne	
Platybunus bucephalus	Gebirgsgroßauge	
Platybunus pinetorum	Waldgroßauge	
Platytetranychus multidigituli	Gleditschien-Spinnmilbe	honeylocust spider mite
Poecilotheria fasciata	Sri Lanka-Ornamentvogelspinne, Sri Lanka-Ornament-Vogelspinne, Ceylon-Baumvogelspinne	Sri Lankan ornamental tarantula
Poecilotheria formosa	Südindische Baumvogelspinne, Salem-Baumvogelspinne	Salem ornamental tarantula, beautiful parachute spider, finely formed parachute spider
Poecilotheria metallica	Blaue Ornamentvogelspinne, Blaue Ornament-Vogelspinne	Gooty ornamental tarantula, peacock parachute spider, peacock tarantula, metallic tarantula
Poecilotheria ornata	Ornament-Baumvogelspinne	fringed ornamental tarantula
Poecilotheria regalis	Tigervogelspinne, Tiger-Vogelspinne, Indische Ornamentvogelspinne, Indische Ornament-Vogelspinne	Indian ornamental tarantula, regal parachute spider
Poecilotheria subfusca	Elfenbein-Ornamentvogelspinne	ivory ornamental tarantula
Polyphagotarsonemus latus/ Hemitarsonemus latus/ Tarsonemus latus	Breitmilbe, Gelbe Teemilbe	broad mite, yellow tea-mite
Porrhomma campbelli	Campbells Fernauge	
Porrhomma convexum	Gewölbtes Fernauge	

Porrhomma egeria	Nymphen-Fernauge	
Porrhomma errans	Verwechseltes Fernauge	
Porrhomma lativelum	Breitsegel-Fernauge	
Porrhomma microcavense	Kleinhöhlen-Fernauge	
Porrhomma microphthalmum	Kleinäugiges Fernauge	
Porrhomma microps	Winziges Fernauge	
Porrhomma montanum	Berg-Fernauge	
Porrhomma oblitum	Vergessenes Fernauge	
Porrhomma pallidum	Bleiches Fernauge	
Porrhomma pygmaeum	Zwerg-Fernauge	
Porrhomma rosenhaueri	Rosenhauers Fernauge	
Prinerigone vagans	Umherstreifende Zwergspinne	
Psalmopoeus cambridgei	Grüne Trinidad-Vogelspinne	Trinidad chevron tarantula
Psalmopoeus irminia	Venezuela Ornament-Vogelspinne, Venezuelanischer Sonnentiger	suntiger tarantula, Venezuelan suntiger
Psalmopoeus pulcher	Orangebraune Baumvogelspinne	Panama blonde tarantula
Psalmopoeus reduncus	Costa Rica Bananenspinne	Costa Rican orange-mouth tarantula, Costa Rican chevron tarantula
Pseudeuophrys lanigera	Wollige Mauer-Springspinne, Wollige Mauerspringspinne	
Pseudoscorpiones/ Chelonethi	Afterskorpione, Pseudoskorpione	pseudoscorpions, false scorpions
Pseudotheraphosa apophysis	Goliath-Vogelspinne	goliath pinkfoot tarantula
Psilochorus simoni	Simons Zitterspinne, Weinkellerspinne*	wine cellar spider
Psoroptes ovis/ Psoroptes equi	Pferde-Saugmilbe (>Körperräude des Pferdes)	equine scab mite, equine body mite
Psoroptidae	Räudemilben, Saugmilben	mange mites, scab mites
Pterinochilus chordatus	Kilimandscharo-Senf-Vogelspinne	Kilimajaro mustard baboon tarantula
Pterinochilus lugardi	Gelbe Tansania-Vogelspinne	Dodoma baboon tarantula
Pterinochilus murinus/ Pterinochilus mamillatus	Mombasa-Vogelspinne, Rote Usambara-Vogelspinne, Rote Tansania-Vogelspinne Wollhaarvogelspinne	Mombasa golden starburst tarantula, Mumbasa baboon tarantula, Usambara baboon tarantula
Pycnogonida/ Pantopoda	Asselspinnen	pycnogonids, pantopods, sea spiders
Pyemotes herfsi	Mottenmilbe	moth mite*

Pyemotes tritici/ Pyemotes ventricosus	Heumilbe, Kugelbauchmilbe	hay itch mite, grain itch mite, grain mite, straw itch mite
Pyroglyphidae	Hausstaubmilben	house dust mites
Rhipicephalus appendiculatus	Braune Ohrenzecke*	brown ear tick
Rhipicephalus evertsi	Rotbeinige Zecke*	red-legged tick
Rhipicephalus sanguineus	Braune Hundezecke	brown dog tick, kennel tick
Rhopalurus junceus	Roter Kuba-Glanzskorpion, Kubanischer Glanzskorpion	Cuban scorpion, Caribbean blue scorpion, blue scorpion
Ricinulei	Kapuzenspinnen	ricinuleids
Rilaena triangularis	Schwarzauge	
Robertus arundineti	Schilf-Robert	
Robertus lividus	Bläulicher Robert, Moos-Kugelspinne	
Robertus neglectus	Übersehener Robert	
Robertus scoticus	Schottischer Robert	
Salticidae	Springspinnen, Hüpfspinnen	jumping spiders
Salticus scenicus	Zebra-Springspinne, Zebraspringspinne, Zebraspinne, Harlekinspringspinne, Mauer-Hüpfspinne	zebra jumping spider, zebra jumper, zebra spider
Salticus zebraneus	Dunkle Zebraspringspinne	
Sarcoptes bovis/ Sarcoptes scabiei var. bovis	Grabmilbe des Rindes	cattle itch mite (>bovine sarcoptic mange)
Sarcoptes equi/ Sarcoptes scabiei var. equi	Pferdemilbe	horse scab, common mange mite of horses
Sarcoptes scabiei	Krätzmilbe, Grabmilbe	scabies mite, itch mite
Sarcoptidae	Krätzemilben (Räudemilben)	itch mites, scabies mites, scab mites
Schizomida/ Schizopeltidia	Zwerggeißelskorpione	microwhipscorpions, schizomids
Schizopelma bicarinatum	Costa Rica Zwergvogelspinne	Guerrero rufous rump tarantula
Scorpio maurus	Maurischer Skorpion, Gelber Maurenskorpion	Maurish scorpion
Scorpiones	Skorpione	Scorpions
Scotophaeus blackwalli	Amerikanische Hausspinne, Mausspinne	American house spider
Scytodes thoracica	Speispinne, Leimschleuderspinne	spitting spider
Scytodidae	Speispinnen, Leimschleuderspinnen	spitting spiders

Segestria bavarica	Bayerische Fischernetzspinne	Bavarian tube-web spider
Segestria florentina	Fischernetzspinne u. a.	tube-web spider a. o.
Segestria senoculata	Kellerspinne, Fischernetzspinne	snake's back spider, snake-back spider, leopard spider, cellar spider*
Segestriidae	Fischernetzspinnen, Walzenspinnen	segestriids, tube-web spiders, tube-dwelling spiders
Selenocosmia crassipes	Queensland-Vogelspinne	Queensland whistling spider, Queensland barking spider
Selenocosmia javanensis	Java-Vogelspinne, Schwarze Java-Vogelspinne	Javanese whistling spider, Javan yellowknee tarantula, Java yellow-kneed tarantula
Selenopidae	Selenopiden	selenopid crab spiders
Sicariidae	Speispinnen	sixeyed sicariid spiders
Sicariidae/ Loxoscelidae	Braunspinnen	violin spiders, recluse spiders, sixeyed sicariid spiders
Singa hamata	Glanzspinne, Glanzkreuzspinne	shiny striped orbweaver*
Singa spp.	Gestreifte Radnetzspinnen*	striped orbweavers
Siro duricorius	Zwergweberknecht	mite harvestmen
Siteroptes graminum	Grashalmmilbe	grass and cereal mite
Sitticus caricis	Seggen-Springerin	
Sitticus distinguendus	Buntgefärbte Springerin	
Sitticus floricola	Blumenbewohnende Springerin	
Sitticus pubescens	Vierpunkt-Springspinne, Behaarte Springerin	
Sitticus saltator	Tanzende Springerin	
Smeringurus mesaensis	Dünenskorpion	dune scorpion
Solifugae/ Solpugida	Walzenspinnen	sun spiders, false spiders, windscorpions, solifuges, solpugids
Sparassidae	Riesenkrabbenspinnen	giant crab spiders
Spermophora meridionalis	Gedrungene Kellerspinne*	short-bodied cellar spider
Spinturnicidae	Fledermausmilben	bat mites*
Steatoda albomaculata	Weißfleckige Fettspinne	
Steatoda bipunctata	Zweipunkt-Fettspinne	rabbit hutch spider, two-spotted spider*
Steatoda grossa	Falsche Witwe	false widow spider, false black widow, cupboard spider, dark comb-footed spider, brown house spider, false button spider

Steatoda nobilis	Edle Kugelspinne*	noble false widow spider, noble false widow, biting spider
Steatoda paykulliana	Falsche Schwarze Witwe	false black widow spider a. o.
Steatoda triangulosa	Wärmeliebende Kugelspinne, Braune Witwe	triangulate cobweb spider, triangulate bud spider
Steneotarsonemus laticeps	Narzissenzwiebelmilbe	bulb scale mite
Steneotarsonemus pallidus ssp. fragariae	Erdbeermilbe	strawberry mite
Steneotarsonemus spirifex/ Tarsonemus spirifex	Hafermilbe	oat spiral mite
Sternostoma tracheacolum	Kanarienvogel-Lungenmilbe	canary lung mite
Stigmaeopsis celarius/ Schizotetranychus celarius	Bambusmilbe	bamboo mite
Stromatopelma calceatum	Leopard-Vogelspinne	featherleg tarantula, featherleg baboon (tarantula), feather-leg baboon
Synageles venator	Jagende Ameisenspringspinne	ant spider a. o.
Synema globosum/ Synaema globosum	Südliche Glanz-Krabbenspinne	Napoleon crab spider, Napoleon spider
Syringophilidae	Federspulenmilben	quill mites
Tachypleus gigas (Xiphosura)	Molukkenkrebs	Moluccan king crab, coastal horseshoe crab
Tachypleus tridentatus (Xiphosura)	Japanischer Pfeilschwanzkrebs	Chinese horseshoe crab, Japanese horseshoe crab, tri-spine horseshoe crab
Tapinauchenius gigas	Surinam-Baumvogelspinne	orange treespider (tarantula)
Tapinauchenius plumipes	Graubein-Baumvogelspinne	Trinidad mahogany tarantula, mahogany tarantula
Tapinesthis inermis	Unbewehrte Zwergsechsaugenspinne	
Tarsonemus myceliophagus	Chamignon-Weichhautmilbe, Pilzmyzelmilbe	mushroom mite
Tarsonemus pallidus ssp. fragariae	Erdbeermilbe	strawberry mite
Tarsonemus pallidus/ Phytonemus pallidus	Zyklamenmilbe, Alpenveilchenmilbe, Begonienmilbe	cyclamen mite, begonia mite
Tegenaria agrestis	Feld-Winkelspinne, Acker-Winkelspinne	
Tegenaria atrica	Gewöhnliche Winkelspinne, Große Winkelspinne	

Tegenaria domestica	Hausspinne, Gemeine Hauswinkelspinne, Haus-Winkelspinne	common European house spider, domestic house spider, lesser house spider, barn funnel weaver (US)
Tegenaria duellica	Große Amerikanische Hauswinkelspinne	giant house spider
Tegenaria ferruginea/ Malthonica ferruginea	Rote Hausspinne, Rostrote Winkelspinne	charcoal spider
Tegenaria parietina	Kardinal-Winkelspinne, Mauerwinkelspinne	cardinal spider
Tegenaria spp.	Hauswinkelspinnen	European house spiders
Tenuiphantes alacris	Eifrige Zwergbaldachinspinne, Lebhafte Zartweberin	
Tenuiphantes cristatus	Kamm-Zwergbaldachinspinne, Kamm-Zartweberin	
Tenuiphantes flavipes	Gelbbeinige Zwergbaldachinspinne, Gelbbeinige Zartweberin	
Tenuiphantes mengei	Menges Zwergbaldachinspinne, Menges Zartweberin	
Tenuiphantes tenebricola	Dunkle Zwergbaldachinspinne, Dunkle Zartweberin	
Tenuiphantes tenuis	Schlanke Zwergbaldachinspinne, Gewöhnliche Zartweberin	
Tenuiphantes zimmermanni	Zimmermanns Zartweberin	
Tetragnatha dearmata	Unbewehrte Streckerspinne	
Tetragnatha extensa	Gemeine Streckerspinne, Lange Streckerspinne	long-jawed orb weaver, common stretch-spider
Tetragnatha montana	Berg-Streckerspinne, Wellenbindige Streckerspinne	silver stretch spider
Tetragnatha nigrita	Dunkle Streckerspinne	
Tetragnatha obtusa	Stumpfleibige Streckerspinne	
Tetragnatha pinicola	Kiefern-Streckerspinne, Kiefernbewohnende Streckerspinne	
Tetragnatha spp.	Eigentliche Streckerspinnen	long-jawed orb weavers
Tetragnatha striata	Gestreifte Steckerspinne	
Tetragnathidae	Streckerspinnen und Kieferspinnen	thick-jawed spiders, large-jawed orb weavers, four-jawed spiders, elongated orb weavers, horizontal orb-web weavers
Tetranychidae	Spinnmilben	spider mites, red mites

Tetranychus cinnabarinus	Karminspinnmilbe	carmine spider mite
Tetranychus turkestani	Erdbeerspinnmilbe	strawberry spider mite
Tetranychus urticae/ Tetranychus althaeae	Gemeine Spinnmilbe, „Rote Spinne", Rote Gewächshausspinnmilbe, Bohnenspinnmilbe	two-spotted spider mite (TSM), twospotted spider mite, glasshouse red spider mite
Tetranychus viennensis	Weißdornspinnmilbe	hawthorn spider mite
Theraphosa apophysis	Venezuela-Riesenvogelspinne	goliath pinkfoot tarantula, pink-foot goliath tarantula
Theraphosa blondi	Riesen-Vogelspinne, Riesenvogelspinne, Goliath-Vogelspinne	goliath birdeater tarantula, goliath bird eater tarantula
Theraphosidae/ Aviculariidae	Taranteln, Echte Vogelspinnen, Eigentliche Vogelspinnen, Buschspinnen	tarantulas and bird spiders
Theridiidae	Kugelspinnen, Haubennetzspinnen	comb-footed spiders, cobweb and widow spiders, scaffolding-web spiders
Theridion impressum	Braunweiße Kugelspinne	
Theridion melanurum	Schwarzbraune Kugelspinne, Schwarzschwänzige Kugelspinne	
Theridion mystaceum	Graue Kugelspinne	
Theridion pictum	Geschmückte Kugelspinne	
Theridion pinastri	Föhren-Kugelspinne	
Theridion sisyphium	Rotschwarze Kugelspinne	
Theridion spp.	Kugelspinnen	comb-footed spider
Theridion varians	Scheckige Kugelspinne, Veränderliche Kugelspinne	
Theridiosoma gemmosum/ Theridiosoma radiosa	Edelstein-Zwergradnetzspinne, Edelstein-Zwergkreuzspinne	gem ray-spider
Theridiosomatidae	Zwergradnetzspinnen	ray spiders
Thomisidae	Krabbenspinnen	crab spiders
Thomisus onustus	Gehöckerte Krabbenspinne	
Thrixopelma ockerti	Rotschopf-Baumvogelspinne, Peru-Baumvogelspinne, Peru-Vogelspinne	Peru flame rump tarantula, Peruvian flame rump tarantula
Thyreophagus entomophagus	Museumsmilbe	museum mite, flour mite
Titanoeca quadriguttata	Vierfleckige Kalksteinspinne	
Tityus serrulatus	Gelber Brasilianischer Rindenskorpion	Brazilian yellow scorpion, Brazilian striped-back scorpion

Tityus stigmurus	Roter Brasilianischer Rindenskorpion	Brazilian scorpion, Brazilian devil scorpion, Brazilian golden-tan devil scorpion
Trisetacus pini	Kiefernzweig-Gallmilbe*	pine twig-knot mite, pine gall mite, pine twig gall mite
Trixacarus caviae	Meerschweinchen-Räudemilbe	Sellnick mite, guinea pig scabies
Trochosa terricola	Erd-Wolfspinne	a ground wolf-spider
Trogulidae	Brettkanker	trogulid harvestmen, trogulids
Trogulus cisalpinus	Südalpen-Brettkanker	
Trogulus closanicus	Verkannter Brettkanker	a trogulid harvestman
Trogulus falcipenis	Zwerg-Brettkanker, Zwergbrettkanker	tiny trogulid*
Trogulus nepaeformis	Mittlerer Brettkanker	a trogulid harvestman
Trogulus tingiformis	Großer Brettkanker	a trogulid harvestman
Trogulus tricarinatus	Kleiner Brettkanker	a trogulid harvestman
Trombicula akamushi/ Leptotrombidium akamushi	Japanische Fleckfiebermilbe (Tsutsugamushi-Fieber-Erntemilbe)	scrub typhus chigger mite, Japanese scrub typhus chigger mite*
Trombicula alfreddugesi/ Eutrombicula alfreddugesi	Amerikanische Erntemilbe*	American chigger mite, common chigger mite
Trombicula deliensis/ Leptotrombidium deliensis	Südostasiatische Fleckfiebermilbe (Südostasiatische Tsutsugamushi-Erntemilbe)	Southeast-Asian scrub typhus chigger mite*
Trombiculidae	Laufmilben, Erntemilben, Herbstmilben	chigger mites, harvest mites
Trombidiidae	Samtmilben	velvet mites, trombidiid mites
Trombidium holosericeum	Samtmilbe, Sammetmilbe	velvet mite
Typhlochactas mitchelli	Cerro-Ocote-Zwergskorpion*	Cerro Ocote dwarf eyeless montane scorpion*
Tyroglyphidae	Hausstaubmilben	house dust mite
Tyrophagus longior	Silomilbe* (eine Vorratsmilbe)	grainstack mite, cucumber mite (seed mite, French 'fly')
Tyrophagus putrescentiae	Kopramilbe, Modermilbe	mold mite (US), mould mite (Brit.)
Tyrophagus similis	Grasflurmilbe*	grassland mite
Uloboridae	Kräuselradnetzspinnen	hackled orbweavers
Uloborus glomosus	Flaumbeinige Kräuselradnetzspinne*	feather-legged spider, featherlegged orbweaver

Uloborus plumipes	Flaumfederfüßige Kräuselradnetzspinne, Federfußspinne, Gewächshaus-Federfußspinne	
Unionicola spp.	Muschelmilben	mussel mites
Uroctea spp.	Zeltdachspinnen	star-web spiders
Uroplectes carinatus	Kleiner Südafrikanischer Dickschwanzskorpion, Sichelzahn-Dickschwanzskorpion*	carinated bark scorpion, pygmy thick-tailed scorpion, lesser thick-tailed scorpion
Uropodidae	Schildkrötenmilben	tortoise mites
Uropygi	Geißelskorpione	whipscorpions
Varroa jacobsoni	Varroamilbe, Bienenbrutmilbe	varroa mite
Vitalius platyomma	Kaiser-Vogelspinne	pink bloom tarantula
Walckenaeria antica	Rotbeinige Zwergspinne	
Xenesthis immanis	Kleinere Kolumbianische Riesenvogelspinne	Colombian lesser black tarantula, Colombian purple bloom tarantula
Xenesthis monstrosa	Größere Kolumbianische Riesenvogelspinne	Colombian giant black tarantula, Colombian black tarantula, Colombian giant starburst tarantula
Xerolycosa nemoralis	Wald-Wolfspinne	
Xiphosura	Pfeilschwanzkrebse, Schwertschwänze	horseshoe crabs
Xysticus audax	Dunkle Buschkrabbenspinne	
Xysticus bifasciatus	Zweigestreifte Buschkrabbenspinne	
Xysticus cristatus	Braune Krabbenspinne, Busch-Krabbenspinne, Kamm-Buschkrabbenspinne	brown crab spider (a ground crab spider)
Xysticus lanio	Rötliche Buschkrabbenspinne	
Xysticus ulmi	Sumpf-Krabbenspinne	
Yllenus arenarius	Große Sandspringspinne	a sandy dune jumping spider*
Zelotes aeneus	Bronzener Eiferer	
Zelotes clivicola	Hügelbewohnender Eiferer	
Zelotes electus	Ausgewählter Eiferer	
Zelotes erebeus	Chaotischer Eiferer	
Zelotes latreillei	Latreilles Eiferer	
Zelotes longipes	Langbeiniger Eiferer	

Zelotes subterraneus	Schwarze Plattbauchspinne, Unterirdischer Eiferer	
Zilla diodia	Zwergradnetzspinne	
Zodarion italicum	Italienischer Ameisenjäger	Italian zodariid
Zodarion rubidum	Dunkelroter Ameisenjäger	deep-red zodariid
Zora nemoralis	Hain-Wanderspinne	
Zora silvestris	Wald-Wanderspinne	
Zora spinimana	Stachelhand-Wanderspinne, Dornhand-Wanderspinne	spiny-leg spider
Zygiella atrica	Rötliche Sektorspinne	rufous sector spider
Zygiella montana	Berg-Sektorspinne	mountain sector spider
Zygiella spp.	Sektorspinnen	sector spiders
Zygiella x-notata	Sektorspinne, Haus-Sektorspinne	sector spider, missing sector orb web spider, missing sector orb weaver spider, nook spider

XII. Arthropoda: Chilopoda – Hundertfüßer – Chilopods

Cryptops hortensis	Gartenskolopender	European garden scolopendra, common cryptops
Geophilidae	Erdläufer	wire centipedes, garden centipedes
Geophilus electricus	Leuchtender Erdläufer	luminous centipede
Lithobiidae	Steinläufer	garden centipedes
Lithobiomorpha	Steinläufer	lithobiomorphs
Lithobius forficatus	Brauner Steinläufer	common garden centipede
Scolopendra cingulata	Südeuropäischer Gürtelskolopender, Mittelmeerskolopender, Europäischer Riesenläufer	Megarian banded centipede, Mediterranean banded centipede
Scolopendra gigantea	Brasilianischer Riesenläufer, Amazonas-Riesenskolopender	Amazonian giant centipede, Peruvian giant yellow-leg centipede
Scolopendra morsitans	Bissiger Skolopender	Tansanian blue ringleg, red-headed centipede
Scolopendromorpha	Riesenläufer, Skolopender	scolopendromorphs
Scutigera coleoptrata	Spinnenassel, Spinnenläufer	house centipede
Scutigerella immaculata (Symphyla)	Gewächshaus-Zwergfüßer, Zwergskolopender	glasshouse symphylid, garden symphylan, garden centipede
Scutigeridae	Spinnenasseln	house centipedes a. o.
Scutigeromorpha/ Notostigmophora	Spinnenasseln, Spinnenläufer	scutigeromorphs

T.C.H. Cole, *Wörterbuch der Wirbellosen / Dictionary of Invertebrates*,
DOI 10.1007/978-3-662-52869-3_12

XIII. Arthropoda: Diplopoda – Doppelfüßer – Diplopods

Archispirostreptus gigas/ Spirosteptus gigas	Afrikanischer Riesentausendfüßer	giant African millipede
Asiomorpha coarctata	Treibhaustausendfüßer*	hothouse millipede
Blaniulidae	Tüpfeltausendfüßer	snake millipedes, blaniulid millipedes
Blaniulus guttulatus	Gemeiner Tüpfeltausendfüßer, Gefleckter Doppelfüßer, Getüpfelter Tausendfuß, Rot-Getüpfelter Schnurfüßer	spotted snake millipede, snake millepede
Boreoiulus tenuis/ Blaniulus tenuis	Schlanker Tüpfeltausendfüßer	slender snake millipede
Centrobolus spp.	Roter Schnurfüßer, Feuerrote Schnurfüßer, Feuerschnurfüßer, Knallrote Schnurfüßer	red millipedes, red fire millipedes
Chicobolus spinigerus	Roter Floridatausendfüßer, Florida-Zebraschnurfüßer	Florida ivory millipede
Chordeumatidae	Samenfüßer	chordeumatid millipedes
Coromus diaphorus	Goldrandbandfüßer, Goldrand-Riesenbandfüßer	Nigerian flat-backed millipede, Nigerian flat millipede, Nigerian gold-fringed flatback millipede*
Coromus vittatus	Goldrückenbandfüßer*, Goldrücken-Riesenbandfüßer*	Nigerian back-striped millipede*
Cylindroiulus londinensis/ Cylindroiulus teutonicus	Gemeiner Tausendfüßer, Luzernentausendfüßer	black millipede, snake millepede

T.C.H. Cole, *Wörterbuch der Wirbellosen / Dictionary of Invertebrates*,
DOI 10.1007/978-3-662-52869-3_13

Cylindroiulus britannicus	Kleiner Gewächshaus-Tausendfüßer*	lesser glasshouse millipede
Cylindroiulus punctatus	Gemeiner Gepunkteter Schnurfüßer, Waldboden-Tausendfüßer*	woodland floor millipede, blunt-tailed millipede
Glomeridae	Saftkugler, Kugelasseln, Kugeltausendfüßer	pill millipedes, glomerid millipedes
Glomeridellidae	Zwergkugler	lesser pill millipedes
Glomeris marginata	Gerandelter Saftkugler	common pill millipede, common pill millipede, bordered pill millipede
Glomeris spp.	Saftkugler	pill millipedes, European pill millipedes
Julidae	Schnurfüßer	juliform millipedes
Myriapoda	Tausendfüßler, Tausendfüßer, Myriapoden	millepedes (Br.), millipedes (US/Br.) ("thousand-leggers"), myriapodians
Narceus americanus	Amerikanischer Riesentausendfüßer, Nordamerikanischer Riesentausendfüßer	American giant millipede, worm millipede, iron worm
Narceus gordanus	Elfenbein-Schnurfüßer	smoky oak millipede, smoky ghost millipede, grayish-green millipede
Ommatoiulus moreleti	Portugiesischer Tausendfüßler, Schwarzer Portugiesischer Tausendfüßer	Portuguese millipede, black Portuguese millipede
Oxidus gracilis/ Orthomorpha gracilis	Amerikanischer Garten-Tausendfüßer, Gewächshaus-Tausendfüßer	garden millipede (US), greenhouse millipede, garden millepede (Br.)
Polydesmidae	Bandfüßer	flat millipedes, flat-backed millipedes
Polydesmus angustus	Tüpfeldoppelfüßer, Großer Westlicher Bandfüßer	flat millipede, flat-backed millipede
Polydesmus complanatus	Abgeplatteter Bandfüßer	flat-backed millipede
Polyxenus lagurus	Kleiner Pinselfüßer	bristly millipede
Polyzoniidae	Saugfüßer	polyzoniid millipedes
Pselaphognatha/ Penicillata (Polyxenidae)	Pinselfüßer	pselaphognaths
Schizophyllum sabulosum	Sandschnurfüßer	sand millepede
Sphaeromimus musicus	Zirpender Riesenkugler, Zirpender Madagaskar-Riesenkugler*	chirping giant pill millipede

Tachypodoiulus niger	Schwarzer Tausendfüßer	white-legged black millipede, white-legged snake millipede, white-legged millipede, black millipede, black snake millipede
Tonkinbolus caudulanus	Thai-Regenbogen-Tausendfüßer, Thai-Regenbogen-Schnurfüßer,	Thai rainbow millipede
Tonkinbolus dollfusi/ Aulacobolus rubropunctatus	Regenbogen-Tausendfüßer, Regenbogen-Schnurfüßer, Silberner Rotstreifen-Tausendfüßer, Blauroter Vietnam-Tausendfüßer	rainbow millipede, Vietnam rainbow millipede, Vietnam forest millipede, silver red-stripe millipede, silver red-striped millipede
Trachysphaeridae	Stäbchenkugler	trachysphaerid millipedes
Trigoniulus lumbricinus	Rostiger Tausendfüßler*	rusty millipede

XIV. Arthropoda: Crustacea – Krebse – Crustaceans

Acanthacaris caeca	Atlantischer Tiefseehummer	Atlantic deepsea lobster, Atlantic deep-sea lobster, blind deep-sea lobster
Acanthocarpus alexandri	Gladiatorkrabbe*, Gladiatorenkrabbe*	gladiator box crab
Acantholeberis curvirostris	Moorkrebschen, Moor-Wasserfloh	moor waterflea, marsh waterflea
Acanthonyx lunulatus	Tangkrabbe	surf crab* (a Mediterranean spider crab)
Acanthonyx petiverii	Klappmesser-Seespinne*	jackknife spider crab
Acetes japonicus	Akiami-Garnele	Akiami paste shrimp
Achaeus cranchii	Cranchs Seespinne	Cranch's spider crab
Achelous depressifrons/ Portunus depressifrons	Flachbrauen-Schwimmkrabbe	flatface swimming crab, flat-browed crab
Achelous spinimanus/ Portunus spinimanus	Flecken-Schwimmkrabbe	blotched swimming crab
Acroperus harpae	Sichel-Krebschen	common duck waterflea, sickle waterflea
Aega psora	Fischassel (Peterassel)	fish louse
Alona costata	Rippen-Krebschen	striped beaked waterflea
Alona quadrangularis	Braunes Rippen-Krebschen	angular-beaked waterflea, brown-striped beaked waterflea, brown-ribbed beaked waterflea
Alonella exigua	Graues Zwergkrebschen	grey dwarf beaked waterflea
Alonella nana	Gestreiftes Zwergkrebschen	striped dwarf beaked waterflea

T.C.H. Cole, *Wörterbuch der Wirbellosen / Dictionary of Invertebrates*,
DOI 10.1007/978-3-662-52869-3_14

Alpheidae	Knallkrebse, Knallkrebschen, Pistolenkrebse	snapping shrimps, snapping prawns, pistol shrimp, cracker shrimps
Alpheus armatus	Brauner Knallkrebs, Brauner Pistolenkrebs	brown snapping prawn, brown pistol shrimp
Alpheus armillatus	Gestreifter Knallkrebs, Gestreifter Pistolenkrebs	banded snapping prawn, banded pistol shrimp
Alpheus bellulus	Hübscher Knallkrebs, Tiger-Knallkrebs, Tiger-Pistolenkrebs	tiger snapping shrimp, tiger pistol shrimp
Alpheus cristulifrons	Gepunkteter Knallkrebs, Gepunkteter Pistolenkrebs	dotted snapping prawn, dotted pistol shrimp
Alpheus cyanoteles	Süßwasser-Knallkrebs, Süßwasser-Pistolenkrebs	freshwater snapping prawn, freshwater pistol shrimp
Alpheus dentipes	Mittelmeer-Knallgarnele, Mittelmeer-Pistolenkrebs, Knallkrebschen	Mediterranean snapping prawn
Alpheus heterochaelis	Westatlantischer Großscheren-Knallkrebs, Westatlantischer Großscheren-Pistolenkrebs	bigclaw snapping shrimp
Alpheus macrocheles	Großscheren-Knallkrebs, Europäischer Großscheren-Knallkrebs, Großscheren-Pistolenkrebs	snapping prawn (Br.), snapping shrimp, snapping prawn, European big-claw snapping prawn
Alpheus parvirostris	Zebraknallkrebs, Zebra-Knallkrebs	green-banded snapping shrimp
Alpheus randalli	Randalls Knallkrebs	Randall's snapping shrimp, Randall's pistol shrimp, red-banded snapping shrimp, candy stripe pistol shrimp, candy cane shrimp
Alpheus rapax	Marmorierter Knallkrebs, Rapax-Knallkrebs	blue and yellow goby shrimp, marbled snapping shrimp
Alpheus soror	Augenfleck-Knallkrebs, Bullaugen-Knallkrebs, Blaupunkt-Knallkrebs	bullseye snapping shrimp, bullseye pistol shrimp, blue-spot snapping shrimp, spot snapping shrimp, Michael's pistol shrimp
Amphibalanus improvisus	Brackwasser-Seepocke	bay barnacle
Amphipoda	Flohkrebse, Flachkrebse	beach hoppers, sand hoppers, scuds and relatives
Anapagurus laevis	Glattscheriger Einsiedler, Gelber Einsiedler	yellow hermit crab
Anasimus latus	Stelzen-Seespinne*	stilt spider crab
Androniscus dentiger	Rosa Kellerassel*, Rosa Höhlenassel*	cellar woodlouse, rosy woodlouse, pink woodlouse

Aniculus maximus	Großer Schuppeneinsiedler	large hermit crab
Anostraca	Schalenlose, Kiemenfußkrebse, Kiemenfüße	fairy shrimps, anostracans
Arachnochium kulsiense/ Macrobrachium kulsiense	Schneeflöckchengarnele, Perlgarnele	sand shrimp, pearl shrimp
Aratus pisonii	Mangrovekrabbe, Mangroven-Baumkrabbe	mangrove tree crab, mangrove crab
Arctides regalis	Rotband-Bärenkrebs	red-banded slipper lobster
Arenaeus cribrarius	Flecken-Schwimmkrabbe*	speckled swimming crab, speckled crab
Argis dentata	Arktische Garnele*	Arctic argid
Argulidae	Fischläuse	fish lice
Argulus foliaceus	Karpfenlaus	carp louse
Argulus spp.	Fischläuse	fish lice
Aristaeomorpha foliacea	Rote Garnele, Rote Tiefseegarnele	giant gamba prawn, giant red shrimp, royal red prawn
Aristeidae	Tiefseegarnelen	gamba prawns, aristeid shrimp
Aristeus antennatus	Blassrote Tiefseegarnele, Blaurote Garnele	blue-and-red shrimp
Aristeus antillensis	Violettköpfige Tiefseegarnele	purplehead gamba prawn
Armadillidiidae	Rollasseln, Kugelasseln	woodlice, pillbugs, sow bugs
Armadillidium vulgare	Gemeine Rollassel, Kugelassel	common woodlouse, common pillbug, sow bug
Artemesia longinaris	Argentinische Stilett-Garnele	Argentine stiletto shrimp
Artemia franciscana	San Francisco-Salinenkrebschen	San Francisco brine shrimp
Artemia gracilis	Amerikanisches Salinenkrebschen	American brine shrimp
Artemia salina	Salzkrebschen, Salinenkrebs, Salinenkrebschen	brine shrimp
Asellus aquaticus	Wasserassel, Gemeine Wasserassel	waterlouse, water louse, water sowbug, aquatic sowbug, water hoglouse, water slater
Astacidae	Flusskrebse	crayfishes, river crayfishes
Astacus astacus	Edelkrebs, Europäischer Flusskrebs	noble crayfish
Astacus leptodactylus	Sumpfkrebs, Galizier	long-clawed crayfish
Atelecyclidae	Rundkrabben	horse crabs, circular crabs
Atelecyclus rotundatus/ Atelecyclus septemdentatus	Gemeine Rundkrabbe	circular crab, old-man's face crab

Athanas nitescens	Haubengarnele	hooded shrimp
Atya brachyrhinus	Höhlen-Fächergarnele, Höhlenfächergarnele	cave shrimp, Barbados cave shrimp
Atya crassa	Große Fächergarnele	an African filter shrimp
Atya gabonensis	Gabun-Fächergarnele, Gabun-Riesenfächergarnele, Blaue Riesenfächergarnele, Blaue Gabun-Fächerhandgarnel, Gabungarnele, Monsterfächergarnele, Blaue Monstergarnele	vampire shrimp, viper shrimp, African fan shrimp, African giant filter shrimp, Gabon shrimp, giant African filter shrimp, blue rhino shrimp, Cameroon fan shrimp
Atya innocous	Basket-Fächergarnele	basket shrimp
Atya margaritacea	Pazifik-Riesen-Fächergarnele, Riesenfächergarnele	Pacific Mexican river shrimp
Atya scabra/ *Atya sulcatipes*	Raue Fächergarnele (Rauhe Fächergarnele), Grüne Fächergarnele	Camacuto shrimp
Atyaephyra desmaresti	Europäische Süßwassergarnele	European freshwater shrimp
Atyidae	Fächergarnelen	atyid shrimps, basket shrimps (freshwater shrimps)
Atyoida bisulcata	Hawaii-Fächergarnele	Hawaiian filter shrimp, Hawaiian stream shrimp, mountain shrimp
Atyoida pilipes	Sulawesi-Zwergfächergarnele, Mini-Fächergarnele	green lace shrimp, koros shrimp
Atyopsis moluccensis	Molukken-Fächergarnele, Molukkengarnele, Radargarnele, Molukken-Bergbachgarnele	wood shrimp, bamboo shrimp, Singapore flower shrimp, flower shrimp, marble shrimp, Asian filter shrimp, Asian fan shrimp
Atyopsis spinipes	Dornfuß-Bergbachgarnele, Dornenfuß-Bergbachgarnele Molukkengarnele, Radargarnele, Molukken-Bergbachgarnele	soldier brush shrimp
Austrominius modestus/ *Elminius modestus*	Austral-Seepocke, Australische Seepocke, Neuseeländische Seepocke	Australasian barnacle, New Zealand barnacle, modest barnacle
Austropotamobius pallipes	Dohlenkrebs	white-clawed crayfish, white-clawed freshwater crayfish, freshwater white-clawed crayfish, river crayfish
Austropotamobius torrentium/ *Astacus torrentium/* *Potamobius torrentium*	Steinkrebs, Bachkrebs	stone crayfish, torrent crayfish
Balanus amphitrite	Kleine Streifenseepocke	little striped barnacle

Balanus balanoides/ Semibalanus balanoides	Gemeine Seepocke	northern rock barnacle, common rock barnacle, acorn barnacle
Balanus balanus	Große Seepocke	rough barnacle
Balanus crenatus	Gekerbte Seepocke	crenate barnacle, wrinkled barnacle
Balanus eburneus	Elfenbein-Seepocke	Iiory barnacle
Balanus improvisus	Kleine Elfenbeinseepocke	bay barnacle, little ivory barnacle
Balanus nubilis	Riesen-Seepocke	giant acorn barnacle, giant barnacle
Balanus perforatus	Kerb-Seepocke	perforated barnacle
Bathynomus giganteus	Riesenassel	giant isopod
Birgus latro	Palmendieb, Kokosnusskrebs	coconut crab, robber crab, palm crab, tree crab, purse crab
Bosmina coregoni	Großer Rüsselkrebs, See-Rüsselkrebs	large long-nosed waterflea, Baltic long-nosed waterflea
Bosmina longirostris	Weiher-Rüsselkrebs, Weiher-Rüsselkrebschen	common long-nosed waterflea
Bosminidae	Rüsselkrebse	bosminid waterfleas
Brachynotus sexdentatus	Mittelmeer-Felsenkrabbe, Viereckskrabbe	Mediterranean crab, Mediterranean rock crab
Brachyura	Kurzschwanzkrebse, Echte Krabben	crabs
Branchipus stagnalis/ Branchipus schaefferi	Echter Kiemenfuß, Sommerkiemenfuß, Sommer-Kiemenfuß	fairy shrimp
Branchiura/ Argulida	Kiemenschwänze, Karpfenläuse, Fischläuse	fish lice
Bythotrephes longimanus/ Bythotrephes cederstroemii	Langdorn-Wasserfloh, Langschwanzkrebschen, Langschwanz-Krebschen	spiny waterflea, spiny water flea, long-tailed waterflea
Calappa flammea	Schamkrabbe	shame-faced crab, flame box crab
Calappa granulata	Mittelmeer-Schamkrabbe, Hahnenkammkrabbe, Rotflecken-Schamkrabbe	Mediterranean shame-faced crab
Calcinus californiensis	Kalifornischer Einsiedlerkrebs, Algenfressender Einsiedlerkrebs, Rotfüßiger Einsiedlerkrebs	California scarlet hermit crab, red-leg hermit crab
Calcinus elegans	Prächtiger Einsiedlerkrebs, Prächtiger Einsiedler, Halloween-Einsiedlerkrebs, Blauer Halloween-Einsiedlerkrebs	elegant hermit crab, electric blue hermit crab, blue-knuckled hermit

Calcinus laevimanus	Großscheren-Einsiedlerkrebs, Großscheren Einsiedler	dwarf zebra hermit crab, zebra hermit crab, Hawaiian zebra hermit crab, Hawaiian hermit (a left-handed hermit crab)
Calcinus latens	Verborgener Einsiedlerkrebs, Verborgener Einsiedler	hidden hermit crab, green hermit crab
Calcinus seurati	Weißgebänderter Einsiedlerkrebs	white-banded hermit crab, zebra reef hermit crab, Seurat's hermit crab
Calcinus tibicen	Orangescheren-Einsiedlerkrebs	orangeclaw hermit crab, orange-claw hermit crab, orange-clawed hermit crab
Calcinus tubularis/ Calcinus ornatus	Bunter Einsiedlerkrebs, Bunter Einsiedler, Röhreneinsiedler, Röhren-Einsiedlerkrebs	variegated hermit crab, ornate hermit crab
Callianassa gigas	Große Sandgarnele	giant sandprawn, giant ghost shrimp
Callianassa kraussi	Gemeine Südafrikanische Sandgarnele	common South-African sandprawn
Callianassidae	Sandgarnelen, Geistergarnelen	ghost shrimps, sandprawns
Callinectes arcuatus	Bogen-Schwimmkrabbe	arched swimming crab
Callinectes danae	Dana-Blaukrabbe	Dana swimming crab
Callinectes ornatus	Nordwestatlantische Blaukrabbe*, Blaue Schmuck-Schwimmkrabbe*	ornate blue crab, shelligs
Callinectes sapidus	Blaukrabbe, Blaue Schwimmkrabbe	blue crab, Chesapeake Bay swimming crab
Cambarellus chapalanus	Chapala-Zwergflusskrebs	Chapala dwarf crayfish
Cambarellus diminutus	Kleinster Zwergkrebs	least crayfish
Cambarellus lesliei	Leslies Zwergflusskrebs, Gescheckter Alabama-Zwergflusskrebs	angular dwarf crawfish, angular dwarf crayfish
Cambarellus montezumae	Montezuma-Zwergflusskrebs, Montezuma-Zwergkrebs	Montezuma dwarf crayfish
Cambarellus ninae	Nina-Zwergkrebs, Ninas Zwergflusskrebs	Aransas dwarf crawfish, Aransas dwarf crayfish
Cambarellus patzcuarensis	Gestreifter Zwergflusskrebs, Mexikanischer Zwergflusskrebs, Patzcuaro-Zwergkrebs	dwarf crayfish, Mexican dwarf crayfish
Cambarellus puer	Knabenkrebs	swamp dwarf crayfish
Cambarellus schmitti	Schmitts Zwergflusskrebs	fontal dwarf crayfish
Cambarellus shufeldtii	Louisiana-Zwergflusskrebs	Louisiana crayfish, Cajun dwarf crayfish

Cambarellus texanus	Texas-Zwergflusskrebs, Texanischer Zwergflusskrebs	Brazos dwarf crayfish
Cambarus affinis/ Orconectes limosus	Amerikanischer Flusskrebs	American crayfish, American river crayfish, striped crayfish
Cambarus diogenes	Diogenes-Maulwurfkrebs	devil crayfish
Camptocercus rectirostris	Stemmschwanz-Krebschen, Stemmschwanzkrebschen	broad stilt waterflea
Cancer borealis	Jonahkrabbe	jonah crab
Cancer irroratus	Atlantischer Taschenkrebs	Atlantic rock crab
Cancer pagurus	Taschenkrebs	European edible crab
Cancer productus	Bogenkrabbe	red rock crab, red crab
Cancridae	Taschenkrebse	rock crabs, edible crabs
Caprella linearis	Gestreifter Gespenstkrebs, Widderkrebs	linear skeleton shrimp
Caprella mutica	Japanischer Gespenstkrebs	Japanese skeleton shrimp
Caprellidae	Gespenstkrebse, Gespensterkrebse	skeleton shrimps
Carcinus aestuarii/ Carcinus mediterraneus	Mittelmeer-Strandkrabbe	Mediterranean green crab
Carcinus maenas	Strandkrabbe, Nordatlantik-Strandkrabbe	green shore crab, green crab, North Atlantic shore crab
Cardisoma armatum	Harlekinkrabbe	lagoon land crab, African rainbow crab, Nigerian moon crab, patriot crab (soapdish crab)
Cardisoma carnifex	Riesen-Landkrabbe	brown land crab
Cardisoma guanhumi	Westatlantische Landkrabbe, Blaue Landkrabbe	blue land crab
Cardisoma spp.	Riesenlandkrabben, Karibische Landkrabben	giant land crabs, great land crabs
Caridina babaulti/ Caridina cf. babaulti "green"	Grüne Zwerggarnele	green shrimp
Caridina boehmei	Sulawesi-Hummelgarnele	Sulawesi bee shrimp
Caridina caerulea	Blaufußgarnele	blue morph shrimp, blue leg poso shrimp, blue leg shrimp, blue poso shrimp
Caridina cantonensis	Tigergarnele, Tüpfelgarnele, Rotschwanzgarnele	tiger shrimp, bee shrimp
Caridina dennerli	Kardinalsgarnele, Süßwasser- Kardinalsgarnele	cardinal shrimp, Sulawesi cardinal shrimp, blue dot shrimp, matano blue dot shrimp, white socks shrimp, white gloves red shrimp

Caridina ensifera	Poso-Glasgarnele*, Poso-Kristall-Glasgarnele*	red morph shrimp, crystal bee shrimp, poso glass shrimp
Caridina fernandoi	Fernandos Rückenstrichgarnele, Sri Lanka-Zwerggarnele, Blauschwanzgarnele	Fernando's dorsal stripe shrimp, Sri Lankan black bee shrimp
Caridina glaubrechti	Rote Orchideen-Garnele, Sulawesi-Rote-Orchidee-Garnele, Rote Geröllgarnele	red orchid shrimp, brown camo shrimp, mini red line bee shrimp, blue dot red line bee shrimp
Caridina gracilirostris	Rote Nashorngarnele	red nose shrimp, rednose shrimp, red-nosed shrimp, mosquito shrimp, rhino shrimp, red-fronted shrimp, Rudolph shrimp, red-stripe shrimp, pinokio shrimp, pinocchio shrimp
Caridina holthuisi	Zweifarbige Manato-Zwerggarnele, Variable Manato-Tigergarnele, Sechsstreifen-Sulawesigarnele	six-banded shrimp, Sulawesi six-banded shrimp, Manato tiger shrimp, six-banded blue bee shrimp
Caridina kunnathurensis/ Caridina simoni	Sri Lanka-Zwerggarnele	Sri Lanka dwarf shrimp
Caridina loehae	Orangefarbene Matano-Garnele, Orangefarbene Matanogarnele	orange delight shrimp, mini blue bee shrimp
Caridina logemanni	Bienengarnele	bee shrimp, diamond bee shrimp
Caridina longidigita	Poso-Fächerhandgarnele (Starry-Night-Garnele)	Poso blue Sulawesi shrimp, Poso blue shrimp, blue poso shrimp
Caridina maculata	Wangenfleckgarnele	mustang shrimp
Caridina mariae	Tigergarnele, Supertigergarnele	tiger shrimp
Caridina masapi	Sulawesi-Tigergarnele	Towuti tiger shrimp, six-banded blue bee shrimp, Sunghai electric shrimp
Caridina multidentata/ Cardinia japonica	Amanogarnele, Yamatonuma-Garnele, Yamato-Süßwassergarnele, Japanische Süßwassergarnele	Amano shrimp, Yamato shrimp
Caridina nanaoensis	Rotschwanzgarnele	"red-tailed shrimp"
Caridina serrata	Serrata-Zwerggarnele, Tüpfelgarnele, Tüpfel-Zwerggarnele,	zebra shrimp, tiger shrimp
Caridina serratirostris	Ninja-Garnele	ninja shrimp

Caridina spinata/ Caridina cf. spinata	Goldpunktgarnele, Goldfleckgarnele, Goldringgarnele, Rotgelbe Maliligarnele, Rotgelbe Malili-Garnele, Rote Towutigarnele	gold-spot shrimp, gold-spotted shrimp, red goldflake shrimp, Malili red shrimp
Caridina spongicola	Towuti-Schwammgarnele	Towuti beauty Sulawesi shrimp, Towuti sponge-associated shrimp
Caridina striata	Manato Bienengarnele, Blut-Streifengarnele, Sulawesi-Streifengarnele	red-lined shrimp, red line bee shrimp, Matano red-line shrimp
Caridina thambipillai	Orange Zwerggarnele, Orange Celebesgarnele, Orange Sulawesigarnele, Mandarinengarnele	sunkist shrimp, tangerine shrimp
Caridina venusta	Wangenfleckgarnele, Hummelgarnele u. a., Hummel-Zwerggarnele	ornamental bee shrimp, new bee type II
Caridina williamsi	Burma-Rotschwanzgarnele	red fire shrimp
Caridina woltereckae/ Caridina cf woltereckae	Harlekingarnele, Towuti-Harlekingarnele, Harlekin-Zwerggarnele	harlequin shrimp, Towuti harlequin shrimp
Cercopagis pengoi	Kaspischer Wasserfloh	fishhook waterflea
Ceriodaphnia quadrangula	Waben-Wasserfloh, Wabenwasserfloh	honeycomb waterflea*
Ceriodaphnia reticulata	Netz-Wasserfloh, Netzwasserfloh	reticulate waterflea*
Cervimunida johni	Gelber Scheinhummer, Südlicher Scheinhummer	yellow squat lobster
Chaceon maritae	Rote Tiefseekrabbe	West African geryonid crab, red crab
Charybdis feriatus	Kreuzkrabbe	striped swimming crab
Chelonibia testudinaria	Schildkröten-Seepocke, Schildkrötenpocke, Schildseepocke	turtle barnacle
Chelura terebrans	Holz-Flohkrebs, Scherenschwanz	wood-boring amphipod
Cherax ajamaru	Blaugrüner Krebs	blue-green tiger crayfish, Ajamaru crayfish, green grass crayfish
Cherax albertisii	Neuguinea-Rotscherenkrebs	blue tiger crayfish, Papua blue green crayfish
Cherax cainii	Glatter Marron	smooth marron

Cherax destructor	Yabbie, Yabby, Kleiner Australischer Flusskrebs	yabbie, yabby
Cherax pulcher	Blau-Rosa Flusskrebs	blue-and-pink crayfish
Cherax quadricarinatus	Rotscherenkrebs, Australischer Rotscherenkrebs, Australischer Rotscheren-Flusskrebs	Australian red-claw crayfish, Queensland red claw, redclaw crayfish
Cherax tenuimanus	Behaarter Marron, Margaret River-Marron, Behaarter Australischer Flusskrebs	hairy marron, Margaret River marron
Chionoecetes opilio	Schneekrabbe, Nordische Eismeerkrabbe, Arktische Seespinne	Atlantic snow spider crab, Atlantic snow crab, queen crab
Chthamalus stellatus	Sternseepocke	star barnacle
Chydorus sphaericus	Linsenfloh, Linsenkrebschen	common ball waterflea
Cirripedia	Rankenfüßler, Rankenfüßer, Cirripeden, Cirripedier	barnacles, cirripedes
Cladocera	Wasserflöhe	waterfleas, water fleas, cladocerans
Clibanarius africanus	Afrikanischer Einsiedlerkrebs, Afrikanischer Mangroven-Einsiedlerkrebs	African hermit crab, African mangrove hermit crab
Clibanarius erythropus	Mittelmeer-Felsküsteneinsiedlerkrebs	Mediterranean rocky shore hermit crab*, Mediterranean intertidal hermit crab*
Clibanarius rutilus	Orangeroter Einsiedlerkrebs	red-legged hermit crab, orange-red hermit crab
Clibanarius tricolor	Blaubein-Einsiedlerkrebs	blue-legged hermit crab, tricolor hermit crab, three-colored hermit crab
Clibanarius vittatus	Gestreifter Einsiedlerkrebs	thinstripe hermit crab, striped-legged hermit crab
Coenobita brevimanus	Indonesischer Landeinsiedlerkrebs	Indonesian hermit crab, Indo hermit crab
Coenobita clypeatus	Karibik-Landeinsiedlerkrebs, Karibik-Einsiedlerkrebs	Caribbean hermit crab, soldier crab, purple pincher (PP)
Coenobita compressus	Ecuadorianischer Landeinsiedlerkrebs	Ecuadorian hermit crab
Coenobita perlatus	Erdbeer-Landeinsiedlerkrebs, Erdbeereinsiedler, Erdbeer-Krebs	Strawberry hermit crab, strawberry land hermit crab
Coenobita purpureus	Bläulicher Landeinsiedlerkrebs, Okinawa-Einsiedler	purple land hermit crab, blueberry hermit crab, Okinawan blueberry hermit crab

Coenobita rugosus	"Ruggie"-Landeinsiedlerkrebs*	tawny hermit crab, ruggie hermit crab
Coenobita variabilis	Australischer Landeinsiedlerkrebs	Australian land hermit crab, Australian terrestrial hermit crab, Aussie hermit crab
Conchoderma spp.	Wal-Seepocken	whale barnacles
Conchostraca	Muschelschaler	clam shrimps
Copepoda	Ruderfußkrebse, Ruderfüßer	copepods
Corophium curvispinum	Süßwasser-Schlickkrebs	
Corophium volutator	Schlickkrebs, Wattenkrebs, Wattkrebs	European mud scud, mud dwelling amphipod
Corystes cassivelaunus	Maskenkrabbe, Antennenkrebs	masked crab, helmet crab
Coutierella tonkinensis	Chinesische Schwebegarnele	Tonkin grass shrimp
Crangon crangon	Nordseegarnele, Granat, Porre	common shrimp, common European shrimp (brown shrimp)
Crangon franciscorum	Pazifik-Sandgarnele	California bay shrimp, Pacific sand shrimp
Crangon nigricauda	Schwarzruder-Sandgarnele*, Schwarzflossen-Sandgarnele*	blacktailed shrimp, blacktail shrimp, blacktail bay shrimp, black-tail bay shrimp
Crangon septemspinosa	Sandgarnele, Siebenstachlige Sandgarnele	sand shrimp, sevenspine bay shrimp
Crangonidae	Sandgarnelen	crangonid shrimp
Cryptochiridae	Gallkrabben*	gall crabs
Cryptolithodes sitchensis	Schildkrötenkrabbe*	umbrella crab, umbrella-backed crab, turtle crab
Cryptolithodes typicus	Schmetterlingskrabbe*	butterfly crab
Cryptosoma cristatum	Kleinflecken-Schamkrabbe	small-spotted shame-faced crab, lesser-spotted shame-faced crab
Cyamus boopis	Wal-Laus	whale-louse
Cyamus spp.	Wal-Läuse	whale-lice
Cyclograpsus integer	Kuglige Strandkrabbe	globose shore crab
Cyclopidae	Hüpferlinge (Schwimmer)	copepods
Cyclops spp.	Hüpferlinge	copepods
Cylisticus convexus	Urbane Landassel*	curly woodlouse
Daphnia cristata	Spitzkopf-Wasserfloh	pointed helmeted waterflea, pointed-hooded waterflea
Daphnia cucullata	Helm-Wasserfloh	helmeted waterflea, hooded waterflea
Daphnia longiremis	Arktischer Wasserfloh	polar waterflea, Arctic waterflea

Daphnia longispina	Langdorn-Wasserfloh	long-tailed waterflea
Daphnia magna	Großer Wasserfloh	large waterflea, large water flea
Daphnia pulex	Gemeiner Wasserfloh	common waterflea, common water flea
Dardanus arrosor	Großer Einsiedlerkrebs	striated hermit crab
Dardanus calidus	Großer Roter Einsiedlerkrebs, Mittelmeer-Dardanus	great red hermit crab, Mediterranean hermit crab
Dardanus deformis	Felsen-Dardanus, Blasser Anemonen-Einsiedlerkrebs	rock hermit crab, pale anemone hermit crab
Dardanus guttatus	Blauknie-Einsiedlerkrebs	blue-spotted hermit crab, blue-knee hermit crab
Dardanus lagopodes	Schwarzaugen-Dardanus	black-eyed hermit crab, hairy red hermit crab, dark-knee hermit crab
Dardanus megistos	Weißpunkt-Einsiedlerkrebs, Weißpunkteinsiedler	white-spotted hermit crab, spotted hermit crab
Dardanus pedunculatus	Anemonen-Einsiedlerkrebs	anemone hermit crab
Dardanus venosus	Sternaugen-Einsiedlerkrebs	stareye hermit crab
Decapoda	Decapoden, Zehnfußkrebse	decapods
Derilambrus angulifrons	Winkelstirn-Ellenbogenkrabbe	long-armed elbow crab*
Desmocaris trispinosa	Nigerianische Schwebegarnele, Guinea-Schwebegarnele	Guinea swamp shrimp. Guinean swamp shrimp,
Dikerogammarus bispinosus	Zweidorn-Höckerflohkrebs	
Dikerogammarus haemobaphes	Kleiner Höckerflohkrebs	
Dikerogammarus villosus	Großer Höckerflohkrebs	
Diogenes pugilator	Sand-Einsiedler, Strandeinsiedler, Kleiner Einsiedlerkrebs	Roux's hermit crab, small hermit crab, south-claw hermit crab
Diogenidae	Linkshänder-Einsiedlerkrebse	left-handed hermit crabs
Diplostraca/ Onychura	Doppelschaler, Krallenschwänze	clam shrimps & waterfleas
Disparalona rostata	Krummschnabel-Krebschen	crooked-beaked waterflea
Dorippe frascone/ Cancer frascone	Seeigelkrabbe, Seeigel-Krabbe	urchin crab, sea urchin crab, carrier crab
Dorippe lanata/ Medorippe lanata	Schirmkrabbe	demon-faced porter crab
Dorippidae	Gespenstkrabben	sumo crabs, demon-faced crabs
Dosima fascicularis	Bojen-Seepocke	buoy barnacle
Drimo elegans/ Gnathophyllum elegans	Goldpunktgarnele	golden-spotted shrimp*

Dromia personata/ Dromia vulgaris	Wollkrabbe	sponge crab, common sponge crab, sleepey sponge crab, Linnaeus's sponge crab, sleepy crab, little hairy crab
Dromia spp.	Wollkrabben	sponge crabs
Dromidia antillensis	Haarige Wollkrabbe	hairy sponge crab
Dromiidae	Wollkrebse	sponge crabs
Ebalia cranchii	Cranch-Kugelkrabbe*	Cranch's nut crab
Ebalia intermedia	Glattschalige Kugelkrabbe	smooth nut crab
Ebalia tuberosa	Höckerige Kugelkrabbe	Pennant's nut crab
Ebalia tumefacta	Bryer-Kugelkrabbe*	Bryer's nut crab
Echinogammarus ischnus	Granataugen-Flohkrebs	
Emerita analoga	Pazifik-Brandungskrebs	Pacific sand crab
Emerita talpoida	Atlantik-Brandungskrebs	Atlantic sand crab, mole crab
Enoplometopus antillensis	Atlantischer Riffhummer	flaming reef lobster
Eriocheir japonica	Japanische Wollhandkrabbe	Japanese mitten crab
Eriocheir sinensis	Chinesische Wollhandkrabbe	Chinese mitten crab, Shanghai hairy crab, Chinese freshwater edible crab
Eriphia verrucosa	Gelbe Krabbe, Italienischer Taschenkrebs, Gemeine Krabbe	warty xanthid crab, warty crab, Italian box crab, yellow box crab
Ethusa mascarone	Gepäckträgerkrabbe	stalkeye sumo crab, stalkeye porter crab
Euastacus serratus	Australischer Flusskrebs	Australian crayfish
Eubranchipus grubii/ Siphonophanes grubii/ Chirocephalus grubei	Frühjahrskiemenfuß, Frühjahrs-Kiemenfuß, Frühjahrs-Feenkrebs, Gemeiner Kiemenfuß	springtime fairy shrimp
Euphausia crystallorophias	Eiskrill, Antarktischer Küstenkrill	ice krill, crystal krill, Antarctic coastal krill
Euphausia pacifica	Pazifischer Krill, Nordpazifischer Krill	North Pacific krill
Euphausia superba	Südlicher Krill, Antarktischer Krill	whale krill, Antarctic krill
Euphausiacea	Leuchtkrebse, Krill	krill and allies, euphausiaceans
Euphausiidae	Leuchtkrebse und Krill	euphausiids, krill
Eurycercus lamellatus	Breitschwanz-Krebschen	giant crawling waterflea
Eurynome aspera	Erdbeerkrabbe	strawberry crab
Euryrhynchus amazoniensis	Amazonas-Laubgarnele, Peru-Zebragarnele	blue-banded shrimp, blue zebra shrimp, Peru zebra shrimp, Amazon zebra shrimp

Exhippolysmata ensirostris/ Hippolysmata ensirostris	Jagdgarnele*	hunter shrimp
Exopalaemon modestus	Sibirische Süßwassergarnele*	Siberian prawn
Galathea squamifera	Furchenkrebs, Schuppiger Springkrebs	Leach's squat lobster
Galathea strigosa	Blaustreifen-Springkrebs, Blaugestreifter Springkrebs, Bunter Furchenkrebs, Bunter Springkrebs	strigose squat lobster
Galatheidae	Furchenkrebse, Scheinhummer	squat lobsters
Gammarus fossarum	Gebirgs-Bachflohkrebs	mountain riverine amphipod
Gammarus insensibilis	Lagunen-Flohkrebs	lagoon sand-shrimp
Gammarus locusta	Gemeiner Flohkrebs	locust amphipod, common intertidal amphipod
Gammarus oceanicus	Ozeanischer Flohkrebs*	oceanic scud
Gammarus pulex	Gemeiner Flohkrebs, Bachflohkrebs	common freshwater amphipod, common riverine amphipod, common freshwater shrimp,
Gammarus roeseli	Flussflohkrebs	lacustrine amphipod, lacustrine shrimp
Gammarus spp.	Flohkrebse u. a.	scuds a. o.
Gecarcinidae	Landkrabben	land crabs
Gecarcinus lateralis/ Gigantinus lateralis	Schwarze Landkrabbe, Rote Landkrabbe, Orange Halloweenkrabbe	blackback land crab, black land crab, red land crab, Bermuda land crab
Gecarcinus quadratus	Lila Halloweenkrabbe, Mondkrabbe, Mexikanische Landkrabbe, Rote Landkrabbe	red land crab, whitespot crab, mouthless crab, Halloween crab, Halloween land crab, harlequin land crab, moon crab, square land crab
Gecarcinus ruricola	Antillen-Landkrabbe, Halloween-Krabbe, Halloweenkrabbe	purple land crab, black land crab, mountain crab, zombie crab
Gecarcoidea natalis	Weihnachtsinsel-Krabbe	Christmas Island red crab
Geosesarma bicolor	Krakatau-Vampirkrabbe, Zweifarbige Vampirkrabbe	bicolor vampire crab
Geosesarma krathing	Orange Vampirkrabbe, Orangenköpfchen	tangerine-head crab, orange vampire crab
Geosesarma notophorum	Mandarinkrabbe	mandarin crab
Geryonidae	Geryoniden (Tiefseekrabben u. a.)	geryonid crabs, deepsea crabs
Glyphocrangonidae	Panzergarnelen	armored shrimps

Glyptonotus antarcticus	Antarktische Riesenassel	giant Antarctic isopod
Gnathophyllidae	Hummelgarnelen	bumblebee shrimps
Gnathophyllum americanum	Hummelgarnele	bumblebee shrimp
Gnathophyllum elegans/ Drimo elegans	Goldpunktgarnele, Gepunktete Garnele	golden-spotted shrimp*
Goneplacidae	Rhombenkrabben	goneplacid crabs, angular crabs
Goneplax rhomboides	Rhombenkrabbe	angular crab, square crab (mud runner)
Goniopsis cruentata	Mangroven-Wurzelkrabbe	mangrove root crab, spotted mangrove crab
Gonodactylus falcatus	Schlagender Fangschreckenkrebs*	clubbing mantis shrimp
Grapsidae	Felsenkrabben	shore crabs, marsh crabs, and talon crabs
Grapsus albolineatus	Schnelle Felsenkrabbe	swift-footed crab
Grapsus grapsus	Felsenkrabbe	Sally Lightfoot crab, mottled shore crab
Graptoleberis testudinaria	Schildkröten-Krebschen	gliding waterflea
Haliporoides diomedeae	Chilenische Messergarnele	Chilean knife shrimp
Haliporoides sibogae	Rote Messergarnele	pink prawn, royal red prawn
Haliporoides triarthrus	Messergarnele	knife shrimp
Halocaridina rubra	Rote Hawaii-Garnele, Hawaii-Brackwassergarnele	Hawaiian red shrimp
Hapalocarcinidae	Gallenkrabben	coral gall crabs
Hemigrapsus nudus	Violette Strandkrabbe	purple shore crab
Hemigrapsus penicillatus	Japanische Strandkrabbe, Japanische Uferkrabbe	common Japanese intertidal crab
Hemigrapsus sanguineus	Asiatische Strandkrabbe, Asiatische Felsenkrabbe, Asiatische Küstenkrabbe	Japanese shore crab, Asian shore crab, Pacific crab
Hemigrapsus takanoi	Japanische Pinselscheren-Strandkrabbe*	brush-clawed shore crab, brush-clawed crab, hairy-clawed shore crab, Asian brush crab
Hemilepistus spp.	Wüstenasseln	desert woodlice
Hemimysis anomala	Rotflecken-Schwebegarnele	bloody-red shrimp
Hepatus epheliticus	Calico-Kastenkrabbe	calico box crab
Herbstia condyliata	Runzelige Seespinne	rugose spider crab
Heterocarpus ensifer	Bewaffnete Kantengarnele	armed nylon shrimp
Heterocarpus laevigatus	Glattschalige Kantengarnele	smooth nylon shrimp
Heterocarpus reedei	Chilenische Kantengarnele	Chilean nylon shrimp

Heterocarpus spp.	Kantengarnelen, Kanten-Tiefseegarnelen	nylon shrimps
Hippidae	Sandkrebse	sand crabs, mole crabs
Hippolyte coerulescens	Himmelblaue Sargassumgarnele	cerulean sargassum shrimp
Hippolyte inermis/ Hippolyte varians	Seegrasgarnele	seaweed chameleon prawn
Hippolyte prideauxiana	Haarstern-Garnele, Federstern-Partnergarnele	feather star shrimp
Hippolyte varians	Farbwechselnde Garnele, Chamäleongarnele	chameleon prawn
Holopedium gibberum	Gallerthüllen-Wasserfloh	jelly waterflea
Homarinus capensis	Kap-Hummer, Südafrikanischer Hummer	Cape lobster
Homarus americanus	Amerikanischer Hummer	northern lobster, American clawed lobster
Homarus gammarus	Hummer, Europäischer Hummer	common lobster, European clawed lobster, Maine lobster
Homola barbata	Behaarte Kastenkrabbe	hairy box crab
Homola spinifrons see *Eriphia verrucosa*		
Homolidae	Kastenkrabben, Taschenkrebse u. a.	carrier crabs (box crabs a. o.)
Hoplocarida/ Stomatopoda	Fangschreckenkrebse, Maulfüßer	mantis shrimps
Hyalella azteca	Mexikanischer Flohkrebs, Mexikanischer Bachflohkrebs	Mexican freshwater shrimp, Mexican scud, side swimmer
Hyas araneus	Atlantische Seespinne, Nordische Seespinne	Atlantic lyre crab, great spider crab, toad crab
Hyas coarctatus	Arktische Seespinne, Geigenkasten-Seespinne	Arctic lyre crab, lesser toad crab
Hyas lyratus	Pazifische Seespinne	Pacific lyre crab
Hymenocera elegans	Westliche Harlekingarnele	western harlequin shrimp
Hymenocera picta	Östliche Harlekingarnele	eastern harlequin shrimp
Hymenopenaeus triarthrus/ Haliporoides triarthrus	Messergarnele	knife shrimp
Hyperia spp.	Quallenflohkrebse	jellyfish amphipods
Ibacus novemdentatus	Glattschaliger Bärenkrebs	smooth fan lobster
Idotea balthica/ Idotea baltica	Baltische Meerassel, Ostsee-Meerassel, Dreispitzige Meerassel	Baltic isopod, Baltic sea "centipede"

Idotea chelipes	Klappenassel, Krallenfüßige Meerassel	clawfooted marine isopod
Idotea granulosa	Körnige Meerassel	granular marine isopod*
Idotea linearis	Stabförmige Meerassel	slender isopod, rod-shaped marine isopod*
Idotea metallica	Metallige Meerassel, Metall-Assel	metallic marine isopod
Ilia nucleus	Mittelmeer-Kugelkrabbe, Mittelmeer-Nusskrabbe	leucosian nut crab, Mediterranean nut crab
Ilyocryptus sordidus	Schlamm-Krebschen	mud waterflea
Inachus dorsettensis	Kurzkopfige Gespensterkrabbe	scorpion spider crab
Inachus leptochirus	Dünnbeinige Gespensterkrabbe	slender-legged spider crab
Inachus phalangium	Anemonen-Gespensterkrabbe, Anemonen-Gespenstkrabbe, Mittelmeer-Gespenstkrabbe	Leach's spider crab, Mediterranean spider crab
Isopoda	Asseln	isopods (incl. Pill bugs, woodlice, sowbugs)
Jacquinotia edwardsii	Südliche Seespinne	southern spider crab
Jaera istri	Donauassel	Ponto-Caspian isopod
Jasus edwardsii/ Jasus novaehollandiae	Austral-Languste, Neuseeländische Languste	red rock lobster, southern rock lobster, Australian rock lobster
Jasus frontalis	Juan-Fernandez-Languste	Australian spiny lobster, Juan Fernandez rock lobster
Jasus lalandii	Kap-Languste, Afrikanische Languste	Cape rock lobster, Cape rock crawfish
Jasus paulensis	Sankt-Paul-Languste	St. Paul rock lobster
Jasus tristani	Tristan-Languste	Tristan rock lobster
Jasus verreauxi	Ostaustralische Languste	green rock lobster
Justitia longimana/ Justitia longimanus/ Justitia mauritiana	Rote Languste, Rotband-Languste	West Indian furrow lobster, gibbon furrow lobster, red-banded lobster
Latreutes parvulus	Sargassumgarnele	sargassum shrimp
Leandrites cyrtorhynchus	Putzende Partnergarnele	cleaning anemone shrimp
Lepadidae	Entenmuscheln	goose barnacles
Lepas anatifera	Gemeine Entenmuschel, Glatte Entenmuschel	common goose barnacle
Lepas fascicularis	Schwebende Entenmuschel	float goose barnacle, buoy-making barnacle, short-stalked goose barnacle
Lepeophtheirus salmonis	Lachslaus	salmon louse (a sea louse)

Lepidothelphusa cognetti	Totenköpfchen, Weißscheren-Krabbe, Weißscherenkrabbe, Sarawak-Landkrabbe	Sarawak land crab, panda crab
Lepidurus apus/ Lepidurus productus	Kleiner Rückenschaler, Schuppenschwanz, Langschwänziger Flossenkrebs, Frühjahrs-Kieferfuß	tadpole shrimp, golden tadpole shrimp
Leptodora kindti	Glaskrebs	glass waterflea
Lernaea cyprinacea	Ankerwurm	anchor worm, anchorworm
Leucosiidae	Kugelkrabben	purse crabs, nut crabs, pebble crabs
Leydigia acanthocercoides	Klumpfuß-Krebschen	club-footed waterflea
Libidoclea granaria	Chilenische Seespinne	southern spider crab
Libinia dubia	Zweifelhafte Seespinne*	longnose spider crab, doubtful spider crab
Libinia emarginata	West-Atlantische Seespinne	portly spider crab, common spider crab
Libinia erinacea	Tang-Seespinne*	seagrass spider crab
Ligia oceanica	Klippenassel, Strandassel	great sea-slater, sea slater, sea roach (quay-louse)
Ligia spp.	Klippenasseln, Strandasseln	slaters, sea-slaters, rock lice, sea roaches
Ligidium hypnorum	Sumpfassel	moss slater
Ligiidae	Klippenasseln, Strandasseln	sea slaters, rock lice
Limnopilos naiyanetri	Mikrokrabbe, Microkrabbe, Falsche Spinnenkrabbe	Thai micro spider crab, Thai micro crab, false spider crab
Limnoria lignorum	Bohrassel, Holzbohrassel	gribble
Liocarcinus corrugatus	Runzelige Schwimmkrabbe	wrinkled swimming crab
Liocarcinus depurator	Hafenkrabbe	harbour crab, harbour swimming crab, sandy swimming crab
Liocarcinus holsatus/ Portunus holsatus/ Macropinus holsatus	Gemeine Schwimmkrabbe, Ruderkrabbe	common swimming crab, flying swimming crab
Liocarcinus marmoreus	Marmorierte Schwimmkrabbe	marbled swimming crab
Liocarcinus navigator/ Liocarcinus arcuatus	Gewimperte Schwimmkrabbe	arch-fronted swimming crab
Liocarcinus pusillus	Kleine Schwimmkrabbe, Zwerg-Schwimmkrabbe*	dwarf swimming crab
Liocarcinus vernalis/ Polybius vernalis	Ovale Schwimmkrabbe	vernal crab, grey swimming crab

Lissa chiraga	Rote Seespinne	red masked crab*
Lissocarcinus orbicularis	Seegurken-Schwimmkrabbe	sea cucumber swimming crab
Lithodes aequispina	Gold-Königskrabbe	golden king crab
Lithodes antarctica/ Lithodes santolla	Antarktische Königskrabbe	southern king crab
Lithodes couesi	Tiefsee-Königskrabbe	scarlet king crab, deep-sea crab, deep-sea king crab
Lithodes maja	Nördliche Steinkrabbe	northern stone crab, Norway crab, devil's crab (prickly crab), stone king crab
Lithodes murrayi	Murray Steinkrabbe, Subantarktische Steinkrabbe	Murray king crab, Subantarctic stone crab
Lithodidae	Steinkrabben, Königskrabben	stone crabs and king crabs
Litopenaeus occidentalis/ Penaeus occidentalis	Pazifische Weiße Garnele	western white shrimp, Central American white shrimp
Litopenaeus setiferus/ Penaeus setiferus	Atlantische Weiße Garnele, Nördliche Weiße Geißelgarnele	white shrimp, lake shrimp, northern white shrimp
Litopenaeus vannamei/ Penaeus vannamei	Weißbein-Garnele	whiteleg shrimp, Central American shrimp
Loxorhynchus grandis	Kalifornische Schafskrabbe	Californian sheep crab
Lucifer faxoni	Teufelsgarnele*	lucifer shrimp
Lybia tessalata	Boxerkrabbe	anemone carrying crab, common boxing crab
Lynceus brachyurus	Dickbauchkrebs	clam shrimp
Lysiosquilla maculata	Gepunkteter Fangschreckenkrebs	dotted mantis shrimp
Lysmata amboinensis	Indopazifische Weißband-Putzergarnele	skunk cleaner shrimp, scarlet cleaner shrimp, scarlet skunk cleaner shrimp, Pacific cleaner shrimp
Lysmata seticaudata	Mittelmeer-Putzergarnele	Mediterranean cleaner shrimp, Mediterranean rock shrimp, Monaco cleaner shrimp
Lysmata wurdemanni	Pfefferminzgarnele	peppermint shrimp, Carribbean cleaner shrimp, veined shrimp
Macrobrachium assamense/ Palaemon assamensis	Ringelhandgarnele u. a.	red claw shrimp, red claw longarm shrimp, red claw macro
Macrobrachium carcinus	Großscheren-Süßwassergarnele*, Großarmgarnele, Langarmgarnele, Giganten-Flussgarnele	bigclaw river shrimp (giant freshwater prawn)

Macrobrachium dayanum	Schoko-Garnele, Schokogarnele, Ringelhand-Garnele, Ringelhandgarnele	rusty longarm shrimp
Macrobrachium dienbienphuense/ Macrobrachium eriocheirum	Borstenhandgarnele, Braune Borstenhandgarnele	fuzzy claw shrimp, fuzzy claw macro
Macrobrachium dolichodactylus	Goda-Flussgarnele	Goda river prawn
Macrobrachium dux	Kongo-Flussgarnele	Congo river prawn
Macrobrachium faustinum	Boxerhand-Garnele, Popay-Garnele	Caribbean longarm shrimp
Macrobrachium felicinum	Niger-Flussgarnele	Niger river prawn
Macrobrachium idella	Dornenschwanzgarnele	sunset shrimp, slender river prawn
Macrobrachium lamarrei	Langnasengarnele	Kuncho river prawn
Macrobrachium lanatum	Chamäleongarnele	chameleon prawn
Macrobrachium lanchesteri	Glasgarnele, Reisfeldgarnele, Lanchesters Garnele	riceland prawn, ghost shrimp, glass shrimp
Macrobrachium macrobrachion	Brackwasser Flussgarnele	brackish river prawn
Macrobrachium mirabile	Blaue Ringelhandgarnele	blue-banded shrimp
Macrobrachium peguense	Rotscherengarnele	red-claw shrimp*
Macrobrachium rosenbergii	Rosenberg-Garnele, Rosenberg Süßwassergarnele, Hummerkrabbe (Hbz.)	Indo-Pacific freshwater prawn, giant river shrimp, giant river prawn, giant freshwater prawn, Malaysian prawn, blue lobster (tradename)
Macrobrachium vollenhoveni/ Macrobrachium vollenhovenii	Afrikanische Flussgarnele	African river prawn
Macrocheira kaempferi	Japanische Riesenkrabbe	giant spider crab
Macrocoeloma septemspinosum	Siebenstachelige Dekorateurkrabbe, Siebenspitz-Schmuckkrabbe*	thorny decorator crab
Macrocoeloma trispinosum	Schwamm-Spinnenkrabbe, Dreistachelige Dekorateurkrabbe, Dreispitz-Schmuckkrabbe*	spongy decorator crab
Macrocyclops fuscus	Riesenhüpferling	giant copepod*
Macropodia rostrata	Langbeinige Spinnenkrabbe, Gespensterkrabbe	long-legged spider crab
Macropodia tenuirostris	Schlankhörnige Spinnenkrabbe	slender spider crab

Macrothrix laticornis	Sägekrebschen	saw-backed mud-waterflea
Maja crispata/ Maja verrucosa/ Maia verrucosa	Kleine Seespinne, Kleine Mittelmeer-Seespinne	small spider crab, lesser spider crab
Maja squinado/ Maia squinado	Große Seespinne, Teufelskrabbe	common spider crab, thorn-back spider crab, spinous spider crab
Majidae	Seespinnen	spider crabs
Marsupenaeus japonicus/ Penaeus japonicus	Radgarnele	Kuruma shrimp
Maxillopoda	Kieferfüßer	maxillopods
Medorippe lanata/ Dorippe lanata	Schirmkrabbe	demon-faced porter crab
Megabalanus psittacus	Riesen-Seepocke	giant Chilean barnacle
Megacyclops viridis	Grüner Hüpferling	green copepod
Meganyctiphanes norvegica	Nördlicher Krill, Norwegischer Krill	Norwegian krill
Menippe mercenaria	Große Steinkrabbe	stone crab, black stone crab
Metacarcinus gracilis/ Cancer gracilis	Hübscher Taschenkrebs*	graceful rock crab, graceful crab
Metacarcinus magister/ Cancer magister	Kalifornischer Taschenkrebs, Pazifischer Taschenkrebs	Dungeness crab, Californian crab, Pacific crab
Metanephrops andamanicus	Andamanen-Kaisergranat, Andamanen-Schlankhummer	southern langoustine, Andaman lobster
Metanephrops binghami	Karibik-Kaisergranat	Caribbean lobsterette
Metanephrops challengeri	Neuseeländischer Kaisergranat	New Zealand scampi, deep water scampi
Metapenaeopsis goodei	Samtgarnele	velvet shrimp
Metapenaeus brevicornis	Gelbe Geißelgarnele	yellow prawn, yellow shrimp
Metapenaeus endeavouri	Braune Geißelgarnele	endeavour shrimp
Metapenaeus ensis	Graue Geißelgarnele	greasyback shrimp
Metapenaeus joyneri	Shiba-Geißelgarnele	shiba shrimp
Metapenaeus monoceros	Einhorn-Geißelgarnele	speckled shrimp
Metapenaeus spp.	Geißelgarnelen u. a.	metapenaeus shrimps
Metasesarma aubryi	Chamäleonkrabbe, Rote Chamäleonkrabbe	apple crab, red apple crab
Metasesarma obesum	Marmorkrabbe	marble crab
Micratya poeyi	Karibik-Zwergfächergarnele, Karibische Zwergfächergarnele	Caribbean dwarf filter shrimp
Microphrys bicornuta	Fleckscheren-Schmuckkrabbe	speck-claw decorator crab
Mictyridae	Soldatenkrabben, Grenadierkrabben	soldier crabs, grenadier crabs

Mictyris longicarpus	Hellblaue Soldatenkrabbe, Hellblaue Grenadierkrabbe, Hellblaue Regimentskrabbe	light-blue soldier crab
Mitella pollicipes/ Pollicipes cornucopia	Felsen-Entenmuschel	rocky shore goose barnacle
Mithrax hispidus	Korallen-Seespinne	coral clinging crab
Mithrax sculptus	Grüne Seespinne	green clinging crab
Mithrax spinosissimus	Stachelige Seespinne	channel clinging crab, spiny spider crab
Moina brachiata	Tümpelwasserfloh, Tümpel-Wasserfloh	armed waterflea*, branched waterflea*
Moina macrocopa	Japanischer Wasserfloh, Japanischer Kugelwasserfloh	Japanese waterflea
Monodaeus couchi	Couchs Krabbe*	Couch's crab
Monospilus dispar	Gänse-Krebschen	mantled waterflea
Mundia rugosa	Langarmiger Springkrebs, Tiefwasser-Springkrebs	rugose squat lobster
Myra fugax	Kieselkrabbe*	fleeting purse crab, pebble crab
Mysidacea	Spaltfüßer	opossum shrimps
Mysis relicta	Reliktkrebschen, Spaltfußkrebschen	opossum shrimp, common Northern European opossum shrimp
Mysis spp.	Schwebegarnelen	opossum shrimps
Mytilicola intestinalis	Muscheldarmkrebs	mussel intestinal crab
Necora puber/ Liocarcinus puber/ Macropipus puber	Samtkrabbe, Wollige Schwimmkrabbe	velvet swimming crab, velvet crab, velvet fiddler, devil crab
Nematopalaemon hastatus	Nigerianische Flüssmündungsgarnele*	Nigerian estuarine prawn
Neocardinia davidi/ Neocardinia heteropoda	Rückenstrichgarnele, Algengarnele, Turniergarnele, Invasionsgarnele, Guppygarnele	cherry shrimp
Neocardinia palmata	Marmorgarnele, Nektarinengarnele, Rotrückengarnele	marbled dwarf shrimp, marbled shrimp, marble shrimp, blue berry shrimp, blueberry shrimp, nectarine shrimp, redback shrimp
Neopanope sayi	Schlickkrebs	mud crab
Neopetrolisthes maculatus	Punkttupfen-Anemonenkrabbe	dotted anemone crab
Neosarmatium africanum/ Neosarmatium meinerti	Ostafrikanische Spinnenkrabbe, Rote Mangrovenkrabbe	East African red mangrove crab
Nephropidae	Hummer	clawed lobsters

Nephrops norvegicus	Kaisergranat, Kaiserhummer, Kronenhummer, Schlankhummer, Tiefseehummer	Norway lobster, Norway clawed lobster, Dublin Bay lobster, Dublin Bay prawn (scampi, langoustine)
Nephropsis atlantica	Atlantischer Krallenhummer*	scarlet clawed lobster
Nephropsis rosea	Rosa Krallenhummer	rosy lobsterette
Niphargus aquilex	Höhlenflohkrebs, Brunnenkrebs	cavernous well shrimp*
Niphargus puteanus	Höhlenflohkrebs	cavernous well shrimp*
Niphargus spp.	Höhlenflohkrebse, Höhlenkrebse, Brunnenkrebse	well shrimps
Notostraca	Rückenschaler	tadpole shrimp, shield shrimp
Nupalirus chani/ Justitia chani	Kleine Furchenlanguste*, Kleine Bänderlanguste*, Kleine Japanische Furchenlanguste*, Kleine Japanische Bänderlanguste*	small furrow lobster
Nupalirus japonicus/ Justitia japonica	Japanische Furchenlanguste*, Japanische Bänderlanguste*	Japanese furrow lobster
Nupalirus vericeli/ Justitia vericeli	Polynesische Furchenlanguste*, Polynesische Bänderlanguste*	Polynesian furrow lobster
Nymphon brevirostre/ Nymphon gracile	Zierliche Asselspinne	elegant sea spider
Ocypode ceratophthalmus/ Ocypode ceratophthalma	Gehörnte Reiterkrabbe, Indopazifische Reiterkrabbe	horn-eyed ghost crab, horned ghost crab, Indo-Pacific ghost crab,
Ocypode convexa	Gold-Reiterkrabbe*, Gelbe Westaustralische Reiterkrabbe	golden ghost crab, yellow ghost crab, western ghost crab
Ocypode cordimanus/ Ocypode cordimana	Glanzaugen-Reiterkrabbe*, Glanzäugige Reiterkrabbe*	smooth-eyed ghost crab
Ocypode cursor	Pinsel-Reiterkrabbe*, Augenpinsel-Reiterkrabbe*	tufted ghost crab
Ocypode gaudichaudii	Pazifische Reiterkrabbe, Gemusterte Reiterkrabbe*	painted ghost crab, cart driver crab, Pacific ghost crab
Ocypode macrocera	Rote Reiterkrabbe	red ghost crab
Ocypode quadrata	Westatlantische Reiterkrabbe, Atlantische Reiterkrabbe	Atlantic ghost crab
Ocypode saratan	Rotmeer-Reiterkrabbe	Red Sea ghost crab
Ocypode spp.	Reiterkrabben (*früher gelegentlich:* Rennkrabben; *nicht:* Reitkrabben; *in Anlehnung an das Englische manchmal:* Geisterkrabben)	ghost crabs

Ocypodidae	Winkerkrabben und Reiterkrabben	fiddler crabs and ghost crabs
Odontodactylus scyllarus	Pfauen-Fangschreckenkrebs, Bunter Fangschreckenkrebs	peacock mantis shrimp
Ogyrides alphaerostris	Ästuar-Stielaugengarnele*	estuarine long-eyed shrimp, estuarine longeye shrimp
Ogyrididae	Stielaugengarnelen*	long-eyed shrimps, longeye shrimps
Oniscidea	Landasseln	oniscideans (pillbugs, woodlice, sowbugs, slaters)
Oniscus asellus	Mauerassel, Gemeine Mauerassel	common woodlouse, common sowbug, grey garden woodlouse
Oplophoridae	Tiefseegarnelen u. a.	deepsea shrimps
Orchestia gammarellus	Küstenhüpfer, Sandhüpfer	shore-hopper, beach-flea, common shore-skipper, common scud
Orchestoidea californiana	Kalifornischer Strandfloh, Kalifornischer Sandhüpfer	California beach flea
Orconectes durelli	Sattelkrebs, Tennessee-Sattelkrebs	saddle crayfish
Orconectes immunis	Kaliko-Flusskrebs, Kaliko-Krebs, Kalikokrebs	calico crayfish
Orconectes juvenilis	Kentucky-Flusskrebs	Kentucky river crayfish
Orconectes limosus/ Cambarus affinis	Amerikanischer Flusskrebs, Kamberkrebs, Camberkrebs	spinycheek crayfish, Delcore crayfish, Eastern crayfish, American crayfish, American river crayfish, striped crayfish
Orconectes rusticus	Amerikanischer Rostkrebs	rusty crayfish
Orconectes virilis	Viril-Flusskrebs	virile crayfish, northern crayfish
Oregonia gracilis	Westpazifische Dreiecks-Schmuckkrabbe*	triangular decorator crab
Ostracoda	Muschelkrebse, Ostracoden	ostracods (shell-covered crustaceans), seed shrimps
Ovalipes ocellatus	Frauenkrabbe	lady crab
Ovalipes trimaculatus/ Ovalipes punctatus	Dreipunkt-Schwimmkrabbe	three-spot swimming crab
Oziothelphusa ceylonensis	Indische Süßwasserkrabbe u. a.	Indian freshwater crab a. o., Sri Lankan freshwater crab a. o., Ceylon paddy field crab
Pachygrapsus crassipes	Gestreifte Felsenkrabbe	striped shore crab
Pachygrapsus gracilis	Dunkle Felsenkrabbe	dark shore crab
Pachygrapsus marinus	Pazifische Schwebkrabbe	drifter crab

Pachygrapsus marmoratus	Rennkrabbe, Felsenkrabbe	marbled shore crab, marbled rock crab
Pacifastacus leniusculus	Signalkrebs	signal crayfish
Paguridae	Meeres-Einsiedlerkrebse, Rechtshänder-Einsiedlerkrebse	right-handed hermit crabs
Paguristes cadenati	Roter Riffeinsiedlerkrebs	red reef hermit crab, scarlet reef hermit crab, scarlet hermit crab
Paguristes gamianus	Rosa Einsiedlerkrebs	pink hermit crab
Pagurus anachoretus	Gestreifter Felseneinsiedlerkrebs, Gestreifter Felseneinsiedler	striped hermit crab*, rocky-shore hermit crab
Pagurus arcuatus	Behaarter Einsiedlerkrebs, Behaarter Einsiedler	hairy hermit crab
Pagurus bernhardus/ Eupagurus bernhardus	Gemeiner Einsiedlerkrebs, Gemeiner Einsiedler, Bernhardskrebs, Bernhardseinsiedler, Nordsee-Einsiedlerkrebs	large hermit crab, common hermit crab, soldier crab, soldier hermit crab, Bernhard's hermit crab
Pagurus cuanensis	Wollhand-Einsiedlerkrebs, Wollhand-Einsiedler	woolly hermit crab
Pagurus forbesii	Forbes-Einsiedlerkrebs, Forbes-Einsiedler	rough-clawed hermit crab
Pagurus prideaux/ Eupagurus prideaux	Anemonen-Einsiedler, Prideaux-Einsiedlerkrebs	Prideaux's hermit crab, smaller hermit crab
Palaemon adspersus/ Palaemon squilla/ Leander adspersus	Ostseegarnele, Baltische Felsgarnele	Baltic prawn
Palaemon concinnus	Mangroven-Felsgarnele, Mangroven-Felsengarnele	mangrove prawn
Palaemon debilis	Gläserne Felsgarnele*, Gläserne Schwarzstreifen-Felsengarnele*, Träge Felsengarnele*	feeble shrimp
Palaemon elegans/ Palaemon squilla/ Leander squilla	Kleine Felsgarnele, Kleine Felsengarnele, Steingarnele	rockpool prawn
Palaemon floridanus	Florida-Felsgarnele, Florida-Felsengarnele	Florida grass shrimp
Palaemon gravieri	Chinesische Felsgarnele, Chinesische Felsengarnele	Chinese ditch prawn
Palaemon longirostris	Delta-Felsgarnele, Delta-Felsengarnele	estuarine shrimp, estuarine prawn
Palaemon macrodactylus	Wander-Felsgarnele, Wander-Felsengarnele	Oriental shrimp, Oriental prawn

Palaemon maculatus	Zaire-Felsgarnele, Zaire-Felsengarnele	Zaire prawn
Palaemon ortmanni	Gladiator-Felsgarnele, Gladiator-Felsengarnele	gladiator prawn
Palaemon pacificus	Pazifik-Felsgarnele, Pazifik-Felsengarnele	Pacific grass shrimp, Indian bait shrimp
Palaemon pandaliformis	Amerikanische Felsgarnele, Amerikanische Felsengarnele	American grass shrimp
Palaemon ritteri	Streifen-Felsgarnele, Streifen-Felsengarnele	barred grass shrimp
Palaemon ritteri	Teppich-Felsgarnele, Teppich-Felsengarnele	barred estuarine shrimp
Palaemon serratus/ Leander serratus	Große Felsgarnele, Große Felsengarnele, Gewöhnliche Felsengarnele, Sägegarnele	common prawn
Palaemon xiphias/ Leander xiphias	Schwertgarnele, Seegras-Felsengarnele	glass prawn
Palaemonetes africanus	Afrikanische Brackwasser-Felsgarnele	African brackish water shrimp
Palaemonetes antennarius/ Palaemonetes varians	Farbwechselnde Schwimmgarnele, Brackwasser-Felsgarnele, Europäische Süßwassergarnele	variegated shore shrimp, European ghost shrimp, common ditch shrimp, Atlantic ditch shrimp, pond shrimp
Palaemonetes argentinus	Argentinische Grasgarnele	white shrimp
Palaemonetes ivonicus	Amazonas-Grasgarnele, Amazonas-Glasgarnele	Amazon glass shrimp
Palaemonetes paludosus	Amerikanische Grasgarnele, Geistergarnele, Östliche Seegrasgarnele	ghost shrimp, American ghost shrimp, Eastern grass shrimp
Palaemonetes vulgaris	Gemeine Schwimmgarnele	marsh grass shrimp, common shore shrimp
Palaemonidae	Felsengarnelen	palaemonid shrimps
Palibythus magnificus	Musikalische Pelzlanguste	musical furry lobster
Palicidae	Stelzenkrabben	stilt crabs
Palicus spp.	Stelzenkrabben	stilt crabs
Palinurellus gundlachi	Karibische Pelzlanguste	Caribbean furry lobster
Palinurellus wieneckii	Indopazifische Pelzlanguste	Indo-Pacific furry lobster
Palinuridae	Langusten	spiny lobsters
Palinurus elephas	Europäische Languste, Gewöhnliche Languste, Stachelhummer	crawfish, common crawfish (*Br.*), European spiny lobster, spiny lobster, langouste

Palinurus mauritanicus/ Palinurus vulgaris	Mauretanische Languste, Rosa Languste, Portugiesische Languste	pink spiny lobster, Moroccan crawfish
Pandalidae	Tiefseegarnelen	pandalid shrimps
Pandalus borealis	Nördliche Tiefseegarnele, Grönland-Shrimp, "Grönlandkrabbe", Eismeergarnele, Eismeershrimps	northern shrimp, pink shrimp, northern pink shrimp
Pandalus montagui	Rosa Tiefseegarnele	Aesop shrimp, Aesop prawn, pink shrimp
Pandalus platyceros	Gefleckte Tiefwassergarnele	spot shrimp
Panulirus argus	Amerikanische Languste, Karibische Languste	West Indies spiny lobster, Caribbean spiny lobster, Caribbean spiny crawfish
Panulirus charlestoni	Kap Verde-Languste	Cape Verde spiny lobster
Panulirus cygnus	Australische Languste	Australian spiny lobster
Panulirus delagoae	Natal-Languste	Natal spiny lobster, Natal deepsea lobster
Panulirus echinatus	Braune Languste	brown spiny crawfish
Panulirus femoristriga	Weißfühler-Schmucklanguste	white-whiskered coral crayfish, white-whiskered rock lobster
Panulirus gilchristi	Gilchrists Languste	southern spiny lobster, South Coast spiny lobster, South Coast rock lobster
Panulirus gracilis	Grüne Languste	green spiny crawfish
Panulirus guttatus	Fleckenlanguste	spotted spiny lobster, Guinea chick lobster
Panulirus homarus	Transkei-Languste	scalloped spiny lobster, scalloped spiny crawfish
Panulirus inflatus	Blaue Languste	blue spiny lobster, blue spiny crawfish
Panulirus interruptus	Kalifornische Felsenlanguste, Kalifornische Languste	California spiny lobster, California rock lobster
Panulirus japonicus	Japanische Languste	Japanese spiny lobster, Japanese lobster
Panulirus laevicauda	Glattschwanzlanguste	smoothtail spiny lobster
Panulirus longipes	Langbein-Languste	longlegged spiny lobster
Panulirus marginatus	Gebänderte Languste*	banded spiny lobster
Panulirus ornatus	Ornatlanguste, Schmuck-Languste, Schmucklanguste	ornate spiny crawfish, ornate spiny lobster, ornate rock lobster, painted crayfish, tropical rock lobster

Panulirus penicillatus	Rifflanguste	pronghorn spiny lobster, red spiny lobster, reef spiny crawfish, reef rock lobster, Taitung spiny lobster, variegated crayfish
Panulirus polyphagus	Schlicklanguste	mud spiny crawfish
Panulirus regius	Grüne Languste, Königslanguste	royal spiny lobster, royal spiny crawfish, green lobster
Panulirus stimpsoni	Chinesische Languste	Chinese spiny lobster
Panulirus versicolor	Schmucklanguste, Vielfarbige Languste, Bunte Languste, Blaue Schmucklanguste	painted spiny lobster, painted crawfish, painted spiny crawfish, painted rock lobster
Paracaridina meridionalis/ Caridina meridionalis	Camouflage-Tigergarnele, Hummelgarnele, Sandhummel	camouflage tiger shrimp
Paracaridina zijinica	Sandhummel, Larrygarnele, Mustang-Garnele, Hummelgarnele	mustang shrimp, black-and-white mustang shrimp
Paragrapsus laevis	Glattschaliger Tiefsee-Einsiedler	smooth shore crab
Paralithodes camtschaticus	Königskrabbe (Kronenkrebs, Kamschatkakrebs), Alaska-Königskrabbe, Kamschatka-Krabbe	king crab, red king crab, Alaskan king crab, Alaskan king stone crab (Japanese crab, Kamchatka crab, Russian crab)
Paralithodes platypus	Blaue Königskrabbe	blue king crab
Paralomis granulosa	Falsche Südliche Königskrabbe	false southern king crab
Paralomis multispina	Stachelige Königskrabbe	spiny king crab
Parapaguridae	Tiefenwasser-Einsiedlerkrebse	deepwater hermit crabs
Parapenaeus longirostris	Rosa Garnele	deepwater rose shrimp
Parapenaeus politus	Rosa Garnele	rose shrimp
Parastacidae	Südliche Flusskrebse	southern crawfish
Parathelphusa ferruginea	Rostbraune Sulawesikrabbe, Towuti-Krabbe	Towuti freshwater crab, rusty-red Sulawesi crab
Parathelphusa maculata	Braune Tüpfelkrabbe	maculate freshwater crab, lowland freshwater crab
Parathelphusa pantherina	Pantherkrabbe	panther crab
Paratya compressa	Nuka-Garnele, Nuka ebi	Nuka shrimp
Parhippolyte uveae	Zuckerrohr-Garnele	sugarcane shrimp
Paromola cuvieri	Großer Rückenfüßler	paromola
Parribacus antarcticus	Antarktischer Bärenkrebs	sculptured mitten lobster, sculptured slipper lobster
Parribacus spp.	Gedrungene Bärenkrebse	mitten lobsters, slipper lobsters

Parthenope angulifrons/ Lambrus angulifrons	Langarmkrabbe	long-armed crab
Parthenope pourtalesii	Pourtales Langarmkrabbe	Pourtales' long-armed crab
Parthenope serrata	Sägezahnkrabbe*	saw-toothed crab
Parthenopidae	Langarmkrabben, Ellbogenkrabben*	elbow crabs
Pasiphaeidae	Glassgarnelen*	glass shrimps
Penaeidae	Geißelgarnelen	penaeid shrimps
Penaeopsis serrata	Rosagesprenkelte Garnele	pinkspeckled shrimp
Penaeus aztecus/ Farfantepenaeus aztecus	Braune Garnele, Atlantische Braune Garnele	brown shrimp, northern brown shrimp
Penaeus brasiliensis/ Farfantepenaeus brasiliensis	Rotpunktgarnele	pinkspotted shrimp, spotted pink shrimp, redspotted shrimp
Penaeus brevirostris/ Farfantepenaeus brevirostris	Kristall-Geißelgarnele	crystal shrimp
Penaeus californiensis/ Farfantepenaeus californiensis	Kalifornische Geißelgarnele	yellowleg shrimp, yellow-leg shrimp
Penaeus canaliculatus/ Melicertus canaliculatus	Hexengarnele	witch shrimp, witch prawn (striped prawn)
Penaeus chinensis/ Fenneropenaeus chinensis	Hauptmannsgarnele	fleshy prawn, Chinese white shrimp
Penaeus duorarum/ Farfantepenaeus duorarum	Nördliche Rosa Garnele, Rosa Golfgarnele, Nördliche Rosa Geißelgarnele	pink shrimp, northern pink shrimp
Penaeus esculentus	Braune Tigergarnele	brown tiger prawn
Penaeus indicus/ Fenneropenaeus indicus	Indische Hauptmannsgarnele, Weiße Garnele, Indische Weißgarnele	Indian prawn, white prawn, Indian white prawn
Penaeus japonicus/ Marsupenaeus japonicus	Bambusgarnele, Radgarnele, Kuruma-Garnele	bamboo prawn, Kuruma shrimp
Penaeus kerathurus/ Melicertus kerathurus	Furchengarnele	caramote prawn, triple-grooved shrimp
Penaeus latisuculatus/ Melicertus latisuculatus	Westliche Königsgarnele	western king prawn
Penaeus longistylus/ Melicertus longistylus	Rotgepunktete Königsgarnele	redspot king prawn, red-spot king prawn, red-spotted prawn
Penaeus marginatus/ Melicertus marginatus	Aloha-Garnele*	aloha prawn, marginated shrimp
Penaeus merguiensis/ Fenneropenaeus merguiensis	Bananen-Garnele	banana prawn

Penaeus monodon	Bärengarnele, Bärenschiffskielgarnele, Schiffskielgarnele, Schwarze Tigergarnele	giant tiger prawn, black tiger prawn, Asian tiger shrimp
Penaeus notialis/ Farfantepenaeus notialis	Südliche Rosa Geißelgarnele, Senegal-Garnele	southern pink shrimp, candied shrimp
Penaeus occidentalis/ Litopenaeus occidentalis	Pazifische Weiße Garnele	western white shrimp, Central American white shrimp
Penaeus penicillatus/ Fenneropenaeus penicillatus	Rotschwanzgarnele	redtail prawn
Penaeus plebejus/ Melicertus plebejus	Östliche Königsgarnele	eastern king prawn
Penaeus schmitti/ Litopenaeus schmitti	Weiße Südatlantik-Garnele	southern white shrimp
Penaeus semisulcatus	Grüne Tigergarnele	green tiger prawn, zebra prawn
Penaeus setiferus/ Litopenaeus setiferus	Atlantische Weiße Garnele, Nördliche Weiße Geißelgarnele	white shrimp, lake shrimp, northern white shrimp
Penaeus stylirostris/ Litopenaeus stylirostris	Pazifische Blaue Garnele	Pacific blue shrimp, western blue shrimp
Penaeus subtilis	Braune Südatlantik-Garnele	southern brown shrimp
Penaeus vannamei/ Litopenaeus vannamei	Weißbein-Garnele, Pazifische Weiße Garnele	whiteleg shrimp, Central American shrimp, Pacific white shrimp
Peracarida	Ranzenkrebse	peracarids
Periclimenes brevicarpalis	'Salami'-Garnele*	pepperoni shrimp
Periclimenes imperator	Imperator-Garnele, Verwandlungs-Partnergarnele	emperor shrimp
Periclimenes spp.	Partnergarnelen	cleaner shrimps, grass shrimps, coral shrimps, anemone shrimps
Perisesarma bidens	Rote Mangrovenkrabbe, Rotscheren-Krabbe	red-clawed crab, red claw crab
Perisesarma eumolpe	Stahlbandkrabbe	face-banded crab
Perisesarma huzardi	Afrikanische Boxerkrabbe	African mangrove crab
Petrochirus diogenes	Amerikanischer Riesen-Einsiedler	giant hermit crab
Philoscia muscorum	Moosassel, Gestreifte Moosassel, Gefleckte Moosassel	common striped woodlouse, fast woodlouse
Phtisica marina	Gespensterkrebs, Gespenstergarnele	least skeleton shrimp
Phyllopoda/ Branchiopoda	Kiemenfüßer, Blattfußkrebse	phyllopods, branchiopods

Pilumnus hirtellus	Kleine Borstenkrabbe	hairy crab, bristly xanthid crab
Pilumnus villosissimus	Wuschelkrabbe, Starkbehaarte Borstenkrabbe*	longspine hairy crab, very hairy crab
Pinnotheres pinnotheres	Steckmuschel-Erbsenkrabbe, Steckmuschelwächter	Pinna pea crab
Pinnotheres pisum	Erbsenkrabbe, Muschelwächter, Muschelwächterkrabbe	pea crab, Linnaeus's pea crab
Pinnotheridae	Erbsenkrabben, Muschelwächter	pea crabs, commensal crabs
Pisa armata	Spitzkopfmaskenkrabbe	Gibb's spider crab
Pisa tetraodon	Vierhorn-Spitzkopfkrabbe	four-horned spider crab
Pisidia longicornis/ Porcellana longicornis	Langhorn-Porzellankrebs, Schwarzer Porzellankrebs, Schwarzes Porzellankrebschen	long-clawed porcelain crab, common porcelain crab, minute porcelain crab
Plagusia depressa	Flachkrabbe*	flattened crab
Planes minutus	Kolumbuskrabbe	gulfweed crab, Gulf weed crab, Columbus crab, Columbus' crab
Platyarthrus hoffmannseggi	Ameisenassel	ant woodlouse
Platychirograpsus spectabilis	Säbelkrabbe	saber crab
Pleoticus muelleri	Argentinische Rotgarnele	Argentine red shrimp
Pleoticus robustus	Königs-Rotgarnele	royal red shrimp
Plesionika edwardsii	Kleine Mittelmeergarnele	soldier striped shrimp
Plesionika martia	Goldgarnele	golden shrimp
Plesionika narval	Einhorngarnele, Narval	unicorn striped shrimp, narval
Plesiopenaeus edwardsianus	Rote Riesengarnele, Atlantische Rote Riesengarnele	scarlet gamba prawn, scarlet shrimp
Pleuroncodes monodon	Roter Scheinhummer	red squat lobster
Pleuroncodes planipes	Roter Hochsee-Scheinhummer*	pelagic red crab
Pleuroncodes spp.	Scheinhummer	squat lobsters, lobster-krill
Pleuroxus truncatus	Stachel-Krebschen	small crawling waterflea
Pollicipes pollicipes/ Pollicipes cornucopia	Felsen-Entenmuschel	gooseneck barnacle
Pollicipes polymerus	Blättrige Entenmuschel	leaf barnacle
Polybiinae	Schwimmkrabben u. a.	swimming crabs a. o.
Polybius henslowi	Henslow Schwimmkrabbe	Henslow's swimming crab, sardine swimming crab
Polyphemus pediculus	Kleiner Raubwasserfloh, Kleiner Raub-Wasserfloh, Großäugiger Wasserfloh	predatory giant-eyed waterflea
Pontonia pinnophylax/ Pontonia custos	Wächtergarnele (Muschelfreund)	fan-shell associated shrimp

Pontophilus norvegicus	Norwegische Garnele	Norwegian shrimp
Porcellana longicornis/ Pisidia longicornis	Langhorn-Porzellankrebs, Schwarzer Porzellankrebs, Schwarzes Porzellankrebschen	long-clawed porcelain crab, common porcelain crab, minute porcelain crab
Porcellana platycheles	Graues Porzellankrebschen, Grauer Porzellankrebs	broad-clawed porcelain crab, gray porcelain crab
Porcellanidae	Porzellankrebse	porcelain crabs
Porcellanopagurus spp.	Porzellan-Einsiedlerkrebse	porcelain hermit crabs
Porcellio laevis	Flinke Kellerassel*, Flinke Körnerassel*, Flinke Landassel*	swift woodlouse, dooryard sowbug, smooth slater
Porcellio scaber	Kellerassel, Raue Kellerassel, Rauhe Kellerassel, Körnerassel, Raue Körnerassel	common rough woodlouse, rough sowbug, garden woodlouse, slater, scabby sow bug
Porcellio spinicornis	Dornfühlerassel	painted woodlouse
Portumnus latipes	Pennants Schwimmkrabbe, Marmorierte Schwimmkrabbe	Pennant's swimming crab
Portunidae	Schwimmkrabben u. a.	swimming crabs a. o.
Portunus anceps	Zierliche Schwimmkrabbe	delicate swimming crab
Portunus gibbesii	Schillernde Schwimmkrabbe	iridescent swimming crab
Portunus pelagicus	Blaukrabbe, Blaue Schwimmkrabbe, Große Pazifische Schwimmkrabbe	blue swimming crab, sand crab, pelagic swimming crab
Portunus sanguinolentus	Pazifische Rotpunkt-Schwimmkrabbe	blood-spotted swimming crab
Portunus sayi	Sargassum-Krabbe	sargassum swimming crab, sargassum crab
Portunus trituberculatus	Gazami-Schwimmkrabbe	Gazami crab
Potamidae	Süßwasserkrabben	freshwater crabs
Potamobius torrentium/ Austropotamobius torrentium	Steinkrebs	stone crayfish, torrent crayfish
Potamon fluviatile	Gemeine Flusskrabbe, Gemeine Süßwasserkrabbe	Italian freshwater crab
Potamon ibericum	Iberische Süßwasserkrabbe	Bieberstein's freshwater crab
Potamon potamios	Ägäische Süßwasserkrabbe	Aegean freshwater crab
Potamonautes lirrangensis	Blaue Malawiseekrabbe	Malawi blue crab
Potimirim potimirim	Mini-Fächergarnele, Minifächergarnele	potimirim shrimp, Brazilian freshwater shrimp
Praunus flexuosus	Große Schwebegarnele	bent mysid shrimp
Proasellus cavaticus	Höhlenassel	cave isopod*

Procambarus acutus	ein Nordamerikanischer Flusskrebs	white river crayfish
Procambarus alleni	Blauer Floridakrebs, Blauer Florida-Flusskrebs	blue crayfish, electric blue crayfish, Florida crayfish, Florida cray
Procambarus clarkii	Louisiana-Sumpfkrebs, Louisiana-Flusskrebs, Roter Sumpfkrebs, Roter Amerikanischer Sumpfkrebs	Louisiana red crayfish, red swamp crayfish, Louisiana swamp crayfish, red crayfish
Procambarus cubensis	Kubakrebs, Kuba-Krebs	Cuban crayfish
Procambarus echinatus	Edisto-Flusskrebs	Edisto crayfish
Procambarus enoplosternum	Schwarzgepunkteter Krebs, Schwarzgefleckter Flusskrebs	black mottled crayfish
Procambarus fallax	Everglades-Sumpfkrebs	slough crayfish
Procambarus fallax f. virginalis	Marmorkrebs	marbled crayfish
Procambarus gracilis	Prärie-Flusskrebs	prairie crayfish
Procambarus milleri	Miami-Höhlenkrebs, Mandarinenkrebs	Miami cave crayfish
Procambarus pubescens	Behaarter Flusskrebs	brushnose crayfish
Procambarus spiculifer	Weißdornkrebs, Maikäferkrebs	white tubercled crayfish
Procambarus versutus	Gemalter Flusskrebs	sly crayfish
Processidae	Nachtgarnelen*	night shrimps
Psalidopodidae	Scherenfußgarnelen*	scissorfoot shrimps
Pseudocarcinus gigas	Australische Riesenkrabbe	Tasmanian giant crab
Pseudosesarma bocourti	Blaue Mangrovenkrabbe	blue mangrove crab
Pseudosesarma crassimanum	Rote Thai-Krabbe, Rotbraune Mangrovenkrabbe	red Thai crab
Pseudosesarma moeschii/ Sesarma moeschi	Rote Mangrovenkrabbe	red-clawed mangrove crab, red mangrove crab
Puerulus angulatus	Gebänderte Tiefseelanguste*, Gebänderte Peitschenlanguste	banded whip lobster
Puerulus carinatus	Rote Peitschenlanguste	red whip lobster
Puerulus sewelli	Arabische Peitschenlanguste	Arabian whip lobster
Puerulus velutinus	Samtige Peitschenlanguste	velvet whip lobster
Ranina ranina	Froschkrabbe	spanner crab
Raninidae	Froschkrabben	frog crabs
Rhithropanopeus harrisii	Zwergkrabbe	dwarf crab, dwarf xanthid crab, estuarine mud crab, Harris mud crab, white-fingered mud crab, white-tipped mud crab

Rhizocephala	Wurzelkrebse	rhizocephalans (parasitic "barnacles")
Rhynchocinetes durbanensis	Durban-Tanzgarnele	Durban shrimp, Durban dancing shrimp, Durban hinge-beak prawn, Durban hinge-beak shrimp, camel shrimp, camelback shrimp, candy shrimp
Rhynchocinetes rugulosus	Scharnierschnabelgarnele*	hinged-beak prawn
Rimapenaeus similis/ Trachypenaeus similis/Trachysalambria curvirostris	Raurücken-Geißelgarnele*	roughback shrimp
Rivulogammarus pulex/ Gammarus pulex	Bachflohkrebs, Gemeiner Flohkrebs	freshwater shrimp
Romaleon antennarium/ Cancer antennarium	Pazifischer Taschenkrebs	Pacific rock crab
Sabinea septemcarinata	Siebenliniengarnele	sevenline shrimp
Sagmariasus verreauxi/ Jasus verreauxi	Grüne Neuseeland-Languste	green rock lobster, packhorse lobster, Sydney crayfish, Australian crayfish, smooth-tailed crayfish, eastern rock lobster
Sapphirina spp.	Saphirkrebse	sapphirines
Saron marmoratus	Gemeine Marmorgarnele	common marble shrimp
Sartoriana spinigera	Indische Trapezkrabbe	rusty crab
Scalpellum scalpellum	Samtige Entenmuschel	velvet goose barnacle
Scapholebris mucronata	Kahnfahrer	meniscus waterflea
Schistomysis spiritus	Schlanke Schwebegarnele	ghost shrimp
Scylla serrata	Gezähnte Mangroven-Schwimmkrabbe	serrated mud swimming crab, serrated mangrove swimming crab, mud crab
Scyllaridae	Bärenkrebse	slipper lobsters, shovel-nosed lobsters
Scyllarides aequinoctialis	Karibischer Bärenkrebs, "Spanischer" Bärenkrebs	"Spanish" lobster, "Spanish" slipper lobster
Scyllarides astori	Kalifornischer Bärenkrebs	Californian slipper lobster
Scyllarides brasiliensis	Brasilianischer Bärenkrebs	Brasilian slipper lobster
Scyllarides latus	Großer Mittelmeer-Bärenkrebs, Großer Bärenkrebs	Mediterranean slipper lobster
Scyllarides nodifer	Gekielter Bärenkrebs	ridged slipper lobster
Scyllarus americanus	Amerikaischer Bärenkrebs	American slipper lobster

Scyllarus arctus	Kleiner Bärenkrebs, Grillenkrebs	small European locust lobster, small European slipper lobster, lesser slipper lobster
Semibalanus balanoides/ Balanus balanoides	Gemeine Seepocke	northern rock barnacle, acorn barnacle, common rock barnacle
Sergia lucens/ Segestes lucens	Sakura-Garnele	sakura shrimp, sakura ebi
Sesarmops intermedium	Tanzkrabbe, Rote Tanzkrabbe, Kirschrote Landkrabbe	flower crab
Sicyonia brevirostris	Braune Felsen-Kantengarnele	brown rock shrimp
Sicyonia dorsalis	Kleine Felsen-Kantengarnele	lesser rock shrimp
Sicyonia typica	Königliche Felsen-Kantengarnele	kinglet rock shrimp
Sicyoniidae	Felsen-Kantengarnelen	rock shrimps
Sida crystallina	Kristall-Wasserfloh	crystal waterflea
Simocephalus vetulus	Plattkopf-Wasserfloh	small-headed waterflea
Solenocera membranacea	Membran-Geißelgarnele	mud shrimp
Sphaeroma hookeri	Meeres-Rollassel	marine pillbug a. o.
Sphaeroma rugicaudata	Rauschwänzige Rollassel	roughtail marine pillbug
Squilla empusa	Amerikanischer Heuschreckenkrebs, Gewöhnlicher Heuschreckenkrebs	common mantis shrimp
Squilla mantis	Großer Heuschreckenkrebs, Fangschreckenkrebs, Gemeiner Heuschreckenkrebs	giant mantis shrimp, spearing mantis shrimp
Stenocionops furcatus	Atlantische Schmuckkrabbe	furcate spider crab, Atlantic decorator crab
Stenopus hispidus	Gebänderte Scherengarnele	banded coral shrimp, banded cleaner shrimp
Stenopus scutellatus	Gold-Scherengarnele	golden coral shrimp, golden cleaner shrimp
Stenopus spinosus	Stachelige Scherengarnele, Mittelmeer-Scherengarnele	spiny coral shrimp, spiny cleaner shrimp
Stenorhynchus lanceolatus	Atlantische Spinnenkrabbe	Atlantic arrow crab
Stenorhynchus seticornis	Karibische Spinnenkrabbe, Dreieckskrabbe	yellowline arrow crab, Caribbean arrow crab
Stomatopoda	Maulfüßer, Fangschreckenkrebse	mantis shrimps
Synaxiidae	Samtlangusten*	furry lobsters
Syntripsa flavichela	Weißarm-Leopardkrabbe	white claw crab, white-claw panther crab

Syntripsa matanensis	Violette Matanokrabbe, Violette Matano-Krabbe, Violette Pantherkrabbe	purple panther crab
Synurella ambulans	Schreitender Flohkrebs	
Talitridae	Strandflöhe, Strandhüpfer	sandhoppers a. o.
Talitrus saltator	Strandfloh, Strandhüpfer	sandhopper a. o., greater sandhopper
Talorchestia megalophthalma	Großaugen-Strandfloh, Großaugen-Strandhüpfer	big-eyed sandhopper, big-eyed beach flea
Tanaidacea	Scherenasseln	tanaidaceans, tanaids
Tanaidacea (Anisopoda)	Scherenasseln	tanaidaceans, tanaids
Thalassina anomala	Großer Maulwurfskrebs	tropical mole crab
Thenus orientalis	Breitkopf-Bärenkrebs	Moreton Bay flathead lobster, Moreton Bay "bug"
Thia scutellata	Herzkrabbe	thumbnail crab, polished crab
Trachypenaeus constrictus	Rauhals-Geißelgarnele	roughneck shrimp
Trapezia rufopunctata	Rotgepunktete Korallenkrabbe, Trapezkrabbe	rust-spotted coral crab, red-spotted coral crab, red-spotted guard crab
Trapezia spp.	Korallenkrabben, Trapezkrabben	coral crabs
Trichoniscus pusillus	Zwergassel*	common pygmy woodlouse
Trichorhina tomentosa	Weiße Assel	dwarf tropical woodlouse, dwarf white woodlouse, dwarf white isopod, white dwarf isopod
Triops australiensis	Australischer Schildkrebs, Australischer Rückenschaler	Australian tadpole shrimp, Australian shield shrimp
Triops cancriformis	Sommer-Kieferfuß, Großer Rückenschaler, Europäischer Sommer-Schildkrebs, Kiemenfuß	horseshoe shrimp, tadpole shrimp, freshwater tadpole shrimp, rice apus
Triops granarius	Asiatischer Schildkrebs, Asiatischer Rückenschaler	Asian tadpole shrimp, Asian shield shrimp
Triops longicaudatus	Langschwanz-Kieferfuß, Langschwanz-Kiemenfuß, Amerikanischer Schildkrebs	longtail tadpole shrimp
Triopsidae	Kieferfüße, Flossenkrebse	tadpole shrimps, shield shrimps, triopsids
Typton spongicola	Schwammgarnele*	sponge shrimp
Uca anullipes	Lagunen-Winkerkrabbe	lagoon fiddler crab
Uca beebei	Smaragdschild-Winkerkrabbe	emerald fiddler crab

Uca crassipes	Mangroven-Winkerkrabbe	mangrove fiddler crab
Uca crenulata	Mexikanische Winkerkrabbe, Kalifornische Winkerkrabbe	Mexican fiddler, California fiddler crab
Uca minax	Rotgelenks-Winkerkrabbe, Brackwasser-Winkerkrabbe	redjointed fiddler, brackish-water fiddler crab
Uca musica	Sing-Winkerkrabbe	singing fiddler crab
Uca pugilator	Atlantische Sand-Winkerkrabbe	Atlantic sand fiddler crab
Uca pugnax	Schlick-Winkerkrabbe	Atlantic marsh fiddler, mud fiddler crab
Uca rapax	Watt-Winkerkrabbe*	mudflat fiddler crab
Uca saltitanta	Jitterbug-Winkerkrabbe	jitterbug fiddler crab
Uca speciosa	Langfinger-Winkerkrabbe	longfinger fiddler crab
Uca spp.	Winkerkrabben	fiddler crabs
Uca stenodactyla	Langbeinige Winkerkrabbe	long-legged fiddler crab
Uca stylifera	Stiel-Winkerkrabbe	stalked fiddler crab
Uca tangeri	Tanger-Winkerkrabbe	Moroccan fiddler crab
Uca vocator	Haarige Winkerkrabbe*	hairback fiddler crab
Upogebia affinis	Küsten-Maulwurfskrebs* (Westatlantik), Flachbrauen-Maulwurfkrebs*	coastal mudprawn, coastal mud shrimp, flat-browed mud shrimp
Upogebia pusilla/ Upogebia litoralis	Maulwurfskrebs (Europäisch)	mudprawn, mud shrimp, mud lobster
Upogebiidae	Maulwurfskrebse	mudprawns, mud shrimps
Verruca stroemia	Meerwarze	sea wart*
Xanthidae	Rundkrabben	xanthid crabs, mud crabs
Xantho hydrophilus	Gefurchte Steinkrabbe	furrowed crab, furrowed xanthid crab, Montagu's crab
Xantho pilipes	Rissos Steinkrabbe	Risso's crab, lesser furrowed crab
Xantho poressa	Graue Steinkrabbe	jaguar round crab, grey xanthid crab
Xiphocaris elongata	Gelbe Nashorngarnele, Karibische Langnasengarnele, Gelbhorn	yellow-nose shrimp, yellow rhino shrimp
Xiphopenaeus kroyeri	Glatthorn-Garnele, Kroyers Geißelgarnele	seabob, Atlantic sea bob

XV. Arthropoda: Insecta/Hexapoda – Insekten – Insects

Abax carinatus	Runzelhals-Brettläufer	
Abax ovalis	Rundlicher Brettläufer, Ovaler Breitkäfer	
Abax parallelepipedus	Großer Brettläufer, Großer Breitkäfer, Großer Brettläufer, Schwarzer Schulterläufer	parallel-sided ground beetle, common shoulderblade
Abax parallelus	Schmaler Brettläufer, Schlanker Brettläufer, Paralleler Breitkäfer	
Abdera triguttata	Dreifleck-Düsterkäfer	
Abia sericea	Keulenblattwespe	club-horned sawfly, scabious sawfly
Ablattaria laevigata	Mattschwarzer Schneckenjäger	coast snail beetle
Abraxas grossulariata	Harlekin, Stachelbeerspanner, Stachelbeer-Harlekin	magpie (moth), the magpie, currant moth
Abraxas sylvata/ Calospilos sylvata	Ulmen-Harlekin, Ulmen-Fleckenspanner	clouded magpie (moth)
Abrostola asclepiadis	Schwalbenwurz-Höckereule, Schwalbenwurzeule	swallow-wort defoliating noctuid moth
Abrostola spp.	Nesseleulen, Brennnesseleulen	dark spectacle moths
Abrostola tripartita	Silbergraue Nessel-Höckereule	spectacle (moth), the spectacle
Abrostola triplasia	Dunkelgraue Nessel-Höckereule	dark spectacle (moth)
Acalles camelus	Kamel-Holzrüssler	European cameloid forest weevil*
Acalles echinatus	Stachliger Holzrüssler, Stacheliger Holzrüssler	spiny forest weevil*
Acalles ptinoides	Heide-Holzrüssler	a heath forest weevil*

T.C.H. Cole, *Wörterbuch der Wirbellosen / Dictionary of Invertebrates*,
DOI 10.1007/978-3-662-52869-3_15

Acalles roboris	Eichen-Holzrüssler, Furchenbrustrüssler	an oak forest weevil*
Acanthaclisis occitanica	Okzitanische Ameisenjungfer	antlion
Acanthocinus aedilis	Zimmermannsbock, Zimmerbock	common timberman beetle, timberman
Acanthocinus griseus	Braunbindiger Zimmerbock	
Acanthocinus reticulatus	Gerippter Zimmerbock	
Acanthodelphax denticauda	Zahnspornzikade	
Acanthodelphax spinosa	Stachelspornzikade	
Acantholyda erythrocephala	Stahlblaue Kiefernschonungsgespinst-Blattwespe	pine false webworm
Acantholyda hieroglyphica	Kiefernkultur-Gespinstblattwespe	web-spinning pine sawfly
Acantholyda posticalis	Große Kieferngespinstblattwespe	great web-spinning pine sawfly
Acanthophilus helianthis	Saflorfliege	safflower fly
Acanthopsyche atra	Schwarze Sackträgermotte, Schwarzer Sackträger, Kieferheiden-Sackträger	
Acanthoscelides obtectus	Speisebohnenkäfer	bean weevil, bean bruchid
Acanthosoma haemorrhoidale	Stachelwanze, Wipfelwanze, Wipfel-Stachelwanze	hawthorn shieldbug
Acanthosomatidae	Stachelwanzen	shieldbugs
Acasis appensata	Christophskraut-Lappenspanner	
Acasis viretata	Gelbgrüner Lappenspanner	yellow-barred brindle (moth)
Acentria ephemerella	Weißer Wasserzünsler	water veneer (moth), watermilfoil moth
Acherontia atropos	Totenkopfschwärmer, Totenkopf-Schwärmer,Totenkopf	death's-head hawk-moth, death's head hawk moth, death's head moth
Acheta domestica	Heimchen, Hausgrille	house cricket (domestic cricket, domestic gray cricket)
Achorotile albosignata	Schwarze Grubenspornzikade	
Achorotile longicornis	Braune Grubenspornzikade	
Achroia grisella	Kleine Wachsmotte, Kleiner Wachsmottenzünsler	lesser wax moth
Achyla flavicornis	Gelbhorn-Eulenspinner, Frühester Eulenspinner, Wollbeinspinner, Gelbhörniger Wollbeinspinner, Rosthörniger Wollbeinspinner	yellow horned (moth), yellow-horned moth

Acilius spp.	Furchenschwimmer	pond beetles
Acilius sulcatus	Gemeiner Furchenschwimmer	pond beetle, common pond beetle
Acleris bergmanniana	Rosenwickler, Goldgelber Rosen-Spinnerwickler	yellow rose button (moth)
Acleris comariana	Rötlichbrauner Erdbeerwickler	strawberry tortrix (moth)
Acleris cristana	Veränderlicher Spinnerwickler	tufted button (moth)
Acleris emargana	Weiden-Spinnerwickler	notch-wing button (moth)
Acleris forsskaleana	Ahornwickler, Ahorn-Spinnerwickler	maple leaftier moth, maple button (moth)
Acleris lipsiana	Schieferfarbener Moorwickler	northern button (moth)
Acleris literana	Eichenwald-Spinnerwickler	lichen button (moth)
Acleris logiana	Birken-Spinnerwickler	grey birch button (moth)
Acleris notana	Mischwald-Spinnerwickler	rusty birch button (moth)
Acleris rhombana	Busch-Spinnerwickler	rhomboid button (moth)
Acleris schalleriana	Schneeball-Spinnerwickler	Viburnum button (moth)
Acleris shepherdana	Gegitterter Mädesüßwickler	meadow-sweet button (moth)
Acleris sparsana	Lichtholz-Spinnerwickler	ashy button (moth)
Acleris variegana	Heidelbeerwickler, Gemeiner Spinnerwickler	garden rose tortrix (moth), fruit tortricid
Aclypea opaca	Brauner Rübenaaskäfer, Goldfarbener Rübenaaskäfer	beet carrion beetle
Acmaeodera degener	Gelbgefleckter Prachtkäfer, Gefleckter Eichen-Prachtkäfer, Achtzehnfleckiger Ohnschild-Prachtkäfer	yellow-blotched buprestid*, 14-point beetle* (a metallic wood-boring beetle)
Acmaeops septentrionis	Schwarzer Kugelhalsbock	
Acontia lucida	Malveneule	pale shoulder (moth)
Acontia trabealis	Ackerwinden-Bunteulchen	spotted sulphur (moth)
Acosmetia caliginosa	Färberscharteneule	reddish buff (moth)
Acossus terebra/ Lamellocossus terebra	Zitterpappelbohrer, Zitterpappel-Holzbohrer	
Acrida ungarica/ Acrida hungarica	Nasenschrecke, Gewöhnliche Nasenschrecke, Turmschrecke	snouted grasshopper, long-headed grasshopper
Acrididae	Feldheuschrecken (Grashüpfer/ Heuhüpfer)	short-horned grasshoppers
Acridoidea	Feldheuschrecken (Grashüpfer/ Heuhüpfer)	grasshoppers (short-horned grasshoppers)
Acrobasis advenella/ Trachycera advenella	Grauer Weißdorn-Zünsler*	grey knot-horn (moth)

Acrobasis consociella	Später Eichentriebzünsler	broad-barred knot-horn (moth)
Acrobasis suavella	Schlehen-Gespinstschlauchzünsler	thicket knot-horn (moth)
Acroceridae	Kugelfliegen, Spinnenfliegen	small-headed flies
Acrolepiidae	Halbmotten	smudges
Acrolepiopsis assectella	Lauchmotte, Zwiebelmotte	leek moth
Acrometopa servillea	Langbeinige Sichelschrecke	longlegged bush-cricket
Acronicta aceris	Ahorneule, Ahorn-Rindeneule, Rosskastanieneule	sycamore (moth), the sycamore
Acronicta alni	Erleneule, Erlen-Rindeneule	alder moth
Acronicta auricoma	Goldhaar-Rindeneule	scarce dagger (moth)
Acronicta cinerea	Sandheiden-Rindeneule	sand heaths moth*, sandy heathland moth*
Acronicta cuspis	Erlen-Pfeileule, Erlengehölz-Rindeneule	large dagger (moth)
Acronicta euphorbiae	Wolfsmilch-Rindeneule, Wolfsmilcheule	sweet gale moth
Acronicta leporina	Wolleule, Woll-Rindeneule, Pudel	miller (moth), the miller
Acronicta megacephala	Großkopf, Großkopf-Rindeneule (Aueneule)	poplar grey (moth)
Acronicta menyanthidis	Heidemoor-Rindeneule	light knot grass (moth)
Acronicta psi	Pfeileule, Gemeine Pfeileule	grey dagger (moth)
Acronicta rumicis	Ampfereule, Ampfer-Rindeneule	knot grass (moth), knotgrass
Acronicta strigosa	Striemen-Rindeneule, Laubgebüsch-Striemeneule	marsh dagger (moth)
Acronicta tridens	Aprikoseneule, Dreizack-Pfeileule	dark dagger (moth)
Acrophylla titan	Titan-Stabschrecke, Titan-Stabheuschrecke	titan stick insect, great brown phasma
Acrotylus patruelis	Schlanke Ödlandschrecke	slender digging grasshopper
Acryptera microptera	Kleine Höckerschrecke	small banded grasshopper
Actebia fennica	Sibirische Erdeule	Evermann's rustic (moth), Finnish dart, Finland dart (moth), (larva: black army cutworm)
Actebia praecox	Grünliche Erdeule, Grüne Beifuß-Erdeule, Flugsand-Kräuterflur-Erdeule	Portland moth

Actias isabellae/ Graellsia isabellae/ Graellsia isabelae	Isabellaspinner, Spanisches Nachtpfauenauge	Spanish moon moth
Actias luna	Mondspinner	luna moth
Actinotia polyodon	Vielzahn-Johanniskrauteule	purple cloud (moth)
Actinotia radiosa	Trockenrasen-Johanniskrauteule	dayflying cloud (moth)
Actornis l-nigrum	Schwarzes L	black V (moth)
Acupalpus brunnipes	Bräunlicher Buntschnellläufer	an insect-eating ground beetle
Acupalpus dubius	Moor-Buntschnellläufer	moorland insect-eating ground beetle
Acupalpus elegans	Salzstellen-Buntschnellläufer	saltmarsh insect-eating ground beetle
Acupalpus exiguus	Dunkler Buntschnellläufer	
Acupalpus flavicollis	Nahtstreifen-Buntschnellläufer, Gelbhals-Buntschnellläufer	yellow-collared insect-eating ground beetle
Acupalpus interstitialis	Flachstreifiger Buntschnellläufer	
Acupalpus luteatus	Gelbbeiniger Buntschnellläufer	
Acupalpus maculatus	Gefleckter Buntschnellläufer	
Acupalpus meridianus	Feld-Buntschnellläufer, Südlicher Schnellläufer	an insect-eating ground beetle
Acupalpus parvulus	Rückenfleckiger Buntschnellläufer, Zweifarbiger Buntschnellläufer, Kleiner Buntschnellläufer	
Acyrthosiphon malvae	Pelargonienblattlaus (auch auf verschiedenen Rosaceae und Malvaceae)	pelargonium aphid, geranium aphid (also on herbaceous Rosaceae and Malvaceae)
Acyrthosiphon pisum	Grüne Erbsenblattlaus, Grüne Erbsenlaus	pea aphid
Adalia bipunctata	Zweipunkt-Marienkäfer, Zweipunkt	two-spot ladybird, two-spotted ladybird beetle, 2-spot ladybird
Adalia conglomerata	Fichten-Marienkäfer	European nine-spotted ladybird
Adalia decempunctata	Zehnpunkt-Marienkäfer	ten-spot ladybird
Adela croesella	Liguster-Langhornmotte, Liguster-Langhornfalter	small barred long-horn (moth)
Adela reaumurella	Grüne Langhornmotte, Grüner Langhornfalter	green long-horn (moth)
Adelges abietis	Gelbe Fichtengallenlaus	eastern spruce gall adelgid
Adelges laricis	Rote Fichtengallenlaus, Frühe Fichten-Kleingallenlaus	red larch gall adelgid, larch adelges, larch woolly aphid
Adelges piceae/ Dreyfusia piceae	Europäische Tannen-Stammlaus	balsam woolly adelgid

Adelgidae	Tannengallläuse	conifer aphids (pine and spruce aphids)
Adelidae/ Incurvariidae	Langhornmotten, Langfühlermotten	longhorn moths, bright moths
Adelphocoris lineolatus	Gemeine Zierwanze	
Adelphocoris quadripunctatus	Vierpunktige Zierwanze	
Adelphocoris reichelii	Gestreifte Zierwanze	
Adelphocoris seticornis	Gelbsaum-Zierwanze	
Aderidae/Hylophilidae	Mulmkäfer	aderid beetles, hylophilid beetles
Aderus populneus	Pappel-Baummulmkäfer	
Adomerus biguttatus/ Sehirus biguttatus	Doppelpunkt-Erdwanze, Wiesen-Wachtelweizen-Erdwanze*	cow-wheat shieldbug
Adoxophyes orana/ Capua reticulana	Apfelschalenwickler, Fruchtschalenwickler	summer fruit tortrix
Adscita albanica	Storchschnabel-Grünwidderchen, Östliches Storchschnabel-Grünwidderchen	
Adscita alpina	Alpen-Grünwidderchen	
Adscita dujardini	Westliches Storchschnabel-Grünwidderchen	
Adscita geryon	Sonnenröschen-Grünwidderchen	cistus forester (moth)
Adscita mannii	Südwestliches Grünwidderchen, Manns Grünwidderchen	
Adscita statices/ Procris statices	Ampfer-Grünwidderchen, Grasnelken-Widderchen	forester (moth), the forester, green forester, common forester
Aedes aegypti/ Stegomyia aegypti	Gelbfiebermücke	yellow fever mosquito
Aedes albopictus/ Stegomyia albopicta	Asiatische Tigermücke	Asian tiger mosquito, forest mosquito, forest day mosquito
Aedes japonicus/ Ochlerotatus japonicus	Asiatische Buschmücke, Japanische Buschmücke, Japanischer Buschmoskito	Asian bush mosquito, Asian rock pool mosquito
Aedes maculatus	Waldstechmücke	a forest mosquito*
Aedes sticticus/ Ochlerotatus sticticus	Auwaldmücke	floodwater mosquito
Aedes vexans/ Aedimorphus vexans	Wiesenmücke, Rheinschnake	inland floodwater mosquito
Aedia funesta	Zaunwinden-Trauereule	druid (moth), the druid

Aedia leucomelas	Südliche Winden-Trauereule*	sorcerer (moth), the sorcerer
Aegeria apiformis/ Sesia apiformis	Hornissenschwärmer, Bienenglasflügler	poplar hornet clearwing, hornet moth
Aegeriidae/Sesiidae	Glasflügler (Glasschwärmer)	clearwing moths, clear-winged moths
Aegomorphus clavipes/ Acanthoderes clavipes	Keulenfüßiger Scheckenbock	a longhorn beetle
Aelia acuminata	Spitzling, Getreide-Spitzling, Getreidespitzwanze	bishop's mitre, bishop's mitre shieldbug
Aeolothripidae	Bänder-Fransenflügler*, Rennthripse	banded thrips
Aeropedellus variegatus	Alpen-Keulenschrecke	Alpine thick-necked grasshopper
Aesalus scarabaeoides	Schwarzbrauner Kurzschröter, Kurzhornschröter	a short-horned scarab (stag) beetle
Aeshna affinis	Südliche Mosaikjungfer	Southern European hawker, southern migrant hawker
Aeshna caerulea	Alpen-Mosaikjungfer	blue aeshna, azure hawker
Aeshna cyanea	Blaugrüne Mosaikjungfer	blue-green darner, southern aeshna, southern hawker
Aeshna grandis	Braune Mosaikjungfer	brown aeshna, brown hawker, great dragonfly
Aeshna isosceles/ Anaciaeschna isosceles (Aeshna isoceles)	Keilfleck-Mosaikjungfer, Keilflecklibelle	Norfolk aeshna, Norfolk hawker (*Br.*), green-eyed hawker
Aeshna juncea	Torf-Mosaikjungfer	common aeshna, common hawker
Aeshna mixta	Herbst-Mosaikjungfer	scarce aeshna, migrant hawker
Aeshna serrata	Baltische Mosaikjungfer	Baltic hawker
Aeshna subarctica	Hochmoor-Mosaikjungfer	subarctic peat-moor hawker*
Aeshna viridis	Grüne Mosaikjungfer	green hawker
Aeshnidae	Edellibellen, Teufelsnadeln	darners (U.S.), large dragonflies
Aethalura punctulata	Grauer Erlen-Rindenspanner	grey birch (moth)
Aethes cnicana	Distel-Wurzelwickler	thistle conch (moth)
Aethes flagellana	Gelber Feldmannstreuwickler	
Aethes hartmanniana	Skabiosen-Wurzelwickler	scabious conch (moth)
Aethes smeathmanniana	Schafgabenwickler	yarrow conch (moth)
Aethes tesserana	Bitterkraut-Wurzelwickler	downland conch (moth)
Aethus flavicornis	Braune Erdwanze	brown groundbug*

Aethus nigritus	Schwarze Erdwanze	black groundbug*
Agabus bipustulatus/ Gaurodytes bipustulatus	Gemeiner Schnellschwimmer, Zweipunkt-Schnellschwimmer	common black diving beetle
Agallia brachyptera	Streifen-Dickkopfzikade	a leafhopper
Agallia consobrina	Hain-Dickkopfzikade	a leafhopper
Agalmatium bilobum	Mittelmeer-Käferzikade	
Agalmatium fiavescens	Gelbe Käferzikade	
Agaonidae	Feigenwespen	fig wasps
Agapanthia cardui	Weißstreifiger Distelbock	whitestripe thistle longhorn beetle*
Agapanthia dahli	Sonnenblumen-Bock	
Agapanthia villosoviridescens	Scheckhorn-Distelbock	thistle longhorn beetle*
Agapanthia violacea	Metallfarbener Distelbock	metallic thistle longhorn beetle*
Agapeta hamana	Gemeiner Distelwickler	common yellow conch (moth)
Agapeta zoegana	Gemeiner Skabiosenwickler	knapweed conch (moth)
Agaristinae (Noctuidae)	Förstermotten*	forester moths
Agelastica alni	Blauer Erlenblattkäfer	alder leaf-beetle
Aglais io/Nymphalis io/ Inachis io	Tagpfauenauge	peacock (butterfly)
Aglais urticae	Kleiner Fuchs	small tortoiseshell (butterfly)
Aglaope infausta	Trauerwidderchen, Rheintal-Zwergwidderchen, Schwarzrotes Grünwidderchen (CH)	almond-tree leaf skeletonizer moth
Aglia tau	Nagelfleck	tau emperor (moth)
Aglossa pinguinalis	Fettzünsler	large stable tabby, tabby moth, grease moth
Agnathus decoratus	Schmarotzer-Wollkäfer	
Agonopterix alstromeriana	Weißer Plattleibfalter	brown-spot flat-body (moth)
Agonopterix atomella	Winter Ginster-Plattleibfalter, Winter Ginster-Flachleibmotte	greenweed flat-body (moth)
Agonopterix cervariella	Hirschwurz-Plattleibfalter	
Agonopterix furvella	Rotbrauner Diptam-Plattleibfalter	
Agonopterix laterella	Kornblumen-Plattleibfalter	
Agonopterix petasitis	Pestwurz-Plattleibfalter	
Agonopterix senecionis	Kreuzkraut-Plattleibfalter	
Agonum afrum	Dunkler Glanzflachläufer	
Agonum fulginosum	Gedrungener Flachläufer	

Agonum gracile	Zierlicher Flachläufer	
Agonum gracilipes	Schlankfüßiger Glanzflachläufer	
Agonum impressum	Grobpunktierter Glanzflachläufer	
Agonum lugens	Mattschwarzer Glanzflachläufer	
Agonum marginatum	Gelbrand-Glanzflachläufer	yellowside ground beetle*
Agonum micans	Ufer-Flachläufer	
Agonum muelleri	Gewöhnlicher Glanzflachläufer	
Agonum nigrum	Großäugiger Glanzflachläufer	
Agonum piceum	Sumpf-Flachläufer	
Agonum scitulum	Auwald-Flachläufer	
Agonum sexpunctatum	Sechspunkt-Glanzflachläufer, Sechspunktiger Putzkäfer	six-point ground beetle
Agonum thoreyi	Röhricht-Flachläufer	
Agonum versutum	Auen-Glanzflachläufer	
Agonum viridicupreum	Bunter Glanzflachläufer	
Agriades glandon	Dunkler Alpenbläuling	Arctic blue (butterfly), glandon blue
Agrilus angustulus	Schmaler Prachtkäfer, Schmalprachtkäfer	slender oak borer
Agrilus antiquus	Antiker Prachtkäfer, Musants Schmalprachtkäfer	
Agrilus anxius	Birkenprachtkäfer, Birken-Prachtkäfer, Bronzefarbener Birkenbohrer	bronze birch borer
Agrilus ater	Pappelprachtkäfer, Gefleckter Pappel-Prachtkäfer	
Agrilus auricollis	Rotblauer Ulmen-Prachtkäfer, Kleiner Linden-Prachtkäfer	slender oak borer
Agrilus auroguttatus	Goldfleck-Prachtkäfer, Goldfleck-Eichenbohrer, Goldfleckiger Eichenprachtkäfer	goldspotted oak borer (GSOB)
Agrilus betuleti	Kleiner Birken-Prachtkäfer	
Agrilus biguttatus	Zweipunktiger Eichenprachtkäfer, Zweifleckiger Eichenprachtkäfer, Gefleckter Eichenprachtkäfer	twospotted oak borer, oak splendour beetle
Agrilus cinctus	Schmaler Ginster-Prachtkäfer	
Agrilus communis/ Agrilus aurichalceus	Himbeerprachtkäfer	raspberry jewel beetle, rose stem girdler

Agrilus convexicollis	Schmaler Eschen-Prachtkäfer	
Agrilus cuprescens	Rosenprachtkäfer, Heckenkirschen-Prachtkäfer, Heckenkirschenprachtkäfer, Schmaler Brombeer-Prachtkäfer	rose stem girdler
Agrilus curtulus	Kurzer Schmalprachtkäfer, Südwestlicher Schmalprachtkäfer	
Agrilus cyanescens	Heckenkirschen-Prachtkäfer, Heckenkirschenprachtkäfer	honeysuckle borer, blue agrilus
Agrilus delphinensis	Blauer Weiden-Prachtkäfer, Blauer Schmalprachtkäfer	
Agrilus derasofasciatus	Weinreben-Prachtkäfer, Starkbehaarter Schmalprachtkäfer	
Agrilus graminis	Haarstirniger Schmalprachtkäfer	
Agrilus guerini	Guerins Schmalprachtkäfer	
Agrilus hastulifer	Gezähnter Eichen-Prachtkäfer	
Agrilus hyperici	Johanniskraut-Prachtkäfer, Johanniskraut-Schmalprachtkäfer	St. John's wort beetle, St. John's wort root borer
Agrilus integerrimus	Seidelbast-Prachtkäfer	
Agrilus planipennis	Asiatischer Eschenprachtkäfer, Smaragdgrüner Eschenbohrer	Asian emerald jewel beetle, emerald ash borer (EAB)
Agrilus populneus	Blauer Pappel-Prachtkäfer	
Agrilus pratensis	Rotblauer Pappel-Prachtkäfer, Johanniskraut-Schmalprachtkäfer	red-blue poplar borer
Agrilus pseudocyaneus	Blauer Schmalprachtkäfer	
Agrilus ribesii	Johannisbeer-Prachtkäfer	
Agrilus roscidus	Schmaler Obstbaum-Prachtkäfer	
Agrilus salicis	Spitzwinkliger Schmalprachtkäfer	
Agrilus sinuatus	Birnenprachtkäfer, Birnprachtkäfer, Gebuchteter Birnbaumprachtkäfer, Obstbaum-Prachtkäfer, Blitzwurm	pear jewel beetle, hawthorn jewel beetle, rusty peartree borer*
Agrilus subauratus	Goldgrüner Schmalprachtkäfer	
Agrilus sulcicollis	Blaugrüner Eichenprachtkäfer, Blaugrüner Schmalprachtkäfer	European oak-boring beetle, European oak borer (jewel beetle)

Agrilus viridicaerulans	Blaugrüner Schmalprachtkäfer	
Agrilus viridis	Buchenprachtkäfer, Grüner Prachtkäfer, Laubholzprachtkäfer	beech borer, beech splendor beetle, flat-headed wood borer
Agriopis aurantiaria	Orangegelber Breitflügelspanner	scarce umber (moth)
Agriopis bajaria	Brauner Breitflügelspanner	
Agriopis leucophaearia	Weißgrauer Breitflügelspanner	spring umber, spring usher (moth)
Agriopis marginaria	Graugelber Breitflügelspanner, Braunrandiger Frostspanner	dotted border (moth)
Agriotes lineatus	Saatschnellkäfer	lined click beetle, striped click beetle, common click beetle
Agriotes obscurus	Düsterer Humusschnellkäfer	dusky click beetle
Agriphila geniculea	Grauer Graszünsler	elbow-stripe grass-veneer (moth)
Agriphila inquinatella	Trockenrasen-Graszünsler	barred grass-veneer (moth)
Agriphila selasella	Weißstreifiger Feuchtwiesen-Graszünsler	pale-streak grass-veneer (moth)
Agriphila straminella	Gemeiner Graszünsler	straw grass-veneer (moth)
Agriphila tristella	Brauner Graszünsler	common grass-veneer (moth)
Agrius convolvuli/ Herse convolvuli/ Sphinx convolvuli	Windenschwärmer	convolvulus hawk-moth, morning glory sphinx moth
Agrochola circellaris	Ulmen-Herbsteule, Ulmen-Herbstfalter, Rötlichgelbe Herbsteule	brick (moth), the brick
Agrochola helvola	Weiden-Herbsteule, Rötliche Herbsteule	flounced chestnut (moth)
Agrochola humilis	Graubraune Herbsteule	
Agrochola laevis	Ockerbraune Herbsteule, Graue Wollschenkeleule, Eichentrockenwald-Herbsteule	
Agrochola litura	Ginster-Herbsteule, Schwarzgefleckte Herbsteule	brown-spot pinion (moth)
Agrochola lota	Weidenbuschflur-Herbsteule, Dunkelgraue Herbsteule	red-line quaker (moth)
Agrochola lychnidis	Gelber Mönch, Veränderliche Herbsteule, Auwald-Herbsteule	beaded chestnut (moth)
Agrochola macilenta	Buchen-Herbsteule, Gelbbraune Herbsteule	yellow-line quaker (moth)
Agrochola nitida	Rotbraune Herbsteule	

Agromyza oryzae	Reisminierfliege	rice leaf miner, Japanese rice leafminer
Agromyzidae	Minierfliegen	leaf miner flies, leaf-miner flies
Agrotera nemoralis	Buchenzünsler	beautiful pearl (moth)
Agrotis bigramma/ Agrotis crassa	Breitflügelige Erdeule, Weißgestreifte Erdeule	great dart (moth)
Agrotis cinerea	Aschgraue Erdeule, Trockenrasen-Erdeule, Aschgraue Ampfereule	light feathered rustic (moth)
Agrotis clavis	Magerwiesen-Bodeneule	heart & club (moth)
Agrotis exclamationis	Ausrufungszeichen, Ausrufezeichen, Gemeine Graseule, Braungraue	heart & dart (moth)
Agrotis ipsilon/ Agrotis ypsilon/ Scotia ypsilon	Ypsiloneule	dark dart (moth), dark sword-grass moth (larva: black cutworm)
Agrotis puta	Schmalflügelige Erdeule	shuttle-shaped dart (moth)
Agrotis ripae	Strand-Erdeule	sand dart (moth)
Agrotis segetum	Saateule, Erdeule, Wintersaateule, Graswurzeleule	turnip moth (common cutworm)
Agrotis trux	Steppenheiden-Erdeule	crescent dart (moth)
Agrotis vestigialis	Kiefernsaateule	archer's dart (moth)
Agrypnus murinus/ Adelocera murina	Mausgrauer Schnellkäfer, Mausgrauer Sandschnellkäfer	mouse-grey click beetle, mouse-coloured click beetle
Aguriahana stellulata	Kirschenblattzikade	cherry leafhopper
Agyrtes bicolor	Zweifarbiger Scheinaaskäfer	
Ahasverus advena	Schimmel-Getreideblattkäfer	foreign grain beetle
Aiolopus strepens	Braune Strandschrecke	southern longwinged grasshopper, broad green-winged grasshopper
Aiolopus thalassinus/ Epacromia thalassina	Grüne Strandschrecke	longwinged grasshopper, slender green-winged grasshopper
Akimerus schaefferi/ Acimerus schaefferi	Breitschulterbock	broad-shouldered longhorn beetle
Alabama argillacea	Baumwollblattraupe, Amerikanische Baumwollblattraupe	cotton leafworm (moth), cotton worm, cotton leaf caterpillar
Alaus oculatus	Nordamerikanischer Gemusterter Schnellkäfer*	eyed elater, eyed click beetle, eastern eyed click beetle
Alcis bastelbergi	Bastelbergers Rindenspanner	
Alcis jubata	Bartflechten-Rindenspanner	dotted carpet (moth)

Alcis repandata	Wellenlinien-Rindenspanner, Braunmarmorierter Baumspanner	mottled beauty (moth)
Aleimma loeflingiana	Brauner Eichenwickler	yellow oak button (moth)
Aleochara bipustulata	Zweipunkt-Tagkurzflügler	egg-eating rove beetle
Aleochara curtula	Schwarzer Tagkurzflügler	black diurnal rove beetle*
Aleochara spp.	Tagkurzflügler	small-headed rove beetles
Aleucis distinctata	Schlehenheckenspanner	sloe carpet (moth)
Aleurocanthus woglumi	Schwarze Fliege, Citrus-Mottenschildlaus	citrus blackfly, citrus black fly
Aleurothrixus floccosus	Wollige Zitrusmottenschildlaus, Wollige Weiße Fliege	woolly whitefly
Aleyrodes fragariae/ Aleyrodes lonicerae	Erdbeer-Mottenschildlaus, Geißblatt-Mottenschildlaus	strawberry whitefly, honeysuckle whitefly
Aleyrodes proletella	Kohl-Mottenschildlaus	cabbage whitefly, brassica whitefly
Aleyrodidae	Mottenschildläuse (Mottenläuse, Weiße Fliegen)	whiteflies
Allacma fusca	Dunkelbrauner Kugelspringer, Brauner Kugelspringer	spikey springtail (a dark-brown, globular springtail)
Allantus cinctus	Gürtel-Rosenblattwespe, Gebänderte Rosenblattwespe, Weißband-Rosenblattwespe	banded rose sawfly, curled rose sawfly, coiled rose sawfly
Alleculidae	Pflanzenkäfer	comb-clawed beetles, comb-clawed bark beetles
Allophyes oxyacanthae	Weißdorneule, Weißdorn-Eule	green-brindled crescent (moth)
Alosterna tabacicolor	Feldahorn-Bock, Tabakfarbiger Schmalbock	tobacco-coloured longhorn beetle
Alphitobius diaperinus	Glänzender Getreideschimmelkäfer	lesser mealworm
Alphitobius laevigatus	Mattschwarzer Getreideschimmelkäfer	black fungus beetle (lesser mealworm beetle)
Alphitophagus bifasciatus	Zweibindiger Pilzschwarzkäfer	two-banded fungus beetle
Alsophila aceraria	Herbst-Kreuzflügel	
Alsophila aescularia	Frühlings-Kreuzflügel, Rosskastanien-Frostspanner	March moth
Altica chalybea	Amerikanischer Traubenerdfloh	grape flea beetle
Altica ericeti	Heidekrauterdfloh	heather flea beetle
Altica lythri	Großer Blauer Erdfloh	large blue flea beetle
Altica oleracea	Falscher Kohlerdfloh, Unechter Kohlerdfloh	false turnip flea beetle

Altica quercetorum	Eichenerdfloh	oak flea beetle
Alucita desmodactyla	Ziestfedermotte, Ziestgeistchen, Ziest-Geistchen	
Alucita grammodactyla	Skabiosenfedermotte, Skabiosengeistchen, Skabiosen-Geistchen	
Alucita hexadactyla	Geißblattfedermotte, Geißblattgeistchen	many-plumed moth, twenty plumed moth, twenty-plume moth
Alucitidae	Federmotten, Geistchen	plumed moths, many-plume moths, alucitids
Alydidae	Krummfühlerwanzen	broad-headed bugs
Alydus calcaratus	Rotrückiger Irrwisch	redbacked bug, redbacked broadheaded bug
Amara aenea	Erzfarbener Kamelläufer, Erz-Kanalkäfer, Erzfarbener Kanalkäfer, Erzfarbiger Kamelläufer	brazen sun beetle, common sun beetle
Amara anthobia	Schlanker Kamelläufer	
Amara apricaria	Enghals-Kamelläufer, Dunkler Kanalkäfer	dusky sun beetle*
Amara aulica	Kohldistel-Kamelläufer, Prächtiger Kanalkäfer	magnificent sun beetle
Amara bifrons	Brauner Punkthals-Kamelläufer	
Amara brunnea	Kleiner Kamelläufer	
Amara communis	Schmaler Wiesen-Kamelläufer	
Amara concinna	Zierlicher Kamelläufer	a tiny sun beetle
Amara consularis	Breithals-Kamelläufer	
Amara convexior	Gedrungener Wiesen-Kamelläufer	
Amara convexiuscula	Gewölbter Kamelläufer	
Amara cursitans	Pechbrauner Kamelläufer	
Amara curta	Kurzer Kamelläufer	
Amara equestris	Plumper Kamelläufer	
Amara erratica	Gebirgs-Kamelläufer	
Amara eurynota	Großer Kamelläufer	
Amara famelica	Nordöstlicher Kamelläufer	early sunshiner (beetle)
Amara familiaris	Gelbbeiniger Kamelläufer, Gelbbeiniger Kanalkäfer, Geselliger Kanalkäfer	social sun beetle
Amara fulva	Gelber Kamelläufer	

Amara fulvipes	Braunfüßiger Kamelläufer	
Amara fusca	Brauner Sand-Kamelläufer, Brauner Sand-Kanalkäfer	wormwood moonshiner (beetle)
Amara infima	Breithals-Kamelläufer, Heide-Kamelläufer	heath sun beetle*
Amara inguena	Breiter Sand-Kamelläufer	
Amara littorea	Strand-Kamelläufer	
Amara lucida	Leuchtender Kamelläufer	
Amara lunicollis	Dunkelhörniger Kamelläufer	
Amara majuscula	Östlicher Kamelläufer	
Amara montivaga	Kahnförmiger Kamelläufer	
Amara municipalis	Rehbrauner Kamelläufer	
Amara nitida	Glänzender Kamelläufer	
Amara ovata	Ovaler Kamelläufer	
Amara plebeja	Gemeiner Kanalkäfer, Gewöhnlicher Kanalkäfer	common sun beetle
Amara praetermissa	Verkannter Kamelläufer	
Amara sabulosa	Rundschild-Kamelläufer	
Amara similata	Gewöhnlicher Kamelläufer	
Amara spp.	Kanalkäfer, Kamelläufer	sun beetles
Amara spreta	Flachhalsiger Kamelläufer	
Amara strenua	Auen-Kamelläufer	
Amara tibialis	Zwerg-Kamelläufer	a tiny sun beetle
Amara tricuspidata	Dreispitziger Kamelläufer	
Amata marjana	Ähnliches Weißfleck-Widderchen	
Amata phegea/ Syntomis phegea	Weißfleck-Widderchen, Weißfleckwidderchen	nine-spotted (moth), the nine-spotted
Ambeodontus tristis	Zweizahn-Bockkäfer*	two-toothed longicorn, two-toothed longhorn
Amblyptilia punctidactyla	Trockenhang-Federmotte	brindled plume (moth)
Amblyteles armatorius	Gelbe Schlupfwespe	yellow-black armoured ichneumon wasp*
Ametastegia glabrata	Ampferblattwespe	dock sawfly
Amidobia talpa	Kleinäugiger Ameisenkurzflügler	
Ammobates muticus	Mediterrane Sandgängerbiene	Mediterranean bee stalker
Ammobates punctatus	Punktierte Sandgängerbiene, Gefleckte Sandgängerbiene, Bedornte Sandgängerbiene	spotted sand bee*

Ammobatoides abdominalis	Steppenglanzbiene	a Central European grassland cleptoparasitic bee
Ammobiota festiva/ Ammobiota hebe	Englischer Bär, Wolfsmilchbär	hebe tiger moth
Ammoconia caecimacula	Graubraune Frühherbsteule, Graubraune Wollrückeneule	
Ammoconia senex	Mittelrheintal-Frühherbsteule	
Ammophila sabulosa	Gemeine Sandwespe	red-banded sand wasp
Ampedus balteatus	Gegürtelter Schnellkäfer	
Ampedus rufipennis	Rothorn-Schnellkäfer*	red-horned cardinal click beetle
Ampedus sanguineus	Blutroter Schnellkäfer, Rotdecken-Schnellkäfer	cardinal click beetle, bloodred click beetle
Amphimallon solstitiale/ Amphimallon solstitialis/ Rhizotragus solstitialis	Junikäfer (Gemeiner Brachkäfer, Gerippter Brachkäfer, Großer Brachkäfer, Sonnwendkäfer)	summer chafer
Amphipoea crinanensis	Schwertlilien-Stängeleule, Schwertlilien-Stengeleule	Crinan ear moth
Amphipoea fucosa	Gemeine Stängeleule, Gelbbraune Stängeleule	saltern ear moth
Amphipoea lucens	Pfeifengras-Stängeleule, Pfeifengras-Stengeleule	large ear moth
Amphipoea oculea	Rotbraune Stängeleule, Parkland-Stängeleule	ear moth
Amphipyra berbera	Svenssons Pyramideneule	Svensson's copper underwing (moth)
Amphipyra cinnamomea/ Pyrois cinnamomea	Zimt-Glanzeule	a noctuid moth
Amphipyra livida	Tiefschwarze Glanzeule, Hochglanzeule, Schwarze Hochglanzeule	black moth
Amphipyra perflua	Gesäumte Glanzeule	larger pale-tipped black moth
Amphipyra pyramidea/ Pyramidcampa pyramidea	Pyramideneule	copper underwing (moth)
Amphipyra tragopoginis	Dreipunkteule, Dreipunkt-Glanzeule, Bocksbarteule	mouse moth
Amphizoidae	Amphizoiden	trout-stream beetles
Amphorophora idaei	Große Himbeerblattlaus, Große Himbeerlaus	large European raspberry aphid
Amphorophora rubi	Große Brombeerblattlaus, Große Brombeerlaus	large blackberry aphid

Amphotis marginata	Gastkäfer, Straßenräuber	highwayman beetle
Anabrus simplex	Mormonengrille (eigentlich: Mormonen-Laubheuschrecke)	Mormon cricket (a shield-backed katydid)
Anacaena limbata	Geränderter Wasserkäfer	
Anaceratagallia austriaca	Alpen-Dickkopfzikade	
Anaceratagallia ribauti	Wiesen-Dickkopfzikade	
Anaceratagallia venosa	Klee-Dickkopfzikade	
Anacridium aegypticum	Ägyptische Heuschrecke, Ägyptische Wanderheuschrecke, Ägyptische Knarrschrecke	Egyptian grasshopper
Anacridium melanorhodon	Sahel-Baum-Heuschrecke*, Sahel-Baumheuschrecke*	Sahelian tree locust, Egyptian tree locust
Anaesthetis testacea	Kragenbock	
Anagasta kuehniella	Mehlmotte	Mediterranean flour moth
Anaglyptus mysticus	Dunkler Zierbock	grey-coated longhorn beetle, rufous-shouldered longhorn (beetle)
Anakelisia fasciata	Uferseggen-Spornzikade	
Anakelisia perspicillata	Triftenspornzikade	
Anania coronata	Holunderzünsler	spotted magpie (moth)
Anania funebris	Weißpunkt-Zünsler*	white-spotted sable (moth)
Anania hortulata/ Eurrhypara hortulata	Nesselzünsler, Brennnesselzünsler	small magpie (moth)
Anania verbascalis	Königskerzen-Gespinstzünsler	golden pearl (moth)
Anaphothrips obscurus	Gräserthrips, Amerikanischer Gräserthrips	grass thrips, American grass thrips
Anaplectoides prasina	Grüne Heidelbeereule	green arches (moth)
Anaproutia comitella	Gitternetz-Sackträger	
Anarsia lineatella	Pfirsichmotte	peach twig borer
Anarta melanopa/ Hadula melanopa	Alpen-Blättereule, Alpenmatten-Zwergweideneule	broad-bordered white underwing (moth)
Anarta myrtilli	Heidekrauteulchen, Heidekrauteule, Heidekraut-Bunteule	beautiful yellow underwing (moth)
Anarta trifolii/ Discestra trifolii	Meldenflureule, Kleefeldeule	nutmeg (moth), the nutmeg
Anasa tristis	Kürbiswanze	squash bug (U.S.)
Anasphaltis renigerellus	Bienensaug-Palpenfalter	a twirler moth
Anaspis frontalis	Gemeiner Scheinstachelkäfer	
Anaspis maculata	Gefleckter Scheinstachelkäfer	

Anastrangalia reyi	Gebirgs-Halsbock	
Anastrangalia sanguinolenta	Blutroter Halsbock	
Anastrepha fraterculus	Südamerikanische Fruchtfliege, Peruanische Fruchtfliege	South American fruit fly
Anastrepha ludens	Mexikanische Fruchtfliege	Mexican fruit fly
Anastrepha obliqua	Westindische Fruchtfliege	West Indian fruit fly
Anastrepha suspensa	Karibik-Fruchtfliege, Karibische Fruchtfliege	Caribbean fruit fly, Greater Antillean fruit fly, guava fruit fly, Caribfly
Anatis ocellata	Augenmarienkäfer, Augenfleck-Marienkäfer	eyed ladybird, pine ladybird beetle
Anax ephippiger/ Hemianax ephippiger	Schabrackenlibelle	vagrant emperor (dragonfly)
Anax imperator	Große Königslibelle	emperor dragonfly
Anax junius	Grüne Königslibelle	green darner, green emperor dragonfly
Anax parthenope	Kleine Königslibelle	lesser emperor (dragonfly)
Anchomenus dorsalis/ Platynus dorsalis	Bunter Enghalsläufer, Buntfarbener Putzläufer, Grüner Putzkäfer	green-brown metallic carabid*
Ancylis achatana	Weißdorn-Spitzflügelwickler	triangle-marked roller (moth)
Ancylis badiana	Wicken-Spitzflügelwickler	common roller (moth)
Ancylis diminutana	Weiden-Spitzflügelwickler	small festooned roller (moth)
Ancylis laetana	Espen-Spitzflügelwickler	aspen roller (moth)
Ancylis mitterbacheriana	Eichen-Spitzflügelwickler	red roller (moth)
Ancylis myrtillana	Heidelbeer-Spitzflügelwickler	bilberry roller (moth)
Ancylis uncella	Roter Heide-Spitzflügelwickler	bridge roller (moth)
Ancylis unguicella	Gelber Heide-Spitzflügelwickler	broken-barred roller (moth)
Ancylosis cinnamomella	Zimtfarbener Schmalzünsler	
Ancyrosoma leucogrammes	Ankerwanze	white-striped shield bug
Andrena agilissima	Blauschillernde Sandbiene, Schwarzblaue Sandbiene, Blauschwarze Sandbiene	violet-winged mining-bee, agile mining-bee
Andrena apicata	Dunkle Weiden-Sandbiene	large sallow mining-bee
Andrena argentata	Kleine Gruben-Sandbiene*	small sandpit mining-bee
Andrena barbilabris	Gruben-Sandbiene*	sandpit mining-bee
Andrena bicolor	Zweifarbige Sandbiene	Gwynne's mining-bee
Andrena bimaculata	Zweifleck-Sandbiene	large gorse mining-bee
Andrena bucephala	Großkopf-Sandbiene*	big-headed mining-bee

Andrena chrysopus	Spargel-Sandbiene	German asparagus mining-bee*
Andrena chrysosceles	Goldbeinige Sandbiene	hawthorn mining-bee
Andrena cineraria	Graue Sandbiene, Grauschwarze Sandbiene, Düstere Sandbiene	ashy mining-bee, grey mining-bee
Andrena clarkella	Frühe Wald-Sandbiene	Clarke's mining-bee
Andrena coitana	Kleine Weißstreifige Sandbiene*	small flecked mining-bee
Andrena curvungula	Braunschuppige Sandbiene	scaly-brown mining-bee*
Andrena denticulata	Gezähnte Sandbiene	grey-banded mining-bee
Andrena dorsata	Rotbeinige Sandbiene, Kamm-Sandbiene	short-fringed mining-bee
Andrena ferox	Eichen-Sandbiene	oak mining-bee
Andrena flavipes	Gemeine Sandbiene, Gelbbeinige Sandbiene	yellow-legged mining-bee
Andrena florea	Zaunrüben-Sandbiene	bryony mining-bee
Andrena fucata	Wald-Sandbiene	painted mining-bee
Andrena fulva/ Andrena armata	Rotpelzige Sandbiene, Fuchsrote Sandbiene	tawny mining-bee, tawny mining-bee, tawny burrowing bee
Andrena fulvago	Pippau-Sandbiene	hawk's-beard mining-bee
Andrena fuscipes	Heidekraut-Sandbiene, Schwarzfuß-Sandbiene	heather mining-bee
Andrena granulosa	Sonnenröschen-Sandbiene	a mining-bee
Andrena gravida	Dicke Sandbiene, Schwere Erdbiene, Gebänderte Sandbiene	banded mining-bee, white-bellied mining-bee
Andrena haemorrhoa	Rotschopfige Sandbiene, Rotschwanz-Sandbiene	early mining-bee, orange-tailed mining bee
Andrena hattorfiana	Knautien-Sandbiene, Witwenblumen-Sandbiene	large scabious mining-bee
Andrena helvola	Unscheinbare Sandbiene, Schlehen-Sandbiene	coppice mining-bee
Andrena humilis	Habichtskraut-Sandbiene	buff-tailed mining-bee
Andrena labialis	Rotklee-Sandbiene	large meadow mining-bee
Andrena labiata	Gebänderte Sandbiene	girdled mining-bee, red-girdled mining-bee
Andrena lapponica	Lappländische Sandbiene	heath mining bee, bilberry mining-bee
Andrena lathyri	Platterbsen-Sandbiene	Burbage mining-bee
Andrena marginata	Hellrote Sandbiene, Skabiosen-Sandbiene	small scabious mining-bee

Andrena minutula	Kleine Sandbiene	common mining-bee, common mining bee, common mini-miner
Andrena minutuloides	Kleinste Sandbiene	plain mini-miner
Andrena morio	Schwarze Sandbiene	Central European black mining-bee*
Andrena nigroaenea	Erzfarbene Sandbiene	buffish mining-bee
Andrena nitida/ Andrena pubescens	Glänzende Sandbiene, Flaum-Sandbiene	grey-patched mining-bee
Andrena nitidiuscula	Haarstrang-Sandbiene	carrot mining-bee
Andrena niveata	Schneeweiß-Gebänderte Sandbiene	long-fringed mini-miner
Andrena nycthemera	Graue Weiden-Sandbiene	grey willow mining-bee*
Andrena ovatula	Weißbinden-Sandbiene	small gorse mining-bee
Andrena pilipes	Haarfuß-Sandbiene, Köhler-Sandbiene	black mining-bee
Andrena polita	Glanz-Sandbiene	Maidstone mining-bee
Andrena potentillae	Fingerkraut-Sandbiene	tormentil mining-bee
Andrena praecox	Frühe Weiden-Sandbiene	small sallow mining-bee
Andrena proxima	Verwandte Sandbiene, Giersch-Sandbiene	broad-faced mining-bee
Andrena rosae	Rötliche Sandbiene, Rote Dolden-Sandbiene, Bärenklau-Sandbiene	Perkins' mining-bee
Andrena scotica/ Andrena carantonica	Gesellige Sandbiene	chocolate mining-bee
Andrena similis	Rotrücken-Sandbiene*	red-backed mining-bee
Andrena simillima	Helle Sommer-Sandbiene*	buff-banded mining-bee
Andrena spp.	Sandbienen	mining-bees, mining bees, burrowing bees
Andrena subopaca	Mattglänzende Sandbiene	impunctate mining-bee
Andrena tibialis	Kurzzungige Sandbiene	grey-gastered mining-bee
Andrena vaga	Große Weiden-Sandbiene	grey-backed mining-bee
Andrena varians	Veränderliche Sandbiene	blackthorn mining-bee
Andrena ventralis	Kleine Weiden-Sandbiene	small willow mining-bee*
Andrena viridescens	Ehrenpreis-Sandbiene	speedwell mining-bee*
Andrenidae	Sandbienen	mining bees, burrowing bees
Andricus albopunctatus/ Andricus paradoxus	Weißfleckige Eichengallwespe	oak leaf gall wasp

Andricus curvator	Eichenkragengallwespe (>Kragengalle)	oak bud collared-gall wasp, oak bud collared-gall cynipid (>collared galls)
Andricus fecundator/ Andricus foecundatrix	Eichenrosengallwespe	artichoke gall wasp, larch cone gall cynipid, hop gall wasp (>artichoke galls)
Andricus inflator	Grünkugelgallwespe (>Grüne Kugelgalle)	oak bud globular-gall wasp
Andricus kollari	Schwammkugelgallwespe (>Schwammkugelgalle)	marble gall wasp, oak marble gall wasp (>marble galls/ oak nuts)
Andricus lignicola	Holzkugel-Gallwespe	cola-nut gall wasp
Andricus nudus	Spindelgallwespe (>Kleine Spindelgalle)	oak catkin gall wasp
Andricus ostreus	Eichenblatt-Austerngallwespe	oak leaf oyster-gall wasp
Andricus quercuscalicis	Eichenknopperngallwespe	oak knopper gall wasp, knopper gall wasp, acorn gall wasp, acorn cup gall wasp, acorn cup gall cynipid (>knopper galls)
Andricus quercusradicis	Eichenwurzelknoten-Gallwespe (>Knötchengalle)	truffle gall wasp, oak root truffle-gall wasp
Andricus quercusramuli	Baumwoll-Eichengallenwespe* (>"Baumwollgalle")	cottonwool gall wasp
Andricus solitarius	Solitäre Eichen-Filzgallwespe* (>Braune Filzgalle)	solitary oak leaf gall wasp
Andricus spp.	Eichengallwespen	oak gall wasps, oak gall cynipids
Andricus testaceipes	Eichenwurzelknoten-Gallwespe	oak red barnacle-gall wasp
Anechura bipunctata	Zweipunkt-Ohrwurm, Zweipunktohrwurm	two-spotted earwig
Anergates atratulus	Arbeiterlose Parasitenameise	dark guest ant (an extreme inquiline ant)
Aneuridae	Aneuriden	barkbugs
Angerona prunaria	Schlehenspanner, Pflaumenspanner	orange moth
Anidorus nigrinus/ Aderus nigrinus	Gemeiner Baummulmkäfer	
Anillus caecus	Blindahlenläufer	a blind carabid
Anisarthron barbipes	Rosthaarbock	
Anisochrysa carnea/ Chrysopa carnea	Florfliege, Gemeine Florfliege	common green lacewing

Anisodactylus binotatus	Gewöhnlicher Rotstirnläufer, Zweifleckiger Schmuckläufer, Schwarzer Schmuckkäfer	common short-spur, two-spotted short-spur*
Anisodactylus nemorivagus	Kleiner Rotstirnläufer	heath short-spur (beetle)
Anisodactylus poeciloides	Salzmarsch-Rotstirnläufer, Salzstellen-Rotstirnläufer	saltmarsh short-spur (beetle)
Anisodactylus signatus	Schwarzhörniger Rotstirnläufer	
Anisolabis annulipes	Südlicher Ohrwurm	ring-legged earwig, spotted earwig
Anisolabis maritima	Küsten-Ohrwurm*	seaside earwig
Anisomorpha buprestoides	Streifen-Stabheuschrecke, Zweistreifen-Stabheuschrecke, Zweigestreifter Wandelnder Stab	Florida stick insect, southern two-striped walkingstick, devil rider, musk mare
Anisomorpha ferruginea	Dunkle Streifen-Stabheuschrecke, Nördliche Streifen-Stabheuschrecke, Nördliche Zweistreifen-Stabheuschrecke, Nördlicher Zweigestreifter Wandelnder Stab	northern two-striped walkingstick, dark walkingstick
Anisoplia austriaca	Südlicher Getreide-Laubkäfer	wheat grain beetle, wheat chafer
Anisopodidae	Pfriemenmücken	window midges, wood gnats
Anisoptera	Großlibellen	dragonflies; hawkers (Europe)
Anisosticta novemdecimpunctata	Teich-Marienkäfer, Neunzehnpunkt-Marienkäfer	water ladybird (beetle)
Anisotoma humeralis	Behaarter Schulterfleck-Schwammkugelkäfer, Gelbschultriger Schwammkugelkäfer	a round fungus beetle
Anobiidae	Klopfkäfer, Nagekäfer, Pochkäfer	furniture beetles, drug-store beetles, death-watch beetles
Anobium emarginatum	Fichtenrinden-Pochkäfer	
Anobium pertinax/ Dendrobium pertinax	Klopfkäfer, Totenuhr, Trotzkopf	furniture beetle, furniture borer, common furniture beetle
Anobium punctatum	Gemeiner Nagekäfer, Gewöhnlicher Nagekäfer, Holzwurm	furniture beetle, woodworm (*larva*)
Anomala dubia	Julikäfer, Kleiner Julikäfer	margined vine chafer
Anomis sabulifera	Afrikanische Juteneule*	angled gem (moth), brown cotton moth, jute semi-looper, jute semilooper
Anomognathus cuspidatus	Dorn-Kurzflügler	

Anonconotus alpinus	Kleine Alpenschrecke	small Alpine bush-cricket
Anopheles atroparvus	Gemeine Fiebermücke	common malarial anopheles mosquito, common anopheles mosquito
Anopheles gambiae (complex)	Afrikanische Malariamücke, Gambische Malariamücke	African malaria mosquito
Anopheles plumbens	Astloch-Gabelmücke*	tree-hole mosquito
Anopheles spp.	Fiebermücken, Malariamücken, Gabelmücken	malaria mosquitoes
Anoplius viaticus/ Anoplius fuscus/ Pompilus viaticus	Frühlings-Wegwespe	black-banded spider wasp
Anoplodera rufipes	Rotbeiniger Halsbock	a red-legged longhorn beetle
Anoplodera sexguttata	Gefleckter Halsbock, Sechstropfiger Halsbock	six-spotted longhorn beetle
Anoplolepis gracilipes	Gelbe Spinnerameise	long-legged ant, yellow crazy ant
Anoplophora chinensis	Zitrusbockkäfer, Citrusbockkäfer, Chinesischer Laubholzbockkäfer	citrus longhorned beetle, citrus-root cerambycid, black and white longhorn, citrus longhorn
Anoplophora glabripennis	Asiatischer Laubholzbockkäfer	Asian longhorn beetle, Asian longhorned beetle
Anoplotrupes stercorosus	Waldmistkäfer	forest dung beetle
Anoplura (Siphunculata)	Läuse (Tierläuse)	sucking lice
Anorthoa munda/Orthosia munda	Zweifleck-Kätzcheneule, Braungelbe Frühlingseule	twin-spotted quaker (moth)
Anoscopus albifrons/ Aphrodes albifrons	Braune Erdzikade	
Anoscopus albiger	Salzerdzikade	
Anoscopus assimilis	Alpenerdzikade	
Anoscopus flavostriatus	Streifenerdzikade	
Anoscopus serratulae	Rasenerdzikade	
Anostirus castaneus	Herbstfarbener Schnellkäfer	chestnut click beetle, chestnut-coloured click beetle
Anostirus purpureus	Purpurroter Schnellkäfer	purple-red click beetle
Antaxius difformis	Alpine Bergschrecke	
Antaxius hispanicus	Vielfleck-Bergschrecke*	mottled bushcricket
Antaxius pedestris	Atlantische Bergschrecke	Pyrenean bush-cricket
Antaxius spinibrachius	Stachelbeinige Bergschrecke	spiny-legged bush-cricket
Antestiopsis orbitalis	Kaffeewanze	coffee bug, variegated coffee bug, antestia bug

Anthaxia candens	Kirschbaum-Prachtkäfer, Bunter Kirschbaum-Prachtkäfer, Kirschprachtkäfer	cherry jewel beetle, spectacular jewel beetle, spectacular cherry jewel beetle, glowing jewel beetle
Anthaxia cichorii	Zichorien-Eckschild-Prachtkäfer	
Anthaxia deaurata	Purpurrandiger Eckschild-Prachtkäfer	
Anthaxia fulgurans	Fleckhals-Prachtkäfer, Fleckhalsiger Eckschild-Prachtkäfer	spotted collar jewel beetle*
Anthaxia helvetica	Schweizer Prachtkäfer	Swiss jewel beetle*
Anthaxia hungarica	Ungarischer Prachtkäfer	Hungarian jewel beetle
Anthaxia manca	Kleiner Ulmenprachtkäfer, Kleiner Ulmen-Prachtkäfer	elm jewel beetle
Anthaxia millefolii	Schafgarben-Prachtkäfer, Schafgarben-Eckschild-Prachtkäfer	a jewel beetle
Anthaxia nigritula	Braunschwarzer Eckschild-Prachtkäfer	
Anthaxia nigrojubata	Schwarzgekämmter Eckschild-Prachtkäfer	
Anthaxia nitidula	Zierlicher Prachtkäfer, Glänzender Blütenprachtkäfer, Kleiner Kirschbaum-Prachtkäfer	glistening jewel beetle
Anthaxia podolica	Bunter Eschen-Prachtkäfer, Rosthörniger Eckschild-Prachtkäfer	a jewel beetle/wood-boring beetle
Anthaxia quadripunctata	Vierpunkt-Kiefernprachtkäfer, Vierpunktiger Kiefernprachtkäfer, Vierpunkt-Kiefern-Prachtkäfer, Vierpunkt-Nadelholz-Prachtkäfer, Vierpunktprachtkäfer	four-spotted jewel beetle
Anthaxia salicis	Weidenprachtkäfer	pasture splendour beetle, willow jewel beetle
Anthaxia semicuprea	Halbkupferner Eckschild-Prachtkäfer	
Anthaxia sepulchralis	Braunhaariger Eckschild-Prachtkäfer	
Anthaxia similis	Weißhaariger Eckschild-Prachtkäfer	

Anthaxia umbellatarum	Schirmblüten-Eckschild-Prachtkäfer	
Antheraea polyphemus	Polyphemusmotte*	polyphemus moth
Antheraea yamamai	Japanischer Eichenseidenspinner	Japanese silk moth, Japanese oak silkmoth
Anthicidae	Blütenmulmkäfer	antlike flower beetles
Anthicus floralis	Gemeiner Blütenmulmkäfer	narrownecked grain beetle, narrow-necked harvest beetle
Anthidium byssinum/ Trachusa byssina/ Trachusa serratulae	Große Harzbiene, Bastardbiene	large anthid bee* (a large carder bee)
Anthidium manicatum	Wollbiene, Große Wollbiene, Garten-Wollbiene	wool carder bee, wool-carder bee, European wool carder bee, Continental wool carder bee
Anthidium montanum	Berg-Wollbiene	a montane wool-carder bee
Anthidium nanum	Distel-Wollbiene, Stengel-Wollbiene	a wool-carder bee
Anthidium oblongatum	Spalten-Wollbiene	a wool-carder bee
Anthidium punctatum	Weißfleckige Wollbiene	white-dotted wool-carder bee*
Anthidium spp.	Wollbienen und Harzbienen	mason bees, potter bees
Anthidium strigatum/ Anthidiellum strigatum	Harzbiene, Kleine Harzbiene	small anthid bee* (a small carder bee)
Anthobium atrocephalum/ Lathrimaeum atrocephalum	Schwarzköpfiger Rindenkurzflügler	a black-headed rove beetle
Anthocharis cardamines	Aurorafalter	orange-tip (butterfly)
Anthocharis euphenoides	Gelber Aurorafalter	Provence orange-tip (butterfly)
Anthocomus coccineus	Herbst-Zipfelkäfer, Roter Zipfelkäfer	soft-winged flower beetle
Anthocomus fasciatus	Gebänderter Warzenkäfer	
Anthocoridae	Blumenwanzen	minute pirate bugs
Anthocoris amplicollis	Eschen-Galllausjäger (eine Blumenwanze)	
Anthocoris nemorum	Gemeine Blumenwanze, Wald-Blumenwanze	common flower bug
Anthocoris sarothamni	Ginsterwanze, Ginster-Lausjäger	broom flower bug
Anthomyiidae	Blumenfliegen	anthomyids, flower flies
Anthonomus grandis	Baumwollknospenstecher, Baumwollkapselkäfer	cotton boll weevil
Anthonomus pedicularius	Weißdorn-Blütenstecher	hawthorn bud weevil*
Anthonomus piri	Birnenknospenstecher	apple bud weevil

Anthonomus pomorum	Apfelblütenstecher	apple blossom weevil
Anthonomus rectirostris	Kirschkernstecher, Kirschsteinstecher	bird-cherry weevil
Anthonomus rubi	Erdbeerblütenstecher, Himbeerblütenstecher, Beerenstecher	berry blossom weevil, strawberry blossom weevil
Anthonomus rufus	Schlehen-Blütenstecher	blackthorn blossom weevil*, blackthorn bud weevil*
Anthophagus caraboides	Laufkäferartiger Kurzflügler	
Anthophila fabriciana	Brennnessel-Rundstirnmotte	common nettle-tap (moth)
Anthophora aestivalis	Streifen-Pelzbiene, Gestreifte Pelzbiene	striped flower bee*
Anthophora bimaculata	Dünen-Pelzbiene, Zweifleck-Pelzbiene, Zweifleckige Pelzbiene	two-spotted flower bee, green-eyed flower bee, little flower bee
Anthophora furcata	Wald-Pelzbiene, Ziest-Pelzbiene	fork-tailed flower bee
Anthophora plagiata	Gemäuer-Pelzbiene, Mauer-Pelzbiene, Schornstein-Pelzbiene	mural digger bee*, mural flower bee
Anthophora plumipes/ Anthophora acervorum	Gemeine Pelzbiene, Frühlings-Pelzbiene, Frühlingspelzbiene	hairy-footed flower bee, common Central European flower bee
Anthophora quadrimaculata	Vierfleck-Pelzbiene	four-banded flower bee, four-spotted flower bee
Anthophora retusa	Töpfer-Pelzbiene	potter flower bee
Anthophora spp.	Pelzbienen	flower bees, digger bees
Anthracus consputus	Herzhals-Buntschnellläufer, Herzhals-Buntschnelläufer	
Anthrax anthrax	Düsterer Trauerschweber	dusky bee-fly*
Anthrenus coloratus	Asiatischer Teppichkäfer	Asian carpet beetle
Anthrenus flavipes/ Anthrenus vorax	Knochenmehlkäfer (Keratinkäfer)	furniture carpet beetle
Anthrenus fuscus	Brauner Blütenkäfer	
Anthrenus museorum	Museumskäfer, Kabinettkäfer	museum beetle
Anthrenus pimpinellae	Bibernellen-Blütenkäfer	bird nest carpet beetle, panda carpet beetle
Anthrenus scrophulariae	Teppichkäfer, Kabinettkäfer, Braunwurz-Blütenkäfer	carpet beetle, common carpet beetle, marbled carpet beetle, buffalo carpet beetle
Anthrenus verbasci	Textilkäfer, Wollkrautblütenkäfer	varied carpet beetle, varied cabinet beetle, small cabinet beetle
Anthrenus vorax	Polsterwarenkäfer	furniture carpet beetle

Anthribidae	Breitfüßler, Breitrüssler, Maulkäfer	fungus weevils
Anthribus albinus/ Platystomos albinus	Langfühler-Breitrüssler, Großer Breitrüssler	white-tipped fungus weevil
Antichloris viridis	Bananen-Bärenspinner*	satin stowaway (moth), banana moth
Anticlea derivata	Schwarzbinden-Rosen-Blattspanner, Schwarzbindiger Rosen-Blattspanner	streamer (moth), the streamer
Anticollox sparsata	Gilbweiderich-Spanner	dentated pug (moth)
Antipalus varipes	Goldafterfliege	
Antispila metallella	Große Hartriegel-Miniersackmotte	four-spot lift (moth)
Antispila treitschkiella	Kleine Hartriegel-Miniersackmotte	yellow-spot lift (moth)
Antitype chi	Chi-Eule, Graueule, Saudistel-Steineule	grey chi (moth)
Anuraphis farfarae	Taschengallen-Birkenlaus	pear-coltsfoot aphid
Anurida maritima	Strandspringer, Küstenspringschwanz, Strand-Springschwanz*, Strandkollembole*	seashore springtail, marine springtail, blue springtail
Aombus lapidarius/ Bombus lapidarius	Steinhummel	red-tailed bumblebee
Aonidia lauri	Lorbeerschildlaus	laurel scale, laurel scale insect
Aonidiella aurantii	Rote Zitrusschildlaus, Rote Citrusschildlaus	California red scale
Aonidiella citrina	Gelbe Zitruschildlaus	yellow scale
Apalus muralis/ Sitaris muralis	Schmalflügeliger Pelzbienenölkäfer	orange-shouldered blister beetle
Apamea anceps	Feldflur-Grasbüscheleule, Waldschlag-Graseule	large nutmeg (moth)
Apamea aquila	Dunkle Pfeifengras-Grasbüscheleule	
Apamea crenata	Große Veränderliche Grasbüscheleule	clouded-bordered brindle (moth)
Apamea epomidion	Makelrand-Grasbüscheleule	clouded brindle (moth)
Apamea furva	Trockenrasen-Grasbüscheleule	confused (moth), the confused
Apamea illyria	Zweifarbige Grasbüscheleule	
Apamea lateritia	Ziegelrote Grasbüscheleule, Ziegelrote Graseule	scarce brindle (moth)

Apamea lithoxylaea	Graswurzeleule, Weißlichgelbe Grasbüscheleule, Trockenrasen-Graswurzeleule	light arches (moth), common light arches (moth)
Apamea maillardi	Geyers Alpen-Grasbüscheleule	
Apamea monoglypha	Getreidewurzeleule, Große Grasbüscheleule, Wurzelfresser	dark arches (moth)
Apamea oblonga	Auen-Graswurzeleule	crescent striped moth
Apamea platinea	Platingraue Grasbüscheleule	
Apamea remissa	Haldenflur-Reitgraseule, Kleine Veränderliche Grasbüscheleule	dusky brocade (moth)
Apamea rubrirena	Schwarzweiße Grasbüscheleule, Schwarzbraune Hartgraseule	
Apamea scolopacina	Bräunlichgelbe Grasbüscheleule, Buchenwald-Graseule	slender brindle (moth)
Apamea sordens	Ackerrand-Grasbüscheleule, Schuttflur-Graseule	rustic shoulder-knot (moth)
Apamea sublustris	Rötlichgelbe Grasbüscheleule	reddish light arches (moth)
Apamea unanimis	Glanzgras-Grasbüscheleule, Ufer-Glanzgraseule	small clouded brindle (moth)
Apamea zeta	Treitschkes Alpen-Grasbüscheleule	the exile (moth), northern arches
Apanteles glomeratus	Kohlweißlingsraupenwespe	common apanteles, common parasitic wasp
Apartus michalki	Föhren-Glasflügelzikade	
Apatura ilia	Kleiner Schillerfalter, Espen-Schillerfalter	lesser purple emperor (butterfly)
Apatura iris	Großer Schillerfalter	purple emperor (butterfly)
Apatura spp.	Schillerfalter	emperor butterflies, emperors
Apeira syringaria	Fliederspanner	lilac beauty (moth)
Aphanisticus elongatus	Seggenstängel-Prachtkäfer, Seggenstengel-Prachtkäfer, Erzgrüner Furchenstirn-Prachtkäfer	rush beetle, rush stem-boring beetle*
Aphanisticus emarginatus	Binsen-Prachtkäfer, Glänzendschwarzer Furchenstirn-Prachtkäfer	
Aphanisticus pusillus	Seggenblatt-Prachtkäfer	
Aphanostigma piri	Birnenzwerglaus	pear phylloxera, pear bark aphid
Aphantopus hyperantus	Brauner Waldvogel, Schornsteinfeger	the ringlet, ringlet (butterfly)

Aphelia paleana	Ockergelber Feuchtwiesenwickler	timothy tortrix (moth)
Aphidecta obliterata	Nadelbaum-Marienkäfer, Berg-Marienkäfer, Gelbbrauner Marienkäfer	larch ladybird (beetle)
Aphididae	Röhrenläuse, Röhrenblattläuse	aphids, "plant lice"
Aphidiidae	Blattlausschlupfwespen	aphid parasites
Aphidina	Blattläuse	aphids
Aphidoidea	Blattläuse	aphids and greenflies etc.
Aphis craccivora	Schwarze Wickenlaus	cowpea aphid, groundnut aphid, black legume aphid
Aphis fabae	Schwarze Bohnenlaus, Schwarze Rübenlaus, Schwarze Bohnenblattlaus, Schwarze Rübenblattlaus	black bean aphid, "blackfly"
Aphis forbesi	Erdbeerlaus, Kleine Erdbeerlaus	stawberry root aphid
Aphis gossypii	Baumwollblattlaus, Gurkenblattlaus, Grüne Gurkenblattlaus, Grüne Gurkenlaus, Melonenblattlaus	cotton aphid, melon aphid, melon and cotton aphid
Aphis grossulariae	Kleine Stachelbeertriebblattlaus	European gooseberry aphid
Aphis idaei	Kleine Himbeerblattlaus, Kleine Himbeerlaus	small European raspberry aphid
Aphis nasturtii	Kreuzdornblattlaus, Kreuzdornlaus	buckthorn aphid, buckthorn-potato aphid
Aphis pomi	Grüne Apfellaus	apple aphid, green apple aphid
Aphis ruborum	Kleine Brombeerschildlaus	permanent blackberry aphid
Aphis sambuci	Holunderlaus, Schwarze Holunderblattlaus	elder aphid
Aphis schneideri	Kleine Johannisbeertriebblattlaus, Kleine Johannisbeerlaus	permanent currant aphid
Aphis spiraecola/ Aphis citricola	Zitronenblattlaus, Grüne Zitrusblattlaus, Grüne Citruslaus	green citrus aphid, Spiraea aphid
Aphodius fossor	Großer Dungkäfer	
Aphodius niger	Schwarzer Dungkäfer	Beaulieu dung beetle
Aphodius rufipes	Rotfüßiger Dungkäfer	night-flying dung beetle
Aphomia gularis/ Paralispa gularis	Samenzünsler	stored nut moth, brush-winged honey, Japanese grain moth
Aphomia sociella	Hummelmotte, Hummelmottenzünsler, Hummelnestmotte, Hummel-Wachsmotte	bee moth, bumble bee wax moth

Aphrodes bicinctus	Erdbeerzikade	strawberry leafhopper
Aphrophora alni	Erlenschaumzikade	alder froghopper, alder spittlebug
Aphrophora corticea	Kiefernschaumzikade	
Aphrophora major	Alpenschaumzikade	Alpine froghopper
Aphrophora pectoralis	Bunte Weidenschaumzikade	patterned willow froghopper*
Aphrophora salicina	Braune Weidenschaumzikade	brown willow froghopper
Aphrophora similis	Sibirische Schaumzikade	
Aphrophoridae	Schaumzikaden	froghoppers (Br.), spittlebugs (U.S.)
Aphthona euphorbiae	Dunkelgrauer Flachserdfloh	large flax flea beetle
Aphthona nonstriata	Iris-Erdfloh, Iriserdfloh	iris flea beetle
Apidae	Bienen	hive bees (bumblebees, honey bees, and orchid bees)
Apioceridae	Blumenfliegen	flower-loving flies
Apion apricans	Rotklee-Spitzmausrüssler	red clover seed weevil
Apion frumentarium/ *Apion haematodes*	Sauerampfer-Gallrüssler, Sauerampfer-Spitzmausrüssler, Mennigrotes Spitzmäuschen	sheep's sorrel gall weevil
Apion pomonae	Metallblauer Spitzmausrüssler	vetch seed weevil, tare seed weevil
Apion radiolus	Stockrosen-Spitzmausrüssler	hollyhock weevil
Apion spp.	Spitzmausrüssler (Spitzmäuschen)	flower weevils
Apion vorax	Gemeiner Samenstecher	bean flower weevil
Apioninae	Spitzmausrüssler (Spitzmäuschen)	weevils, flower weevils
Apis andreniformis	Schwarze Zwergbuschbiene, Schwarze Buschhonigbiene	black dwarf honey bee
Apis cerana	Östliche Honigbiene, Asiatische Honigbiene	Eastern honey bee, Asiatic honey bee
Apis cerana japonica	Japanische Honigbiene	Japanese honey bee
Apis dorsata	Riesenhonigbiene	giant honey bee
Apis florae	Zwerghonigbiene, Rote Zwerghonigbiene	red dwarf honey bee
Apis koschevnikovi	Asiatische Rote Honigbiene, Rote Honigbiene	red honey bee, Koschevnikov's bee
Apis laboriosa	Kliffhonigbiene, Felsenbiene	Himalayan cliff honey bee, Himalayan cliff bee, Himalayan honey bee

Apis mellifera adansoni	Afrikanische Honigbiene	African honey bee, Africanized honey bee
Apis mellifera capensis	Kapbiene	Cape honey bee, Cape bee
Apis mellifera carnica	Krainer Honigbiene	Carniola honey bee
Apis mellifera cecropia	Griechische Honigbiene	Greek honey bee
Apis mellifera cypria	Zyprische Honigbiene	Cyprian honey bee, Cyprian bee
Apis mellifera fasciata	Ägyptische Honigbiene	Egyptian honey bee
Apis mellifera indica	Indische Honigbiene	Indian honey bee
Apis mellifera ligustica	Italienische Honigbiene	Italian honey bee
Apis mellifera mellifera	Honigbiene, Europäische Honigbiene, Gemeine Honigbiene	honey bee, honeybee, hive bee
Apis mellifera scutellata	Afrikanische Honigbiene, Ostafrikanische Honigbiene	African honey bee, East African honey bee
Apis mellifera syriaca	Syrische Honigbiene	Syrian honey bee
Apis nigrocincta	Phillipinische Honigbiene	Phillipine honey bee
Apis nuluensis/ Apis cerana nuluensis	Asiatische Bergbiene	montane honey bee
Aplasta ononaria	Magerrasen-Hauhechelspanner	rest harrow (moth)
Aplocera efformata	Sandheiden-Johanniskrautspanner	lesser treble-bar (moth)
Aplocera plagiata	Großer Johanniskrautspanner, Grauspanner	treble-bar (moth), St. John's wort inchworm
Aplocera praeformata	Bergheiden-Johanniskrautspanner	purple treble-bar (moth)
Aplota palpella/ Aplota palpellus	Auen-Totholzfalter	scarce brown streak (moth)
Apocatops nigritus	Gemeiner Nestkäfer	
Apocheima hispidaria	Gelbfühleriger Spanner, Gelbfühler-Dickleibspanner	small brindled beauty (moth)
Apoda limacodes/ Cochlidion limacodes/ Apoda avellana	Große Schildmotte, Großer Schneckenspinner, Kleiner Asselspinner	festoon (moth)
Apoderus coryli	Haselblattroller, Dickkopfrüssler	hazel weevil, hazel leafroller weevil, hazel leaf roller weevil
Apomyelois ceratoniae	Johannisbrotmotte	locust bean moth
Aporia crataegi	Baumweißling	black-veined white (butterfly)
Aporophyla australis	Südenglische Küsten-Glattrückeneule*	feathered brindle (moth)

Aporophyla lueneburgensis	Heidekraut-Glattrückeneule	northern deep-brown dart (moth)
Aporophyla lutulenta	Braune Glattrückeneule	deep-brown dart (moth)
Aporophyla nigra	Schwarze Glattrückeneule	black rustic (moth)
Apotomis betuletana	Birken-Knospenwickler	birch marble (moth)
Apotomis capreana	Salweiden-Knospenwickler	sallow marble (moth)
Apotomis lineana	Weichholzauen-Knospenwickler	willow marble (moth)
Apotomis semifasciana	Weidenkätzchen-Knospenwickler	short-barred marble (moth)
Apotomis sororculana	Birkenwald-Knospenwickler	narrow-winged marble (moth)
Apotomis turbidana	Auwald-Knospenwickler	white-shouldered marble (moth)
Aproceros leucopoda	Zickzack-Blattwespe, Zick-Zack-Ulmenblattwespe, Japanische Ulmenblattwespe, Ulmenbürstenhornblattwespe, Asiatische Ulmenbürstenhornblattwespe	zig-zag sawfly, zig-zag elm sawfly, East Asian elm sawfly
Apterogenum ypsillon	Weiden-Pappel-Rindeneule	dingy shears (moth)
Apterona helicoidella	Schneckenhaus-Sackträger	snailcase bagworm (moth)
Apterygida media/ Apterygida albipennis	Gebüsch-Ohrwurm, Gebüschohrwurm	short-winged earwig, apterous earwig, hop-garden earwig
Aptinothrips rufus	Roter Blasenfuß, Grasthrips	red glass thrips
Aptinus bombarda	Alpen-Bombardierkäfer (Großer Bombardierkäfer)	Alpine bombardier beetle
Aquarius najas/ Gerris najas	Schwarzrückiger Flussläufer	river skater, river pondskater
Arachnocephalus vestitus	Buschgrille	Mediterranean wingless shrub cricket
Arachnospila anceps	Rotschwarze Spinnenwespe	common black-and-red spider wasp, red-black spider wasp
Aradidae	Rindenwanzen	flatbugs, flat bugs
Aradus cinnamomeus	Kiefernrindenwanze	pine flatbug
Araecerus fasciculatus	Kaffeebohnenkäfer	coffee bean weevil, nutmeg weevil
Araschnia levana	Landkärtchenfalter, Landkärtchen	map (butterfly), European map
Archaeognatha	Felsenspringer	jumping bristletails
Archaeopsylla erinacei	Igelfloh	hedgehog flea
Archanara dissoluta	Schilf-Röhrichteule	brown-veined wainscot (moth)

Archanara neurica	Rohrglanzgras-Schilfeule, Kleine Röhrichteule	white-mantled wainscot (moth)
Archiearis notha	Mittleres Jungfernkind, Auen-Jungfernkind, Espenjungfernkind	light orange underwing (moth)
Archiearis parthenias	Großes Jungfernkind, Birken-Jungfernkind, Birkenjungfernkind, Jungfernsohn	orange underwing (moth)
Archips argyrospilus	Amerikanischer Obstbaumwickler	fruittree leafroller
Archips crataegana	Weißdornwickler, Obstbaumwickler	fruit tree tortrix (moth), brown oak tortrix, oak red-barred twist
Archips oporana	Kiefernnadelwickler, Nadelholzwickler	pineneedle tortrix (moth)
Archips podana	Großer Obstbaumwickler, Bräunlicher Obstbaumwickler, Eschenzwieselwickler	large fruit-tree tortrix (moth), apple tortrix (moth)
Archips rosana	Rosenwickler, Heckenwickler	rose tortrix (moth), rose twist
Archips xylosteana	Braunfleckiger Wickler	variegated golden tortrix (moth)
Archon apollinus	Griechischer Apoll	false apollo
Arctia caja	Brauner Bär	garden tiger (moth), great tiger (moth)
Arctia festiva	Englischer Bär	hebe tiger moth
Arctia flavia	Engadiner Bär, Gelber Bär	yellow tiger, Alpine yellow tiger (moth)
Arctia villica	Schwarzer Bär	cream-spot tiger (moth)
Arctiidae	Bärenspinner (Bären)	tigermoths & footman moths & ermine moths (caterpillars: woolly bears, woollybears)
Arctiini/ Arctiinae (Arctiidae)	Bärenspinner	erebid moths
Arctornis l-nigrum	Schwarzes L	black V moth
Arcyptera fusca	Großer Band-Grashüpfer, Große Höckerschrecke	large banded grasshopper
Arcyptera microptera	Kleiner Band-Grashüpfer, Kleine Höckerschrecke	small banded grasshopper
Ardis brunniventris	Absteigender Rosentriebbohrer	rose shoot sawfly, rose tip-infesting sawfly
Aremelia torquatella	Moorbirken-Gespinstfalter	
Arenivaga bolliana	Wüstenschabe	desert cockroach

Arenostola phragmitidis	Gelbweiße Schilfeule	fen wainscot (moth)
Aretaon asperrimus	Kleine Dornschrecke	small spiny stick insect, thorny stick insect, Sabah thorny stick insect
Arethusana arethusa/ Satyrus arethusa	Rostbinden-Samtfalter, Rotbindiger Samtfalter	false grayling (butterfly)
Arge ochropus	Gelbe Rosenbürsthornblattwespe, Gelbe Rosenbürsthornwespe, Nähfliege	large rose sawfly
Arge pagana	Blauschwarze Rosenbürstenhornblattwespe, Blauschwarze Rosenbürstenhornwespe	variable rose sawfly
Arge pullata	Blauschwarze Birkenblattwespe	European birch sawfly
Argidae	Bürstenhornblattwespen	stout-bodied sawflies, argid sawflies
Argolamprotes micella	Himbeer-Markmotte, Himbeermarkmotte	bright neb (moth)
Argynnis adippe/ Fabriciana adippe	Feuriger Perlmuttfalter, Feuriger Perlmutterfalter, Märzveilchenfalter, Bergmatten-Perlmutterfalter, Hundsveilchen-Perlmutterfalter	high brown fritillary (butterfly)
Argynnis aglaja/ Mesoacidalia aglaja	Großer Permutterfalter, Großer Permuttfalter	dark green fritillary (butterfly)
Argynnis laodice	Grünlicher Perlmuttfalter, Östlicher Perlmuttfalter, Östlicher Perlmutterfalter	Pallas fritillary, Pallas's fritillary (butterfly)
Argynnis lathonia/ Issoria lathonia	Kleiner Perlmutterfalter, Kleiner Perlmuttfalter	Queen of Spain fritillary (butterfly)
Argynnis niobe/ Fabriciana niobe	Stiefmütterchen-Perlmutterfalter, Mittlerer Perlmuttfalter	niobe fritillary (butterfly)
Argynnis pandora/ Pandoriana pandora	Kardinal, Pandorafalter	cardinal (butterfly)
Argynnis paphia	Kaisermantel, Silberstrich	silver-washed fritillary (butterfly)
Argyresthia albistria	Pflaumen-Blütenmotte	purple argent (moth)
Argyresthia bergiella	Gelbe Fichtenknospenmotte	
Argyresthia bonnetella	Weißdorn-Blütenmotte	hawthorn argent (moth)
Argyresthia brockeella	Birken-Blütenmotte	gold-ribbon argent (moth)

Argyresthia conjugella	Ebereschen-Blütenmotte, Apfelmotte	apple fruit moth
Argyresthia curvella	Apfel-Blütenmotte, Apfelblüten-Motte	brindled argent (moth)
Argyresthia fundella	Gebänderte Tannennadelmotte	
Argyresthia glabratella	Braune Fichtenknospenmotte	spruce argent (moth)
Argyresthia goedartella	Erlen-Blütenmotte	golden argent (moth), bronze alder moth
Argyresthia illuminatella	Silbergraue Lärchenknospenmotte	glossy argent (moth)
Argyresthia kulfani	Silbergraue Tannenknospenmotte	
Argyresthia laevigatella	Lärchentriebmotte	larch-boring argent (moth)
Argyresthia praecocella	Frühe Knospengespinstmotte	ochreous argent, juniper berry miner moth
Argyresthia pruniella	Kirsch-Blütenmotte, Kirschblütenmotte	cherry fruit moth, cherry blossom moth, cherry blossom tineid
Argyresthia pygmaeella	Weiden-Blütenmotte	sallow argent (moth)
Argyresthia semitestacella	Buchen-Blütenmotte	large beech argent (moth)
Argyresthia spinosella	Schlehen-Blütenmotte, Schlehenknospenmotte	blackthorn argent (moth)
Argyresthia thuiella	Thuja-Miniermotte, Thujaminiermotte, Thujenminiermotte	thuja mining moth, arborvitae leafminer, American thuja shoot moth
Argyresthia trifasciata	Zierwacholder-Blütenmotte, Wacholder-Miniermotte	triple-barred argent (moth)
Argyresthiidae	Silbermotten	argent moths (cypress moths)
Arhopalus ferus	Schwarzbrauner Halsgrubenbock, Schwarzbrauner Grubenhalsbock	burnt pine longhorn beetle
Arhopalus rusticus	Dunkelbrauner Halsgrubenbock, Dunkelbrauner Grubenhalsbock	rusty longhorn beetle
Arichanna melanaria	Rauschbeerspanner, Rauschbeerenspanner, Rauschbeeren-Fleckenspanner, Torfmoosspanner	spotted beauty (moth)
Aricia agestis	Kleiner Sonnenröschen-Bläuling, Dunkelbrauner Bläuling	brown argus (butterfly)
Aricia artaxerxes	Großer Sonnenröschen-Bläuling	northern brown argus (butterfly)

Aricia eumedon	Storchschnabel-Bläuling	geranium argus (butterfly)
Arilus cristatus	Amerikanische Radwanze, Amerikanische Sägekamm-Raubwanze	wheel bug
Aristotelia brizella	Grasnelken-Palpenfalter	thrift neb (moth)
Arma custos	Waldwächter (Wanze)	dock leaf bug
Arocatus longiceps	Platanenwanze	
Arocatus melanocephalus	Ulmenwanze	
Aromia moschata	Moschusbock	musk beetle
Arpidiphorus orbiculatus	Schwarzer Kugelpilzkäfer	
Artiora evonymaria	Pfaffenhütchen-Wellenrandspanner, Feldholz-Pfaffenhut-Wellenspanner	
Asaphidion austriacum	Österreichischer Haarahlenläufer	
Asaphidion curtum	Gehölz-Haarahlenläufer	common velvetback (carabid ground beetle)
Asaphidion falvipes	Punktierter Nebelfleckenläufer, Gelbfüßiger Ahlenläufer, Gewöhnlicher Haarahlenläufer	yellow-legged velvetback (carabid ground beetle)
Asaphidion pallipes	Ziegelei-Haarahlenläufer	great velvetback (carabid ground beetle)
Asaphidion stierlini	Sand-Haarahlenläufer*, Feldrain-Haarahlenläufer*, Ruderal-Haarahlenläufer*	arable velvetback (carabid ground beetle)
Ascalapha odorata	Schwarzer Hexenschwärmer	black witch, black witch moth
Ascalaphidae	Schmetterlingshafte	owlflies
Ascalenia vanella	Grauer Tamarisken-Prachtfalter	
Ascotis selenaria	Schlehenhecken-Grauspanner	giant looper (moth), luna beauty (moth)
Asemum striatum	Düsterbock	pine longhorn beetle
Asilidae	Raubfliegen (Mordfliegen)	robberflies and grass flies
Asilus crabroniformis	Hornissenraubfliege, Hornissenjagdfliege	hornet robberfly (Central European sanddune robberfly)
Asiphum tremulae/ Pachypappa tremulae	Espenblattnest-Blattlaus	spruce root aphid
Asiraca clavicornis	Schaufelspornzikade	
Asphalia ruficollis	Rothals-Eulenspinner	
Aspidiotus destructor	Kokosnuss-Schildlaus	coconut scale
Aspidiotus juglansregiae	Walnuss-Schildlaus	English walnut scale

Aspidiotus nerii/ Aspidiotus hederae	Oleanderschildlaus	oleander scale
Aspilapteryx limosella	Gamander-Blatttütenmotte, Gamander-Blatttütenfalter	
Aspilapteryx spectabilis	Sajatfalter	
Aspilapteryx tringipennella	Wegerich-Miniermotte	ribwort slender (moth)
Aspitates gilvaria	Schafgarbenspanner, Einstreifiger Trockenrasenspanner	straw belle (moth)
Aspitates ochrearia	Möhren-Wegerich-Spanner*	yellow belle (moth)
Astata boops	Wanzengrabwespe	a shield bug-hunting wasp
Asteiidae	Feinfliegen	asteiids
Asterolecaniidae	Pockenschildläuse, Pockenläuse	pit scales
Asteroscopus sphinx	Herbst-Rauhaareule, Sphinxeule, Linden-Rauhaareule	sprawler, the sprawler (moth)
Asthena albulata	Ungepunkteter Zierspanner, Weißglanzspanner	small white wave (moth)
Asthena anseraria	Weißer Hartriegel-Zierspanner, Gepunkteter Zierspanner	small white wave (moth)
Astiotes sponsa	Großer Eichenkarmin	dark crimson underwing, scarlet underwing moth
Atemelia torquatella	Moorbirken-Gespinstfalter	
Atethmia ambusta	Birnbaumeule	
Atethmia centrago	Ockergelbe Escheneule	centre-barred sallow (moth)
Athalia rosae	Rübsenblattwespe, Kohlrübenblattwespe	turnip sawfly
Atherix ibis	Ibisfliege	ibis fly
Atheta crassicornis	Gemeiner Pilzkurzflügler	common rove beetle
Athetis gluteosa	Trockenrasen-Staubeule	a dry-meadow rustic (moth)*
Athetis hospes/ Proxenus hospes	Mittelmeer-Staubeule	Porter's rustic (moth)
Athetis pallustris	Feuchtwiesen-Staubeule, Wiesen-Staubeule	marsh moth
Athous bicolor	Zweifarbiger Laubschnellkäfer	bicoloured click beetle*
Athous haemorrhoidalis/ Athous obscurus	Rotbauchiger Laubschnellkäfer	garden click beetle
Athous vittatus	Gebänderter Schnellkäfer	banded click beetle*
Athrips rancidella	Grauer Schlehen-Schlankpalpenfalter	cotoneaster webworm (moth)
Atlides halesus	Großer Purpur-Zipfelfalter	great purple hairstreak

Atolmis rubricollis	Rotkragen, Rothals, Rotkragen-Flechtenbärchen	red-necked footman (moth)
Atomaria linearis	Moosknopfkäfer	pygmy mangold beetle
Atrecus affinis	Ähnlicher Mulmkurzflügler	
Atta spp.	Blattschneiderameisen	leaf-cutting ants, leafcutting ants
Atta texana	Texanische Blattschneiderameise	Texas leaf-cutting ant
Attacus atlas	Atlasspinner	atlas moth
Attagenus fasciatus	Tropischer Pelzkäfer	wardrobe beetle, tropical carpet beetle, banded black carpet beetle, tobacco seed beetle
Attagenus megatoma	Dunkler Pelzkäfer	black carpet beetle
Attagenus pellio	Pelzkäfer, Gemeiner Pelzkäfer, Gefleckter Pelzkäfer	fur beetle, two-spotted carpet beetle
Attagenus punctatus	Gepunkteter Pelzkäfer	
Attagenus smirnovi	Brauner Pelzkäfer, Wodka-Käfer	brown carpet beetle, vodka beetle
Attelabinae	Blattroller	leaf-rolling weevils
Attelabus nitens	Roter Eichenkugelrüssler, Eichenblattroller, Tönnchenwickler	oak leaf roller weevil, oak leaf roller, red oak roller
Atypha pulmonaris	Lungenkraut-Staubeule, Lungenkrauteule	
Auchenorrhyncha (Homoptera)	Zikaden (Zirpen) & Schaumzikaden	cicadas and hoppers (see: spittlebugs, froghoppers)
Auchmeromyia luteola	Kongo-Schmeißfliege (Kongo-Bodenmade)	Congo floor-maggot fly
Auchmis detersa	Berberitzeneule, Kommaeule	
Aulacaspis rosae	Kleine Rosenschildlaus	rose scale
Aulacorthum circumflexum	Gefleckte Gewächshauslaus	mottled arum aphid
Aulacorthum pelargonii	Pelargonienlaus	pelargonium aphid, geranium aphid
Aulacorthum solani	Gefleckte Kartoffellaus	glasshouse aphid, potato aphid
Aulacorthum speyeri	Maiglöckchenlaus	lily-of-the-valley aphid
Auplopus carbonarius	Tönnchenwegwespe	a spider-hunting wasp
Austrogallia sinuata	Zweifleck-Dickkopfzikade	
Autographa aemula	Habichtskraut-Silbereule	
Autographa bractea	Quellhalden-Goldeule, Silberblatt-Goldeule, Braune Silberfleck-Höckereule	gold spangle (moth)

Autographa buraetica	Sibirische Goldeule	
Autographa gamma/ Phytometra gamma	Gammaeule, Pistoleneule	silver Y (moth)
Autographa jota	Jota-Eule, Jota-Silbereule	plain golden Y (moth)
Autographa pulchrina	Ziesteule, Ziest-Silbereule	beautiful golden Y (moth)
Automeris io	Amerikanisches Tagpfauenauge	io moth
Axinopalpis gracilis	Messerbock	
Axylia putris	Putris-Erdeule, Gelbliche Dunkelranderdeule, Gebüschflur-Bodeneule	the flame (moth)
Baccha elongata	Helle Nadel-Schwebfliege, Helle Nadelschwebfliege, Gemeine Schattenschwebfliege	elongated hoverfly, elongated flower fly
Bacillus rossius	Mittelmeerstabschrecke	Mediterranean stick insect
Bacotia claustrella	Glocken-Sackträgermotte, Glocken-Sackträger	shining smoke (moth)
Bactericera cockerelli	Amerikanischer Kartoffelblattsauger, Amerikanischer Tomatenblattsauger	potato psyllid, tomato psyllid
Bactericera nigricornis	Schwarzer Möhrenblattfloh	black carrot/potato psyllid
Bactericera tremblayi	Zwiebelblattsauger*	onion psyllid
Bactrocera albistrigata	Weißstreifen-Fruchtfliege, Weißgestreifte Fruchtfliege	white-striped fruit fly
Bactrocera cacuminata	Wildtabak-Fruchtfliege*, Nachtschatten-Fruchtfliege*	wild tobacco fly, wild tobacco fruit fly, solanum fruit fly
Bactrocera carambolae	Carambola-Fruchtfliege	carambola fruit fly
Bactrocera correcta	Guavenfliege, Guaven-Fruchtfliege	guava fruit fly
Bactrocera cucumis	Gurkenfliege*	cucumber fly
Bactrocera cucurbitae	Melonenfliege	melon fruit fly, melon fly
Bactrocera decipiens	Kürbis-Fruchtfliege, Kürbisfruchtfliege	pumpkin fruit fly
Bactrocera dorsalis	Orient-Fruchtfliege, Orientalische Fruchtfliege	oriental fruit fly, mango fruit fly (India)
Bactrocera frauenfeldi	Mango-Fruchtfliege	mango fruit fly, mango fly (South-East Asian)
Bactrocera invadens	Asiatische Fruchtfliege	invader fruit fly, Asian fruit fly, African invader fruit fly, African invasive fruit fly (actually: Africa invader fruit fly)

Bactrocera minax	Chinesische Zitrusfruchtfliege, Chinesische Citrusfruchtfliege	Chinese citrus fruit fly, Chinese citrus fly
Bactrocera oleae	Olivenfruchtfliege	olive fruit fly
Bactrocera papayae	Asiatische Papayafruchtfliege	Asian papaya fruit fly
Bactrocera tryoni	Queensland-Fruchtfliege	Queensland fruit fly
Bactrocera tsuneonis	Japanische Mandarinenfliege, Japanische Citrusfruchtfliege, Japanische Zitrusfruchtfliege	Japanese orange fly, Japanese citrus fruit fly
Bactrocera umbrosa	Brotfruchtfliege	breadfruit fly, jackfruit fly
Bactrocera zonata	Pfirsichfruchtfliege	peach fruit fly
Badister bullatus/ Badister bipustulatus	Gewöhnlicher Wanderläufer, Zweifarbiger Wanderkäfer, Gewöhnlicher Wanderkäfer	a European ground beetle
Badister collaris	Ried-Dunkelwanderläufer	
Badister dilatatus	Breiter Dunkelwanderläufer	
Badister lacertosus	Stutzfleck-Wanderläufer	
Badister peltatus	Auen-Dunkelwanderläufer	
Badister sodalis	Kleiner Gelbschulter-Wanderläufer	
Badister unipustulatus	Großer Wanderläufer	
Baeocrara variolosa	Zweifarbiger Zwergkäfer	
Baetis fuscatus	Blasser Glashaft*, Blasse Eintagsfliege u. a.	pale watery (dun)
Baetis mutilus/ Baetis pumilus	Stahlblauer Glashaft, Stahlblaue Eintagsfliege u. a.	northern iron blue (dun), northern dark watchet
Baetis niger	Stahlblauer Glashaft, Stahlblaue Eintagsfliege u. a.	southern iron blue (dun), southern dark watchet
Baetis rhodani	Großer Dunkler Glashaft*	large dark olive (dun), spring olive (dun)
Baetis scambus	Kleiner Dunkler Glashaft*	small dark olive (dun), July dun
Baetis spp.	Glashafte	dun mayflies a.o., duns a.o. (*imagoes/imagines:* spinners)
Baetis vernus	Mittlerer Glashaft*, Blauer Glashaft*	medium olive (dun), blue dun
Bagous nodulosus	Knotiger Uferrüsseler	flowering rush weevil
Bankesia conspurcatella	Staintons Baumflechten-Sackträger	a bagworm moth
Baptria tibiale	Schwarzer Christophskrautspanner	
Barbitistes constrictus	Nadelholz-Säbelschrecke	eastern sawtailed bush-cricket

Barbitistes obtusus	Südalpen-Säbelschrecke	southern Alpine sawtailed bush-cricket*
Barbitistes serricauda	Laubholz-Säbelschrecke	saw-tailed bush-cricket
Baris analis	Flohkraut-Zahnrüssler	fleabane weevil
Barypeithes araneiformis	Kahler Trägrüssler	smooth broad-nosed weevil
Batia internella	Mittlerer Ginsterrindenfalter	new tawny tubic (moth)
Batia lambdella	Großer Ginsterrindenfalter	
Batia lunaris	Kleiner Ginsterrindenfalter	lesser tawny crescent (moth)
Batophila rubi	Himbeerflohkäfer	raspberry flea beetle
Batrisus formicarius	Fühlerhöcker-Palpenkäfer	
Belostomatidae	Riesenwanzen, Riesenwasserwanzen	giant water bugs (toe biters)
Bembecia albanensis	Hauhechel-Glasflügler	
Bembecia ichneumoniformis/ Bembecia scopigera	Hornklee-Glasflügler, Trockenkräuterrasen-Glasflügler	six-belted clearwing (moth)
Bembecia megillaeformis	Färberginster-Glasflügler	
Bembecia uroceriformis	Holzwespen-Glasflügler	
Bembidion argenteolum/ Bracteon argenteolum	Silberfleck-Ahlenläufer	silt silver-spot (beetle)
Bembidion articulatum	Hellfleckiger Ufer-Ahlenläufer	
Bembidion ascendens	Spitzdecken-Ahlenläufer	
Bembidion aspericolle	Salzstellen-Ahlenläufer	
Bembidion assimile	Flachmoor-Ahlenläufer	
Bembidion atrocaeruleum	Schwarzblauer Ahlenläufer	
Bembidion azurescens	Blauglänzender Ahlenläufer	
Bembidion biguttatum	Zweifleckiger Ahlenläufer	
Bembidion bipunctatum	Zweipunkt-Ahlenläufer	
Bembidion bruxellense	Schiefleckiger Ahlenläufer	
Bembidion decorum	Blaugrüner Punkt-Ahlenläufer	
Bembidion deletum	Mittlerer Lehmwand-Ahlenläufer	
Bembidion dentellum	Metallbrauner Ahlenläufer	
Bembidion doris	Ried-Ahlenläufer	
Bembidion elongatum	Länglicher Ahlenläufer	
Bembidion fasciolatum	Braunschieniger Ahlenläufer	
Bembidion femoratum	Kreuzgezeichneter Ahlenläufer	
Bembidion fluviatile	Lehmufer-Ahlenläufer	

Bembidion fumigatum	Rauchbrauner Ahlenläufer	
Bembidion geniculatum	Kleiner Uferschotter-Ahlenläufer	
Bembidion gilvipes	Feuchtbrachen-Ahlenläufer	
Bembidion guttula	Wiesen-Ahlenläufer	
Bembidion humerale	Hochmoor-Ahlenläufer	thorne pin-palp (beetle)
Bembidion inustum	Erd-Ahlenläufer	
Bembidion lampros	Gewöhnlicher Ahlenläufer	
Bembidion latinum	Lateinischer Ahlenläufer	
Bembidion litorale	Flussauen-Ahlenläufer	
Bembidion lunatum	Mondfleck-Ahlenläufer	
Bembidion lunulatum	Sumpf-Ahlenläufer	
Bembidion mannerheimii	Sumpfwald-Ahlenläufer	
Bembidion milleri	Kleiner Lehmwand-Ahlenläufer	
Bembidion millerianum	Gebirgsbach-Ahlenläufer	
Bembidion minimum	Kleiner Ahlenläufer	
Bembidion modestum	Großfleck-Ahlenläufer	
Bembidion monticola	Sandufer-Ahlenläufer	
Bembidion obliquum	Schrägbindiger Ahlenläufer	
Bembidion obtusum	Schwachgestreifter Ahlenläufer	
Bembidion octomaculatum	Achtfleck-Ahlenläufer	
Bembidion prasinum	Grünlicher Ahlenläufer	
Bembidion properans	Feld-Ahlenläufer	
Bembidion punctulatum	Grobpunktierter Ahlenläufer	
Bembidion pygmaeum	Matter Lehm-Ahlenläufer	
Bembidion quadrimaculatum	Vierfleck-Ahlenläufer	
Bembidion quadripustulatum	Schlammufer-Ahlenläufer	scarce four-dot pin-palp (beetle)
Bembidion semipunctatum	Grünbindiger Ahlenläufer	
Bembidion stephensii	Großer Lehmwand-Ahlenläufer	
Bembidion stomoides	Waldbach-Ahlenläufer	
Bembidion striatum	Gestreifter Ahlenläufer	
Bembidion testaceum	Ziegelroter Ahlenläufer	pale pin-palp (beetle)
Bembidion tetracolum	Gewöhnlicher Ufer-Ahlenläufer	
Bembidion tibiale	Großer Uferschotter-Ahlenläufer	shingle pin-palp (beetle)
Bembidion varicolor/ Bembidion tricolor	Zweifarbiger Ahlenläufer	multicoloured pin-palp*

Bembidion varium	Veränderlicher Ahlenläufer	
Bembidion velox	Grünfleck-Ahlenläufer	
Bembix rostrata/ Epibembix rostrata	Geschnäbelte Kreiselwespe	rostrate bembix wasp*, rostrate sand wasp*, rostrate digger wasp
Bemisia tabaci	Baumwoll-Weiße Fliege, Tabakmottenschildlaus	silverleaf whitefly, sweetpotato whitefly, tobacco whitefly, cotton whitefly
Bena bicolorana	Großer Kahnspinner, Eichen-Kahnspinner	scarce silver-lines (moth)
Berytidae	Stelzenwanzen	stilt bugs
Berytinus minor	Hexenkrautwanze	
Bethylidae	Ameisenwespchen	bethylid wasps
Biastes emarginatus	Große Kraftbiene	a Central European cuckoo bee
Biastes truncatus	Kleine Kraftbiene	a Central European cuckoo bee
Bibio hortulanus	Gartenhaarmücke	garden march fly
Bibio marci	Markusfliege, Markushaarmücke	St.Mark's fly
Bibionidae	Haarmücken	march flies, St.Mark's flies
Bibloporus bicolor	Zweifarbiger Palpenkäfer	
Bijugis bombycella	Ockergelber Gitter-Sackträger	
Bijugis pectinella	Grauer Gitter-Sackträger	
Biorrhiza pallida/ Biorhiza pallida	Schwammgallwespe, Eichenschwammgallwespe	oak-apple gall wasp (>oak apple)
Biphyllidae	Pilzplattkäfer	false skin beetles
Biston betularia	Birkenspanner	peppered moth (larva: hop-cat)
Biston strataria	Pappelspanner, Pappel-Dickleibspanner	oak beauty (moth), oak brindled beauty
Bitoma crenata/ Ditoma crenata	Schwarzroter Rindenkäfer, Gekielter Rindenkäfer	saddle-backed bitoma (a cylindrical bark beetle)
Bittacidae	Mückenhafte	hanging scorpionflies, hangingflies
Bittacus italicus	Italienischer Mückenhaft	Italian hanging fly, Italian hangingfly
Blaberidae	Riesenschaben	giant cockroaches
Blaberus cranifer	Totenkopfschabe	death's head cockroach
Blaberus giganteus	Brasilianische Schabe	Brazilian cockroach
Blaps mortisaga	Großer Totenkäfer, Gemeiner Totenkäfer	giant churchyard beetle, giant cellar beetle
Blaps mucronata	Stachelspitzer Totenkäfer, Gewölbter Totenkäfer	mucronate churchyard beetle, mucronate cellar beetle

Blaps spp.	Totenkäfer	churchyard beetles, cellar beetles
Blaptica dubia	Argentinische Schabe, Argentinische Waldschabe	Dubia roach, orange-spotted cockroach, Guyana spotted cockroach, Argentinian wood cockroach, Argentine orange-spotted cockroach, Argentine roach
Blastesthia turionella	Kiefernknospenwickler	pine bud moth
Blastodacna atra/ Spuleria atra	Apfelmarkschabe, Apfeltriebmotte	pith moth, apple pith moth
Blastophaga psenes	Feigengallwespe	caprifig wasp
Blastophagus minor/ Tomicus minor	Kleiner Waldgärtner, Rotbrauner Waldgärtner	minor pith borer
Blastophagus piniperda/ Tomicus piniperda	Großer Waldgärtner, Gefurchter Waldgärtner, Kiefernmarkkäfer, Markkäfer	pine beetle, larger pith borer, large pine shoot beetle
Blatella asahinai	Asiatische Schabe	Asian cockroach
Blatella lituricollis	Unechte Deutsche Schabe	false German cockroach
Blatta orientalis	Küchenschabe, Bäckerschabe, Orientalische Schabe	Oriental cockroach, common cockroach
Blattella germanica	Deutsche Schabe	German cockroach (croton-bug, shiner, steamfly)
Blattellidae	Holzschaben	wood cockroaches
Blattidae	Schaben	cockroaches; Oriental and American cockroaches
Blattodea	Schaben	cockroaches
Bledius gallicus	Gemeiner Grabkurzflügler	
Blemus discus	Quergebänderter Haarflinkläufer	
Blennocampa phyllocolpa	Kleinste Rosenblattwespe	least leaf-rolling rose sawfly, least rose leaf-rolling sawfly
Blennocampa pusilla	Rosenblattwespe, Rosenblattrollwespe	leaf-rolling rose sawfly, rose leaf-rolling sawfly
Blephariceridae/ Blepharoceridae/ Blepharoceratidae	Lidmücken, Netzmücken	net-winged midges
Blepharidopterus angulatus	Gimp	black-kneed capsid
Blethisa multipunctata	Narbenläufer, Narbenkäfer	the many-dimpled (carabid ground beetle)
Blissus leucopterus	Getreidewanze, Amerikanische Getreidewanze	chinch bug, American chinch bug
Blithophaga opaca	Brauner Rübenaaskäfer	beet carrion beetle

Bohemannia pulverosella	Früher Wildapfel-Zwergminierfalter, Wildapfel-Zwergminiermotte	dusty apple pigmy (moth)
Bolbelasmus unicornis	Vierzähniger Mistkäfer	truffles dung beetle*
Bolitobius castaneus	Kleiner Rotdeckenkurzflügler	
Bolitochara pulchra	Mondfleckiger Kleinkurzflügler	
Bolitotherus cornutus	Gegabelter Pilzkäfer*	forked fungus beetle
Boloria aquilonaris	Hochmoor-Perlmutterfalter	cranberry fritillary (butterfly)
Boloria dia/Clossiana dia	Magerrasen-Perlmuttfalter, Hainveilchen-Perlmutterfalter, Kleinster Perlmutterfalter	violet fritillary, Weaver's fritillary (butterfly)
Boloria eunomia/ Clossiana eunomia/ Proclossiana eunomia	Randring-Perlmuttfalter, Randring-Perlmutterfalter	bog fritillary, ocellate bog fritillary (butterfly)
Boloria euphrosyne/ Clossiana euphrosyne	Veilchen-Perlmutterfalter, Silberfleck-Perlmuttfalter, Früher Perlmuttfalter	pearl-bordered fritillary (butterfly)
Boloria napaea	Ähnlicher Perlmutterfalter	mountain fritillary (butterfly)
Boloria pales	Alpenmatten-Perlmutterfalter, Hochalpen-Perlmutterfalter	Shepherd's fritillary (butterfly)
Boloria selene/ Clossiana selene	Braunscheckiger Perlmutterfalter, Braunfleckiger Perlmutterfalter	small pearl-bordered fritillary (butterfly)
Boloria thore/ Clossiana thore	Bergwald-Perlmutterfalter, Bergwald-Perlmuttfalter, Alpen-Perlmutterfalter	Thore's fritillary (butterfly)
Boloria titania	Natterwurz-Perlmutterfalter	Titania's fritillary, purple bog fritillary (butterfly)
Bombidae/ Bombinae	Hummeln	bumblebees
Bombus alpinus	Alpenhummel	Alpine bumblebee
Bombus barbutellus	Bärtige Kuckuckshummel, Bärtige Schmarotzerhummel	Barbut's cuckoo-bee
Bombus bohemicus	Angebundene Kuckuckshummel	gypsy cuckoo-bee, gypsy cuckoo bumblebee
Bombus campestris	Feld-Kuckuckshummel	field cuckoo-bee, field cuckoo bumblebee
Bombus confusus	Samthummel	velvety black bumblebee*
Bombus cryptarum	Kryptarum-Erdhummel	cryptic bumblebee
Bombus distinguendus	Große Gelbhummel, Deichhummel	great yellow bumblebee
Bombus flavidus	Blassgelbe Kuckuckshummel, Blassgelbe Schmarotzerhummel	

Bombus hortorum	Gartenhummel	garden bumblebee, small garden bumblebee
Bombus humilis	Veränderliche Hummel	brown-banded carder bee
Bombus hypnorum	Baumhummel	tree bumblebee
Bombus jonellus	Heidehummel	heath bumblebee
Bombus lapidarius/ Aombus lapidarius	Steinhummel	red-tailed bumblebee, large red-tailed bumble bee, red-tailed cuckoo bumblebee
Bombus lucorum	Weißschwanz-Erdhummel, Helle Erdhummel, Hellgelbe Erdhummel	white-tailed bumblebee
Bombus magnus	Große Erdhummel	northern white-tailed bumblebee
Bombus mesomelas	Berghummel	
Bombus monticola	Berglandhummel	bilberry bumblebee, mountain bumblebee
Bombus mucidus	Grauweiße Hummel	
Bombus muscorum	Mooshummel	moss carder bumblebee, moss carder bee
Bombus norvegicus	Norwegische Kuckuckshummel	Norwegian cuckoo bumblebee
Bombus pascuorum/ Bombus agrorum	Ackerhummel	carder bee, common carder bumblebee, common carder bee
Bombus pomorum	Obsthummel	apple bumblebee
Bombus pratorum	Wiesenhummel	early bumblebee, early nesting bumblebee
Bombus pyrenaeus	Pyrenäenhummel	Pyrenean bumble bee
Bombus quadricolor	Vierfarbige Kuckuckshummel, Vierfarbige Schmarotzerhummel	
Bombus ruderarius	Grashummel	red-shanked carder bee
Bombus ruderatus	Feldhummel, Große Gartenhummel	large garden bumblebee, ruderal bumblebee
Bombus rupestris	Felsen-Kuckuckshummel, Gebüsch-Kuckuckshummel	hill cuckoo bumblebee, hill cuckoo bee
Bombus sichelii	Höhenhummel	
Bombus soroeensis	Distelhummel	broken-belted bumblebee
Bombus subterraneus	Kurzhaar-Hummel, Erdbauhummel	short-haired bumblebee
Bombus sylvarum	Waldhummel	knapweed carder bumblebee, shrill carder bee
Bombus sylvestris	Wald-Kuckuckshummel	forest cuckoo bumblebee, four-coloured cuckoo-bee

Bombus terrestris	Dunkle Erdhummel	buff-tailed bumblebee
Bombus terricola	Gelbgebänderte Hummel	yellow-banded bumblebee
Bombus vestalis	Keusche Kuckuckshummel, Keusche Schmarotzerhummel	vestal cuckoo-bee, vestal cuckoo bumblebee
Bombus veteranus	Sandhummel	sand bumblebee
Bombus wurflenii	Bergwaldhummel	
Bombycidae	Seidenspinner, Echte Spinner	silkworm moths
Bombyliidae	Hummelschweber (Hummelfliegen) & Wollschweber & Trauerschweber	beeflies, bee flies
Bombylius ater	Schwarzer Wollschweber	small black bee-fly
Bombylius discolor	Gefleckter Wollschweber	dotted bee-fly
Bombylius major	Großer Wollschweber	large bee-fly, greater bee-fly, dark-edged bee-fly
Bombylius minor	Kleiner Wollschweber	heath bee-fly
Bombyx mori	Maulbeerspinner, Echter Seidenspinner	silkworm moth
Boreidae	Winterhafte	snow scorpionflies
Boreus hyemalis	Gebirgs-Winterhaft, Gletschergast, Schneefloh	snow flea, snow-flea, snow scorpion-fly
Bostrichidae/ Bostrychidae	Kapuzenkäfer, Kapuzinerkäfer, Bohrkäfer, Holzbohrkäfer	horned powder-post beetles, branch borers and twig borers, bostrichids (wood borers)
Bostrichus capucinus	Karminroter Kapuzinerkäfer, Roter Kapuzinerkäfer, Kapuzinerkäfer	capuchin beetle, crimson capuchin beetle
Botanophila gnava/ Phorbia gnava	Lattichfliege, Salatfliege	lettuce seed fly
Bothynoderes punctiventris/ Cleonus punctiventris	Rübenderbrüssler	beet root weevil
Boudinotiana notha/ Archiearis notha	Mittleres Jungfernkind, Pappel-Jungfernkind, Kleine Espen-Tageule, Auen-Jungfernkind	light orange underwing (moth)
Boudinotiana puella/ Archiearis puella	Kleines Jungfernkind, Das Mädchen	pale orange underwing (moth)
Boudinotiana touranginii	Purpurweiden-Jungfernkind	small orange underwing (moth)
Bourletiella hortensis/ Bourletiella signatus	Gartenspringschwanz	garden springtail
Bovicola bovis	Rinderhaarling	cattle-biting louse
Bovicola caprae	Ziegenhaarling	goat-biting louse

Bovicola equi/ Werneckiella equi	Pferdehaarling	horse-biting louse
Bovicola ovis/ Lepikentron ovis	Sandlaus, Schaflaus	sheep-biting louse
Boyeria irene	Westliche Geisterlibelle	Western spectre, dusk hawker
Brachinus crepitans	Großer Bombardierkäfer	greater bombardier beetle
Brachinus explodens	Kleiner Bombardierkäfer	lesser bombardier beetle
Brachinus sclopeta	Rotfleck-Bombardierkäfer*	streaked bombardier beetle
Brachinus spp.	Bombardierkäfer	bombardier beetles
Brachionycha nubeculosa	Frühlings-Rauhaareule	Rannoch sprawler (moth)
Brachionycha sphinx	Sphinxeule	sprawler, common sprawler (moth)
Brachycaudus cardui	Große Pflaumenblattlaus, Große Pflaumenlaus	thistle aphid, greater plum aphid*
Brachycaudus helichrysi	Kleine Pflaumenblattlaus, Kleine Pflaumenlaus	leaf-curling plum aphid
Brachycaudus persicae	Schwarze Pfirsichblattlaus	black peach aphid
Brachycaudus schwartzi	Schwarzgefleckte Pfirsichlaus, Schwarzgefleckte Pfirsichblattlaus	peach aphid
Brachycera (Diptera)	Fliegen	true flies
Brachycolus asparagi	Spargelblattlaus	asparagus aphid
Brachyderes incanus	Kiefernnadel-Rüssler, Schwarzer Kiefernnadel-Rüssler	
Brachygluta fossulata	Schwarzbrauner Palpenkäfer	
Brachylomia viminalis	Korbweideneule, Violettgraue Weideneule	minor shoulder-knot (moth)
Brachymyia floccosa	Pelzschwebfliege	
Brachyonyx pineti	Kiefernadelrüssler	pine needle weevil
Brachyopa bicolor	Baumsaft-Schwebfliege, Kurzstrich-Baumsaftschwebfliege	a hoverfly
Brachypalpus laphriformis	Braune Mulm-Schwebfliege, Braune Mulmschwebfliege	a hoverfly
Brachyponera chinensis/ Pachycondyla chinensis	Asiatische Nadelameise	Asian needle ant
Brachypterus urticae	Berennnesselglanzkäfer	nettle pollen beetle
Brachyta interrogationis	Schwarzhörniger Fleckenbock	
Brachytarsus nebulosus	Gemeiner Schildlaus-Breitrüssler, Grauer Schildlausrüssler	scale snout beetle

Brachytron pratense/ Brachytron hafniense	Früher Schilfjäger, Kleine Mosaikjungfer	lesser hairy dragonfly, hairy dragonfly, hairy hawker
Braconidae	Brackwespen	braconids, braconid wasps
Bradycellus caucasicus	Heller Rundbauchläufer	
Bradycellus csikii	Csikis Rundbauchläufer	
Bradycellus harpalinus	Gewöhnlicher Rundbauchläufer	
Bradycellus ruficollis	Heide-Rundbauchläufer, Kleiner Schnellläufer	a black ground beetle
Bradycellus verbasci	Eckhalsiger Rundbauchläufer	
Braula coeca	Bienenlaus	bee louse
Braulidae	Bienenläuse	bee lice
Brenthis daphne	Brombeer-Perlmutterfalter	marbled fritillary (butterfly)
Brenthis hecate	Saumfleck-Perlmutterfalter	twin-spot fritillary (butterfly)
Brenthis ino	Violetter Silberfalter, Mädesüß-Perlmutterfalter	lesser marbled fritillary (butterfly)
Brentidae/ Brenthidae	Langkäfer	staright-snouted weevils
Brevennia rehi	Reismehllaus	rice mealybug, tuttle mealybug
Brevicoryne brassicae	Mehlige Kohlblattlaus	cabbage aphid, mealy cabbage aphid
Brintesia circe/ Kanetisia circe	Weißer Waldportier	great banded grayling, greater wood nymph
Brithys crini	Strandlilieneule (Lilienbohrer)	Kew arches (moth), amaryllis borer, crinum borer, lily borer
Bromius obscurus	Rebenfallkäfer, Schreiber, Weinlaub-Fallkäfer	brown and black beetle, western grape rootworm beetle
Broscus cephalotes	Kopfläufer, Kopfkäfer, Großkopf	dull black ground beetle, strand-line burrower (carabid beetle)
Bruchidae	Samenkäfer	seed beetles (pea and bean weevils), pulse beetles
Bruchidius marginalis	Bärenschoten-Samenkäfer	
Bruchidius villosus	Ginster-Samenkäfer	
Bruchus atomarius	Saubohnenkäfer, Ackerbohnenkäfer	seed beetle
Bruchus ervi	Linsenkäfer	
Bruchus lentis	Linsenkäfer, Eigentlicher Linsenkäfer	lentil weevil
Bruchus pisorum	Erbsenkäfer, Großer Erbsenkäfer	pea weevil, pea seed weevil

Bruchus rufimanus	Ackerbohnenkäfer, Pferdebohnenkäfer	broadbean weevil, broad bean weevil, bean weevil
Bryocoris pteridis	Farn-Pumpel	fern bug
Bryodemella tuberculata/ Bryodema tuberculata	Gefleckte Schnarrschrecke	speckled grasshopper
Bryophila domestica/ Cryphia domestica	Weißliche Flechteneule	marbled beauty (moth)
Bryophila ereptricula/ Cryphia ereptricula	Felswand-Lappenflechteneule	
Bryophila raptricula/ Cryphia raptricula	Graue Schildflechteneule	marbled grey (moth)
Bryophila ravula/ Cryphia ravula	Bräunliche Flechteneule	
Bryotropha terrella	Gewöhnliche Moospalpenmotte	cinerous groundling (moth)
Bucculatricidae	Zwergwickler	patches, ribbed case-makers, ribbed case-bearers
Bucculatrix absinthii	Wermut-Zwergwickler	
Bucculatrix ainsliella	Roteichen-Zwergwickler	oak leaf skeletonizer, oak skeletonizer (moth)
Bucculatrix albedinella	Große Ulmen-Schlangenminiermotte	elm bent-wing (moth)
Bucculatrix artemisiella	Feldbeifuß-Zwergwickler	
Bucculatrix bechsteinella	Weißdorn-Schlangenminiermotte	hawthorn bent-wing (moth)
Bucculatrix cidarella	Erlen-Schlangenminiermotte	alder bent-wing (moth)
Bucculatrix demaryella	Birken-Schlangenminiermotte	birch bent-wing (moth)
Bucculatrix frangutella	Faulbaum-Schlangenminiermotte	buckthorn bent-wing (moth)
Bucculatrix gnaphaliella	Strohblumen-Zwergwickler	
Bucculatrix nigricomella	Margeriten-Schlangenminiermotte	daisy bent-wing (moth)
Bucculatrix ratisbonensis	Regensburger Zwergwickler	
Bucculatrix thoracella	Linden-Schlangenminiermotte	lime bent-wing (moth)
Bucculatrix thurberiella	Baumwollzwergwickler, Baumwoll-Zwergwickler	cotton leaf perforator (moth)
Bucculatrix ulmella	Eichen-Schlangenminiermotte	oak bent-wing (moth)
Bucculatrix ulmifoliae	Ulmen-Zwergwickler	
Buckleria paludum	Sonnentau-Federmotte	marsh plume (moth)
Bupalus piniaria	Kiefernspanner, Gemeiner Kiefernspanner	pine moth, pine looper moth, bordered white (moth), bordered white beauty

Buprestidae	Prachtkäfer	metallic wood-boring beetles, metallic wood borers, splendour beetles, jewel beetles, buprestids
Buprestis haemorrhoidalis	Erzfarbener Nadelholz-Prachtkäfer, Gelbgefleckter Nadelholz-Prachtkäfer	a bupestrid
Buprestis novemmaculata	Neunfleckiger Prachtkäfer, Neunfleck-Nadelholz-Prachtkäfer, Gefleckter Nadelholz-Prachtkäfer	flat-headed woodborer
Buprestis octoguttata	Achtfleckiger Prachtkäfer, Achtpunktiger Kiefernprachtkäfer, Achtpunkt-Kiefern-Prachtkäfer	eight-spotted bupestrid
Buprestis rustica	Bauern-Prachtkäfer	a bupestrid
Buprestis splendens	Goldstreifiger Prachtkäfer	splendid bupestrid
Byctiscus betulae	Rebenstecher, Zigarrenwickler	hazel leaf roller weevil, hazel leafroller, hazel leaf-rolling weevil
Byctiscus populi	Pappelblattroller	poplar leaf roller weevil, poplar leaf-rolling weevil
Byrrhidae	Pillenkäfer	pill beetles
Byrrhus fasciatus	Gebänderter Pillenkäfer	banded pill beetle
Byrrhus pilula	Gemeiner Pillenkäfer	pill beetle (common German pill beetle)
Byrsocrypta ulmi	Rüsternblasenlaus	fig gall aphid
Byturidae	Blütenfresser, Himbeerkäfer	fruitworm beetles
Byturus tomentosus	Himbeerkäfer, Europäischer Himbeerkäfer	European raspberry fruitworm, raspberry beetle
Byturus unicolor	Amerikanischer Himbeerkäfer	American raspberry fruitworm
Cabera exanthemata	Braunstirn-Weißspanner	common wave (moth)
Cabera leptographa	Urbans Weißer Weidenspanner	delicate white wave (moth)
Cabera pusaria	Weißstirn-Weißspanner	common white wave (moth)
Cacoecimorpha pronubana	Mittelmeer-Nelkenwickler	carnation tortrix (moth)
Cacopsylla mali/ Psylla mali	Apfelblattsauger, Frühjahrsapfelblattsauger	apple psyllid, apple sucker
Cacopsylla melanoneura	Weißdornblattsauger	hawthorn sucker
Cacopsylla picta	Sommerapfelblattsauger	summer apple psyllid (univoltine)
Cacopsylla pruni/ Psylla pruni	Pflaumenblattsauger	apricot pysllid, plum sucker

Cacopsylla pyri/ Psylla pyri	Birnenblattsauger	pear psyllid, pear sucker, European pear sucker
Cacopsylla pyrisuga/ Psylla pyrisauga	Großer Birnenblattsauger	large pear psyllid, large pear sucker, large European pear sucker
Cactoblastis cactorum	Kaktusmotte	cactus moth
Cacyreus marshalli	Pelargonien-Bläuling, Geranien-Bläuling	geranium bronze (butterfly)
Cadra calidella/ Ephestia calidella	Rosinenmotte	dried fruit moth, date moth, carob moth
Cadra cautella/ Ephestia cautella	Tropische Speichermotte, Dörrobstmotte, Dattelmotte, Mandelmotte	dried-fruit knot-horn, dried-fruit moth, almond moth (date moth, tropical warehouse moth)
Cadra figulilella/ Ephestia figulilella	Feigenmotte (auch: Rosinenmotte)	raisin moth (also: fig moth)
Caenis spp.	Wimperhaft	angler's curse mayfly (small squaregill mayfly)
Caenorhinus aequatus/ Tatianaerhynchites aequatus/ Coenorhinus aequatus/ Rhynchites aequatus	Rotbrauner Apfelfruchtstecher, Rotbrauner Fruchtstecher	apple fruit rhynchites
Caenorhinus germanicus/ Coenorrhinus germanicus/ Neocoenorhinus germanicus	Deutscher Fruchtstecher, Erdbeerstängelstecher, Erdbeerstengelstecher	strawberry rhynchites, strawberry weevil
Caenoscelis subdeplanata	Gelbroter Schimmelkäfer	
Calamia tridens	Grüneule	burren green (moth)
Calamobius filum/ Calamobius gracilis	Getreidebock	grain borer
Calamotropha paludella	Großer Rohrkolbenzünsler	bulrush veneer (moth)
Calathus ambiguus	Breithalsiger Kahnläufer	
Calathus cinctus	Sand-Kahnläufer	
Calathus erratus	Schmalhalsiger Kahnläufer	
Calathus fuscipes	Braunfüßiger Breithalskäfer, Kreiselkäfer, Großer Kahnläufer	a brown-legged carabid
Calathus melanocephalus	Hellschildiger Breithalskäfer, Rothals-Kahnläufer, Schwarzköpfiger Breithalsläufer	a black-headed carabid
Calathus micropterus	Kleiner Kahnläufer	

Calathus rotundicollis	Wald-Kahnläufer	
Caliprobola speciosa	Pracht-Schwebfliege	
Caliroa annulipes	Kleine Lindenblattwespe	oak slug sawfly (larva: oak slugworm)
Caliroa cerasi	Schwarze Kirschenblattwespe, Schwarze Kirschblattwespe	pear sawfly, pear slug sawfly, pear and cherry sawfly, pear and cherry slugworm (larva: pearslug, pear and cherry slugworm)
Caliscelis bonellii	Kleine Sattelzikade	
Caliscelis wallengreni	Große Sattelzikade	
Callaphididae/ Drepanosiphonidae	Zierblattläuse, Zierläuse	drepanosiphonid plant-lice
Callaphis juglandis	Walnusszierlaus, Gestreifte Walnusszierlaus	large walnut aphid, dusky-veined walnut aphid
Callidium aeneum	Erzfarbener Scheibenbock	brazen tanbark beetle
Callidium violaceum	Blauer Scheibenbock, Violetter Scheibenbock, Blauvioletter Scheibenbock, Veilchenbock	violet tanbark beetle
Calliergis ramosa	Geißblatt-Kappeneule	
Calligypona reyi	Simsenspornzikade	
Callimorpha dominula/ Panaxia dominula	Schönbär, Grüner Bär, Spanische Flagge, Spanische Fahne, Jungfernbär	scarlet tiger (moth)
Callimorpha quadripunctaria/ Euplagia quadripunctaria	Russischer Bär, Spanische Fahne	Jersey tiger (moth), Russian tiger (moth)
Calliphora spp.	Blaue Schmeißfliegen, Blaue Brummer	bluebottles
Calliphora vicina	Blaue Schmeißfliege	bluebottle
Calliphoridae	Schmeißfliegen	blowflies
Calliptamus barbarus	Costas Schönschrecke	Eurasian pincer grasshopper, barbarian locust
Calliptamus italicus	Schönschrecke, Italienische Schönschrecke	Italian locust
Calliptamus siciliae	Provence-Schönschrecke, Sizilianische Schönschrecke	pygmy pincer grasshopper
Callirhipidae	Zedernkäfer*	cedar beetles
Callistege mi	Mi-Eule, Scheck-Tageule	Mother Shipton (moth)
Callisto denticulella	Apfelrand-Miniermotte	garden apple slender (moth)

Callistus lunatus	Mondfleckläufer, Mondfleck-Laufkäfer, Mondflecklaufkäfer, Mondfleck, Mondfleckiger Sandläufer, Bunt-Samtläufer	leathermark beetle, the leathermark
Calliteara abietis	Tannen-Streckfuß, Tannenspinner	coniferous tussock moth
Calliteara pudibunda/ Dasychira pudibunda/ Olene pudibunda/ Elkneria pudibunda	Buchen-Streckfuß, Rotschwanz, Buchenrotschwanz	pale tussock (moth), red-tail moth
Callophrys rubi	Grüner Zipfelfalter, Brombeer-Zipfelfalter, Brombeerzipfelfalter	green hairstreak (butterfly)
Callopistria juventina	Adlerfarneule	Latin (moth), the Latin
Callosamia promethea	Prometheusspinner	promethea moth, spicebush silk moth
Callosobruchus chinensis	Kundekäfer, Chinesischer Bohnenkäfer	Chinese bruchid, pulse beetle, adzuki bean weevil, cowpea beetle, oriental cowpea bruchid, southern cowpea weevil
Callosobruchus maculatus	Vierfleckiger Kundekäfer, Vierfleckiger Bohnenkäfer	cowpea weevil
Calocoris affinis	Grüne Distelwanze, Gewöhnliche Schmuckwanze	thistle capsid*
Calocoris fulvomaculatus/ Closterotomus fulvomaculatus	Hopfenwanze	hop capsid (bug), needle-nosed hop bug, shy bug
Calocoris norvegicus/ Closterotomus norvegicus	Zweipunktige Grünwanze, Zweipunktige Wiesenwanze	potato capsid (bug)
Calodromius spilotus/ Dromius quadrinotatus	Kleiner Rindenläufer, Kleiner Vierfleck-Rindenläufer	lesser four-spot treerunner
Calophasia lunula	Möndcheneule	toadflax brocade (moth)
Calophasia platyptera	Breitflügel-Löwenmauleule	antirrhinum brocade (moth)
Calopterygidae/ Agrionidae	Prachtlibellen	demoiselles, broad-winged damselflies
Calopteryx haemorrhoidalis	Bronzene Prachtlibelle, Braune Prachtlibelle	copper demoiselle, Mediterranean demoiselle
Calopteryx splendens/ Agrion splendens	Gebänderte Prachtlibelle	banded demoiselle, banded blackwings, banded agrion
Calopteryx spp.	Prachtlibellen	demoiselles
Calopteryx virgo	Blauflügel-Prachtlibelle	beautiful demoiselle, bluewing, demoiselle agrion

Caloptilia alchimiella	Eichen-Blatttütenmotte	yellow-triangle slender (moth)
Caloptilia azaleella	Azaleenmotte, Azaleenminiermotte	azalea leafminer (moth), azalea leaf miner
Caloptilia betulicola	Birken-Blatttütenmotte	red birch slender (moth)
Caloptilia cuculipennella	Liguster-Blatttütenmotte, Liguster-Blatttütenfalter	feathered slender (moth)
Caloptilia elongella	Große Erlen-Blatttütenmotte	pale red slender (moth)
Caloptilia falconipennella	Erlen-Blatttütenmotte	scarce alder slender (moth)
Caloptilia fidella	Hopfen-Blatttütenmotte, Hopfen-Blatttütenfalter	
Caloptilia populetorum	Dunkle Birken-Blatttütenmotte*	clouded slender (moth)
Caloptilia rufipennella	Ahorn-Blatttütenmotte, Ahornmotte	small red slender (moth), maple moth, maple leaf miner
Caloptilia semifascia	Feldahorn-Blatttütenmotte	maple slender (moth)
Caloptilia stigmatella	Weiden-Blatttütenmotte	white-triangle slender (moth)
Caloptilia syringella/ Gracillaria syringella	Flieder-Blatttütenmotte, Fliedermotte	common slender (moth)
Calopus serraticornis	Balkenbohrer	false blister beetle
Calosoma auropunctatum/ Calosoma maderae	Goldpunkt-Puppenräuber, Goldpunktierter Puppenräuber	golden-dotted caterpillar hunter*
Calosoma inquisitor	Kleiner Puppenräuber, Gemener Raupenjäger, Kleiner Kletterlaufkäfer	lesser searcher (beetle), lesser caterpillar hunter, oakwood ground beetle
Calosoma reticulatum	Genetzter Puppenräuber, Smaragdgrüner Puppenräuber	reticulate caterpillar hunter
Calosoma scrutator	Großer Amerikanischer Puppenräuber, Großer Amerikanischer Raupenjäger	American caterpillar hunter
Calosoma spp.	Puppenräuber	caterpillar hunters
Calosoma sycophanta	Großer Puppenräuber	greater caterpillar hunter, forest caterpillar hunter
Calotermes flavicollis/ Kalotermes flavicollis	Gelbhalstermite	yellow-necked dry-wood termite
Calvia decemguttata	Licht-Marienkäfer, Zehnflecken-Marienkäfer, Zehnfleckiger Marienkäfer	minute orange ten-spot ladybird (beetle)
Calvia quatuordecimguttata	Blattfloh-Marienkäfer, Vierzehntropfiger Marienkäfer	cream-spot ladybird, cream-spotted lady beetle, pink-spotted ladybird (beetle)
Calvia quindecimguttata	Erlen-Marienkäfer	alder ladybird (beetle)*
Calyptomerus dubius	Rotbrauner Rollkäfer	

Calyptra thalictri	Wiesenrauten-Kapuzeneule	vampire moth (fruit-piercing and blood-feeding moth, fruit-and-blood-feeding moth)
Cameraria ohridella	Rosskastanienminiermotte, Rosskastanien-Miniermotte, Balkan-Miniermotte, Biergartenmotte	horse chestnut leafminer, horse chestnut leaf miner
Campaea margaritata	Perlglanzspanner, Grüner Buchenspanner, Silberblatt	light emerald (moth)
Campanulotes bidentatus compar	Kleiner Taubeneckkopf	small pigeon louse, golden feather louse
Camponotus fallax	Kerblippige Rossameise	cleft-lip carpenter ant*
Camponotus floridanus	Florida-Rossameise	Florida carpenter ant
Camponotus herculeanus	Riesen-Holzameise, Riesenholzmeise, Schwarze Rossameise	giant carpenter ant, boreal carpenter ant, European black carpenter ant
Camponotus lateralis	Hohlrückige Holzameise	Mediterranean arboreal carpenter ant
Camponotus ligniperdus/ Camponotus ligniperda	Braunschwarze Rossameise	brown-black carpenter ant
Camponotus modoc	Große Westliche Schwarze Holzameise, Westamerikanische Schwarze Rossameise	western black carpenter ant
Camponotus pennsylvanicus	Schwarze Holzameise, Amerikanische Schwarze Rossameise	black carpenter ant
Camponotus spp.	Rossameisen, Riesenameisen	carpenter ants, sugar ants
Camponotus truncatus	Stöpselkopfameise	plug-headed carpenter ant
Camponotus vagus	Haarige Holzameise, Haarige Rossameise, Eichen-Holzameise	oak carpenter ant*
Camptogramma bilineata	Ockergelber Blattspanner, Gelber Linienspanner	yellow shell (moth)
Camptogramma scripturata	Schrift-Winkelspanner	
Camptopus lateralis	Sichelbein (Wanze)	a broad-headed bug
Canaceridae/ Canacidae	Strandfliegen	beach flies
Canephora hirsuta/ Canephora unicolor	Große Sackträgermotte, Großer Sackträger	hairy sweep (moth)
Cantharidae	Weichkäfer	soldier beetles and sailor beetles
Cantharis fusca	Gemeiner Weichkäfer	common cantharid, common soldier beetle

Cantharis livida	Variabler Weichkäfer	variable cantharid, variable soldier beetle
Cantharis obscura	Dunkler Fliegenkäfer, Eichen-Weichkäfer	black cantharid, black soldier beetle
Cantharis rufa	Roter Fliegenkäfer	red soldier beetle
Capniinae	Capniden, Kleine Winter-Steinfliegen	small winter stoneflies
Capnodis tenebrionis	Pfirsichprachtkäfer, Pfirsich-Prachtkäfer	peach capnodis (beetle), peach rootborer, peach flatheaded rootborer
Capperia celeusi	Kelheimer Federmotte	
Capsus ater	Schwarzrote Weichwanze	a capsid bug
Capua reticulana/ Adoxophyes orana	Apfelschalenwickler, Fruchtschalenwickler	summer fruit tortrix
Carabidae	Laufkäfer	ground beetles
Carabus alpestris	Alpen-Laufkäfer, Erzgrüner Punkt-Laufkäfer	alpine ground beetle*
Carabus arvensis/ Carabus arcensis	Acker-Laufkäfer, Hügel-Laufkäfer	moorland ground beetle
Carabus auratus	Gold-Laufkäfer, Goldlaufkäfer, Goldschmied, Goldhenne	the goldsmith, golden ground beetle, gilt ground beetle
Carabus auronitens	Goldglänzender Laufkäfer	shiny-gold ground beetle*
Carabus cancellatus	Gitterlaufkäfer, Körnerwarze, Großer Feldlaufkäfer, Feld-Laufkäfer	cancellate ground beetle, immigrant sausage ground beetle
Carabus clathratus/ Carabus clatratus	Ufer-Laufkäfer, Uferlaufkäfer	latticed ground beetle, golden-dimpled ground beetle
Carabus convexus	Konvexer Laufkäfer, Kurzgewölbter Laufkäfer	convex ground beetle, Winstanley ground beetle
Carabus coriaceus	Lederlaufkäfer, Leder-Laufkäfer, Lederkäfer	leatherback ground beetle*
Carabus depressus	Breiter Alpenlaufkäfer	broad Alpine ground beetle*
Carabus fabricii	Alpenlaufkäfer, Fabricius' Laufkäfer	
Carabus glabratus	Glatter Laufkäfer	smooth ground beetle
Carabus granulatus	Gemeiner Feldlaufkäfer, Körniger Laufkäfer, Gekörnter Laufkäfer	field ground beetle, granulated ground beetle, sausage ground beetle
Carabus hortensis	Garten-Laufkäfer, Goldgruben-Laufkäfer	garden ground beetle
Carabus intricatus	Dunkelblauer Laufkäfer, Blauer Laufkäfer	blue ground beetle, darkblue ground beetle

Carabus irregularis	Schluchtwald-Laufkäfer, Berglaufkäfer, Unregelmäßig Punktierter Laufkäfer	montane ground beetle*
Carabus linnaei	Zarter Bergwaldlaufkäfer, Harz-Großlaufkäfer, Harz-Laufkäfer, Linnes Laufkäfer	fragile mountain-forest beetle*
Carabus marginalis	Geränderter Laufkäfer, Gerandeter Laufkäfer	glowing-edged ground beetle
Carabus menetriesi	Hochmoor-Laufkäfer, Waldmoor-Laufkäfer, Moorlaufkäfer	bog ground beetle*
Carabus monilis	Feingestreifter Laufkäfer	necklace ground beetle
Carabus nemoralis	Hain-Laufkäfer, Hainlaufkäfer	forest ground beetle, bronze ground beetle
Carabus nitens	Heide-Laufkäfer	heath goldsmith, heathland ground beetle* shiny ground beetle*
Carabus problematicus	Kleiner Kettenlaufkäfer, Blauvioletter Wald-Laufkäfer, Blauvioletter Waldlaufkäfer	ridged violet ground beetle, rough violet ground beetle
Carabus purpurascens	Purpurrandiger Laufkäfer	
Carabus scheidleri	Scheidlers Laufkäfer, Gleichgestreifter Laufkäfer, Veränderlicher Laufkäfer	Scheidler's ground beetle
Carabus sylvestris	Bergwald-Laufkäfer, Robuster Bergwaldlaufkäfer	robust mountain forest ground beetle*
Carabus ullrichi	Höckerstreifen-Laufkäfer, Robuster Laufkäfer, Grobkörniger Laufkäfer	
Carabus variolosus/ Carabus nodulosus	Schwarzer Grubenkäfer, Schwarzer Grubenlaufkäfer	black ditchbeetle*
Carabus violaceus	Purpur-Laufkäfer, Goldleiste	violet ground beetle
Caradrina aspersa	Magerrasen-Staubeule	
Caradrina clavipalpis/ Paradrina clavipalpis	Heu-Staubeule	pale mottled willow (moth)
Caradrina flavirena/ Paradrina flavirena	Lorimer's Staubeule	Lorimer's rustic (moth)
Caradrina gilva	Reingraue Staubeule	
Caradrina ingrata	Unbeliebte Staubeule	
Caradrina kadenii/ Platyperigea kadenii	Südliche Staubeule	Clancy's rustic (moth)
Caradrina morpheus	Morpheus-Staubeule	mottled rustic (moth)

Caradrina selini	Sandflur-Staubeule	a rustic moth*
Carausius morosus	Indische Stabschrecke	Indian stick insect, laboratory stick insect
Carcharodus alceae	Malven-Dickkopffalter, Malvenfalter, Fensterdickkopf	mallow skipper (butterfly)
Carcharodus baeticus	Andorn-Dickkopffalter	southern marbled skipper (butterfly)
Carcharodus floccifera	Heilziest-Dickkopffalter, Eibisch-Dickkopffalter, Eibischfalter, Betonien-Dickkopffalter (CH)	tufted skipper (butterfly), tufted marbled skipper
Carcharodus lavatherae	Ziest-Dickkopffalter, Ziestfalter, Loreley-Dickkopffalter, Grünlicher Dickkopffalter	marbled skipper (butterfly)
Carilia virginea/ Gaurotes virginea	Blaubock	a longhorn beetle
Carpatolechia fugacella	Dunkler Ulmen-Palpenfalter	
Carpocoris fuscispinus	Nördliche Fruchtwanze	
Carpophilus dimidiatus	Getreidesaftkäfer	corn sap beetle
Carpophilus hemipterus	Backobstkäfer, Gelbgefleckter Glanzkäfer	dried-fruit beetle
Carposina berberidella	Berberitzen-Fruchtwickler	
Carsia sororiata	Moosbeerenspanner	Manchester treble-bar (moth)
Carterocephalus palaemon	Gelbwürfeliger Dickkopffalter, Gelbwürfeliger Dickkopf	chequered skipper (butterfly), checkered skipper
Carterocephalus silvicola	Gold-Dickkopffalter, Golddickkopf	northern chequered skipper (butterfly), northern checkered skipper
Cartodere elongata	Gemeiner Moderkäfer	European plaster beetle*
Cartodere filiformis	Hefekäfer	yeast beetle
Cartodere nodifer	Schwarzbrauner Rippenmoderkäfer	swollen fungus beetle
Caryedon fuscus	Erdsamenrüssler, Tamarindenrüssler	groundnut borer, tamarind weevil
Caryedon serratus	Erdnusssamenkäfer, Westafrikanischer Erdnusssamenkäfer	groundnut bruchid, Westafrican groundnut borer
Caryoborus chiriquensis	Steinnusskäfer	a palm bruchid
Caryocolum amaurella	Dunkler Pechnelken-Palpenfalter	
Caryocolum blandella	Sternmieren-Palpenfalter, Sternmieren-Palpenmotte	short-barred groundling (moth)

Caryocolum mucronatella	Büschelmieren-Palpenfalter	
Caryocolum schleichi	Karthäusernelken-Palpenfalter	
Cassida murraea	Berufkraut-Schildkäfer	fleabane tortoise beetle
Cassida nebulosa	Nebliger Schildkäfer, Nebelschildkäfer	beet tortoise beetle, clouded shield beetle
Cassida rubiginosa	Distelschildkäfer, Distel-Schildkäfer	thistle tortoise beetle
Cassida subreticulata	Feingenetzter Schildkäfer	European golden tortoise beetle
Cassida vibex	Rostiger Schildkäfer	thistle-feeding tortoise beetle
Cassida viridis	Grüner Schildkäfer	green tortoise beetle
Cassida vittata	Glanzstreifiger Schildkäfer	bordered tortoise beetle, beet tortoise beetle
Cassidinae	Schildkäfer	tortoise beetles, shield beetles
Cataclysme riguata	Hügelmeisterspanner	pale herringbone (moth)
Cataclysta lemnata	Wasserlinsenzünsler	small China-mark (moth)
Catantopidae	Knarrschrecken	catantopid grasshoppers
Catarhoe cuculata	Braunbinden-Blattspanner	royal mantle (moth)
Catarhoe rubidata	Rotbinden-Blattspanner	ruddy carpet (moth)
Catephia alchymista	Weißes Ordensband	white underwing (moth), the alchymist (moth)
Cathartus quadricollis	Kornkäfer	square-necked grain beetle
Catocala electa	Weidenkarmin	rosy underwing (moth)
Catocala elocata	Pappelkarmin	poplar underwing (moth), French red underwing
Catocala fraxini	Blaues Ordensband	Clifden Nonpareil (moth), blue underwing
Catocala fulminea	Gelbes Ordensband	yellow underwing (moth)
Catocala nupta	Rotes Ordensband	red underwing (moth)
Catocala nymphagoga	Südliches Gelbes Ordensband, Eichen-Ordensband*	oak yellow underwing (moth)
Catocala pacta	Bruchweidenkarmin	Polish red (moth)
Catocala promissa	Kleines Eichenkarmin, Kleines Eichenkarmin-Ordensband, Kleines Karminrotes Eichenhain-Ordensband	light crimson underwing (moth)
Catocala sponsa	Großes Eichenkarmin, Großes Eichenkarmin-Ordensband, Großes Karminrotes Eichenmischwald-Ordensband	dark crimson underwing (moth)
Catopidae/ Leptodiridae	Nestkäfer, Erdaaskäfer	small carrion beetles

Catoptria falsella	Fels-Mooszünsler	chequered grass-veneer (moth)
Catoptria margaritella	Sumpf-Mooszünsler	pearl-band grass-veneer (moth)
Catoptria osthelderi	Osthelders Graszünsler	
Catoptria pinella	Trockenwald-Mooszünsler	pearl grass-veneer (moth)
Catorama tabaci	Großer Tabakkäfer	catorama beetle
Cauchas fibulella/ Adela fibulella	Ehrenpreis-Langhornmotte, Ehrenpreis-Langhornfalter	little long-horn (moth)
Cauchas leucocerella	Kleine Ehrenpreis-Langhornmotte, Kleiner Ehrenpreis-Langhornfalter	
Cauchas rufimitrella/ Adela rufimitrella	Schaumkraut-Langhornmotte, Schaumkraut-Langhornfalter	meadow long-horn (moth)
Caulophilus oryzae	Breitrüssliger Kornkäfer, Breitrüssliger Getreidekäfer	broadnosed grain weevil, broad-nosed granary weevil
Cebrionidae		robust click beetles
Cecidomyia baeri	Nadelnknickende Kieferngallmücke	pine needle gall midge
Cecidomyia pini	Kiefernharz-Gallmücke	pine resin midge
Cecidomyiidae	Gallmücken	gall midges, gall gnats
Cedestis gysseleniella	Gebänderte Kiefernnadel-Gespinstmotte	gold pine ermel (moth)
Cedestis subfasciella	Blasse Kiefernnadel-Gespinstmotte	brown pine ermel (moth)
Celaena haworthii	Haworths Mooreule	Haworth's minor (moth)
Celastrina argiolus	Faulbaum-Bläuling, Faulbaumbläuling	holly blue (butterfly)
Celastrina ladon	Frühjahrs-Bläuling	spring azure (butterfly)
Celerio galii	Labkrautschwärmer	bedstraw hawkmoth
Celes variabilis	Pferdeschrecke	black grasshopper
Celonites abbreviatus	Honigwespe	pollen wasp, honey wasp
Celypha cespitana	Heide-Wurzelwickler	thyme marble (moth)
Celypha woodiana	Weißer Mistelwickler	mistletoe marble (moth)
Centroptilium luteolum	Kleiner Spornflügelhaft*	small spurwing (mayfly)
Centrotus cornutus	Dornzikade, Graubraune Dornzikade	horned treehopper
Cephalcia abietis	Gemeine Fichtengespinstblattwespe, Große Fichtengespinstblattwespe	web-spinning spruce sawfly, spruce web-spinning sawfly, spruce webspinner (larva: spruce webworm)

Cephalcia arvensis	Kleine Fichtengespinstblattwespe	web-spinning spruce sawfly, lesser spruce web-spinning sawfly, lesser spruce webspinner (larva: spruce webworm)
Cephalcia lariciphila	Lärchengespinstblattwespe	web-spinning larch sawfly, larch webspinner
Cephaloidae	Cephaloiden	false longhorn beetles
Cephenomyia auribarbis	Hirschrachenbremse, Hirsch-Rachendassel	deer nostril fly (larva: stagworm)
Cephenomyia stimulator	Rehrachenbremse, Reh-Rachendassel	deer botfly, roe deer nostril fly, deer nose bot fly
Cephenomyia trompe	Rentierrachenbremse, Rentier-Rachendassel	reindeer nostril fly, reindeer nose bot fly
Cephenomyia ulrichi	Elchrachenbremse, Elch-Rachendassel	elk nostril fly (Br.), moose throat bot fly, moose nose bot fly, moose nostril fly (U.S.)
Cephenomyiinae	Rachenbremsen, Rachendasselfliegen	nostril flies
Cephidae	Halmwespen	stem sawflies
Cephimallota crassiflavella	Hummelnestermotte	
Cephus cinctus	Amerikanische Getreidehalmwespe	wheat stem sawfly
Cephus pygmeus/ Cephus pygmaeus	Getreidehalmwespe	wheat stem sawfly, European wheat stem sawfly (U.S.)
Cepphis advenaria	Zackensaum-Heidelbeerspanner	little thorn (moth)
Cerambycidae	Bockkäfer, Böcke	longhorn beetles, long-horned beetles
Cerambyx carinatus	Balkan-Spießbock	Balkans capricorn beetle*
Cerambyx cerdo	Heldbock, Eichenbock, Großer Eichenbock	great capricorn beetle, oak cerambyx
Cerambyx scopolii	Buchenspießbock, Kleiner Eichenbock	beech capricorn beetle, small oak capricorn beetle
Ceramica pisi/ Melanchra pisi/ Mamestra pisi	Erbseneule	broom moth
Cerapteryx graminis	Dreizack-Graseule	antler moth
Cerastis leucographa	Gelbfleck-Frühlings-Bodeneule	white-marked (moth)
Cerastis rubricosa	Rotbraune Frühlings-Bodeneule	red chestnut (moth)
Cerataphis lataniae	Palmenblattlaus	palm aphid

Ceratina cucurbitina	Kleine Keulenhornbiene, Schwarze Keulenhornbiene, Kleine Schwarze Keulenhornbiene	black carpenter bee, little black carpenter bee
Ceratina cyanea	Kleine Blaue Keulenhornbiene, Blaugrüne Keulenhornbiene	little blue carpenter bee
Ceratitis capitata	Mittelmeerfruchtfliege	Mediterranean fruit fly
Ceratitis colae	Kolanussfruchtfliege	kola fruit fly
Ceratitis quinaria/ Pardalaspis quinaria	Rhodesien-Fruchtfliege	Rhodesian fruit fly, Zimbabwean fruit fly, five-spotted fruit fly
Ceratitis rosa/ Pterandrus rosa	Natalfruchtfliege, Natal-Fruchtfliege	Natal fruit fly, Natal fly
Ceratophyllus columbae	Taubenfloh	pigeon flea, European pigeon flea
Ceratophyllus fringillae	Finkenfloh	house sparrow flea, starling nest flea
Ceratophyllus gallinae	Hühnerfloh, Europäischer Hühnerfloh	European chicken flea, common chicken flea, hen flea
Ceratophyllus hirundinis	Mehlschwalbenfloh	house martin flea
Ceratophyllus rossittensis	Krähenfloh	crow flea
Ceratophyllus sciurorum	Eichhörnchenfloh	squirrel flea, red squirrel flea
Ceratophyllus styx	Uferschwalbenfloh	sand martin flea
Ceratopogonidae	Gnitzen, Bartmücken	biting midges, sand flies, punkies, no-see-ums
Cerceris arenaria	Sandknotenwespe	sand-tailed digger wasp
Cerceris rybyensis	Bienenjagende Knotenwespe	ornate-tailed digger wasp
Cercopidae	Schaumzikaden (Schaumzirpen)	froghoppers, spittlebugs
Cercopis arcuata	Weinbergs-Blutzikade, Weinbergsblutzikade	
Cercopis intermedia	Rotknie-Blutzikade	
Cercopis sanguinolenta	Binden-Blutzikade	
Cercopis vulnerata	Rotschwarze Schaumzikade, Gemeine Blutzikade	red-and-black froghopper
Ceriagrion tenellum	Späte Adonislibelle, Scharlachlibelle	small red damselfly
Cerophytidae	Mulmkäfer	rare click beetles
Ceroplastes ceriferus	Indische Wachsschildlaus	Indian wax scale, Indian white wax scale
Ceroplastes pseudoceriferus	Gehörnte Wachsschildlaus*	horned wax scale

Ceroplastes rusci	Feigen-Wachsschildlaus	fig wax scale
Ceroplastes sinensis	Chinesische Wachsschildlaus	Chinese wax scale, citrus wax scale
Ceruchus chrysomelinus	Rindenschröter	a lucanid stag beetle
Cerura bifida/ Harpyia bifida/ Harpyia hermelina/ Furcula bifida	Kleiner Gabelschwanz	sallow kitten
Cerura erminea	Hermelinspinner, Weißer Großer Gabelschwanz, Weißer Gabelschwanz	lesser puss moth, feline
Cerura vinula	Gabelschwanz, Großer Gabelschwanz	puss moth
Cerylon histeroides	Gemeiner Glattrindenkäfer	
Cerylonidae	Glattrindenkäfer	minute bark beetles
Cetonia aurata	Rosenkäfer, Goldkäfer	rose chafer
Ceutorhynchus assimilis	Kohlschotenrüssler, Echter Kohlschotenrüssler	cabbage seedpod weevil
Ceutorhynchus napi	Großer Kohltriebrüssler, Großer Rapsstängelrüssler	greater cabbage curculio
Ceutorhynchus obstrictus	Kohlschotenrüssler	cabbage seedpod weevil
Ceutorhynchus pallidactylus	Gefleckter Kohltriebrüssler, Gefleckter Rapsstängelrüssler	cabbage stem weevil
Ceutorhynchus picitarsis	Schwarzer Kohltriebrüssler, Schwarzer Triebrüssler	rape winter stem weevil
Ceutorhynchus pleurostigma	Kohlgallenrüssler	turnip gall weevil, cabbage gall weevil
Ceutorhynchus quadridens	Gefleckter Kohltriebrüssler, Kleiner Kohltriebrüssler	cabbage seedstalk curculio
Ceutorhynchus rapae	Rübsen-Kleinrüssler	cabbage curculio
Ceutorhynchus suturalis	Zwiebelrüssler	onion weevil
Chaetanaphothrips orchidii	Orchideenthrips	anthurium thrips, orchid thrips
Chaetocnema concinna	Mangolderdfloh, Rübenerdfloh	mangold flea beetle, mangel flea beetle, beet flea beetle
Chaetopsylla globiceps	Fuchsfloh	fox flea
Chaetopsylla trichosa	Dachsfloh	badger flea
Chaetopteroplia segetum/ Anisoplia segetum	Getreidelaubkäfer, Getreide-Laubkäfer	cereal chafer, grain leaf chafer* (a shining leaf chafer)
Chaetosiphon fragaefolii	Knotenhaarlaus, Erdbeerknotenhaarlaus, Erdbeer-Knotenhaarlaus	strawberry aphid

Chalcidoidea	Erzwespen	parasitic wasps
Chalcolestes viridis	Weidenjungfer	willow emerald damselfly, western willow spreadwing
Chalcolestes viridis/ Lestes viridis	Weidenjungfer, Gemeine Weidenjungfer	willow emerald damselfly, western willow spreadwing
Chalcophora mariana	Großer Kiefernprachtkäfer, Marienprachtkäfer, Marien-Prachtkäfer	European sculptured pine borer, flatheaded pine borer
Chalcosoma atlas	Atlaskäfer, Dreihornkäfer	atlas beetle, three-horned rhonoceros beetle
Chalcosoma caucasus	Riesen-Rhinozeroskäfer	caucasus beetle, giant rhinoceros beetle
Chalicodoma parietina/ Chalicoderma muraria/ Megachile parietina	Mörtelbiene, Schwarze Mörtelbiene	wall bee, mason bee
Chamaemyiidae/ Ochthiphilidae	Blattlausfliegen	aphid flies
Chamaesphecia aerifrons	Dost-Glasflügler	a clearwing moth
Chamaesphecia annellata	Schwarznessel-Glasflügler	a clearwing moth
Chamaesphecia chalciformis	Mennigroter Dost-Glasflügler	a clearwing moth
Chamaesphecia dumonti	Ziest-Glasflügler	a clearwing moth
Chamaesphecia empiformis	Zypressenwolfsmilch-Glasflügler	a clearwing moth
Chamaesphecia leucopsiformis	Spätsommer-Wolfsmilch-Glasflügler	a clearwing moth
Chamaesphecia nigrifrons	Johanniskraut-Glasflügler	St. John's wort clearwing (moth)
Chamaesphecia tenthrediniformis	Eselswolfsmilch-Glasflügler	a clearwing moth
Charadra deridens	Nordamerikanische Lachraupen-Motte*	laugher, the laugher moth, marbled tuffet (moth)
Charanyca ferruginea/ Rusina ferruginea	Dunkle Waldschatteneule	brown rustic (moth)
Charanyca trigrammica	Gelbe Waldgraseule, Dreilinieneule	treble lines (moth)
Charaxes jasius	Erdbeerbaumfalter	two-tailed pasha (butterfly)
Chariaspilates formosaria	Moorwiesen-Striemenspanner	
Charissa ambiguata	Ungebänderter Steinspanner	dusky annulet (moth)
Charissa glaucinaria	Grüngraugebänderter Felsen-Steinspanner	

Charissa intermedia	Schwarzlinien-Steinspanner	
Charissa obscurata	Trockenrasen-Steinspanner, Bocksbeer-Spanner	annulet (moth), the annulet, Scotch annulet
Charissa pullata	Hellgebänderter Steinspanner	brown annulet (moth)
Charopus flavipes	Schwarzer Zipfelkäfer	
Chauliognathus pennsylvanicus	Goldrauten-Soldatenkäfer	goldenrod soldier beetle, Pennsylvania leatherwing (beetle)
Chazara briseis	Berghexe, Steppenpförtner, Felsenfalter (CH)	hermit (butterfly), the hermit
Cheilosia impressa	Gelbflügel-Erzschwebfliege	a hoverfly
Cheilosia pictipennis	Flügelfleck-Erzschwebfliege	a hoverfly
Chelidurella guentheri/ Chelidurella acanthopygia	Waldohrwurm	forest earwig
Chelidurella thaleri	Bergwaldohrwurm	montane forest earwig
Chelis maculosa	Schwarzgefleckter Bär, Fleckenbär	speckled tiger (moth)*
Chelis simplonica	Schweizeralpenbär, Schweizer-Alpen-Bär	
Chelisochidae	Schwarze Ohrwürmer	black earwigs
Chelonariidae	Schildkrötenkäfer	turtle beetles
Chelostoma campanularum	Kurzfransige Glockenblumen-Scherenbiene, Kleine Glockenblumen-Scherenbiene	small scissor bee, harebell carpenter bee
Chelostoma florisomne/ Osmia florisomnis	Hahnenfuß-Scherenbiene	large scissor-bee, large scissor bee, sleepy carpenter bee
Chersotis cuprea	Kupfereule, Kupferfarbene-Erdeule, Steppenheidelehnen-Bodeneule	cupreous moth*
Chersotis margaritacea	Graue Labkrauteule	
Chersotis multangula	Braune Labkrauteule, Labkrautfelsflur-Erdeule, Labkraut-Bodeneule	moth*
Chersotis ocellina	Schwarzgraue Alpen-Erdeule	
Chesias legatella	Herbst-Ginsterpanner, Später Ginsterspanner	the streak (moth)
Chesias rufata	Frühjahrs-Ginsterspanner, Früher Ginsterspanner, Ginsterheiden-Silberstreifenspanner	broom-tip (moth)
Chiasmia aestimaria	Tamariskenspanner	tamarisk peacock (moth)

Chiasmia ambiguata	Ungebänderter Steinspanner	
Chiasmia clathrata	Klee-Gitterspanner, Gitterspanner, Kleekräuterrasenspanner, Gitterstriemenspanner, Kleespanner	latticed heath (moth)
Chiasmia glaucinaria	Grüngraugebänderter Steinspanner, Grüngraugebänderter Felsen-Steinspanner	
Chiasmia intermedia	Schwarzlinien-Steinspanner	
Chiasmia pullata	Hellgebänderter Steinspanner	
Chilacis typhae	Rohrkolbenwanze	reedmace bug
Chilo phragmitella	Breitflügeliger Schilfzünsler	wainscot veneer (moth)
Chilo suppressalis/ Chilo simplex	Gestreifter Reisstängelbohrer, Gestreifter Reisstengelbohrer	Asiatic rice borer, striped rice borer, striped riceborer
Chilocorus bipustulatus	Strichfleckiger Schildlaus-Marienkäfer, Strichfleckiger Marienkäfer, Zweigefleckter Kugelmarienkäfer	heather ladybird (beetle)
Chilocorus renipustulatus	Rundfleckiger Schildlaus-Marienkäfer, Nierenfleckiger Kugelmarienkäfer	kidney-spot ladybird (beetle)
Chilodes maritima	Schmalflügelige Schilfeule	silky wainscot (moth)
Chionaspis salicis	Weidenschildlaus	willow scale
Chironomidae	Zuckmücken, Schwarmmücken (Tanzmücken)	nonbiting midges and gnats
Chirothrips manicatus	Wiesenthrips	cocksfoot thrips, timothy thrips
Chlaenius nigricornis	Sumpfwiesen-Sammetläufer, Schwarzfühler-Grünkäfer	
Chlaenius nitidulus	Lehmstellen-Sammetläufer	
Chlaenius olivieri	Gelbrandiger Sammetläufer	
Chlaenius quadrisulcatus	Gestreifter Sammetläufer	
Chlaenius sulcicollis	Grauhaariger Sammetläufer	
Chlaenius tristis	Schwarzer Sammetläufer	
Chlaenius vestitus	Gelbspitziger Sammetläufer, Gelbrand-Grünkäfer, Gelbgerandeter Grünkäfer	
Chloantha hyperici	Johanniskrauteule, Weißgraue Johanniskrauteule, Ruderalflur-Johanniskrauteule	pale-shouldered cloud (moth)
Chloreutis pariana	Apfelblattskelettiermotte	apple leaf skeletoniser (moth)

Chloriona chinai	Nordische Schilfspornzikade	
Chloriona dorsata	Westliche Schilfspornzikade	
Chloriona glaucescens	Salz-Schilfspornzikade	
Chloriona sicula	Südliche Schilfspornzikade	
Chloriona smaragdula	Smaragd-Schilfspornzikade	
Chloriona stenoptera	Baltische Schilfspornzikade	
Chloriona unicolor	Trug-Schilfspornzikade	
Chloriona vasconica	Raken-Schilfspornzikade	
Chlorionidea flava	Blaugras-Spornzikade	
Chlorissa cloraria	Waldheiden-Grünspanner	southern grass emerald (moth)
Chloroclysta miata	Bläulichgrüner Heidelbeer-Blattspanner, Graugrüner Bindenspanner	autumn green carpet (moth)
Chloroclysta siterata	Olivgrüner Bindenspanner	red-green carpet (moth)
Chloroclystis rectangulata	Obstgartenspanner	green pug (moth)
Chloroclystis v-ata	Grüner Blütenspanner	V-pug (moth), the V-pug
Chloroperlidae	Grüne Steinfliegen	green stoneflies
Chlorophanus viridis	Dunkelgrüner Gelbrandrüssler	yellow-banded leaf weevil, yellow-banded green weevil, green weevil
Chlorophorus annularis/ Rhaphuma annularis	Bambusbohrer	yellow bamboo longhorn beetle, bamboo borer
Chlorophorus figuratus	Schulterfleckiger Widderbock	shoulder-patterned black-and-white longhorn beetle*
Chlorophorus herbstii	Grünlichgelber Wollkraut-Widderbock, Grünlichgelber Widderbock	
Chlorophorus pilosus	Haariger Widderbock	
Chlorophorus sartor	Weißbindiger Widderbock	
Chloropidae	Halmfliegen, Gelbkopffliegen	chloropids, chloropid flies (eye gnats, grass flies, eye flies)
Chlorops pumilionis	Gelbe Halmfliege, Gelbe Weizenhalmfliege	gout fly
Choerades femorata	Kleine Mordfliege	
Choerades ignea	Zinnober-Mordfliege	
Choerades marginata	Gemeine Mordfliege	
Choreutidae	Rundstirnmotten	choreutid moths (skeletonizer moths a.o.)
Choreutis diana	Weißlicher Spreizflügelfalter	Diana's choreutis moth
Choreutis nemorana	Feigen-Spreizflügelfalter	fig-tree skeletonizer moth

Choristoneura fumiferana	Nordamerikanischer Fichtentriebwickler	eastern spruce budworm (tortrix)
Choristoneura murinana	Weißtannentriebwickler	European fir budworm (tortrix)
Choristoneura occidentalis	Westküsten-Fichtentriebwickler	western spruce budworm (tortrix)
Chorosoma schillingi	Grasgespenst	sea-reed bug (a rhopalid bug)
Chorthippus albomarginatus	Weißrandiger Grashüpfer	lesser marsh grasshopper
Chorthippus alticola	Höhengrashüpfer	Alpine grasshopper
Chorthippus apricarius	Feld-Grashüpfer	upland field grasshopper, locomotive grasshopper
Chorthippus biguttulus	Nachtigall-Grashüpfer	bow-winged grasshopper
Chorthippus binotatus	Zweifleckiger Grashüpfer	two-spotted grasshopper, two-marked grasshopper, red-legged grasshopper
Chorthippus brunneus	Brauner Grashüpfer, Feldheuschrecke	field grasshopper, common field grasshopper
Chorthippus cialancensis	Cialancia-Grashüpfer	Piedmont grasshopper
Chorthippus dorsatus	Wiesen-Grashüpfer	steppe grasshopper
Chorthippus mollis	Verkannter Grashüpfer	lesser field grasshopper
Chorthippus montanus	Sumpf-Grashüpfer	marsh-meadow grasshopper
Chorthippus parallelus	Gemeiner Grashüpfer	common meadow grasshopper
Chorthippus pullus	Kiesbank-Grashüpfer	gravel grasshopper
Chorthippus spp.	Grashüpfer, Heuhüpfer	field grasshoppers, meadow grasshoppers
Chorthippus vagans	Steppen-Grashüpfer, Steppengrashüpfer	dryland grasshopper, heath grasshopper
Chortoicetes terminifera	Australische Wanderheuschrecke, Australische Plagen-Heuschrecke	Australian plague locust
Chromaphis juglandicola	Kleine Walnusszierlaus	small walnut aphid
Chrysididae	Goldwespen	cuckoo wasps, emerald wasps
Chrysis ignita	Feuer-Goldwespe, Feuergoldwespe, Gemeine Goldwespe	common gold wasp, ruby-tail, ruby-tailed wasp
Chrysobothris affinis	Goldgruben-Eichenprachtkäfer	gold pit oak splendour beetle
Chrysobothris chrysostigma	Goldpunkt-Gebirgsprachtkäfer, Goldpunkt-Gebirgs-Prachtkäfer, Runzliger Dornbrust-Prachtkäfer	a boreal coniferous forest splendour beetle

Chrysobothris femorata	Flachkopf-Apfelbaum-Bohrwurm (Prachtkäfer)	flatheaded appletree borer
Chrysobothris solieri	Goldpunkt-Nadelholz-Prachtkäfer, Goldgruben-Kiefern-Prachtkäfer, Breiter Kiefern-Prachtkäfer	
Chrysochraon dispar	Große Goldschrecke	large gold grasshopper
Chrysodeixis chalcites	Tomaten-Goldeule, Türkische Motte	golden twin-spot (moth)
Chrysoestia drurella	Gänsefuß-Minierpalpenmotte	flame neb (moth)
Chrysoestia sexguttella	Melden-Minierpalpenmotte	six-spot neb (moth)
Chrysogaster solstitialis	Gemeine Goldbauch-Schwebfliege, Gemeine Smaragdschwebfliege	common German emerald hoverfly*
Chrysolina americana	Rosmarinkäfer, Rosmarin-Blattkäfer	rosemary beetle, rosemary leaf beetle
Chrysolina cerealis	Regenbogen-Blattkäfer, Längsgestreifter Blattkäfer	rainbow leaf beetle
Chrysolina fastuosa	Goldglänzender Blattkäfer, Ovaläugiger Blattkäfer, Hohlzahn-Blattkäfer, Prächtiger Blattkäfer	dead-nettle leaf beetle
Chrysolina graminis	Rainfarn-Blattkäfer	tansy beetle
Chrysolina herbacea/ Chrysolina menthastri	Minzenblattkäfer, Minzeblattkäfer	mint leaf beetle
Chrysolina polita	Geglätterter Blattkäfer	knotgrass leaf beetle
Chrysolina sanguinolenta	Rotsaum-Blattkäfer, Blutiger Blattkäfer	toadflax leaf beetle
Chrysolina staphylaea	Rotbrauner Blattkäfer	brown mint leaf beetle
Chrysolina varians	Johanniskraut-Blattkäfer	St. John's wort beetle
Chrysomela populi/ Melasoma populi	Pappelblattkäfer, Roter Pappelblattkäfer	red poplar leaf-beetle, poplar leaf beetle, poplar beetle
Chrysomela tremulae/ Melasoma tremulae	Aspenblattkäfer	aspen leaf beetle
Chrysomela vigintipunctata	Gefleckter Weidenblattkäfer	
Chrysomelidae	Blattkäfer	leaf beetles
Chrysomphalus aonidum	Rote Florida-Schildlaus, Schwarze Teller-Schildlaus	Florida red scale, circular scale, circular black scale, Egyptian black scale
Chrysomphalus dictyospermi	Rote Mittelmeer-Schildlaus, Rote Teller-Schildlaus	Spanish red scale, palm scale
Chrysomya albiceps	Weißkopf-Dasselfliege*	banded blow fly

Chrysomya bezziana	Schraubenwurmfliege, Altwelt-Schraubenwurmfliege	Old World screwworm fly, Old World screw worm, screwworm fly
Chrysomya megacephala	Orient-Latrinenfliege	Oriental latrine fly
Chrysomya rufifacies	Behaarte Maden-Dasselfliege*	hairy maggot blow fly
Chrysopa abbreviata	Dünen-Florfliege	short-winged green lacewing
Chrysopa carnea/ Anisochrysa carnea	Gemeine Florfliege	common green lacewing
Chrysopa perla	Perlaugen-Florfliege, Grünes Perlenauge	pearly green lacewing
Chrysoperla carnea	Gemeine Florfliege	common green lacewing
Chrysopidae	Florfliegen (Goldaugen, Stinkfliegen, Blattlauslöwen)	green lacewings
Chrysops caecutiens	Blindfliege, Blindbremse	blinding breeze fly
Chrysops relictus	Goldaugenbremse	twin-lobed deerfly
Chrysops spp.	Blindfliegen	deerflies
Chrysoteuchia culmella	Rispengraszünsler, Rispen-Graszünsler	garden grass-veneer (moth), grass moth
Chrysotoxum arcuatum	Späte Wespen-Schwebfliege	a wasp-mimic hoverfly
Chrysotoxum bicinctum	Zweiband-Wespen-Schwebfliege	a wasp-mimic hoverfly
Chrysotoxum cautum	Gemeine Wespen-Schwebfliege	a wasp-mimic hoverfly
Chrysotoxum festivum	Wespen-Schwebfliege	a wasp-mimic hoverfly
Chrysotoxum intermedium	Kahle Wespen-Schwebfliege	a wasp-mimic hoverfly
Chrysura cuprea/ Chrysis cuprea	Kupfer-Goldwespe	copper wasp, coppery cuckoo wasp
Cicada orni	Mannazikade, Manna-Singzikade, Eschenzikade	ash-tree cicada* (a Mediterranean cicada)
Cicadatra atra	Schwarze Singzikade, Schwarze Zikade	black cicada
Cicadella viridis	Grüne Zwergzikade, Binsenschmuckzikade	green leafhopper, green leaf-hopper
Cicadellidae	Zwergzikaden	leafhoppers, leaf hoppers
Cicadetta mediterranea	Mittelmeer-Singzikade	
Cicadetta montana	Bergzikade, Bergsingzikade	New Forest cicada
Cicadetta tibialis/ Cicadivetta tibialis	Hühnerzikade	chicken cicada*
Cicadidae	Singzikaden (Singzirpen)	cicadas
Cicadulina bipunctata	Orangene Maiszikade*	maize orange leafhopper
Cicadulina mbila	Maiszikade	maize leafhopper
Cicindela arenaria	Flussufer-Sandlaufkäfer	Southeastern European tiger beetle*

Cicindela campestris	Feld-Sandlaufkäfer	green tiger beetle, green tiger-beetle
Cicindela germanica	Deutscher Sandlaufkäfer	German tiger beetle, cliff tiger-beetle
Cicindela hybrida	Dünen-Sandlaufkäfer, Brauner Sandlaufkäfer, Kupferbrauner Sandlaufkäfer	northern dune tiger beetle, northern dune tiger-beetle
Cicindela marginipennis	Pflasterstein-Sandlaufkäfer	cobblestone tiger beetle
Cicindela maritima	Küsten-Sandlaufkäfer, Küsten-Sandläufer	coastal tiger beetle
Cicindela maroccana	Marokkanischer Sandlaufkäfer	Moroccan tiger beetle
Cicindela sylvatica	Heide-Sandlaufkäfer, Wald-Sandlaufkäfer	heath tiger beetle, wood tiger beetle, wood tiger-beetle
Cicindela sylvicola	Berg-Sandlaufkäfer	
Cicindela transversalis	Verkannter Sandlaufkäfer	
Cicindelidae	Sandlaufkäfer (Tigerkäfer)	tiger beetles
Cidaria fulvata	Rosenspanner, Gelber Rosen-Bindenspanner	barred yellow (butterfly)
Ciidae/ Cisidae	Schwammkäfer, Baumschwammkäfer	minute tree-fungus beetles
Cilix glaucata	Silberspinner, Silberspinnerchen, Weißer Sichelflügler	Chinese character (moth)
Cimberis attelaboides	Kiefernblütenstrandsrüssler	
Cimbex americana	Ulmen-Keulhornblattwespe, Amerikanische Ulmenblattwespe	elm sawfly
Cimbex connata	Erlen-Keulhornblattwespe	large alder sawfly
Cimbex fagi	Buchen-Keulhornblattwespe	beech sawfly
Cimbex femorata	Große Birkenblattwespe, Birkenknopfhornblattwespe, Birken-Keulhornblattwespe	birch sawfly, large birch sawfly
Cimbex lutea	Gelbe Pappel-Keulhornblattwespe	yellow poplar sawfly
Cimbicidae	Knopfhornblattwespen	cimbicids, cimbicid sawflies
Cimex colombarius	Taubenwanze, Geflügelwanze	pigeon bug, fowl bug
Cimex hemipterus	Tropische Bettwanze	tropical bedbug
Cimex lectularius	Gemeine Bettwanze	bedbug, common bedbug (wall-louse)
Cimex pipistrelli	Fledermauswanze	bat bug
Cimicidae	Plattwanzen (Hauswanzen)	bedbugs

Cinara fresai	Amerikanische Wacholderrindenlaus	American juniper aphid
Cinara kochiana	Große Lärchenrindenlaus	giant larch aphid
Cinara laricis	Gefleckte Lärchenrindenlaus	spotted larch aphid
Cinara pilicornis	Braune Tannenrindenlaus	brown spruce aphid, spruce shoot aphid
Cinara pinea	Große Kiefernrindenlaus	large pine aphid
Cionus hortulanus	Garten-Blattschaber	mullein weevil
Cionus scrophulariae	Braunwurzschaber, Weißkragen-Braunwurzschaber	figwort weevil
Cis boleti	Gemeiner Schwammkäfer	a common, minute tree-fungus beetle
Cis hispidus	Stacheliger Schwammkäfer	a minute tree-fungus beetle
Citheronia regalis	Königsmotte*, Königliche Walnussmotte*	regal moth (larva: hickory horned devil), regal walnut moth, royal walnut moth
Cixidia confinis	Kiefernrindenzikade	
Cixidia pilatoi	Echte Rindenzikade	
Cixius beieri	Fichten-Glasflügelzikade	
Cixius caledonicus	Schottische Glasflügelzikade	
Cixius cambricus	Kambrische Glasflügelzikade	
Cixius cunicularius	Busch-Glasflügelzikade	
Cixius distinguendus	Wald-Glasflügelzikade	
Cixius dubius	Hain-Glasflügelzikade	
Cixius heydenii	Alpen-Glasflügelzikade	
Cixius nervosus	Gemeine Glasflügelzikade	common lacehopper
Cixius nervosus	Gemeine Glasflügelzikade	
Cixius remotus	Englische Glasflügelzikade	
Cixius similis	Torf-Glasflügelzikade	
Cixius simplex	Dorn-Glasflügelzikade	
Cixius sticticus	Französische Glasflügelzikade	
Cixius stigmaticus	Trug-Glasflügelzikade	
Cixius wagneri	Weinbergs-Glasflügelzikade	
Cladardis elongatula/ Blennocampa elongatula	Aufsteigender Rosentriebbohrer, Röhrenwurm	ascending rose stem-boring sawfly*, rose shoot-boring sawfly
Cladius difformis	Rosenblattwespe	lesser antler sawfly
Cladius pectinicornis	Ungleiche Rosenblattwespe	antler sawfly, bristly roseslug (sawfly)

Clambidae	Punktkäfer	fringe-winged beetles, minute beetles
Clambus armadillo	Schwarzbrauner Punktkäfer	
Clastoptera proteus	Heidelbeer-Schaumzikade	dogwood spittlebug
Claviger testaceus	Rotbrauner Keulenkäfer (Gelber Keulenkäfer)	redbrown clavigerid
Clavigeridae	Keulenkäfer	clavigerid beetles
Clavigesta purdeyi	Kiefernnadel-Miniermotte*	pine leaf-mining moth
Cleoceris scoriacea	Gebänderte Graslilieneule	
Cleonis pigra	Distelgallenrüssler	
Cleora cinctaria	Ringfleck-Rindenspanner	ringed carpet (moth)
Cleorodes lichenaria	Grüner Flechten-Rindenspanner	Brussels lace (moth)
Clepsis consimilana	Ligusterwickler	privet twist (moth)
Clepsis spectrana	Geflammter Rebenwickler	straw-coloured tortrix (moth), cyclamen tortrix (moth), fern tortrix
Cleptes spp.	Diebswespen	
Cleridae	Buntkäfer	checkered beetles, clerid beetles, clerids
Clerus mutillarius	Eichenbuntkäfer	oak clerid
Clerus mutillarius/ Pseudoclerops mutillarius	Eichenbuntkäfer (Großer Ameisenkäfer)	
Clivina collaris	Zweifarbiger Grabspornläufer	red digging ground beetle
Clivina fossor	Schwarzbrauner Fingerkäfer, Spreizläufer, Gewöhnlicher Grabspornläufer	a ground beetle
Clivina impressifrons	ein Grabspornläufer	slender seedcorn beetle
Cloeon dipterum	Fliegenhaft, Teich-Fliegenhaft*	pond olive, pond olive dun
Cloeon simile	See-Fliegenhaft*	lake olive, lake olive dun
Clogmia albipunctata	Weißgepunktete Schmetterlingsmücke (eine Abortfliege)	sewer fly, drain fly, bathroom fly, bathroom mothmidge
Clostera anachoreta	Schwarzfleck-Erpelschwanz, Schwarzgefleckter Raufußspinner, Einsiedler	scarce chocolate-tip (moth)
Clostera anastomosis	Weidenspinner, Rostbrauner Raufußspinner, Rostbrauner Erpelschwanz	greater chocolate-tip (moth)
Clostera curtula	Erpelschwanz, Erpelschwanz-Raufußspinner	chocolate-tip (moth)

Clostera pigra	Espenspinner, Kleiner Erpelschwanz, Kleiner Raufußspinner	small chocolate-tip (moth)
Clysia ambiguella/ Cochylis ambiguella/ Eupoecilia ambiguella	Einbindiger Traubenwickler (Heuwurm)	European grapevine moth, small brown-barrel conch, grapeberry moth
Clythiidae/ Platypezidae	Pilzfliegen	flat-footed flies
Clytra laeviuscula	Ameisen-Sackkäfer, Ameisen-Blattkäfer	four-spotted leaf beetle (a short-horned leaf beetle)
Clytra quadripunctata	Sackkäfer, Vierpunkt-Sackblattkäfer, Vierpunkt-Ameisenblattkäfer, Vierpunktiger Ameisen-Sackkäfer	
Clytus arietis	Echter Widderbock, Gemeiner Widderbock, Wespenbock	wasp beetle
Cnaemidophorus rhododactyla	Rosengeistchen	rose plume (moth)
Cnephasia asseclana	Gemeiner Grauwickler	flax tortrix (moth)
Cnephasia communana	Früher Grauwickler	may shade (moth)
Cnephasia incertana	Kleiner Grauwickler	light grey tortrix (moth)
Cnephasia longana	Ährenwickler	omnivorous leaf tier (moth)
Cnephasia pumicana	Getreidewickler	cereal leaf tier (moth)
Coccidae	Napfschildläuse	soft scales and wax scales and tortoise scales (scale insects)
Coccidula rufa	Roter Schilf-Marienkäfer, Glänzender Schlankmarienkäfer	a small red ladybird beetle*
Coccidula scutellata	Gefleckter Schilf-Marienkäfer	a cryptic wetland ladybird beetle*
Coccinella hieroglyphica	Heidekraut-Marienkäfer	hieroglyphic ladybird
Coccinella magnifica	Ameisen-Siebenpunkt-Marienkäfer, Ameisen-Siebenpunkt	scarce seven-spotted ladybird
Coccinella quinquepunctata	Fünfpunkt-Marienkäfer, Fünfpunkt	five-spot ladybird, fivespot ladybird, 5-spot ladybird
Coccinella septempunctata	Siebenpunkt-Marienkäfer, Siebenpunkt	seven-spot ladybird, sevenspot ladybird, 7-spot ladybird
Coccinella undecimpunctata	Elfpunkt-Marienkäfer, Elfpunkt	eleven-spot ladybird, elevenspot ladybird, 11-spot ladybird
Coccinellidae	Marienkäfer	ladybirds, ladybird beetles, lady beetles, “ladybugs”

Coccinula quatuordecimpustulata	Trockenrasen-Marienkäfer	14-spot ladybird
Coccoidea	Schildläuse (inkl. Wollschildläuse)	scale insects (incl. mealy bugs/ mealybugs)
Coccotrypes dactyliperda	Dattelkernkäfer, Dattelkern-Borkenkäfer	date stone beetle, button beetle
Coccus hesperidum	Weiche Schildlaus, Braune Gewächshaus-Napfschildlaus*, Braune Napfschildlaus*	brown soft scale
Coccus viridis	Grüne Kaffeeschildlaus	coffee green scale, green coffee scale, green scale
Cochlidion limacodes/ Apoda avellana	Kleiner Asselspinner, Große Schildmotte	festoon
Cochliomyia hominivorax	Schraubenwurmfliege, Neuwelt-Schraubenwurmfliege	screwworm fly, New World screwworm fly
Cochylimorpha hilarana	Regensburger Steppenrasenwickler	
Cochylis ambiguella/ Eupoecilia ambiguella/ Clysia ambiguella	Einbindiger Traubenwickler (Heuwurm)	European grapevine moth, small brown-barrel conch, grapeberry moth
Cochylis atricapitana	Rosenfarbiger Schwarzkopfwickler	black-headed conch (moth)
Cochylis dubitana	Korbblüten-Samenwickler	little conch (moth)
Cochylis epilinana	Flachswickler	
Cochylis roseana	Karden-Samenwickler, Rötlicher Kardendistelwickler	rosy conch (moth)
Codophila varia	Fleckenwanze	spotted shieldbug*
Coelioxys atra	Schuppenhaarige Kegelbiene	short sharp-tail bees
Coelioxys brevis	Kurze Kegelbiene	red-legged sharp-tail bee
Coelioxys elongata	Schlanke Kegelbiene	dull-vented sharp-tail bee
Coelioxys quadrdentata	Vierzähnige Kegelbiene	grooved sharp-tail bee
Coelioxys rufescens	Rötliche Kegelbiene	rufescent sharp-tail bee
Coelopa spp.	Tangfliegen	seaweed flies
Coelophora inaequalis	Australischer Marienkäfer	common Australian lady beetle
Coelopidae	Tangfliegen	seaweed flies
Coenagrion armatum	Hauben-Azurjungfer	Norfolk damselfly (U.K.)
Coenagrion hastulatum	Speer-Azurjungfer	northern damselfly, northern blue damselfly (U.K.)
Coenagrion hylas	Sibirische Azurjungfer	Siberian damselfly
Coenagrion lunulatum	Mond-Azurjungfer	Irish damselfly, lunular damselfly*

Coenagrion mercuriale	Helm-Azurjungfer	southern damselfly (U.K.)
Coenagrion ornatum	Vogel-Azurjungfer	ornate damselfly
Coenagrion puella	Hufeisen-Azurjungfer	common coenagrion, azure damselfly
Coenagrion pulchellum	Fledermaus-Azurjungfer	variable damselfly
Coenagrion scitulum	Gabel-Azurjungfer	dainty damselfly
Coenagrionidae	Schlanklibellen	narrow-winged damselflies
Coenobia rufa	Rötliche Binseneule	small rufous (moth)
Coenocalpe lapidata	Blasser Wellenbindenspanner, Blasser Alpen-Wellenbindenspanner	slender-striped rufous (moth)
Coenomyia ferruginea	Stinkfliege	stink fly* (an awl-fly)
Coenonympha arcania	Perlgrasfalter, Weißbindiges Wiesenvögelchen	pearly heath (butterfly)
Coenonympha gardetta	Alpen-Wiesenvögelchen, Alpen-Heufalter	alpine heath (butterfly)
Coenonympha glycerion	Rostbraunes Wiesenvögelchen, Rotbraunes Wiesenvögelchen	chestnut heath (butterfly)
Coenonympha hero	Wald-Wiesenvögelchen, Braunes Wiesenvögelchen	scarce heath (butterfly)
Coenonympha oedippus	Moor-Wiesenvögelchen, Stromtal-Wiesenvögelchen	false ringlet butterfly
Coenonympha pamphilus	Kleiner Heufalter, Kleines Wiesenvögelchen, Kälberauge	small heath (butterfly)
Coenonympha tullia/ Coenonympha typhon	Großer Heufalter, Großes Wiesenvögelchen	large heath (butterfly)
Coenophila subrosea	Hochmoor-Bodeneule	rosy marsh moth
Coenotephria salicata/ Nebula salicata	Kleiner Felsen-Bindenspanner	striped twin-spot carpet (moth)
Coenotephria tophaceata	Großer Felsen-Bindenspanner	
Colaphellus sophiae	Senfkäfer, Senfblattkäfer	mustard beetle*
Coleophora albella	Weißrand-Sackträgermotte, Weißrand-Miniersackträgermotte, Weißrand-Sackmotte	viviparous case-bearer (moth)
Coleophora alcyonipennella	Kleesamenmotte, Flockenblumen-Sackmotte	clover case-bearer (moth), clover-seed moth*
Coleophora alticolella	Kleine Binsen-Sackmotte, Binsen-Sackträgermotte	common rush case-bearer (moth)
Coleophora anatipennella	Kirschblattmotte*	pistol case-bearer (moth), cherry pistol case-bearer (moth)

Coleophora binderella	Erlen-Sackmotte	grey alder case-bearer (moth)
Coleophora brevipalpella	Kurzpalpen-Miniersackträger	
Coleophora caespititiella	Große Binsen-Sackmotte	buff rush case-bearer (moth)
Coleophora chamaedriella	Gegitterter Miniersackträger	
Coleophora coracipennella	Obstbaum-Sackmotte	blackthorn case-bearer (moth)
Coleophora deauratella	Skabiosen-Sackmotte	red-clover case-bearer (moth), red clover casebearer
Coleophora flavipennella	Birnenförmige Sackmotte	tipped oak case-bearer (moth)
Coleophora frankii	Kelheimer Miniersackträger	
Coleophora fuscidenella	Erlenknospenmotte	alder case-bearer (moth)
Coleophora gnaphalii	Strohblumen-Miniersackträger	
Coleophora gryphipennella	Rosenfutteralmotte, "Rosenschabe", Rosen-Sackmotte	rose case-bearer (moth)
Coleophora hemerobiella	Knospenminiermotte, Obstblattmotte, Gemeine Obstbaumschabe, Obstbaum-Sackmotte, Obstknospen-Sackmotte	black-stigma case-bearer (moth)
Coleophora juncicolella	Zwerg-Miniersackträger	
Coleophora laricella	Lärchenminiermotte, Lärchen-Sackmotte	larch case-bearer, larch leaf miner, western larch case-bearer
Coleophora linosyridella	Goldaster-Miniersackträger	
Coleophora lusciniaepennella	Salweiden-Sackmotte	osier case-bearer (moth)
Coleophora lutipennella	Eichenknospenmotte	common oak case-bearer (moth)
Coleophora ochrea	Sonnenröschen-Miniersackträger	
Coleophora onobrychiella	Esparetten-Miniersackträger	
Coleophora otidipennella	Hainsimsen-Sackmotte	wood-rush case-bearer (moth)
Coleophora pappiferella	Katzenpfötchen-Miniersackträger	
Coleophora paripennella	Laubholz-Sackmotte	dark thistle case-bearer (moth)
Coleophora pratella	Schlangenknöterich-Miniersackträger	
Coleophora pyrrhulipennella	Heidekraut-Sackmotte	ling case-bearer (moth)
Coleophora saponariella	Seifenkraut-Miniersackträger	

Coleophora serratella	Erlenknospenmotte, Birken-Erlenminiermotte, Gemeine Sackmotte	common case-bearer, birch casebearer, cigar casebearer
Coleophora spinella/ Coleophora coracipennella	Apfel-Pflaumen-Miniermotte, Weißdorn-Miniermotte*	apple-and-plum case-bearer (moth), apple & plum case-bearer, cigar casebearer
Coleophora spiraeella	Spierstrauch-Sackträgermotte	
Coleophora spissicornis	Kleesamenmotte	clover case-bearer (moth), banded clover casebearer
Coleophora supinella	Östlicher Geißklee-Miniersackträger	
Coleophora trifolii	Große Klee-Sackmotte	large clover case-bearer (moth), trefoil thick-horned tinea
Coleophora vulnerariae	Wundklee-Sackmotte, Flügelginster-Miniersackträger	lost case-bearer (moth)
Coleophora wockeella	Schuppenfühler-Miniersackträger, Schuppenfühler-Sackmotte	Betony case-bearer (moth)
Coleophoridae	Sackträgermotten, Sackmotten, Futteralmotten	casebearers, casebearer moths, case-bearer moths
Coleoptera	Käfer	beetles
Colias alfacariensis/ Colias australis	Hufeisenklee-Gelbling, Südlicher Heufalter	Berger's clouded yellow (butterfly)
Colias chrysotheme	Hellorangegrüner Heufalter, Orangegrüner Gelbling	lesser clouded yellow (butterfly)
Colias croceus	Posthörnchen, Großes Posthörnchen, Postillion, Wandergelbling, Orangeroter Kleefalter	clouded yellow (butterfly)
Colias erate	Steppen-Gelbling, Östlicher Gelbling	eastern pale clouded yellow (butterfly)
Colias eurytheme	Amerikanischer Luzernenheufalter	alfalfa butterfly (alfalfa caterpillar)
Colias hyale	Goldene Acht, Gemeiner Heufalter, Gemeiner Gelbling, Gelber Heufalter, Weißklee-Gelbling	pale clouded yellow (butterfly)
Colias myrmidone	Orangeroter Heufalter, Regensburger Gelbling	Danube clouded yellow (butterfly)
Colias palaeno	Hochmoor-Gelbling, Hochmoorgelbling, Moorgelbling, Zitronengelber Heufalter	moorland clouded yellow (butterfly)

Colias phicomone	Grünlicher Heufalter, Alpen-Gelbling	mountain clouded yellow (butterfly)
Colias spp.	Gelblinge, Heufalter	yellows
Collembola	Springschwänze, Collembolen	springtails, garden fleas
Colletes cunicularius	Frühlings-Seidenbiene, Weiden- Seidenbiene	vernal bee, vernal mining-bee, early colletes
Colletes daviesanus	Gemeine Seidenbiene, Buckel-Seidenbiene	Davies' colletes
Colletes fodiens	Grabende Seidenbiene, Sandbrachen-Seidenbiene	hairy-saddled colletes
Colletes halophilus	Küsten-Seidenbiene, Salz-Seidenbiene	sea-aster mining bee, sea-aster colletes bee, sea aster bee
Colletes hederae	Efeu-Seidenbiene	ivy bee
Colletes marginatus	Sand-Seidenbiene	margined colletes
Colletes similis	Rainfarn-Seidenbiene	bare-saddled colletes
Colletes spp.	Seidenbienen	plasterer bees
Colletes succinctus	Heidekraut-Seidenbiene, Gegürtelte Seidenbiene	common colletes (U.K.), heath mining bee, heathland mining bee, heather colletes, girdled colletes
Colletidae	Seidenbienen	plasterer bees and yellow-faced bees, plumed bees, colletid bees
Colobochyla salicalis	Weiden-Spannereule, Weidenbuschmoor-Spannereule	lesser belle (moth)
Colobura dirce	Zebra-Mosaik, Zebra-Mosaik-Schmetterling	zebra (butterfly), zebra mosaic
Colocasia coryli	Haseleule	nut-tree tussock (moth)
Colon brunneum	Schwarzbrauner Kolonistenkäfer	
Colonidae	Kolonistenkäfer	colonid beetles
Coloradia pandora	Pandoramotte	pandora moth
Colostygia aptata	Grünbrauner Bindenspanner	
Colostygia aqueata	Blassgrauer Bindenspanner, Labkraut-Alpen-Blattspanner	
Colostygia austriacaria	Österreichischer Alpen-Blattspanner	
Colostygia kollariaria	Kollars Bergwald-Blattspanner	
Colostygia laetaria	Baldrian-Bindenspinner	
Colostygia multistrigaria	Frühjahrs-Bindenspanner	mottled grey (moth)
Colostygia olivata	Olivgrüner Bergwald-Bindenspanner, Eschenspanner, Moosgrüner Bindenspanner	beech-green carpet (moth)

Colostygia pectinataria	Prachtgrüner Bindenspanner	green carpet (moth)
Colostygia puengeleri	Püngelers Alpen-Blattspanner	
Colostygia turbata	Dunkler Bindenspanner, Labkraut-Alpenspanner	
Colotois pennaria	Haarrückenspanner, Federfühler-Herbstspanner, Fliederspanner	feathered thorn (moth)
Columbicola columbae	Taubenfederling	slender pigeon louse
Colydiidae	Rindenkäfer	cylindrical bark beetles
Colydium filiforme	Fadenkäfer	filiform beetle
Colymbetes fuscus	Teichschwimmer	
Comibaena bajularia/ Comibaena pustulata	Pustelspanner, Gelbgrüner Eichenmittelwaldspanner	blotched emerald (moth)
Commophila aeneana	Roter Schmuckwickler	orange conch (moth)
Conicera tibialis	Gräberfliege	coffin fly
Coniocleonus hollbergi	Sand-Steppenrüssler	
Coniopterygidae	Staubhafte	white lacewings
Conisania andalusica	Barretts Leimkrauteule, Staudingers Leimkrauteule	Barrett's marbled coronet (moth)!
Conisania leineri	Leiners Beifußeule	Leiner's marbled coronet (moth)
Conisania luteago/ Hadena luteago	Braungelbe Leimkrauteule	Barrett's marbled coronet (moth)!
Conistra erythrocephala	Rotkopf-Wintereule	red-headed chestnut (moth)
Conistra ligula	Gebüsch-Wintereule	dark chestnut (moth)
Conistra rubiginea	Rost-Wintereule	dotted chestnut (moth)
Conistra rubiginosa	Feldholz-Wintereule	black-spot chestnut (moth)
Conistra vaccinii	Braune Heidelbeereule, Heidelbeer-Wintereule	chestnut (moth)
Conistra veronicae	Eintönige Wintereule	
Conobathra repandana	Eichentriebzünsler	warted knot-horn (moth)
Conocephalidae	Schwertschrecken, Kegelköpfe	meadow grasshoppers
Conocephalus conocephalus	Südliche Schwertschrecke	southern cone-head
Conocephalus discolor/ Conocephalus fuscus	Langflügelige Schwertschrecke, Langflüglige Schwertschrecke	long-winged cone-head, long-winged conehead
Conocephalus dorsalis	Kurzflügelige Schwertschrecke, Kurzflüglige Schwertschrecke	short-winged cone-head, short-winged conehead
Conomelus anceps	Gemeine Binsenspornzikade	
Conomelus lorifer	Südliche Binsenspornzikade	
Conopidae	Dickkopffliegen	thick-headed flies

Conosoma testaceum	Gemeiner Spitzleibkurzflügler	
Conotrachelus nenuphar	Pflaumenrüssler	plum curculio
Contarinia acerplicans	Ahornfalten-Gallmücke	sycamore leaf-roll gall midge
Contarinia baeri/ Cecidomyia baeri	Nadelnknickende Kieferngallmücke	pine needle gall midge
Contarinia coryli	Haselkätzchen-Gallmücke	hazel-catkin gall midge
Contarinia humuli	Hopfengallmücke	hop strig midge
Contarinia medicaginis	Luzerneblüten-Gallmücke	lucerne flower midge
Contarinia merceri	Gelbe Fuchsschwanz-Gallmücke	foxtail midge, cocksfoot midge
Contarinia nasturtii	Kohldrehherzmücke, Kohldrehherz-Gallmücke	swede midge, cabbage midge
Contarinia petioli	Pappelblattstiel-Gallmücke	poplar gall midge, aspen petiole gall midge
Contarinia pirivora	Birnengallmücke	pear gall midge
Contarinia pisi	Erbsengallmücke	pea gall midge
Contarinia pruniflorum	Pflaumen-Fruchtknospen-Gallmücke*	plum fruit-bud midge, apricot flower midge
Contarinia ribis	Stachelbeergallmücke	gooseberry flower midge
Contarinia rubicola	Brombeer-Gallmücke, Brombeerblüten-Gallmücke	blackberry flower midge
Contarinia tiliacum	Lindenknospengallmücke	lime leaf-stalk gall midge
Contarinia tritici	Gelbe Weizengallmücke	yellow wheat blossom midge, wheat blossom midge
Contarinia viticola	Rebblütengallmücke	vine flower midge
Cophopodisma pyrenaea	Pyrenäen-Gebirgsschrecke	magnificent Pyrenean grasshopper*
Copris lunaris	Mondhornkäfer	tumblebug, English scarab
Copromyza equina	Pferdedungfliege	
Coptosoma scutellatum	Kugelwanze	a coptosomatid bug
Coptotriche gaunacella	Schlehen-Schopfstirnfalter	
Coptotriche heinemanni	Dunkler Brombeer-Schopfstirnfalter	
Coptotriche szoecsi	Wiesenknopf-Schopfstirnfalter	
Coraebus elatus	Sonnenröschen-Prachtkäfer, Metallgrüner Filzfuß-Prachtkäfer	a jewel beetle
Coraebus florentinus	Florentiner Prachtkäfer, Zweibindiger Eichenprachtkäfer, Zweibindiger Eichen-Prachtkäfer	oak branch-girdling buprestid, oak burncow

Coraebus rubi	Großer Brombeer-Prachtkäfer, Vielbindiger Filzfuß-Prachtkäfer	rose bupestrid
Coraebus undatus	Wellenbindiger Eichen-Prachtkäfer	flathead oak borer
Coranarta cordigera/ Anarta cordigera	Moorbunteule, Moor-Bunteule	small dark yellow underwing (moth)
Coranus subapterus	Brauner Stromer	heath assassin bug
Corcyra cephalonica/ Aphomia cephalonica	Reismotte	rice moth, raisin honey
Cordalia obscura	Kugelschild-Kurzflügler	
Cordulegaster bidentata	Gestreifte Quelljungfer, Eingestreifte Quelljungfer	sombre golden-ringed dragonfly, two-toothed golden-ringed dragonfly, sombre goldenring, two-toothed goldenring
Cordulegaster boltonii/ Cordulegaster boltoni	Zweigestreifte Quelljungfer	golden-ringed dragonfly, common goldenring
Cordulegaster heros	Große Quelljungfer	large golden-ringed dragonfly
Cordulegastridae	Quelljungfern	biddies
Cordulia aenea	Gemeine Smaragdlibelle, Falkenlibelle	downy emerald (dragonfly)
Corduliidae	Falkenlibellen	green-eyed skimmers
Cordylobia anthropophaga	Tumbufliege	tumbu fly (mango fly)
Coreidae	Lederwanzen, Randwanzen	leaf-footed bugs, coreid bugs
Coreoidea	Lederwanzen (Randwanzen)	squashbugs
Coreus marginatus/ Mesocerus marginatus	Saumwanze, Lederwanze	squash bug
Corixa punctata	Punktierte Ruderwanze, Großer Wasserstromer	common corixid
Corixidae	Ruderwanzen (Wasserzikaden)	water boatmen
Corizus hyoscyami	Zimtwanze	cinnamon bug, black & red squash bug
Corticaria pubescens	Brauner Großaugenmoderkäfer	a minute brown scavenger beetle
Cortodera femorata	Schwarzer Tiefaugenbock	
Cortodera humeralis	Eichen-Tiefaugenbock	
Corylobium avellanae	Haselnusslaus	large hazel aphid
Corylophidae/ Orthoperidae	Faulholzkäfer, Schimmelkäfer	minute fungus beetles
Corythucha arcuata	Amerikanische Eichennetzwanze	oak lace bug, American oak lace bug

Corythucha ciliata	Amerikanische Platanennetzwanze, Platanen-Netzwanze, Platanen-Gitterwanze	sycamore lace bug, Platanus lace bug
Coscinia cribraria	Weißer Grasbär, Siebbär	speckled footman (moth)
Coscinocera hercules	Herkulesspinner	Hercules moth
Cosmia affinis	Rotbraune Ulmeneule	lesser-spotted pinion (moth)
Cosmia diffinis	Weißflecken-Ulmeneule	white-spotted pinion (moth)
Cosmia pyralina	Violettbraune Ulmeneule, Birnbaumeule	lunar-spotted pinion (moth)
Cosmia trapezina	Trapez-Eule, Trapezeule	dun-bar (moth), the dun-dar
Cosmiotes freyerella	Gewöhnliche Rispengrasminiermotte	broken-barred dwarf (moth)
Cosmopolites sordidus	Bananenrüssler	banana weevil, banana root borer
Cosmopterix lienigiella	Lienigs Schilf-Prachtfalter	fen cosmet (moth)
Cosmopterix schmidiella	Wicken-Prachtfalter	
Cosmopterix scribaiella	Scribas Schilf-Prachtfalter	
Cosmopterix zieglerella	Hopfen-Prachtfalter	hedge cosmet (moth)
Cosmorhoe ocellata	Schwarzaugen-Bindenspanner	purple bar (moth)
Cosmotriche lobulina	Mondfleckglucke	
Cossidae	Holzbohrer	carpenter moths and leopard moths
Cossus cossus	Weidenbohrer	goat moth, European goat moth
Costaconvexa polygrammata	Viellinien-Blattspanner	many-lined (moth) the many-lined
Cosymbia punctaria/ Cyclophora punctaria	Punktfleckspanner, Eichenbuschspanner	maiden's blush moth
Cotinis nitida	Grüner Junikäfer*	green June beetle
Crabro cribrarius	Silbermundwespe, Schildbeinige Silbermundwespe	slender-bodied digger wasp
Craesus septentrionalis/ Croesus septentrionalis	Breitfüßige Birkenblattwespe	hazel sawfly, flat-legged tenthred sawfly
Crambidae	Grasmotten	grass moths, grass-veneers
Crambus lathoniellus	Wiesen-Graszünsler	hook-streak grass-veneer (moth)
Crambus pascuella	Weiden-Graszünsler	inlaid grass-veneer (moth)
Crambus perlella	Weißer Graszünsler	satin grass-veneer (moth)
Crambus pratella	Steppen-Graszünsler, Dunkelfleckiger Graszünsler	sarce grass-veneer (moth), dark-inlaid grass-veneer

Crambus silvella	Schilfwiesen-Graszünsler	wood grass-veneer (moth)
Crambus spp.	Graszünsler, Grasmotten	grass moths, grass-veneers, grass veneer moths
Crambus uliginosellus	Niedermoor-Graszünsler	marsh grass-veneer (moth)
Craniophora ligustri	Ligustereule, Liguster-Rindeneule	coronet (moth), the coronet
Crataerina pallida	Mauerseglerlausfliege	swift louse fly, swift lousefly, swift parasitic fly, swallow parasitic fly
Crematogaster scutellaris	Rotkopfameise (eine Kippleibameise)	red-headed ant, Mediterranean acrobat ant
Crematogaster spp.	Kippleibameisen	acrobat ants, valentine ants
Creophilus maxillosus	Aas-Raubkurzflügler	hairy rove beetle
Crepidodera aurata	Weiden-Erdfloh	willow flea beetle
Crepidodera aurea	Goldener Erdfloh	poplar flea beetle
Criocephalus rusticus/ Arhopalus rusticus	Dunkelbrauner Halsgrubenbock, Grubenhalsbock	rusty longhorn beetle
Crioceris asparagi	Spargelhähnchen, Gemeines Spargelhähnchen, Spargelkäfer	asparagus beetle
Crioceris duodecimpunctata	Zwölfpunktspargelhähnchen, Zwölfpunkt-Spargelkäfer	twelve-spotted asparagus beetle
Crioceris spp.	Spargelhähnchen, Spargelkäfer	asparagus beetles
Criomorphus albomarginatus	Bindenspornzikade	
Criomorphus borealis	Taigaspornzikade	
Criomorphus moestus	Schwedische Spornzikade	
Criomorphus williamsi	Englische Spornzikade	
Criorhina floccosa	Pelz-Schwebfliege	
Crocallis elinguaria	Heller Schmuckspanner, Hellgelber Schmuckspanner	scalloped oak (moth)
Crocallis tusciaria	Schlehen-Schmuckspanner, Dunkler Schmuckspanner, Waldreben-Schmuckspanner	smoky scalloped oak (moth)
Crocothemis erythraea	Feuerlibelle	broad scarlet, scarlet darter, scarlet dragonfly
Croesus septentrionalis	Breitfüßige Birkenblattwespe	hazel sawfly
Cryphalops tiliae	Lindenborkenkäfer	lime bark beetle
Cryphalus abietis	Gekörnter Fichtenborkenkäfer	granular spruce bark beetle*
Cryphalus intermedius	Kleiner Lärchenborkenkäfer, Kleiner Gekörnter Lärchenborkenkäfer	tiny granular larch bark beetle

Cryphalus piceae	Kleiner Tannenborkenkäfer	small fir bark beetle, white spruce beetle
Cryphalus saltuarius	Bergwald-Borkenkäfer, Bergwaldborkenkäfer	mountain forest bark beetle
Cryphia algae	Dunkelgrüne Flechteneule, Algeneule, Algen-Eulchen, Dunkelgrüne Algeneule	tree-lichen beauty (moth)
Cryphia fraudatricula	Braungraue Flechteneule	
Cryphia muralis	Hellgrüne Flechteneule, Mauerflechteneule, Hellgrüne Algeneule	marbled green (moth)
Crypsedra gemmea	Bunte Waldgraseule, Bunte Waldgras-Steineule, Waldrasen-Ziereule	the cameo (moth)
Cryptoblabes bistriga	Rötlicher Birkenschmalzünsler	
Cryptocephalus aureolus	Grünblauer Fallkäfer, Seidiger Fallkäfer	golde-greenblue pot beetle*
Cryptocephalus bipunctatus	Zweipunktiger Fallkäfer, Zweigepunkteter Fallkäfer, Zweigepunkt-Fallkäfer	two-spotted pot beetle
Cryptocephalus coryli	Hasel-Fallkäfer	hazel pot beetle
Cryptocephalus decemmaculatus	Zehnpunkt-Fallkäfer	ten-spotted pot beetle
Cryptocephalus moraei	Querbindiger Fallkäfer, Gelbschwarzer Blattkäfer	transverse-striped pot beetle*
Cryptocephalus punctiger	Schwarzblau-Metallischer Fallkäfer*	blue pepper-pot beetle
Cryptocephalus quinquepunctatus	Fünfpunkt-Fallkäfer	pot beetle
Cryptocephalus rufipes	Rotbeiniger Fallkäfer	pot beetle
Cryptocephalus sericeus	Seidiger Fallkäfer	silken pot beetle
Cryptocephalus sexpunctatus	Sechspunkt-Fallkäfer	six-spotted pot beetle
Cryptocephalus vittatus	Gebänderter Fallkäfer	banded pot beetle (a continental European pot beetle)
Cryptoceridae		brown-hooded cockroaches
Cryptococcus fagisuga	Buchenwolllaus, Buchenschildlaus	beech scale, felted beech scale
Cryptolaemus montrouzieri	Australischer Marienkäfer	mealybug ladybird (mealybug destroyer)

Cryptolestes ferrugineus	Rotbrauner Leistenkopfplattkäfer	rusty grain beetle, rust-red grain beetle
Cryptolestes pusillus	Kleiner Leistenkopfplattkäfer	flat grain beetle
Cryptolestes turcicus	Türkischer Leistenkopfplattkäfer	Turkish grain beetle, flour mill beetle
Cryptomyzus galeopsidis	Bleichstreifige Beerenblattlaus	European black currant aphid, currant blister aphid
Cryptomyzus ribis	Johannisbeerblasenlaus	red currant blister aphid, currant aphid
Cryptophagidae	Schimmelkäfer	silken fungus beetles
Cryptophagus pseudodentatus	Gemeiner Schimmelkäfer	common European fungus beetle*
Cryptopleurum minutum	Behaarter Dungkugelkäfer	
Cryptorhynchus lapathi	Weidenrüssler, Erlenrüssler, Erlenrüsselkäfer, Erlenwürger	poplar-and-willow borer, osier weevil, willow weevil
Crypturgus cinereus	Kleiner Kiefernborkenkäfer	a bark beetle
Crypturgus hispidulus	Kleiner Borstiger Nadelholzborkenkäfer	
Crypturgus pusillus	Winziger Fichtenborkenkäfer	tiny spruce bark beetle, minute bark beetle
Ctenicera pectinicornis	Metallglänzender Rindenschnellkäfer	
Ctenopus sulphureus/ Cteniopus flavus	Schwefelkäfer	sulphur beetle
Ctenistes palpalis	Tuberkel-Palpenkäfer	
Ctenocephalides canis	Hundefloh	dog flea
Ctenocephalides felis	Katzenfloh	cat flea
Ctenolepisma lineata	Kammfischchen	four-lined silverfish
Ctenolepisma longicaudata	Papierfischchen	gray silverfish, giant silverfish, long-tailed silverfish
Ctenomorpha gargantua	Gargantua-Stabheuschrecke, Riesige Australische Stabheuschrecke	gargantuan stick insect
Ctenophora ornata	Kammschnake	marked crane fly
Ctenophthalmus bisoctodentatus	Maulwurfsfloh	a mole flea
Ctenoplusia accentifera	Akzent-Silbereule*	accent gem (moth)
Ctenoplusia limbirena	Limbirena-Silbereule	scar bank gem (moth)
Ctenuchidae/Ctenuchinae/ Ctenuchina	Fleckwidderchen	wasp moths and tiger moths

Cuclotogaster heterographus/ Gallipeurus heterographus	Hühner-Kopflaus	chicken head louse
Cucujidae	Plattkäfer, Schmalkäfer	flat bark beetles
Cucujus cinnaberinus	Scharlachkäfer, Scharlachroter Plattkäfer	red flat bark beetle
Cucullia absinthii	Fahler Wermut-Mönch, Beifuß-Mönch, Beifußmönch	wormwood (moth), the wormwood
Cucullia argentea	Silber-Mönch, Silbermönch	green silver-spangled shark (moth)
Cucullia artemisiae	Feldbeifuß-Mönch, Beifuß-Mönch, Beifußmönch, Grauer Beifußmönch	scarce wormwood shark (moth)
Cucullia asteris	Astern-Mönch, Asternmönch, Aster-Goldrutenheiden-Braunmönch	star-wort (moth)
Cucullia campanulae	Glockenblumen-Mönch, Glockenblumenmönch	bellflower shark (moth)
Cucullia caninae	Hundsbraunwurz-Mönch	
Cucullia chamomillae	Kamillen-Mönch	chamomile shark (moth)
Cucullia dracunculi	Hellgrauer Goldaster-Mönch	
Cucullia fraudatrix	Östlicher Beifuß-Graumönch, Bräunlichgrauer Beifuß-Mönch	
Cucullia gnaphalii	Goldruten-Mönch, Goldrutenmönch	cudweed (moth), the cudweed
Cucullia lactucae	Lattich-Mönch, Lattichmönch	lettuce shark (moth)
Cucullia lanceolata	Verschollener Königskerzenmönch, Verschollener Königskerzen-Mönch	
Cucullia lucifuga	Kräuter-Mönch, Distel-Mönch, Distel-Graumönch	large dark shark (moth)
Cucullia lychnitis/ Shargacucullia lychnitis	Graubestäubter Wollkrautmönch	striped lychnis (moth)
Cucullia prenanthis/ Shargacucullia prenanthis	Braunwurz-Wald-Mönch, Goldbrauner Wollkrautmönch	false water betony (moth)
Cucullia scrophulariae/ Shargacucullia scrophulariae	Braunwurz-Mönch	water betony (moth)
Cucullia tanaceti	Rainfarn-Mönch	tansy shark (moth)

Cucullia umbratica	Schatten-Mönch, Schattenmönch, Grauer Mönch	shark moth, common shark, the shark
Cucullia verbasci	Brauner Mönch, Wollkrauteule, Königskerzen-Mönch	mullein moth, the mullein
Cucullia xeranthemi	Dunkelgrauer Goldaster-Mönch, Spreublumenmönch	
Culex pipiens	Hausmücke, Nördliche Hausmücke, Gemeine Stechmücke	house mosquito, northern common house mosquito, common gnat (Br.), house gnat (Br.)
Culex quinquefasciatus	Südliche Hausstechmücke	southern house mosquito
Culicidae	Stechmücken, Moskitos	mosquitoes, gnats (Br.)
Culicoides furens	Salzmarsch-Gnitze*	salt marsh punkie
Culicoides impunctatus	Schottische Hochland-Gnitze	Scottish biting midge, highland midge ("midgie")
Culicoides spp.	Gnitzen	biting midges (Br.); no-see-ums, punkies (U.S.)
Culiseta annulata/ Theobaldia annulata	Ringelmücke, Große Hausmücke, Geringelte Hausmücke, Ringelschnake	banded house mosquito, banded mosquito, ring-footed gnat
Cupedidae	Cupediden	reticulated beetles
Cupido alcetas	Südlicher Kurzschwänziger Bläuling	
Cupido argiades/ Everes argiades	Kleebläuling, Kurzschwänziger Bläuling, Schwänzchenbläuling	short-tailed blue (butterfly)
Cupido decolorata	Östlicher Kurzschwänziger Bläuling	
Cupido minimus	Zwergbläuling, Zwerg-Bläuling	small blue (butterfly)
Cupido osiris	Kleiner Alpenbläuling	osiris blue (butterfly)
Curculio elephas	Esskastanienbohrer	chestnut weevil
Curculio glandium	Eichelbohrer	acorn weevil
Curculio nucum	Haselnussbohrer	nut weevil
Curculio venosus	Adernbohrer	acorn weevil
Curculio villosus	Eichengallenrüssler, Zottiger Gallenbohrer	oak gall weevil
Curculionidae	Rüsselkäfer	snout beetles, weevils (true weevils)
Curimopsis nigrita	Geschwärzter Furchenbauch-Pillenkäfer	mire pill beetle
Cuterebridae	Amerikanische Dasselfliegen	robust bot-flies
Cyaniris semiargus	Dunkelbläuling	mazarine blue (butterfly)

Cybister laterimarginalis	Gaukler, Breitleibschwimmer	a diving beetle
Cybocephalidae	Schildlauskäfer	cybocephalid beetles
Cybocephalus politus	Dunkler Schildlauskäfer	shiny cybocephalid*
Cybosia mesomella	Elfenbein-Flechtenbärchen	four-dotted footman (moth)
Cychramus luteus	Brauner Glanzkäfer	
Cychrus attenuatus	Schmaler Schaufelläufer, Gestreifter Schaufelläufer, Berg-Schaufelläufer	
Cychrus caraboides	Gewöhnlicher Schaufelläufer, Körniger Schaufelläufer	snail hunter, buzzing snail-hunter
Cyclophora albipunctata	Birken-Gürtelpuppenspanner, Weißer Ringfleckspanner	birch mocha (moth)
Cyclophora annularia/ Cyclophora annulata	Ahorn-Gürtelpuppenspanner, Massern-Spanner	mocha (moth), the mocha
Cyclophora lennigiaria	Gelber Ringelfleck-Gürtelpuppenspanner	
Cyclophora linearia	Rotbuchen-Gürtelpuppenspanner, Gelber Buchenspanner	clay tripe-lines (moth), clay tripelines
Cyclophora pendularia/ Cyclophora orbicularia	Grauer Gürtelpuppenspanner, Blasser Ringelfleck-Gürtelpuppenspanner, Pendelspanner, Weißgrauer Ringfleckspanner	dingy mocha (moth)
Cyclophora porata	Eichenbusch-Ringelfleckspanner, Gelbbrauner Eichen-Gürtelpuppenspanner	false mocha (moth)
Cyclophora punctaria	Gepunkteter Eichen-Gürtelpuppenspanner, Grauroter Gürtelpuppenspanner	maiden's blush (moth)
Cyclophora puppillaria	Wandernder Gürtelpuppenspanner, Südlicher Gürtelpuppenspanner	Blair's mocha (moth)
Cyclophora quercimontaria	Gelbroter Eichen-Gürtelpuppenspanner	
Cyclophora ruficiliaria	Braunroter Eichen-Gürtelpuppenspanner	Jersey mocha (moth)
Cyclorrhapha (Muscomorpha)	Deckelschlüpfer	circular-seamed flies
Cydalima perspectalis	Buchsbaumzünsler, Buchsbaum-Zünsler	box tree moth
Cydia amplana	Kastanienwickler	vagrant piercer (moth), rusty oak moth

Cydia conicolana	Kiefernzapfenwickler	pine cone moth, pine-cone piercer (moth)
Cydia coniferana	Kiefernharzwickler	pine resin moth, pine-bark piercer (moth)
Cydia cosmophorana	Kiefernbeulenwickler	scarce pine piercer (moth)
Cydia deshaisiana/ Carpocapsa saltitans	Mexikanische Hupfbohnenmotte, Mexikanische Hüpfbohnenmotte, Mexikanische Springbohnenmotte	Mexican jumping bean moth (larvae in *Sesbania pavoniana* seeds)
Cydia fagiglandana	Buchenwickler, Bucheckernwickler	beech seed moth, large beech piercer
Cydia latiferreanus/ Melissopus latiferreanus	Lambertshaselwickler*	filbertworm (moth)
Cydia medicaginis	Luzernenwickler*	alfalfa moth
Cydia nigricana/ Cydia rusticella/ Laspeyresia nigricana	Erbsenwickler, Olivbrauner Erbsenwickler	pea moth
Cydia oxytropidis	Spitzkielwickler	
Cydia pactolana	Fichtenrindenwickler, Olivbrauner Fichtenrindenwickler	spruce bark moth, spruce bark tortrix
Cydia pomonella/ Laspeyresia pomonella/ Carpocapsa pomonella	Apfelwickler (Obstmade)	apple moth (apple worm), codling moth, apple codling moth, codlin moth
Cydia pyrivora	Birnenwickler	
Cydia splendana	Eichelwickler, Später Kastanienwickler	marbled piercer (moth), acorn moth
Cydia strobilella	Fichtenzapfenwickler	spruce cone moth, spruce seed moth
Cydia succedana	Ginsterschoten-Wickler, Ginsterschotenwickler	grey gorse piercer (moth)
Cydia zebeana	Lärchengallenwickler, Lärchenrindenwickler	larch gall moth*, larch bark moth*
Cydnidae	Erdwanzen	burrower bugs, cydnid bugs
Cylas formicarius	Batatenkäfer, Süßkartoffelrüssler	sweet potato weevil
Cylindera germanica	Deutscher Sandlaufkäfer, Deutscher Sandkäfer, Deutscher Sandläufer	German tiger beetle, cliff tiger beetle
Cylindromorphus filum	Schwarzgrüner Walzen-Prachtkäfer, Schwarzgrüner Walzenprachtkäfer	a jewel beetle

Cylindronotus laevioctostriatus/ Cylindronotus caraboides	Baumritzenkäfer	
Cylindrotomidae	Moosmücken	moss craneflies*
Cymatophorima diluta	Violettgrauer Eulenspinner	oak lutestring (moth)
Cymindis axillaris	Achselfleckiger Nachtläufer	a ground beetle
Cymindis humeralis	Schulterfleckiger Nachtläufer, Rotschulteriger Nachtkäfer	a ground beetle
Cymindis macularis	Doppeltgezeichneter Nachtläufer, Gefleckter Nachtläufer	a ground beetle
Cymindis vaporariorum	Rauchbrauner Nachtläufer	a ground beetle
Cymus glandicolor	Nussfarbige Poren-Langwanze	
Cynaeda dentalis	Zahnbindenzünsler, Natternkopfzünsler	starry pearl (moth)
Cynegetis impunctata	Gras-Marienkäfer, Ungepunkteter Marienkäfer, Ockerfarbener Marienkäfer	grass ladybird, unspotted ladybird, ochre ladybird
Cynipidae	Gallwespen	gallwasps
Cynips divisa	Eichen-Glanzgallwespe (>Braune Glanzgalle)	oak bud red-gall cynipid wasp, oak bud cherry-gall cynipid wasp, red pea gall wasp
Cynips longiventris	Eichenstreifgallwespe	oak leaf striped-gall cynipid wasp
Cynips quercusfolii	Gemeine Eichengallwespe	common oak gallwasp, oak cherry gall wasp, oak leaf cherry-gall cynipid (>cherry gall)
Cynomya mortuorum	Totenfliege, Friedhofsfliege	bluebottle blow fly, blue bottle fly
Cynthia cardui/ Vanessa cardui	Distelfalter	painted lady, thistle (butterfly)
Cyphocleonus dealbatus	Bunter Rübenrüssler	marbled weevil
Cyphon palustris	Gemeiner Sumpfkäfer, Gemeiner Sumpffieberkäfer	
Cyphostethus tristriatus	Buntrock (Wanze)	juniper shield bug, juniper shield bug
Cyrtepistomus castaneus	Asiatischer Eichen-Rüsselkäfer	Asiatic oak weevil
Cyrtoclytus capra	Haarbock	
Cytilus sericeus	Veränderlicher Pillenkäfer	variable pill beetle*

Dacne bipustulata	Zweifleckiger Pilzkäfer	two-spotted pleasing fungus beetle*
Dactylopius coccus	Cochenillelaus	cochineal insect
Dacus cucurbitae/ Bactrocera cucurbitae	Melonenfliege*	melon fly
Dacus dorsalis/ Bactrocera dorsalis	Orient-Fruchtfliege*	oriental fruit fly
Dahlica charlottae	Schmalschuppiger Zwergsackträger	
Dahlica lazuri	Zweigeschlechtliche Zwerg-Sackträgermotte, Zweigeschlechtlicher Zwerg-Sackträger, Zweigeschlechtlicher Algen-Zwergsackträger	bisexual lichen case-bearer (moth)
Dahlica lichenella	Eingeschlechtliche Zwerg-Sackträgermotte, Eingeschlechtlicher Zwerg-Sackträger, Eingeschlechtlicher Algen-Zwergsackträger	unisexual lichen case-bearer (moth)
Dahlica triquetrella	Dreikant-Zwerg-Sackträgermotte, Dreikant-Zwerg-Sackträger	narrow lichen case-bearer (moth), bagworm moth
Dalopius marginatus	Geränderter Schnellkäfer, Gestreifter Forstschnellkäfer	
Danaus plexippus	Monarchfalter	monarch, milkweed
Daphnis nerii	Oleanderschwärmer	oleander hawkmoth
Dascillidae	Moorweichkäfer, Dascilliden	soft-bodied plant beetles
Dascillus cervinus	Behaarter Moorweichkäfer	orchid beetle
Dasineura abietiperda	Fichtentrieb-Gallmücke	spruce-bud gall midge*
Dasineura affinis	Veilchenblattrollgallmücke	violet leaf midge
Dasineura alopecuri	Rote Fuchsschwanz-Gallmücke	foxtail midge
Dasineura brassicae	Kohlschoten-Gallmücke	cabbage pod midge
Dasineura crataegi	Weißdorngallmücke	hawthorn button-top midge
Dasineura fraxini	Eschengallmücke	ash midrib pouch-gall midge
Dasineura gleditchiae	Gleditsia-Gallmücke, Gleditschienblatt-Gallmücke	honey locust gall midge
Dasineura laricis/ Dasineura kellneri	Lärchenknospen-Gallmücke	larch bud midge
Dasineura mali	Apfelblatt-Gallmücke	apple leaf midge
Dasineura oleae	Olivenblatt-Gallmücke, Ölbaum-Gallmücke	olive leaf gall midge

Dasineura plicatrix	Brombeerblatt-Gallmücke	blackberry leaf midge, bramble leaf midge
Dasineura pyri	Birnblatt-Gallmücke, Birnenblatt-Gallmücke, Birnengallmücke	pear leaf midge
Dasineura rhodophaga	Rosengallmücke	rose midge
Dasineura ribis	Johannisbeerblüten-Gallmücke	black currant flower midge
Dasineura rosaria/ Rhabdophaga rosaria	Weidenrosen-Gallmücke	European rosette willow gall midge
Dasineura saliciperda	Weidenholz-Gallmücke	willow-wood gall midge*
Dasineura salicis	Weidenruten-Gallmücke	willow-twig gall midge
Dasineura tetensi/ Perrisia tetensi	Johannisbeerblatt-Gallmücke	black currant leaf midge
Dasineura tiliae	Lindenblattrand-Gallmücke	lime leaf-roll gall midge
Dasineura tortrix	Pflaumenblattroll-Gallmücke	plum leaf-curling midge
Dasineura trifolii	Kleeblatt-Gallmücke	clover leaf midge
Dasyceridae	Moosschimmelkäfer	minute scavenger beetles
Dasycerus sulcatus	Gefurchter Moosschimmelkäfer	a minute scavenger beetle
Dasychira abietis	Tannenstreckfuß	fir-and-spruce tussock
Dasychira pudibunda/ Olene pudibunda/ Calliteara pudibunda/ Elkneria pudibunda	Buchenrotschwanz, Rotschwanz, Streckfuß	pale tussock, red-tail moth
Dasymutilla gloriosa	Westamerikanische Ameisenwespe	thistledown velvet ant (a furry solitary mutillid wasp)
Dasymutilla occidentalis	"Kuhtöter", Rotschwarze Samtwespe (Amerikanische Rotschwarze Ameisenwespe)	cow killer, red velvet ant, eastern velvet ant (a red-and-black furry wasp, a solitary mutillid wasp)
Dasymutilla spp.	Amerikanische Ameisenwespen	velvet ants (mutillid wasps)
Dasyphora cyanella	"Grünfliege"	durn fly, green cluster fly
Dasypoda hirtipes/ Dasypoda altercator	Raufüßige Hosenbiene, Dunkelfransige Hosenbiene, Braunbrüstige Hosenbiene	pantaloon bee, hairy-legged mining bee
Dasypoda spp.	Hosenbienen, Raufußbienen	hairy-legged bees, hairy-legged mining bees
Dasypogon diadema	Große Wolfsfliege	
Dasypolia templi	Graugelbe Rauhhaareule, Bärenklau-Rauhhaareule, Tempeleule	brindled ochre (moth)
Dasytes plumbeus	Bleischwarzer Wollhaarkäfer	

Dasytidae	Wollhaarkäfer	dasytids, dasytid beetles (soft-winged flower beetles)
Decticus albifrons	Südlicher Warzenbeißer	white-faced bush-cricket, Mediterranean wart-biter
Decticus verrucivorus	Warzenbeißer	wart-biter, wart-biter bush-cricket
Deilephila elpenor	Mittlerer Weinschwärmer	elephant hawkmoth
Deilephila porcellus	Kleiner Weinschwärmer	small elephant hawkmoth, small elephant hawk-moth
Deileptenia ribeata	Moosgrüner Rindenspanner	satin beauty (moth)
Delia antiqua/ Phorbia antiqua/ Hylemyia antiqua	Zwiebelfliege	onion fly, onion maggot
Delia coarctata/ Phorbia coarctata	Brachfliege, Getreide-Brachfliege	wheat bulb fly
Delia floralis/ Hylemia floralis/ Phorbia floralis/ Chortophila floralis	Große Kohlfliege	cabbage-root fly, radish fly, turnip maggot
Delia platura/ Hylemia platura/ Phorbia platura	Bohnenfliege, Kammschienen-Wurzelfliege, Schalottenfliege	seed-corn fly, seed-corn maggot, bean-seed fly, shallot fly
Delia radicum/ Hylemia brassicae/ Chortophila brassicae/ Paregle radicum	Kleine Kohlfliege, Wurzelfliege, Radieschenfliege	cabbage fly, cabbage maggot, radish fly, cabbage root fly, cabbage root maggot
Delphacidae	Spornzikaden, Stirnhöckerzirpen	delphacid planthoppers
Delphacinus mesomelas	Elfenbein-Spornzikade	
Delphacodes capnodes	Weißlippen-Spornzikade	
Delphacodes venosus	Plumpspornzikade	
Delphax crassicornis	Bunte Schilfspornzikade	
Delphax pulchella	Wiesen-Schilfspornzikade	
Delta unguiculata	Große Lehmwespe	great potter wasp
Deltote bankiana	Silbereulchen, Silberstricheulchen, Silbergestreiftes Grasmotteneulchen	silver barred, silver-barred moth
Deltote deceptoria	Buschrasen-Grasmotteneulchen	pretty marbled (moth)
Deltote pygarga/ Protodeltote pygarga	Waldrasen-Grasmotteneulchen, Wiesen-Grasmotteneulchen	marbled white spot (moth)
Deltote uncula/Lithacodia uncula	Ried-Grasmotteneulchen, Riedgras-Motteneulchen, Olivbraune Grasmotteneule	silver hook (moth)

Demetrias atricapillus	Gewöhnlicher Halmläufer, Schwarzköpfiger Scheunenkäfer, Schwarzköpfiger Halmläufer	hairy-templed thatcher (ground beetle)
Demetrias imperialis	Gefleckter Halmläufer	reed thatcher (ground beetle)
Demetrias monostigma	Ried-Halmläufer	Marram thatcher (ground beetle)
Dendrobium pertinax/ Anobium pertinax	Trotzkopf	furniture beetle, furniture borer, common furniture beetle
Dendroctonus micans	Riesenbastkäfer	European spruce beetle, great spruce bark beetle
Dendroctonus ponderosae	Bergkiefernkäfer	mountain pine beetle, black hills beetle
Dendroctonus pseudotsugae	Douglasienkäfer	douglas fir beetle
Dendroleon pantherinus	Panther-Ameisenjungfer	
Dendrolimus pini	Kiefernspinner	pine lappet (moth), pine-tree lappet, European pine moth
Dendrothrips ornatus	Ligusterthrips	privet thrips
Dendroxena quadrimaculata	Vierpunktiger Aaskäfer, Vierpunktiger Raupenjäger	four-spotted carrion beetle
Denisia augustella	Bunter Zwerg-Totholzfalter	
Denisia nubilosella	Lärchenwald-Faulholzfalter	
Denticollis linearis	Dornhals-Schnellkäfer, Zahnhalsiger Schnellkäfer	a click beetle*
Denticucullus pygmina	Seggensumpf-Halmeule	small wainscot (moth)
Deporaus betulae	Birkentrichterwickler, Birkenblattroller, Schwarzer Birkenblattroller	birch leaf roller weevil, birch leaf-rolling weevil
Deporaus tristis	Ahornblattroller	maple leaf roller weevil, maple leaf-rolling weevil
Depressaria cervicella	Faserschirm-Plattleibfalter	
Depressaria dictamnella	Großer Diptam-Plattleibfalter	
Depressaria libanotidella	Heilwurz-Plattleibfalter	
Depressaria nervosa	Kümmelmotte, Kümmelpfeifer, Möhrenschabe	carrot and parsnip flat-body moth
Depressaria radiella	Flachleibmotte u. a.	parsnip moth
Derephysia foliacea	Dreikieliges Nönnchen	ivy lacebug
Dermaptera	Ohrwürmer	earwigs
Dermatobia hominis	Menschendasselfliege	human botfly, human bot fly, torsalo
Dermestes ater	Aas-Dornspeckkäfer	black larder beetle

Dermestes haemorrhoidales	Afrikanischer Speckkäfer	African larder beetle, black larder beetle
Dermestes lardarius	Gemeiner Speckkäfer	larder beetle, common larder beetle, bacon beetle
Dermestes maculatus	Dornspeckkäfer	hide beetle, common hide beetle, leather beetle, bacon beetle
Dermestidae	Speckkäfer und Pelzkäfer	larder beetles, skin beetles, and carpet beetles
Derodontidae	Knopfkäfer, Derodontiden	tooth-necked fungus beetles
Deroplatys desiccata	Totes Blatt, Totes Blatt Mantis, Totes-Blatt-Mantis	dead leaf mantis, giant dead leaf mantis, Malaysian dead leaf mantis
Diabrotica barberi	Nördlicher Maiswurzelbohrer	northern corn rootworm (beetle)
Diabrotica undecimpunctata	Gefleckter Gurkenkäfer, Gepunkteter Gurkenkäfer; Südlicher Maiswurzelbohrer	spotted cucumber beetle; southern corn rootworm (beetle)
Diabrotica virgifera	Westlicher Maiswurzelbohrer	western corn rootworm (beetle)
Diachromus germanus	Bunter Schnellläufer	
Diachrysia chrysitis	Messingeule	burnished brass (moth)
Diachrysia chryson	Wasserdost-Goldeule, Goldfleckeule	scarce burnished brass (moth)
Diachrysia stenochrysis	Tutts Messingeule	Tutt's burnished brass (moth)
Diacrisia sannio	Rotrandbär, Löwenzahnbär	clouded buff (moth)
Dialectica imperialella	Silberfleck-Beinwellfalter	fen slender (moth)
Dialeurodes chittendeni	Rhododendron-Weißfliege*	rhododendron whitefly
Dialeurodes citri	Zitrus-Mottenschildlaus	citrus whitefly
Diamanus montanus	Eichhörnchen-Floh	squirrel flea
Diaperis boleti	Gelbbindiger Schwarzkäfer, Gebänderter Porling-Schwarzkäfer	yellow-banded polypore darkling beetle*
Diapherodes gigantea	Wandelnde Bohne, Costa-Rica-Stabschrecke	Costa Rica stick insect, giant lime green stick insect
Diaphora luctuosa	Brauner Fleckenbär	
Diaphora mendica	Graubär, Hellgrauer Fleckleibbär, Bettlerin	muslin moth
Diarsia brunnea	Braune Erdeule	purple clay (moth)
Diarsia dahlii	Moorwiesen-Erdeule	barred chestnut (moth)
Diarsia florida	Flachmoorwiesen-Erdeule	fen square-spot (moth)
Diarsia mendica	Primel-Erdeule	ingrailed clay (moth)

Diarsia rubi	Wegerich-Erdeule, Rötliche Erdeule	small square-spot (moth)
Diarthronomyia chrysanthemi/ Rhopalomyia chrysanthemi	Chrysanthemengallmücke	chrysanthemum gall midge, chrysanthemum midge
Diaspididae	Austernschildläuse, Deckelschildläuse, Echte Schildläuse	armored scales
Diaspis boisduvalii	Orchideenschildlaus	orchid scale
Diaspis bromeliae	Ananasschildlaus	pineapple scale
Diaspis echinocacti	Kakteenschildlaus	cactus scale, prickly pear scale
Diastrophus rubi	Brombeer-Gallwespe	rubus gall wasp
Diatraea saccharalis	Zuckerrohrzünsler	sugar cane borer
Dicerca aenea	Gelbstreifiger Zahnflügel-Prachtkäfer	
Dicerca alni	Kupferfarbener Erlenprachtkäfer, Große Erlenprachtkäfer	
Dicerca berolinensis	Eckfleckiger Zahnflügel-Prachtkäfer, Berliner Prachtkäfer	
Dicerca furcata	Großer Birken-Prachtkäfer, Großer Birkenprachtkäfer, Scharfzähniger Zahnflügel-Prachtkäfer	
Dicerca moesta	Linienhalsiger Zahnflügel-Prachtkäfer	
Dichagyris flammatra/ Ochropleura flammatra	Ockergelbe Erdeule	black collar (moth)
Dichagyris forcipula/ Yigoga forcipula	Felsgeröllhalden-Erdeule	a noctuid moth
Dichagyris musiva/ Ochropleura musiva	Musiva-Erdeule, Alpenmatten-Erdeule	an Alpine meadows noctuid moth
Dicheirotrichus rufithorax	Rothalsiger Kinnzahn-Schnellläufer, Rothalsiger Kinnzahn-Schnelläufer	
Dichelia histrionana	Fichtentriebwickler, Grauer Fichtenwickler	spruce tortrix
Dichomeris juniperella	Graue Wacholdergespinstmotte	grey juniper moth
Dichomeris marginella	Wacholdergespinstmotte	juniper webber (moth), juniper webworm

Dichonia aprilina/ Griposia aprilina	Aprileule, Grüne Eicheneule, Lindeneule	merveille-du-jour, common merveille-du-jour, green owlet moth
Dichonia convergens	Graue Eicheneule	
Dichonioxa tenebrosa/ Dryobotodes tenebrosa	ein mediterraner Eulenfalter	sombre brocade (moth)
Dichrorampha alpigenana	Hochalpen-Grauwickler	
Dichrorampha alpinana	Dunkler Schafgarben-Wurzelwickler	broad-blotch drill (moth)
Dichrorampha flavidorsana	Gelbrücken-Rainfarnwickler	narrow-blotch drill (moth)
Dichrorampha petiverella	Brauner Schafgarben-Wurzelwickler	common drill (moth)
Dichrorampha plumbagana	Wiesen-Schafgarben-Wurzelwickler, Borstgrasrasenwickler	silver-lined drill (moth)
Dichrorampha plumbana	Großer Schafgarben-Wurzelwickler	lead-coloured drill (moth)
Dichrorampha simpliciana	Beifuß-Wurzelwickler	round-winged drill (moth)
Dichrostigma flavipes	Gelbfüßige Kamelhalsfliege	yellow-footed snakefly
Dicranotropis divergens	Rotschwingel-Spornzikade	a delphacid planthopper
Dicranotropis hamata	Queckenspornzikade	a delphacid planthopper
Dicranotropis montana	Bergspornzikade	a delphacid planthopper
Dictyophara europaea	Europäischer Laternenträger	European lantern fly, European lanternfly
Dictyophara multireticulata	Großer Laternenträger	larger European lantern fly, larger European lanternfly
Dictyophara pannonica	Pannonischer Laternenträger	Pannonian lantern fly, Pannonic lanternfly
Dictyophorus spumans	Schaumheuschrecke	foam grasshopper, koppie foam grasshopper
Dictyoptera aurora/ Dictyopterus aurora	Scharlachroter Netzkäfer	golden net-winged beetle (often red)
Dicycla oo	Nulleneule, O-Eule, Eichen-Nulleneule, Eichenhochwald-Doppelkreiseule	heart moth
Dicyrtomidae	Spinnenspringer	dicyrtomid springtails
Didymomyia tiliacea	Linden-Gallmücke, Lindenblattgallmücke	lime leaf gall midge
Dienerella filum	Hefekäfer, Herbarkäfer*	common plaster beetle, herbarium beetle

Diestrammena asynamora/ Tachycines asynamorus	Gewächshausheuschrecke, Gewächshausschrecke	greenhouse camel cricket, glasshouse camel-cricket (Br.), greenhouse stone cricket (U.S.)
Digitivalva arnicella	Arnikaminierfalter	
Diloba caeruleocephala	Blaukopf	figure of eight (moth)
Dilophus febrilis	Strahlenmücke	fever fly, blossom fly
Dimissalna dimissa/ Tettigetta dimissa	Verborgene Singzikade	concealed singing cicada*
Dinapate wrighti	Palmenbohrer	palm borer
Dinoderus bifoveolatus	Wurzelholzbohrer	root borer, West African ghoon beetle
Dinoderus minutus	Bambusbohrer	bamboo borer
Dinoptera collaris/ Acmaeops collaris	Blauschwarzer Kugelhalsbock, Bunter Kugelhalsbock	red-collared longhorn beetle
Dinothenarus fossor	Braunroter Raubkurzflügler	
Dioctria atricapilla	Schwarze Habichtsfliege	
Dioctria hyalipennis	Gemeine Habichtsfliege	
Diopsidae	Stielaugenfliegen	stalk-eyed flies
Dioryctria abietella	Fichtenzapfenzünsler, Fichtentriebzünsler	dark pine knot-horn (moth)
Dioryctria schuetzeella	Fichten-Harzzünsler	spruce knot-horn (moth)
Dioryctria sylvestrella	Kiefern-Harzzünsler	pine knot-horn (moth)
Diparopsis castanea	Südostafrikanischer Baumwollkapselwurm	red bollworm moth, red bollworm (of cotton), Sudan bollworm
Dipleurina lacustrata	Weißdornstammzünsler	little grey (moth)
Diplocoelus fagi	Buchenrinden-Faulholzkäfer	
Diplodoma adspersella	Heinemanns Sackträgermotte, Heinemanns Alpen-Sackträger	
Diplodoma laichartingella/ Diplodoma herminata	Braune Sackträgermotte, Brauner Motten-Sackträger	dotted-margin smoke (moth)
Diplolepis eglanteriae	Glattkugel-Rosengallwespe*	rose smooth pea-gall cynipid wasp, smooth pea gall wasp (> smooth pea galls)
Diplolepis nervosa	Dornen-Rosengallwespe*	rose spiked pea-gall cynipid wasp, sputnik gall wasp (>spiked pea galls)
Diplolepis rosae	Gemeine Rosengallwespe	mossy rose gall wasp, bedeguar gall wasp (> bedeguar galls/ Robin's pincushions)

Diprion pini/ Lophyrus pini	Gemeine Kiefern-Buschhornblattwespe, Gemeine Kiefernbuschhornblattwespe	pine sawfly
Diprionidae	Buschhornblattwespen	conifer sawflies
Dircaea australis	Orangefleck-Düsterkäfer	
Distoleon tetragrammicus	Vierfleckige Ameisenjungfer, Langfühlerige Ameisenjungfer	
Ditropis pteridis	Farnspornzikade	
Ditropsis flavipes	Trespenspornzikade	
Ditula angustiorana	Rotgebänderter Wickler	red-barred tortrix (moth)
Diuraphis noxia	Russische Weizenblattlaus	Russian wheat aphid
Diurnea fagella/ Chimabacche fagella	Frühlings-Buchenmotte, Sängerin	March tubic (moth), March dagger moth
Diurnea lipsiella	Herbst-Buchenmotte	November tubic (moth)
Dociostaurus brevicollis	Südosteuropäischer Grashüpfer	intermediate cross-backed grasshopper
Dociostaurus hispanicus/ Ramburiella hispanica	Spanischer Grashüpfer	Iberian cross-backed grasshopper
Dociostaurus maroccanus	Marokkanische Wanderheuschrecke	Moroccan locust
Dolichoderinae	Schuppenameisen, Drüsenameisen	dolichoderine ants
Dolichoderus quadripunctatus	Vierpunktameise	four-spot dolichoderine ant, German dolichoderine ant
Dolichonabis limbatus	Sumpfräuber	marsh damsel bug
Dolichopodidae	Langbeinfliegen	long-legged flies (long-headed flies)
Dolichopus ungulatus	Grüne Langbeinfliege	
Dolichovespula maculata	Gefleckte Hornisse	bold-faced hornet
Dolichovespula media	Mittlere Wespe, Kleine Hornisse	median wasp, European median wasp
Dolichovespula norwegica	Norwegische Wespe	Norwegian wasp, Norway wasp
Dolichovespula saxonica	Kleine Hornisse, Sächsische Wespe	Saxon wasp*
Dolichovespula spp.	Langkopfwespen	long-headed wasps
Dolichovespula sylvestris	Waldwespe	tree wasp, wood wasp
Dolycoris baccarum	Beerenwanze	sloe bug, sloebug
Donacaula mucronella	Langstreifiger Schilfzünsler	scarce water-veneer (moth)
Donacia aquatica	Wasserschilfkäfer*	zircon reed beetle
Donacia crassipes	Seerosen-Schilfkäfer	water-lily reed beetle

Donacia vulgaris	Grünkupferner Rohrkäfer	shiny-green reed beetle*
Doratura impudica	Große Dolchzirpe	large dune leafhopper
Dorcus parallelopipedus	Balkenschröter	lesser stag beetle
Dorylinae	Treiberameisen, Wanderameisen	legionary ants, army ants
Dorytomus nebulosus	Dunkler Pappel-Kätzchenrüssler	
Dorytomus taeniatus	Gefleckter Weiden-Kätzchenrüssler, Gemeiner Spießrüssler	
Drapetes cinctus	Gebänderter Scheinschnellkäfer	
Drepana curvatula	Erlensichler, Erlen-Sichelflügler	dusky hook-tip (moth)
Drepana falcataria	Birkensichler, Gemeiner Sichelflügler, Weiden-Sichelspinner, Heller Sichelflügler	pebble hook-tip (moth)
Drepanepteryx phalaenoides	Totes Blatt (ein Blattlauslöwe/braune Florfliege)	
Drepanidae	Sichelflügler	hooktip moths
Drepanothrips reuteri	Weinthrips	grape thrips
Dreyfusia nordmannianae/ Adelges nordmannianae	Tannentrieblaus, Weißtannen-Trieblaus, Weißtannentrieblaus, Nordmannstannen-Trieblaus	silver fir woolly adelgid, fir adelgid, silver fir adelgid
Dromius agilis	Brauner Rindenläufer, Lebhafter Rindenläufer, Dunkelbrauner Rennkäfer	double-breasted treerunner
Dromius angustus	Kiefern-Rindenläufer, Kiefer-Rindenläufer	pine treerunner
Dromius fenestratus	Zweifleckiger Rindenläufer	
Dromius quadrimaculatus	Großer Vierfleck-Rindenläufer, Vierfleckiger Rennkäfer, Vierfleckiger Rennläufer	great four-spot treerunner
Dromius schneideri	Schwarzrandiger Rindenläufer	
Drosophila funebris	Große Essigfliege	greater vinegar fly, greater fruit fly
Drosophila melanogaster see Sophophora melanogaster		
Drosophila repleta	Dunkeläugige Essigfliege	dark-eyed vinegar fly, dark-eyed fruit fly, brown fruit fly
Drosophila suzukii	Kirschessigfliege	spotted-wing drosophila (SWD), spotted wing drosophila, cherry vinegar fly

Drosophilidae	Essigfliegen, Obstfliegen, Taufliegen	vinegar flies, "fruit flies", small fruit flies, ferment flies, pomace flies
Dryadaula pactolia	Kellermotte	cave moth
Dryas julia	Julia-Falter	julia (butterfly)
Dryinidae	Zikadenwespen	dryinids, dryinid wasps
Drymonia dodonaea	Ungefleckter Zahnspinner	marbled brown (moth)
Drymonia obliterata	Schwarzeck-Zahnspinner, Schwarzeck	indistinct marbled brown (moth)
Drymonia querna	Weißbinden-Zahnspinner	oak marbled brown (moth)
Drymonia ruficornis	Dunkelgrauer Zahnspinner	lunar marbled brown (moth)
Drymonia velitaris	Südlicher Zahnspinner	
Drymus ryeii	Schwarze Bodenwanze	
Drymus sylvaticus	Wald-Bodenwanze	
Dryobotodes eremita	Olivgrüne Eicheneule	brindled green (moth)
Dryocoetes alni	Französischer Erlenborkenkäfer	
Dryocoetes autographus	Zottiger Fichtenborkenkäfer	hairy spruce bark beetle, fringed spruce bark beetle*
Dryocoetes hectographus	Skandinavischer Walzenborkenkäfer	
Dryocoetes villosus	Zottiger Eichenborkenkäfer	oak bark beetle, European oak bark beetle
Dryocosmus kuriphilus	Japanische Esskastanien-Gallwespe, Kastaniengallwespe, Edelkastaniengallwespe	chestnut gall wasp, Oriental chestnut gall wasp, Asian chestnut gall wasp
Dryomyzidae	Baumfliegen	dryomyzid flies
Dryopidae	Hakenkäfer, Klauenkäfer	long-toed water beetles
Dryops similaris	Gemeiner Hakenkäfer	
Drypta dentata	Grüner Backenläufer	chine beetle, chine-beetle, blue drypta
Dufourea dentiventris	Bezahnte Glanzbiene	a Central European short-faced bee
Dufourea inermis	Unbezahnte Glanzbiene	a Central European short-faced bee
Dufourea minuta	Habichtskraut-Glanzbiene	shiny dufourea
Duponchelia fovealis	Gewächshauszünsler, Orchideenzünsler	European pepper moth
Dynastes hercules	Herkuleskäfer	hercules beetle
Dynastes ssp.	Nashornkäfer	unicorn beetles, hercules beetles, rhinoceros beetles

Dynastinae	Riesenkäfer	rhinoceros beetles and hercules beetles and others
Dypterygia scabriuscula	Knötericheule, Dunkle Knötericheule	bird's wing (moth)
Dysaphis anthrisci	Apfel-Anthriscus-Faltenlaus	apple-anthriscus aphid
Dysaphis apiifolia	Kreuzdorn-Petersilien-Blattlaus	hawthorn-parsley aphid
Dysaphis crataegi	Weißdorn-Karotten-Röhrenlaus	hawthorn-carrot aphid
Dysaphis devecta	Rosige Apfelfaltenlaus	rosy leaf-curling aphid
Dysaphis plantaginea	Mehlige Apfellaus, Mehlige Apfelblattlaus	rosy apple aphid
Dysaphis pyri	Mehlige Birnblattlaus	mealy pear aphid, pear-bedstraw aphid
Dysaphis radicola	Apfel-Ampfer-Blattrolllaus	apple-dock aphid
Dysaphis tulipae	Tulpen-Röhrenlaus	tulip bulb aphid
Dysauxes ancilla	Braunwidderchen, Braunfleck-Widderchen, Kammerjungfer	handmaid (a brown burnet moth), the handmaid
Dysauxes famula	Hyalines Braunwidderchen	hyaline brown burnet (moth)
Dysauxes punctata	Kleines Braunwidderchen	
Dyschirius aeneus	Sumpf-Handkäfer	
Dyschirius agnatus	Leuchtender Handkäfer	
Dyschirius angustatus	Schmaler Ziegelei-Handkäfer	
Dyschirius bonellii	Bonellis Steppen-Handläufer	
Dyschirius chalceus	Erzfarbener Handkäfer	
Dyschirius globosus	Handkäfer, Gemeiner Handläufer, Gewöhnlicher Handläufer, Kugliger Klumphandkäfer	globular dyschirius
Dyschirius intermedius	Mittlerer Ziegelei-Handkäfer	
Dyschirius laeviusculus	Glatter Flussufer-Handkäfer	
Dyschirius luedersi	Dunkler Handkäfer	
Dyschirius nitidus	Grobgestreifter Handkäfer	simple-legged dyschirius
Dyschirius politus	Bronzeglänzender Handkäfer	
Dyscia fagaria	Heidekraut-Fleckenspanner, Heidekraut-Punktstreifenspanner	grey scalloped bar (moth)
Dyseriocrania subpurpurella/ Eriocrania subpurpurella	Eichentrugmotte	common oak purple (moth)
Dysgonia algira	Brombeereule	passenger (moth), the passenger

Dyspessa ulula	Zwiebelbohrer, Lauchzwiebelbohrer	garlic borer, garlic moth
Dysstroma citrata	Spitzwinkel-Bindenspanner, Buschhalden-Blattspanner	dark marbled carpet (moth)
Dysstroma truncata/ Chloroclysta truncata	Möndchenflecken-Bindenspanner	common marbled carpet (moth)
Dystebenna stephensi	Eichenrinden-Fransenfalter	
Dytiscidae	Schwimmkäfer	predaceous diving beetles, carnivorous water beetles
Dytiscus latissimus	Breitrand, Breitrandkäfer	broad diving beetle*
Dytiscus marginalis	Gelbrand, Gemeiner Gelbrand, Gelbrandkäfer	great diving beetle
Dytiscus semisulcatus	Schwarzbauch-Wasserkäfer, Schwarzbauch	black-bellied great diving beetle
Dytiscus spp.	Tauchkäfer, Schwimmkäfer	diving beetles, diving water beetles
Eacles imperialis	Kaisermotte*	imperial moth
Earias biplaga	Baumwoll-Stachel-Kahneulchen*	spiny bollworm (moth), southern spiny bollworm (moth)
Earias clorana	Weidenkahneule, Weiden-Kahneulchen, Grüneulchen	cream-bordered green pea (moth)
Earias insulana	Ägyptischer Baumwollkapselwurm	Egyptian bollworm, cotton spiny bollworm, cotton spotted bollworm, Egyptian stemborer
Earias vernana	Silberpappel-Kahneulchen	silver poplar leaf-spinning moth*
Earophila badiata	Violettbrauner Rosen-Blattspanner	shoulder-stripe (moth)
Echidnophaga gallinacea/ Sarcopsylla gallinacea	Hühnerkammfloh, Geflügelfloh, Hennenfloh	sticktight flea, hen flea
Echthistus rufinervis	Berserkerfliege	
Ecliptopera capitata	Gelbleibiger Springkrautspanner, Gelbköpfiger Springkraut-Blattspanner	yellow-headed phoenix (moth)
Ecliptopera silaceata	Braunleibiger Springkrautspanner, Weidenröschen-Blattspanner	small phoenix (moth)
Ectinus aterrimus	Wald-Humusschnellkäfer	
Ectobius lapponicus	Gemeine Waldschabe, Lapplandschabe, Lappland-Waldschabe	dusky cockroach

Ectobius lucidus	Glänzende Waldschabe, Hagenbachs Waldschabe	Hagenbach's cockroach
Ectobius pallidus	Blasse Waldschabe	tawny cockroach
Ectobius panzeri	Küsten-Waldschabe, Heideschabe	lesser cockroach
Ectobius spp.	Waldschaben	ectobid cockroaches
Ectobius sylvestris	Podas Waldschabe, Echte Waldschabe, Dunkle Waldschabe	Poda's cockroach
Ectobius vittiventris	Bernstein-Waldschabe, Bernsteinschabe	amber cockroach
Ectoedemia albifasciella	Große Eichen-Miniermotte	white-banded pigmy (moth)
Ectoedemia angulifasciella	Rosen-Miniermotte	bent-barred pigmy (moth)
Ectoedemia arcuatella	Erdbeer-Zwergminierfalter	strawberry pigmy (moth)
Ectoedemia argyropeza	Espen-Miniermotte	virgin pigmy (moth)
Ectoedemia atricollis	Obstblatt-Miniermotte	pinch-barred pigmy (moth)
Ectoedemia hannoverella	Schwarzpappel-Miniermotte	new poplar pigmy (moth)
Ectoedemia heckfordi	Heckfords Zwergminierfalter	
Ectoedemia heringi	Kleine Eichen-Miniermotte, Herings Zwergminierfalter	white-spot pigmy (moth)
Ectoedemia intimella	Weiden-Miniermotte	black-spot sallow pigmy (moth)
Ectoedemia louisella	Feldahorn-Zwergminierfalter	maple-seed pigmy (moth)
Ectoedemia occultella	Große Birken-Miniermotte	large birch pigmy (moth)
Ectoedemia rubivora	Kratzbeeren-Miniermotte, Seltener Brombeer-Zwergminierfalter	dewberry pigmy (moth)
Ectoedemia septembrella	Johanniskraut-Miniermotte	Hypericum pigmy (moth)
Ectoedemia sericopeza	Spitzahornsamen-Miniermotte	Norway-maple pigmy (moth)
Ectoedemia spinosella	Schlehen-Miniermotte	blackthorn pigmy (moth)
Ectoedemia subbimaculella	Gemeine Eichen-Miniermotte	spotted black pigmy (moth)
Ectomyelois ceratoniae	Johannisbrotmotte	carob moth, locust bean moth
Ectophasia crassipennis	Breitflüelige Raupenfliege	
Ectropis crepuscularia/ Ectropis bistortata	Zackenbindiger Rindenspanner, Lärchenspanner, Beerenkrautspanner, Heidelbeerspanner, Tannenspanner, Pflaumenspanner	engrailed (moth), the engrailed, larch looper, blueberry lopper, fir looper, plum looper
Ectypa glyphica/ Euclidia glyphica	Braune Tageule, Luzerneule	burnet companion

Edwardsiana nigriloba	Ahornlaubzikade	sycamore leafhopper
Edwardsiana rosae	Rosenzikade	rose leafhopper
Egira conspicillaris	Holzrindeneule, Ginster-Holyrindeneule	silver cloud (moth)
Eilema caniola	Weißgraues Flechtenbärchen	hoary footman (moth)
Eilema cereola/ Manulea cereola/ Setema cereola	Alpen-Flechtenbär, Alpen-Flechtenspinnerchen	Alpine footman (moth)
Eilema complana	Gelbleib-Flechtenbärchen	scarce footman (moth)
Eilema depressa/ Katha depressa/ Eilema deplana/ Katha deplana	Nadelwald-Flechtenbärchen, Nadelwald-Gelbsaumflechtenbärchen	buff footman (moth)
Eilema griseola	Bleigraues Flechtenbärchen, Bleigraue Gelbsaumflechtenbär, Erlen-Flechtenbär	dingy footman (moth)
Eilema lurideola	Grauleib-Flechtenbärchen, Laubholzflechtenspinner	common footman (moth)
Eilema lutarella	Dunkelstirniges Flechtenbärchen, Dotterbär, Lehmgelber Flechtenbär	saffron footman (moth)
Eilema palliatella	Ockergelbes Flechtenbärchen, Felssteppen-Flechtenbärchen	ivory footman (moth)
Eilema pseudocomplana	Ähnliches Flechtenbärchen	Spanish scarce footman (moth)
Eilema pygmaeola	Blassstirniges Flechtenbärchen	pygmy footman (moth), pigmy footman
Eilema sericea	Nördliches Flechtenbärchen	northern footman (moth)
Eilema sororcula	Dottergelbes Flechtenbärchen, Orange Flechtenbärchen, Frühlingsflechtenbär	orange footman (moth)
Elachista albidella	Weißer Sumpfwiesen-Grasminierfalter	cotton-grass dwarf (moth)
Elachista compsa	Perlgrasminierfalter	
Elachista dispilella	Schwarzpunkt-Grasminierfalter	
Elachista eleochariella	Torfbinsen-Grasminierfalter	small bog dwarf (moth)
Elachista exigua	Südlicher Grasminierfalter	
Elachista kilmunella	Wollgrasminierfalter	moorland dwarf (moth)
Elachista lastrella	Bleiglanz-Grasminierfalter	
Elachista pigerella	Brauner Grasminierfalter	
Elachista subocellea	Waldzwenke-Grasminiermotte	brown-barred dwarf (moth)

Elachista tengstromi	Tengströms Hainsimsen-Grasminierfalter	
Elachistidae	Grasminiermotten	grass miners, dwarf moths
Elaphria venustula	Marmoriertes Gebüscheulchen	rosy marbled (moth)
Elaphropus parvulus	Schlanker Zwergahlenläufer	a ground beetle
Elaphropus quadrisignatus/ Tachys quadrisignatus	Viergefleckter Ahlenkäfer, Vierfleckiger Zwergahlenläufer	a ground beetle
Elaphropus sexstriatus	Ufersand-Zwergahlenläufer	a ground beetle
Elaphrus aureus	Erzgrauer Uferläufer	
Elaphrus cupreus	Kupferfarbener Uferläufer, Bronzefarbener Raschkäfer, Glänzender Uferläufer	copper peacock (ground beetle)
Elaphrus riparius	Kleiner Raschkäfer, Kleiner Uferläufer	green-socks peacock (ground beetle)
Elaphrus spp.	Uferkäfer, Uferläufer, Raschkäfer	peacock beetles (wetland ground beetles)
Elaphrus uliginosus	Dunkler Uferläufer	fen peacock (ground beetle), dark-legged elaphrus
Elaphrus ullrichii	Smaragdgrüner Uferläufer	
Elaphrus viridis	Grüner Raschkäfer	delta green ground beetle
Elasmostethus interstinctus	Bunte Blattwanze	birch bug, birch shieldbug
Elasmucha ferrugata	Heidelbeerwanze	blueberry shieldbug
Elasmucha fieberi	Gezähnte Brutwanze	birch shieldbug*
Elasmucha grisea	Fleckige Brutwanze, Birkenwanze, Erlenwanze	parent bug, mothering bug
Elateridae	Schnellkäfer (Schmiede, Schuster)	click beetles
Elatobium abietinum	Fichtenröhrenlaus, Sitkalaus, Sitkafichtenlaus	green spruce aphid
Electrophaes corylata	Zweifarbiger Laubholz-Bindenspanner, Linden-Blattspanner	broken-barred carpet (moth)
Eligmodonta ziczac/ Notodonta ziczac	Zickzackspinner, Kamelspinner, Uferweiden-Zahnspinner	pebble prominent (moth)
Elkneria pudibunda/ Calliteara pudibunda/ Dasychira pudibunda/ Olene pudibunda	Rotschwanz, Buchenrotschwanz, Buchen-Streckfuß	pale tussock, red-tail moth
Elmidae	Hakenkäfer	drive beetles, riffle beetles
Elmis aenea	Gedrungener Klauenkäfer	a riffle beetle
Elomya lateralis	Rotaugen-Schmarotzerfliege	

Elophila nymphaeata/ Nymphula nymphaeata	Seerosenzünsler, Laichkrautzünsler, Laichkraut-Zünsler	brown China-mark (moth)
Elophos caelibaria	Alpen-Steinspanner	
Elophos dilucidaria	Lichtgrauer Bergwald-Steinspanner	
Elophos operaria	Dickleibiger Steinspanner	
Elophos serotinaria	Gelber Alpen-Steinspanner	
Elophos vittaria	Braungrauer Bergwald-Steinspanner	
Elophos zelleraria	Zellers Alpen-Steinspanner	
Ematurga atomaria	Heidekrautspanner, Heideland-Tagspanner, Heidespanner	common heath (moth)
Embioptera	Tarsenspinner, Fußspinner, Embien	embiids, webspinners, footspinners
Emmelia trabealis	Ackerwinden-Bunteulchen, Ackerwinden-Motteneulchen, Windeneulchen	spotted sulphur (moth)
Emmelina monodactyla	Ackerwindengeistchen, Windling-Geistchen	common plume, sweet-potato plume moth
Emmetia marginea	Himbeer-Schpfstirnmotte	bordered carl (moth)
Empicoris vagabundus	Mückenwanze	thread-legged bug
Empididae	Tanzfliegen (Rennfliegen)	dance flies
Empoasca decipiens	Europäische Kartoffelzikade	green leafhopper
Empoasca fabae	Amerikanische Kartoffelzikade, Kartoffel-Blattzikade	potato leafhopper
Empoasca lybica/ Jacobiasca lybica	Baumwollzwergzikade	cotton jassid
Empria tridens	Himbeer-Blattwespe*	raspberry sawfly
Emus hirtus	Zottiger Raubkäfer, Behaarter Kurzflügler	Maid of Kent beetle, Maid of Kent rove beetle, hairy rove beetle, furry rove beetle
Enallagma civile	Blaue Becherjungfer	bluet damselfly, familiar bluet
Enallagma cyathigerum	Becher-Azurjungfer	common blue damselfly, common bluet (damselfly)
Enargia paleacea	Gelbe Blatteule	angle-striped sallow (moth)
Enarmonia formosana	Obstbaumrindenwickler, Gummiwickler, Rindenwickler	cherry bark tortrix (moth), cherry bark moth, cherry-bark moth
Endelomyia aethiops	Schwarze Rosenblattwespe	European rose slug sawfly, common rose slug

Endomychidae	Pilzkäfer, Stäublingskäfer, Pilzfresser (Puffpilzkäfer)	handsome fungus beetles
Endomychus coccineus	Scharlachroter Stäublingskäfer, Stockkäfer, Falscher Marienkäfer	scarlet endomychus, false ladybird beetle, false ladybird, handsome fungus beetle
Endotricha flammealis	Geflammter Kleinzünsler, Geflammter Zünsler	rosy tabby (moth)
Endromididae/ Endromidae	Birkenspinner, Frühlingsspinner	endromid moths
Endromis versicolora	Birkenspinner, Scheckflügel	Kentish glory (moth)
Endrosis sarcitrella	Kleistermotte	white-shouldered house moth
Enicocephalidae		unique-headed bugs, gnat bugs
Ennearthron cornutum	Gehörnter Schwammkäfer	
Ennomos alniaria	Erlen-Zackenrandspanner, Erlenspanner, Erlen-Spanner	canary-shouldered thorn (moth)
Ennomos autumnaria	Herbstspanner, Herbstlaubspanner, Herbst-Zackenrandspanner	large thorn (moth)
Ennomos erosaria	Birken-Zackenrandspanner	September thorn (moth)
Ennomos fuscantaria	Eschen-Zackenrandspanner, Eschenspanner	dusky thorn (moth)
Ennomos quercaria	Geradliniger Eichen-Zackenrandspanner	clouded August thorn (moth), pale August thorn (moth)
Ennomos quercinaria	Eichen-Zackenrandspanner, Hakenliniger Eichen-Zackenrandspanner	August thorn (moth)
Entephria caesiata	Veränderlicher Gebirgs-Blattspanner, Grauer Gebirgsspanner	grey mountain carpet (moth)
Entephria cyanata	Blaugrauer Gebirgs-Blattspanner	
Entephria flavata	Osthelders Alpen-Blattspanner	
Entephria flavicinctata	Steinbrech-Gebirgs-Blattspanner	yellow-ringed carpet (moth)
Entephria infidaria	Winkelzahn-Gebirgs-Blattspanner	
Enteucha acetosae	Ampfer-Zwergminierfalter	sorrel pigmy (moth)
Entomobryidae	Laufspringer	entomobryid springtails
Eopineus strobi/ Pineus strobi	Strobenlaus, Stroben-Rindenlaus	pine bark adelgid, pine bark aphid, white pine bark louse
Epacromius tergestinus	Fluss-Strandschrecke	river blue-legged grasshopper, eastern long-winged grasshopper*

Epaphius rivularis	Bach-Flinkläufer	
Epaphius secalis	Sumpf-Flinkläufer	
Epatolmis luctifera/ Phragmatobia luctifera	Kaiserbär, Trauerbär	scarce tiger* (moth)
Epeolus cruciger	Kreuztragende Filzbiene	red-thighed epeolus
Epeolus variegatus	Filzbiene	variegated cuckoo bee, black-thighed epeolus
Epermenia aequidentellus	Grauer Möhren-Zahnflügelfalter	carrot lance-wing (moth)
Epermenia iniquellus	Haarstrang-Zahnflügelfalter	
Ephemerella notata	Eintagsfliege	yellow hawk (mayfly), yellow evening hawk
Ephemeroptera	Eintagsfliegen	mayflies
Ephestia elutella	Speichermotte, Heumotte, Tabakmotte, Kakao-Motte, Kakaomotte, Kakaomottenzünsler	tobacco moth, cocoa moth, cacao moth, chocolate moth, flour moth, warehouse moth, cinereous knot-horn
Ephestia kuehniella/ Anagasta kuehniella	Mehlmotte	Mediterranean flour moth
Ephippiger ephippiger	Rebensattelschrecke, Steppen-Sattelschrecke, Gemeine Sattelschrecke	common saddle-backed bush-cricket, tizi
Ephippiger terrestris	Südalpen-Sattelschrecke	Alpine saddle-backed bush-cricket
Ephippiger vicheti	Strauch-Sattelschrecke	
Ephippigerida taeniata	Große Streifen-Sattelschrecke	large striped bush-cricket
Ephippigeridae	Sattelschrecken	saddle-backed bush-crickets, saddle-backed bushcrickets
Ephistemus globulus	Kurzovaler Schimmelkäfer	
Ephoron virgo/ Polymitarcis virgo	Uferaas (Weißwurm)	virgin mayfly
Ephydridae	Salzfliegen, Sumpffliegen	shoreflies, shore flies
Epiblema cirsiana	Sumpfkratzdistel-Wickler	knapweed bell (moth)
Epiblema costipunctana	Jakobs-Greiskraut-Wickler, Jakobs-Greiskrautwickler	ragwort bell (moth)
Epiblema foenella	Sichel-Beifußwickler	white-foot bell (moth)
Epiblema grandaevana	Großer Pestwurzwickler	great bell (moth)
Epiblema scutulana	Kratzdistelwickler	thistle bell (moth)
Epiblema sticticana	Huflattichwickler	colt's-foot bell (moth)
Epiblema tedella/ Epinotia tedella	Fichtennestwickler, Hohlnadelwickler	streaked pine bell, cone moth

Epicauta fabricii	Aschgrauer Blasenkäfer*	ashgray blister beetle
Epicauta vittata	Gestreifter Blasenkäfer*	striped blister beetle
Epichnopterix heringii	Herings Sackträgermotte, Herings Sackträger	
Epichnopterix plumella	Kleine Wollsackträgermotte, Kleiner Wollsackträger, Wiesen-Sackträgermotte, Wiesen-Sackträger, Weichgras-Sackträgermotte, Großer Erdröhren-Sackträger	round-winged sweep (moth)
Epichnopterix retiella/ Whittleia retiella	Salzwiesen-Sackträgermotte	netted sweep (moth)
Epichnopterix sieboldii	Siebolds Felsflur-Sackträgermotte, Siebolds Felsflur-Sackträger	Siebold's sweep (moth)
Epichoristodes acerbella	Südafrikanischer Nelkenwickler	African carnation tortrix (moth)
Epidiaspis leperii	Rote Austernschildlaus	Italian pear scale, red pear scale, European pear scale, pear tree oyster scale
Epilachna varivestis	Mexikanischer Bohnenkäfer	Mexican bean beetle
Epilecta linogrisea	Silbergraue Bandeule, Trockenrasenbusch-Bandeule, Waldsteppen-Bandeule	an owlet moth
Epimyrma spp.	Lappenameisen	
Epinotia abbreviana	Feldulmen-Blattwickler	brown elm bell (moth)
Epinotia fraternana	Tannennadelwickler	silver-barred bell (moth)
Epinotia gimmerthaliana	Nordischer Rauschbeerenwickler	
Epinotia nigricana	Tannenknospenwickler	fir bell (moth)
Epinotia nisella	Pappelkätzchenwickler	grey poplar bell (moth), poplar branchlet borer moth (U.S.)
Epinotia subsequana	Tannen-/ Fichtennadelwickler	dark spruce bell (moth)
Epinotia tedella/ Epiblema tedella	Fichtennestwickler, Hohlnadelwickler	common spruce bell (moth), streaked pine bell, cone moth
Epinotia tenerana	Haselnusswickler, Haselnuss-Kätzchenwickler	nut bud tortrix (moth), nut bud moth
Epione repandaria	Weiden-Saumbandspanner, Orangefarbiger Spitzrandstreifiger Spanner	bordered beauty (moth)
Epione vespertaria/ Epione parallelaria	Espen-Saumbandspanner, Weiden-Saumbandspanner, Espenfrischgehölz-Saumbandspanner, Birken-Braunhalsspanner	dark bordered beauty (moth)

Epiphyas postvittana	Hellbraune Apfelmotte	light brown apple moth (LBAM)
Epipsilia grisescens	Bergwiesen-Bodeneule	
Epipsilia latens	Trockenrasen-Bodeneule	
Epirranthis diversata	Espen-Buntspanner, Bunter Espenlaub-Frühlingsspanner	aspen moth
Epirrhoe alternata	Graubinden-Labkrautspanner, Gemeiner Bindenspanner	common carpet (moth), white-banded toothed carpet (moth)
Epirrhoe galiata	Breitbinden-Labkrautspanner	galium carpet (moth)
Epirrhoe hastulata	Ringelleib-Labkrautspanner, Schwarzweissgebänderter Labkrautspanner (CH)	sombre wood carpet (moth)
Epirrhoe molluginata	Hellgrauer Labkrautspanner, Graubrauner Labkraut-Blattspanner	
Epirrhoe pupillata	Braunweißer Labkrautspanner	
Epirrhoe rivata	Weißbinden-Labkrautspanner	wood carpet (moth)
Epirrhoe tristata	Fleckleib-Labkrautspanner	small argent and sable moth, small argent & sable (moth)
Epirrita autumnata	Birken-Moorwald-Herbstspanner	autumnal moth
Epirrita christyi	Buchenwald-Herbstspanner, Grauer Rotbuchen-Herbstspanner	pale November moth
Epirrita dilutata	Gehölzflur-Herbstspanner, Bräunlicher Laubholz-Herbstspanner	November moth
Epirrita filigrammaria	Herbstspanner	small autumnal moth
Episema glaucina	Graslilieneule, Veränderliche Graslilieneule	
Epistrophe grossulariae	Große Wiesenschwebfliege	
Episyrphus balteatus	Hain-Schwebfliege, Hainschwebfliege, Gemeine Winterschwebfliege, Gegürtelte Schwebfliege	marmalade hoverfly, marmalade fly
Epitheca bimaculata/ Libellula bimaculata	Zweifleck, Zweifleck-Libelle	two-spotted dragonfly*
Epuraea aestiva/ Epuraea depressa	Rostbrauner Glanzkäfer, Flacher Glanzkäfer	russet sap beetle*
Erannis defoliaria	Großer Frostspanner, Hainbuchenspanner	mottled umber (moth)
Eratophyes amasiella	Birken-Faulholzmotte	

Erebia aethiops	Graubindiger Mohrenfalter, Waldteufel	Scotch argus (butterfly)
Erebia alberganus	Mandeläugiger Mohrenfalter	almond-eyed ringlet (butterfly), almond ringlet
Erebia bubastis	Weißgebänderter Mohrenfalter	white-banded ringlet (butterfly)
Erebia calcaria/ Erebia calcarius	Karawanken-Mohrenfalter, Lorkovics Mohrenfalter, Lorcovics Mohrenfalter	Lorkovic's brassy ringlet (butterfly)
Erebia cassioides	Schillernder Mohrenfalter	common brassy ringlet (butterfly)
Erebia christi	Simplon-Mohrenfalter, Christs Mohrenfalter	Raetzer's ringlet (butterfly)
Erebia claudina	Weißpunktierter Mohrenfalter	white speck ringlet (butterfly)
Erebia epiphron	Knochs Mohrenfalter	mountain ringlet (butterfly)
Erebia eriphyle	Ähnlicher Mohrenfalter	eriphyle ringlet (butterfly)
Erebia flavofasciata	Gelbbinden-Mohrenfalter	yellow-banded ringlet (butterfly)
Erebia gorge	Seidenglanz-Mohrenfalter, Felsen-Mohrenfalter, Gorge-Mohrenfalter	silky ringlet (butterfly)
Erebia ligea	Milchfleck, Weißband-Mohrenfalter, Weißbindiger Mohrenfalter, Großer Mohrenfalter	arran brown (butterfly), arran brown ringlet (butterfly)
Erebia manto	Gelbgefleckter Mohrenfalter	yellow-spotted ringlet (butterfly)
Erebia medusa	Rundaugen-Mohrenfalter	woodland ringlet (butterfly)
Erebia melampus	Kleiner Mohrenfalter	lesser mountain ringlet (butterfly)
Erebia meolans	Gelbbindiger Mohrenfalter	Piedmont ringlet (butterfly)
Erebia mnestra	Blindpunkt-Mohrenfalter	Mnestra's ringlet (butterfly)
Erebia montana/ Erebia montanus	Marmorierter Mohrenfalter	marbled ringlet (butterfly)
Erebia nivalis	Hochalpiner Schillernder Mohrenfalter	de Lesse's brassy ringlet (butterfly)
Erebia oeme	Doppelaugen-Mohrenfalter	bright-eyed ringlet (butterfly)
Erebia pandrose	Lappländischer Schwärzling, Graubrauner Mohrenfalter	dewy ringlet (butterfly)
Erebia pharte	Unpunktierter Mohrenfalter	blind ringlet (butterfly)
Erebia pluto	Eismohrenfalter	sooty ringlet (butterfly)
Erebia pronoe	Quellen-Mohrenfalter	water ringlet (butterfly)

Erebia stirius	Sterischer Mohrenfalter	Styrian ringlet (butterfly)
Erebia styx	Styx-Mohrenfalter, Freyers Alpen-Mohrenfalter	Stygian ringlet (butterfly)
Erebia sudetica	Sudeten-Mohrenfalter	Sudeten ringlet (butterfly)
Erebia triaria/ Erebia triarius	Alpen-Mohrenfalter	de Prunner's ringlet (butterfly), Prunner's ringlet (butterfly)
Erebia tyndarus	Schweizer Schillernder Mohrenfalter	Swiss brassy ringlet (butterfly)
Eremobia ochroleuca	Quecken-Trockenflur-Graseule, Ockerfarbene Queckeneule	dusky sallow (moth)
Ergates faber	Mulmbock	carpenter longhorn
Erinnidae/ Xylophagidae	Holzfliegen	xylophagid flies
Eriocampa ovata	Rotfleckige Erlenblattwespe	red-backed alder sawfly, woolly alder sawfly
Eriococcidae	Woll-Schildläuse, Wollläuse	mealybugs
Eriocrania alpinella	Grünerlen-Trugmotte, Grünerlen-Trugfalter	alder purple (moth)*
Eriocrania chrysolepidella	Hainbuchen-Trugmotte, Hainbuchen-Trugfalter	small hazel purple (moth)
Eriocrania cicatricella	Goldgelbe Birkentrugmotte	washed purple (moth)
Eriocrania semipurpurella	Große Birkentrugmotte	early purple (moth)
Eriocrania sparrmannella	Kleine Birkentrugmotte, Birkenminiermotte, Sparrmanns Trugfalter	mottled purple (moth)
Eriocrania unimaculella	Gefleckte Birkentrugmotte	white-spot purple (moth)
Eriocraniidae	Trugmotten	eriocraniid moths
Eriogaster arbusculae	Alpen-Wollafter	Alpine eggar (moth)
Eriogaster catax	Hecken-Wollafter, Schlehen-Herbst-Wollafter	eastern eggar (moth)
Eriogaster lanestris	Frühlings-Wollafter, Birkenwollafter	small eggar (moth)
Eriogaster rimicola	Eichen-Wollafter	oak eggar (moth), autumnal eggar (moth)
Eriosoma lanigerum	Blutlaus	woolly aphid, woolly apple aphid, "American blight"
Eriosoma lanuginosum	Birnenblutlaus, Ulmenbeutelgallenlaus	elm balloon-gall aphid
Eriosoma ulmi	Ulmenblattrollenlaus	currant root aphid, elm-currant aphid, elm leaf aphid
Eriosomatidae/ Pemphigidae	Blasenläuse	aphids

Eristalinus aeneus	Glänzende Faulschlammschwebfliege, Glänzende Faulschlamm-Schwebfliege	larger spotty-eyed drone fly*
Eristalinus sepulchralis	Schwarze Augenfleck-Schwebfliege, Matte Faulschlammschwebfliege, Matte Faulschlamm-Schwebfliege	smaller spotty-eyed drone fly*
Eristalinus taeniops	Gestreiftäugige Schwebfliege*	banded-eyed drone fly, band-eyed drone fly
Eristalis arbustorum	Kleine Bienenschwebfliege	lesser drone fly
Eristalis cryptarum	Moor-Bienenschwebfliege*	bog hoverfly
Eristalis interrupta	Mittlere Keilfleckschwebfliege	a hoverfly
Eristalis intricaria	Hummel-Keilfleckschwebfliege, Pelzige Bienenschwebfliege, Pelzige Mistbiene	bumblebee drone fly
Eristalis pertinax	Gemeine Keilfleckschwebfliege	tapered drone fly
Eristalis tenax	Schlammfliege, Große Bienenschwebfliege, Mistbiene (Rattenschwanzlarve)	drone fly (rattailed maggot)
Ernobius mollis	Weicher Nagekäfer	pine bark anobiid
Ernoporus fagi	Kleiner Buchenborkenkäfer	small beech bark beetle
Ernoporus tiliae	Lindenborkenkäfer	scarce lime bark beetle
Erotettix cyane/ Macrosteles cyane	Seerosenzirpe	pondweed leafhopper
Erotylidae	Südamerikanische Baumschwammkäfer, Südamerikanischer Pilzkäfer	pleasing fungus beetles
Erynnis tages	Dunkler Dickkopffalter, Dunkler Dickkopf, Grauer Dickkopf, Grauling	dingy skipper (butterfly)
Erythromma lindenii/ Cerion lindenii	Pokaljungfer (nicht: Pokal-Azurjungfer)	blue-eye, goblet-marked damselfly
Erythromma najas	Großes Granatauge	red-eyed damselfly
Erythromma viridulum	Kleines Granatauge	lesser red-eyed damselfly, small red-eyed damselfly
Esperia sulphurella	Schwefelgelber Totholzfalter	
Eteobalea albiapicella	Kugelblumen-Silberfleckfalter	
Ethmia quadrillella	Vierfleck-Beinwellmotte	comfrey ermel (moth)
Ethmia terminella	Sechspunkt-Breitflügelfalter	five-spot ermel (moth)

Etiella zinckenella	Bohnenzünsler	lima bean pod borer, soybean pod borer
Etorufus pubescens	Filzhaariger Halsbock	
Eublemma minutatum/ Eublemma minutata	Sandstrohblumeneulchen, Zwergeulchen	scarce marbled (moth)
Eublemma ostrinum/ Eublemma ostrina	Südliches Sandstrohblumeneulchen	purple marbled (moth)
Eublemma parvum/ Eublemma parva	Geröllsteppenheiden-Zwergeulchen	small marbled (moth)
Eublemma purpurinum/ Eublemma purpurina	Purpur-Zwergeulchen	beautiful marbled (moth)
Euborellia annulipes	Südlicher Ohrwurm, Ringelbein-Ohrwurm*	ring-legged earwig
Eucalybites auroguttella	Johanniskraut-Blatttütenmotte	gold-dot slender (moth)
Eucarta amethystina	Amethyst-Eule, Amethysteule	Cumberland gem (moth)
Eucarta virgo	Virgo-Eule	silvery gem (moth)
Eucera longicornis	Juni-Langhornbiene	long-horned bee, long-horned mining bee
Eucera macroglossa	Malven-Langhornbiene	mallow long-horned bee
Eucera nigrescens	Frühe Langhornbiene, Mai-Langhornbiene	scarce long-horned bee
Euceraphis punctipennis	Gemeine Birkenzierlaus	downy birch aphid, birch aphid
Euchalcia consona	Mönchskraut-Höckereule	
Euchalcia modestoides	Lungenkraut-Metalleule, Lungenkraut-Silbereule, Lungenkraut-Höckereule	
Euchalcia variabilis	Eisenhut-Metalleule	purple-shaded gem (moth)
Euchloe crameri	Westlicher Gesprenkelter Weißling	western dappled white (butterfly)
Euchloe simplonia	Mattscheckiger Weißling, Gesprenkelter Gebirgs-Weißling	dappled white (butterfly)
Euchoeca nebulata	Erlengebüsch-Spanner, Erlengebüschspanner	dingy shell (moth)
Euchorthippus declivus	Dickkopf-Grashüpfer	sharptailed grasshopper
Euchorthippus pulvinatus	Gelber Grashüpfer	straw-coloured grasshopper
Eucinetidae	Flachschenkelkäfer*,	plate-thigh beetles
Eucinetus meridionalis	Südlicher Purzelkäfer	
Euclidia glyphica/ Ectypa glyphica	Braune Tageule, Luzerneule	burnet companion (moth)
Euclidia mi	Scheck-Tageule	Mother Shipton (moth)

Eucnemidae	Schienenkäfer	false click beetles
Eucnemis capucina	Gemeiner Schienenkäfer	a false click beetle
Euconnus wetterhallii	Glänzendschwarzer Ameisenkäfer	
Euconomelus lepidus	Sumpfried-Spornzikade	
Eucosma campoliliana	Greiskraut-Blütenwickler	marbled bell (moth)
Eucosma conterminana	Salatsamenwickler	pale lettuce bell (moth)
Eucosma fervidana	Brauner Kalkasternwickler	
Eucosma hohenwartiana	Distel-Blütenwickler	bright bell (moth)
Eucosma pupillana	Wermutwickler	eyed bell (moth)
Eucosma tundrana	Östlicher Beifußwickler	
Eudia pavonia/ Saturnia pavonia	Kleines Nachtpfauenauge	emperor (moth)
Eudonia sudetica	Kleiner Alpen-Mooszünsler	
Euglenes nitidifrons	Glanzstirniger Baummulmkäfer	
Euglenes oculatus	Augenfleck-Baummulmkäfer	
Euglenes pygmaeus	Kleiner Baummulmkäfer	
Euglenidae	Ameisenblattkäfer*	antlike leaf beetles
Eugnorisma depuncta	Basalfleck-Bodeneule	plain clay (moth)
Eugnorisma glareosa/ Paradiarsia glareosa	Graue Spätsommer-Bodeneule, Atlantische Heide-Bodeneule	autumnal rustic (moth)
Eugraphe sigma	Waldmantel-Erdeule, Sigma-Bodeneule	sigma moth
Eugraphe subrosea	Rosiges Erdeulchen	rosy marsh (moth)
Euhyponomeuta stannella	Gelbköpfige Fetthennen-Gespinstmotte	
Euides alpina	Alpen-Schilfspornzikade	
Euides basilinea	Schöne Schilfspornzikade	
Eulamprotes superbella	Kleiner Silberstreifen-Palpenfalter	
Eulamprotes wilkella	Großer Silberstreifen-Palpenfalter	painted neb (moth)
Eulecanium excrescens	Wisterien-Napfschildlaus*, Glyzinen-Napfschildlaus	Wisteria scale
Eulecanium tiliae	Haselnuss-Napfschildlaus, Große Kugelige Napfschildlaus	nut scale
Euleia heraclei	Selleriefliege	celery fly, celery leaf-mining fly, celery leaf miner
Euleioptilus carphodactyla	Dürrwurz-Federmotte	citron plume (moth)

Eulithis mellinata	Honiggelber Haarbüschelspanner, Scheckrand-Haarbüschelspanner	spinach (moth), the spinach
Eulithis populata	Veränderlicher Haarbüschelspanner	northern spinach (moth)
Eulithis prunata	Dunkelbrauner Haarbüschelspanner, Schlehdornspanner	phoenix (moth), the phoenix
Eulithis pyropata	Johannisbeer-Haarbüschelspanner	
Eulithis testata	Bräunlichgelber Haarbüschelspanner	chevron (moth), the chevron
Eumasia parietariella	Mottenähnlicher Sackträger	
Eumastacidae	Flügellose Tropen-Feldheuschrecken*	monkey grasshoppers
Eumedonia eumedon	Schwarzbrauner Bläuling, Storchschnabel-Bläuling	geranium argus (butterfly)
Eumenes coarctatus	Heide-Töpferwespe, Glockenwespe	heath potter wasp, potter wasp
Eumenes spp.	Töpferwespen, Pillenwespen	potter wasps
Eumenidae	Lehmwespen und Pillenwespen	mason wasps, potter wasps
Eumerus strigatus	Gemeine Zwiebelmondschwebfliege	onion bulb fly, small narcissus fly
Eumerus tuberculatus	Höcker-Zwiebelmondschwebfliege	tuberculate bulb fly, lesser bulb fly (U.S.)
Eumodicogryllus bordigalensis	Südliche Grille, Bordeaux-Grille	southern cricket, Bordeaux cricket
Euophryum confine	Neuseeländischer holzbohrender Rüsselkäfer*	New Zealand wood weevil
Eupeodes corollae	Gemeine Feldschwebfliege	vagrant hoverfly
Eupeodes lapponicus	Mondfleck-Schwebfliege	Lapland hoverfly, Lapland syrphid fly
Eupeodes luniger/ Metasyrphus luniger	Mondfleck-Feldschwebfliege, Mondschwebfliege	lunar hoverfly
Eupholidoptera chabrieri	Grüne Strauchschrecke	Chabrier's bush-cricket
Euphydryas aurinia/ Eurodryas aurinia/ Melitaea aurinia	Skabiosen-Scheckenfalter, Goldener Scheckenfalter	marsh fritillary (butterfly)
Euphydryas cynthia	Veilchen-Scheckenfalter, Alpen-Scheckenfalter	Cynthia's fritillary (butterfly)
Euphydryas intermedia	Geißblatt-Scheckenfalter, Alpen-Maivogel	marsh fritillary(butterfly)

Euphydryas maturna/ Hypodryas maturna	Maivogel, Kleiner Maivogel, Eschen-Scheckenfalter	scarce fritillary (butterfly)
Euphyia adumbraria	Kalkalpen-Felsenspanner	
Euphyia biangulata	Zweizahn-Winkelspanner, Steinmieren-Blattspanner, Nelken-Blattspanner	cloaked carpet (moth)
Euphyia frustata	Gelbgrüner Winkelspanner	
Euphyia unangulata	Einzahn-Winkelspanner, Vogelmieren-Blattspanner	sharp-angled carpet (moth)
Euphyllura olivina	Ölbaumblattfloh, Olivenblattfloh	olive sucker, olive psyllid
Eupithecia abbreviata	Eichen-Blütenspanner	brindled pug (moth)
Eupithecia abietaria	Zapfenspanner, Fichtenzapfenspanner, Fichtenzapfen-Blütenspanner, Tannenzapfen-Blütenspanner	cloaked pug (moth)
Eupithecia absinthiata	Kreuzkraut-Blütenspanner	wormwood pug (moth)
Eupithecia actaeata	Christophskraut-Blütenspanner	baneberry pug (moth)*
Eupithecia analoga	Fichtengallen-Blütenspanner	palped pug (moth)
Eupithecia assimilata	Johannisbeerzapfenspanner, Hopfen-Blütenspanner	currant pug (moth)
Eupithecia breviculata	Bibernell-Berghaarstrang-Blütenspanner	Mediterranean pug (moth)
Eupithecia cauchiata	Bergwald-Goldruten-Blütenspanner	Doubleday's pug (moth)
Eupithecia centaureata	Trockenrasen-Blütenspanner, Weißer Blütenspanner, Mondfleckiger Blütenspanner	lime-speck pug (moth)
Eupithecia conterminata	Bergfichten-Zwerg-Blütenspanner	
Eupithecia denotata	Nesselglockenblumen-Blütenspanner	campanula pug (moth)
Eupithecia denticulata	Magerrasen-Glockenblumen-Blütenspanner	
Eupithecia distinctaria	Thymian-Blütenspanner	thyme pug (moth)
Eupithecia dodoneata	Eichenhain-Blütenspanner	oak-tree pug (moth)
Eupithecia egenaria	Linden-Blütenspanner	pauper pug (moth), Fletcher's pug
Eupithecia exiguata	Hecken-Blütenspanner	mottled pug (moth)
Eupithecia expallidata	Fuchs-Kreuzkraut-Blütenspanner, Fuchs'-Kreuzkraut-Blütenspanner	bleached pug (moth)
Eupithecia extraversaria	Doldengewächs-Blütenspanner	umbellifer pug (moth)

Eupithecia extremata	Kamillen-Blütenspanner	chamomille pug (moth)*
Eupithecia gelidata	Sumpfporst-Blütenspanner	
Eupithecia goossensiata/ Eupithecia absinthiata f. goossensiata/ Eupithecia callunae	Goossens' Heidekraut-Blütenspanner	ling pug (moth)
Eupithecia haworthiata	Waldreben-Blütenspanner	Haworth's pug (moth)
Eupithecia icterata	Schafgarben-Blütenspanner	tawny speckled pug (moth)
Eupithecia immundata	Blasser Christophskraut-Blütenspanner	
Eupithecia impurata	Felsrasen-Glockenblumen-Blütenspanner, Gebänderter Glockenblumen-Blütenspanner	smoky pug (moth)
Eupithecia indigata	Kiefern-Blütenspanner	ochreous pug (moth)
Eupithecia innotata	Feldbeifuß-Blütenspanner	angle-barred pug (moth)
Eupithecia insigniata	Obsthain-Blütenspanner	pinion-spotted pug (moth)
Eupithecia intricata	Großer Wacholder-Blütenspanner	Freyer's pug (moth)
Eupithecia inturbata	Feldahorn-Blütenspanner	maple pug (moth)
Eupithecia irriguata	Heller Eichen-Blütenspanner	marbled pug (moth)
Eupithecia lanceata	Fichten-Blütenspanner	lanceolate-winged pug (moth)
Eupithecia laquaearia	Augentrost-Blütenspanner	
Eupithecia lariciata	Lärchen-Blütenspanner	larch pug (moth)
Eupithecia linariata	Leinkraut-Blütenspanner	toadflax pug (moth)
Eupithecia millefoliata	Trockenrasen-Schafgarben-Blütenspanner	yarrow pug (moth)
Eupithecia nanata	Heidekraut-Blütenspanner	narrow-winged pug (moth)
Eupithecia ochridata	Mazedonischer Blütenspanner	Macedonian pug (moth)
Eupithecia orphnata	Verkannter Goldruten-Blütenspanner	
Eupithecia pauxillaria	Zahntrost-Blütenspanner	parsimonious pug (moth)
Eupithecia phoeniceata	Monterey-Zypressen-Spanner*, Zypressenspanner*	cypress pug (moth)
Eupithecia pimpinellata	Bibernellen-Blütenspanner	pimpinel pug (moth)
Eupithecia plumbeolata	Wachtelweizen-Blütenspanner	lead-coloured pug (moth)
Eupithecia pulchellata	Rotfingerhut-Blütenspanner	foxglove pug (moth)
Eupithecia pusillata	Kleiner Wacholder-Blütenspanner	juniper pug (moth)
Eupithecia pygmaeata	Zwerg-Blütenspanner	marsh pug (moth)
Eupithecia pyreneata	Gelbfingerhut-Blütenspanner	Mabille's pug (moth)
Eupithecia satyrata	Satyr-Blütenspanner	satyr pug (moth)

Eupithecia selinata	Silgen-Blütenspanner	
Eupithecia semigraphata	Dost-Blütenspanner	
Eupithecia silenata	Taubenkropf-Blütenspanner	
Eupithecia simpliciata	Melden-Blütenspanner	plain pug (moth)
Eupithecia sinuosaria	Gänsefuß-Blütenspanner	goosefoot pug (moth)
Eupithecia subfuscata	Hochstaudenflur-Blütenspanner	grey pug (moth)
Eupithecia subumbrata	Kräuter-Blütenspanner	shaded pug (moth)
Eupithecia succenturiata	Beifuß-Blütenspanner	bordered pug (moth)
Eupithecia tantillaria	Nadelgehölz-Blütenspanner	dwarf pug (moth)
Eupithecia tenuiata	Weiden-Blütenspanner	slender pug (moth)
Eupithecia tripunctaria	Dreipunkt-Blütenspanner	white-spotted pug (moth)
Eupithecia trisignaria	Bergwald-Doldengewächs-Blütenspanner, Bergwald-Dolden-Blütenspanner	triple-spotted pug (moth)
Eupithecia ultimaria	Kanalinseln-Blütenspanner*	Channel Islands pug (moth)
Eupithecia undata	Freyers Alpen-Blütenspanner	Alpine waved pug (moth)
Eupithecia valerianata	Baldrian-Blütenspanner	valerian pug (moth)
Eupithecia venosata	Geschmückter Leimkraut-Blütenspanner, Geschmückter Taubenkropf-Blütenspanner	netted pug (moth)
Eupithecia veratraria	Germer-Blütenspanner	hellebore pug (moth)*
Eupithecia virgaureata	Goldruten-Blütenspanner	golden-rod pug (moth)
Eupithecia vulgata	Gemeiner Blütenspanner	common pug (moth)
Euplagia quadripunctaria/ Callimorpha quadripunctaria	Russischer Bär	Jersey tiger (moth), Russian tiger (moth)
Euplexia lucipara	Gelbfleck-Waldschatteneule, Purpurglanzeule, Purpur-Glanzeule	small angle-shades, small angle shades (moth)
Euplocamus anthracinalis	Anthrazitmotte, Anthrazit-Motte	black clothes moth
Eupoecilia ambiguella/ Cochylis ambiguella/ Clysia ambiguella	Einbindiger Traubenwickler (Heuwurm)	European grapevine moth, small brown-barrel conch, grapeberry moth, vine moth
Eupoecilia sanguisorbana	Wiesenknopfwickler	
Euproctis chrysorrhoea	Goldafter, Dunkler Goldafter	brown-tail (moth), browntail moth, gold tail moth
Euproctis similis/ Porthesia similis/ Sphrageidus similis	Schwan	yellow-tail (moth), swan moth
Eupsilia transversa	Satelliteule, Satellit-Eule, Satellit-Wintereule	satellite (moth), the satellite

Eupteryx aurata	Gold-Blattzikade	potato leafhopper
Eupteryx decemnotata	Ligurische Blattzikade	Ligurian leafhopper
Eupteryx melissae	Eibischblattzikade, Eibisch-Blattzikade, Kräuter-Blattzikade	sage leafhopper, mint leafhopper, herb leafhopper, chrysanthemum leafhopper
Eurhodope cirrigerella	Gelber Skabiosenzünsler	hairy knot-horn (moth)
Eurois occulta	Große Heidelbeereule, Graue Heidelbeereule, Braune Heidelbeer-Erdeule	great brocade (moth), great gray dart
Euroleon nostras	Gefledktflüglige Ameisenjungfer, Gefleckte Ameisenjungfer	spotted-winged antlion, Suffolk ant-lion
Eurybregma nigrolineata	Zebraspornzikade	
Eurycantha calcarata	Dorngespenstschrecke, Riesendornschrecke, Riesendorngespenstschrecke	New Guinea spiny stick insect, thorny devil stick insect, thorn-legged stick insect, giant spiny stick insect
Eurycnema goliath	Australische Riesenstabschrecke, Große Prachtstabschrecke	goliath stick insect
Eurydema dominulus	Zierliche Gemüsewanze	scarlet shieldbug
Eurydema oleraceum	Kohlwanze	brassica bug
Eurydema ornata/ Eurydema ornatum	Schmuckwanze, Kohlschmuckwanze, Schwarzrückige Gemüsewanze	ornate cabbage bug
Eurygaster maura	Gras-Schildwanze, Gemeine Getreidewanze	scarce tortoise shieldbug
Eurygaster testudinaria	Schildkrötenwanze	tortoise shieldbug
Eurysa lineata	Streifenspornzikade	
Eurysella brunnea	Mohrenspornzikade	
Eurysula lurida	Reitgras-Spornzikade	
Eurythyrea austriaca	Metallgrüner Tannenprachtkäfer, Grünglänzender Glanz-Prachtkäfer, Grünglänzender Glanzprachtkäfer	
Eurythyrea quercus	Goldgrüner Eichen-Prachtkäfer, Eckschildiger Glanz-Prachtkäfer, Eckschildiger Glanzprachtkäfer	
Eurytoma amygdali	Steinobstsamenwespe	almond seed wasp
Eurytoma gibbus/ Bruchophagus gibbus	Kleesamenwespe	lucerne chalcid wasp

Eurytoma orchidearum	Orchideenwespe, "Orchideenfliege"	orchidfly, orchid wasp, cattleya 'fly'
Euscelis venosus	Eberwurz-Zirpe	carline thistle leafhopper
Eusphalerum minutum	Kleiner Blütenkurzflügler	
Eusphecia melanocephala	Espen-Glasflügler	
Eustroma reticulata/ Eustroma reticulatum/ Lygris reticulata	Springkraut-Netzspanner, Netzspanner, Weißgerippter Haarbuschspanner	netted carpet (moth)
Euthrix potatoria	Trinkerin, Grasglucke	drinker (moth)
Euthystira brachyptera/ Chrysochraon brachypterus	Kleine Goldschrecke	small gold grasshopper
Eutolmus rufibarbis	Barbarossa-Fliege	
Eutromula pariana/ Choreutis pariana	Apfelblattmotte	apple leaf skeletonizer (moth)
Euura mucronata	Weidenknospenblattwespe	willow bud sawfly
Euxoa adumbrata/ Euxoa lidia	Schwärzliche Erdeule	sordid dart (moth)
Euxoa aquilina	Getreideeule	streaked dart (moth)
Euxoa birivia	Bleigraue Erdeule	
Euxoa cursoria	Veränderliche Dünenerdeule	coast dart (moth)
Euxoa decora	Hellgraue Erdeule, Bläulichgraue Erdeule	
Euxoa nigricans	Schwarzeule, Schwarze Erdeule	garden dart (moth)
Euxoa obelisca	Obelisken-Erdeule	square-spot dart (moth)
Euxoa recussa	Bergsteppen-Erdeule	
Euxoa tritici/ Euxoa nigrofusca	Weizeneule, Getreide-Eule	white-line dart (moth)
Euxoa vitta	Steppenrasen-Erdeule	
Euzophera cinerosella	Grauer Feldbeifuß-Schmalzünsler	
Evacanthus interruptus	Hopfenzikade	hop leafhopper
Evania appendigaster	Hungerwespe	an ensign wasp
Evaniidae	Hungerwespen	ensign wasps
Evergestis extimalis	Rübsaatpfeifer-Schönzünsler, Rübsaatpfeifer	marbled yellow pebble (moth)
Evergestis forficalis	Kohlzünsler, Kohl-Schönzünsler, Meerrettichzünsler	garden pebble (moth)
Evergestis limbata	Gesäumter Schönzünsler	dark bordered pebble (moth)

Evergestis pallidata	Strohfarbener Schönzünsler	chequered pebble (moth), chequered straw, purplebacked cabbageworm
Evodinus clathratus	Fleckenbock	
Exapion fuscirostre	Ginstersamenkäfer, Ginstersamen-Spitzmaulrüssler, Besenginster-Spitzmaulrüssler	Scotch broom seed weevil
Exocentrus adspersus	Weißgefleckter Wimpernhornbock	
Exocentrus punctipennis	Rüstern-Wimpernhornbock	
Exochomus quadripustulatus	Vierfleckiger Schildlaus-Marienkäfer, Vierfleckiger Kugelmarienkäfer, Vierfleckiger Kugel-Marienkäfer	pine ladybird (beetle)
Exoteleia dodecella	Kiefernknospentriebmotte	pine bud moth, European pine bud moth
Extatosoma tiaratum	Australische Gespenstschrecke	Australian giant spiny stick insect, giant prickly stick insect, Macleay's spectre, Macleay's spectre walkingstick, Australian walking stick
Eyprepocnemis plorans	Drachenkopf-Heuschrecke	lamenting grasshopper
Fabula zollikoferi	Zollikofers Steppeneule	scarce wainscot (moth)
Fagivorina arenaria	Scheckiger Rindenspanner, Rotbuchen-Rindenflechtenspanner, Scheckiger Eichen-Rotbuchen-Rindenspanner	speckled beauty (moth)
Fagocyba cruenta	Buchenblattzikade, Buchen-Blattzikade	beech leafhopper
Falcaria lacertinaria	Eidechsenschwanz, Eidechsensichler, Birken-Sichelflügler	scalloped hook-tip (moth)
Falcidius apterus	Kugelzikade	
Falcotoya minuscula	Kleine Spornzikade	
Falseuncaria ruficiliana	Schlüsselblumen-Samenwickler	red-fringed conch (moth)
Fannia canicularis	Kleine Stubenfliege	lesser house fly, little house fly
Fannia scalaris	Latrinenfliege	latrine fly
Felicola subrostratus	Katzenhaarling	cat louse
Feltia subgothica	Gotische Erdeule*	gothic dart, subgothic dart (moth) (larva: dingy cutworm)

Fenusa ulmi	Ulmen-Blattminierwespe*	elm leaf-mining sawfly, elm leafminer
Florodelphax leptosoma	Flor's Spornzikade	
Florodelphax paryphasma	Schlüsselspornzikade	
Folsomia candida	Blumentopfspringschwanz	flowerpot springtail*
Forficula auricularia	Gemeiner Ohrwurm	common earwig, European earwig
Forficulidae	Europäische Ohrwürmer	European earwigs
Formica aquilonia	Schwachbeborstete Gebirgswaldameise	northern wood ant
Formica cunicularia	Rotrückige Sklavenameise	red-backed mining ant
Formica exsecta/ Coptoformica exsecta	Buchtenkopf-Waldameise, Kerbameise, Große Kerbameise	narrow-headed ant
Formica fusca	Grauschwarze Sklavenameise, Furchtsame Hilfswaldameise	negro ant
Formica lugubris	Starkbeborstete Gebirgswaldameise, Gebirgs-Waldameise	hairy wood ant
Formica picea/ Formica candida	Moorameise, Schwarzglänzende Moorameise	bog ant, black bog ant
Formica polyctena	Kleine Rote Waldameise, Kahlrückige Rote Waldameise, Kahlrückige Waldameise	small red wood ant
Formica pratensis/ Formica nigricans	Dunkle Wiesenameise, Dunkle Waldameise	black-backed meadow ant
Formica rufa	Rote Waldameise, Große Rote Waldameise	wood ant
Formica rufibarbis	Rotbärtige Sklavenameise	red-barbed ant
Formica sanguinea/ Raptiformica sanguinea	Blutrote Raubameise	blood-red ant, slave-maker ant, blood-red slave-maker ant, slave-making ant
Formica spp.	Waldameisen und Raubameisen	wood ants and predatory ants
Formica truncorum	Strunkameise	trunk ant
Formicidae	Ameisen	ants
Formicinae	Schuppenameisen	carpenter ants and others
Formicomus pedestris	Ameisen-Blütenmulmkäfer	
Formicoxenus nitidulus	Glänzende Gastameise, Braunglänzende Gastameise, Gastameise	shining guest ant
Frankliniella intonsa	Blütenthrips, Gemeiner Blütenthrips, Europäischer Blütenthrips	flower thrips, European flower thrips

Frankliniella occidentalis	Kalifornischer Blütenthrips	western flower thrips
Frankliniella schultzei/ Frankliniella lycopersici	Gewächshausthrips, Gewöhnlicher Blütenthrips	common flower thrips, cotton bud thrips...
Frankliniella tritici	Oststaaten-Blütenthrips	eastern flower thrips
Fulgora laternaria	Großer Laternenträger	greater lanternfly
Fulgoridae	Laternenträger, Leuchtzikaden	lanternflies, lantern flies, fulgorid planthoppers
Fulmekiola serrata	Zuckerrohr-Blasenfuß, Zuckerrohrthrips	sugarcane thrips, cane thrips
Fulvoclysia nerminae	Gelber Schmuckwickler	
Furcula bicuspis/ Harpyia bicuspis	Birken-Gabelschwanz	alder kitten (moth)
Furcula bifida/ Harpyia bifida/ Harpyia hermelina/ Cerura bifida	Espen-Gabelschwanz, Kleiner Gabelschwanz	poplar kitten (moth)
Furcula furcula/ Harpyia furcula	Salweiden-Gabelschwanz, Salweiden-Gabelschwanz, Buchen-Gabelschwanz, Kleiner Gabelschwanz	sallow kitten (moth)
Gagitodes sagittata/ Perizoma sagittata	Wiesenrauten-Kapselspanner, Wiesenrauten-Blattspanner	marsh carpet (moth)
Galeruca tanaceti	Rainfarnblattkäfer, Rainfarn-Blattkäfer	tansy beetle
Galerucella lineola	Behaarter Weidenblattkäfer	brown willow leaf beetle
Galerucella luteola	Ulmenblattkäfer	elm leaf beetle
Galerucella nymphaeae	Erdbeerkäfer, Seerosen-Blattkäfer, Seerosenblattkäfer	waterlily leaf beetle, waterlily beetle, water-lily beetle, pond-lily leaf-beetle
Galleria mellonella	Große Wachsmotte, Großer Wachsmottenzünsler, Bienenwolf, Rankmade (Larve)	greater wax moth, honeycomb moth, bee moth
Gampsocleis glabra	Heideschrecke	heath bush-cricket, Continental heath bush-cricket
Gandaritis pyraliata	Schwefelgelber Haarbüschelspanner	barred straw (moth)
Gargara genistae	Ginsterzikade	
Gasterophilidae	Magendasseln, Magenbremsen (Dasselfliegen)	botflies, bot flies (horse botflies)
Gasterophilus haemorrhoidalis	Nasendassel	nose botfly, lip botfly, rectal botfly

Gasterophilus intestinalis	Pferdemagenbremse	horse botfly, common horse botfly, common botfly
Gasterophilus nasalis	Rachendassel	throat botfly
Gasterophilus pecorum	Pflanze-zu-Tier-Dasselfliege*	plant-animal botfly
Gasteruptiidae/ Gasteruptionidae	Gichtwespen, Schmalbauchwespen	gasteruptiids, gasteruptionid wasps
Gasteruption spp.	Gichtwespen	gasteruptid wasps
Gastrodes abietum	Fichtenwanze, Fichtenzapfenwanze	spruce bug
Gastrodes grossipes	Kiefernzapfenwanze	pinecone bug
Gastropacha populifolia	Pappelglucke	poplar lappet (moth)
Gastropacha quercifolia	Kupferglucke	the lappet, lappet (moth)
Gastrophysa polygoni	Knöterichblattkäfer, Knöterich-Blattkäfer, Zweifarbiger Blattkäfer	
Gastrophysa viridula	Grüner Sauerampferkäfer, Ampfer-Blattkäfer, Ampferblattkäfer	green dock beetle, green sorrel beetle
Gazoryctra ganna	Hübners Alpen-Wurzelbohrer	
Gelastocoridae	Krötenwanzen*	toad bugs, gelastocorids
Gelechia asinella	Aschgrauer Weiden-Palpenfalter	
Gelechia hippophaella	Rötlichgrauer Sanddorn-Palpenfalter	sea buckthorn moth
Gelechia sesteriella	Weißpunkt-Ahornpalpenfalter, Weißpunkt-Ahorn-Palpenfalter	
Gelechiidae	Palpenmotten, Palpenfalter	twirler moths, gelechiid moths
Geocoris bullatus	Großaugenwanze	large bigeyed bug
Geocoris grylloides	Grillenwanze	cricket bug
Geometra papilionaria	Grünes Blatt, Grünling	large emerald (moth)
Geometridae	Spanner	geometer moths, geometers, measuring worms
Georyssidae	Uferschlammkäfer	minute mud-loving beetles
Geotrupes mutator	Veränderlicher Mistkäfer	violet dor beetle
Geotrupes spiniger	Bedornter Mistkäfer, Zahnrand-Mistkäfer*	dumbledor beetle, paua beetle
Geotrupes spp.	Mistkäfer, Rosskäfer	dor beetles
Geotrupes stercorarius	Mistkäfer	common dor beetle
Geotrupes vernalis	Frühlingsmistkäfer	spring dor beetle, spring dumbledor
Geotrupidae	Mistkäfer	dung beetles

Gerinia honoraria/ Campaea honoraria	Rötlichbrauner Eichenspanner	embellished thorn (moth), scalloped barred (moth)
Gerridae	Teichläufer (Wasserläufer, Schneider)	pond skaters, water striders, pond skippers
Gerris lacustris	Gemeiner Wasserläufer	common pond skater, common pondskater
Gerris odontogaster	Kleiner Wasserläufer	toothed pond skater, toothed pondskater
Gibbium psylloides	Kugelkäfer, Buckelkäfer	smooth spider beetle, hump beetle (bowl beetle)
Gilletteella cooleyi	Sitkafichten-Gallenlaus, Sitkafichten-Walzengallenlaus, Sitka-Gallenlaus, Douglasienwolllaus	Sitka spruce gall adelges, Cooley spruce adelgid, Douglas-fir woolly aphid
Gilletteella coweni	Douglasienwolllaus	Douglas fir adelges, Douglas-fir woolly aphid
Glacicavicola bathysciodes	Blinder Höhlenkäfer	blind cave beetle
Glacies alpinata	Gemeiner Alpenspanner, Gewöhnlicher Alpenspanner	
Glacies canaliculata	Hochenwarths Alpenspanner	dark scalloped eminence (moth)
Glacies coracina	Weißbestäubter Alpenspanner	black mountain moth
Glacies noricana	Norischer Alpenspanner	
Glaucopsyche alexis	Alexis-Bläuling, Himmelblauer Steinkleebläuling	green-underside blue (butterfly), green underside blue
Gliricola porcelli/ Gyropus gracilis	Zierliche Meerschweinlaus	slender guinea pig louse
Glischrochilus hortensis	Garten-Glanzkäfer, Gartenglanzkäfer	garden sap beetle
Glischrochilus quadripunctatus	Vierfleckiger Kiefernglanzkäfer	four-spotted pine sap beetle*
Glischrochilus quadrisignatus	Picknickkäfer, Picknick-Käfer	picnic beetle, four-spotted sap beetle
Globia algae/ Archanara algae	Teich-Röhrichteule, Teichröhricht-Schilfeule	rush wainscot (moth)
Globia sparganii/ Capsula sparganii/ Archanara sparganii	Igelkolben-Schilfeule, Igelkolben-Röhrichteule, Rohrkolbeneule	Webb's wainscot (moth)
Glossina spp.	Tsetse-Fliegen	tsetse flies
Glossinae	Tsetsefliegen	tsetse flies

Gluphisia crenata	Pappelauen-Zahnspinner, Kleiner Pappelauen-Zahnspinner	dusky marbled brown (moth)
Glyphipterix equitella	Mauerpfeffer-Rundstirnmotte	stonecrop fanner (moth)
Glyphipterix forsterella	Silberpunkt-Rundstirnmotte	sedge fanner (moth)
Glyphipterix haworthana	Wollgras-Wippmotte	cotton-grass fanner (moth)
Glyphipterix schoenicolella	Englische Rundstirnmotte	bog-rush fanner (moth)
Glyphipterix simpliciella	Knäuelgras-Rundstirnmotte	cocksfoot moth
Glyphipterix thrasonella	Binsen-Rundstirnmotte	speckled fanner (moth), rush fanner
Glyphipterygidae	Rundstirnmotten, Rundstirnfalter (Wippmotten)	glyphipterygid moths
Glyphotaelius pellucidus	Seggen-Binsenköcherfliege	mottled sedge caddisfly
Gnathocerus cornutus/ Echocerus cornutus	Vierhornkäfer	broad-horned flour beetle
Gnatocerus maxillosus/ Echocerus maxillosus	Schmalhornkäfer	slender-horned flour beetle
Gnophos dumetata	Kreuzdorn-Steinspanner	Irish annulet (moth)
Gnophos furvata	Großer Steinspanner	
Gnophos obfuscata	Heidelbeer-Steinspanner	Scotch annulet (moth)
Gnorimus nobilis	Grüner Edelscharrkäfer, Grüner Edel-Scharrkäfer, Grüner Edelkäfer	noble chafer
Gnorimus variabilis	Variabler Edelscharrkäfer, Veränderlicher Edelscharrkäfer, Schwarzer Edelkäfer	variable chafer
Goliathus goliatus	Goliathkäfer	African goliath beetle
Gomphidae	Flussjungfern	clubtails
Gomphocerippus rufus/ Gomphocerus rufus	Rote Keulenschrecke	rufous grasshopper
Gomphocerus sibiricus/ Aeropus sibiricus	Sibirische Keulenschrecke	Siberian grasshopper, Siberian club-legged grasshopper, club-legged grasshopper
Gomphus flavipes	Asiatische Keiljungfer	Asian gomphus, river clubtail, yellow-legged dragonfly
Gomphus pulchellus	Westliche Keiljungfer	Western European gomphus, western clubtail
Gomphus simillimus	Gelbe Keiljungfer	yellow gomphus, yellow clubtail, Mediterranean gomphus
Gomphus vulgatissimus	Gemeine Keiljungfer	club-tailed dragonfly, common clubtail

Gonepteryx cleopatra	Kleopatrafalter, Kleopatra	cleopatra (butterfly)
Gonepteryx rhamni	Zitronenfalter	brimstone, common brimstone (butterfly)
Gongylus gongylodes	Wandelnde Geige	violin mantis, Indian rose mantis, wandering violin mantis, ornate mantis
Goniocotes gallinae	Flaumlaus	fluff louse
Gonioctena quinquepunctata	Fünfpunktiger Blattkäfer	
Gonioctena viminalis	Korbweiden-Blattkäfer, Veränderlicher Weidenblattkäfer	
Goniodes dissimilis/ Oulocrepis dissimilis	Braune Hühnerlaus	brown chicken louse
Goniodes gigas/ Stenocrotaphus gigas	Große Hühnerlaus	large chicken louse
Gonodera luperus	Veränderlicher Pflanzenkäfer	
Gortyna borelii lunata	Haarstrangwurzeleule	Fisher's estuarine moth
Gortyna flavago	Markeule, Gemeine Markeule, Kletteneule	frosted orange (moth)
Gossyparia spuria	Ulmenwollschildlaus	European elm scale
Gracilia minuta	Weidenböckchen, Kleinbock	basket longhorn beetle
Gracillaria syringella	Fliedermotte	lilac leaf miner
Gracillariidae	Blatttütenmotten (Miniermotten)	leaf blotch miners
Grammia quenseli	Gletscherbär	Labrador tiger moth
Grammodes stolida	Tölpeleule	geometrician (moth), the geometrician
Grammoptera ruficornis	Rothörniger Blütenbock, Mattschwarzer Blütenbock	red/black banded-horn beetle* (a longhorn beetle)
Graphiphora augur	Augur-Bodeneule, Parklandeule	double dart (moth)
Graphocephala fennahi	Rhododendronzikade	rhododendron leafhopper, rhododendron hopper, red-banded leafhopper
Graphoderus bilineatus	Schmalbindiger Breitflügel-Tauchkäfer	
Graphoderus zonatus	Gelbrandiger Breitflügel-Tauchkäfer	spangled water beetle
Grapholita andabatana	Blindwickler	
Grapholita compositella/ Cydia compositella	Kleewickler	clover seed moth
Grapholita delineana	Kleine Hanfmotte, Hanfwickler	hemp moth, hemp borer, Eurasian hemp moth

Grapholita discretana	Hopfengeschlingwickler	
Grapholita funebrana/ Cydia funebrana/ Laspeyresia funebrana	Pflaumenwickler, Pflaumenmade	plum fruit moth, plum moth, red plum maggot
Grapholita gemmiferana	Bärenschotenwickler	Isle of Wight piercer (moth)
Grapholita janthinana	Kleiner Weißdornfruchtwickler	hawthorn berry moth, hawthorn leafroller (moth)
Grapholita lathyrana	Färberginsterwickler	greenweed piercer (moth)
Grapholita molesta/ Cydia molesta	Pfirsichwickler, Pfirsichtriebwickler	oriental peach moth, oriental fruit moth
Grapholita pallifrontana	Tragantwickler*	liquorice piercer (moth)
Grapholita tenebrosana	Hagebuttenwickler	deep-brown piercer (moth)
Graphosoma lineatum	Streifenwanze	Italian striped bug, minstrel bug, striped shield bug
Graphosoma semipunctatum	Fleckige Streifenwanze	half-spotted stink bug
Gravesteiniella boldi	Strandhafer-Spornzikade	
Gravitarmata margarotana	Kiefernzapfenwickler*	pine cone tortrix, pine twig moth
Griposia aprilina/ Dichonia aprilina	Aprileule, Grüne Eicheneule, Lindeneule	Merveille-du-Jour
Gromphadorrhina portentosa	Madagaskar-Fauchschabe	Madagascar hissing cockroach
Gryllacrididae	Flügellose Langfühlerschrecken, Grillenschrecken	leaf-rolling crickets, raspy crickets, wolf crickets (cave and camel crickets: wingless long-horned grasshoppers)
Gryllidae	Grillen	crickets, true crickets
Grylloblattidae	Grillenschaben	rock crawlers, grylloblattids
Gryllodes sigillatus	Kurzflügelgrille, Südliche Hausgrille	tropical house cricket, decorated cricket, banded cricket
Gryllomorpha dalmatina	Stumme Grille	common crevice-cricket
Gryllotalpa gryllotalpa	Maulwurfsgrille, Erdkrebs, Werre (CH), Zwergel (AU)	mole cricket, European mole cricket, fen cricket
Gryllotalpa major	Prärie-Maulwurfsgrille	prairie mole-cricket
Gryllotalpa orientalis	Orientalische Maulwurfsgrille	Oriental mole cricket
Gryllotalpa vineae	Weinberg-Maulwurfsgrille	vineyard mole-cricket
Gryllotalpidae	Maulwurfsgrillen	mole crickets
Gryllus bimaculatus	Zweifleckgrille, Mittelmeer-Feldgrille	two-spotted cricket, Mediterranean field cricket

Gryllus campestris	Feldgrille	field cricket
Gymnocheta viridis	Blaugrüne Raupenfliege	
Gymnopholus lichenifer	Flechtenkäfer	lichen weevil
Gymnopleurus geoffroyi	Seidiger Pillenwälzer	
Gymnoscelis rufifasciata	Rotgebänderter Blütenspanner	double-striped pug (moth), olive pug (moth)
Gynaephora fascelina/ Dicallomera fascelina	Ginster-Streckfuß, Ginsterstreckfuß, Ginster-Bürstenspinner, Rötlichgrauer Bürstenspinner, Klee-Bürstenspinner, Buschheiden-Streckfuß	dark tussock (moth)
Gynaephora selenitica	Mondfleck-Bürstenspinner, Mondfleck-Bürstenbinder	larch tussock (moth)
Gynaikothrips ficorum	Kubanischer Lorbeerthrips	Cuban laurel thrips
Gynnidomorpha alismana	Froschlöffelwickler	water plantain conch (moth)
Gypsonoma oppressana	Grauer Pappelknospenwickler	
Gyrinidae	Taumelkäfer	whirligig beetles
Gyrinus spp.	Taumelkäfer	whirligig beetles
Gyrinus substriatus	Gemeiner Taumelkäfer	common whirligig beetle
Gyropus ovalis	Ovale Meerschweinlaus	oval guinea pig louse
Habroloma nana	Blutstorchschnabel-Prachtkäfer, Großschildriger Klein-Prachtkäfer	
Habrosyne pyritoides	Achatspinner, Achat-Eulenspinner	buff arches (moth)
Hada plebeja	Zahneule	shears (moth)
Hadena albimacula	Weißgefleckte Nelkeneule, Weißgefleckte Leimkraut-Kapseleule, Abendnelken-Kapseleule, Steppenheidehügel-Nelkeneule	white spot moth, white-spotted coronet
Hadena bicruris	Lichtnelken-Eule	lychnis moth
Hadena caesia	Graue Nelkeneule	the grey (moth), grey moth
Hadena capsincola	Lichtnelken-Eule, Lichtnelkeneule	
Hadena compta	Weißbinden-Nelkeneule	varied coronet (moth), dianthus moth, campion moth
Hadena confusa	Marmorierte Nelkeneule, Kleine Nelkeneule	marbled coronet (moth)

Hadena filograna	Dunkelgelbe Nelkeneule, Graubraune Leimkraut-Kapseleule	
Hadena irregularis	Gipskraut-Kapseleule	viper's bugloss (moth)
Hadena magnolii	Südliche Nelkeneule, Südliche Nelken-Kapseleule	
Hadena perplexa	Leimkraut-Nelkeneule	tawny shears (moth)
Hadena tephroleuca	Olivgrüne Leimkraut-Kapseleule	
Hadrobregmus pertinax	Trotzkopf	dampwood borer, house borer, woodworm
Hadula melanopa/ Anarta melanopa	Alpenmatten-Zwergweideneule	broad-bordered white underwing
Haematobia irritans	Hornfliege, Kuhfliege	horn-fly, tropical buffalo fly
Haematobia minuta	Afrikanische Hornfliege	African horn-fly
Haematobosca stimulans/ Haematobia stimulans/ Siphona stimulans	Kleine Stechfliege, Herbststechfliege	cattle biting fly (Texas fly)
Haematoloma dorsata/ Haematoloma dorsatum	Kiefernblutzikade, Kiefern-Blutzikade	black-and-red pine froghopper, red-black pine spittlebug
Haematopinidae	Tierläuse	wrinkled sucking lice
Haematopinus asini asini	Esellaus	donkey sucking louse
Haematopinus asini macrocephalus	Pferdelaus	horse sucking louse
Haematopinus eurysternus	Kurzköpfige Rinderlaus, Kurznasige Rinderlaus	shortnosed cattle louse
Haematopinus suis	Schweinelaus	hog louse
Haematopota pluvialis	Regenbremse	cleg-fly, cleg
Haematopota spp./ *Chrysozona* spp.	Regenbremsen, Blinde Fliegen	clegs, stouts
Haemodipsus ventricosus	Kaninchenlaus	rabbit louse
Halictus confusus	Furchenbiene, Verwechselte Furchenbiene	southern bronze furrow bee
Halictus maculatus	Gefleckte Furchenbiene	box-headed furrow bee
Halictus quadricinctus	Vierbindige Furchenbiene	giant furrow bee
Halictus rubicundus	Rötliche Furchenbiene	orange-legged furrow bee
Halictus scabiosae	Braunfilzige Furchenbiene, Gelbbinden-Furchenbiene	giant banded furrow bee
Halictus spp.	Furchenbienen, Schmalbienen	sweat bees, flower bees, halictid bees, furrow bees
Halictus subauratus	Goldgelbe Furchenbiene	golden furrow bee

Halictus tumulorum	Grünliche Schmalbiene, Gebänderte Furchenbiene	bronze furrow bee, common bronze furrow bee
Haliplidae	Wassertreter, Wassertretkäfer	crawling water beetles
Haliplus ruficollis	Tropfenförmiger Wassertreter	a crawling water beetle
Hallomenus axillaris	Kleiner Schulterfleck-Düsterkäfer	
Halmus chalybeus	Stahlblauer Marienkäfer	steelblue ladybird (beetle), steelblue lady beetle
Halyomorpha halys	Marmorierte Baumwanze	brown marmorated stink bug
Halyzia sedecimguttata	Sechzehnfleckiger Pilz-Marienkäfer, Sechzehnfleckiger Marienkäfer	orange ladybird (beetle)
Hamearis lucina	Brauner Würfelfalter, Frühlingsscheckenfalter, Perlbinde, Schlüsselblumen-Würfelfalter	Duke of Burgundy (butterfly)
Haplodiplosis equestris	Sattelmücke	saddle gall midge
Haplothrips aculeatus	Roggenthrips, Grasthrips*	grass thrips
Haplothrips tritici	Weizenthrips, Weizenblasenfuß	wheat thrips
Harmandia tremulae/ Harmandia loewi	Espengallmücke, Zitterpappel-Blattgallmücke, Pappelblatt-Gallmücke	aspen leaf gall midge
Harmonia axyridis	Asiatischer Marienkäfer	Asian ladybird beetle, Asian multicolored ladybeetle, harlequin ladybird
Harmonia quadripunctata	Vierpunktiger Marienkäfer, Kopfvierpunkt-Marienkäfer	cream-streaked ladybird (beetle), four-spot ladybird
Harpagoxenus sublaevis	Braune Raubknotenameise	a European dulotic ant
Harpalus affinis/ Harpalus aeneus	Haarrand-Schnellläufer, Metallfarbener Schnellläufer	
Harpalus anxius	Seidenmatter Schnellläufer	
Harpalus atratus	Schwarzer Schnellläufer	
Harpalus autumnalis	Herbst-Schnellläufer	
Harpalus cephalotes	Großkopf-Schnellläufer	
Harpalus dimidiatus	Blauhals-Schnellläufer	
Harpalus distinguendus	Düstermetallischer Schnellläufer	
Harpalus flavescens	Rostgelber Schnellläufer	
Harpalus froelichii	Froelichs Schnellläufer	brush-thighed seed-eater (beetle)
Harpalus hirtipes	Zottenfüßiger Schnellläufer	

Harpalus honestus	Leuchtendblauer Schnellläufer	
Harpalus laevipes	Vierpunktiger Schnellläufer	
Harpalus latus	Breiter Schnellläufer, Schwarzglänzender Schnellläufer	red-headed harpalus
Harpalus luteicornis	Zierlicher Schnellläufer	
Harpalus melancholicus	Dünen-Schnellläufer	
Harpalus modestus	Kleiner Schnellläufer	
Harpalus neglectus	Verkannter Schnellläufer	
Harpalus picipennis	Steppen-Schnellläufer	
Harpalus pumilus	Zwerg-Schnellläufer	
Harpalus rubripes	Rotbeiniger Schnellläufer, Metallglänzender Schnellläufer	a green to black, red-legged carabid
Harpalus rufipalpis	Rottaster-Schnellläufer	
Harpalus rufipes/ Harpalus pubescens	Metallglänzender Schnellläufer, Behaarter Schnellläufer, Behaarter Samenlaufkäfer, Behaarter Erdbeersamen-Laufkäfer, Gewöhnlicher Haarschnellläufer	strawberry seed beetle, strawberry ground beetle
Harpalus serripes	Gewölbter Schnellläufer	
Harpalus servus	Ovaler Schnellläufer	
Harpalus signaticornis	Kleiner Haarschnellläufer	
Harpalus smaragdinus	Smaragdfarbener Schnellläufer	
Harpalus solitaris	Sand-Schnellläufer	
Harpalus subcylindricus	Walzenförmiger Schnellläufer	
Harpalus sulphuripes	Gelbbeiniger Schnellläufer	
Harpalus tardus	Gewöhnlicher Schnellläufer	black-lustred ground beetles
Harpalus tenebrosus	Dunkler Schnellläufer	
Harpalus xanthopus	Goldfüßiger Schnellläufer	
Harpocera thoracica	Eichenwanze	
Harpyia hermelina/ Harpyia bifida/ Cerura bifida/ Furcula bifida	Kleiner Gabelschwanz	sallow kitten (moth)
Harpyia milhauseri	Pergamentspinner, Pergament-Zahnspinner	tawny prominent (moth)
Hartigiola annulipes	Buchengallmücke, Buchen-Haargallmücke, Buchenblatt-Gallmücke	beech pouch-gall midge, beech hairy-pouch-gall midge

Hauptidia maroccana	Gewächshauszikade	glasshouse leafhopper
Hebridae	Zwergwasserläufer, Uferläufer	hebrids, velvet water bugs, sphagnum bugs
Hebrus pusillus	Gefleckter Uferläufer, Geflügelter Zwergwasserläufer	spotted hebrid*, scarce sphagnum bug, winged sphagnum bug
Hebrus ruficeps	Rotköpfiger Uferläufer, Gemeiner Zwergwasserläufer	red-headed sphagnum bug, red-headed velvet water bug
Hebrus spp.	Zwergwasserläufer, Uferläufer	hebrids, velvet water bugs, sphagnum bugs
Hecatera bicolorata	Hasenlattich-Eule	broad-barred white (moth)
Hecatera dysodea	Kompasslattich-Eule	small ranunculus (moth)
Hedobia imperialis/ Ptinomorphus imperialis	Kaiserlicher Bohrkäfer, Kaiserlicher Pochkäfer, Hellfarbener Nagekäfer	fan-bearing wood-borer
Hedya atropunctana/ Hedya dimidiana	Weißfleck-Traubenkirschenwickler	shoulder-spot marble (moth)
Hedya nubiferana/ Hedya dimidioalba	Grauer Knospenwickler	marbled orchard tortrix (moth), fruit tree tortrix (green budworm, spotted apple budworm)
Hedya ochroleucana	Rosen-Knospenwickler	buff-tipped marble (moth), long-cloaked marble
Hedya pruniana	Pflaumenknospenwickler, Pflaumen-Knospenwickler	plum tortrix (moth)
Hedya salicella	Weiden-Knospenwickler	white-backed marble (moth)
Hedychrum rufilans	Rötliche Goldwespe	a cuckoo wasp
Heilipus apiatus	avocado weevil	Avocadorüssler
Helcomyzidae	Strandfliegen	seabeach flies, helcomyzid flies
Helcystogramma lineolella	Aderstreifiger Reitgras-Palpenfalter	
Helcystogramma rufescens	ein Palpenfalter	orange crest (moth)
Heleomyzidae	Sumpffliegen, Scheufliegen, Dunkelfliegen	heleomyzid flies
Helicomyia saliciperda	Weidenholzgallmücke	willow shot-hole midge, willow wood midge
Helicoverpa armigera/ Heliothis armigera/ Heliothis obsoleta	Baumwoll-Kapseleule, Baumwolleule, Altweltlicher Baumwollkapselwurm, Altweltlicher Baumwoll-Kapselwurm	scarce bordered straw (moth), Old World cotton bollworm, African bollworm, tomato moth, tomato fruitworm, tomato grub

Helicoverpa zea/ Heliothis zea	Maiseule, Amerikanischer Baumwollkapselwurm, Maiseulenfalter*, Maiskolbenbohrer*, Maismotte*	corn earworm, cotton bollworm, tomato fruitworm
Heliococcus bohemicus	Böhmische Schmierlaus, Rebenschmierlaus	Bohemian melaybug
Heliodinidae	Sonnenmotten	heliodinid moths
Heliomata glarearia	Steppenheiden-Gitterspanner, Gelbwicken-Spanner	
Heliothis adaucta/ Heliothis maritima adaucta/ Heliothis maritima bulgarica	Schuppenmieren-Blüteneule	flax budworm
Heliothis maritima warneckei	Warneckes Heidemoor-Sonneneule	shoulder-striped clover (moth)
Heliothis ononis	Hauhechel-Sonneneule, Hauhechel-Blüteneule, Hauhecheleule	flax bollworm (moth)
Heliothis peltigera	Bilsenkraut-Blüteneule, Schild-Sonneneule	bordered straw (moth)
Heliothis virescens	Amerikanische Tabakeule, Amerikanische Tabakknospeneule	tobacco budworm
Heliothis viriplaca/ Heliothis dipsacea	Kardeneule, Karden-Sonneneule, Steppenkräuterhügel-Sonneneule	marbled clover
Heliothrips haemorrhoidalis	Gewächshausblasenfuß, Schwarzer Gewächshausthrips, Schwarze Fliege	glasshouse thrips, greenhouse thrips
Heliozela hammoniella	Birken-Sonnenglanzmotte, Birken-Erzglanzfalter	birch lift (moth)
Heliozela resplendella	Erlen-Sonnenglanzmotte, Schwarzerlen-Erzglanzfalter	alder lift (moth)
Heliozela sericiella	Eichen-Sonnenglanzmotte	oak satin lift (moth)
Heliozelidae	Erzglanzmotten	shield bearers, leaf miners
Hellinsia buphthalmi	Ochsenaugen-Federmotte	a plume moth
Hellinsia lienigianus	Braunfleckige Beifuß-Federmotte	a plume moth
Hellula undalis	Kohlzünsler, Südeuropäischer Kruziferenzünsler	cabbage webworm, Old World webworm (moth), Oriental cabbage web-worm

Helochares obscurus	Mattfarbener Teichkäfer	
Helodidae	Sumpfkäfer	marsh beetles
Helophilus hybridus	Helle Sumpfschwebfliege	
Helophilus pendulus	Gemeine Sonnenschwebfliege, Sumpfschwebfliege	
Helophilus trivittatus	Große Sumpfschwebfliege	
Helophorus flavipes	Gemeiner Furchenwasserkäfer, Buckelwasserkäfer	a scavenger water beetle
Helophorus nubilus	Weizen-Furchenwasserkäfer	wheat shoot beetle, wheat mud beetle
Helops caerulens	Violetter Weidenkäfer*	violet willow beetle
Helotropha leucostigma/ Celaena leucostigma	Schwertlilieneule	crescent (moth), the crescent
Hemaris fuciformis	Hummelschwärmer	broad-bordered bee hawk-moth
Hemaris tityus	Skabiosenschwärmer	narrow-bordered bee hawk-moth
Hemerobiidae	Taghafte	brown lacewings
Hemiberlesia rapax	Schildlaus (an Kübelpflanzen)	greedy scale
Hemichroa crocea	Grünerlen-Blattwespe	striped alder sawfly
Hemicoccinae	Kugelschildläuse	gall-like coccids
Hemicrepidius niger	Schwarzer Rauhaarschnellkäfer	black bristly-haired click beetle*
Hemipenthes maurus	Trauerschweber	a bee-fly
Hemipenthes morio	Trauerwollschweber	black bee-fly, zigzag bee-fly
Hemiptera/Rhynchota (Heteroptera & Homoptera)	Halbflügler, Schnabelkerfe	hemipterans, bugs
Hemistola chrysoprasaria	Waldreben-Grünspanner	small emerald (moth)
Hemithea aestivaria	Gebüsch-Grünspanner, Schlehen-Grünflügelspanner	common emerald (moth)
Henosepilachna argus	Zaunrüben-Marienkäfer	bryony ladybird
Henria psalliotae	Pilzmücke* (eine pilzbewohnende Gallmücke)	mushroom midge
Heodes virgaureae/ Lycaena vigaureae/ Chrysophanus virgaureae	Dukatenfalter, Feuervogel	scarce copper (butterfly)
Hepialidae	Wurzelbohrer	swift moths (swifts and ghost moths)
Hepialus hecta/ Phymatopus hecta	Heidekraut-Wurzelbohrer	gold swift (moth)

Hepialus humuli	Hopfenspinner, Hopfenmotte, Hopfenwurzelbohrer, Großer Hopfen-Wurzelbohrer	ghost swift (moth), ghost moth
Hercinothrips bicinctus	Kurzbinden-Gewächshausthrips	banana thrips, banana-silvering thrips, dark brown banana thrips, smilax thrips
Hercinothrips femoralis	Brauner Gewächshausthrips, Langbinden-Gewächshausthrips, Chrysanthementhrips	sugar beet thrips, banded greenhouse thrips
Heriades rubicola	Kleinköpfige Löcherbiene*	small-headed resin bee
Heriades truncorum/ Osmia truncorum	Gemeine Löcherbiene	large-headed resin bee
Hermaeophaga mercurialis	Waldbingelkraut-Erdfloh, Bingelkraut-Flohkäfer	dog's-mercury flea beetle
Herminia grisealis	Bogenlinien-Spannereule, Schlehen-Zünslereule	small fan-foot (moth)
Herminia tarsicrinalis	Braungestreifte Spannereule, Brombeer-Zünslereule	shaded fan-foot (moth)
Herminia tarsipennalis/ Zanclognatha tarsipennalis	Olivbraune Zünslereule, Laubholz-Spannereule, Federfußeule	fan-foot (moth), the fan-foot
Herminia tenuialis	Südliche Bogenlinien-Spannereule	slender small fan-foot (moth)*
Hernicothrips femoralis	Langbindiger Gewächshausthrips, Langbinden-Gewächshausthrips	banded greenhouse thrips, sugar beet thrips, sugar-beet thrips
Herpetogramma licarsisalis	Tropische Rasenraupe	grass webworm
Herse convolvuli/ Sphinx convolvuli/ Agrius convolvuli	Windenschwärmer	convolvulus hawkmoth, morning glory sphinx moth
Hesperia comma	Kommafalter	silver-spotted skipper (butterfly)
Hesperiidae	Dickkopffalter (Dickköpfe)	skippers
Hetaerius ferrugineus	Ameisenstutzkäfer, Rostroter Stutzkäfer	ant hister beetle
Heterarthrus aceris	Ahornblattwespe	sycamore leaf miner, field maple leaf miner
Heterocera	Motten	moths
Heteroceridae	Sägekäfer	variegated mud-loving beetles
Heterocerus fenestratus	Gemeiner Sägekäfer	variegated mud-loving beetle

Heterogaster urticae	Brennnesselwanze, Brennessel-Bodenwanze, Brennnessel-Bodenwanze	nettle groundbug
Heterogenea asella	Kleine Schildmotte, Kleiner Schneckenspinner	triangle (moth)
Heterogynis penella	Federwidderchen, Kleiner Mottenspinner	
Heteroptera (Hemiptera)	Wanzen	heteropterans, true bugs
Heteropterus morpheus	Spiegelfleck-Dickkopffalter, Spiegelfleck-Dickkopf, Spiegelchen, Bruchwald-Dickkopf, Hüpferling	large chequered skipper (butterfly), large checkered skipper
Heteropteryx dilatata	Malaiische Riesengespenstschrecke, Grüne Riesengespenstschrecke, Dschungelnymphe	Malaysian stick insect, Malayan stick insect, Malayan wood nymph, Malayan jungle nymph, jungle nymph
Hexarthrum exiguum/ Hexarthrum culinaris	Grubenholzkäfer	pit-prop beetle
Hierodula membranacea	Indische Gottesanbeterin, Indische Riesengottesanbeterin	giant Asian mantis
Hipparchia alcyone	Kleiner Waldportier	rock grayling (butterfly)
Hipparchia fagi	Großer Waldportier	woodland grayling (butterfly)
Hipparchia genava	Walliser Waldportier	
Hipparchia semele	Rostbinde, Ockerbindiger Samtfalter, Heidefalter	grayling (butterfly)
Hipparchia statilinus/ Neohipparchia statilinus	Eisenfarbiger Samtfalter, Eisenfarbener Samtfalter, Kleine Rostbinde	tree grayling (butterfly)
Hippobosca equina	Pferdelausfliege	forest-fly
Hippoboscidae	Lausfliegen	louseflies (forest flies and sheep keds)
Hippodamia convergens	Veränderlicher Marienkäfer	convergent ladybird (beetle), convergent lady beetle
Hippodamia tredecimpunctata	Dreizehnpunkt-Marienkäfer, Dreizehnpunktiger Flach-Marienkäfer	thirteen-spot ladybird (beetle), thirteen-spotted ladybird
Hippodamia undecimnotata	Hügel-Marienkäfer	
Hippodamia variegata	Variabler Flach-Marienkäfer, Veränderlicher Marienkäfer	adonis ladybird (beetle), variegated lady beetle
Hippotion celerio	Großer Weinschwärmer	silver-striped hawk-moth, vine hawk-moth
Hippuriphila modeeri	Schachtelhalm-Flohkäfer	horsetail flea beetle

Hispa atra/Hispella atra	Stachelkäfer, Schwarzer Stachelkäfer, Dorn-Blattkäfer	spiny leaf beetle, leaf-mining beetle, wedge-shaped leaf beetle
Hister quadrimaculatus	Viergefleckter Stutzkäfer, Vierfleck-Gaukler	lunar-spotted mimic beetle
Histeridae	Stutzkäfer	hister beetles, clown beetles
Hodotermitidae	Erntetermiten	harvester termites
Hofmannophila pseudospretella	Samenmotte	brown house-moth, brown house moth
Hohorstiella lata	Große Taubenlaus	pigeon body louse
Holoarctia cervini	Matterhornbär	
Hololepta plana	Abgeplatteter Stutzkäfer	
Holoparamecus caularum	Höhlen-Stäublingskäfer	
Holotrichapion pisi	Luzerne-Knospenrüssler	straight-snouted weevil
Homona coffearia	Teewickler, Kamellienwickler	tea tortrix, camellia tortrix (moth)
Homoptera	Pflanzensauger	homopterans (cicadas & aphids & scale insects)
Homotoma ficus	Feigenlaus	fig psylla
Hoplia argentea/ Hoplia farinosa	Goldstaub-Laubkäfer	golden-dusted flower chafer*
Hoplia graminicola	Kleiner Gras-Laubkäfer	
Hoplia philanthus	Großer Gras-Laubkäfer, Silbergrauer Einklaulaubkäfer, Silbriger Purzelkäfer, Gelbgrüner Purzelkäfer	Welsh chafer
Hoplia praticola	Braunschwarzer Purzelkäfer	
Hoplitis claviventris	Umwundete Mauerbiene, Gelbspornige Stängelbiene, Gelbspornige Stengel-Mauerbiene, Gelbspornige Stängel-Mauerbiene	welted mason bee
Hoplitis leucomelana/ Osmia leucomelana	Schwarzspornige Mauerbiene, Schwarzspornige Stengel-Mauerbiene, Schwarzspornige Stängel-Mauerbiene	Kirby's mason bee
Hoplocampa brevis	Birnensägewespe	pear sawfly
Hoplocampa flava	Gelbe Pflaumensägewespe	plum sawfly
Hoplocampa minuta	Schwarze Pflaumensägewespe	black plum sawfly
Hoplocampa testudinea	Apfelsägewespe	European apple sawfly
Hoplodrina ambigua	Gelbgraue Seidenglanzeule, Hellbraune Staubeule	vine's rustic (moth)

Hoplodrina blanda	Violettbraune Seidenglanzeule, Graubraune Staubeule	rustic (moth), the rustic
Hoplodrina octogenaria	Gelbbraune Staubeule	uncertain (moth), the uncertain
Hoplodrina respersa	Graue Felsflur-Staubeule	sprinkled rustic (moth)
Hoplodrina superstes	Gelbgraue Felsflur-Staubeule	powdered rustic (moth)
Hoplopleura acanthopus	Feldmauslaus	vole louse
Hoplopleura pacifica	Tropische Rattenlaus	tropical rat louse
Hoplopleuridae	Kleinsäugerläuse	small mammal sucking lice
Horisme aemulata	Einfarbiger Waldrebenspanner	
Horisme aquata	Küchenschellen-Waldrebenspanner	
Horisme calligraphata	Wiesenrauten-Waldrebenspanner	
Horisme corticata	Auenparkland-Waldreben-Wellenspanner	
Horisme radicaria	Flussauen-Waldrebenspanner	
Horisme tersata	Waldrebenspanner	fern moth, the fern
Horisme vitalbata	Zweifarbiger Waldrebenspanner	small waved umber (moth)
Horvathianella palliceps	Goldbart-Spornzikade	
Hoshihananomia perlata	Perlfleck-Stachelkäfer, Achtfleckiger Flachschienen-Stachelkäfer	white-spotted pintail beetle
Huechys sanguinea	Rote Medizinische Zikade	black and scarlet cicada, black and red cicada
Hyadaphis tataricae	Hexenbesenblattlaus	honeysuckle aphid, honeysuckle witches' broom aphid
Hyalesthes luteipes	Ulmen-Glasflügelzikade	
Hyalesthes obsoletus	Winden-Glasflügelzikade	nettle/bindweed planthopper, grapevine planthopper
Hyalesthes philesakis	Griechische Glasfiügelzikade	
Hyalomorpha halys	Marmorierte Baumwanze, "Stinkkäfer"	brown marmorated stink bug
Hyalophora cecropia/ Platysamia cecropia	Cecropiaspinner	cecropia silk moth, cecropia moth
Hyalopterus amygdali	Mehlige Pfirsichblattlaus	mealy peach aphid
Hyalopterus pruni	Mehlige Zwetschgenblattlaus, Mehlige Pflaumenlaus, Pflaumenblattlaus, Hopfenblattlaus, Hopfenlaus	mealy plum aphid, damson-hop aphid, hop aphid

Hydraecia micacea	Markeule, Schachtelhalmeule, Glimmereule, Kartoffelbohrer, Rübenbohrer	rosy rustic (moth)
Hydraecia osseola	Eibisch-Markeule*	marsh mallow moth
Hydraecia petasitis	Pestwurzeule	butterbur moth, the butterbur
Hydraecia ultima	Holsts Markeule	
Hydraenidae	Langtaster-Wasserkäfer	minute moss beetles
Hydrelia flammeolaria	Gelbgestreifter Erlen-Spanner, Gelbgestreifter Erlenspanner, Gelbgewellter Erlen-Blattspanner, Kätzchenspanner	small yellow wave (moth)
Hydrelia sylvata/ Hydrelia testaceata	Braungestreifter Erlen-Blattspanner	sylvan waved carpet (moth), waved carpet
Hydrellia griseola	Graue Gerstenminierfliege	smaller rice leafminer (U.S.)
Hydria cervinalis/ Rheumaptera cervinalis	Großer Berberitzenspanner	scarce tissue (moth), barberry looper
Hydria undulata/ Rheumaptera undulata	Wellenspanner	scallop shell (moth)
Hydriomena furcata	Heidelbeer-Palpenspanner	July highflyer (moth)
Hydriomena impluviata	Erlenhain-Blattspanner	May highflyer (moth)
Hydriomena ruberata	Weiden-Palpenspanner	ruddy highflyer (moth)
Hydrobius fuscipes	Braunfüßiger Wasserkäfer	
Hydrochara caraboides	Kleiner Kolben-Wasserkäfer, Schwarzbeiniger Stachel-Wasserkäfer, Stachelwasserkäfer, Großer Teichkäfer	lesser silver water beetle
Hydrocorisae/ Hydrocorizae	Wasserwanzen	water bugs
Hydroglyphus pusillus/ Guignotus pusillus	Gelbbrauner Zwergschwimmer	yellow-brown diving beetle*
Hydrometra gracilenta	Zierlicher Teichläufer	lesser water measurer
Hydrometra stagnorum	Teichläufer, Gemeiner Teichläufer	water measurer, marsh treader
Hydrometridae	Teichläufer	water measurers, marsh treaders
Hydrophilidae	Wasserkäfer, Kolbenwasserkäfer	water scavenger beetles, herbivorous water beetles
Hydrophilus aterrimus	Tiefschwarzer Kolbenwasserkäfer, Schwarzer Kolbenwasserkäfer	water scavenger beetle

Hydrophilus piceus/ Hydrous piceus	Großer Kolbenwasserkäfer, Großer Schwarzer Kolbenwasserkäfer, Pechschwarzer Kolbenwasserkäfer	greater silver beetle, great black water beetle, great silver water beetle, diving water beetle
Hydroporus palustris	Gemeiner Zwergschwimmer	common German diving beetle
Hydroporus rufifrons	Rotstirn-Zwergschwimmer*	oxbow diving beetle
Hydroporus spp.	Zwergschwimmer	genus of diving beetles
Hydroscaphidae	kleine Wasserkäfer	skiff beetles
Hydrotaea aenescens/ Ophyra aenescens	Deponiefliege, Güllefliege	bronze dump fly, black garbage fly, American black dump fly
Hydrotaea ignava/ Hydrotaea leucostoma/ Ophyra leucostoma	Deponiefliege, Güllefliege	black dump fly, black garbage fly
Hydrotaea meteorica/ Musca meteorica	Gewitterfliege	sweat fly
Hydrous piceus/ Hydrochara piceus	Großer Kolbenwasserkäfer, Großer schwarzer Kolbenwasserkäfer	great black water beetle, great silver water beetle, greater silver beetle, diving water beetle
Hygrobia hermanni	Schlammschwimmer, Feuchtkäfer	screech beetle
Hylaea fasciaria	Zweibindiger Nadelwald-Spanner	barred red (moth)
Hylaeus brevicornis	Kurzfühler-Maskenbiene	short-horned yellow-faced bee, short-horned yellow-face bee
Hylaeus communis	Gewöhnliche Maskenbiene	common yellow-faced bee, common yellow-face bee
Hylaeus hyalinatus	Lamellen-Maskenbiene	hairy yellow-faced bee, hairy yellow-face bee
Hylaeus pectoralis	Röhricht-Maskenbiene	reed yellow-faced bee, reed yellow-face bee
Hylaeus punctulatissimus	Lauch-Maskenbiene	onion yellow-face bee
Hylaeus signatus	Gezeichnete Maskenbiene, Reseden-Maskenbiene	large yellow-faced bee, large yellow-face bee
Hylaeus spp.	Maskenbienen	yellow-faced bees, yellow-face bees
Hylastes angustatus	Schmaler Kiefernbastkäfer	
Hylastes ater	Schwarzer Kiefernbastkäfer	black pine bark beetle
Hylastes attenuatus	Starkpunktierter Kiefernbastkäfer	

Hylastes cunicularius	Schwarzer Fichtenbastkäfer	black spruce beetle, spruce bark beetle
Hylastinus fankhauseri	Goldregen-Borkenkäfer	
Hylastinus obscurus	Kleeborkenkäfer, Kleewurzelborkenkäfer, Kleewurzel-Borkenkäfer	clover root borer, large broom bark beetle, gorse bark beetle
Hylecoetus dermestoides/ Elateroides dermestoides	Buchenwerftkäfer, Bohrkäfer, Sägehörniger Werftkäfer	large timberworm beetle, European sapwood timberworm*
Hyledelphax elegantula	Harlekinspornzikade	
Hyles euphorbiae	Wolfsmilchschwärmer	spurge hawk-moth
Hyles gallii	Labkrautschwärmer	bedstraw hawk-moth
Hyles hippophaes	Sanddornschwärmer	seathorn hawk-moth
Hyles lineata	Neuweltlicher Linienschwärmer	white-lined sphinx (moth), hummingbird moth
Hyles livornica	Altweltlicher Linienschwärmer	striped hawk-moth
Hyles nicaea	Nizza-Schwärmer, Großer Wolfsmilchschwärmer	Mediterranean hawk-moth, greater spurge hawk-moth
Hyles vespertilio	Fledermausschwärmer	dusky hawk-moth
Hylesinus crenatus	Großer Schwarzer Eschenbastkäfer, Großer Eschenbastkäfer	greater ash bark beetle
Hylesinus fraxini/ Hylesinus varius/ Leperisinus varius/ Leperisinus fraxini	Eschenbastkäfer, Bunter Eschenbastkäfer, Kleiner Bunter Eschenbastkäfer (>Eschenrose)	ash bark beetle, lesser ash bark beetle
Hylesinus oleiperda	Kleiner Schwarzer Eschenbastkäfer	
Hylobius abietis	Großer Brauner Rüsselkäfer, Großer Fichtenrüssler, Großer Fichtenrüsselkäfer	fir-tree weevil, large pine weevil, large brown trunk beetle
Hylobius piceus	Großer Kiefernrüssler	larch weevil
Hylobius pinastri	Kleiner Brauner Rüsselkäfer	lesser pine weevil, small fir-tree weevil
Hylobius transversovittatus	Wurzelstock-Scheckenrüssler	Goeze root-boring weevil, root-mining weevil
Hyloicus pinastri/ Sphinx pinastri	Kiefernschwärmer, Kleiner Fichtenrüssler	pine hawk-moth
Hylophila prasinana/ Pseudoips fagana/ Bena prasinana/ Bena fagana	Kahnspinner, Kleiner Kahnspinner, Buchenwickler, Buchenkahneule, Jägerhütchen	green silverlines, scarce silverlines

Hylophilidae	Mulmkäfer	hylophilid beetles
Hylotrupes bajulus	Hausbock, Hausbockkäfer	house longhorn beetle, European house-borer
Hylurgopinys rufipes	Amerikanischer Ulmenborkenkäfer	American elm bark beetle
Hylurgops palliatus	Gelbbrauner Fichtenbastkäfer	lesser spruce shoot beetle
Hylurgus ligniperda	Rothaariger Kiefernbastkäfer	red-haired bark beetle, redhaired pine bark beetle (RPBB)
Hymenoptera	Hautflügler	hymenopterans
Hymenopus coronatus/ Hymenopus bicornis	Orchideenmantis, Orchideenfangschrecke, Kronenfangschrecke	Malaysian orchid mantis, walking flower mantis, pink orchid mantis
Hypebaeus flavipes	Hainbuchen-Zipfelkäfer*	Moccas beetle
Hypena crassalis	Heidelbeer-Schnabeleule, Heidelbeer-Zünslereule, Samteule	beautiful snout (moth)
Hypena lividalis	Südliche Zünslereule	small snout (moth), small southern snout (moth)
Hypena obesalis	Brennnessel-Zünslereule, Voralpen-Schnabeleule	Paignton snout (moth)
Hypena obsitalis	Bloxworth-Schnabeleule, Schnauzeneule	Bloxworth snout (moth)
Hypena proboscidalis	Zünslereule, Nesselschnabeleule	snout (moth), the snout, common snout (moth)
Hypena rostralis	Hopfeneule, Hopfen-Schnabeleule	buttoned snout (moth)
Hypenodes humidalis	Moor-Motteneule	marsh oblique-barred moth
Hypera brunneipennis	Alfalfa-Käfer	Egyptian alfalfa weevil
Hypera rumicis	Ampfer-Kokonrüssler	
Hypera zoilus	Klee-Kokonrüssler	
Hyperomyzus lactucae	Grünliche Gänsedistellaus, Grünliche Gänsedistelblattlaus	currant-sowthistle aphid, blackcurrant-sowthistle aphid
Hyperomyzus pallidus	Kleine Stachelbeerblattlaus	gooseberry-sowthistle aphid
Hyphantria cunea	Weißer Bärenspinner, Amerikanischer Webebär	fall webworm (moth), mulberry moth, American white moth
Hyphantria cunea	Amerikanischer Webebär, Weißer Bärenspinner	American white moth, fall webworm, autumn webworm
Hyphoraia aulica	Hofdame	brown tiger (moth)
Hyphoraia testudinaria	Südliche Hofdame	Patton's tiger (moth)

Hyphydrus ovatus	Kugelschwimmer, Glatter Kugelschwimmer	
Hypoderma actaeon	Hirschdasselfliege, Hirsch-Hautdasselfliege	deer warble fly a.o.
Hypoderma bovis	Rinderdasselfliege, Große Rinder-Hautdasselfliege	ox warble fly a.o., northern cattle grub (U.S.)
Hypoderma diana	Rehdasselfliege, Reh-Hautdasselfliege	deer warble fly a.o.
Hypoderma lineatum	Kleine Rinder-Hautdasselfliege	lesser ox warble fly, lesser ox botfly, common cattle grub (U.S.)
Hypodryas maturna/ Euphydryas maturna	Kleiner Maivogel	scarce fritillary
Hypogastruridae	Kurzspringer	hypogastrurid springtails
Hypomecis punctinalis	Aschgrauer Rindenspanner	pale oak beauty (moth)
Hypomecis roboraria/ Boarmia roboraria	Großer Rindenspanner, Steineichen-Baumspanner, Steineichenspanner, Großer Eichenspanner	great oak beauty (moth)
Hyponephele lycaon/ Maniola lycaon	Kleines Ochsenauge	dusky meadow brown (butterfly)
Hyponomeuta malinellus	Apfelgespinstmotte, Apfelbaumgespinstmotte	apple moth, Adkin's apple ermel
Hyponomeuta padellus/ Yponomeuta padellus	Pflaumengespinstmotte	common hawthorn ermel, small ermine moth
Hyponomeutidae (Yponomeutidae)	Gespinstmotten	ermine moths
Hypothenemus hampei	Kaffeekirschenkäfer	coffee berry borer
Hypoxystis pluviaria	Blassgelber Sprenkelspanner	
Hyppa rectilinea	Heidelbeer-Stricheule	Saxon (moth), the Saxon
Hypsopygia costalis	Heuzünsler	gold fringe, clover hayworm
Hypulus quercinus	Eichenwurzel-Düsterkäfer	oak false darkling beetle
Hysteropterum reticulatum	Kleine Käferzikade	
Hystrichopsylla talpae	Maulwurfsfloh, Großer Maulwurfsfloh	mole flea
Iassus lanio	Eichen-Lederzikade, Eichenlederzikade, Eichen-Zwergzikade	
Iassus scutellaris	Ulmen-Lederzikade, Ulmenlederzikade	
Iberodorcadion fuliginator/ Dorcadion fuliginator	Variabler Erdbock, Grauflügliger Erdbock	grey-striped longhorn*

Icerya purchasi	Australische Wollschildlaus, Orangenschildlaus	cottony cushion scale, fluted scale
Ichneumonidae	Schlupfwespen, Echte Schlupfwespen	ichneumon flies, ichneumons
Idaea aureolaria	Goldgelber Magerrasen-Zwergspanner	golden-yellow wave (moth)
Idaea aversata	Mausohrspanner, Breitgebänderter Staudenspanner	riband wave (moth)
Idaea biselata	Breitgesäumter Zwergspanner, Breitgesäumter Gebüsch-Kleinspanner	small fan-footed wave (moth)
Idaea contiguaria	Fetthennen-Felsflur-Kleinspanner	Weaver's wave (moth)
Idaea degeneraria	Zweifarbiger Doppellinien-Zwergspanner, Veränderlicher Magerrasen-Kleinspanner	Portland ribbon wave (moth)
Idaea deversaria	Hellbindiger Doppellinien-Zwergspanner	ashen wave (moth)
Idaea dilutaria	Punktierter Welklaub-Kleinspanner, Einfarbiger Zwergspanner	silky wave (moth)
Idaea dimidiata	Braungewinkelter Zwergspanner, Schwarzpunktierter Kleinspanner	single-dotted wave (moth)
Idaea emarginata	Zackenrand-Zwergspanner, Eckrandiger Kleinspanner, Auen-Kleinspanner	small scallop (moth)
Idaea fuscovenosa	Graurandiger Zwergspanner, Buschflurspanner, Gebüschflur-Kleinspanner	dwarf cream wave (moth)
Idaea humiliata	Braunrandiger Zwergspanner, Rotrandiger Steppentriftspanner, Hauhechel-Kleinspanner	Isle of Wight wave (moth)
Idaea inquinata	Heu-Zwergspanner, Rotrandiger Steppentriftspanner, Hauhechel-Kleinspanner	rusty wave (moth)
Idaea laevigata	Mittelbinden-Zwergspanner, Rotrandiger Steppentriftspanner, Hauhechel-Kleinspanner	strange wave (moth)
Idaea macilentaria	Brachwiesen-Zwergspanner	scalloped wave (moth)

Idaea moniliata	Perlrand-Zwergspanner, Gelblicher Trockenrasen-Kleinspanner	chequered wave (moth)
Idaea muricata	Purpurstreifen-Zwergspanner, Purpurstreifiger Moorheiden-Kleinspanner, Purpurstreifiger Moorheidenspanner, Purpurschneckenspanner	purple-bordered gold (moth)
Idaea ochrata	Ockerfarbiger Steppenheiden-Zwergspanner	bright wave (moth)
Idaea pallidata	Blasser Zwergspanner, Blassgelber-Vogelknöterich-Kleinspanner, Felsflur-Kleinspanner	pale wave (moth)
Idaea rubraria	Rötlichgelber Zwergspanner	least riband wave (moth)
Idaea rufaria	Rötlicher Trockenrasen-Zwergspanner	dotted wave (moth)
Idaea rusticata/ Idaea vulpinaria	Südlicher Zwergspanner, Braungebänderter Heckenlehnen-Kleinspanner[1], Braungebänderter Hecken-Kleinspanner, Braungebänderter Heckenspanner, Bräunlichweißer Kleinspanner	least carpet (moth)
Idaea seriata	Grauer Zwergspanner, Grauebestäubter Kleinspanner	small dusty wave (moth)
Idaea serpentata	Rostgelber Magerrasen-Kleinspanner, Rostgelber Magerrasen-Zwergspanner	ochraceous wave (moth)
Idaea straminata	Olivgrauer Doppellinien-Zwergspanner	plain wave (moth)
Idaea subsericeata	Graulinien-Zwergspanner, Olivgrauer Kleinspanner	satin wave (moth)
Idaea sylvestraria	Weißlichgrauer Zwergspanner	dotted border wave (moth)
Idaea trigeminata	Blassgelber Vogelknöterich-Kleinspanner	treble brown spot (moth)
Idia calvaria	Dunkelbraune Spannereule, Auenwald-Spannereule	a noctuid moth
Idiopterus nephrolepidis	Farnblattlaus	fern aphid
Idolomantis diabolica	Teufelsblume, Große Teufelsblume	devil's flower mantis, giant devil's flower mantis
Illinoia azaleae/ Masonaphis azaleae	Azaleenblattlaus	azalea aphid, rhododendron aphid

Ilybius fuliginosus/ Ilybius fenestratus	Schlammschwimmer	
Ilyobates subopacus	Punktierter Kurzflügler	a rove beetle
Ilyocoris cimicoides	Schwimmwanze	saucer bug
Inachis io/ Nymphalis io	Tagpfauenauge	peacock moth, peacock
Incurvaria capitella/ Lampronia capitella	Johannisbeermotte	currant bud moth
Incurvaria koerneriella	Buchen-Miniersackmotte Schildkrötenmotte	beech bright (moth)*
Incurvaria masculella	Weißdorn-Miniersackmotte	feathered bright (moth)
Incurvaria oehlmanniella	Heidelbeer-Miniersackmotte	common bright (moth)
Incurvaria pectinea	Birken-Miniersackmotte	pale feathered bright (moth)
Incurvaria praelatella	Erdbeer-Miniersackmotte	strawberry bright (moth)
Incurvaria rubiella	Himbeermotte, Himbeerschabe	raspberry bud moth
Incurvaria vetulella	Bergwald-Blattsackfalter	
Incurvariidae	Miniersackmotten	yucca moths & fairy moth and others
Inocellia crassicornis	Dickhörnige Kamelhalsfliege	Schummel's inocelliid snakefly
Iolana iolas	Blasenstrauch-Bläuling	iolas blue (butterfly)
Iphiclides podalirius	Segelfalter	scarce swallowtail (butterfly), kite swallowtail
Ipimorpha retusa	Weidenbusch-Blatteule	double kidney (moth)
Ipimorpha subtusa	Pappelbusch-Blatteule	olive (moth), the olive
Ips acuminatus	Spitzzähniger Kiefernborkenkäfer, Sechszähniger Kiefernborkenkäfer	
Ips amitinus	Kleiner Achtzähniger Fichtenborkenkäfer, Achtzähniger Zirbenborkenkäfer	small spruce bark beetle
Ips cembrae	Großer Lärchenborkenkäfer, Großer Achtzähniger Lärchenborkenkäfer	larch bark beetle, Siberian fir bark-beetle
Ips duplicatus	Nordischer Fichtenborkenkäfer	double-spined bark beetle
Ips mannsfeldi	Schwarzkiefernborkenkäfer	
Ips sexdentatus	Großer Kiefernborkenkäfer, Großer Zwölfzähniger Kiefernborkenkäfer	greater European pine engraver, six-spined engraver beetle, six-toothed pine bark beetle (Br.)
Ips subelongatus	Sibirischer Lärchenborkenkäfer	large larch bark beetle

Ips typographus	Buchdrucker, Großer Borkenkäfer, Achtzähniger Borkenkäfer, Großer Achtzähniger Fichtenborkenkäfer	engraver beetle, common European engraver, spruce bark beetle (Br.)
Ischnodemus sabuleti	Getreidewanze, Europäische Getreidewanze, Schmalwanze	European chinch bug, European cinchbug
Ischnodes sanguinicollis	Bluthalsschnellkäfer, Bluthals-Schnellkäfer	red-necked click beetle
Ischnomera caerulea	Blauer Scheinbockkäfer	
Ischnopterapion loti	Gewöhnlicher Hornklee-Spitzmaulrüssler	bird's-foot trefoil weevil, bird's-foot trefoil straight-snouted weevil
Ischnopterapion virens	Grünlicher Spitzmaulrüssler Grüner Klee-Spitzmaulrüssler	white clover weevil
Ischnura elegans	Große Pechlibelle	common ischnura, blue-tailed damselfly
Ischnura pumilio	Kleine Pechlibelle	lesser ischnura, scarce blue-tailed damselfly
Ischyrosyrphus glaucius	Blaue Breitband-Schwebfliege, Blaue Breitbandschwebfliege	
Isochnus sequensi	Schwarzer Springrüssler	poplar leaf-mining weevil
Isophya kraussii	Plumpschrecke, Gemeine Plumpschrecke, Krauss'sche Plumpschrecke	speckled bushcricket, Krauss' bush-cricket, Krauss's bush-cricket
Isophya pyrenea	Große Plumpschrecke	large speckled bush-cricket
Isotoma nivalis	Schneefloh	snow flea, snow springtail
Isotoma saltans	Gletscherfloh	glacier flea
Isotoma viridis	Grüner Springschwanz	green springtail
Isotomidae	Gleichringler (Springschwänze)	isotomid springtails
Isotomurus palustris	Moorspringer	marsh springtail
Issoria lathonia/ Argynnis lathonia	Kleiner Perlmutterfalter	Queen of Spain fritillary (butterfly)
Issus coleoptratus	Echte Käferzikade	a common European planthopper
Issus muscaeformis	Fliegenzikade, Fliegen-Käferzikade	a fly-like planthopper
Isturgia arenacearia	Gelblicher Luzernespanner	
Isturgia famula	Gebänderter Besenginsterspanner	

Isturgia limbaria	Schwarzgesäumter Besenginsterspanner, Gelber Ginsterkrautspanner, Gelber Besenginsterspanner	frosted yellow (moth)
Isturgia murinaria	Mausgrauer Esparsettenspanner	
Isturgia roraria	Besenginster-Saumbindenspanner	
Itame brunneata	Waldmoorspanner	Rannoch looper (moth)
Ixapion variegatum	Mistel-Spitzmaulrüssler	mistletoe weevil, kiss me slow weevil
Jaapiella medicaginis	Luzerneblatt-Gallmücke	lucerne leaf midge
Janetiella oenophila	Rebenblatt-Gallmücke	vine leaf gall midge
Janus compressus	Birnentriebwespe	pear stem sawfly, pear shoot sawfly
Janus luteipes	Weidentriebwespe	willow stem sawfly
Jassidaeus lugubris	Zwergspornzikade	
Javesella discolor	Flossenspornzikade	
Javesella dubia	Säbelspornzikade	
Javesella forcipata	Zangenspornzikade	
Javesella obscurella	Schlammspornzikade	
Javesella pellucida/ Liburnia pellucida	Wiesenspornzikade (Wiesenzirpe)	cereal leafhopper
Javesella salina	Salzspornzikade	
Javesella simillima	Arktische Spornzikade	
Javesella stali	Schachtelhalm-Spornzikade	
Jodia croceago/ Xanthia croceago	Safran-Wintereule, Safraneule, Eichenbuschwald-Safraneule	orange upperwing (moth)
Jodis lactearia	Laubwald-Grünspanner	little emerald (moth)
Jodis putata	Heidelbeer-Grünspanner, Glanzspanner	bilberry emerald (moth)
Jordanita budensis	Südliches Flockenblumen-Grünwidderchen	
Jordanita chloros	Kupferglanz-Grünwidderchen, Mehrfarbiges Grünwidderchen	bronze forester (moth)
Jordanita globulariae/ Adscita globulariae	Seltenes Grünwidderchen, Flockenblumen-Grünwidderchen	scarce forester (moth)
Jordanita notata	Skabiosen-Grünwidderchen, Seltenes Grünwidderchen (CH)	thistle forester (moth)
Jordanita subsolana	Dickfühler-Grünwidderchen, Distel-Grünwidderchen	

Judolia sexmaculata	Sechsfleckiger Halsbock	
Junonia oenone	Blaues Stiefmütterchen*	blue pansy (butterfly)
Kageronia fuscogrisea	Eintagsfliege	brown May dun (mayfly)
Kakothrips pisivorus	Erbsenblasenfuß	pea thrips
Kalotermes flavicollis	Gelbhalstermite	European drywood termite, yellow-necked drywood termite
Kalotermitidae	Trockenholztermiten	drywood termites & powderpost termites
Kaltenbachiola strobi	Fichtenzapfenschuppen-Gallmücke	spruce cone gall midge
Kateretes pedicularius	Riedgras-Glanzkäfer	
Kelisia brucki	Halbmond-Spornzikade	
Kelisia confusa	Steifseggen-Spornzikade	
Kelisia guttula	Fleckenspornzikade	
Kelisia guttulifera	Wegspornzikade	
Kelisia hagemini	Südliche Erdseggen-Spornzikade	
Kelisia halpina	Alpen-Erdseggen-Spornzikade	
Kelisia haupti	Echte Erdseggen-Spornzikade	
Kelisia henschii	Balkanspornzikade	
Kelisia irregulata	Blauseggen-Spornzikade	
Kelisia minima	Elfenspornzikade	
Kelisia monoceros	Einhorn-Spornzikade	
Kelisia pallidula	Weiße Spornzikade	
Kelisia praecox	Seegras-Spornzikade	
Kelisia punctulum	Punktierte Spornzikade	
Kelisia ribauti	Schwarzlippen-Spornzikade	
Kelisia sabulicola	Dünenspornzikade	
Kelisia sima	Gelbseggen-Spornzikade	
Kelisia vittipennis	Wollgras-Spornzikade	
Kelisia yarkonensis	Sensen-Spornzikade	
Kermes quercus	Eichenschildlaus	oak scale
Kermes ssp.	Färberschildläuse	kermes coccids, kermes scales
Kermes vermilio	Kermeslaus	Mediterranean kermes coccid
Kermidae/ Kermesidae	Eichenschildläuse, Eichennapfläuse	gall-like coccids
Kerria lacca	Lackschildlaus	lac insect
Kessleria burmanni	Hochgebirgs-Gespinstmotte	

Kissophagus hederae	Efeuborkenkäfer	ivy bark beetle
Kissophagus novaki	Südlicher Efeuborkenkäfer	southern ivy bark beetle
Kleidocerys resedae	Birkenwanze, Birkwanze	birch bug
Klimeschia transversella	Thymian-Wippflügelfalter	
Knulliana cincta		banded hickory borer, belted chion beetle
Korscheltellus lupulinus/ Hepialus lupulina	Wurzelspinner, Kleiner Hopfenwurzelbohrer, Kleiner Hopfen-Wurzelbohrer	common swift, garden swift moth
Korynetes caeruleus/ Korynetes coeruleus	Blauer Fellkäfer, Blauer Jagdraubkäfer	steely blue beetle, steely blue ham beetle
Korynetidae/ Corynetidae (>Cleridae)	Jagdraubkäfer, Fellkäfer	ham beetles
Kosswigianella exigua	Heidespornzikade	
Labia minor	Kleiner Ohrwurm, Zwergohrwurm	lesser earwig, little earwig
Labidura bidens	Gestreifter Ohrwurm	striped earwig
Labidura riparia	Sandohrwurm, Dünenohrwurm	tawny earwig, giant earwig
Labiduridae	Langhorn-Ohrwürmer	long-horned earwigs, striped earwigs
Labiidae	Kleine Ohrwürmer	little earwigs
Lacanobia contigua	Pfeilflecken-Kräutereule	beautiful brocade (moth)
Lacanobia oleracea/ Mamestra oleracea	Gemüseeule	tomato moth, bright-line brown-eye (moth)
Lacanobia splendens	Feuchtwiesen-Kräutereule	splendid brocade (moth)
Lacanobia suasa	Veränderliche Kräutereule	dog's tooth (moth)
Lacanobia thalassina	Schwarzstrich-Kräutereule	pale-shouldered brocade (moth)
Lacanobia w-latinum	Graufeld-Kräutereule	light brocade (moth)
Laccifer lacca	Indische Lackschildlaus	Indian lac insect
Lacciferidae (Tachardiidae)	Lackschildläuse	lac insects
Laccophilus minutus	Grundschwimmer	a small carnivorous diving beetle
Lachesilla pedicularia	Gemeine Getreidestaublaus, Lausflechtling	cosmopolitan grain psocid
Lachnidae	Baumläuse, Rindenläuse	lachnids, lachnid plantlice
Lachnus pallipes	Buchenrindenlaus	variegated beech aphid
Lachnus roboris	Eichenbaumlaus, Eichen-Baumlaus, Eichenrindenlaus	variegated oak aphid
Lachnus roboris longipes	Esskastanienlaus, Esskastanienrindenlaus	chestnut aphid, sweet chestnut aphif

Lacon querceus	Gelbschuppiger Schnellkäfer, Hellgelbschuppiger Grubenstirn-Schnellkäfer	oak click beetle
Laelia coenosa	Gelbbein, Schilf-Bürstenspinner	reed tussock (moth)
Laemostenus terricola/ Pristonychus terricola	Blauschwarzer Dunkelläufer, Kellerkäfer, Grotten-Dunkelkäfer, Dunkellaufkäfer	cellar beetle*, European cellar beetle
Lagria hirta	Gemeiner Wollkäfer	rough-haired darkling beetle*
Lagriidae	Wollkäfer	long-jointed beetles
Lamia textor	Weberbock	pine sawyer, weaver beetle
Lampides boeticus	Langschwänziger Bläuling, Großer Wander-Bläuling, Großer Wanderbläuling	long-tailed blue (butterfly), peablue, pea blue
Lampra dives/ Scintillatrix dives	Metallfarbener Weidenprachtkäfer	a jewel beetle
Lamprodila decipiens	Metallfarbener Prachtkäfer	a jewel beetle
Lamprodila rutilans	Lindenprachtkäfer	linden burncow (a jewel beetle)
Lamprohiza splendidula	Gemeiner Leuchtkäfer, Kleiner Leuchtkäfer, Johanniskäfer, Johanniswürmchen, Glühwürmchen	small lightning beetle
Lampronia capitella	Johannisbeer-Yuccamotte, Johannisbeermotte	currant shoot borer (moth)
Lampronia corticella	Himbeer-Yuccamotte, 'Himbeerschabe'	raspberry moth
Lampronia flavimitrella	Himbeer-Blattsackfalter	bramble bright (moth)
Lampronia intermediella	Regensburger Blattsackfalter	
Lampronia rupella	Schluchtwald-Blattsackfalter	
Lampronia splendidella	Gelbgrauer Hochalpen-Blattsackfalter	
Lampropteryx otregiata	Sumpflabkraut-Bindenspanner	Devon carpet (moth)
Lampropteryx suffumata	Labkraut-Bindenspanner, Rauchbrauner Labkraut-Bindenspanner	water carpet (moth)
Lamprosticta culta	Schmuckeule, Obsthaineule, Rindenmooseule	pretty moth*
Lamprotes c-aureum	Wiesenrauren-Goldeule, Goldenes C	golden plusia, golden-c owlet (moth)*
Lampyridae	Leuchtkäfer (Glühwürmchen, Johanniswürmchen)	glowworms, fireflies, lightning "bugs"

Lampyris noctiluca	Großer Leuchtkäfer, Großes Glühwürmchen, Gelbhals-Leuchtkäfer	glowworm, glow-worm, great European glow-worm beetle
Languria mozardi	Kleestengelbohrer*	clover stem borer
Languriidae	Echsenkäfer*	lizard beetles
Laodelphax striatella	Wanderspornzikade	
Laothoe amurensis	Zitterpappelschwärmer	aspen hawk-moth
Laothoe populi	Pappelschwärmer	poplar hawk-moth, poplar hawkmoth
Laphria flava	Gelbe Mordfliege	
Larentia clavaria	Malven-Blattspanner	mallow (moth), the mallow
Laricobius erichsoni	Gelbbrauner Lärchenkäfer	
Larinus planus	Länglicher Distelrüssler	thistle seedbud weevil, Canada thistle seed-feeding weevil, Canadian thistle seed feeding weevil
Larinus sturnus	Distelrüssler	
Larinus turbinatus	Kratzdistelrüssler	
Lasiocampa quercus	Eichenspinner, Quittenvogel	oak eggar (moth), northern eggar
Lasiocampa trifolii/ Pachygastria trifolii	Kleespinner	grass eggar (moth)
Lasiocampidae	Glucken, Wollraupenspinner	lackeys & eggars, lappet moths (tent caterpillars)
Lasioderma serricorne	Kleiner Tabakkäfer	cigarette beetle (tobacco beetle)
Lasioglossum albipes	Weißfuß-Schmalbiene, Weißfuß-Furchenbiene	bloomed furrow bee
Lasioglossum brevicorne	Kurzfühler-Schmalbiene, Kurzfühler-Furchenbiene	short-horned furrow bee, short-horned mining bee
Lasioglossum calceatum	Gewöhnliche Schmalbiene, Gemeine Furchenbiene	common furrow bee, slender mining bee
Lasioglossum fulvicorne	Rotfühler-Schmalbiene, Braunfühler-Schmalbiene	chalk furrow bee
Lasioglossum laeve	Glanz-Schmalbiene	shiny-gastered furrow bee
Lasioglossum laevigatum	Gezähnte Schmalbiene	red-backed furrow bee
Lasioglossum laticeps	Breitkopf-Schmalbiene	broad-faced furrow bee
Lasioglossum leucozonium	Weißgebänderte Schmalbiene	white-zoned furrow bee
Lasioglossum limbellum	Lösswand-Schmalbiene	ridge-gastered furrow bee
Lasioglossum malachurum	Pförtner-Schmalbiene	sharp-collared furrow bee (a larger mining bee)

Lasioglossum morio	Schwarze Schmalbiene, Erz-Schmalbiene, Dunkelgrüne Schmalbiene	green furrow bee, brassy mining bee
Lasioglossum nigripes	Matte Schmalbiene	pale furrow bee*
Lasioglossum pallens	Frühlings-Schmalbiene	springtime furrow bee*
Lasioglossum pauperatum	Kleine Schwarze Schmalbiene*	squat furrow bee
Lasioglossum pauxillum	Zierliche Schmalbiene, Winzige Furchenbiene	lobe-spurred furrow bee
Lasioglossum quadrinotatum	Sand-Schmalbiene	four-spotted furrow bee
Lasioglossum semilucens	Mattglänzende Schmalbiene	small shiny furrow bee
Lasioglossum spp.	Schmalbienen, Furchenbienen	mining bees (U.K.), furrow bees, sweat bees (U.S.)
Lasioglossum villosulum	Zottige Schmalbiene	shaggy mining bee
Lasioglossum xanthopus	Gelbfuß-Schmalbiene, Gelbbein-Schmalbiene	orange-footed mining bee, yellow-footed mining bee
Lasioglossum zonulum	Gebänderte Schmalbiene	bull-headed furrow bee
Lasiommata maera	Braunauge, Rispenfalter	large wall brown (butterfly), wood-nymph
Lasiommata megera	Mauerfuchs	wall (butterfly), wall brown
Lasiommata petropolitana	Braunscheckauge	northern wall brown (butterfly)
Lasionycta imbecilla/ Eriopygodes imbecilla	Braune Feuchtwieseneule, Braune Bergeule	the silurian (moth), silurian (moth)
Lasionycta proxima	Graue Bergraseneule, Violettgraue Kapseleule	
Lasioptera rubi	Brombeersaummücke, Himbeergallmücke, Himbeer-Gallmücke	blackberry stem gall midge, raspberry stem gall midge
Lasius alienus	Fremde Wegameise	cornfield ant, moisture ant
Lasius brunneus	Braune Wegameise, Braune Wiesenameise, Rotrückige Hausameise, Rotrückige Holzameise	brown ant, brown tree ant
Lasius claviger	Kleine Gelbe Ameise	smaller yellow ant (a citronella ant)
Lasius emarginatus	Rotrückige Hausameise, Zweifarbige Wegameise	Central European bicolored ant*
Lasius flavus	Gelbe Wiesenameise, Gelbe Wegameise, Bernsteingelbe Ameise	mound ant, yellow turf ant, yellow meadow ant, yellow hill ant, yellow ant

Lasius fuliginosus	Glänzendschwarze Holzameise, Schwarze Holzameise, Kartonnestameise	jet ant, jet black ant, shining jet black ant
Lasius interjectus/ Acanthomyops interjectus	Große Citronella-Ameise	larger yellow ant, citronella ant, foundation ant
Lasius neglectus	Vernachlässigte Ameise, Übersehene Wegameise	invasive garden ant
Lasius neoniger	Amerikanische Grasameise*	turfgrass ant (*not*: cornfield ant)
Lasius niger	Schwarze Gartenameise, Schwarzgraue Wegameise, Schwarzbraune Wegameise, Mattschwarze Wegameise	black ant, common black ant, small black ant, black garden ant, European black garden ant
Lasius spp.	Wiesenameisen u. Holzameisen u. Wegameisen	field ants (black ants)
Lasius umbratus	Gelbe Schattenameise	yellow lawn ant, yellow shadow ant
Laspeyresia funebrana/ Cydia funebrana	Pflaumenwickler	plum fruit moth, plum moth, red plum maggot
Laspeyresia nigricana/ Cydia nigricana/ Cydia rusticella	Erbsenwickler, Olivbrauner Erbsenwickler	pea moth
Laspeyresia pomonella/ Cydia pomonella/ Carpocapsa pomonella	Apfelwickler (Apfelmade/ Obstmade)	apple moth, codling moth, codlin moth
Laspeyria flexula	Nadelwald-Flechteneule, Sicheleule	beautiful hook-tip (moth)
Lateroligia ophiogramma/ Apamea ophiogramma	Schlangenlinien-Grasbüscheleule	double lobed (moth), double-lobed moth
Latheticus oryzae	Rundköpfiger Reismehlkäfer	long-headed flour beetle
Lathridiidae	Moderkäfer	plaster beetles, minute brown scavenger beetles
Lathridius nodifer	Schwarzbrauner Rippenmoderkäfer	black-brown plaster beetle*, black-brown fungus beetle
Lathrobium fulvipenne	Rotbrauner Uferkurzflügler	
Lauxaniidae	Polierfliegen, Faulfliegen	lauxaniids
Lebia chlorocephala	Grüner Prunkläufer	
Lebia cruxminor	Schwarzbindiger Prunkläufer	
Lebia cyanocephala	Baluer Prunkläufer, Blauköpfiger Prunklaufkäfer	blue plunderer (beetle)
Lebia marginata	Rotspitziger Prunkläufer	
Ledra aurita	Ohrenzikade, Ohrzikade	ear cicada*

Leiodes polita	Brauner Trüffelkäfer	
Leiodidae/ Anisotomidae	Trüffelkäfer, Schwammkugelkäfer	round fungus beetles
Leiopus nebulosus	Braungrauer Splintbock, Braungrauer Laubholzbock	black-clouded longhorn beetle
Leiopus punctulatus	Schwarzhörniger Splintbock	
Leistus ferrugineus	Gewöhnlicher Bartläufer, Rostfarbiger Bartkäfer	rusty plate-jaw beetle
Leistus montanus	Pechbrauner Bartläufer	mountain plate-jaw beetle
Leistus piceus	Schlanker Bartläufer	
Leistus rufomarginatus	Rotrandiger Bartläufer, Rotrandiger Bartkäfer	red-rimmed plate-jaw beetle
Leistus spinibarbis	Dornbartkäfer, Blauer Bartläufer	Prussian plate-jaw beetle
Leistus terminatus	Schwarzköpfiger Bartläufer	black-headed plate-jaw beetle
Lema melanopus/ Oulema melanopus	Getreidehähnchen, Rothalsiges Getreidehähnchen, Blatthähnchen	cereal leaf beetle (oat leaf beetle, barley leaf beetle)
Lema trilinea	Dreistreifen-Kartoffelkäfer	threelined potato beetle
Lemonia dumi	Brauner Löwenzahnspinner, Habichtskrautsspinner, Habichtskraut-Wiesenspinner, Wiesenspinner	brown autumn silkworm moth
Lemonia taraxaci	Gelber Löwenzahnspinner, Löwenzahn-Wiesenspinner	autumn silkworm moth
Lemoniidae	Herbstspinner, Wiesenspinner	lemoniid moths
Lenisa geminipuncta/ Archanara geminipuncta	Zweipunkt-Schilfeule, Zweipunktschilfeule	twin-spotted wainscot (moth)
Leperisinus varius	Bunter Eschenbastkäfer	ash bark beetle, European ash bark beetle
Lepidoptera	Schuppenflügler (Schmetterlinge u. Motten)	lepidopterans (butterflies & moths)
Lepidosaphes beckii	Rosarote Deckelschildlaus, Purpur-Schildlaus, Zitrus-Kommaschildlaus	purple scale, citrus mussel scale, orange scale
Lepidosaphes conchiformis	Feigen-Kommaschildlaus*	fig mussel scale, fig scale
Lepidosaphes gloverii	Schmale Kommaschildlaus	citrus scale, citrus long scale, long mussel scale, Glover's mussel scale
Lepidosaphes ulmi	Komma-Schildlaus, Gemeine Kommaschildlaus, Obstbaum-Kommaschildlaus	oystershell scale, mussel scale

Lepikentron ovis/ Bovicola ovis	Sandlaus, Schaflaus	sheep biting louse
Lepinotus reticulatus	Netzflügelige Staublaus	reticulate-winged trogiid
Lepisma saccharina	Silberfischchen, Zuckergast	silverfish
Lepismatidae	Fischchen	silverfish
Lepismodes inquilinus/ Thermobia domestica	Ofenfischchen	firebrat
Leptidea morsei	Östlicher Senfweißling	Fenton's wood white (butterfly)
Leptidea reali	Reals Senfweißling	Réal's wood white (butterfly)
Leptidea sinapis	Senfweißling, Tintenfleck-Weißling, Tintenfleck	wood white (butterfly)
Leptinidae	Pelzflohkäfer, Mausflohkäfer	leptinids (mammal-nest beetles & beaver parasites, beaver beetles, rodent beetles
Leptinotarsa decemlineata	Kartoffelkäfer (Koloradokäfer)	Colorado potato beetle, Colorado beetle, potato beetle
Leptinus testaceus	Großer Mausflohkäfer, Mäusefloh	mouse flea
Leptocera caenosa	Kleine Dungfliege	small dung fly
Leptocimex boueti	Fledermauswanze	bat bug
Leptocorisa acuta	Gewöhnliche Reiswanze, Gemeine Reiswanze	paddy bug, rice bug, Asian rice bug, rice earhead bug, rice seed bug
Leptocybe invasa	Blaugummibaum-Gallwespe, eine Eukalyptus-Gallwespe	blue gum chalcid (wasp), a Eucalyptus gall wasp
Leptodiridae/ Catopidae	Nestkäfer, Erdaaskäfer	small carrion beetles
Leptogasteridae	Schlankfliegen	grass flies, leptogasterid flies
Leptoglossus occidentalis	Amerikanische Zapfenwanze, Amerikanische Kiefernwanze, Amerikanische Koniferen-Samen-Wanze, Blattfuß-Wanze	Western conifer seed bug
Leptophlebia marginata	Eintagsfliege	sepia dun (mayfly)
Leptophyes albovittata	Gestreifte Zartschrecke	striped bush-cricket
Leptophyes laticauda	Südliche Zartschrecke	
Leptophyes punctatissima	Punktierte Zartschrecke	speckled bush-cricket
Leptopodidae	Stachelwanzen	spiny-legged bugs, spiny shore bugs
Leptopsylla segnis	Hausmausfloh	European mouse flea, house mouse flea
Leptopterix hirsutella	Silberwurz-Sackträgermotte, Silberwurz-Sackträger	

Leptopterna dolobrata	Graswanze	meadow plant bug
Leptopus marmoratus	Stachelwanze	spiny-legged bug, spiny shore bug
Leptotes pirithous	Kleiner Wanderbläuling (Langschwänziger Bläuling)	Lang's short-tailed blue (butterfly), common zebra blue
Leptothorax corticalis	Rinden-Schmalbrustameise	cortical slender ant*
Leptothorax spp.	Schmalbrustameisen	slender ants
Leptothrips mali	Amerikanischer Schwarzer Obstbaumthrips*	black hunter (thrips)
Leptura aethiops	Mohrenschmalbock, Mohren-Schmalbock	a longhorn beetle
Leptura arcuata	Bogenförmiger Halsbock	great wasp beetle
Leptura aurulenta	Goldhaariger Halsbock	hornet beetle, hornet longhorn beetle, golden-haired longhorn beetle
Leptura maculata	Gefleckter Schmalbock	a longhorn beetle
Leptura quadrifasciata	Vierbindiger Schmalbock	four-banded longhorn beetle
Lepturobosca virens	Grüner Halsbock, Dichtbehaarter Halsbock	a longhorn beetle
Lepyronia coleoptrata	Wanstschaumzikade	
Lestes barbarus	Südliche Binsenjungfer	Southern European emerald damselfly, southern emerald damselfly, migrant spreadwing, shy emerald damselfly
Lestes dryas	Glänzende Binsenjungfer	scarce emerald damselfly, robust spreadwing
Lestes macrostigma	Dunkle Binsenjungfer	dusky emerald damselfly, dark spreadwing
Lestes sponsa	Gemeine Binsenjungfer	green lestes, emerald damselfly, common spreadwing
Lestes virens	Kleine Binsenjungfer	lesser emerald damselfly
Lestidae	Teichjungfern	spread-winged damselflies
Lethrus apterus	Rebschneider, Rebenschneider	flightless earth-boring dung beetle
Leucania comma/ Mythimna comma	Berg-Graseule, Kommaeule	shoulder-striped wainscot (moth)
Leucania loreyi/ Mythimna loreyi	Kosmopolit*	the cosmopolitan (moth)
Leucania obsoleta/ Mythimna obsoleta	Schilf-Graseule, Röhricht-Weißadereule	obscure wainscot (moth)
Leucochlaena oditis	ein mediterraner Eulenfalter	beautiful gothic (moth)

Leucodonta bicoloria	Weißer Zahnspinner, Weißer Birkenzahnspinner, Goldpfeil	white prominent (moth)
Leucoma salicis	Atlasspinner, Atlas, Pappelspinner, Pappel-Trägspinner, Weidenspinner	white satin (moth)
Leucophaea maderae	Madeira-Schabe	Madeira cockroach
Leucoptera malifoliella	Fleckenminiermotte, Pfennigminiermotte, Apfelbaum-Langhornminierfalter	ribbed apple leaf miner, apple leaf miner, pear leaf miner, pear leaf blister moth
Leucoptera sinuella	Espen-Langhornminierfalter	
Leucorrhinia albifrons	Östliche Moosjungfer	dark whiteface (dragonfly), eastern white-faced darter
Leucorrhinia caudalis	Zierliche Moosjungfer	lilypad whiteface (dragonfly), bulbous white-faced darter
Leucorrhinia dubia	Kleine Moosjungfer	white-faced darter, white-faced dragonfly
Leucorrhinia pectoralis	Große Moosjungfer	greater white-faced darter, yellow-spotted whiteface, large white-faced darter
Leucorrhinia rubicunda	Nordische Moosjungfer, Nördliche Moosjungfer	ruby whiteface (dragonfly)
Leucorrhinia spp.	Moosjungfern	white-faced darters, whiteface darters, whitefaces
Leucothrips nigripennis	Farnthrips	fern thrips
Libelloides coccajus	Libellen-Schmetterlingshaft	
Libelloides longicornis	Langfühleriger Schmetterlingshaft	
Libellula depressa/ Platetrum depressum	Plattbauch	broad-bodied libellula, broad-bodied chaser
Libellula fulva/ Ladona fulva	Spitzenfleck	scarce chaser (dragonfly), scarce libellula
Libellula quadrimaculata	Vierflecklibelle, Vierfleck	four-spotted libellula, four-spotted chaser, four spot
Libellulidae	Segellibellen	common skimmers
Libythea celtis	Zürgelbaum-Schnauzenfalter, Zürgelbaumfalter	nettle-tree butterfly
Libytheidae	Schnauzenfalter	snout butterflies
Licinus cassideus	Trockenrasen-Stumpfzangenläufer	
Licinus depressus	Kleiner Stumpfzangenläufer	

Licinus hoffmannseggi	Berg-Stumpfzangenläufer, Glänzendschwarzer Bodenkäfer	
Licinus punctatulus	Punktierter Stumpfzangenläufer	
Ligdia adustata	Pfaffenhütchenspanner, Pfaffenhütchen-Harlekin	scorched carpet (moth)
Lilioceris lilii	Lilienhähnchen	scarlet lily beetle, red lily beetle, lily leaf beetle
Lilioceris merdigera	Maiglöckchenhähnchen	onion beetle, red-legged lily beetle
Limacodidae (Cochlidiidae)	Asselspinner, Mottenspinner (Schildmotten)	slug caterpillars & saddleback caterpillars
Limenitis archippus	Amerikanischer Eisvogel	viceroy (butterfly)
Limenitis camilla/ Ladoga camilla	Kleiner Eisvogel	white admiral (butterfly)
Limenitis populi	Großer Eisvogel	poplar admiral (butterfly)
Limenitis reducta	Blauschwarzer Eisvogel	southern white admiral (butterfly)
Limnebiidae	Teichkäfer, Sumpfkäfer	minute moss beetles
Limnichidae	Uferpillenkäfer	minute marsh-loving beetles
Limnichus pygmaeus	Kleiner Uferpillenkäfer	
Limodromus assimilis/ Platynus assimilis	Schwarzer Enghalsläufer, Schwarzer Enghalskäfer, Schwarzer Putzläufer, Herzschildkäfer	black cordate carabid*
Limoniidae	Stelzmücken, Sumpfmücken	short-palped craneflies
Limoniscus violaceus	Veilchenblauer Wurzelhals-Schnellkäfer	violet click beetle
Limothrips cerealium	Gewitterfliege, Getreidethrips, Getreideblasenfuß	corn thrips, grain thrips, black wheat thrips, cereal thrips, thunder fly
Limothrips denticornis	Bezahnter Getreidethrips, Bezahnter Getreideblasenfuß	barley thrips, rye thrips
Limulodidae	Schneckenspinner	horseshoe crab beetles
Linaeidea aenea	Erzfarbener Erlenblattkäfer	alder chrysomelid
Linepithema humile/ Iridomyrmex humilis	Argentinische Ameise	Argentine ant
Linognathidae	Glattläuse*	smooth sucking lice
Linognathus ovillus	Schaflaus, Schaf-Gesichtslaus	sheep face louse, sheep sucking louse
Linognathus setosus	Hundelaus	dog sucking louse
Linognathus stenopsis	Ziegenlaus	goat sucking louse

Linognathus vituli	Langköpfige Rinderlaus	longnosed cattle louse
Liocoris tripustulatus	Gepunktete Nesselwanze	common nettle capsid (bug), common nettle bug
Liodidae/ Anisotomidae	Schwammkugelkäfer	liodid beetles
Liometopum luctuosum	Amerikanische Kiefern-Baumameise*	pine tree ant, black velvety tree ant, silky carpenter ant
Liometopum microcephalum	Rotrückige Drüsenameise	small-headed velvety tree ant
Liometopum occidentale	Kalifornische Samtameise*, Kalifornische Drüsenameise	California velvety tree ant
Lionychus quadrillum	Vierpunkt-Krallenläufer, Gelbgefleckter Krallenkäfer, Gelbfleckiger Krallenkäfer	river shingle ground beetle
Liophloeus tessulatus	Variabler Plumprüssler	
Liothrips oleae	Ölbaumthrips	olive thrips
Liothrips setinodis	Großer Eschenthrips	larger ash and elm thrips*
Liothrips vaneeckei	Lilienthrips	lily bulb thrips
Lipaphis erysimi	Senfblattlaus	turnip aphid, mustard aphid
Lipara lucens	Schilfgallenfliege, Zigarrenfliege	reed gall fly, cigarillo gall-fly
Liparus coronatus	Möhrenrüssler	carrot weevil
Lipeurus caponis	Flügellaus	wing louse, chicken wing louse
Lipoptena cervi	Hirschlausfliege	deer ked, deer fly
Liposcelidae	Bücherläuse	booklice
Liposcelis bostrychophilus	Haushalts-Staublaus*	house psocid
Liposcelis divinatorius	Bücherlaus	booklouse, cereal psocid
Lirioceris lilii	Lilienhähnchen	lily beetle
Lirioceris merdigera	Zwiebelhähnchen, Maiglöckchenhähnchen	red lily beetle, scarlet lily beetle
Lirioceris spp.	Lilienhähnchen	lily beetles
Liriomyza bryoniae/ Liriomyza solani	Tomatenminierfliege	tomato leafminer, tomato leaf-miner
Liriomyza cepae/Phytobia cepae (L. chinensis)	Zwiebelminierfliege	onion leaf miner
Liriomyza huidobrensis/ Agromyza huidobrensis	Adernminierfliege, Blattadernminierfliege, Südamerikanische Minierfliege	serpentine leafminer, pea leafminer (PLM), pea leaf miner, South American leaf miner
Liriomyza sativae	Gemüseminierfliege, Gemüse-Minierfliege	vegetable leafminer, vegetable leaf-miner

Liriomyza trifolii	Floridaminierfliege, Florida-Minierfliege	American serpentine leafminer, serpentine leaf-miner
Liriomyza urophorina	Lilienfliege, Lilienminierfliege	lily fly
Litargus balteatus	ein Baumschwammkäfer	stored grain fungus beetle
Litargus connexus	Binden-Baumschwammkäfer	a hairy fungus beetle
Litemixia pulchripennis	Französische Spornzikade	
Lithophane consocia	Graue Holzeule	Softly's shoulder-knot (moth)
Lithophane furcifera	Dunkelgraue Erlen-Holzeule, Braungraue Holzeule	conformist (moth), the conformist
Lithophane lamda	Gagelstrauch-Moor-Holzeule	nonconformist (moth), the nonconformist
Lithophane leautieri	Zypressen-Holzeule	Blair's shoulder-knot (moth)
Lithophane ornitopus	Hellgraue Holzeule, Schlehen-Holzeule	grey shoulder-knot (moth)
Lithophane semibrunnea	Schmalflügelige Holzeule	tawny pinion (moth)
Lithophane socia/ Lithophane hepatica	Gelbbraune Holzeule, Gelbbraune Rindeneule	pale pinion (moth)
Lithosia quadra	Würfelmotte, Vierpunktmotte, Vierpunkt-Flechtenbärchen, Großer Flechtenbär, Stahlmotte	four-spotted footman (moth)
Lithostege farinata	Mehlspanner, Mehlfarbener Raukenspanner	mealy carpet (moth)*
Lithostege griseata	Sophienkrautspanner, Grauer Mehlspanner	grey carpet (moth)
Litoligia literosa/ Mesoligia literosa	Sandflur-Halmeulchen, Rötlichgraues Halmeulchen	rosy minor (moth)
Lixus cardui	Großer Distel-Stängelrüssler	thistle stemborer weevil, thistle stem-boring weevil
Lixus iridis	Schierlingsrüssler	
Lobesia botrana/ Polychrosis botrana	Bekreuzter Traubenwickler, Weinmotte (Sauerwurm/ Gelbköpfiger Sauerwurm)	European grapevine moth, grape moth, grapevine moth, grape fruit moth, Mediterranean vine moth, European grape berry moth
Lobesia littoralis	Brauner Binnendünenwickler	shore marble (moth)
Lobophora halterata	Grauer Lappenspanner	seraphim (moth), the seraphim
Lochmaea caprea	Braungelber Weidenblattkäfer	willow leaf beetle
Lochmaea crataegi	Weißdorn-Blattkäfer, Weißdornblattkäfer	
Lochmaea suturalis	Heideblattkäfer	heather beetle
Locusta migratoria	Wanderheuschrecke	migratory locust

Locusta migratoria manilensis	Orientalische Wanderheuschrecke	oriental migratory locust
Locustana pardalina	Braune Heuschrecke, Braune Wanderheuschrecke	brown locust
Lomaspilis marginata	Schwarzrand-Harlekin, Schwarzrandspanner, Vogelschmeiß-Spanner	clouded border (moth)
Lomaspilis opis	Birken-Harlekin, Opis-Spanner	bordered lap (moth)
Lomechusa emarginata	Kleiner Büschelkäfer	
Lomographa bimaculata/ Bapta bimaculata	Zweifleckspanner, Zweifleck-Weißspanner	white-pinion spotted (moth)
Lomographa temerata	Schattenbinden-Weißspanner	clouded silver (moth)
Lonchaeidae	Lanzenfliegen	lonchaeids, lance flies, lanceflies, sword flies
Lonchoptridae	Lanzenfliegen	spear-winged flies, pointed-wing flies
Longalatedes elymi/ Chortodes elymi	Strandroggen-Stängeleule, Strandhafereule	lyme grass moth
Longitarsus ferrugineus	Minzen-Erdfloh*	mint flea beetle
Longitarsus parvulus	Schwarzer Flachserdfloh	black flea beetle, flax flea beetle, linseed flea beetle
Lophocateres pusillus	Siamesischer Flachkäfer	Siamese grain beetle
Lopinga achine/ Lycaena achine	Bacchantin, Gelbringfalter	woodland brown (butterfly)
Loricera pilicornis	Borstenhornläufer, Schwarzer Krummhornkäfer	bronze-black ground beetle, brassy-brown ground beetle, hair-trap ground beetle
Loxostege sticticalis/ Margaritia sticticalis	Wiesenzünsler, Rübenzünsler	diamond-spot pearl (moth), beet webworm
Lucanidae	Schröter, Hirschkäfer	stag beetles
Lucanus cervus	Hirschkäfer	stag beetle, European stag beetle
Lucanus elaphus	Amerikanischer Hirschkäfer	giant stag beetle, American stag beetle
Lucilia bufonivora	Krötenfliege, Krötengoldfliege	toad fly, toad blowfly*
Lucilia caesar	Kaisergoldfliege	green bottle (fly), common green bottle
Lucilia sericata/ Phaenicia sericata	Schafs-Goldfliege	sheep maggot fly, sheep blowfly, greenbottle, green bottle fly
Luffia ferchaultella	Felsen-Sackträger	

Luperina dumerilii	Dumerils Graswurzeleule	Dumeril's rustic (moth)
Luperina nickerlii	Nickerls Graswurzeleule	sandhill rustic (moth)
Luperina testacea	Gelbliche Wieseneule, Lehmfarbige Graswurzeleule, Grasstängeleule	flounced rustic (moth)
Luperus luperus/ Luperus lyperus	Schwarzer Weidenblattkäfer	black willow leaf beetle
Luperus pinicola	Schwarzbrauner Kiefernblattkäfer	black-brown pine beetle, dark-brown pine leaf beetle
Lycaena alciphron/ Heodes alciphron/ Loweia alciphron	Violetter Feuerfalter, Blaulila-Feuerfalter, Sauerampferfeuchthalden-Goldfalter	purple-shot copper (butterfly)
Lycaena dispar	Großer Feuerfalter	large copper (butterfly)
Lycaena helle	Blauschillernder Feuerfalter, Zwergfeuerfalter	violet copper (butterfly)
Lycaena hippothoe/ Palaeochrysophanus hippothoe	Lilagold-Feuerfalter, Rotlila-Feuerfalter, Kleiner Ampfer-Feuerfalter, Kleiner Ampferfeuerfalter	purple-edged copper (butterfly)
Lycaena phlaeas	Kleiner Feuerfalter	small copper (butterfly)
Lycaena thersamon	Südöstlicher Feuerfalter	lesser fiery copper (butterfly)
Lycaena tityrus/ Heodes tityrus/ Loweia tityrus	Brauner Feuerfalter, Schwefelvögelchen	sooty copper (butterfly)
Lycaena virgaureae	Dukatenfalter, Dukaten-Feuerfalter	scarce copper (butterfly)
Lycaenidae	Bläulinge (Feuerfalter) und Zipfelfalter	blues & hairstreaks & coppers & harvesters & metalmarks
Lycia alpina	Alpenspanner	alpine beauty (moth)
Lycia hirtaria	Kirschenspanner, Schwarzfühler-Dickleibspanner	brindled beauty (moth)
Lycia isabellae	Isabellenspanner	
Lycia lapponaria		Rannoch belted beauty (moth)
Lycia pomonaria	Grauer Laubholz-Dickleibspanner	
Lycia zonaria	Trockenrasen-Dickleibspanner, Trockenrasen-Spinnerspanner	belted beauty (moth)
Lycidae	Rotdeckenkäfer, Rotdecken-Käfer	net-winged beetles
Lycoperdina bovistae	Schwarzglänzender Stäublingskäfer	shiny-black puffball beetle (a fungus beetle)

Lycophotia molothina	Graue Heidekrauteule, Graue Besenheideeule	a grey heathland moth
Lycophotia porphyrea	Porphyr-Erdeule, Kleine Heidekrauteule	true lover's knot (moth)
Lycoriidae	Trauermücken	dark-winged fungus gnats, root gnats
Lycoxylon dentatum	Ostasiatischer Bambus-Splintholzkäfer	Oriental powderpost beetle
Lyctidae	Splintholzkäfer	powder-post beetles & shot-hole borers
Lyctocoris campestris	Geflügelte Bettwanze, Heukel	debris bug, stack bug, field anthocoris
Lyctoxylon dentatum/ Lyctoxylon japonum	Ostasiatischer Bambus-Splintholzkäfer	Oriental powderpost beetle
Lyctus africanus	Afrikanischer Splintholzkäfer	African powderpost beetle
Lyctus brunneus	Brauner Splintholzkäfer	brown powderpost beetle
Lyctus cavicollis	Nordamerikanischer Grubenhalsiger Splintholzkäfer	shiny powderpost beetle
Lyctus linearis	Parkettkäfer	true powderpost beetle, European powderpost beetle
Lyctus planicollis	Amerikanischer Splintholzkäfer	southern lyctus beetle, European powderpost beetle
Lygaeidae	Bodenwanzen, Langwanzen (Ritterwanzen)	ground bugs, seed bugs
Lygaeus kalmii	Kleine Amerikanische Seidenpflanzen-Ritterwanze*	small milkweed bug
Lygephila craccae	Randfleck-Wickeneule	scarce blackneck (moth)
Lygephila pastinum	Nierenfleck-Wickeneule, Violettgraue Wickeneule	blackneck (moth), the blackneck
Lygephila viciae	Marmorierte Wickeneule	marbled blackneck (moth)*
Lygistopterus sanguineus	Rüssel-Rotdeckenkäfer	proboscid red net-winged beetle*
Lygocoris pabulinus	Grüne Futterwanze	common green capsid (bug)
Lygus gemellatus	Beifuß-Weichwanze	
Lygus pratensis	Gemeine Wiesenwanze	common meadow bug, tarnished plant bug
Lygus rugulipennis	Behaarte Wiesenwanze	European tarnished plant bug, tarnished plant bug, bishop bug
Lygus wagneri	Wagners Wiesenwanze	
Lymantor aceris	Ahorn-Borkenkäfer	maple bark beetle

Lymantor coryli	Haselnuss-Borkenkäfer, Hasel-Borkenkäfer	hazel bark beetle
Lymantria dispar	Schwammspinner	gipsy moth
Lymantria monacha	Nonne	black arches (moth)
Lymantriidae	Wollspinner, Trägspinner, Schadspinner	tussock moths & gypsy moths and others
Lymexylon navale	Eichenwerftkäfer, Schiffswerftkäfer	ship timberworm
Lymexylonidae	Werftkäfer	ship-timber beetles
Lyonetia clerkella	Schlangenminiermotte, Obstbaumminiermotte	apple leafminer, apple leaf miner, Clerk's snowy bentwing
Lyonetia prunifoliella	Schlehen-Langhornminierfalter	
Lyonetia pulverulentella	Bäumchenweiden-Langhornminierfalter	
Lyonetiidae	Langhorn-Blattminiermotten, Langhornminierfalter	lyonetiid moths
Lyristes plebejus/ Lyristes plebeja	Gemeine Singzikade, Gemeine Zikade, Große Zikade	common Southern European cicada
Lysandra bellargus/ Polyommatus bellargus	Himmelblauer Bläuling	adonis blue (butterfly)
Lysandra coridon	Silbergrüner Bläuling, Steppenheidebläuling	chalkhill blue (butterfly)
Lythraria salicariae	Gilbweiderich-Flohkäfer	
Lythria cruentaria	Ampfer-Purpurspanner, Sauerampfer-Purpurbindenspanner	small purple-barred (moth)
Lythria purpuraria	Knöterich-Purpurspanner, Vogelknöterich-Purpurbindenspanner	purple-barred yellow (moth)
Lytta vesicatoria	Spanische Fliege	Spanish fly, blister beetle
Macaria alternata	Dunkelgrauer Eckflügelspanner	sharp-angled peacock (moth)
Macaria artesiaria	Auen-Eckflügelspanner	
Macaria brunneata/ Itame brunneata	Waldmoorspanner	Rannoch looper (moth)
Macaria carbonaria	Bärentrauben-Bänderspanner	netted mountain moth
Macaria fusca/ Pygmaena fusca	Braungrauer Zwergspanner, Braungraues Alpenspannerchen	
Macaria liturata	Veilgrauer Kiefernspanner, Kiefern-Eckflügelspanner, Violettgrauer Eckflügelspanner	tawny-barred angle (moth)
Macaria notata	Hellgrauer Eckflügelspanner	peacock moth

Macaria signaria	Braungrauer Eckflügelspanner	dusky peacock (moth), pale-marked angle, spruce-fir looper
Macaria wauaria	Vauzeichen-Eckflügelspanner, Johannisbeer-Spanner	the V-moth
Macdunnoughia confusa	Schafgaben-Silbereule	Dewick's plusia (moth)
Machilidae	Felsenspringer	jumping bristletails
Machimus chrysitis	Gold-Raubfliege	
Macrochilo cribrumalis	Sumpfgras-Spannereule	dotted fan-foot (moth)
Macrodactylus subspinosus	Rosenkäfer*	rose chafer
Macroglossum stellatarum	Taubenschwänzchen, Taubenschwanz, Karpfenschwanz, Kolibrischwärmer	hummingbird hawk-moth, hummingbird hawkmoth
Macromia splendens	Europäischer Flussherrscher	splendid cruiser (dragonfly)
Macrophya montana/ Macrophya rustica	Bergblattwespe	Austrian alpine sawfly*
Macropis europaea/ Macropis labiata	Auen-Schenkelbiene	yellow loosestrife bee, yellow-loosestrife bee (an oil-collecting bee)
Macropsis fuscula	Himbeer-Maskenzikade	raspberry leafhopper, brambleberry leafhopper, Rubus leafhopper
Macrosaccus robiniella	Robinienminiermotte	black locust leafminer (moth)
Macrosiphoniella sanborni	Chrysanthemen-Blattlaus	chrysanthemum aphid
Macrosiphum albifrons	Lupinenblattlaus	lupin aphid, lupine aphid, Essig's lupine aphid
Macrosiphum avenae/ Sitobion avenae	Große Getreideblattlaus	greater cereal aphid, European grain aphid, English grain aphid
Macrosiphum euphorbiae/ Macrosiphon solanifolii	Kartoffellaus, Grünstreifige Kartoffellaus, Grünstreifige Kartoffelblattlaus	potato aphid
Macrosiphum rosae	Rosenblattlaus, Große Rosenblattlaus, Große Rosenlaus	rose aphid, "greenfly"
Macrosteles fascifrons	Sechspunkt-Blattzikade	six-spotted leafhopper, aster leafhopper
Macrothylacia rubi	Brombeerspinner	fox moth
Maculinea alcon/ Phengaris alcon	Lungenenzian-Ameisenbläuling, Kleiner Moorbläuling, Moorenzianbläuling	alcon blue (butterfly)

Maculinea arion/ Glaucopsyche arion/ Phengaris arion	Quendel-Ameisenbläuling, Thymian-Ameisenbläuling, Schwarzfleckiger Bläuling, Arion-Bläuling, Großer Fleckenbläuling	large blue (butterfly)
Maculinea nausithous/ Phengaris nausithous	Schwarzblauer Bläuling, Dunkler Wiesenknopf-Ameisenbläuling, Schwarzblauer Moorbläuling	dusky large blue (butterfly)
Maculinea rebeli/ Phengaris rebeli	Kreuzenzian-Ameisenbläuling, Rebels Enzianbläuling	mountain alcon blue (butterfly)
Maculinea teleius/ Phengaris teleius	Augenbläuling, Großer Moorbläuling, Heller Wiesenknopf-Ameisenbläuling	scarce large blue (butterfly)
Magdalis cerasi	Kirschensplintrüssler	
Magicicada septendecim	Siebzehnjahr-Zikade, 17-Jahres-Zikade	17-year cicada, seventeen-year cicada, 17-year periodical cicada, 17-year locust, pharaoh cicada
Magicicada tredecim	Dreizehnjahr-Zikade, 13-Jahres-Zikade	13-year cicada, thirteen-year cicada, 13-year periodical cicada, 13-year locust
Malachiidae	Zipfelkäfer, Warzenkäfer	malachiid beetles, flower beetles
Malachius bipustulatus	Rotzipfelkäfer, Zweifleckiger Zipfelkäfer	red-tipped flower beetle
Malacocoris chlorizans	Grüne Zärte	delicate apple capsid
Malacosoma alpicola	Alpen-Ringelspinner	Alpine lackey moth
Malacosoma castrensis	Wolfsmilch-Ringelspinner, Grasheiden-Ringelspinner, Wolfsmilchspinner	ground lackey moth
Malacosoma franconica	Frankfurter Ringelspinner	Francfort lackey moth
Malacosoma neustria	Ringelspinner, Gemeiner Ringelspinner, Obsthain-Ringelspinner, Obstbaum-Ringelspinner	lackey (moth), the lackey, European lackey moth, common lackey
Maladera castanea	Asiatischer Gartenkäfer*	Asiatic garden beetle
Maladera holosericea	Dunkler Seidenkäfer	dark silky beetle*
Mallophaga	Läuslinge, Kieferläuse (Federlinge & Haarlinge)	chewing lice, biting lice, bird lice
Malthinus biguttatus	Zweifleckiger Fliegenweichkäfer	

Malthodes minimus	Kleiner Orangeschild-Weichkäfer	
Malvapion malvae	Zweifarbiges Malvenspitzmäuschen	mallow seed weevil
Mamestra brassicae	Kohleule, Herzeule	cabbage moth
Manda mandibularis	Hellbrauner Kurzflügler	
Manduca sexta	Tabakschwärmer	Carolina sphinx moth, tobacco hornworm
Manica rubida/ Myrmica rubida	Gefährliche Knotenameise	
Maniola jurtina	Großes Ochsenauge	meadow brown (butterfly)
Mantis religiosa	Gottesanbeterin	European preying mantis
Mantispidae	Fanghafte	mantis flies, mantidflies
Mantodea/ Mantoptera	Fangschrecken & Gottesanbeterinnen	mantids
Marasmacha lunaedactyla	Hauhechel-Federmotte, Hauhechelgeistchen	crescent plume (moth)
Marava arachidis	Erdnussohrwurm	bone-house earwig
Margarinotus brunneus/ Margarinotus cadaverinus/ Hister cadaverinus	Aasstutzkäfer	a carrion hister beetle
Margarinotus obscurus	Miststutzkäfer	
Margarodidae	Höhlenschildläuse	giant coccids & ground pearls
Martania taeniata	Felsschlucht-Kapselspanner	barred carpet (moth)
Maruca vitrata	Hülsenbohrer, Mung-Hülsenbohrer, Soja-Hülsenbohrer	mung moth, soybean pod borer, legume pod borer
Marumba quercus/ Smerinthus quercus	Eichenschwärmer	oak hawkmoth
Masaridae	Honigwespen	shining wasps, masarid wasps
Masoreus wetterhallii	Sand-Steppenläufer	the sentinel (carabid beetle)
Mastotermes darwiniensis	Riesentermite	Darwin termite
Mastotermitidae	Riesentermiten	Darwin termites
Mayetiola destructor	Hessenmücke, Hessenfliege	Hessian fly
Meconema meridionale	Südliche Eichenschrecke	southern oak bushcricket, southern oak bush-cricket
Meconema thalassinum	Eichenschrecke, Gemeine Eichenschrecke	oak bushcricket, oak bush-cricket, drumming katydid (U.S.)
Mecoptera	Schnabelfliegen	scorpion flies, mecopterans

Mecostethus alliaceus/ Parapleurus alliaceus/ Mecostethus parapleurus	Lauchschrecke	leek grasshopper
Mecostethus grossus/ Stethophyma grossum	Sumpfschrecke	large marsh grasshopper
Mecyna flavalis	Gelber Labkrautzünsler	yellow pearl (moth)
Mecynorrhina savagei	Afrikanischer Rosenkäfer	African rose chafer, African flower beetle
Mecynorrhina torquata	Afrikanischer Riesen-Rosenkäfer, Riesen-Rosenkäfer	African giant rose chafer, giant flower beetle
Medauroidea extradentata/ Baculum extradentata	Annam-Stabschrecke, Vietnamesische Stabschrecke	Annam walking stick, Annam stick insect, Vietnamese walking stick
Megachile centuncularis	Gemeine Blattschneiderbiene, Rosen-Blattschneiderbiene	common leafcutter bee, common leafcutting bee, rose leaf-cutting bee, patchwork leafcutter bee
Megachile maritima	Dünen-Blattschneiderbiene, Sand-Blattschneiderbiene	coastal leaf-cutter bee, coast leafcutter bee
Megachile parietina/ Chalicodoma parietina/ Chalicodoma muraria	Schwarze Mörtelbiene	black mud bee (a mason bee)
Megachile pluto/ Chalicodoma pluto	Wallace-Riesenbiene	Wallace's giant bee
Megachile rotundata	Alfalfa-Biene, Luzernen-Blattschneiderbiene	alfalfa leafcutter bee, alfalfa leafcutting bee
Megachile spp.	Blattschneiderbienen	leafcutting bees, leaf-cutter bees, leafcutter bees
Megachile versicolor	Buntfarbige Blattschneiderbiene	brown-footed leafcutter bee, brown-footed leaf-cutting bee
Megachile willughbiella	Garten-Blattschneiderbiene	Willughby's leafcutter bee
Megachilidae	Blattschneiderbienen	leafcutting bees, leaf-cutter bees
Megadelphax haglundi	Karstspornzikade	
Megadelphax sordidula	Haferspornzikade	
Megalophanes stetinensis	Oder-Sackträgermotte, Oder-Sackträger	
Megalophanes viciella	Hellbraune Moor-Sackträgermotte, Hellbrauner Moor-Sackträger, Wicken-Sackträgermotte, Wicken-Sackträger	

Megaloptera	Schlammfliegen	megalopterans: dobsonflies/ fishflies/ alderflies (neuropterans)
Megalopyge opercularis	Südliche Nordamerikanische Flannell-Motte*	pussy moth, puss caterpillar, southern flannel moth, tree asp
Megalurothrips sjostedti	Erbsen-Bohnen-Blütenthrips	bean flower thrips
Megamelodes lequesnei	Verkannte Spornzikade	
Megamelodes quadrimaculatus	Quellspornzikade, Quell-Spornzikade	
Megamelus notula	Gemeine Seggenspornzikade	
Megamerinidae	Schenkelfliegen	megamerinid flies
Meganephria bimaculosa	Zweifleckige Plumpeule	double-spot brocade (moth)
Meganola albula	Brombeer-Kleinbärchen, Weißliches Graueulchen	Kent black arches (moth)
Meganola strigula	Ungebändertes Eichen-Kleinbärchen, Hellgraues Graueulchen	small black arches (moth)
Meganola togatulalis	Gebändertes Eichen-Kleinbärchen, Gebändertes Eichenbärchen, Schwarzliniertes Graueulchen	an arches moth
Megastigmus aculeatus	Rosensamenwespe	rose seed wasp
Megastigmus bipunctatus	Wacholdersamenwespe	juniper seed wasp
Megastigmus brevicaudis	Vogelbeersamenwespe	rowan seed wasp
Megastigmus pinus	Silbertannen-Samenwespe	silver fir seed wasp
Megastigmus pistaciae	Pistaziensamenwespe	pistachio seed wasp
Megastigmus spermotrophus	Douglasien-Samenwespe	Douglas fir seed wasp, Douglas fir seedfly
Megastigmus spp.	Samenwespen	seed wasps
Megastigmus strobilobius	Fichtensamenwespe	spruce seed wasp
Megastigmus suspectus	Tannensamenwespe	fir seed wasp
Megatoma undata	Gewellter Speckkäfer	
Megistopus flavicornis	Zweipunkt-Ameisenjungfer	
Megopis scabricornis	Körnerbock	grain support beetle
Melanargia galathea	Schachbrett, Damenbrett	marbled white (butterfly)
Melanchra persicariae/ Mamestra persicariae/ Polygonium persicariae	Schwarze Garteneule, Knötericheule, Flohkraut-Eule, Flohkrauteule, Blumeneule, Nierenmakeleule	dot moth
Melandrya caraboides	Laufkäferartiger Düsterkäfer	a false darkling beetle

Melandryidae (Serropalpidae)	Düsterkäfer, Schwarzkäfer	false darkling beetles
Melanimon tibiale	Breitschieniger Schwarzkäfer	
Melanogryllus desertus	Steppengrille	steppe cricket
Melanophila acuminata	Bleischwarzer Prachtkäfer, Schwarzer Kiefernprachtkäfer, Schwarzer Großer Kiefernprachtkäfer	black fire beetle
Melanoplus borealis	Nördliche Heuschrecke	northern grasshopper, northern spur-throat grasshopper
Melanoplus devastator	"Verheerende" Heuschrecke	devastating grasshopper
Melanoplus femurrubrum	Rotbeinige Heuschrecke	red-legged grasshopper
Melanoplus frigidus/ Bohemanella frigida	Nordische Gebirgsschrecke	northern migratory grasshopper, high mountain grasshopper, nordic mountain grasshopper
Melanoplus sanguinipes	Wander-Gebirgsschrecke*	migratory grasshopper, lesser migratory grasshopper
Melanoplus spretus	Felsengebirgsschrecke, Rocky-Mountain-Heuschrecke	Rocky Mountain locust
Melanotus communis	Mais-Schnellkäfer*	corn wireworm, corn click beetle
Melanotus rufipes	Rotfüßiger Schnellkäfer	redfooted click beetle*
Melanthia alaudaria	Alpenreben-Blattspanner	
Melanthia procellata	Sturmvogel, Waldreben-Blattspanner	pretty chalk carpet (moth)
Melasoma populi/ Chrysomela populi	Pappelblattkäfer, Roter Pappelblattkäfer	red poplar leaf-beetle, poplar leaf beetle, poplar beetle
Melecta albifrons/ Melecta punctata/ Melecta armata	Gemeine Trauerbiene, Frühlings-Trauerbiene	spring cuckoo bee*
Melecta luctuosa	Weißfleckige Trauerbiene, Pracht-Trauerbiene	white-spotted cuckoo bee*
Meliboeus amethystinus	Blauer Distel-Prachtkäfer	
Meligethes aeneus	Rapsglanzkäfer	pollen beetle
Melipona spp.	Stachellose Bienen*	stingless bees
Meliscaeva auricollis	Goldhals-Schwebfliege	gold-neck hoverfly*, migrant hoverfly
Meliscaeva cinctella	Gemeine Zart-Schwebfliege, Frühlings-Schwebfliege	
Melitaea asteria	Kleiner Scheckenfalter, Ostalpiner Scheckenfalter	little fritillary (butterfly)

Melitaea athalia/ Mellicta athalia	Wachtelweizen-Scheckenfalter, Gemeiner Scheckenfalter	heath fritillary (butterfly)
Melitaea aurelia/ Mellicta aurelia	Ehrenpreis-Scheckenfalter, Nickerls Scheckenfalter	Nickerl's fritillary (butterfly)
Melitaea britomartis/ Mellicta britomartis	Östlicher Scheckenfalter	Assmann's fritillary (butterfly)
Melitaea cinxia	Wegerich-Scheckenfalter	Glanville fritillary (butterfly)
Melitaea cynthia/ Euphydryas cynthia	Veilchen-Scheckenfalter, Weißfleckenfalter	Cynthia's fritillary (butterfly)
Melitaea deione	Leinkraut-Scheckenfalter	
Melitaea diamina	Baldrian-Scheckenfalter, Silberscheckenfalter	false heath fritillary (butterfly)
Melitaea didyma	Roter Scheckenfalter, Feuriger Scheckenfalter	spotted fritillary (butterfly)
Melitaea neglecta (syn. von M. athalia)	Übersehener Scheckenfalter, Torfwiesen-Scheckenfalter	
Melitaea parthenoides	Westlicher Scheckenfalter	meadows fritillary (butterfly)
Melitaea phoebe	Flockenblumen-Scheckenfalter, Großer Scheckenfalter	knapweed fritillary (butterfly)
Melitaea trivia	Bräunlicher Scheckenfalter	lesser spotted fritillary (butterfly)
Melitaea varia	Westalpiner Scheckenfalter, Alpen-Scheckenfalter, Bündner Scheckenfalter	Grisons fritillary (butterfly)
Melitta dimidiata	Esparetten-Sägehornbiene	sainfoin bee
Melitta leporina	Luzerne-Sägehornbiene	clover melitta (bee)
Melitta tricincta	Zahntrost-Sägehornbiene	red bartsia bee
Melitturga clavicornis	Luzerne-Schwebebiene, Sol-Schwebebiene, Keulhorn-Schwebebiene	
Mellinus arvensis	Kotwespe	field digger wasp
Meloë autumnalis/ Meloe autumnalis	Blauschimmernder Maiwurmkäfer	
Meloë brevicollis/ Meloe brevicollis	Dickhörniger Maiwurmkäfer, Kurzhalsiger Maiwurmkäfer	short-necked oil beetle
Meloë cicatricosus/ Meloe cicatricosus	Narbiger Maiwurmkäfer	
Meloë coriarius/ Meloe coriarius	Glänzendschwarzer Maiwurmkäfer	
Meloë decorus/ Meloe decorus	Violetthalsiger Maiwurmkäfer	

Meloë hungarus/ Meloe hungarus	Gelbrandiger Maiwurmkäfer	
Meloë proscarabaeus/ Meloe proscarabaeus	Schwarzblauer Ölkäfer, Schwarzer Maiwurmkäfer, Schwarzer Maiwurm	black oil-beetle, black oil beetle
Meloë rugosus/ Meloe rugosus	Mattschwarzer Maiwurmkäfer, Mattschwarzer Maiwurm	rugged oil-beetle, rugged oil beetle, rough oil beetle
Meloë spp.	Ölkäfer, Maiwurmkäfer (Maiwurm)	oil beetles, blister beetles
Meloë violaceus/ Meloe violaceus	Violetter Ölkäfer, Blauer Maiwurmkäfer, Blauer Maiwurm	violet oil-beetle, violet oil beetle
Meloidae	Blasenkäfer (incl. Ölkäfer)	blister beetles (incl. oil beetles)
Meloimorpha japonica	Japanische Singgrille	bell cricket, Japanese bell cricket, bell-ring cricket, suzumushi
Meloinae	Ölkäfer	oil beetles
Melolontha hippocastani	Waldmaikäfer	forest cockchafer
Melolontha melolontha	Maikäfer, Feldmaikäfer	common cockchafer, field cockchafer, may bug
Melolontha pectoralis	Kaukasischer Maikäfer	large cockchafer
Melophagus ovinus	Schaflaus, Schaflausfliege	sheep ked (fly)
Melyridae	Melyriden	soft-winged flower beetles
Membracidae	Buckelzirpen	treehoppers
Menacanthus stramineus/ Eomenacanthus stramineus	Körperlaus, Hühner-Körperlaus	chicken body louse
Menesia bipunctata/ Saperda bipunctata	Schwarzbock	Saskatoon borer (a longhorn beetle)
Menophra abruptaria	Lederbrauner Rindenspanner	waved umber (moth)
Menopon gallinae	Schaftlaus, Hühnerfederling	shaft louse, chicken shaft louse
Merodon equestris	Gemeine Zwiebelschwebfliege, Große Narzissenfliege	large narcissus fly, large bulb fly
Meromyza saltatrix	Grüne Schenkelfliege	grass fly
Merrifieldia leucodactyla	Thymian-Federgeistchen	thyme plume (moth)
Merulempista cingillella	Tamarisken-Schmalzünsler	
Mesapamea remmi	Remms Halmeule	
Mesapamea secalella/ Mesapamea didyma	Didyma-Halmeule, Violettbraune Getreidewurzeleule	lesser common rustic (moth)

Mesapamea secalis/ Apamea secalis	Getreide-Halmeule, Getreidewurzeleule, Getreideeule, Getreidesaateule, Roggeneule	common rustic (moth)
Mesembrina meridiana	Mittagsfliege, Rinderfliege	noon-fly, noonfly
Mesoacidalia aglaja/ Argynnis aglaja	Großer Permutterfalter	dark green fritillary
Mesogona acetosellae	Eichenwald-Winkeleule, Eichenbuschwald-Winkeleule	pale stigma (moth)
Mesogona oxalina	Auenwald-Winkeleule	
Mesoleuca albicillata	Brombeer-Blattspanner, Himbeer-Blattspanner, Himbeerspanner	beautiful carpet (moth)
Mesoligia furuncula	Trockenrasen-Halmeulchen, Zweifarbiges Graseulchen	cloaked minor (moth)
Mesophleps silacella	Gelber Sonnenröschen-Palpenfalter	
Mesosa curculionides	Großer Augenfleckenbock, Großer Augenfleckbock, Achtfleckiger Augenbock	eye-stain longicorn
Mesosa nebulosa	Binden-Augenfleckenbock, Graubindiger Augenfleckenbock, Graubindiger Augenfleckbock	white-clouded longhorn (beetle), white-clouded longicorn
Mesotype didymata	Anemonen-Blattspanner	twin-spot carpet (moth)
Mesotype parallelolineata	Parallelbindiger Kräuterspanner	
Mesotype verberata	Bergmatten-Kräuterspanner, Hangmoor-Wellenlinien-Blattspanner	a central European alpine moth
Mesovelia furcata	Hüftwasserläufer	pondweed bug, water treader
Mesoveliidae	Hüftwasserläufer	water treaders
Messor spp.	Ernteameisen, "Getreideameisen"	harvester ants
Messor structor	Ernteameise	Central European harvester ant
Metalampra cinnamomea	Zimtfarbener Faulholzfalter	
Metcalfa pruinosa	Bläulingszikade	citrus planthopper, citrus flatid planthopper
Metoecus paradoxus	Wespenkäfer, Wespenfächerkäfer, Wespen-Fächerkäfer	wasp nest beetle
Metopolophium dirhodum	Bleiche Getreideblattlaus, Bleiche Getreidelaus	rose-grain aphid

Metrioptera bicolor/ Bicolorana bicolor	Zweifarbige Beißschrecke	two-coloured bush-cricket
Metrioptera brachyptera	Kurzflüglige Beißschrecke	bog bush-cricket, bog meadow bush-cricket
Metrioptera roeselii/ Roeseliana roeselii	Roesels Beißschrecke	Roesel's bush-cricket
Metrioptera saussuriana (Metrioptera saussureana)	Gebirgs-Beißschrecke	Saussure's bush-cricket
Metriotes lutarea	Sternmieren-Sackträgermotte	stitchwort case-bearer (moth)
Metropis inermis	Steppenspornzikade	
Metropis latifrons	Weinberg-Spornzikade	
Metropis mayri	Mayr's Spornzikade	
Metzneria santolinella	Färberkamillen-Palpenfalter	
Mezium affine	Kapuzenkugelkäfer	shiny spider beetle, Northern spider beetle
Mezium americanum	Amerikanischer Buckelkäfer, Schwarzer Kapuzenkugelkäfer	American spider beetle, black spider beetle
Micrelus ericae	Heidekrautrüssler	small heather weevil
Microdiprion pallipes	Kleine Kiefern-Buschhornblattwespe	lesser pine sawfly
Microlestes maurus	Gedrungener Zwergstutzläufer	
Microlestes minutulus	Schmaler Zwergstutzläufer	
Micromalthidae	Micromalthiden	telephone-pole beetles
Micronematus abbreviatus	Schwarze Birnenblattwespe	pear leaf sawfly
Micropeplus porcatus	Schwarzer Rippenkäfer	
Micropeza corrigiolata	Stelzfliege	stilt-legged fly
Micropezidae/ Tylidae	Stelzfliegen	stilt-legged flies
Micropodisma salamandra	Flügellose Knarrschrecke	foothill mountain grasshopper
Microporus nigrita	Schwarze Erdwanze	black ground bug
Micropterix allionella	Bergwiesen-Urmotte, Bergwiesen-Urfalter	
Micropterix aruncella	Wiesen-Urmotte	white-barred gold (moth)
Micropterix aureatella	Heidelbeer-Urmotte	yellow-barred gold (moth)
Micropterix calthella	Dotterblumen-Urmotte	plain gold (moth)
Micropterix mansuetella	Riedgras-Urmotte, Riedgras-Urfalter	black-headed gold (moth)
Micropterix osthelderi	Osthelders Urmotte, Osthelders Urfalter	

Micropterix tunbergella	Buchen-Urmotte	red-barred gold (moth)
Micropterygidae	Urmotten, Pollenfresser	mandibulate moths
Microsporus acaroides	Ufer-Kugelkäfer	
Microvelia reticulata	Zwergbachläufer, Genetzter Zwergbachläufer	minute water cricket
Mikiola fagi	Buchenblattgallmücke	beech leaf gall midge, beech smooth-pouch-gall midge
Milichiidae	Nistfliegen	milichiids
Miltochrista miniata	Rosenmotte, Rosen-Flechtenbärchen	rosy footman (moth)
Miltotrogus aequinoctialis	Rotbrauner Brachkäfer	
Mimas tiliae	Lindenschwärmer	lime hawkmoth
Mindarus abietinus	Weißtannentrieblaus	balsam twig aphid
Mindarus obliquus	Fichtentrieblaus	spruce twig aphid
Minoa murinata	Mausspanner, Mäuschen, Wolfsmilch-Spanne	drab looper (moth)
Minois dryas/ Satyrus dryas	Blauäugiger Waldportier, Blaukernauge	dryad (butterfly)
Minucia lunaris	Braunes Ordensband	lunar double-stripe (moth), brown underwing
Mirabella albifrons	Weißkopf-Spornzikade	
Miramella alpina	Alpine Gebirgsschrecke	green mountain grasshopper, Alpine migratory grasshopper*
Miramella formosanta	Tessiner Gebirgsschrecke	
Miridae	Weichwanzen, Blindwanzen	mirids, capsid bugs, plant bugs
Mirificarma interrupta	Schmalstreifiger Ginster-Palpenfalter	
Mirificarma maculatella	Braunfleck-Kronwickenfalter	
Miris striatus	Prachtwanze, Gestreifte Weichwanze	fine-streaked bugkin
Miscodera arctica	Glänzendschwarzer Arktiskäfer, Nordischer Stielhalsläufer	moraine burrower (carabid beetle)
Mitolinthus caliginosus	Düsterer Bergrüssler, Wurzelstockrüssler, Hopfen-Wurzelstockrüssler	hop root weevil
Mniotype adusta/ Blepharita adusta	Rotbraune Waldrandeule	dark brocade (moth)
Mniotype satura/ Blepharita satura	Dunkelbraune Waldrandeule	beautiful arches (moth)
Modicogryllus frontalis	Östliche Grille	eastern cricket, eastern stripe-headed cricket

Molops elatus	Großer Striemenläufer	
Molops piceus	Braunfußiger Striemenkäfer	
Molorchus marmottani	Marmottans Wespenbock	
Molorchus minor	Kleiner Wespenbock, Dunkelschenkliger Kurzdeckenbock, Fichten-Kurzdeckenbock	spruce shortwing beetle
Moma alpinum	Seladoneule, Orioneule, Orion	scarce merveille du jour (moth)
Mompha bradleyi	Bradleys Fransenmotte	new neat cosmet (moth)
Mompha epilobiella	Weidenröschen-Fransenmotte	common cosmet (moth)
Mompha idaei	Große Weidenröschen-Fransenmotte	
Mompha miscella	Sonnenröschen-Fransenmotte	
Mompha raschkiella	Waldweidenröschen-Fransenmotte	little cosmet (moth)
Mompha subbistrigella	Weidenröschensamen-Fransenmotte	garden cosmet (moth)
Mompha terminella	Hexenkraut-Fransenmotte	enchanters cosmet (moth)
Momphidae	Fransenmotten, Fransenfalter	momphid moths
Monalocoris filicis	Farn-Wichtel	bracken bug
Monarthropalpus buxi	Buchsbaum-Gallmücke	box leaf-mining midge
Monochamus galloprovincialis	Kiefernbock, Bäckerbock, Gefleckter Langhornbock	pine sawyer beetle
Monochamus saltuarius	Waldgebirgs-Langhornbock	Sakhalin pine sawyer (beetle)
Monochamus sartor	Schneiderbock	carpenter sawyer beetle
Monochamus sutor	Schusterbock, Einfarbiger Langhornbock	larch sawyer beetle, small white-marmorated longhorn beetle
Monochroa conspersella	Gilbweiderich-Palpenmotte, Gilbweiderich-Palpenfalter	dingy neb (moth)
Monochroa cytisella	Adlerfarn-Palpenmotte, Adlerfarn-Palpenfalter	bracken neb (moth)
Monochroa hornigi	Hornigs Ruderalflur-Palpenmotte, Hornigs Ruderalflur-Palpenfalter	knotweed neb (moth)
Monochroa tenebrella	Ampfer-Palpenmotte	common plain neb (moth)
Monommatidae	Opossumkäfer	opossum beetles
Monomorium floricola	Braunrote Blütenameise	bicolored trailing ant
Monomorium minimum	Kleine Schwarze Ameise	little black ant
Monomorium pharaonis	Pharaoameise, Pharao-Ameise	Pharaoh ant, Pharaoh's ant, little red ant

Monophadnoides geniculatus	Erdbeerblattwespe	geum sawfly (Br.), raspberry sawfly (U.S.)
Monopis rusticella	Fellmotte	skin moth, fur moth, wool moth
Monosteira unicostata	Mandel-Netzwanze	almond lace bug
Monotoma picipes	Gemeiner Detrituskäfer	small flattened bark beetle
Monotomidae	Detrituskäfer	small flattened bark beetles
Mordella brachyura	Gemeiner Stachelkäfer	
Mordellidae	Stachelkäfer	tumbling flower beetles
Mordellistena brevicauda	Wolfsmilchstachelkäfer, Wolfsmilch-Stachelkäfer	
Morellia simplex	Rinderschweißfliege, Schweißfliege	cattle sweat fly, sweat fly
Morimus funereus	Trauerbock	dusky longicorn*
Mormo maura	Schwarzes Ordensband	old lady (moth)
Mormolyce phyllodes	Gespenst-Laufkäfer	violon beetle, banjo beetle
Muellerianella brevipennis	Schmielenspornzikade	
Muellerianella extrusa	Pfeifengras-Spornzikade	
Muellerianella fairmairei	Amazonenspornzikade	
Muirodelphax aubei	Ödland-Spornzikade	
Musca autumnalis	Gesichtsfliege, Augenfliege	face fly
Musca domestica	Stubenfliege, Große Stubenfliege	house fly
Musca sorbens	Basarfliege, Marktfliege	bazaar fly
Muscidae	Echte Fliegen	houseflies, house flies
Muscina stabulans	Hausfliege, Stallfliege	false stable fly
Mussidia nigrivenella	Maiskolbenbohrer	maize cob borer
Mutilla europaea	Große Spinnenameise	European velvet ant, large velvet ant, ant-like fossor
Mutillidae	Bienenameisen, Spinnenameisen, Ameisenwespen	velvet-ants
Myathropa florea	Gemeine Dolden-Schwebfliege, Totenkopfschwebfliege, Totenkopf-Schwebfliege	batman hoverfly
Mycetaea subterranea/ Mycetaea hirta	Behaarter Stäublingskäfer, Pilzkäfer	hairy fungus beetle, hairy cellar beetle
Mycetina cruciata	Kreuzbinden-Pilzkäfer	a handsome fungus beetle
Mycetoma suturale	Harzporling-Düsterkäfer	
Mycetophagidae	Baumschwammkäfer	hairy fungus beetles

Mycetophagus multipunctatus	Vielfleckiger Schwammkäfer	multispotted fungus beetle, multispotted hairy fungus beetle
Mycetophagus quadripustulatus	Vierfleckiger Baumschwammkäfer, Vierfleckiger Pilzfresser	four-spotted fungus beetle, spotted hairy fungus beetle
Mycetophilidae	Pilzmücken	fungus gnats
Mycterodus cuniceps	Nasenzikade	
Mycterus curculioides	Rüsselkäferartiger Nasenkäfer, Trompetenkäfer (ein Haarscheinrüssler)	a mycterid beetle
Myllaena intermedia	Gemeiner Kahnkurzflügler	a rove beetle
Mymaridae	Zwergwespen	fairy flies
Myndus musivus	Weiden-Glasflügelzikade	
Myrmechixenus subterraneus	Ameisen-Rindenkäfer	
Myrmecia brevinoda	Riesen-Bulldogameise	giant bulldog ant, giant brown bull ant
Myrmecia forficata	Schwarze Stachelameise, Schwarze Bulldogameise*	black bulldog ant
Myrmecia gulosa	Rote Australische Bulldogameise	red bull ant, giant bull ant, giant red bull ant, Australian bull ant, hoppy joe
Myrmecia pilosula	Hüpfende Stachelameise, Hüpfende Bulldogameise*	hopper ant, jumper ant, jack jumper (ant), jumping jack
Myrmecia pyriformis	Braune Australische Bulldogameise, Schwarzbraune Australische Bulldogameise	brown bull ant, black bull ant, inch ant
Myrmecina graminicola	Versteckte Knotenameise	cryptic ant
Myrmecina nipponica	Schwarze Japanische Knotenameise	black Japanese ant
Myrmecophilus acervorum	Ameisengrille, Mitteleuropäische Ameisengrille	ant's-nest cricket, ant cricket (continental European)
Myrmecoris gracilis	Ameisenwanze	ant capsid bug
Myrmeleon bore	Nordische Ameisenjungfer, Dünen-Ameisenlöwe	dune ant-lion*, dune antlion*
Myrmeleon formicarius	Gemeine Ameisenjungfer, Gewöhnliche Ameisenjungfer, Gewöhnlicher Ameisenlöwe (Larve)	common European ant-lion
Myrmeleon immaculatus	Nordamerikanische Ameisenjungfer	common antlion (larva: doodlebug)

Myrmeleonidae	Ameisenjungfern, Ameisenlöwen (Larven)	antlions, antlion lacewings
Myrmeleotettix antennatus	Langflügelige Keulenschrecke	long-horned club grasshopper
Myrmeleotettix maculatus	Gefleckte Keulenschrecke	mottled grasshopper, common club grasshopper
Myrmica laevinodis	Kurzdornige Rote Knotenameise, Kurzdornige Rote Gartenameise	shortsting red myrmicine ant*
Myrmica rubra	Rote Knotenameise, Rotgelbe Knotenameise, Rote Gartenameise	red myrmicine ant, red ant, common red ant (UK), ruby ant, European fire ant
Myrmica ruginodis	Langdornige Rote Knotenameise, Langdornige Rote Gartenameise, Waldknotenameise	longsting red myrmicine ant*
Myrmica rugulosa	Gerunzelte Knotenameise	rugulose red ant
Myrmica scabrinodis	Trockenrasen-Knotenameise	common elbowed red ant
Myrmica spp.	Rote Knotenameisen, Gemeine Knotenameisen	red myrmicine ants
Myrmicidae	Knotenameisen, Stachelameisen	harvester ants and others
Myrrha octodecimguttata	Kiefernwipfel-Marienkäfer, Achtzehnfleckiger Marienkäfer	eighteen-spot ladybird (beetle)
Mythimna albipuncta	Wegericheule, Trockenrasenhalden-Weißfleckeule, Weißfleckige Schilfgraseule, Weißpunkt-Graseule	white-point (moth)
Mythimna anderreggii	Andereggs Weißadereule	
Mythimna conigera	Zapfeneule, Weißfleck-Graseule	brown-line bright-eye (moth) (wainscot)
Mythimna convecta	Australische Graseule*	common Australian wainscot (moth), common armyworm (*Austr.*)
Mythimna favicolor	Salzwiesen-Graseule	Mathew's wainscot (moth)
Mythimna ferrago	Frischrasen-Weißfleckeule, Mittelwegericheule, Kapuzen-Graseule, Rötlichbraune Schilfgraseule, Glänzende Weißfleckeule	clay wainscot (moth), the clay, clay moth
Mythimna impura	Seggeneule, Stumpfflügel-Graseule, Wiesen-Weißadereule	smoky wainscot, sedge wainscot (moth)
Mythimna l-album	Weißes L (Motte)	L-album wainscot (moth)

Mythimna litoralis	Strandhafer-Graseule	shore wainscot (moth)
Mythimna pallens	Weißadereule, Feldgrasflur-Weißadereule, Bleiche Graseule, Kräutereule	common wainscot (moth)
Mythimna pudorina	Breitflügel-Graseule, Moorwiesen-Weißadereule	striped wainscot (moth)
Mythimna separata	Asiatische Reiseule	Asian wainscot (moth), northern armyworm (Austr.)
Mythimna straminea	Spitzflügel-Graseule	southern wainscot (moth)
Mythimna turca	Rotbraune Graseule, Rotgefranste Weißpunkteule, Marbeleule, Binsengraseule, Finkeneule, Waldmoorrasen-Türkeneule	double-lined wainscot, double line (moth)
Mythimna unipuncta/ Pseudaletia unipuncta	Getreide-Weißadereule, Amerikanische Reiseule, Einpunkt-Schilfeule, Heerwurmeule, Heerwurm	white-speck (moth), white-speck wainscot (moth), American wainscot, American armyworm, rice armyworm, armyworm moth
Mythimna vitellina	Steppenhügel-Weißadereule, Dottereule	the delicate (moth)
Myzia oblongoguttata	Längsstreifiger Marienkäfer, Längsfleckiger Marienkäfer, Gestreifter Marienkäfer	striped ladybird (beetle)
Myzocallis coryli	Haselnuss-Zierlaus	hazel aphid, filbert aphid
Myzus ascalonicus/ Rhopalomyzus ascalonicus/ Sciamyzus ascalonicus	Schalottenlaus, Schalottenblattlaus, Zwiebellaus, Zwiebelblattlaus u. a.	shallot aphid
Myzus cerasi	Schwarze Sauerkirschenblattlaus, Sauerkirschenlaus	sour-cherry aphid
Myzus ligustri	Ligusterblattlaus	privet aphid
Myzus ornatus	Gepunktete Gewächshausblattlaus	ornate aphid, violet aphid
Myzus persicae/ Myzodes persicae	Grüne Pfirsichblattlaus, Grüne Pfirsichlaus	peach-potato aphid, green peach aphid, greenfly, cabbage aphid
Myzus pruniavium	Schwarze Süßkirschenblattlaus	sweet-cherry aphid
Myzus varians	Pfirsichblattlaus	peach leaf-roll aphid
Nabicula flavomarginata/ Nabis flavomarginatus	Gelbrand-Sichelwanze, Allerweltsräuber	broad damsel bug

Nabicula limbata/ Nabis limbatus	Helle Sichelwanze, Sumpfräuber	marsh damsel bug
Nabidae	Sichelwanzen	damsel bugs
Nabis ferus	Wilde Sichelwanze, Wiesenräuber	field damsel bug
Nabis rugosus	Rotbraune Sichelwanze, Landräuber	common damsel bug
Nacerdes melanura/ Nacerda melanura	Pfahlkäfer, Strandholz-Scheinbock	wharf-borer beetle, wharf borer
Naenia typica	Buchdruckereule	gothic (moth)
Nalanda fulgidicollis	Nalanda-Prachtkäfer	
Nanophyes globulus	Sumpfquendel-Zwergrüssler	
Nanophyes marmoratus	Marmorierter Zwergrüssler	
Napomyza carotae	Möhrenminierfliege, Karotten-Wurzelminierfliege	carrot miner fly, carrot mining fly, carrot root miner
Napomyza cichorii	Chicorée-Minierfliege	chicory fly, chicory leaf miner, witloof chicory fly
Narraga fasciolaria	Gebänderter Beifußspanner	
Narycia astrella	Weißer Motten-Sackträger	
Narycia duplicella	Schwarze Sackträgermotte, Schwarzer Motten-Sackträger	white-speckled smoke (moth)
Nasonovia ribisnigri	Grüne Salatblattlaus, Grüne Salatlaus, Große Johannisbeerblattlaus	currant-lettuce aphid
Nathrius brevipennis	Kleiner Kurzdeckenbock, Fliegenböckchen	plain shortwing beetle
Naucoridae	Schwimmwanzen	creeping water bugs, saucer bugs
Naupactus godmani/ Naupactus cervinus	Citrusrüssler	Fuller rose beetle (FRB), Fuller rose weevil
Nearctaphis bakeri	Kurzrüsslige Kleeblattlaus	clover aphid
Nebria brevicollis	Gewöhnlicher Dammläufer, Pechschwarzer Dammläufer	common black ground beetle, common heart-shield (beetle)
Nebria livida	Strand-Dammläufer, Gelbrandiger Dammläufer	beachcomber beetle, the cliffcomber
Nebria picicornis	Flussdammläufer, Rotköpfiger Dammläufer	river-bank heart-shield (beetle)*
Nebria rufescens	Bergbach-Dammläufer	upland heart-shield (beetle)
Nebria salina	Feld-Dammläufer	bare-footed heart-shield (beetle)
Nebula achromaria	Farbloser Alpen-Blattspanner	

Nebula nebulata	Trübgrauer Alpen-Blattspanner	
Necrobia nivalis	Schneefeld-Dammläufer*	snow-patch heart-shield (beetle)
Necrobia ruficollis	Rothalsiger Schinkenkäfer	red-shouldered ham beetle
Necrobia rufipes	Rotbeiniger Kolbenkäfer, Rotbeiniger Schinkenkäfer, Koprakäfer	red-legged ham beetle, copra beetle
Necrobia violacea	Violetter Jagdraubkäfer	
Necrodes littoralis	Ufer-Totengräber, Ufer-Aaskäfer	shore sexton beetle
Necrophoridae	Totengräber	burying beetles
Necydalis major	Großer Wespenbock	large wasp-mimic longhorn beetle
Necydalis ulmi	Panzers Wespenbock	
Nedyus quadrimaculatus	Gefleckter Brennnesselrüssler	small nettle weevil
Nehalennia speciosa	Zwerglibelle	green damsel
Neides tipularius	Schnakenwanze, Schnakerich, Große Stelzenwanze	a large stiltbug
Nemapalpus nearcticus	Florida-Schmetterlingsmücke*	sugarfoot moth fly
Nemapogon cloacella	Korkmotte	cork moth
Nemapogon granellus	Kornmotte	European grain moth, corn moth
Nemapogon nigralbella	Schwarzweiße Kornmotte	black-and-white clothes moth*
Nemapogon personellus	Roggenmotte	pale corn clothes moth
Nemapogon picarella	Weißschwarze Kleidermotte*	pied clothes moth
Nematocera (Diptera)	Mücken & Schnaken	mosquitoes
Nematopogon magna	Großer Langhornfalter	scarce long-horn (moth)
Nematopogon metaxella	Auwald-Langhornfalter	buff long-horn (moth)
Nematopogon schwarziellus	Kleine Frühlings-Langhornmotte	sandy long-horn (moth)
Nematopogon swammerdamella	Große Frühlings-Langhornmotte	large long-horn (moth)
Nematus olfaciens	Blattwespe der Schwarzen Johannisbeere	black currant sawfly
Nematus pavidus	Kleine Weidenblattwespe	lesser willow sawfly
Nematus ribesii/ Pteronidea ribesii	Gelbe Stachelbeerblattwespe, Stachelbeerfliege	gooseberry sawfly, common gooseberry sawfly
Nematus salicis	Weidenblattwespe, Braungelbe Weidenblattwespe, Große Weidenblattwespe	willow sawfly, larger willow sawfly

Nematus tibialis	Robinienblattwespe, Amerikanische Robinienblattwespe	locust sawfly, false acacia sawfly
Nemestrinidae	Netzfliegen	tangle-veined flies
Nemobius sylvestris	Waldgrille	wood cricket
Nemonychidae/ Rhinomaceridae	Schlankrüssler	pine-flower snout beetles
Nemophora congruella	Gelbschwarzer Nadelwald-Langhornfalter, Gelbschwarze Nadelwald-Langhornmotte	
Nemophora degeerella	Degeers Langhornmotte, De Geer's Langhornmotte, Gebänderte Langhornmotte	yellow-barred long-horn (moth)
Nemophora dumerilella	Goldglanz-Langhornmotte, Goldglanz-Langhornfalter	
Nemophora metallica	Skabiosen-Langhornmotte	brassy long-horn (moth)
Nemophora ochsenheimerella	Ochsenheimers Langhornmotte, Ochsenheimers Langhornfalter	
Nemophora pfeifferella	Große Abbiss-Langhornmotte, Großer Abbiss-Langhornfalter	
Nemophora violellus	Enzian-Langhornmotte, Enzian-Langhornfalter	
Nemouridae	Nemouriden	winter stoneflies & spring stoneflies
Neocoenorrhinus aeneovirens/ Caenorhinus aeneovirens	Eichenknospenstecher	oak bud weevil*
Neocoenorrhinus aequatus/ Caenorhinus aequatus	Rotbrauner Apfelfruchtstecher	apple fruit weevil
Neocoenorrhinus interpunctatus/ Caenorhinus interpunctatus	Blattrippenstecher, Erdbeerrippenstecher, Blaugrüner Triebstecher	a strawberry weevil*
Neocoenorrhinus pauxillus/ Caenorhinus pauxillus	Obstbaumblattrippenstecher	apple/pear fruit rhynchites weevil
Neodiprion sertifer	Rote Kiefernbuschhornblattwespe	fox-coloured sawfly, lesser pine sawfly, small pine sawfly, European pine sawfly (U.S.)
Neogalerucella lineola	Behaarter Weidenblattkäfer	
Neohirasea hongkongensis	Hongkong-Teppichschrecke, Hongkong-Teppich-Stabschrecke	Hong Kong prickly stick insect, Hong Kong spiny stick insect

Neohirasea maerens	Teppichschrecke, Teppich-Stabschrecke	Vietnam prickly stick insect, Vietnam spiny stick insect
Neomida haemorrhoidalis	Gehörnter Zunderschwamm-Schwarzkäfer	horned tinder polypore darkling beetle
Neomochtherus geniculatus	Garten-Raubfliege	a robber fly
Neophilaenus albipennis	Zwenkenschaumzikade	
Neophilaenus campestris	Feldschaumzikade	
Neophilaenus exclamationis	Waldschaumzikade	
Neophilaenus exclamationis ssp. *alpicola*	Bergschaumzikade	
Neophilaenus infumatus	Steppenschaumzikade	
Neophilaenus limpidus	Krainer Schaumzikade	
Neophilaenus lineatus	Grasschaumzikade	
Neophilaenus minor	Zwergschaumzikade	
Neophilaenus modestus	Spitzkopf-Schaumzikade	
Neosphaleroptera nubilana	Dunkler Weißdornwickler	deep brown shade (moth)
Neostylopyga rhombifolia	Harlekinschabe	harlequin roach
Neotoxoptera formosana	Zwiebelblattlaus u. a.	onion aphid
Neottiophilidae	Meisensauger	neottiiophilids (nestling bird suckers)
Neottiophilum praestrum	Vogelsauger	nest skipper fly
Neozephyrus quercus/ Favonius quercus/ Quercusia quercus/ Thecla quercus	Blauer Eichen-Zipfelfalter, Blauer Eichenzipfelfalter	purple hairstreak (butterfly)
Nepa cinerea	Wasserskorpion	water scorpion
Nephopterix angustella	Pfaffenhütchen-Zünsler	spindle knot-horn (moth)
Nephotettix virescens	Grüne Reiszikade u. a.	green rice leafhopper a. o., green paddy leafhopper
Nephrotoma appendiculata	Gefleckte Wiesenschnake	spotted cranefly, spotted crane fly
Nephrotoma flavescens	Gelbe Schnake, Tigerschnake	tiger cranefly
Nephrotoma spp.	Krähenschnaken	spotted craneflies
Nepidae	Skorpionwanzen, Skorpionswanzen	waterscorpions
Nepticulidae	Zwergminiermotten, Zwergminierfalter	pigmy moths, pygmy moths, midget moths, dwarf eyecap moths (leafminers a.o.)
Neptis rivularis	Schwarzer Trauerfalter	Hungarian glider (butterfly)

Neptis sappho	Schwarzbrauner Trauerfalter	common glider (butterfly)
Neuroptera/ Planipennia	Echte Netzflügler, Hafte	neuropterans (dobson flies/ antlions)
Neuroterus albipes/ Neuroterus laeviusculus	Weißfuß-Eichenlinsengallwespe (>Glatte Linsengalle/ Kleine Blattrandgalle)	oak leaf smooth-gall cynipid wasp, Schenck's gall wasp, smooth spangle gall wasp (>smooth spangle galls and Schenck's galls)
Neuroterus anthracinus/ Neuroterus ostrea	Austerngallwespe (>Austerngalle)	oyster gall wasp (>oyster galls)
Neuroterus numismalis	Seidenknopfgallwespe (>Grüne Pustelgalle)	oak leaf blister-gall cynipid wasp, silk button gall wasp, oakleaf silkbutton-spanglegall cynipid wasp (>silk button spangle galls)
Neuroterus quercusbaccarum	Eichenlinsengallwespe (>Große Linsengalle), Weinbeerengallwespe (>Weinbeerengalle)	oak leaf spangle-gall cynipid wasp, oak leaf currant-gall cynipid wasp (>spangle galls and currant galls)
Neuroterus tricolor/ Neuroterus fumipennis	Borstenkugel-Gallwespe (>Borstige Kugelgalle)	oak leaf cupped-gall cynipid wasp, oakleaf cupped-spanglegall cynipid wasp (>cupped spangle galls)
Neurotoma nemoralis	Steinobstgespinstblattwespe, Steinobst-Gespinstblattwespe	social peach sawfly, peach-leaf sawfly, apple web-spinning sawfly
Neurotoma saltuum	Gesellige Birnblattwespe	social pear sawfly
Nezara viridula	Südliche Stinkwanze, Grüne Reiswanze	green vegetable bug, Southern green stink bug
Nicrophorus americanus	Amerikanischer Riesenaaskäfer	giant carrion beetle, American burying beetle (IUCN)
Niditinea fuscella/ Niditinea fuscipunctella	Nestermotte	brown-dotted clothes moth, poultry house moth
Nilaparvata lugens	Braunrückige Reiszikade	brown planthopper (BPH), rice brown planthopper
Nipaecoccus nipae	Palmenschmierlaus	coconut mealybug, buff coconut mealybug, spiked mealybug, nipa mealybug, avocado mealybug, sugarapple mealybug, Kentia mealybug
Niptus hololeucus	Messingkäfer	golden spider beetle
Nitidula bipunctata	Rauchfleischglanzkäfer	two-spotted sap beetle, two-spotted carrion beetle
Nitidulidae	Glanzkäfer	sap beetles, sap-feeding beetles

Nivellia sanguinosa	Ziegelroter Halsbock	
Noctua comes	Primeleule, Breitflügelige Bandeule	lesser yellow underwing (moth)
Noctua fimbriata	Bunte Bandeule, Gelbe Bandeule	broad-bordered yellow underwing (moth)
Noctua interjecta	Hellbraune Bandeule, Kleine Bandeule	least yellow underwing (moth)
Noctua janthe	Janthe-Bandeule, Schmalgesäumte Bandeule	lesser broad-bordered yellow underwing (moth)
Noctua janthina	Dunkelbraune Bandeule, Janthina-Bandeule	Langmaid's yellow underwing (moth)
Noctua orbona/ Triphaena orbona	Schmalflügelige Bandeule, Heckenkräuterflur-Bandeule, Trockenwald-Bandeule	lunar yellow underwing (moth)
Noctua pronuba	Hausmutter	large yellow underwing (moth)
Noctuidae	Eulen, Eulenfalter	noctuid moths
Nola aerugula	Birkenmoor-Kleinbärchen, Laubholz-Graueulchen	scarce black arches (moth)
Nola confusalis	Hainbuchen-Kleinbärchen, Hainbuchen-Graueulchen, Eichen-Grauspinnerchen	least black arches (moth)
Nola cristatula	Wasserminzen-Graueulchen	
Nola cucullatella	Hecken-Kleinbärchen, Hecken-Grauspinnerchen, Kapuzenbärchen, Violettes Graueulchen	short-cloaked moth
Nola subchlamydula	Gamander-Kleinbärchen, Gamander-Graueulchen	
Nolidae	Kleinbären, Kahneulchen, Graueulchen	tuft moths
Nomada armata	Rote Wespenbiene, Zahn-Wespenbiene	scabious nomad bee, scabious cuckoo bee, armed nomad bee
Nomada fabriciana	Fabricius-Wespenbiene, Gelbrote Wespenbiene, Rote Wespenbiene	Fabricius' nomad bee
Nomada flava	Gelbe Wespenbiene	yellow nomad bee, flavous nomad bee
Nomada flavoguttata	Gelbfleckige Wespenbiene	little nomad bee
Nomada fucata	Einpunkt-Wespenbiene	painted nomad bee
Nomada fulvicornis	Rotfühler-Wespenbiene	orange-horned nomad bee
Nomada goodeniana	Schmalband-Wespenbiene, Große Gelbe Wespenbiene	Gooden's nomad bee

Nomada lathburiana	Rothaarige Wespenbiene	Lathbury's nomad bee
Nomada leucophthalma	Weißbäuchige Wespenbiene	early nomad bee
Nomada marshamella	Marshams Wespenbiene	Marsham's nomad bee
Nomada panzeri	Zierliche Wespenbiene	Panzer's nomad bee
Nomada ruficornis	Gespaltene Wespenbiene, Rothörnige Wespenbiene, Zweizahn-Wespenbiene	red-horned nomad bee, fork-jawed nomad bee
Nomada rufipes	Rotbeinige Wespenbiene	red-legged nomad bee, golden-rod nomad bee, black-horned nomad bee
Nomada sexfasciata	Langkopf-Wespenbiene	six-banded nomad bee
Nomada sheppardana	Kleine Wespenbiene	Sheppard's nomad bee
Nomada signata	Gezeichnete Wespenbiene	broad-banded nomad bee
Nomada spp.	Wespenbienen, Kuckucksbienen	nomad bees, cuckoo bees
Nomada zonata	Gebänderte Wespenbiene	variable nomad bee
Nomadacris septemfasciata	Rote Heuschrecke, Rote Wanderheuschrecke	red locust
Nomophila nearctica	Amerikanischer Wanderzünsler	lucerne moth, false webworm, celery stalkworm, celery webworm, American rush veneer (moth),
Nomophila noctuella	Wanderzünsler, Heide-Wanderzünsler	rush veneer (moth)
Nonagria typhae	Gemeine Schilfeule, Rohrkolbeneule	bulrush wainscot (moth)
Nosodendridae/ Nosodendronidae	Saftkäfer	wounded-tree beetles
Nosodendron fasciculare	Schwarzer Saftkäfer	
Nosopsyllus fasciatus	Rattenfloh, Europäischer Rattenfloh	northern rat flea
Nossidium pilosellum	Ovaler Zwergkäfer	
Noteridae	Uferfeuchtkäfer, Noteriden	burrowing water beetles
Noterus clavicornis	Großer Uferfeuchtkäfer	
Nothocasis sertata	Ahorn-Lappenspanner	
Nothodelphax albocarinata	Schlenkenspornzikade	
Nothodelphax distincta	Hochmoor-Spornzikade	
Nothomyrmecia macrops	Australische Ameise	Australian ant, dinosaur ant
Nothorhina muricata/ Nothorhina punctata	Trommler	a longhorn beetle

Notiophilus aesthuans	Schmaler Laubläufer	mountain springtail-stalker (carabid beetle)
Notiophilus aquaticus	Dunkler Laubläufer	black-legged springtail-stalker (carabid beetle)
Notiophilus biguttatus	Zweifleckiger Laubläufer, Zweigefleckter Eilkäfer, Zweifleckiger Strandläufer	burnished ground beetle, common springtail-stalker (carabid beetle)
Notiophilus germinyi	Heide-Laubläufer	heath springtail-stalker (carabid beetle)
Notiophilus palustris	Sumpf-Strandläufer, Gewöhnlicher Laubläufer	rough-necked springtail-stalker (carabid beetle)
Notiophilus quadripunctatus	Vierpunkt-Laubläufer	four-dimpled springtail-stalker (carabid beetle)
Notiophilus rufipes	Gelbbeiniger Laubläufer, Blassrotbeiniger Laubläufer*	red-legged springtail-stalker (carabid beetle)
Notiophilus spp.	Eilkäfer, Laubkäfer u. a.	springtail-stalkers (carabid beetles)
Notiophilus substriatus	Schwachgestreifter Laubläufer	frosted springtail-stalker (carabid beetle)
Notocelia cynosbatella/ Epiblema cynosbatella	Dreipunkt-Rosenwickler	yellow-faced bell (moth)
Notocelia roborana/ Epiblema roborana	Weißbindiger Rosenwickler	summer rose bell (moth)
Notocelia uddmanniana/ Epiblema uddmanniana	Brombeertriebwickler	bramble shoot moth
Notodonta dromedarius	Dromedar-Zahnspinner, Dromedarspinner, Dromedar, Birkenspinner, Erlenzahnspinner, Erlenbirkenauen-Zahnspinner	iron prominent (moth)
Notodonta torva	Gelbbrauner Zahnspinner, Gelbbrauner Zickzackspinner, Auenpappelgestrüpp-Zahnspinner	large dark prominent (moth)
Notodonta tritophus	Espen-Zahnspinner	three-humped prominent (moth)
Notodonta ziczac/ Eligmodonta ziczac	Zickzack-Zahnspinner, Zickzackspinner, Uferweiden-Zahnspinner	pebble prominent (moth)
Notodontidae	Zahnspinner	prominents (moths)
Notonecta glauca	Gemeiner Rückenschwimmer, "Wasserbiene"	common backswimmer

Notonecta ssp.	Rückenschwimmer	backswimmers (water boatmen)
Notonectidae	Rückenschwimmer	backswimmers (water boatmen)
Notoxus monoceros	Gemeiner Einhornkäfer	
Nudaria mundana	Blankflügel-Flechtenbärchen	muslin footman (moth)
Nycteola asiatica	Weiden-Wicklereulchen, Asiatisches Wicklereulchen	eastern nycteoline (moth)
Nycteola degenerana	Salweiden-Wicklereulchen	sallow nycteoline (moth)
Nycteola revayana	Eichenhain-Wicklereulchen, Eichen-Wicklereulchen	oak nycteoline (moth)
Nycteribiidae	Fledermauslausfliegen, Fledermausfliegen	bat flies
Nycterosea obstipata/ Orthonama obstipata	Wandernder Blattspanner	gem (moth), the gem
Nyctobrya muralis/ Cryphia muralis	Hellgrüne Flechteneule	marbled green (moth)
Nylanderia fulva	Rasberry-Ameise, Südamerikanische Spinnerameise	tawny crazy ant, Rasberry crazy ant (not: raspberry!)
Nymphalidae	Fleckenfalter	brush-footed butterflies
Nymphalis antiopa	Trauermantel	Camberwell beauty (butterfly), mourning cloak (U.S.)
Nymphalis polychloros/ Vanessa polychloros	Großer Fuchs	large tortoiseshell (butterfly), blackleg tortoiseshell
Nymphalis vaualbum/ Nymphalis l-album/ Comma l-album	Weißes L (Schmetterling)	false comma (butterfly), Compton tortoiseshell
Nymphalis xanthomelas	Östlicher Großer Fuchs	scarce tortoiseshell (butterfly)
Nymphula depunctalis	Reiszünsler	rice caseworm (moth)
Nymphula nitidulata/ Nymphula stagnata	Igelkolbenzünsler	beautiful China-mark (moth)
Oberea bimaculata	Himbeerrutenbock	raspberry cane borer
Oberea erythrocephala	Rotköpfiger Linienbock	leafy spurge stem boring beetle
Oberea linearis	Haselbock	hazel borer, hazelnut capricorn beetle
Oberea oculata	Rothalsiger Weidenbock, Rothalsiger Linienbock, Weiden-Linienbock, Bunter Linienbock	eyed longhorn beetle

Oberea pupillata	Geißblatt-Linienbock, Heckenkirschen-Linienbock	
Obolodiplosis robiniae	Robinien-Gallmücke, Robiniengallmücke	black locust gall midge, false acacia leaf midge
Obrium brunneum	Reisigbock, Flachdeckenbock	brown longhorn beetle
Obrium cantharinum	Rotbrauner Reisigbock, Dunkelbeiniger Flachdeckenbock	orange-brown longhorn beetle, chestnut-brown longhorn beetle
Ochlodes sylvanus/ Ochlodes venata	Rostfarbiger Dickkopffalter, Rostfarbiger Dickkopf	large skipper (butterfly)
Ochodaeus chrysomeloides	Steppen-Trüfelbohrer	a sand-loving scarab beetle*
Ochromolopis ictella	Leinblatt-Zahnflügelfalter	
Ochropacha duplaris	Zweipunkt-Eulenspinner	common lutestring
Ochropleura implecta/ Ochropleura plecta	Hellrandige Erdeule, Violettbraune Erdeule	flame shoulder (moth), flame-shouldered dart (moth)
Ochropleura leucogaster	Große Braunweiße Erdeule*	Radford's flame shoulder (moth)
Ochsenheimeriidae	Bohrmotten	fields, field moths
Ochthebius auriculatus	Langtasterwasserkäfer	eared moss beetle
Ocneria detrita/ Parocneria detrita	Rußspinner	sooty tussock (moth)*
Ocneria rubea	Rostspinner	rusty brown tussock (moth)*
Ocnerostoma copiosella	Arvenminiermotte	stone pine needle miner
Ocnogyna parasita	Parasitierter Bär	Hübner's pellicle, Huebner's pellicle (moth)
Octotemnus glabriculus	Ovaler Schwammkäfer	
Octotemnus mandibularis	Großzahn-Schwammkäfer	
Ocypus olens/ Staphylinus olens	Schwarzer Moderkäfer, Schwarzer Moderkurzflügler	devil's coach-horse
Ocys harpaloides/ Bembidion harpaloides	Weichholzrinden-Ahlenläufer	
Ocys quinquestriatus/ Bembidion quinquestriatus	Mauer-Ahlenläufer	
Odacantha melanura	Sumpf-Halsläufer, Schlanker Halskäfer	corsetted reedclimber, corsetted reed-climber
Odezia atrata	Schwarzspanner, Kälberkropfspanner, Rußspanner, Kerbel-Spanner, Kaminfegerle	chimney sweeper (moth)
Odonestis pruni	Pflaumenglucke, Feuerglucke	plum lappet (moth)

Odonteus armiger	Gehörnter Mistkäfer	horned dor beetle
Odontomyia hydroleon	eine Waffenfliege	barred green colonel (a soldier fly)
Odontopera bidentata	Doppelzahnspanner	scalloped hazel (moth)
Odontosia carmelita	Mönch-Zahnspinner, Karmeliterin	scarce prominent (moth)
Odontothrips loti	Hornklee-Blasenfuß	birdsfoot trefoil thrips
Odynerus melanocephalus	Schwarzkopf-Faltenwespe, Schwarzkopf-Mauerwespe	black-headed mason-wasp
Odynerus spinipes	Gemeine Schornsteinwespe	spiny mason-wasp
Oecanthidae	Blütengrillen	tree crickets (Oecanthinae)
Oecanthus pellucens	Weinhähnchen, Blütengrille	fragile whistling cricket, European tree cricket, Italian cricket
Oeciacus hirundinis	Schwalbenwanze, Vogelwanze	martin bug, swallow bug
Oecophoridae	Faulholzmotten & Palpenmotten und Verwandte	oecophorid moths
Oecophylla longinoda	Afrikanische Weberameise	African weaver ant
Oecophylla smaragdina	Asiatische Weberameise	Asian weaver ant, green ant, green tree ant, orange gaster
Oecophylla spp.	Weberameisen	weaver ants
Oedaleus decorus	Kreuzschrecke	handsome cross grasshopper, Mediterranean whitecross grasshopper*
Oedemagena tarandi	Renntier-Hautbremse, Rentierdasselfliege	reindeer warble fly
Oedemera femorata	Gemeiner Scheinbockkäfer	
Oedemera lurida	Grünlicher Scheinbockkäfer	
Oedemera nobilis	Grüner Scheinbockkäfer, Blaugrüner Scheinbockkäfer, Blaugrüner Schenkelkäfer	thick-legged flower beetle, swollen-thighed beetle, false oil beetle
Oedemera podagrariae	Echter Schenkelkäfer	
Oedemera virescens	Graugrüner Schenkelkäfer	
Oedemeridae	Scheinbockkäfer, Scheinböcke (Engdeckenkäfer)	false blister beetles, pollen-feeding beetles
Oedipoda caerulescens/ Oedipoda coerulescens	Blauflügelige Ödlandschrecke, Blauflüglige Ödlandschrecke	blue-winged grasshopper
Oedipoda germanica	Rotflügelige Ödlandschrecke, Rotflüglige Ödlandschrecke	red-winged grasshopper
Oegoconia quadripuncta	Vierpunktmotte, Vierpunkt-Bodenstreumotte	four-spotted yellowneck (moth), leaf litter moth

Oeneis glacialis	Gletscherfalter	alpine grayling (butterfly)
Oenopia conglobata	Pappel-Marienkäfer	poplar ladybird (beetle)
Oestridae	Magendasseln & Rachendasseln & Nasenbremsen & Biesfliegen	warble flies
Oestrus ovis	Schafbiesfliege, Schafbremse, Schafnasenbremse, Nasendasselfliege	sheep nostril-fly, sheep bot fly, sheep nose bot fly, sheep nasal bot fly
Oiceoptoma thoracica	Rothalsige Silphe	red-breasted carrion beetle
Oidaematophorus constanti	Braune Alant-Federmotte	
Oinophila v-flava	Weinkellermotte, Weinmotte	yellow v moth, yellow V carl, wine moth, wine cellar moth
Oinophilidae	Weinmotten	oinophilid moths
Olethreutes arcuella	Pracht-Wickler, Prachtwickler	arched marble (moth)
Olibrus aeneus	Kamillenglattkäfer	a smut beetle
Oligella foveolata	Hellbrauner Zwergkäfer	a feather-winged beetle
Oligia fasciuncula	Moorwiesen-Graseulchen, Moorwiesen-Halmeulchen	middle-barred minor (moth)
Oligia latruncula	Bergheiden-Graseulchen, Dunkles Halmeulchen	tawny marbled minor (moth)
Oligia strigilis	Halmeulchen, Striegel-Halmeulchen	marbled minor (moth)
Oligia versicolor	Sand-Graseulchen, Buntes Halmeulchen	rufous minor (moth)
Oligoneuriella rhenana	Rhein-Eintagsfliege, Rheinmücke, Augustmücke	Rhine river mayfly
Olindia schumacherana	Sauerkleewickler	white-barred twist (moth)
Olistopus rotundatus	Sand-Glattfußläufer	
Omalium rivulare	Gemeiner Kurzflügler	a short-winged rove beetle
Omaloplia ruricola/ Homaloplia ruricola	Geränderter Laubkäfer, Geränderter Seidenkäfer	
Ommatidiotus dissimilis	Moor-Walzenzikade, Moorwalzenzikade	
Omocestus haemorrhoidalis	Rotleibiger Grashüpfer	orange-tipped grasshopper
Omocestus rufipes	Buntbäuchiger Grashüpfer	woodland grasshopper
Omocestus viridulus	Bunter Grashüpfer	common green grasshopper
Omonadus floralis	Gemeiner Blütenmulmkäfer	narrow-necked grain beetle
Omophron limbatum	Grüngestreifter Grundkäfer, Verbrämter Grundläufer, Grüngestreifter Grundläufer	spangled button-beetle

Omosita colon	Aas-Glanzkäfer	a sap beetle
Omphalophana antirrhinii	Hübners Löwenmauleule	
Omphaloscelis lunosa	Mondfleck-Herbsteule	lunar underwing (moth)
Oncodelphax pullula	Klauenspornzikade	
Onthophagus coenobita	Mönchs-Kotkäfer	
Onthophagus nuchicornis	Nackenhorniger Kotkäfer	
Onthophagus spp.	Kotkäfer, Kotfresser	dung beetles
Onthophagus taurus	Stierkopf-Dungkäfer, Stierkopf-Kotkäfer, Stier-Kotfresser, Stierkotkäfer	bull-headed dung beetle, taurus scarab
Onychiuridae	Blindspringer	blind springtails
Onychogomphus forcipatus	Kleine Zangenlibelle	small pincertail, green-eyed hooktail, green-eyed hook-tailed dragonfly
Onychogomphus uncatus	Große Zangenlibelle	large pincertail, blue-eyed hooktail, blue-eyed hook-tailed dragonfly
Oodes helopioides	Eiförmiger Sumpfläufer, Mattschwarzer Straßenkäfer, Eiförmiger Straßenläufer	the amphibious ground beetle
Oomorphus concolor	Schwarzer Kugelblattkäfer	a leaf beetle
Opatrum sabulosum	Staubkäfer, Gemeiner Staubkäfer	a darkling beetle
Operophtera brumata/ Cheimatobia brumata	Kleiner Frostspanner, Gemeiner Frostspanner, Obstbaumfrostspanner	winter moth, small winter moth
Operophtera fagata	Buchenfrostspanner, Buchen-Frostspanner, Wald-Frostspanner	beech winter moth, northern winter moth
Ophelimus maskelli	Eukalyptus-Gallwespe	Eucalyptus gall wasp
Ophiogomphus cecilia/ Ophiogomphus serpentinus	Grüne Keiljungfer	serpentine dragonfly, green gomphid, green clubtail, green snaketail (dragonfly)
Ophiomyia phaseoli	Bohnenfliege, Bohnenminierfliege	bean fly, legume seedling fly, bean stem maggot
Ophiomyia pinguis	Schwarze Minierfliege, Schwarze Chicorée-Minierfliege	black chicory fly
Ophiusa tirhaca	Grüne Brombeer-Bandeule	green drab moth
Ophonus ardosiacus	Blauer Haarschnellläufer	
Ophonus azureus	Leuchtender Haarschnellläufer	

Ophonus cordatus	Herzhals-Haarschnellläufer	
Ophonus diffinis	Nahtwinkel-Haarschnellläufer, Metallglanz-Haarschnellläufer	a downy-back ground beetle
Ophonus laticollis	Grüner Haarschnellläufer	set-aside downy-back (ground beetle)
Ophonus melletii	Mellets Haarschnellläufer	Mellet's downy-back (ground beetle)
Ophonus nitidulus	Grüner Haarschnellläufer	
Ophonus puncticeps	Feinpunktierter Haarschnellläufer	
Ophonus puncticollis	Grobpunktierter Haarschnellläufer, Grobpunkt-Haarschnellläufer	blotched downy-back ground beetle*
Ophonus rufibarbis	Breithalsiger Haarschnellläufer	
Ophonus rupicola	Zweifarbiger Haarschnellläufer	
Ophonus sabulicola	Violetter Haarschnellläufer	
Ophonus schaubergerianus	Schaubergers Haarschnellläufer	
Ophonus stictus	Schwarzbehaarter Haarschnellläufer	oolite downy-back (ground beetle)
Ophonus subquadratus	Geviert-Haarschnellläufer	
Opigena polygona	Vielwinkel-Bodeneule	an owlet moth
Opilo domesticus	Hausbuntkäfer	European domestic clerid beetle, European domestic checkered beetle
Opilo mollis	Schöner Buntkäfer	furry checkered beetle
Opisthograptis luteolata	Gelbspanner, Weißdornspanner, Weißdorn-Spanner	brimstone moth
Oplosia fennica	Lindenbock	linden borer (longhorn beetle)
Opogona sacchari	Bananentriebbohrer	banana moth
Opomyza florum	Gelbe Grasfliege	yellow cereal fly
Opomyza germinationis	Gestreifte Grasfliege	dusky-winged cereal fly
Opomyzidae	Grasfliegen, Wiesenfliegen, Saftfliegen	opomyzid flies
Opostega salaciella	Gewöhnlicher Augendeckelfalter	sorrel bent-wing (moth)
Opsilia coerulescens/ Phytoecia coerulescens	Dichtpunktierter Walzenhalsbock	grey longhorn beetle*
Orbona fragariae	Große Wintereule, Erdbeereule	
Orchesella cincta	Gegürtelter Springschwanz	hairy-back girdled springtail
Orchestes alni	Schwarzfleckiger Ulmen-Springrüssler	elm leaf-mining weevil

Orchestes fagi	Buchen-Springrüssler	beech leaf-mining weevil
Orchestes quercus	Rotbrauner Eichen-Springrüssler	oak leaf-mining weevil
Orchestes rusci	Schwarzweißer Birken-Springrüssler	birch leaf-mining weevil
Orchestes testaceus	Braunroterer Erlen-Springrüssler	alder flea weevil, jumping weevil
Orectochilus villosus	Bachtaumelkäfer, Haariger Taumelkäfer, Behaarter Taumelkäfer	hairy whirligig (beetle)
Oreina cacaliae	Bergblattkäfer	Alpine asteracean leaf beetle*, Alpine alkaloid leaf beetle*
Oreophoetes peruana	Farnschrecke, Farn-Stabschrecke, Peru-Farnstabschrecke	Peruvian fern stick insect
Organothrips bianchii	Tarothrips	taro thrips
Orgyia antiqua/ Orgyia recens	Kleiner Bürstenspinner, Schlehenspinner, Schlehen-Bürstenspinner, Schlehen-Bürstenbinder	vapourer (moth), common vapourer, rusty tussock moth (U.S.)
Orgyia antiquoides/ Orgyia ericae	Heide-Bürstenspinner, Heide-Bürstenbinder	grey-spotted tussock moth, heath vapourer (moth)*
Orgyia recens/ Orgyia gonostigma/ Teia recens	Eckfleck-Bürstenspinner	scarce vapourer (moth)
Orgyia recens/ Teia recens/ Orgyia gonostigma	Eckfleck-Bürstenspinner, Eckfleck-Bürstenbinder, Zwetschgenspinner	scarce vapourer (moth)
Oria musculosa	Getreide-Steppeneule, Weißgelbe Wieseneule	Brighton wainscot (moth)
Orius insidiosus	Blumenwanze	insidious flower bug
Orius majusculus	Großer Putt	a minute pirate bug
Orius minutus	Kleiner Putt	minute pirate bug
Orius vicinus	Himbeer-Putt	raspberry bug
Orneodidae	Geistchen	many-plume moths
Orseolia oryzae	Asiatische Reisgallmücke	Asian rice gall midge
Orseolia oryzivora	Afrikanische Reisgallmücke	African rice gall midge
Orsodacne cerasi	Kirsch-Blatthähnchen	a cherry leaf beetle
Orthetrum albistylum	Östlicher Blaupfeil	eastern European skimmer (dragonfly)
Orthetrum brunneum	Südlicher Blaupfeil	southern European skimmer (dragonfly)

Orthetrum cancellatum	Schwarzspitzen-Blaupfeil, Großer Blaupfeil	black-tailed skimmer (dragonfly)
Orthetrum coerulescens	Gekielter Blaupfeil, Kleiner Blaupfeil	keeled skimmer (dragonfly)
Orthetrum spp.	Blaupfeile	orthetrums
Orthezia insignis	Gewächshaus-Röhrenschildlaus	glasshouse orthezia, greenhouse orthezia, "Kew bug", "Lantana bug", "Jacaranda bug"
Orthezia urticae	Brennessel-Röhrenschildlaus	stinging nettle orthezia
Ortheziidae	Röhrenschildläuse	ensign coccids
Orthonama obstipata	Wandernder Blattspanner	gem moth, the gem
Orthonama vittata	Sumpflabkraut-Blattspanner	oblique carpet (moth)
Orthops campestris	Selleriewanze	stack bug, carrot plant bug
Orthoptera	Geradflügler	orthopterans
Orthopygia glaucinalis	Bläulicher Herkuleszünsler	double-striped tabby (moth)
Orthorhinus cylindrirostris	Elefantenrüssler	elephant weevil
Orthorhinus klugi	Weinrüssler	immigrant acacia weevil, vine weevil
Orthosia cerasi/ Orthosia stabilis	Rundflügel-Kätzcheneule, Rundflügel-Frühlingseule	common quaker (moth)
Orthosia cruda	Kleine Kätzcheneule, Kleine Frühlingseule	small quaker (moth)
Orthosia gothica	Gothica-Kätzcheneule, Bräunlichgraue Frühlingseule, Grauschwarze Frühlingseule	Hebrew character (moth)
Orthosia gracilis	Wiesenbuschmoor-Frühlingseule, Auen-Frühlingseule, Hellgraue Frühlingseule, Spitzflügel-Kätzcheneule	powdered quaker (moth)
Orthosia incerta	Variable Kätzcheneule, Violettbraune Frühlingseule	clouded drab (moth)
Orthosia miniosa	Rötliche Kätzcheneule, Eichenwald-Frühlingseule	blossom underwing (moth)
Orthosia munda	Braungelbe Frühlingseule	twin-spotted quaker (moth)
Orthosia opima	Opima-Kätzcheneule, Moorheiden-Frühlingseule	northern drab (moth)
Orthosia populeti	Pappel-Frühlingseule	lead-coloured drab (moth)
Orthothelia sparganella	Ried-Rundstirnmotte*	reed smudge (moth)

Orthotomicus laricis	Vielzähniger Nadelholzborkenkäfer, Vielzähniger Kiefernborkenkäfer	lesser larch bark beetle
Orthotomicus longicollis	Langhalsiger Kiefernborkenkäfer	long-necked pine bark beetle*
Orthotomicus proximus	Kiefernstangenholzborkenkäfer	
Orussidae	Parasitische Holzwespen	parasitic woodwasps
Oryctes nasicornis	Nashornkäfer	European rhinoceros beetle
Oryzaephilus mercator	Erdnussplattkäfer	merchant grain beetle
Oryzaephilus surinamensis	Getreideplattkäfer	saw-toothed grain beetle
Oscinella frit	Fritfliege	frit-fly
Osmia acuticornis	Wicken-Mauerbiene, Spitzfühler-Mauerbiene	
Osmia adunca/ Hoplitis adunca	Natternkopf-Mauerbiene, Glänzende Natternkopf-Mauerbiene	viper's bugloss mason-bee*
Osmia andrenoides	Rote Schneckenhausbiene	andrenoid mason-bee, andrenoid osmia
Osmia anthocopoides	Matte Natterkopf-Mauerbiene	
Osmia aurulenta	Goldene Schneckenhaus-Mauerbiene, Rote Schneckenhaus-Mauerbiene	golden-fringed mason-bee, gold-fringed mason-bee
Osmia bicolor	Zweifarbige Mauerbiene	two-coloured mason-bee, red-tailed mason bee
Osmia bicornis/ Osmia rufa	Rote Mauerbiene, Rostrote Mauerbiene	red mason-bee, red mortar bee
Osmia brevicornis	Schöterich-Mauerbiene	
Osmia caerulescens	Blaue Mauerbiene, Stahlblaue Mauerbiene	blue mason-bee
Osmia claviventris	Gelbspornige Stängel-Mauerbiene	a mason-bee, wall mason bee
Osmia cornuta	Gehörnte Mauerbiene	hornfaced bee
Osmia crenulata/ Heriades crenulatus	Gekerbte Löcherbiene	
Osmia gallarum	Gallen-Mauerbiene	
Osmia inermis	Alpen-Mauerbiene, Bergheiden-Mauerbiene	mountain mason-bee
Osmia leaiana	Flockenblumen-Mauerbiene	
Osmia lepeletieri	Langhaarige Natterkopf-Mauerbiene	

Osmia lignaria	Amerikanische Blaue Mauerbiene	blue orchard mason bee, blue orchard bee
Osmia mitis	Glockenblumen-Mauerbiene	
Osmia mustelina	Felsspalten-Mauerbiene	
Osmia nigriventris	Schwarzbürstige Mauerbiene	
Osmia papaveris/ Hoplitis papaveris	Mohn-Mauerbiene, Mohnbiene	poppy mason-bee, poppy bee
Osmia parietina	Waldrand-Mauerbiene	wall mason-bee, wall mason bee
Osmia pilicornis	Lungenkraut-Mauerbiene	fringe-horned mason-bee
Osmia rapunculi/ Chelostoma rapunculi	Glockenblumen-Scherenbiene, Rapunzel-Scherenbiene	
Osmia ravouxi	Französische Mauerbiene	
Osmia rufohirta	Rotborstige Mauerbiene	
Osmia spinulosa	Bedornte Scheckenhaus-Mauerbiene	spined mason-bee
Osmia submicans	Dunkelgrüne Mauerbiene	
Osmia tridentata	Dreizahn-Mauerbiene	three-pronged mason-bee
Osmia tuberculata	Höcker-Mauerbiene	
Osmia uncinata	Rinden-Mauerbiene	pinewood mason-bee
Osmia versicolor	Schillernde Schneckenhausbiene	
Osmia villosa	Zottige Mauerbiene	
Osmia viridana	Grüne Schneckenhausbiene	green osmia
Osmia xanthomelana	Lehmzellen-Mauerbiene	cliff mason-bee, large mason bee
Osmoderma eremita	Eremit, Juchtenkäfer	hermit beetle
Osmylidae	Bachhafte	osmylid flies
Osmylus fulvicephalus	Bachhaft, Europäischer Bachhaft	giant lacewing, giant European lacewing
Ostoma ferruginea	Rotrandiger Schild-Jagdkäfer	
Ostomidae	Flachkäfer, Jagdkäfer	ostomatid beetles, ostomine beetles, gnawing beetles (Trogossitidae)
Ostrinia nubilalis/ Pyrausta nubilalis	Maiszünsler, Hirsezünsler	European corn-borer (moth), European corn borer
Ostrinia quadripunctalis	Vierfleckiger Storchschnabelzünsler	
Othius punctulatus	Punktierter Mulmkurzflügler	
Othniidae	Othniiden, Falsche Tigerkäfer	false tiger beetles

Otiorhynchus clavipes	Rotbeiniger Dickmaulrüssler	red-legged weevil
Otiorhynchus coecus/ Otiorhynchus niger	Großer Schwarzer Dickmaulrüssler, Schwarzer Rüsselkäfer, Schwarzer Fichten-Dickmaulrüssler	big black weevil, black spruce weevil*
Otiorhynchus crataegi	Weißdorn-Dickmaulrüssler	privet weevil (UK)
Otiorhynchus cribricollis	Australischer Apfel-Dickmaulrüssler	cribrate weevil, apple weevil
Otiorhynchus gemmatus	Hellgefleckter Dickmaulrüssler	lightspotted snout weevil
Otiorhynchus ligustici	Kleeluzernerüssler, Luzerne-Dickmaulrüssler	alfalfa snout beetle
Otiorhynchus ovatus	Ovaler Dickmaulrüssler, Erdbeerwurzelrüssler	strawberry root weevil, strawberry weevil
Otiorhynchus raucus	Rauer Lappenrüssler	
Otiorhynchus singularis	Brauner Lappenrüssler	clay-coloured weevil, raspberry weevil
Otiorhynchus spp.	Dickmaulrüssler, Lappenrüssler	snout beetles, snout weevils
Otiorhynchus sulcatus	Gefurchter Dickmaulrüssler, Gefurchter Lappenrüssler, Gewächshaus-Dickmaulrüssler	vine weevil, black vine weevil, European vine weevil
Otitidae	Schmuckfliegen	picture-winged flies
Oulema gallaeciana/ Lema lichensis	Getreidehähnchen, Blaues Getreidehähnchen	blue cereal leaf beetle
Oulema melanopus/ Lema melanopus	Getreidehähnchen, Rothalsiges Getreidehähnchen, Großes Getreidehähnchen, Blatthähnchen	cereal leaf beetle (oat leaf beetle, barley leaf beetle)
Oulocrepis dissimilis/ Goniodes dissimilis/	Braune Hühnerlaus	brown chicken louse
Ourapteryx sambucaria	Holunderspanner, Nachtschwalbenschwanz	swallow-tailed moth
Ovalisia dives/ Scintillatrix dives	Großer Weidenprachtkäfer, Großer Weiden-Prachtkäfer	willow jewel beetle
Ovalisia festiva/ Palmar festiva	Wacholderprachtkäfer, Südlicher Wacholder-Prachtkäfer, Grüner Wacholder-Prachtkäfer	cypress jewel beetle
Ovalisia mirifica/ Scintillatrix mirifica	Großer Ulmenprachtkäfer, Großer Ulmen-Prachtkäfer, Wunderbarer Ulmen-Prachtkäfer	elm jewel beetle

Ovalisia rutilans/ Scintillatrix rutilans	Großer Lindenprachtkäfer, Großer Linden-Prachtkäfer	linden jewel beetle, linden burncow (beetle)
Oxycarenus modestus	Spitznase (Wanze)	a seed bug
Oxygastra curtisii	Gekielte Smaragdlibelle, Gekielter Flussfalke	orange-spotted emerald (dragonfly)
Oxylaemus cylindricus	Kurzfurchen-Rindenkäfer	
Oxylaemus variolosus	Langfurchen-Rindenkäfer	
Oxylipeurus polytrapezius	Schlanke Truthahnlaus*	slender turkey louse, turkey wing louse
Oxymirus cursor/ Toxotus cursor	Schulterbock	angled-shoulder longicorn* (a lepturine longicorn beetle)
Oxyporus rufus	Roter Buntkurzflügler, Roter Bunträuber	
Oxypselaphus obscurus	Sumpf-Enghalsläufer	
Oxyptilus pilosellae	Kleine Habichtskraut-Federmotte	Hieracium plume (moth)
Oxystoma pomonae	Metallblauer Spitzmausrüssler	
Oxythyrea funesta	Trauer-Rosenkäfer	
Pabulatrix pabulatricula	Pfeifengras-Grasbüscheleule	union rustic (moth)
Pachetra sagittigera	Trockenrasen-Blättereule	feathered ear (moth)
Pachnephorus pilosus	Erzfarbener Grasblattkäfer	a leaf beetle
Pachnoda marginata	Kongo-Rosenkäfer	spotted sun beetle, African fruit beetle, African fruit chafer
Pachybrachis hieroglyphicus	Hieroglyphen-Scheckenkäfer	
Pachycnemia hippocastanaria	Schmalflügeliger Heidekrautspanner	horse chestnut (moth)
Pachygastria trifolii/ Lasiocampa trifolii	Kleespinner	grass eggar (moth)
Pachynematus pumilio	Blattwespe der Schwarzen Johannisbeere	black currant fruit sawfly
Pachyta lamed	Schwarzrandiger Vierfleckbock	
Pachyta quadrimaculata	Gelber Vierfleckbock	
Pachythelia villosella	Zottige Sackträgermotte, Zottiger Sackträger	
Pachytodes cerambyciformis	Gefleckter Blütenbock	
Pachytodes erraticus	Fleckenbindiger Halsbock	
Pachytrachis striolatus	Gestreifte Südschrecke	striated bush-cricket
Paederus riparius	Bunter Uferkurzflügler	a rove beetle

Pagiphora annulata	Löffelsingzikade	
Paguma larvata	Larvenroller	masked palm civet
Paidia rica	Mauer-Flechtenbärchen	glaucous muslin (moth)
Palaeochrysophanus hippothoe/ Lycaena hippothoe	Lilagold-Feuerfalter	purple-edged copper
Palaeocimbex quadrimaculata	Mandelbaum-Blattwespe	almond sawfly
Palaeopsylla minor	Kleiner Maulwurfsfloh, Spitzmausfloh	a mole/shrew flea
Pales maculata	Gefleckte Schnake	spotted crane fly
Palingenia longicauda	Theißblüte	long-tailed mayfly
Pallopteridae	Zitterfliegen	pallopterid flies
Palomena prasina	Grüne Stinkwanze	green shield bug, green shieldbug, common green shield bug
Palorus ratzeburgi	Kleinäugiger Reismehlkäfer, Kleinäugiger Getreidemehlkäfer	small-eyed flour beetle
Palorus subdepressus	Amerikanischer Reismehlkäfer	depressed flour beetle
Pammene argyrana	Eichengallen-Samenwickler	black-bordered piercer (moth)
Pammene aurana	Bärenklau-Samenwickler	orange-spot piercer (moth)
Pammene aurita	Goldgelber Bergahornwickler	sycamore piercer (moth)
Pammene fasciana	Ahorn-Samenwickler, Früher Kastanienwickler	acorn piercer (moth), chestnut leafroller (moth), chestnut tortrix
Pammene germmana	Pflaumen-Samenwickler	black piercer (moth)
Pammene obscurana	Zwergbirkenwickler	obscure birch piercer (moth)
Pammene rhediella	Weißdorn-Samenwickler, Bodenseewickler	fruitlet mining tortrix (moth)
Pammene splendidulana	Eichen-Samenwickler	drab oak piercer (moth)
Pamphiliidae (Lydidae)	Gespinstblattwespen (Kotsackblattwespen)	webspinning sawflies & leafrolling sawflies
Panagaeus bipustulatus	Trockenwiesen-Kreuzläufer, Zweifleck-Kreuzläufer, Kleiner Scheukäfer	two-spot ground beetle*
Panagaeus cruxmajor	Feuchtbrachen-Kreuzläufer, Sumpf-Kreuzläufer, Kreuzfleckiger Scheuläufer, Großer Scheuläufer	crucifix ground beetle
Pancalia leuwenhoekella	Veilchen-Prachtfalter	violet cosmet (moth)

Panchlora exoleta	Grüne Bananenschabe	green cockroach, green banana roach
Panchlora nivea	Grüne Schabe, Grünschabe, Bananenschabe, Grüne Bananenschabe, Hellgrüne Bananenschabe	green cockroach, green banana roach, pale-green Cuban cockroach
Panchlora viridis	Grüne Kubanische Bananenschabe	Cuban green roach
Panchrysia aurea	Große Wiesenrauten-Goldeule	
Pandemis cerasana	Johannisbeerwickler	barred fruit-tree tortrix (moth)
Pandemis corylana	Genetzter Haselnusswickler	chequered fruit-tree tortrix (moth), hazel tortrix (moth), filbert tortricid, barred fruit tree moth
Pandemis heparana	Obstwickler	dark fruit-tree tortrix (moth)
Pandoriana pandora/ Argynnis pandora	Kardinal, Pandorafalter	cardinal (butterfly)
Panemeria tenebrata	Hornkraut-Tageulchen, Hornkraut-Sonneneulchen	small yellow underwing (moth)
Panolis flammea	Kieferneule, Forleule	pine beau (moth), pine beauty
Panorpa communis	Gemeine Skorpionsfliege, Gewöhnliche Skorpionsfliege	common scorpionfly
Panorpa germanica	Deutschee Skorpionsfliege	German scorpionfly
Panorpidae	Skorpionsfliegen	scorpionflies, common scorpionflies
Pantala flavescens	Wanderlibelle	wandering glider, globe skimmer (dragonfly)
Panthea coenobita	Mönch, Klosterfrau	pine arches (moth)
Pantilius tunicatus	Erlen-Weichwanze, Erlenweichwanze, Erlengast	catkin bug
Panurgus banksianus	Große Zottelbiene, Große Trugbiene	large shaggy bee, hairy panurgus
Panurgus calcaratus	Zottelbiene, Spitzzahn-Zottelbiene, Trugbiene	small shaggy bee
Panzeria rudis	Eulen-Raupenfliege	
Papilio antimachus	Afrikanischer Riesenschwalbenschwanz	African giant swallowtail (butterfly)
Papilio glaucus	Östlicher Tigerschwalbenschwanz	tiger swallowtail (butterfly)
Papilio machaon	Schwalbenschwanz	swallowtail (butterfly)
Papilio polyxenes	Schwarzer Schwalbenschwanz	black swallowtail (butterfly), (caterpillar: parsleyworm)

Papilionidae	Ritter (Edelfalter/ Schwalbenschwänze)	swallowtails & apollos
Paraceras melis	Dachsfloh	badger flea
Paracinema tricolor	Dreifarbschrecke	tricolor grasshopper
Paracolax tristalis/ Paracolax derivalis	Trübgelbe Spannereule, Trübgelbe Zünslereule	clay fan-foot (moth)
Paracorymbia maculicornis/ Stictoleptura maculicornis/ Corymbia maculicornis/ Leptura maculicornis	Fleckenhörniger Halsbock	a longhorn beetle
Paracrania chrysolepidella	Hainbuchen-Trugfalter	small hazel purple (moth)
Paradarsia consonaria	Glattbindiger Rindenspanner	square spot (moth)
Paradarsia punicea	Moorheiden-Bodeneule, Rotbraune Moorheiden-Erdeule	redbrown marsh moth*
Paradelphacodes paludosa	Sumpfspornzikade	
Paradiplosis abietis	Tannennadel-Gallmücke	fir-needle gall midge
Paradromius linearis/ Dromius linearis	Geriffelter Rindenläufer, Schmaler Rindenläufer, Gestreifter Rennkäfer, Gewöhnlicher Schmalläufer	common bladerunner
Paradromius longiceps/ Dromius longiceps	Langköpfiger Rindenläufer, Langkopf-Schmalläufer	long-headed bladerunner
Parafomoria helianthemella	Sonnenröschen-Zwergminierfalter	
Parahypopta caestrum/ Hypopta caestrum	Spargelbohrer	asparagus moth
Paraliburnia adela	Glanzgras-Spornzikade	
Paraliburnia clypealis	Braune Spornzikade	
Paralipsa gularis	Samenzünsler	stored nut moth, brush-winged honey, Japanese grain moth
Paranchus albipes/ Platynus ruficornis	Ufer-Enghalsläufer	
Paranthrene insolitus	Eichenzweig-Glasflügler	
Paranthrene tabaniformis	Kleiner Pappelglasflügler, Kleiner Pappel-Glasflügler, Bremsenglasflügler, Bremsenschwärmer	lesser poplar hornet clearwing, lesser hornet moth
Parapiesma quadratum/ Piesma quadrata	Rübenwanze	beet leaf bug

Parapleurus alliaceus/ Mecostethus alliaceus	Lauchschrecke	leek grasshopper
Parapoynx startiolata	Wasseraloe-Zünsler	ringed China-mark (moth)
Pararge aegeria	Waldbrettspiel, Laubfalter	speckled wood
Parascotia fuliginaria	Pilzeule	waved black (moth)
Parasemia plantaginis	Wegerichbär	wood tiger (moth)
Parastichtis suspecta	Pappelkätzcheneule	suspected (moth), the suspected
Paraswammerdamia lutarea/ Paraswammerdamia nebulellaa	Weißkopfgespinstmotte	hawthorn ermel (moth)
Paratalanta hyalinalis	Durchsichtiger Sandzünsler	translucent pearl (moth)
Paratettix meridionalis	Mittelmeer-Dornschrecke	Mediterranean groundhopper
Paratrechina longicornis	Schwarze Spinnerameise, Verrückte Ameise	longhorn crazy ant, crazy ant, hairy ant, black crazy ant, slender crazy ant
Pardasena virgulana	Graues Kahneulchen*	grey square (moth)
Parectopa ononidis	Hauhechel-Blatttütenfalter	
Parectopa robiniella	Robinien-Blatttütenfalter	locust digitate leafminer (moth)
Parectropis similaria	Weißfleck-Rindenspanner	brindled white-spot (moth)
Pareulype berberata	Kleiner Berberitzenspanner	barberry carpet (moth)
Parhelophilus frutetorum	Helle Teichrandschwebfliege, Helle Teichrand-Schwebfliege	
Parhelophilus versicolor	Dunkle Teichrandschwebfliege, Dunkle Teichrand-Schwebfliege	
Parlatoria blanchardii	Dattelpalmen-Schildlaus, Dattelpalmenschildlaus	date palm scale
Parlatoria oleae	Olivenschildlaus	olive parlatoria scale
Parlatoria pergandii	Palatoria-Zitrusschildlaus	chaff scale, black parlatoria scale
Parmena balteus	Efeubock	
Parnassius apollo	Apollofalter, Roter Apollofalter, Roter Apollo	apollo (butterfly), mountain apollo
Parnassius mnemosyne	Schwarzer Apollofalter, Schwarzer Apollo	clouded apollo, black apollo
Parnassius sacerdos (P. phoebus)	Alpenapollo, Hochalpen-Apollo	phoebus apollo, small apollo
Parnassius smintheus (P. phoebus)	Rocky Mountains-Apollo	Rocky Mountains parnassian, Rocky Mountains apollo

Parophonus maculicornis	Geflecktfühleriger Haarschnellläufer	
Parornix alpicola	Silberwurz-Blatttütenfalter	Alpine slender (moth)
Parornix anglicella	Weißdorn-Randfaltenmotte	hawthorn slender (moth)
Parornix betulae	Birken-Randfaltenmotte	brown birch slender (moth)
Parornix carpinella	Hainbuchen-Randfaltenmotte	hornbeam slender (moth)
Parornix devoniella	Hasel-Randfaltenmotte	hazel slender (moth)
Parornix fagivora	Buchen-Randfaltenmotte	beech slender (moth)
Parornix finitimella	Kleine Schlehen-Randfaltenmotte	pointed slender (moth)
Parornix scoticella	Vogelbeeren-Randfaltenmotte	rowan slender (moth)
Parornix torquillella/ Deltaornix torquillella	Große Schlehen-Randfaltenmotte	blackthorn slender (moth)
Parthenolecanium corni/ Lecanium corni	Große Obstbaumschildlaus, Kleine Rebenschildlaus, Zwetschgenschildlaus	brown scale, European brown scale, brown fruit scale, European fruit lecanium scale, European peach scale
Parthenolecanium persicae	Europäische Pfirsichschildlaus	European peach scale
Parthenothrips dracaenae	Gebänderter Gewächshausthrips, Palmenthrips, Drazänenthrips	palm thrips
Pasiphila chloerata	Schlehen-Blütenspanner	sloe pug (moth)
Pasiphila debiliata	Heidelbeer-Grünspanner	bilberry pug (moth)
Pasiphila rectangulata	Graugrüner Apfel-Blütenspanner	green pug (moth)
Passalidae	Zuckerkäfer	bess beetles, "bessbugs", peg beetles
Pastiroma clypeata	Sodaspornzikade	
Patrobus assimilis	Hochmoor-Grubenhalskäfer	northern pinchneck (ground beetle)
Patrobus atrorufus	Schwarzbrauner Grubenhalskäfer, Gewöhnlicher Grubenhalskäfer	common pinchneck (ground beetle)
Paysandisia archon	Palmenmotte	palm borer moth
Pechipogo plumigeralis	Steppenheiden-Spannereule, Steppenheiden-Zünslereule	plumed fan-foot (moth)
Pechipogo strigilata	Bart-Spannereule, Bart-Zünslereule, Palpen-Spannereule	common fan-foot (moth)
Pectinophora gossypiella	Roter Baumwollkapselwurm	pink bollworm
Pediacus depressus	Rostbrauner Plattkäfer	russet flat bark beetle*
Pediasia fascelinella	Silbergraszünsler	banded grass-veneer (moth)

Pedicia rivosa	Große Stelzmücke	
Pediculidae	Menschenläuse	human lice
Pediculus capitis (P. humanus capitis)	Kopflaus	head louse
Pediculus humanus (P. humanus humanus/ P. humanus corporis)	Kleiderlaus	body louse, "cootie", "seam squirrel", clothes louse
Pedilidae	Pediliden	false antloving flower beetles
Pedinus femoralis	Kleiner Stinkkäfer, Grassteppen-Schwarzkäfer	a tiny darkling beetle
Pedostrangalia pubescens	Filshaariger Halsbock	
Pedostrangalia revistita	Rotgelber Buchen-Halsbock	
Pegohylemyia gnava/ Botanophila gnava	Lattichfliege, Salatfliege	lettuce seed fly
Pegomya hyoscyami/ Pegomya betae	Rübenfliege, Runkelfliege, Spinatfliege	mangold fly, mangel fly, spinach leafminer, beet fly, beet miner, beet leafminer, beet leaf miner
Pegomya rubivora	Himbeerrutenfliege	loganberry cane fly, raspberry cane fly (raspberry cane maggot)
Pelochares versicolor	Gescheckter Uferpillenkäfer	
Pelophila borealis	Lehmlaufkäfer, Zehnstreifen-Lehmlaufkäfer*	ten-lined dimple-back (beetle)
Pelosia muscerda	Gepunktetes Flechtenbärchen, Erlenmoor-Flechtenbärchen	dotted footman (moth)
Pelosia obtusa	Schilf-Flechtenbärchen	small dotted footman (moth)
Peltodytes caesus	Ovaler Wassertreter	
Peltonotellus punctifrons	Zweipunkt-Walzenzikade	
Peltonotellus quadrivittatus	Gestreifte Walzenzikade	
Peltoperlidae	Schabenartige Steinfliegen	roachlike stoneflies, forestflies
Pelurga comitata	Meldenspanner, Melden-Blattspanner, Gänsefußspanner	dark spinach (moth)
Pemphigidae (Eriosomatidae)	Blasenläuse	aphids
Pemphigus betae	Zuckerrübenwurzellaus	sugar beet root aphid
Pemphigus bursarius	Salatwurzellaus, Pappel-Blattsteilbeutelgallenlaus	lettuce root aphid, poplar-lettuce aphid, lettuce purse-gall aphid
Pemphigus populinigrae/ Pemphigus filaginis	Pappelblattrippen-Gallenlaus, Pappelblattrippengallenlaus	poplar-cudweed aphid
Pemphigus spirothecae	Spiralgallenlaus	poplar spiral-gall aphid

Pennisetia hylaeiformis/ Bembecia hylaeiformis	Himbeer-Glasflügler, Himbeerglasflügler	raspberry clearwing (moth)
Pennisetia marginata/ Bembecia marginata	Himbeerwurzelhalsbohrer	raspberry crown borer, raspberry root borer, loganberry crown borer
Pennithera firmata/ Thera firmata	Herbst-Kiefern-Nadelholzspanner	pine carpet, red pine carpet (moth)
Pentarthrum huttoni	Nassholzrüssler	European wood weevil, wood-boring weevil
Pentastiridius beieri	Kiesbank-Glasflügelzikade	
Pentastiridius leporinus	Schilf-Glasflügelzikade	
Pentatoma rufipes	Rotbeinige Baumwanze	forest bug, forest shieldbug, red-legged shieldbug
Pentatomidae	Baumwanzen & Schildwanzen & Stinkwanzen	shield bugs & stink bugs
Pentatrichopus fragaefolii/ Chaetosiphon fragaefolii	Erdbeerknotenhaarlaus, Knotenhaarlaus, Erdbeerblattlaus	strawberry aphid
Penthimia nigra	Mönchszikade	a leafhopper
Pentophera morio	Trauerspinner	black grass moth*
Pepestra biren	Moorwald-Blättereule	glaucous shears (moth)
Perconia strigillaria	Heide-Streifenspanner	grass wave (moth)
Peribatodes ilicaria	Südlicher Eichen-Baumspanner	Lydd beauty (moth)
Peribatodes rhomboidaria	Rauten-Rindenspanner, Rhombenspanner, Zweifleckiger Baumspanner	willow beauty (moth)
Peribatodes secundaria	Nadelholz-Rindenspanner, Weißlicher Kiefernspanner	feathered beauty (moth)
Pericallia matronula	Augsburger Bär	large tiger moth
Periclista lineolata	eine Eichenblattwespe	an oak sawfly
Peridea anceps	Eichen-Zahnspinner, Eichenzahnspinner	great prominent (moth)
Peridroma saucia	Grassteppen-Bodeneule	pearly underwing (moth), (larva: variegated cutworm)
Perigona nigriceps	Kompostläufer	compost beetle*
Perileptus areolatus	Schlanker Sand-Ahlenläufer, Schwarzbrauner Flinkläufer	slender river-bank ground beetle
Periphanes delphinii	Rittersporn-Sonneneule, Ritterspornеule	pease blossom (moth)
Periplaneta americana	Amerikanische Großschabe, Amerikanische Schabe	American cockroach

Periplaneta australasiae	Australische Schabe, Südliche Großschabe	Australian cockroach
Periplaneta brunnea	Braune Schabe	brown cockroach
Periplaneta fuliginosa	Rußbraune Schabe	smoky brown cockroach, smokybrown cockroach
Perizoma affinitata	Lichtnelken-Kapselspanner	the rivulet, rivulet (moth)
Perizoma albulata	Klappertopf-Kapselspanner	grass rivulet (moth)
Perizoma alchemillata	Hohlzahn-Kapselspanner	small rivulet (moth)
Perizoma bifaciata	Zahntrost-Kapselspanner	barred rivulet (moth)
Perizoma blandiata/ Phalaena adaequata	Augentrost-Kapselspanner	pretty pinion (moth)
Perizoma flavofasciata	Gelber Lichtnelken-Kapselspanner	sandy carpet (moth)
Perizoma hydrata	Felsen-Kapselspanner	canted rivulet (moth)
Perizoma incultaria	Ungeschmückter Kapselspanner	Alpine rivulet (moth)
Perizoma lugdunaria	Hühnerbiss-Kapselspanner	
Perizoma minorata	Kleiner Augentrost-Kapselspanner	heath rivulet (moth)
Perizoma obsoletata	Enzian-Kapselspanner	
Perkinsiella saccharicida	Zuckerrohrzikade	sugarcane delphacid
Perlidae	Gewöhnliche Steinfliegen	common stoneflies
Perlodidae	Perlodiden	perlodid stoneflies
Perothopidae	Amerikanische Buchenkäfer	beech-tree beetles
Peruphasma schultei	Samtschrecke, Rotgeflügelte Samtschrecke, Samt-Stabschrecke, Peru-Stabschrecke, Peruanische Pfefferschrecke	black beauty stick insect, Peruvian black beauty stick insect, golden-eyed stick insect
Petrophaga lithographica (see: Lithophaga lithophaga)	Gemeine Steinlaus (Pschyrembel)	common stonelouse
Petrophora chlorosata	Moorwald-Adlerfarnspanner	brown silver-line (moth)
Pexicopia malvella	Malvenmotte	hollyhock seed moth
Pezotettix giornae	Kleine Knarrschrecke, Rossis Knarrschrecke	common maquis grasshopper
Phaenops cyanea	Blauer Kiefernprachtkäfer, Blauer Kiefern-Prachtkäfer	steelblue jewel beetle
Phaenops formaneki	Moorkiefern-Pachtkäfer	
Phaeophilacris bredoides	Ostafrikanische Höhlengrille	African cave cricket, East African cave cricket

Phaeostigma notata	Gefleckte Kamelhalsfliege	spotted snakefly*
Phalacridae	Glattkäfer	shining flower beetles
Phalacropterix graslinella	Graslins Sacktägermotte, Graslins Sacktäger	
Phalacrus coruscus	Getreide-Glattkäfer	cereal flower beetle*
Phalacrus politus	Gleichfuß-Glattkäfer	smut beetle
Phalera bucephala	Mondvogel, Mondfleck	buff-tip moth
Phalera bucephaloides	Östlicher Mondvogel, Östlicher Mondfleck	greater buff-tip moth
Phaleria cadaverina	Hellfarbener Schwarzkäfer	
Phaneroptera falcata	Gemeine Sichelschrecke	sickle-bearing bush-cricket
Phaneroptera nana	Vierpunkt-Sichelschrecke	four-spot bush-cricket
Phaneropteridae	Sichelschrecken	bush katydids & round-headed katydids
Phania funesta	Erdwanzenfliege	
Pharaxonota kirschi	Mexikanischer Getreidekäfer	Mexican grain beetle
Pharmacis carna	Espers Alpen-Wurzelbohrer, Schwärzlicher Wurzelbohrer	Esper's alpine swift (moth), Esper's alpine rootworm (moth)
Pharmacis fusconebulosa/ Korscheltellus fusconebulosa/ Hepialus fusconebulosa	Adlerfarn-Wurzelbohrer	map-winged swift (moth)
Pharmacis lupulina/ Hepialus lupulinus/ Korscheltellus lupulinus	Wurzelspinner, Kleiner Hopfenwurzelbohrer, Kleiner Hopfen-Wurzelbohrer, Queckenwurzelspinner	common swift (moth), garden swift (moth)
Phasia aurigera	Goldschildfliege, Goldschild-Wanzenfliege	gold shield fly
Phasia hemiptera	Wanzenfliege	
Phasma gigas	Riesenstabschrecke	giant phasma, giant stick insect, walking stick, giant Papua walking stick
Phasmatidae/ Phasmida	Gespenstheuschrecken & Stabheuschrecken	walking sticks, stick-insects
Phaulernis fulviguttella	Giersch-Goldzahnflügelfalter	yellow-spotted lance-wing
Phausis splendidula	Kleines Johanniswürmchen	lesser glow-worm
Pheidole megacephala	Dickkopfameise, Großkopfameise*	big-headed ant (BHA), Madeira house ant, coastal brown ant (AUS)
Pheidole pallidula	Bleiche Soldatenameise	

Phenacoccus aceris	Ahornschmierlaus	apple mealybug, maple mealybug
Phengodidae	Phengodiden	glowworm beetles
Pheosia gnoma	Birken-Porzellanspinner, Birken-Zahnspinner, Birkenzahnspinner	lesser swallow prominent (moth)
Pheosia tremula	Pappel-Porzellanspinner, Pappel-Zahnspinner, Pappelzahnspinner	swallow prominent (moth)
Pherbellia knutsoni	Schneckentöter*	snail-killing fly
Phibalapteryx virgata	Streifenspanner	oblique striped (moth)
Phigalia pilosaria/ Apocheima pilosaria	Grauer Wollrückenspanner, Schlehenfrostspinner, Schneespanner	pale brindled beauty (moth)
Philaenus spumarius	Wiesenschaumzikade, Wiesen-Schaumzikade	common froghopper, meadow spittlebug
Philanthus triangulum	Bienenwolf	bee-killer wasp, bee-killer
Philereme transversata	Großer Kreuzdornspanner	dark umber (moth)
Philereme vetulata	Kleiner Kreuzdornspanner	brown scallop (moth)
Philonicus albiceps	Sand-Raubfliege	
Philopedon plagiatus	Grauer Kugelrüssler	
Philorhizus melanocephalus	Schwarzkopf-Rindenläufer, Heller Rindenläufer	black-headed stemrunner
Philorhizus notatus	Gebänderter Rindenläufer	sand stemrunner
Philorhizus quadrisignatus	Großäugiger Rindenläufer	tumbling stemrunner
Philorhizus sigma	Sumpf-Rindenläufer	fen stemrunner
Philoscia muscorum	Moosassel, Gefleckte Moosassel	common striped woodlouse
Philudoria potatoria	Grasglucke	drinker (moth), the drinker
Phlaeothrips coriaceus	Laubbaumrindenthrips	
Phlebotomidae	Sandmücken	sandflies
Phlebotomus spp.	Sandmücken	sandflies
Phloeonomus pusillus	Kleiner Rindenkurzflügler	
Phloeopora testacea	Braunschwarzer Schlankkurzflügler	
Phloeosinus aubei	Zypressenborkenkäfer	
Phloeosinus thujae	Wacholderborkenkäfer	
Phloeostichus denticollis	Gezähnter Ahornplattkäfer	

Phloeotribus rhododactylus/ Phloeophthorus rhododactylus	Ginster-Borkenkäfer	broom bark beetle
Phloeotribus scarabaeoides	Ölbaum-Borkenkäfer, Oliven-Borkenkäfer, Olivenborkenkäfer	olive bark beetle
Phlogophora meticulosa	Achateule	angle shades (moth), angle-shades moth
Phlogophora scita	Smaragdeule, Waldfarn-Smaragdeule	green angle shades (moth)
Phloiophilus edwardsi	Edwards Doppelzahnwollhaarkäfer	
Phlugiola dahlemica	Dahlem Palmenhausheuschrecke, Dahlemer Gewächshausschrecke	Dahlem greenhouse bush-cricket, Dahlem greenhouse bushcricket
Phobaeticus serratipes	Malaiische Riesenstabschrecke, Wandelnder Ast	giant Malayan stick insect
Phoeosinus aubei	Zweifarbiger Thuja-Borkenkäfer, Zweifarbiger Wacholder-Borkenkäfer	cypress bark beetle, cedar bark beetle, Mediterranean cedar bark beetle
Phoeosinus thujae	Thuja-Borkenkäfer, Wacholder-Borkenkäfer	Thuja bark beetle
Pholidoptera aptera	Alpen-Strauchschrecke	Alpine dark bush-cricket
Pholidoptera fallax	Südliche Strauchschrecke	Fischer's bush-cricket
Pholidoptera griseoaptera	Gewöhnliche Strauchschrecke, Gemeine Strauchschrecke	dark bush-cricket
Pholidoptera littoralis	Küsten-Strauchschrecke	littoral bush-cricket
Phoracantha semipunctata	Eukalyptusborer	Eucalyptus longhorn beetle
Phorbia coarctata/ Delia coarctata	Brachfliege	wheat bulb fly
Phoridae	Buckelfliegen (Rennfliegen)	humpbacked flies
Phormia regina	Glanzfliege	black blow fly
Phorodon humuli	Hopfenblattlaus, Hopfenlaus	hop aphid, damson-hop aphid
Phortica variegata	eine Fruchtfliege	variegated fruit-fly
Phosphaenus hemipterus	Kurzflügel-Leuchtkäfer, Kurzflügeliger Leuchtkäfer	short-wing lightning beetle
Photedes captiuncula	Grashaldeneule, Grashalden-Haineulchen	least minor (moth)
Photedes extrema/ Chortodes extrema	Reitgras-Halmeule, Weißgraue Sumpfgraseule	concolorous (moth), the concolorous

Photedes fluxa/ Chortodes fluxa	Gelbliche Sumpfgraseule	mere wainscot (moth)
Photedes minima	Schmieleneule, Schmieleneulchen, Weißgraue Sumpfgraseule, Kleine Sumpfgraseule	small dotted buff (moth)
Photedes morrisii/ Chortodes morrisii	Weißglänzende Rohrschwingel-Halmeule	Morris's wainscot (moth)
Photinus pennsylvanicus	Pennsylvanisches Glühwürmchen	Pennsylvania firefly
Photinus pyralis	Pyralis-Glühwürmchen	pyralis firefly
Phragmataecia castaneae	Rohrbohrer, Schilfbohrer	reed leopard moth
Phragmatiphila nexa	Wasserschwaden-Röhrichteule	
Phragmatobia fuliginosa	Zimtbär, Rostbär, Rostflügelbär	ruby tiger (moth)
Phratora vitellinae	Kleiner Weidenblattkäfer, Metallischer Weidenblattkäfer	brassy willow beetle, brassy willow leaf beetle
Phratora vulgatissima	Blauer Weidenblattkäfer	blue willow beetle, blue willow leaf beetle
Phryganea grandis	Große Köcherfliege	great red sedge
Phryganophilus ruficollis	Rothalsiger Düsterkäfer	
Phryneta leprosa		African brown longhorn beetle, castilloa borer
Phryxe vulgaris	Gammaeulen-Raupenfliege	silver Y moth parasite fly
Phtheochroa pulvillana	Spargelwickler	
Phtheochroa rugosana	Zaunrübenwickler	rough-winged conch (moth)
Phtheochroa sodaliana	Milchweißer Kreuzdornwickler	buckthorn conch (moth)
Phthiraptera (Mallophaga & Anoplura)	Tierläuse, Lauskerfe, Läuslinge	phthirapterans
Phthiridium biarticulatum	Fledermauslausfliege, Fledermaus-Lausfliege	bat fly, bat-fly
Phthirus pubis/ Pthirus pubis	Filzlaus, Schamlaus	pubic louse, crab louse, "crab"
Phthorimaea operculella	Kartoffelmotte	potato moth, potato tuber moth (potato tuberworm), tobacco splitworm, tobacco leaf miner
Phycita roborella	Eichenbuschzünsler	dotted oak knot-horn (moth)
Phyllaphis fagi	Wollige Buchenlaus	beech aphid, woolly beech aphid
Phylliidae	Wandelnde Blätter	walking leaves, leaf insects
Phyllium giganteum	Großes Wandelndes Blatt	giant leaf insect, giant Malaysian leaf insect

Phyllium philippinicum	Philippinisches Wandelndes Blatt	Philippine walking leaf, Philippine leaf insect
Phyllium siccifolium	Wandelndes Blatt	walking leaf, leaf insect
Phyllobius argentatus	Goldgrüner Blattnager, Silberner Grünrüssler	silver-green leaf weevil
Phyllobius calcaratus	Spornblattrüssler	glaucous leaf weevil
Phyllobius maculicornis	Grüner Blattnager, Grüner Laubrüsselkäfer, Grüner Laubrüssler	green leaf weevil
Phyllobius oblongus	Zweifarbiger Schmalbauchrüssler, Brauner Schmalbauchrüssler	brown leaf weevil
Phyllobius pomaceus	Brennnesselblattrüssler, Brennnessel-Grünrüssler, Zweifarbiger Schmalbauchrüssler	nettle leaf weevil, green nettle weevil
Phyllobius pyri	Birnen-Grünrüssler, Breiter Birnen-Grünrüssler	pear weevil, common leaf weevil, larger green weevil
Phyllobius urticae	Nessel-Grünrüssler	nettle weevil, stinging nettle weevil
Phyllobrostis hartmanni	Steinröschenminierfalter	
Phyllobrotica quadrimaculata	Helmkraut-Blattkäfer	skullcap leaf beetle
Phyllocnistidae	Saftschlürfermotten	eyecap moths
Phyllocnistis saligna	Weiden-Schneckenmotte	willow bent-wing (moth)
Phyllocnistis unipunctella/ Opostega suffusella	Pappel-Schneckenmotte, Einpunkt-Pappelblattminiermotte	poplar bent-wing (moth), onespotted poplar leafminer
Phyllocnistis vitegenella	Rebenminiermotte	grapevine leafminer (moth)
Phyllocnistis xenia	Silberpappel-Schneckenmotte	Kent bent-wing (moth)
Phyllodecta laticollis	Kleiner Pappelblattkäfer*	small poplar leaf beetle
Phyllodecta viminalis	Veränderlicher Weidenblattkäfer	variable willow leaf beetle
Phyllodecta vitellinae	Kleiner Weidenblattkäfer	brassy willow leaf beetle, brassy willow beetle
Phyllodecta vulgatissima	Blauer Weidenblattkäfer	blue willow leaf beetle, blue willow beetle
Phyllodesma ilicifolia	Weidenglucke, Heidelbeer-Glucke, Blaubeerglucke	small lappet (moth)
Phyllodesma tremulifolia	Eichenglucke, Kleine Eichenglucke	aspen lappet (moth)

Phyllodromica maculata	Gefleckte Kleinschabe	Bavarian spotted cockroach*
Phyllonorycter acerifoliella	Feldahorn-Faltenminiermotte	maple midget (moth)
Phyllonorycter agilella	Ulmen-Faltenminiermotte	Central European elm midget (moth)
Phyllonorycter anderidae	Zwergbirken-Faltenminiermotte	
Phyllonorycter blancardella	Apfel-Faltenminiermotte	brown apple midget (moth)
Phyllonorycter cavella	Große Birken-Faltenminiermotte	gold birch midget (moth)
Phyllonorycter cerasicolella	Kirschen-Faltenminiermotte	cherry midget (moth)
Phyllonorycter cerasinella	Flügelginster-Faltenminiermotte	
Phyllonorycter comparella	Pappel-Faltenminiermotte	winter poplar midget (moth)
Phyllonorycter coryli	Oberseitige Hasel-Faltenminiermotte	nut leaf blister moth
Phyllonorycter cydoniella	Quitten-Faltenminiermotte	quince midget (moth)
Phyllonorycter emberizaepenella	Geißblatt-Faltenminiermotte	large midget (moth)
Phyllonorycter esperella	Oberseitige Hainbuchen-Faltenminiermotte	dark hornbeam midget (moth)
Phyllonorycter froelichiella	Große Erlen-Faltenminiermotte	broad-barred midget (moth)
Phyllonorycter geniculella	Bergahorn-Faltenminiermotte	sycamore midget (moth)
Phyllonorycter hilarella	Salweiden-Faltenminiermotte	sallow midget (moth)
Phyllonorycter insignitella	Klee-Faltenminiermotte	clover midget (moth)
Phyllonorycter issikii	Linden-Faltenminiermotte, Lindenminiermotte	lime leaf miner (moth)
Phyllonorycter joannisi/ Phyllonorycter platanoidella	Spitzahorn-Faltenminiermotte	white-bodied midget (moth)
Phyllonorycter kleemannella	Kleine Erlen-Faltenminiermotte	dark alder midget (moth)
Phyllonorycter lantanella	Schneeball-Faltenminiermotte	Viburnum midget (moth)
Phyllonorycter leucographella	Feuerdorn-Faltenminiermotte, Feuerdornminiermotte	firethorn leaf-miner (moth)
Phyllonorycter maestingella	Buchen-Faltenminiermotte, Buchenminiermotte	beech midget (moth), beech leafminer (moth)
Phyllonorycter mespilella	Elsbeeren-Faltenminiermotte	scarce brown midget (moth)
Phyllonorycter messaniella	Faltenminiermotte (an Eiche/ Buche/ Hainbuche/ Kastanie)	garden midget (moth), European oak leaf-miner, Zeller's midget
Phyllonorycter nicellii	Unterseitige Hasel-Faltenminiermotte	red hazel midget (moth)

Phyllonorycter oxyacanthae	Weißdorn-Faltenminiermotte	common thorn midget (moth)
Phyllonorycter pastorella	Späte Weiden-Faltenminiermotte, Später Weiden-Faltenminierer	
Phyllonorycter platani	Platanen-Faltenminiermotte, Platanenminiermotte	London midget, plane leaf-miner
Phyllonorycter quercifoliella	Gemeine Eichen-Faltenminiermotte	common oak midget (moth)
Phyllonorycter quinqueguttella	Kriechweiden-Faltenminiermotte	sandhill midget (moth)
Phyllonorycter rajella	Gemeine Erlen-Faltenminiermotte	common alder midget (moth)
Phyllonorycter robiniella	Robinien-Faltenminiermotte	locust leaf-miner, black locust leafminer
Phyllonorycter sagitella	Espen-Faltenminiermotte	scarce aspen midget (moth)
Phyllonorycter salicicolella	Weiden-Faltenminiermotte	long-streak midget (moth)
Phyllonorycter scopariella	Besenginster-Faltenminiermotte	broom midget (moth)
Phyllonorycter sorbi	Vogelbeeren-Faltenminiermotte	rowan midget (moth)
Phyllonorycter spinicolella	Schlehen-Faltenminiermotte	sloe midget (moth)
Phyllonorycter staintoniella	Ginster-Faltenminiermotte	
Phyllonorycter stettinensis	Oberseitige Erlen-Faltenminiermotte	small alder midget (moth)
Phyllonorycter strigulatella	Grauerlen-Faltenminiermotte	grey-alder midget (moth)
Phyllonorycter tenerella	Unterseitige Hainbuchen-Faltenminiermotte	hornbeam midget (moth)
Phyllonorycter tristrigella	Feldulmen-Faltenminiermotte, Bergulmen-Faltenminiermotte	elm midget (moth)
Phyllonorycter ulmifoliella	Gemeine Birken-Faltenminiermotte	red birch midget (moth)
Phyllonorycter viminella/ Phyllonorycter salictella	Korbweiden-Faltenminiermotte	willow midget (moth)
Phyllonorycter viminetorum	Korbweiden-Faltenminiermotte	osier midget (moth)
Phyllopertha horticola	Gartenlaubkäfer	bracken chafer, garden chafer
Phylloporia bistrigella	Zweistreifiger Birken-Blattsackfalter	striped bright (moth)
Phyllotreta aerea	Kleiner Schwarzer Erdfloh*	small black flea beetle
Phyllotreta armoraciae	Meerrettich-Erdfloh, Meerretticherdfloh	horseradish flea beetle

Phyllotreta atra	Schwarzer Kohlerdfloh	black turnip flea beetle
Phyllotreta cruciferae	Grünglänzender Kohlerdfloh	crucifer flea beetle, cabbage flea beetle
Phyllotreta diademata	Kronen-Erdfloh*	crown flea beetle
Phyllotreta nemorum	Gelbstreifiger Kohlerdfloh	large striped flea beetle
Phyllotreta nigripes	Blauseidiger Kohlerdfloh	blueish turnip flea beetle
Phyllotreta spp.	Kohlerdflöhe	flea beetles, turnip flea beetles
Phyllotreta undulata	Geschweiftstreifiger Kohlerdfloh, Gewelltstreifiger Kohlerdfloh	small striped flea beetle
Phyllotreta vittula	Getreideerdfloh	barley flea beetle
Phylloxera coccinea	Eichenzwerglaus u. a.	oak leaf phylloxera a.o., oak aphid, oak phylloxera
Phylloxera glabra	Eichenzwerglaus u. a.	oak leaf phylloxera a.o., oak aphid, oak phylloxera
Phylloxera quercus/ Acanthochermes quercus	Eichenzwerglaus u. a.	oak leaf phylloxera a.o., oak aphid, oak phylloxera
Phylloxeridae	Zwergläuse, Zwergblattläuse	phylloxerans (aphids)
Phymatidae	Fangwanzen, Gespensterwanzen	ambush bugs
Phymatocera aterrima	Maiglöckchenblattwespe, Maiglöckchen-Blattwespe, Salomonssiegel-Blattwespe	solomon's seal sawfly
Phymatodes alni	Bunter Scheibenbock, Kleiner Schönbock	
Phymatodes glabratus	Wacholderbock	
Phymatodes pusillus	Kleiner Scheibenbock	
Phymatodes rufipes	Rotbeiniger Scheibenbock	
Phymatodes testaceus	Variabler Schönbock, Veränderlicher Scheibenbock	violet tanbark beetle, tanbark borer (longhorn beetle)
Phymatopus hecta	Heidekraut-Wurzelbohrer	gold swift (moth)
Physokermes piceae	Fichtenquirlschildlaus	spruce bud scale
Phytocoris dimidiatus	Graue Langbeinwanze	
Phytodecta decemnotata	Zitterpappelblattkäfer	aspen leaf beetle
Phytodecta vitellinae	Messingfarbener Weidenblattkäfer	brassy willow leaf beetle
Phytoecia coerulescens	Dichtpunktierter Walzenhalsbock	densely dotted longhorn beetle*
Phytoecia cylindrica	Echter Walzenhalsbock, Zylindrischer Walzenhalsbock	umbellifer longhorn beetle

Phytoecia icterica	Pastinakböckchen	
Phytoecia molybdaena	Klatschmohn-Walzenhalsbock	
Phytoecia nigricornis	Schwarzhörniger Walzenhalsbock, Schwarzgrauer Walzenhalsbock	goldenrod longhorn beetle
Phytoecia nigripes	Schwarzfüßiger Walzenhalsbock	black-footed longhorn beetle*
Phytoecia pustulata	Schafgarben-Walzenhalsbock, Schafgarbenböckchen, Schafgarben-Böckchen	
Phytoecia rubropunctata	Rotpunktierter Walzenhalsbock	
Phytoecia uncinata	Wachsblumenböckchen, Wachsblumen-Böckchen	
Phytoecia virgula	Südlicher Walzenhalsbock	
Phytometra viridaria	Kreuzblumen-Bunteulchen	small purple-barred (moth)
Phytomyza atricornis/ Chromatomyia atricornis	Erbsenminierfliege	chrysanthemum leafminer (fly)
Phytomyza flavicornis	Brennnesselstengelminierfliege	nettle stem borer, nettle stem miner (fly)*
Phytomyza gymnostoma/ Napomyza gymnostoma	Lauchminierfliege	onion leaf miner, allium leaf miner
Phytomyza ilicis	Stechpalmenblattminierfliege, Ilexminierfliege	holly leafminer, holly leaf miner (fly)
Phytomyza nigra	Getreideblattminierfliege	cereal leafminer, cereal leaf miner (fly)
Phytomyza ramosa/ Chromatomyia ramosa	Kardenfliege*	teasel fly
Phytomyza rufipes	Blattstielminierfliege, Blumenkohlminierfliege, Kohlblattminierfliege*	cabbage leafminer, cabbage leaf miner (fly)
Phytonomus variabilis/ Hypera postica	Luzerneblattnager	luzerne weevil
Picromerus bidens	Zweispitzwanze, Zweizähnige Dornwanze	spiked shieldbug
Pidonia lurida	Schnürhalsbock	
Pieridae	Weißlinge	whites & sulphurs & orange-tips
Pieris brassicae	Großer Kohlweißling	large white (butterfly)
Pieris bryoniae	Hochalpen-Weißling, Bergweißling	dark-veined white (butterfly), mountain green-veined white (butterfly)

Pieris mannii	Karstweißling	southern small white (butterfly)
Pieris napi	Rapsweißling, Grünader-Weißling, Heckenweißling	green-veined white (butterfly)
Pieris rapae/ Artogeia rapae	Rübenweißling, Kleiner Kohlweißling	small white (butterfly), cabbage butterfly, imported cabbageworm (U.S.)
Piesma capitatum	Gänsefuß-Wanze	a beet bug
Piesma maculatum	Bruchkraut-Wanze	a beet bug
Piesmatidae	Meldenwanzen, Rübenwanzen	beet bugs, ash-gray leaf bugs, piesmatids
Piezodorus lituratus	Ginster-Baumwanze	gorse shieldbug
Pineus cembrae	Zirbelkieferwolllaus	Swiss stone pine adelges, Arolla pine woolly aphid
Pineus pineoides	Weißwollige Fichtenstammlaus	small spruce adelges, small spruce woolly aphid
Pineus pini	Europäische Kiefernwolllaus	Scots pine adelges, European pine woolly aphid
Pineus similis	Fichtengalllaus	spruce gall adelges
Pineus strombi	Stroben-Rindenlaus	Weymouth pine adelges
Piophila casei	Käsefliege	cheese-skipper, cheese maggot
Piophilidae	Käsefliegen	cheese-skippers
Pipiza noctiluca	Zweifleck-Waldrandschwebfliege	two-spot-winged hoverfly*
Pipunculidae	Augenfliegen, Kugelkopffliegen	big-headed flies
Pissodes castaneus	Kiefernkulturrüssler	small banded pine weevil
Pissodes piceae	Weißtannenrüssler	white fir weevil, European silver fir weevil
Pissodes pini	Gestreifter Kiefernrüssler, Kiefernaltholzrüssler, Echter Kiefernrüssler	banded pine weevil
Pissodes validirostris	Kiefernzapfenrüssler	pinecone weevil
Pityogenes bidentatus	Hakenzähniger Kiefernborkenkäfer	bidentated bark beetle, two-toothed pine beetle
Pityogenes bistridentatus	Sechszähniger Kiefernborkenkäfer	
Pityogenes calcaratus	Aleppokiefer-Borkenkäfer	
Pityogenes chalcographus	Kupferstecher, Sechszähniger Fichtenborkenkäfer	six-dentated bark beetle, six-toothed spruce bark beetle
Pityogenes conjunctus	Kleiner Arvenborkenkäfer, Sechszähniger Arvenborkenkäfer	stone pine bark beetle

Pityogenes quadridens	Vierzähniger Kiefernborkenkäfer	
Pityogenes trepanatus	Kleiner Schwarzkiefernborkenkäfer	
Pityokteines curvidens	Krummzähniger Tannenborkenkäfer, Krummzähniger Weißtannenborkenkäfer	silver fir bark beetle
Pityokteines spinidens	Spitzzähniger Tannenborkenkäfer, Westlicher Tannenborkenkäfer	
Pityokteines vorontzowi	Mittlerer Tannenborkenkäfer, Vorontzows Tannenborkenkäfer	European fir engraver beetle, Vorontzowi's fir bark beetle, medium silver fir bark beetle
Pityophagus ferrugineus	Rostroter Kieferglanzkäfer	
Pityophthorus exsculptus	Furchenflügliger Fichtenborkenkäfer	
Pityophthorus henscheli	Kleiner Zirbenzweigborkenkäfer	
Pityophthorus juglandis	Amerikanischer Walnusskäfer, Amerikanischer Walnuss-Borkenkäfer	walnut twig beetle
Pityophthorus knoteki	Zirbenzweigborkenkäfer	
Pityophthorus pityographus	Furchenflügliger Nadelholz-Borkenkäfer, Furchenflügeliger Fichtenborkenkäfer, Gefurchter Fichtenborkenkäfer	European spruce bark beetle, spruce twig beetle
Plagiodera versicolora	Blauer Weidenblattkäfer, Breiter Weidenblattkäfer	imported willow leaf beetle, imported poplar and willow leaf beetle (U.S.)
Plagiolepis spp.	Zwergameisen	pygmy ants
Plagionotus arcuatus	Eichenwidderbock, Eichenzierbock	yellow-bowed longhorn beetle
Plagionotus detritus	Hornissenbock, Hornissenbockkäfer, Hornissen-Bockkäfer	hornet-mimicking longhorn beetle*
Plagodis dolabraria	Hobelspanner, Wintereichen-Spanner	scorched wing (moth)
Plagodis pulveraria	Pulverspanner, Heckenkirschenspanner, Bestäubter Spanner	barred umber (moth)
Planococcus citri	Zitronenschmierlaus, Gewächshausschmierlaus, Citrus-Schmierlaus	citrus mealybug

Planococcus kenyae	Afrikanische Kaffeeschmierlaus	Kenya mealybug, coffee mealybug
Platambus maculatus	Gefleckter Schnellschwimmer	
Plateumaris sericea	Seidiger Rohrkäfer	
Plathypena scabra	Grüne Kleeraupe*	black snout (moth), green clover worm, green cloverworm
Platyarthrus hoffmannseggi	Ameisenassel	ant woodlouse
Platycerus caprea/ Systenocerus caprea	Großer Rehschröter	a metallic stag beetle
Platycerus caraboides/ Systenocerus caraboides	Kleiner Rehschröter	blue stag (beetle)
Platycheirus manicatus	Matte Breitfußschwebfliege	potato aphid hover fly
Platycleis affinis	Südliche Beißschrecke	tuberous grey bush-cricket, tuberous bushcricket, southern bushcricket
Platycleis albopunctata/ Platycleis denticulata	Westliche Beißschrecke	western bushcricket, common grey bush-cricket
Platycleis grisea	Graue Beißschrecke	grey bush-cricket
Platycleis modesta	Veränderte Beißschrecke	variable bush-cricket
Platycleis montana/ Montana montana	Steppen-Beißschrecke	steppe bush-cricket
Platycleis sepium/ Sepiana sepium	Zaunschrecke	sepia bush-cricket
Platycleis stricta	Südöstliche Beißschrecke	Italian bush-cricket
Platycleis tessellata/ Tessellana tessellata	Braunfleckige Beißschrecke	brown-spotted bush-cricket
Platycleis veyseli/ Platycleis vittata/ Tessellana veyseli	Kleine Beißschrecke	Veysel's slender bush-cricket
Platycnemidae	Federlibellen	platycnemid damselflies
Platycnemis latipes	Weiße Federlibelle	white featherleg damselfly, ivory white-legged damselfly
Platycnemis pennipes	Blaue Federlibelle	blue featherleg damselfly, white-legged damselfly
Platynus assimilis	Schwarzer Enghalsläufer	
Platynus livens	Sumpfwald-Enghalsläufer	
Platynus longiventris	Gestreckter Enghalsläufer	
Platyparea poeciloptera	Spargelfliege, Große Spargelfliege	asparagus fly (asparagus maggot)

Platypezidae	Plattfüßer (Sohlenfliegen, Tummelfliegen)	flat-footed flies
Platypodidae	Kernkäfer, Kernholzkäfer	pinhole borers
Platypsyllus castoris	Biberkäfer, Biberlauskäfer, Biberlaus	beaver beetle
Platyptilia calodactyla	Goldrutengeistchen, Goldruten-Federmotte	golden-rod plume (moth)
Platyptilia gonodactyla	Huflattichgeistchen, Huflattich-Federmotte	triangle plume (moth)
Platyptilia nemoralis	Riesenfedermotte	
Platyptilia ochrodactyla	Rainfarngeistchen, Rainfarn-Federmotte	tansy plume (moth)
Platyptilia pallidactyla	Schafgarbengeistchen, Schafgarben-Federmotte	yarrow plume (moth)
Platyptilia tesseradactyla	Graue Katzenpfötchen-Federmotte	
Platypus cylindrus	Eichenkernkäfer, Eichenkernholzkäfer	oak pinhole borer (beetle)
Platyrhinus resinosus	Schwammbreitrüssler, Großer Breitrüssler	cramp-ball fungus weevil
Platysamia cecropia/ Hyalophora cecropia	Cecropiaspinner	cecropia silk moth, cecropia moth
Platystethus arenarius	Bedornter Kurzflügler	
Plea leachi/ Plea minutissima	Wasserzwerg, Zwergrückenschwimmer	pygmy backswimmer
Plebejus argus/ Plebeius argus	Geißkleebläuling, Silberfleckbläuling, Grastriftbläuling	silver-studded blue (butterfly)
Plebejus argyrognomon/ Plebeius argyrognomon	Kronwicken-Bläuling	Reverdin's blue (butterfly)
Plebejus glandon/ Plebeius glandon	Dunkler Alpen-Bläuling	Arctic blue (butterfly), Glandon blue
Plebejus idas/ Plebeius idas/ Lycaeides idas	Ginster-Bläuling, Idas-Bläuling	Idas blue (butterfly), northern blue
Plebejus optilete/ Plebeius optilete/ Vacciniina optilete	Hochmoor-Bläuling, Moor-Heidelbeer-Bläuling, Violetter Silberfleckbläuling, Moorbläuling	cranberry blue (butterfly)
Plebejus orbitulus/ Plebeius orbitulus	Geißkleebläuling, Silberfleckbläuling, Heller Alpenbläuling	Alpine argus (butterfly)

Plebejus trappi/ Plebeius trappi	Kleiner Tragant-Bläuling	Alpine zephyr blue (butterfly)
Plebicula amanda/ Polyommatus amanda/ Agrodiaetus amanda	Prächtiger Bläuling	Amanda's blue (butterfly)
Plecoptera	Steinfliegen, Uferfliegen	stoneflies
Pleidae	Zwergrückenschwimmer	pleid water bugs, lesser water-boatmen, pygmy backswimmers
Plemeliella abietina	Fichtensamen-Gallmücke	spruce-seed gall midge
Plemyria rubiginata	Milchweißer Bindenspanner	blue-bordered carpet (moth)
Plesiocoris rugicollis	Grüne Apfelwanze, Nordische Apfelwanze	apple capsid (bug)
Pleuroptya ruralis	Nesselzünsler	mother of pearl, mother-of-pearl moth
Plioreocepta poeciloptera	Spargelfliege	asparagus fly
Plistospilota guineensis	Riesengottesanbeterin, Riesenmantis	mega mantis, giant mantis
Plodia interpunctella	Dörrobstmotte, Kupferroter Dörrobstzünsler, Vorratsmotte, Hausmotte	Indian meal moth
Plusia festucae	Röhricht-Goldeule	gold spot (moth)
Plusia putmani	Zierliche Röhricht-Goldeule	Lempke's gold spot (moth), Putman's looper moth
Plusiinae	Goldeulen	gems, plusiine moths
Plutella xylostella/ Plutella maculipennis	Kohlmotte, "Kohlschabe", Schleiermotte	cabbage moth, diamondback moth
Podagrica fuscicornis	Malvenerdfloh, Malven-Erdfloh, Malvenflohkäfer	mallow flea beetle
Podalonia spp.	Kurzstielsandwespen	sand wasps
Podisma pedestris	Gewöhnliche Gebirgsschrecke	brown mountain grasshopper
Podismopsis keisti	Schweizer Goldschrecke	Swiss gold grasshopper
Podops inuncta	Hakenwanze	European turtle-bug
Podura aquatica	Schwarzer Wasserspringer	common black freshwater springtail*
Poecilimon elegans	Kleine Buntschrecke	lesser bush-cricket
Poecilimon ornatus	Südliche Buntschrecke	ornate bush-cricket
Poecilocampa alpina	Lärchenglucke, Alpiner Wollspinner	Alpine eggar (moth)
Poecilocampa populi	Kleine Pappelglucke	December moth

Poecilonota variolosa	Espenprachtkäfer, Großer Pappelprachtkäfer, Großer Pappel-Prachtkäfer	marbled jewel beetle
Poecilus cupreus	Gewöhnlicher Buntgrabläufer, Kupferfarbener Listkäfer, Kupferiger Schulterläufer	copper greenclock (carabid beetle)
Poecilus kugelanni	Zweifarbiger Buntgrabläufer	Kugelann's greenclock (carabid beetle)
Poecilus lepidus	Schmaler Buntgrabläufer, Zierlicher Buntgrabläufer	heath greenclock (carabid beetle)
Poecilus punctulatus	Mattschwarzer Buntgrabläufer	
Poecilus versicolor	Glatthalsiger Buntgrabläufer	rainbow greenclock (carabid beetle)
Pogonocherus fasciculatus	Gemeiner Wimperbock, Kiefernzweigbock	conifer-wood longhorn beetle*
Pogonocherus hispidulus	Doppeldorniger Wimperbock	apple-wood longhorn beetle
Pogonocherus hispidus	Dorniger Wimperbock	single-thorned longhorn beetle*
Pogonocherus ovatus	Dunkelbindiger Büschelflügelbock	
Pogonomyrmex badius	Florida-Ernteameise	Florida harvester ant
Pogonomyrmex barbatus	Rote Ernteameise	red harvester ant
Pogonomyrmex californicus	Kalifornische Ernteameise	California harvester ant
Pogonomyrmex maricopa	Maricopa-Ernteameise	Maricopa harvester ant
Pogonomyrmex occidentalis	Westamerikanische Ernteameise	western harvester ant
Pogonomyrmex rugosus	Raue Ernteameise	rough harvester ant
Pogonus chalceus	Erzfarbener Bartträger, Erzfarbener Salzstellenläufer	punctate driftliner, brazen pogonus (a salt marsh carabid beetle)
Pogonus luridipennis	Heller Salzstellenläufer, Gelbbrauner Salzuferläufer	yellow-backed driftliner, yellow pogonus (carabid beetle)
Polia bombycina	Hauhechel-Blättereule	pale shining brown (moth)
Polia hepatica/ Polia trimaculosa	Beerstrauch-Blättereule, Birken-Blättereule, Heidelbeer-Garteneule	silvery arches (moth)
Polia nebulosa	Waldstauden-Blättereule	grey arches (moth)
Polistes dominula/ Polistes gallicus	Gallische Feldwespe, Französische Feldwespe	European paper wasp
Polistes helveticus	Schweizer Wespe	Swiss paper wasp

Polistichus connexus	Natterläufer	
Polistinae	Feldwespen	polistine wasps
Pollenia rudis	Pollenia-Schmeißfliege	cluster fly, attic fly
Pollinia pollini	Oliven-Pockenschildlaus	olive pit scale
Polychrysia moneta	Münzen-Eule, Eisenhut-Goldeule	golden plusia (moth)
Polyctenidae	Fledermauswanzen	bat bugs
Polydrusus cervinus	Braungrauer Glanzrüssler	
Polydrusus mollis	Kupfriger Glanzrüssler, Kupffarbener Glanzrüssler	coppery leaf weevil* (a broad-nosed leaf weevil)
Polydrusus sericeus	Seidiger Glanzrüssler	green immigrant leaf weevil
Polyergus rufescens	Amazonenameise	robber ant, Amazon ant
Polygonia c-album/ Comma c-album/ Nymphalis c-album	C-Falter, Weißes C	comma (butterfly)
Polygonia egea/ Nymphalis egea/ Comma egea	Gelber C-Falter, Südlicher C-Falter, Glaskrautfalter	southern comma (butterfly)
Polygraphus grandiclava	Kirschbaum-Borkenkäfer	cherry-tree bark beetle, pine and cherry bark beetle
Polygraphus poligraphus	Doppeläugiger Fichtenbastkäfer	small spruce bark beetle
Polymixis flavicincta	Gelbliche Steineule	large ranunculus (moth)
Polymixis lichenea	Flechtenfarbige Steineule	feathered ranunculus (moth)
Polymixis polymita	Olivbraune Steineule	
Polymixis xanthomista	Blaugraue Steineule	black-banded moth
Polyommatus admetus	Östlicher Esparsetten-Bläuling	anomalous blue (butterfly)
Polyommatus amandus/ Agrodiaetus amanda/ Plebicula amanda	Prächtiger Bläuling, Vogelwicken-Bläuling	Amanda's blue (butterfly), turquoise blue (butterfly)
Polyommatus bellargus/ Lysandra bellargus	Himmelblauer Bläuling	adonis blue (butterfly)
Polyommatus coridon/ Meleageria coridon	Silbergrüner Bläuling, Steppenheidenbläuling	chalk-hill blue (butterfly)
Polyommatus damon/ Agrodiaetus damon	Großer Esparsetten-Bläuling, Grünblauer Bläuling, Streifen-Bläuling, Weißdolch	damon blue (butterfly)
Polyommatus daphnis/ Meleageria daphnis	Zahnflügel-Bläuling, Zackenbläuling	Meleager's blue (butterfly)
Polyommatus dorylas/ Plebicula dorylas	Großer Wundklee-Bläuling, Steinklee-Bläuling	turquoise blue (butterfly)

Polyommatus eros	Eros-Bläuling	eros blue (butterfly)
Polyommatus escheri	Escher-Bläuling	Escher's blue (butterfly)
Polyommatus golgus	Nevada-Bläuling	Sierra Nevada blue (butterfly)
Polyommatus icarus	Hauhechel-Bläuling, Wiesenbläuling, Gemeiner Bläuling	common blue (butterfly)
Polyommatus semiargus/ Cyaniris semiargus	Violetter Waldbläuling, Rotklee-Bläuling, Dunkelbläuling	mazarine blue (butterfly)
Polyommatus thersites	Kleiner Esparsetten-Bläuling	Chapman's blue (butterfly)
Polyphaenis sericata	Bunte Ligustereule	Guernsey underwing (moth)
Polyphaga aegyptica	Ägyptische Schabe	Egyptian desert roach, Egyptian sand roach
Polyphagidae	Sandschaben*	sand cockroaches
Polyphylla decemlineata	Weißgestreifter Amerikanischer Junikäfer	ten-lined June beetle, ten-lined giant chafer, watermelon beetle
Polyphylla fullo	Walker, Türkischer Maikäfer	pine chafer, the fuller
Polyplacidae	Nagetierläuse*	rodent sucking lice
Polyplax serrata	Mäuselaus	mouse louse
Polyplax spinulosa	Rattenlaus, Stachelige Rattenlaus*	spiny rat louse
Polyploca ridens	Moosgrüner Eulenspinner	frosted green (moth)
Polypogon gryphalis	Syrmische Spannereule	a litter moth
Polypogon tentacularia	Palpen-Spannereule, Kleine Palpeneule, Graugelbe Zünslereule	a litter moth
Polyrhachis dives	Südostasiatische Weberameise	black tree ant, bulk ant, arboreal weaver ant
Polysarcus denticauda/ Orphania denticauda	Wanstschrecke	large saw-tailed bush-cricket, large sword-tailed bush-cricket
Pompilidae (Psammocharidae)	Wegwespen, Spinnentöter	pompilids, spider-hunting wasps, spider wasps
Pompilus cinereus/ Pompilus plumbeus	Bleigraue Wegwespe	leaden spider wasp
Pompilus viaticus/ Anoplius viaticus	Frühlings-Wegwespe	black banded spider wasp
Ponera spp.	Stachelameisen, Urameisen	ponerine ants, primitive ants
Ponerinae	Stachelameisen, Urameisen	ponerine ants, primitive ants (bulldog ants)
Ponometia candefacta/ Tarachidia candefacta/ Aconita candefacta	Nordamerikanischer Weiß/Oliv-Eulenfalter*	olive-shaded bird-dropping moth

Pontania proxima	Weidengallenblattwespe, Bruchweiden-Erbsengallenblattwespe*	willow bean-gall sawfly
Pontania viminalis	Purpurweidengallenblattwespe	willow pea-gall sawfly
Pontia callidice	Alpenweißling, Alpen-Weißling	peak white (butterfly)
Pontia daplidice	Westlicher Reseda-Weißling, Westlicher Resedaweißling, Westlicher Resedafalter	western bath white (butterfly)
Pontia edusa	Reseda-Weißling, Resedaweißling, Resedafalter	eastern bath white (butterfly)
Popa spurca	Kleine Astmantis	African twig mantis
Popillia japonica	Japanischer Käfer, Japankäfer	Japanese beetle
Porotachys bisulcatus	Rötlicher Zwergahlenläufer	
Porrittia galactodactyla	Milchweiße Klettenfedermotte	
Povolyna leucapennella/ Caloptilia leucapennella	Große Eichen-Blatttütenmotte	sulphur slender (moth)
Prasocuris glabra	Hahnenfuß-Blattkäfer	
Prays fraxinella	Eschen-Zwieselmotte, Eschenzwieselmotte	ash bud moth
Prenolepis imparis	Winterameise, Falsche Honigtopfameise	winter ant, false honey ant, small honey ant
Priobium carpini	Schwammholz-Nagekäfer	Central European powder psot beetle
Prionoplus reticularis	Neuseeländischer Huhu-Käfer	huhu beetle
Prionus coriarius	Sägebock, Gerberbock	tanner beetle, sawyer beetle, sawing support beetle (greater British longhorn beetle)
Prionus imbricornis	Breitfühler-Sägebock*	tilehorned prionus, tile-horned prionus
Prionychus ater	Mattschwarzer Pflanzenkäfer	
Priophorus pallipes	Pflaumen-Blattwespe	plum leaf sawfly
Pristiphora abbreviata	Schwarze Birnenblattwespe	black pearleaf sawfly
Pristiphora abietina	Kleine Fichtenblattwespe	gregarious spruce sawfly
Pristiphora erichsonii	Große Lärchenblattwespe	large larch sawfly
Pristiphora geniculata	Ebereschenblattwespe	mountain-ash sawfly
Pristiphora laricis	Kleine Schwarze Lärchenblattwespe	small larch sawfly
Pristiphora pallipes	Schwarze Stachelbeerblattwespe	small gooseberry sawfly

Pristiphora rufipes/ Pristiphora alnivora	Akeleiblattwespe	columbine sawfly
Pristiphora wesmaeli	Gelbe Lärchenblattwespe	larch sawfly
Pristonychus terricola/ Laemostenus terricola	Grotten-Dunkelkäfer, Kellerkäfer	cellar beetle*, European cellar beetle
Prochoreutis myllerana	Helmkraut-Rundstirnmotte	small twitcher (moth)
Prochoreutis sehestediana	Silberschuppen-Rundstirnmotte	silver-dot twitcher (moth)
Procloeon bifidum	Blasse Abend-Eintagsfliege*	pale evening dun, pale evening mayfly, pale watery dun
Procloeon pennulatum/ Centroptilium pennulatum	Großer Spornflügelhaft*	large spurwing (mayfly), tiny sulphur dun
Procris statices/ Adscita statices	Grünwidderchen, Grasnelken-Widderchen	forester, common forester
Proctotrupidae (Serphidae)	Zehrwespen	proctotrupids
Prodoxidae	Yuccamotten	yucca moths
Profenusa pygmaea	Eichenblattminierwespe*	oak leaf-mining sawfly
Prolasioptera berlesiana	Olivengallmücke	olive fruit midge
Prolita solutella	Grauer Ginsterheiden-Palpenfalter	buff groundling (moth)
Pronocera angusta	Verschmälerter Scheibenbock	
Prophalangopsidae	Prophalangopsiden	hump-winged crickets
Propylea quatuordecimpunctata	Vierzehnpunktiger Marienkäfer, Geballter Marienkäfer, Schachbrett-Marienkäfer	fourteen-spot ladybird, fourteen-spotted ladybird
Prosarthria teretrirostris	Pferdekopfschrecke, Pferdekopfheuschrecke, Pferdekopf-Stabschrecke	horsehead grasshopper, false stick insect
Proserpinus proserpina	Nachtkerzenschwärmer, Kleiner Oleanderschwärmer	willowherb hawk-moth, Curzon's sphinx moth
Prostephanus truncatus	Großer Kornbohrer	larger grain borer
Prostomidae	Prostomiden	jugular-horned beetles
Prostomis mandibularis	Großzahn-Plattkäfer, Schaufelplattkäfer	
Protaetia aeruginosa	Großer Goldkäfer	great rose chafer
Protaetia affinis	Ähnlicher Goldkäfer	
Protaetia cuprea	Metallischer Rosenkäfer, Variabler Goldkäfer	metallic rose chafer*
Protaetia lugubris/ Liocola lugubris/ Protaetia marmorata	Marmorierter Goldkäfer, Marmorierter Rosenkäfer, Bronzegrüner Rosenkäfer	marbled rose chafer

Protaetia speciosissima	Großer Rosenkäfer, Großer Goldkäfer	
Protapion apricans	Rotklee-Spitzmausrüssler, Dunkles Kleespitzmäuschen	
Protapion fulvipes	Rotfüßiger Klee-Spitzmausrüssler	white clover seed weevil, white-clover seed weevil
Protarchanara brevilinea/ Chortodes brevilinea	Brackwasser-Röhricht-Halmeule	Fenn's wainscot (moth)
Proteinus brachypterus	Gemeiner Plumpkurzflügler	a rove beetle
Protocalliphora azurea	Vogelblutfliege	bird blow fly, bird blowfly
Protolampra sobrina/ Paradiarsia sobrina	Heidemoor-Bodeneule, Moosheiden-Erdeule	cousin German (moth)
Protopulvinaria pyriformis	Birnenförmige Napfschildlaus*	pyriform scale, heart-shaped scale
Protoschinia scutosa/ Schinia scutosa	Beifuß-Blüteneule, Nobel-Sonneneule	spotted clover (moth)
Protura	Beintastler	proturans
Proutia betulina	Birken-Sackträger	birch sweep (moth)
Proutia rotunda	Pioniergehölz-Sackträger	
Pselaphidae	Palpenkäfer, Zwergkäfer	short-winged mold beetles
Pselnophorus heterodactyla	Hasenlattich-Federmotte	short-winged plume (moth)
Psephenidae	Psepheniden, Wassermünzenkäfer	water-penny beetles
Pseudargyrotoza conwagana	Ligusterfruchtwickler	yellow-spot twist (moth)
Pseudaulacaspis pentagona	Maulbeerschildlaus	mulberry scale, white peach scale
Pseudenargia ulicis	Berber* (ein Eulenfalter)	berber (moth), the berber
Pseudeurostus hilleri/ Eurostus hilleri	Japanischer Diebkäfer	Japanese spider beetle
Pseudeustrotia candidula	Dreieck-Grasmotteneulchen	shining marbled (moth)
Pseudluperina pozzii	Pozzis Graswurzeleule	
Pseudochermes fraxini	Eschenwolllaus	ash scale
Pseudocistela ceramboides	Sägehörniger Pflanzenkäfer	
Pseudococcidae	Wollläuse, Schmierläuse	mealybugs
Pseudococcus calceolariae	Scharlachrote Schmierlaus*	scarlet mealybug, citrophilus mealybug
Pseudococcus citri	Zitronenschmierlaus, Citrus-Schmierlaus	common mealybug, citrus scale

Pseudococcus longispinus/ Pseudococcus adonidum	Langdornige Schmierlaus, Mehlige Gewächshausschildlaus	long-tailed mealybug
Pseudococcus maritimus	Süd-Schmierlaus	grape mealybug
Pseudococcus viburni/ Pseudococcus obscurus	Tomatenwolllaus, Affinis-Schmierlaus	glasshouse mealybug, obscure mealybug, tuber mealybug
Pseudococcyx turionella	Kiefernknospenwickler	pine bud moth
Pseudodelphacodes flaviceps	Kiesbank-Spornzikade	
Pseudoips prasinana/ Pseudoips fagana/ Bena prasinana/ Bena fagana/ Hylophila prasinana	Jägerhütchen, Buchen-Kahnspinner, Kleiner Kahnspinner, Buchenwickler, Buchenkahneule, Buchen-Kahneule	scarce silver-lines (moth), scarce silverlines, green silver-lines
Pseudolynchia canariensis	Taubenlausfliege	pigeon fly, pigeon louse fly
Pseudomogolistes squamiger	Schuppige Heuschrecke	scaly cricket
Pseudomyrmex gracilis	Längliche Wespenameise, Mexikanische Wespenameise	elongate twig ant, Mexican twig ant
Pseudoophonus calceatus	Sand-Haarschnellläufer	
Pseudoophonus griseus	Stumpfhalsiger Haarschnellläufer	
Pseudoophonus rufipes	Gewöhnlicher Haarschnellläufer	
Pseudopanthera macularia	Panther-Spanner, Pantherspanner, Gelber Fleckenspanner, Goldgelber Schwarzfleckiger Spanner	speckled yellow (moth)
Pseudophilotes baton	Graublauer Bläuling, Westlicher Quendelbläuling	baton blue (butterfly)
Pseudophilotes baton	Graublauer Bläuling	baton blue (butterfly)
Pseudophilotes vicrama	Östlicher Quendelbläuling	eastern baton blue (butterfly)
Pseudopostega auritella	Wolfstrapp-Augendeckelfalter	fen bent-wing (moth)
Pseudotelphusa tessella	Schwarzweißer Berberitzenfalter	
Pseudoterpna pruinata	Ginster-Grünspanner, Blassgrüner Ginsterheidenspanner, Grüner Geißkleespanner, Ginsterspanner	grass emerald (moth)
Pseudovadonia livida	Kleiner Halsbock, Bleicher Blütenbock	fairy-ring longhorn beetle

Psila rosae	Möhrenfliege, Rüeblifliege	carrot rust fly, carrot fly
Psilidae	Nacktfliegen	rust flies
Psilopa petrolei/ Helaeomyia petrolei	Petroleumfliege	petroleum fly
Psithyrus rupestris	Bergland-Schmarotzerhummel	hill cuckoo bee
Psithyrus spp.	Schmarotzerhummeln	cuckoo bees
Psocoptera/ Copeognatha	Bücherläuse	booklice, psocids
Psodos quadrifaria	Dotterfleck-Alpenspanner, Gelbgeränderter Flachstirnspanner, Riesengebirgsspanner	
Psophus stridulus	Rotflügelige Schnarrschrecke, Rotflüglige Schnarrschrecke, Schnarrheuschrecke	rattle grasshopper
Psoricoptera speciosella	Nördlicher Schuppen-Palpenfalter	
Psyche casta	Gemeine Sackträgermotte, Gemeiner Sackträger, Kleine Rauch-Sackträgermotte, Kleiner Rauch-Sackträger	common sweep (moth), common bagworm (moth)
Psyche crassiorella	Große Rauch-Sackträgermotte, Großer Rauch-Sackträger	scarce grass sweep (moth)
Psychidae	Sackträgermotten, Sackspinner	bagworms, bagworm moths
Psychoda phalaenoides	Abtrittsfliege, Mottenmücke	
Psychoda spp.	Abortfliege, Filterfliegen, Filtermücken, Abwasserfliegen	sewage flies, filter flies, drain flies
Psychodidae	Schmetterlingsmücken	mothflies, owl midges, sewage farm flies, waltzing midges (incl. sandflies)
Psylla alni	Erlenblattfloh	alder sucker, alder psyllid
Psylla costalis	Sommer-Apfelblattsauger	summer apple sucker
Psylla mali	Apfelsauger, Apfelblattsauger	apple sucker, apple psyllid
Psylla pyricula	Birnenblattsauger, Gelber Birnenblattsauger	pear sucker, pear psyllid
Psyllidae	Blattflöhe, Blattsauger	jumping plantlice, psyllids
Psylliodes affinis	Kartoffelerdfloh	potato flea-beetle
Psylliodes attenuata	Hopfenerdfloh, Hanferdfloh	hop flea beetle, European hop flea beetle
Psylliodes chrysocephala	Rapserdfloh, Großer Rapserdfloh	cabbage stem flea beetle, rape flea beetle

Psylliodes punctulata	Amerikanischer Hopfenerdfloh	hop flea beetle
Psyllobora vigintiduopunctata	Gemeiner Pilz-Marienkäfer, Zweiundzwanzigpunkt-Marienkäfer, Zweiundzwanzigpunkt	twenty-two-spot ladybird, 22-spot ladybird
Psylloidea	Blattflöhe, Blattsauger	jumping plant lice, psyllids
Pteleobius kraatzi	Bunter Ulmenbastkäfer	elm bark beetle
Pteleobius vittatus	Bunter Ulmenbastkäfer, Kleiner Bunter Ulmenbastkäfer	elm bark beetle, lesser elm bark beetle
Pterapherapteryx sexalata	Kleiner Lappenspanner	small seraphim (moth)
Pterochloroides persicae	Große Pfirsichtrieblaus	brown peach aphid
Pterocomma bicolor	Rotbraune Weidenröhrenlaus*	reddish brown willow bark aphid
Pterocomma populeum	Pappel-Röhrenlaus	black poplar aphid, poplar bark aphid
Pterocomma salicis	Bunte Weidenröhrenlaus	black willow aphid, black willow bark aphid
Pteronarcidae	Riesensteinfliegen	giant stoneflies, salmonflies
Pteronemobius heydenii	Sumpfgrille	marsh cricket
Pteronemobius lineolatus	Gestreifte Sumpfgrille	striped marsh cricket
Pteronidea ribesii/ Nematus ribesii	Gelbe Stachelbeerblattwespe, Stachelbeerfliege	common gooseberry sawfly, gooseberry sawfly
Pterophoridae	Federgeistchen, Federmotten	plume moths
Pterophorus pentadactyla	Fünffedriges Geistchen, Weißes Geistchen, Schneeweiße Windenmotte, Winden-Federmotte, Winden-Federgeistchen, Schlehen-Federgeistchen	large white plume (moth)
Pterostichus aethiops	Rundhalsiger Wald-Grabläufer, Schwarzer Grabläufer, Bergwald-Grabläufer	ebony blackclock (beetle)
Pterostichus anthracinus	Kohlschwarzer Grabläufer	parent blackclock (beetle)
Pterostichus aterrimus	Glänzender Grabläufer, Schilf-Grabläufer	varnished blackclock (beetle)
Pterostichus burmeisteri	Kupfriger Grabläufer	
Pterostichus cristatus	Westlicher Wald-Grabläufer, Schluchtwald-Grabläufer	Northumberland blackclock (beetle)
Pterostichus diligens	Ried-Grabläufer	smooth-chested blackclock (beetle)
Pterostichus gracilis	Zierlicher Grabläufer	iridescent blackclock (beetle)
Pterostichus longicollis	Langhalsiger Grabläufer	clay blackclock (beetle)

Pterostichus macer	Herzhals-Grabläufer	flat blackclock (beetle)
Pterostichus madidus	Gebüsch-Grabläufer, Rundhals-Grabläufer, Rundhals-Grabkäfer	black clock beetle, common blackclock (a strawberry ground beetle)
Pterostichus melanarius/ Pterostichus vulgaris	Gewöhnlicher Grabläufer, Gewöhnlicher Buntgrabläufer, Gemeiner Grabkäfer, Gebüsch-Grabkäfer	rain beetle, rain-beetle (a strawberry ground beetle)
Pterostichus melas	Gewölbter Grabläufer	
Pterostichus minor	Sumpf-Grabläufer	lesser blackclock (beetle)
Pterostichus niger	Großer Grabläufer, Großer Grabkäfer, Schwarzer Grabläufer, Gestreifter Schulterläufer	great black cloaker, great blackclock (beetle)
Pterostichus nigrita	Schwärzlicher Grabläufer, Schwärzlicher Grabkäfer, Stutzhalskäfer	mitten blackclock (beetle)
Pterostichus oblongopunctatus	Gewöhnlicher Wald-Grabläufer, Schultergrabkäfer, Schulterkäfer	bronzed blackclock (beetle)
Pterostichus ovoideus	Flachäugiger Grabläufer	
Pterostichus pumilio	Waldstreu-Grabläufer	
Pterostichus quadrifoveolatus	Viergrubiger Grabläufer	phoenix blackclock (beetle)
Pterostichus rhaeticus	Rhaetischer Grabläufer	pincer blackclock (beetle)
Pterostichus spp.	Grabläufer, Grabkäfer	cloakers, cloaker beetles, blackclocks
Pterostichus strenuus	Kleiner Grabläufer, Spitztasterkäfer, Munterer Grabläufer	rough-chested blackclock
Pterostichus vernalis	Frühlings-Grabläufer, Frühlings-Grabkäfer	spring blackclock
Pterostoma palpina	Palpenspinner, Palpen-Zahnspinner, Schnauzenspinner	pale prominent (moth)
Pterotopteryx dodecadactyla	Gelbliches Geißblatt-Geistchen, Gelbliches Geißblatt-Federgeistchen	
Pterygota	Fluginsekten, Geflügelte Insekten	winged insects, pterygote insects
Pthirus pubis/ Phthirus pubis	Filzlaus, Schamlaus	crab louse, "crab", pubic louse

Ptiliidae	Federflügler und Haarflügler (Zwergkäfer)	feather-winged beetles
Ptilinus pectinicornis	Gekämmter Nagekäfer, Kammhornkäfer	fan-bearing wood-borer
Ptilocephala muscella	Fliegen-Sackträgermotte, Fliegen-Sackträger, Glänzender Sackträger	
Ptilocephala plumifera	Fächerfühler-Sackträgermotte, Fächerfühler-Sackträger	
Ptilodactylidae	Ptilodactyliden	toed-winged beetles
Ptilodon capucina	Kamel-Zahnspinner, Kamelspinner	coxcomb prominent (moth)
Ptilodon cucullina/ Ptilodontella cucullina	Ahorn-Zahnspinner	maple prominent (moth)
Ptilophora plumigera	Frostspinner, Haarschuppenspinner, Haarschuppen-Zahnspinner	plumed prominent (moth)
Ptinidae	Diebkäfer, Diebskäfer	spider beetles
Ptinus claviceps	Brauner Diebkäfer	brown spider beetle
Ptinus fur	Kräuterdieb	white-marbled spider beetle, white-marked spider beetle
Ptinus pusillus	Kleiner Diebkäfer	small spider beetle
Ptinus tectus	Australischer Diebkäfer	Australian spider beetle
Ptinus villiger	Behaarter Diebkäfer	hairy spider beetle
Ptomaphagus sericatus	Stutz-Nestkäfer	
Ptosima undecimmaculata/ Ptosima flavoguttata	Variabler Prachtkäfer, Schlehen-Prachtkäfer, Punktschild-Prachtkäfer	plum stem excavator (a metallic wood-boring beetle)
Ptychoptera albimana	Gemeine Faltenmücke	
Pulex irritans	Menschenfloh	human flea
Pulicidae	Menschenflöhe	common fleas, pulicid fleas
Pulvinaria floccifera/ Chloropulvinaria floccifera	Kamelien-Wollschildlaus	cottony camellia scale, cushion scale
Pulvinaria hydrangeae	Hortensienwollschildlaus, Hortensien-Wollschildlaus, Hortensienschildlaus	hydrangea scale
Pulvinaria innumerabilis	Ahorn-Wollschildlaus*	cottony maple scale
Pulvinaria regalis	Wollige Napfschildlaus	horse chestnut scale
Pungeleria capreolaria	Brauner Nadelwald-Spanner	banded pine carpet (moth)
Purpuricenus kaehleri	Blutbock, Kahler Purpurbock	

Putoniella pruni	Pflaumenblatt-Gallmücke	plum leaf gall midge
Pycnogaster inermis	Spanische Laubheuschrecke*	unarmed bush-cricket
Pycnoscelis surinamensis	Gewächshausschabe, Surinamschabe	Surinam cockroach, greenhouse cockroach
Pyralidae	Zünsler	pyralid moths, pyralids (snout moths/ grass moths and others)
Pyralis farinalis	Mehlzünsler	meal moth
Pyrausta aurata	Goldzünsler, Goldfleckiger Purpur-Zünsler, Minzenmotte, Purpurzünsler	mint moth
Pyrausta cingulata	Salbei-Zünsler	silver-barred sable (moth)
Pyrausta despicata	Olivbrauner Zünsler, Olivenbrauner Zünsler	straw-barred pearl (moth)
Pyrausta falcatalis	Klebsalbei-Zünsler	silver-barred sable (moth)
Pyrausta nigrata	Schwarzer Zünsler	wavy-barred sable (moth)
Pyrausta ostrinalis	Dunkelpurpurroter Zünsler	scarce purple & gold (moth)
Pyrausta porphyralis	Porphyr-Purpurzünsler	the porphyry (moth)
Pyrausta purpuralis	Purpurroter Zünsler	common purple & gold (moth), common crimson-and-gold (moth)
Pyrgus accretus	Ähnlicher Würfel-Dickkopffalter, Ähnlicher Würfelfalter	
Pyrgus alveus	Sonnenröschen-Würfel-Dickkopffalter, Halbwürfelfleckfalter, Halbwürfelfalter, Berggrasheiden-Dickkopf oder Sonnenröschen-Puzzlefalter	large grizzled skipper (butterfly)
Pyrgus andromedae	Graumelierter Alpen-Würfel-Dickkopffalter	Alpine grizzled skipper (butterfly)
Pyrgus armoricanus	Zweibrütiger Würfel-Dickkopffalter, Zweibrütiger Würfelfalter	Oberthür's grizzled skipper (butterfly)
Pyrgus cacaliae	Kleinwürfliger Dickkopffalter, Fahlfleckiger Alpen-Würfel-Dickkopffalter	dusky grizzled skipper (butterfly)
Pyrgus carlinae	Ockerfarbiger Würfel-Dickkopffalter, Ockerfarbiger Würfelfalter, Südwestalpen-Würfel-Dickkopffalter	carline skipper (butterfly)

Pyrgus carthami/ Pyrgus fritillarius	Steppenheiden-Würfel-Dickkopffalter, Steppenheiden-Würfeldickkopf, Steppenheiden-Puzzlefalter, Dunkelbrauner Dickkopffalter, Weissgesäumter Würfelfalter (CH)	safflower skipper (butterfly)
Pyrgus cirsii	Spätsommer-Würfel-Dickkopffalter, Spätsommer-Würfelfalter	cinquefoil skipper (butterfly)
Pyrgus malvae	Malven-Würfelfleckfalter, Kleiner Malvendickkopf, Kleiner Würfel-Dickkopffalter, Würfelbrett	grizzled skipper (butterfly)
Pyrgus malvoides	Kleiner Gebirgs-Würfel-Dickkopffalter, Kleiner Südlicher Würfel-Dickkopffalter	southern grizzled skipper (butterfly)
Pyrgus onopordi	Ambrossfleck-Würfel-Dickkopffalter, Ambrossfleck-Würfelfalter	rosy grizzled skipper (butterfly)
Pyrgus serratulae	Schwarzbrauner Würfelfalter, Schwarzbrauner Würfeldickkopffalter, Schwarzbrauner Würfel-Dickkopffalter, Rundfleckiger Würfelfalter, Rundfleckiger Würfel-Dickkopffalter,	olive skipper (butterfly)
Pyrgus warrenensis	Hochalpen-Würfel-Dickkopffalter, Hochalpen-Würfeldickkopffalter, Alpiner Würfelfalter	Warren's skipper (butterfly)
Pyrochroa coccinea	Scharlachroter Feuerkäfer (Feuerfliege)	scarlet fire beetle, cardinal beetle, black-headed cardinal beetle
Pyrochroa serraticornis	Rotköpfiger Feuerkäfer	red-headed cardinal beetle, common cardinal beetle
Pyrochroidae	Feuerkäfer (Feuerfliegen, Kardinäle)	fire beetles, fire-colored beetles, cardinal beetles
Pyronia bathseba	Spanisches Ochsenauge	Spanish gatekeeper (butterfly)
Pyronia cecillia	Südliches Ochsenauge	southern gatekeeper (butterfly)
Pyronia tithonus/ Maniola tithonus	Rotbraunes Ochsenauge, Braungerändertes Ochsenauge, Rostbraunes Ochsenauge	gatekeeper, hedge brown (butterfly)

Pyrophorus noctilucus	Cucujo, Feuerkäfer, Leucht-Schnellkäfer	fire beetle, cucujo, lantern click beetle
Pyropteron affine/ Synansphecia affine	Sonnenröschen-Glasflügler	
Pyropteron chrysidiforme/ Bembecia chrysidiformis	Roter Ampfer-Glasflügler, Goldwespen-Glasflügler	fiery clearwing (moth)
Pyropteron muscaeforme/ Pyropteron muscaeformis/ Synansphecia muscaeformis	Grasnelken-Glasflügler	thrift clearwing (moth)
Pyropteron triannuliforme	Gelblicher Ampfer-Glasflügler	
Pyrrhalta viburni	Schneeballkäfer, Schneeball-Blattkäfer	viburnum beetle
Pyrrharctia isabella	Gemeine Amerikanische Tigermotte, Isabellamotte*, Isabella-Tigermotte*	isabelline tiger/moth), Isabella tiger moth (larva: banded woollybear, banded woolly bear)
Pyrrhia umbra	Umbra-Sonneneule	bordered sallow (moth)
Pyrrhidium sanguineum	Rothaarbock, Roter Scheibenbock	scarlet-coated longhorn beetle
Pyrrhocoridae	Feuerwanzen	red bugs & stainers, pyrrhocorid bugs, pyrrhocores
Pyrrhocoris apterus	Gemeine Feuerwanze	firebug
Pyrrhosoma nymphula	Frühe Adonislibelle	large red damselfly
Pytho depressus	Blauer Drachenkäfer	
Quadraspidiotus marani	Südliche Gelbe Austernschildlaus	Zahradnik's pear scale
Quadraspidiotus ostreaeformis	Austernförmige Schildlaus, Zitronenfarbene Austernschildlaus	European fruit scale, yellow plum scale
Quadraspidiotus perniciosus	San-José-Schildlaus, Kalifornische Schildlaus	San Jose scale, San José scale
Quadraspidiotus pyri	Nördliche Gelbe Austernschildlaus	yellow pear scale
Rabdophaga clausilia/ Rhabdophaga clausilia	Weidenblattroll-Gallmücke	willow leaf-folding midge
Rabdophaga rosaria/ Rhabdophaga rosaria	Weidenrosen-Gallmücke, Weidenrosengallmücke	willow rosegall midge, willow rosette-gall midge, terminal rosette-gall midge
Rabdophaga salicis/ Rhabdophaga salicis	Weidenruten-Gallmücke, Weidenrutengallmücke	willow stem gall midge

Ramulus artemis/ Baculum artemis	Vietnam-Stabschrecke, Grüne Vietnam-Stabschrecke	Vietnamese stick insect, Vietnamese walking stick
Ranatra linearis	Stabwanze, Wassernadel	water stick insect
Raphidia ophiopsis	Schlangenköpfige Kamelhalsfliege, Otternköpfchen	a predatory snakefly*
Raphidiidae	Kamelhalsfliegen	snakeflies
Raphidioptera	Kamelhalsfliegen	snakeflies
Rebelia bavarica	Kleiner Erdröhren-Sackträger	
Rebelia plumella	Großer Erdröhren-Sackträger	
Reduviidae	Raubwanzen (Schreitwanzen)	assassin bugs, conenose bugs, ambush bugs & thread-legged bugs
Reduvius personatus	Kotwanze, Staubwanze, Maskierter Strolch, Große Raubwanze	masked hunter bug, fly bug
Reduvius senilis	eine südamerikan. Raubwanze	tan assassin bug
Reesa vespulae	Amerikanischer Wespenkäfer, Nordamerikanischer Wespenkäfer	American wasp beetle, stored grain dermestid, wasp nest dermestid
Reisseronia tarnierella	Moos-Sackträger	
Reptalus cuspidatus	Östliche Glasflügelzikade	
Reptalus panzeri	Rasen-Glasflügelzikade	
Reptalus quinquecostatus	Pfriemen-Glasflügelzikade	
Resseliella crataegi/ Thomasiniana crataegi	Weißdornzweig-Gallmücke	hawthorn stem midge
Resseliella oculiperda/ Thomasiniana oculiperda	Okuliergallmücke, Okuliermade	red bud borer midge
Resseliella oleisuga/ Thomasiniana oleisuga	Olivenrinden-Gallmücke, Ölbaumrinden-Gallmücke	olive stem midge, olive bark midge
Resseliella theobaldi/ Thomasiniana theobaldi	Himbeerruten-Gallmücke	raspberry cane midge
Reticulitermes flavipes	Gelbfußtermite	eastern subterranean termite
Reticulitermes lucifugus	Erdholztermite, Mittelmeertermite	common European white ant, common European termite
Retinia resinella	Kiefern-Harzgallenwickler, Kiefernharzgallenwickler	pine resin-gall moth
Rhabdomiris striatellus	Eichen-Schmuckwanze	
Rhacocleis germanica	Zierliche Strauchschrecke	Mediterranean bush-cricket
Rhacocleis neglecta	Adria-Strauchschrecke	Adriatic bush-cricket

Rhadinoceraea micans	Irisblattwespe	iris sawfly
Rhagades pruni	Heide-Grünwidderchen, Dunkles Grünwidderchen, Schlehen-Grünwidderchen (CH)	green forester (moth)
Rhagio scolopacea	Schnepfenfliege, Gemeine Schnepfenfliege	snipe fly, common snipe fly
Rhagio tringarius	Goldgelbe Schnepfenfliege	golden-yellow snipe fly
Rhagionidae	Schnepfenfliegen	snipe flies
Rhagium bifasciatum	Gelbbindiger Zangenbock, Zweibindiger Zangenbock, Zweistreifiger Zangenbock	two-banded longhorn beetle
Rhagium inquisitor	Kleiner Zangenbock, Kleiner Kieferzangenbock, Schrotbock	ribbed pine borer
Rhagium mordax	Kleiner Laubholzzangenbock, Schwarzfleckiger Zangenbock, Bissiger Zangenbock, Schrot-Zangenbock	oak longhorn beetle, blackspotted pliers support beetle, black-spotted longhorn beetle
Rhagium sycophanta	Eichen-Zangenbock, Eichenzangenbock	black-spotted pliers support beetle
Rhagoletis alternata	Hagebuttenfliege	rose-hip fly
Rhagoletis cerasi	Kirschfruchtfliege, Kirschfliege	European cherry fruit fly
Rhagoletis cingulata	Amerikanische Kirschfruchtfliege, Weißgebänderte Amerikanische Kirschfruchtfliege	cherry fruit fly (U.S.), North American cherry fruit fly (cherry maggot), American eastern cherry fruit fly
Rhagoletis completa	Walnussfruchtfliege, Amerikanische Walnussschalenfliege	walnut husk fly
Rhagoletis fausta	Schwarzkirschfruchtfliege, Dunkle Nordamerikanische Kirschfruchtfliege	black cherry fruit fly
Rhagoletis mendax	Blaubeer-Fruchtfliege	blueberry maggot (fly)
Rhagoletis mendax × zephyria	Geißblatt-Made	Lonicera fly
Rhagoletis pomonella	Apfelfruchtfliege	apple fruit fly, apple maggot fly (apple maggot), railroad worm
Rhagoletis zephyria	Schneebeer-Fruchtfliege	snowberry fruit fly, snowberry fruit fly, snowberry maggot (fly)
Rhagonycha fulva	Schwarzzipfeliger Weichkäfer, Rotgelber Weichkäfer	black-tipped soldier beetle
Rhagonycha lignosa	Bleicher Fliegenkäfer	

Rhamnusium bicolor	Weidenbock, Beulenkopfbock	a longhorn beetle
Rhaphigaster nebulosa	Graue Feldwanze, Graue Gartenwanze, Gartenwanze	mottled shieldbug
Rhaphuma annularis	Gelber Bambusbockkäfer*	yellow bamboo longhorn beetle
Rheumaptera hastata	Großer Speerspanner, Schwarzweißer Birken-Blattspanner, Lanzenspanner	argent and sable moth, argent & sable
Rheumaptera subhastata	Kleiner Speerspanner	
Rhigognostis annulatella	Löffelkraut-Schleierfalter	ringed diamond-back (moth), annulated smudge (moth)
Rhigognostis incarnatella	Rötlicher Schleierfalter	Scotch smudge (moth)
Rhingia campestris	Feld-Schnabelschwebfliege	
Rhinocoris iracundus	Zornige Raubwanze, Rote Mordwanze	European red assassin bug
Rhinocyllus conicus	Distel-Kurzrüssler	thistle-head weevil, thistle seed head weevil, thistle seedhead weevil, nodding thistle receptacle weevil
Rhinoestrus purpureus	Pferdebiesfliege, Pferde-Nasendasselfliege, Pferde-Nasen-Rachen-Dasselfliege	horse nasal myiasis fly, horse nostril fly, horse nasal bot fly, horse botfly,
Rhinolophopsylla unipectinata	Hufeisennasenfloh	bat flea
Rhinotermitidae	Nasentermiten	rhinotermites, subterranean termites
Rhinus tetrum/ Gymnetron tetrum	Veränderlicher Gallenrüssler	mullein seed-eating weevil, fuzzy mullein weevil (U.S.)
Rhipiceridae	Rhipiceriden, Zikadenräuber	cicada parasite beetles
Rhipidius quadriceps	Schaben-Fächerkäfer	
Rhipiphoridae	Fächerkäfer	wedge-shaped beetles
Rhizedra lutosa	Schilfrohr-Wurzeleule	large wainscot (moth)
Rhizopertha dominica	Getreidekapuziner	lesser grain borer
Rhizophagidae	Rindenkäfer, Rindenglanzkäfer	root-eating beetles
Rhizotrogus aestivus	Gelbbrauner Brachkäfer, Frühlings-Brachkäfer	yellow-brown spring chafer*, spring chafer*
Rhizotrogus solstitialis/ Amphimallon solstitialis	Junikäfer	summer chafer
Rhodobium porosum	Amerikanische Rosenblattlaus, Amerikanische Rosenlaus	yellow rose aphid
Rhodogaster viridis	Grüne Blattwespe	green sawfly
Rhodometra sacraria	Rotgestreifter Wanderspanner	vestal (moth), the vestal

Rhodostrophia calabra	Besenginster-Rotrandspanner	narrow rose-banded wave (moth)
Rhopalapion longirostre	Stockrosen-Spitzmausrüssler, Langrüssliges Stockrosen-Spitzmäuschen	hollyhock weevil
Rhopalidae	Glasflügelwanzen	scentless plant bugs, rhopalid bugs
Rhopalocera	Tagfalter	butterflies & skippers
Rhopalopyx elongata	Spanische Graszirpe	a European leafhopper
Rhopalopyx vitripennis	Grüne Schwingelzirpe	a common German green leafhopper
Rhopalosiphoninus latysiphon	Kellerlaus, Kartoffelkellerlaus, Breitröhrige Kartoffelknollenlaus	bulb-and-potato aphid
Rhopalosiphoninus staphyleae/ Myzosiphon tulipaellum	Mietenlaus	mangold aphid
Rhopalosiphum insertum	Apfelgraslaus	apple-grass aphid, oat-apple aphid
Rhopalosiphum maidis	Maisblattlaus	corn-leaf aphid, corn aphid, cereal leaf aphid
Rhopalosiphum nymphaeae	Sumpfpflanzenlaus	waterlily aphid, water-lily aphid
Rhopalosiphum padi	Traubenkirschenlaus, Haferblattlaus, Haferlaus	bird cherry-oat aphid, bird-cherry aphid, oat aphid, wheat aphid
Rhopalus subrufus	Hellbraune Glasflügelwanze	
Rhophitoides canus	Graubiene, Graue Schlürfbiene, Kleine Schlürfbiene	alfalfa gray-haired bee, gray-haired alfalfa bee
Rhopobota myrtilana	Heidelbeerwickler	blueberry leaf tier (moth)
Rhopobota naevana	Stechpalmenwickler	holly tortrix, marbled single-dot bell moth, holly leaf tier, black-headed fireworm
Rhopobota stagnana	Teufelsabbisswickler	downland bell (moth)
Rhopobota ustomaculana	Rundfleck-Preiselbeerwickler	Loch Rannoch tortrix, Rannoch bell (moth)
Rhyacia lucipeta	Große Bodeneule, Glänzende Erdeule, Erdhalden-Bodeneule	southern rustic (moth)
Rhyacia simulans	Simulans-Bodeneule, Täuschende Erdeule	dotted rustic (moth)
Rhyacionia buoliana/ Evetria buoliana	Kiefern-Knospentriebwickler	gemmed shoot moth, pine shoot moth, pine-sprout tortrix, European pine shoot moth

Rhyacionia duplana	Kiefern-Triebwickler, Kieferntriebwickler, Kiefernquirlwickler	pine tip moth
Rhyacionia pinivorana	Gepunkteter Kiefern-Triebwickler, Gepunkteter Kieferntriebwickler	spotted shoot moth, spotted pine shoot moth
Rhyacophila fasciata	Gebänderte Flussköcherfliege	banded caddisfly
Rhychophorus ferrugineus	Malaiischer Palmenrüssler, Roter Palmrüssler	red palm weevil
Rhynchaenus fagi	Buchenspringrüssler	beech flea weevil, beech leaf mining weevil, beech leafminer
Rhynchaenus pallicornis	Apfelspringrüssler	apple flea weevil
Rhynchaenus quercus	Eichenspringrüssler	oak flea weevil, oak leaf mining weevil
Rhynchaenus rufipes	Amerikanischer Weidenspringrüssler	willow flea weevil
Rhynchaenus salicis	Weidenspringrüssler	European willow flea weevil
Rhynchites aequatus	Rotbrauner Fruchtstecher	apple fruit rhynchites weevil
Rhynchites auratus	Kirschfruchtstecher	cherry fruit rhynchites weevil
Rhynchites bacchus	Purpurroter Apfelfruchtstecher, Purpurroter Fruchtstecher	purple apple weevil, peach weevil
Rhynchites caeruleus	Triebstecher, Obstbaumzweigabstecher	apple twig cutter (weevil)
Rhynchites cupreus	Fruchtstecher, Kupferroter Pflaumenstecher	plum borer (weevil)
Rhynocoris annulatus	Geringelte Mordwanze	
Rhynocoris iracundus	Rote Mordwanze	
Rhyparia purpurata	Stachelbeerbär, Purpurbär	purple tiger, gooseberry tiger (moth)
Rhyparioides metelkana	Metelkas Bär, Metelkana-Bär	
Rhyparobia maderae	Madeiraschabe	Madeira cockroach
Rhysodidae	Runzelkäfer	wrinkled bark beetles
Rhyssa persuasoria	Holzwespen-Schlupfwespe, Riesenholzwespen-Schlupfwespe	sabre wasp
Rhyzobius chrysomeloides	Östlicher Schlankmarienkäfer, Länglichovaler Marienkäfer	brown ladybird (beetle)
Rhyzobius litura	Einfarbiger Marienkäfer, Westlicher Schlankmarienkäfer	small brown ladybird (beetle)
Rhyzopertha dominica	Getreidekapuziner	lesser grain borer
Ribautiana tenerrima	Beerenblattzikade	bramble leafhopper, loganberry leafhopper

Ribautodelphax albostriata	Rispenspornzikade	
Ribautodelphax angulosa	Ruchgras-Spornzikade	
Ribautodelphax collina	Hügelspornzikade	
Ribautodelphax imitans	Rohrschwingel-Spornzikade	
Ribautodelphax ochreata	Sibirische Spornzikade	
Ribautodelphax pallens	Alpenspornzikade	
Ribautodelphax pungens	Zwenkenspornzikade	
Ribautodelphax vinealis	Sandspornzikade	
Riodinidae	Scheckenfalter, Würfelfalter	metalmarks
Rivula sericealis	Seideneulchen	straw dot (moth)
Rodolia cardinalis	Australischer Marienkäfer	cardinal ladybird (beetle), vedalia beetle
Roeslerstammia erxlebella	Linden-Goldmotte	copper ermel (moth)
Ropalodontus perforatus	Punktierter Schwammkäfer	
Ropalopus clavipes	Ahornbock	
Ropalopus femoratus	Mattschwarzer Scheibenbock	
Ropalopus macropus	Kleiner Ahornbock	
Ropalopus spinicornis	Dornhörniger Scheibenbock	
Ropalopus ungaricus	Metallfarbener Rindenbock	
Rophites quinquespinosus	Große Schlürfbiene	five-spined rophites
Rosalia alpina	Alpenbock	rosalia longicorn
Rosalia funebris	Schwarzweiß Gebänderter Erlenbock*, Westküsten-Erlenbock	banded alder borer, California laurel borer
Ruspolia nitidula	Große Schiefkopfschrecke	large cone-head grasshopper, large conehead
Rutpela maculata	Gefleckter Schmalbock	spotted longhorn (beetle), black-and-yellow longhorn beetle, harlequin longhorn
Sabra harpagula	Linden-Sichelspinner, Linden-Sichelflügler, Lindensichler	scarce hook-tip (moth)
Sacchiphantes abietis/ Adelges abietis	Gelbe Fichten-Großgallenlaus	yellow spruce pineapple-gall adelges
Sacchiphantes viridis/ Adelges viridis	Grüne Fichten-Großgallenlaus	green spruce pineapple-gall adelges
Saga pedo	Große Sägeschrecke	predatory bush-cricket
Saissetia coffeae	Halbkuglige Napfschildlaus	hemispherical scale
Saissetia oleae	Schwarze Ölbaumschildlaus	black scale, Mediterranean black scale

Salda littoralis	Gefleckte Uferwanze, Gefleckter Uferspringer	a shore bug
Saldidae	Uferwanzen, Uferspringer, Springwanzen	shore bugs, saldids
Saldula saltatoria	Gemeiner Hüpferling	shorebug, shore bug, common shore bug
Salpingidae	Engtaillien-Rindenkäfer (Scheinrüssler)	narrow-waisted bark beetles
Salpingus ruficollis/ Rhinosimus ruficollis	Rothalsiger Scheinrüssler, Gelbrotköpfiger Scheinrüssler	a false weevil, a narrow-waisted bark beetle
Samia cynthia/ Philosamia cynthia/ Platysamia cynthia	Götterbaum-Spinner, Götterbaumspinner, Ailanthus-Spinner, Ailanthusspinner	cynthia moth, cynthia silkmoth, ailanthus silkworm
Saperda candida	Rundköpfiger Apfelbaumbohrer	roundheaded appletree borer
Saperda carcharias	Großer Pappelbock	large poplar borer, large willow borer, poplar longhorn, large poplar longhorn beetle
Saperda octopunctata	Grüner Lindenbock	
Saperda perforata	Gefleckter Pappelbock	
Saperda populnea	Kleiner Pappelbock, Espenbock	small poplar longhorn beetle, small poplar borer, lesser poplar borer
Saperda scalaris	Leiterbock	scalar longhorn beetle
Saperda similis	Seehundbock	
Saperda tridentata	Amerikanischer Ulmenbohrer	elm borer
Saperda vestita	Amerikanischer Lindenbohrer	linden borer
Saphanus piceus	Schwarzer Bergbock	
Saprinus semistriatus	Gemeiner Stutzkäfer	common hister beetle (Central European)
Sapyga clavicornis	Gemeine Keulenwespe	common European sapygid wasp
Sapygidae	Schmarotzerwespen	sapygid wasps, parasitic wasps
Sarcophaga carnaria	Graue Fleischfliege, Graue Schmeißfliege, Große Fleischfliege	European common flesh fly, gray flesh fly (fleshfly, flesh-fly)
Sarcophaga cruentata/ Sarcophaga haemorrhoidalis	Rotsteiß-Fleischfliege*	red-tailed flesh fly
Sarcophaga peregrina	Asiatische Fleischfliege	Asian flesh fly
Sarcophagidae	Aasfliegen, Fleischfliegen	fleshflies

Saturnia pavonia/ Eudia pavonia	Kleines Nachtpfauenauge	small emperor moth
Saturnia pavoniella	Südliches Kleines Nachtpfauenauge, Ligurisches Nachtpfauenauge	southern emperor silk moth
Saturnia pyri	Großes Nachtpfauenauge, Wiener Nachtpfauenauge	giant peacock moth, great peacock moth, giant emperor moth, Viennese emperor
Saturnia spini	Mittleres Nachtpfauenauge	sloe emperor moth
Saturniidae	Augenspinner (Nachtpfauenaugen/ Pfauenspinner)	giant silkmoths, silkworm moths, emperor moths
Satyridae	Augenfalter	browns, satyrs (& wood nymphs & arctics)
Satyrium acaciae	Akazien-Zipfelfalter, Akazienzipfelfalter, Kleiner Schlehen-Zipfelfalter	sloe hairstreak (butterfly)
Satyrium ilicis/ Nordmannia ilicis	Brauner Eichen-Zipfelfalter, Brauner Eichenzipfelfalter, Eichenzipfelfalter, Stechpalmen-Zipfelfalter	ilex hairstreak (butterfly)
Satyrium pruni	Pflaumen-Zipfelfalter, Pflaumenzipfelfalter	black hairstreak (butterfly)
Satyrium spini	Schlehen-Zipfelfalter, Schlehenzipfelfalter, Kreuzdorn-Zipfelfalter	blue-spot hairstreak (butterfly)
Satyrium w-album/ Strymon w-album/ Strymonidia w-album	Weißes W, Ulmen-Zipfelfalter, Ulmenzipfelfalter	white-letter hairstreak (butterfly)
Satyrus ferula	Weißkernauge, Augenfalter	great sooty satyr (butterfly)
Scaeva pyrastri	Weiße Dickkopf-Schwebfliege, Späte Großstirnschwebfliege	cabbage aphid hover fly
Scaeva selenitica	Frühe Großstirnschwebfliege	
Scaphidema metallicum	Metallfarbener Schwarzkäfer	
Scaphididae	Kahnkäfer	shining fungus beetles
Scaphidium quadrimaculatum	Vierfleckiger Kahnkäfer	
Scaphisoma agaricinum	Pilz-Kahnkäfer	shining fungus beetle
Scaphoideus luteolus	Gelbliche Kahnzikade	whitebanded elm leafhopper, white-banded elm leafhopper
Scaphoideus titanus	Amerikanische Rebzikade	American vine leafhopper, American grapevine leafhopper

Scarabaeidae	Blatthornkäfer	scarab beetles, lamellicorn beetles (dung beetles & chafers)
Scarabaeus sacer	Heiliger Pillendreher	sacred scarab beetle, Egyptian scarab
Scardia boletella	Gebirgs-Riesenpilzmotte	a mountain fungus moth
Scathophaga stercoraria	Gelbe Dungfliege, Gelbe Kotfliege	yellow dungfly
Scathophagidae	Dungfliegen, Kotfliegen	dungflies
Scatopsidae	Dungmücken	minute black scavenger flies
Scaurus tristis	Mediterraner Schwarzkäfer	Mediterranean darkling beetle
Sceliphron caementarium	Spinnen-Mörtelgrabwespe	black-and-yellow mud dauber, black-and-yellow mud wasp
Sceliphron spp.	Mörtelgrabwespen	mud daubers
Scenopinidae	Fensterfliegen	window flies
Scenopinus fenestralis	Fensterfliege, Gemeine Fensterfliege	window fly, windowpane ply, window-pane fly
Scenopinus spp.	Fensterfliegen	window flies
Schinia cardui	Bitterkraut-Sonneneule	
Schistocerca americana	Nordamerikanische Wanderheuschrecke	American grasshopper, American bird grasshopper
Schistocerca gregaria	Afrikanische Wüstenschrecke, Afrikanische Wanderheuschrecke, Afrikanische Wüsten-Wanderheuschrecke	desert locust
Schistocerca nitens	Graue Kalifornische Wanderheuschrecke	vagrant grasshopper, gray bird grasshopper
Schistocerca paranensis/ Schistocerca cancellata	Südamerikanische Wanderheuschrecke, Argentinische Wanderheuschrecke	South American locust, Argentinian locust, Argentine locust, Parana locust
Schizaphis graminum	Getreideblattlaus	greenbug
Schizoneurinae/ Eriosomatinae	Blutläuse, Blasenläuse	woolly aphids, gall aphids
Schizotus pectinicornis	Orangefarbener Feuerkäfer	scarce cardinal beetle
Schoenobius gigantella	Riesenzünsler	giant water-veneer (moth)
Schrankia costaestrigalis	Schmalflügel-Motteneule	pinion-streaked snout (moth)
Schrankia taenialis	Breitflügel-Motteneule	white-line snout (moth)
Schreckensteinia festaliella	Brombeer-Gabelmotte*, Brombeer-Skeletierer*	bramble false-feather (moth), blackberry skeletonizer (moth)
Sciadia tenebraria	Finsterer Alpenspanner	

Sciomyzidae	Netzfliegen, Hornfliegen	marsh flies
Scirtes hemisphaericus	Kurzovaler Sumpfkäfer, Kurzovaler Sumpffieberkäfer	
Scirtothrips citri	Zitrus-Thrips	citrus thrips
Scirtothrips longipennis	Begonienthrips, Gelber Begonienblasenfuß	begonia thrips
Scobicia declivis	Kalifornischer Bleikabelbohrer	short-circuit beetle
Scoliidae	Dolchwespen, Mordwespen	scolid wasps
Scoliopterix libatrix	Zimteule, Zackeneule, Krebssuppe	herald (moth), the herald
Scolitantides orion	Fetthennen-Bläuling, Fetthenne-Bläuling	chequered blue (butterfly)
Scolopostethus affinis	Nesselwicht	nettle ground-bug, nettle ground bug
Scolopostethus decoratus	Schwarzweiße Bodenwanze	black-and-white ground-bug*
Scolytidae (Ipidae)	Borkenkäfer	bark beetles, engraver beetles & ambrosia beetles, timber beetles
Scolytus amygdali	Mandelsplintkäfer	almond bark beetle
Scolytus carpini	Hainbuchensplintkäfer	white beech bark beetle
Scolytus intricatus	Eichensplintkäfer	oak bark beetle, European oak bark beetle
Scolytus koenigi	Ahornsplintkäfer	maple bark beetle
Scolytus laevis	Mittlerer Ulmensplintkäfer	middle elm bark beetle, middle elm tree split bark beetle
Scolytus mali	Großer Obstbaumsplintkäfer	large fruit bark beetle, larger shothole borer
Scolytus multistriatus	Kleiner Ulmensplintkäfer	small elm bark beetle, smaller European elm bark beetle
Scolytus pygmaeus	Zwergsplintkäfer, Zwerg-Ulmensplintkäfer	pygmy elm bark beetle
Scolytus ratzeburgi	Großer Birkensplintkäfer	birch bark beetle
Scolytus rugulosus	Kleiner Obstbaumsplintkäfer, Runzliger Obstbaumsplintkäfer	fruit bark beetle, fruit bark borer, shothole borer
Scolytus scolytus/ Scolytus sulcifrons	Großer Ulmensplintkäfer	large elm bark beetle, elm bark beetle, larger European bark beetle
Scoparia ambigualis	Eichenmooszünsler	common grey (moth)
Scoparia ancipitella	Flechtenmooszünsler	northern grey (moth)
Scoparia pyralella	Wiesenmooszünsler	meadow grey (moth)
Scopula caricaria	Seidenglanz-Kleinspanner	

Scopula corrivalaria	Ampfer-Kleinspanner	
Scopula decorata	Sandthymian-Kleinspanner	
Scopula emutaria	Küstendünen-Kleinspanner	rosy wave (moth)
Scopula floslactata	Gelblichweißer Kleinspanner	cream wave (moth)
Scopula imitaria	Rötlichgelber Kleinspanner	small blood-vein (moth)
Scopula immorata	Marmorierter Kleinspanner, Sandgrauer Heide-Kleinspanner, Sandgrauer Grasheiden-Kleinspanner	Lewes wave (moth)
Scopula immutata	Vierpunkt-Kleinspanner	lesser cream wave (moth)
Scopula incanata	Weißgrauer Kleinspanner	
Scopula marginepunctata	Randfleck-Kleinspanner	mullein wave (moth)
Scopula nemoraria	Silberweißer Kleinspanner	
Scopula nigropunctata	Eckflügel-Kleinspanner	subangled wave (moth), sub-angled wave
Scopula ornata	Schmuckspanner, Schmuck-Kleinspanner, Weißer Dorst-Kleinspanner	lace border (moth)
Scopula rubiginata	Violettroter Kleinspanner	tawny wave (moth)
Scopula subpunctaria	Schneeweißer Kleinspanner	calcareous wave (moth)
Scopula ternata	Heidelbeer-Kleinspanner	smoky wave (moth)
Scopula tessellaria	Genetzter Dostspanner	dusky-brown wave (moth)
Scopula umbelaria	Schwalbenwurz-Kleinspanner	
Scopula virgulata	Braungestreifter Kleinspanner	streaked wave (moth)
Scorbipalpa artemisiella	Thmianmotte*, Sandthymianmotte*	thyme moth
Scorbipalpa ocellatella	Rübenmotte	turnip moth*, sugarbeet moth*
Scotopteryx bipunctaria	Zweipunkt-Wellenstriemenspanner	chalk carpet (moth)
Scotopteryx chenopodiata	Platterbsenspanner, Braunbinden-Wellenstriemenspanner	shaded broad-bar (moth)
Scotopteryx coarctaria	Ginsterheiden-Wellenstriemenspanner	
Scotopteryx luridata	Braungrauer Wellenstriemenspanner, Dreibindiger Wellenstriemenspanner	July belle (moth)
Scotopteryx moeniata	Winkelbinden-Wellenstriemenspanner	fortified carpet (moth)

Scotopteryx mucronata	Hellgrauer Wellenstriemenspanner	lead belle (moth)
Scotopteryx peribolata	Spanischer Wellenstriemenspanner*, Südfranzösischer Wellenstriemenspanner*	Spanish carpet (moth)
Scottianella dalei	Atlantische Spornzikade	
Scraptia fuscula	Gelbbrauner Seidenkäfer	
Scraptiidae	Seidenkäfer	scraptiid beetles
Scrobipalpa ocellatella	Rübenmotte	beet moth
Scrobipalpopsis petasitis	Pestwurz-Palpenmotte, Pestwurz-Palpenfalter	butterbur twirler (moth)*
Scutelleridae	Schildwanzen	shield-backed bugs
Scydmaenidae	Ameisenkäfer	antlike stone beetles
Scydmoraphes minutus	Rotbrauner Ameisenkäfer	
Scymnus abietis	Fichten-Kugelmarienkäfer, Fichten-Zwergmarienkäfer	dusky spruce ladybird beetle*
Scythridiidae	Ziermotten (inkl. Heidefalter)	owlets, owlet moths
Scythris buszkoi	Bocksdorn-Ziermotte	
Scythris cicadella	Knäuelmieren-Heidefalter	sand owlet (moth)
Scythris dissimilella	Heller Sonnenröschen-Heidefalter	
Scythris fallacella	Ähnlicher Heidefalter	bronze owlet (moth)
Scythris knochella	Semikolon-Heidefalter	
Scythris noricella	Grauer Gebirgs-Heidefalter	
Scythris palustris	Sumpf-Heidefalter	
Scythris siccella	Sandrasen-Heidefalter	least owlet (moth)
Scythropia crataegella	Weißdornmotte	hawthorn moth
Sedina buettneri	Büttners Schrägflügeleule	Blair's wainscot (moth)
Sehirus bicolor	Schwarzweiße Erdwanze	pied shieldbug
Selatosomus aeneus	Glanzschnellkäfer	shiny click beetle*
Selatosomus cruciatus	Kreuzschnellkäfer	
Selenia dentaria	Dreistreifiger Mondfleckspanner	early thorn (moth)
Selenia lunularia	Zweistreifiger Mondfleckspanner	lunar thorn (moth)
Selenia tetralunaria	Violettbrauner Mondfleckspanner	purple thorn (moth)
Selenothrips rubrocinctus	Kakao-Blasenfuß, Kakao-Thrips	cacao thrips, red-banded thrips

Selidosema brunnearia	Purpurgrauer Heide-Tagspanner	bordered grey (moth)
Semanotus undatus	Nadelholz-Wellenbock, Bayern-Bock	European pine longhorn beetle
Semiaphis dauci	Möhrenblattlaus, Mehlige Möhrenlaus	carrot aphid
Semioscopis oculella	Vorfrühlings-Breitflügelfalter	
Semiothisa carbonaria	Berg-Gitterspanner*	netted mountain moth
Semiothisa clathrata	Gitterspanner	latticed heath (moth)
Semiothisa wauaria	Vauzeichen-Eckflügelspanner, Johannisbeerspanner, Braunes V	V-moth
Semudobia betulae	Birkensamen-Gallmücke	birch-seed gall midge
Senta flammea/ Mythimna flammea	Striemen-Schilfeule	flame wainscot (moth)
Sepiana sepium/ Platycleis sepium	Zaunschrecke	sepia bush-cricket
Sepsidae	Schwingfliegen	black scavenger flies (spiny-legged flies)
Serica brunnea	Rotbrauner Laubkäfer, Gelbbrauner Laubkäfer	brown chafer (beetle)
Sericoda quadripunctata	Vierpunkt-Glanzflachläufer	
Sericoderus lateralis	Goldfarbener Faulholzkäfer	
Sericomyia silentis	Große Torf-Schwebfliege, Gelbrand-Torfschwebfliege	bog hoverfly
Sericus brunneus	Brauner Schnellkäfer	brown click beetle*
Serropalpidae (Melandryidae)	Düsterkäfer, Schwarzkäfer	false darkling beetles
Serviformica fusca/ Formica fusca	Schwarzgraue Hilfsameise	silky ant (not: negro ant!)
Sesia apiformis/ Aegeria apiformis	Hornissenschwärmer, Hornissenglasflügler, Hornissen-Glasflügler, Bienenglasflügler	poplar hornet clearwing, hornet moth
Sesia bembeciformis	Großer Weiden-Glasflügler	lunar hornet clearwing
Sesiidae/ Aegeriidae	Glasflügler (Glasschwärmer)	clearwing moths, clear-winged moths
Setapius apiculatus	Zwerg-Glasflügelzikade	
Setina alpestris	Gelber Alpen-Flechtenbär	
Setina aurita	Kleiner Flechtenbär	
Setina irrorella	Steinflechtenbär, Steinflechtenbärchen	dew moth, dew footman (moth)

Setina roscida	Felsenflechtenbär, Rauchflügliger Flechtenbär, Felshalden-Flechtenbärchen, Kleiner Gelber Schwarzpunkt-Flechtenbär	
Sialidae	Wasserflorfliegen (Schlammfliegen)	alder flies, alderflies
Sialis fuliginosa	Fluss-Schlammfliege	marsh alderfly
Sialis lutaria	Gemeine Wasserflorfliege, See-Schlammfliege	mud alderfly
Sialis nigripes	Schwarzfüßige Schlammfliege	black-footed alderfly
Sicus ferrugineus	Gemeine Breitstirnblasenkopffliege	a conopid fly, a thick-headed fly
Sideridis kitti	Schawerdas Netzeule	
Sideridis lampra	Bibernell-Bergwieseneule	
Sideridis reticulata/ Heliophobus reticulatus	Haldenflur-Nelkeneule, Haldenflur-Netzeule, Hellgerippte Garteneule	bordered gothic (moth)
Sideridis rivularis/ Hadena rivularis	Violettbraune Kapseleule, Bacheule	the campion (moth)
Sideridis turbida/ Sideridis albicolon	Kohleulenähnliche Wieseneule	white colon (moth)
Siederia listerella/ Siederia cembrella/ Siederia pineti	Kiefern-Zwerg-Sackträgermotte, Kiefern-Zwergsackträger, Kiefernwald-Zwerg-Sackträger	
Siederia rupicolella	Gebirgs-Zwerg-Sackträgermotte, Gebirgs-Zwergsackträger	
Silphidae	Aaskäfer	carrion beetles, burying beetles
Simplicia rectalis	Schmalflügelige Spannereule	a litter moth
Simplocaria semistriata	Halbstreifiger Pillenkäfer	
Simuliidae	Kriebelmücken	black flies, blackflies, buffalo gnats
Simulium colombaczense	Kolumbatscher Kriebelmücke	Columbacz black fly, Golubatz fly
Simulium spp.	Kriebelmücken	black flies, blackflies
Simyra albovenosa	Ried-Weißstriemeneule	reed dagger (moth)
Simyra nervosa	Weißgraue Schrägflügeleule, Schrägflügel-Striemeneule	tawny-veined wainscot (moth)
Sinodendron cylindricum	Kopfhornschröter, Baumschröter	a small European rhinoceros beetle, a "least stag beetle"

Siona lineata	Hartheu-Spanner, Weißer Schwarzaderspanner	black-veined moth
Siphlonurus armatus	Teich-Stachelhaft	scarce summer mayfly
Siphonaptera/ Aphaniptera/ Suctoria	Flöhe	fleas
Sipyloidea sipylus	Rosa Geflügelte Stabschrecke, Rosageflügelte Stabschrecke	pink wing stick insect
Sirex cyaneus	Blaue Kiefernholzwespe	blue horntail, blue woodwasp, blue wood wasp
Sirex juvencus	Kiefernholzwespe, Gemeine Holzwespe, Blaue Kiefernholzwespe, Stahlblaue Holzwespe	polished horntail, steely-blue woodwasp, European blue horntail
Sirex noctilio	Blaue Fichtenholzwespe	European woodwasp, Sirex woodwasp, Sirex wood wasp
Siricidae	Holzwespen	woodwasps, horntails
Sisyphus schaefferi	Matter Pillenwälzer, Matter Pillendreher	a common Eurasian dung beetle
Sisyra fuscata/ Sisyra nigra	Schwärzliche Schwammfliege	common spongefly
Sisyridae	Schwammfliegen	spongeflies, sponge flies, spongillaflies, spongilla flies, brown lacewings
Sitobion avenae/ Macrosiphum avenae	Große Getreideblattlaus	greater cereal aphid, European grain aphid, English grain aphid
Sitobion luteum	Gelbe Orchideenblattlaus	yellow orchid aphid, orchid aphid
Sitochroa palealis	Möhrenzünsler	carrot seed moth, sulphur pearl (moth)
Sitodiplosis mosellana	Orangerote Weizengallmücke, Rote Weizengallmücke	orange wheat blossom midge, wheat midge
Sitona gressorius	Großer Lupinenblattrandkäfer	
Sitona griseus	Gemeiner Lupinenblattrandkäfer	
Sitona hispidulus	Borstiger Blattrandrüssler	clover root curculio, clover-root weevil
Sitona humeralis	Luzerne-Blattrandrüssler	
Sitona lepidus	Großer Weißkleeblattrandkäfer	clover root weevil
Sitona lineatus	Gestreifter Blattrandkäfer	pea leaf weevil
Sitophilus granarius	Kornkäfer, Schwarzer Kornwurm	grain weevil, granary weevil

Sitophilus linearis	Tamarindenfruchtrüssler	tamarind weevil, tamarind pod borer
Sitophilus oryzae	Reiskäfer	rice weevil
Sitophilus zeamais	Maiskäfer	corn weevil, maize weevil
Sitotroga cerealella	Getreidemotte, Französische Kornmotte (Weißer Kornwurm)	Angoumois grain moth
Smaragdina aurita	Gold-Langbeinkäfer	golden case-bearing leaf beetle*
Smaragdina salicina	Blauer Langbeinkäfer	blue case-bearing leaf beetle*
Smerinthus ocellata	Abendpfauenauge	eyed hawkmoth
Smicromyrme rufipes/ Mutilla rufipes	Rotbeinige Spinnenameise	small velvet ant
Sminthuridae	Kugelspringer	globular springtails
Sminthurus viridis	Luzernefloh	lucerne flea
Smynthurodes beae	Bohnenwurzellaus	bean root aphid
Sogatella furcifera	Weißrücken-Zikade	whitebacked planthopper
Solenopotes capillatus	Borstige Rinderlaus	tubercle-bearing louse, blue cattle louse, small blue cattle louse, little blue cattle louse
Solenopsis aurea	Wüsten-Feuerameise	golden fire ant, desert fire ant
Solenopsis fugax/ Diplorhoptrum fugax	Innennest-Raubameise, Gelbe Diebsameise, Diebische Zwergameise	European fire ant, European thief ant
Solenopsis geminata	Amerikanische Feuerameise, Tropische Feuerameise, Südamerikanische Feuerameise	American fire ant, tropical fire ant
Solenopsis invicta	Rote Feuerameise	red imported fire ant (RIFA), red fire ant
Solenopsis molesta	Amerikanische Diebsameise	thief ant, grease ant, sugar ant, piss ant
Solenopsis richteri	Schwarze Feuerameise	black imported fire ant (BIFA)
Solenopsis spp.	Feuerameisen, Diebsameisen	fire ants
Solenopsis xyloni	Südliche Feuerameise, Südstaaten-Feuerameise	southern fire ant, California fire ant, cotton ant
Somatochlora alpestris	Alpen-Smaragdlibelle	Alpine emerald (dragonfly)
Somatochlora artica	Arktische Smaragdlibelle	northern emerald (dragonfly)
Somatochlora flavomaculata	Gefleckte Smaragdlibelle	yellow-spotted emerald (dragonfly)
Somatochlora metallica	Glänzende Smaragdlibelle	brillant emerald (dragonfly)
Sophophora melanogaster/ Drosophila melanogaster	Essigfliege, Kleine Essigfliege, Taufliege, Schwarzbäuchige Taufliege	vinegar fly, fruit fly, ferment fly, pomace fly

Sorhagenia janiszewskae	Janiszewskas Prachtfalter	wood cosmet (moth)
Sospita vigintiguttata	Schöner Marienkäfer	twenty-spot ladybird (beetle)
Spaelotis ravida	Sandrasen-Bodeneule	stout dart (moth)
Spargania luctuata	Schwarzweißer Weidenröschenspanner	white-banded carpet (moth)
Sparganothis pilleriana	Springwurm-Wickler, Springwurmwickler, Springwurm, Laubwurm	long-nosed twist (moth)
Spatalia argentina	Silberfleck-Zahnspinner, Silberfleckspinner, Silberfleck	argentine (moth)
Spercheus emarginatus	Ungerandeter Buckelwasserkäfer	notch-headed hydrophilus
Sphaeridae	Kugelkäfer	minute bog beetles
Sphaeridium scarabaeoides	Gemeiner Dunkelkugelkäfer, Großer Dunkelkugelkäfer	spotted dung beetle, four-spotted dung beetle
Sphaeriestes castaneus	Kastanienbrauner Scheinrüssler	
Sphaerites glabratus	Glatter Scheinschutzkäfer	
Sphaeritidae	Falsche Clownkäfer, Scheinschutzkäfer	false clown beetles
Sphaerius acaroides	Ufer-Kugelkäfer	mud beetle
Sphaeroceridae	Dungfliegen	small dungflies, lesser dungflies
Sphaeroderma testaceum	Distel-Flohkäfer	artichoke beetle, thistle flea beetle
Sphaerolecanium prunastri	Pflaumenschildlaus	plum lecanium scale, plum scale, globose scale
Sphaerophoria scripta	Gemeine Stiftschwebfliege	
Sphaerosoma pilosum	Kugeliger Stäublingskäfer	a hemispherical alexid beetle
Sphecidae/ Sphegidae	Grabwespen	digger wasps, hunting wasps
Sphecinae	Sandwespen	sand wasps, thread-waisted wasps
Sphecius speciosus	Zikadenwespe*, Zikadentöter*	cicada killer wasp
Sphecodes albilabris	Große Blutbiene, Auen-Buckelbiene	a Central European/German blood bee
Sphecodes crassus	Bunte Blutbiene	swollen-thighed blood bee
Sphecodes ephippius	Sattel-Blutbiene	bare-saddled blood bee
Sphecodes ferruginatus	Rostrote Blutbiene	dull-headed blood bee
Sphecodes geoffrellus	Gebänderte Blutbiene, Späte Blutbiene	Geoffroy's blood bee

Sphecodes gibbus	Höcker-Blutbiene, Buckel-Blutbiene	dark-winged blood bee
Sphecodes hyalinatus	Helle Blutbiene	furry-bellied blood bee
Sphecodes monilicornis	Große Dickkopf-Blutbiene, Dickkopf-Blutbiene, Halsband-Blutbiene	box-headed blood bee
Sphecodes niger	Schwarze Blutbiene	black blood bee
Sphecodes pellucidus	Sandgruben-Blutbiene*	sandpit blood bee
Sphecodes spinulosus	Dunkle Blutbiene, Dornige Blutbiene, Bedornte Blutbiene	spined blood bee
Sphecodes spp.	Buckelbienen, Blutbienen	blood bees
Sphex funerarius/ Sphex rufocinctus	Heuschrecken-Sandwespe	grasshopper digger wasp
Sphindidae	Staubpilzkäfer	dry-fungus beetles
Sphindus dubius	Schwarzbrauner Staubpilzkäfer	a dry-fungus beetle
Sphingidae	Schwärmer	hawkmoths, sphinx moths
Sphingonotus caerulans	Blauflügelige Sandschrecke, Blauflüglige Sandschrecke, Blauflügelschrecke	blue-winged locust, slender blue-winged locust
Sphinx drupiferarum	Amerikanischer Trubenkirschenschwärmer*	wild cherry sphinx
Sphinx ligustri	Ligusterschwärmer	privet hawk-moth
Sphinx pinastri/ Hyloicus pinastri	Kiefernschwärmer, Kleiner Fichtenrüssler, Tannenpfeil	pine hawk-moth
Sphodromantis lineola	Ghana-Gottesanbeterin	African mantis, African praying mantis, Ghana mantis, Ghana mantid
Sphodromantis viridis	Afrikanische Riesengottesanbeterin, Grüne Afrikanische Riesengottesanbeterin, Grüne Kampfschrecke	African mantis, African green mantis, giant African mantis, bush mantis
Sphodrus leucophthalmus	Kellerlaufkäfer, Großer Kellerlaufkäfer, Gierkäfer	long-legged brown ground beetle
Spialia orbifer	Südöstlicher Roter Würfelfalter, Südöstlicher Roter Würfel-Dickkopffalter	orbed red-underwing skipper (butterfly), Hungarian skipper
Spialia sertorius	Roter Würfelfalter, Wiesenknopf-Würfeldickkopffalter, Roter Würfel-Dickkopffalter	red underwing skipper (butterfly)
Spilarctia lutea	Gelber Fleckleibbär	buff ermine (moth)

Spilomyia diophthalma	Mulmschwebfliege	
Spilonota laricana	Lärchennadelwickler	larch-bud moth
Spilonota ocellana	Roter Knospenwickler	bud moth, eyespotted bud moth
Spilopsyllus cuniculi	Kaninchenfloh	rabbit flea, European rabbit flea
Spilosoma lubricipeda/ Spilosoma menthastri	Weiße Tigermotte, Punktierter Fleckleib-Bär, Minzenbär, Breitflügeliger Fleckleibbär	white ermine (moth)
Spilosoma lutea	Gelbe Tigermotte, Holunderbär	buff ermine (moth)
Spilosoma urticae	Nesselbär, Weißer Fleckleib-Bär, Schmalflügeliger Fleckleibbär	water ermine (moth)
Spilostethus equestris/ Lygaeus equestris	Ritterwanze	black-and-red bug, red-spotted bug, harlequin bug
Spilostethus pandurus/ Lygaeus pandurus	Pandur	milkweed bug
Spilostethus saxatilis	Knappe	checkerboard ground bug, checkerboard seed bug
Spiris slovenica	Slowenischer Grasbär	
Spiris striata/ Coscinia striata	Gestreifter Grasbär, Streifenbär	feathered footman (moth)
Spodoptera exigua	Zuckerrübeneule, Knöterich-Seidenglanzeule	small mottled willow (moth), beet armyworm (moth)
Spodoptera frugiperda	Heerwurm (Eulenfalter)	fall armyworm (moth)
Spodoptera littoralis	Afrikanische Baumwolleule, Afrikanischer Baumwollwurm, Ägyptische Baumwollraupe	Mediterranean brocade (moth), African cotton leafworm, Egyptian cotton leafworm, Egyptian cottonworm
Spodoptera litura	Asiatische Baumwolleule, Asiatischer Baumwollwurm	Oriental leafworm (moth), cluster caterpillar, Asian cotton leafworm, cotton leafworm, tropical armyworm, tobacco cutworm, taro caterpillar
Spondylis buprestoides	Waldbock	European cylinder longhorn beetle
Spuleria flavicaput	Gelbkopf-Fransenfalter	
Spulerina simploniella	Eichenrindenminiermotte, Eichenrinden-Miniermotte	bark miner
Stagmatophora heydeniella	Heydens Prachtfalter	
Standfussiana lucernea	Zackenlinien-Bodeneule	northern rustic (moth)
Staphylinidae	Kurzflügler, Raubkäfer	rove beetles
Staphylinus caesareus	Bunter Kurzflügler	
Stathmopoda pedella	Balancierstabmotte	alder signal (moth)

Stauroderus scalaris	Gebirgs-Grashüpfer, Gebirgsgrashüpfer	large mountain grasshopper
Staurophora celsia	Malachiteule, Rostkreuz	malachite moth
Stauropus fagi	Buchenspinner	lobster moth, lobster prominent (moth)
Stegania cararia	Gesprenkelter Pappelspanner	ringed border (moth)
Stegania dilectaria	Hain-Pappelspanner	
Stegania trimaculata	Dreifleck-Pappelspanner	Dorset cream wave (moth)
Stegobium paniceum	Brotkäfer, Brotbohrer	drugstore beetle, drug store weevil (biscuit beetle, bread beetle)
Stelidota geminata	Erdbeerglanzkäfer, Erdbeer-Glanzkäfer, Amerikanischer Erdbeerglanzkäfer	strawberry sap beetle
Stelis breviuscula	Düsterbiene, Gewöhnliche Düsterbiene, Kurze Düsterbiene, Weißfleckige Düsterbiene	small dark-bee, little dark bee
Stelis nasuta	Rotfleckige Düsterbiene, Rotbeinige Düsterbiene	red-spotted Mediterranean dark bee*
Stelis odontopyga	Schneckenhaus-Düsterbiene	snail-shell dark bee*
Stelis ornatula	Gefleckte Düsterbiene*	spotted dark bee
Stelis phaeoptera	Ungemusterte Düsterbiene*	plain dark bee
Stelis punctulatissima	Punktierte Düsterbiene, Gebänderte Düsterbiene*	banded dark bee
Stelis signata	Gelbe Düsterbiene, Gelbfleckige Düsterbiene	yellow dark bee, yellow-spotted dark bee*
Stenepteryx hirundinis/ Crataerina hirundinis	Schwalbenlausfliege	martin louse fly, swallow parasitic fly
Stenidea genei	Langdeckenbock	
Stenobothrus crassipes	Zwerg-Grashüpfer, Zwerggrashüpfer	pygmy toothed grasshopper, dwarf grasshopper
Stenobothrus lineatus	Liniierter Grashüpfer, Panzers Grashüpfer, Großer Heidegrashüpfer	stripe-winged grasshopper, lined grasshopper
Stenobothrus nigromaculatus	Schwarzfleckiger Grashüpfer, Schwarzfleckiger Heidegrashüpfer	black-spotted grasshopper
Stenobothrus rubicundulus	Bunter Alpengrashüpfer	wing-buzzing grasshopper
Stenobothrus stigmaticus	Kleiner Heidegrashüpfer, Ramburs Grashüpfer	lesser mottled grasshopper
Stenocephalidae	Wolfsmilchwanzen	spurge bugs
Stenochaetothrips biformis	Reis-Blasenfuß, Reis-Thrips	rice thrips, Oriental rice thrips

Stenocorus meridianus	Variabler Stubbenbock	variable longhorn beetle
Stenocorus quercus	Eichen-Stubbenbock	
Stenocranus fuscovittatus	Bunte Spornzikade	
Stenocranus longipennis	Ruderspornzikade	
Stenocranus major	Große Spornzikade	
Stenocranus minutus	Knaulgras-Spornzikade	
Stenolechia gemmella	Eichentriebmotte	black-dotted groundling
Stenolophus lecontei	Nordamerikanischer Scheibenhals-Schnellläufer, LeConte-Scheibenhals-Schnellläufer	LeConte's seed-corn beetle
Stenolophus mixtus	Dunkler Scheibenhals-Schnellläufer	
Stenolophus skrimshiranus	Rötlicher Scheibenhals-Schnellläufer	
Stenolophus teutonus	Bunter Scheibenhals-Schnellläufer	
Stenopalmatus fuscus	Mexikanische Kartoffelgrille* (sog. Jerusalem-Grille)	Jerusalem cricket, sand cricket, 'potato bug'
Stenopelmus rufinasus	Schwimmfarnrüssler	Azolla weevil, North American Azolla weevil, frond-feeding weevil
Stenopterus rufus	Braunrötlicher Spitzdeckenbock	
Stenoptilia bipunctidactyla	Skabiosen-Federmotte	twin-spot plume (moth)
Stenoptilia coprodactylus	Frühlingsenzian-Federmotte	
Stenoptilia graphodactyla	Schwalbenwurzenzian-Federmotte	
Stenoptilia pneumonanthes	Enzian-Federmotte	
Stenoptilia pterodactyla	Ehrenpreis-Federmotte	brown plume (moth)
Stenoptilia succisae	Abbiss-Federmotte	
Stenoptinea cyaneimarmorella	Schmalflügelmotte	barred brown clothes moth
Stenostola dubia	Metallfarbener Lindenbock	
Stenostola ferrea	Eisenfarbiger Lindenbock	
Stenothrips graminum	Haferthrips, Hafer-Blasenfuß	oat thrips (oats thrips)
Stenotus binotatus	Zweifleck-Weichwanze	timothy grassbug, two-spotted grass bug
Stenurella bifasciata	Zweibindiger Schmalbock	
Stenurella melanura	Kleiner Schmalbock, Kleiner Schwarzstreifen-Schmalbock, Gemeiner Schmalbock	black-striped longhorn beetle

Stenurella nigra	Schwarzer Schmalbock	small black longhorn beetle
Stenurella septempunctata	Siebenpunktiger Schmalbock	
Stephanitis takeyai	Andromeda-Netzwanze, Andromeda-Gitterwanze	andromeda lacebug, andromeda lace bug
Stephantitis pyri	Birnbaumnetzwanze, Birnblattwanze	pear lacebug, pear lace bug
Sterrhopterix fusca/ Sterrhopterix hirsutella	Laubholz-Sackträgermotte, Laubholz-Sackträger	
Sterrhopterix standfussi	Bergmoor-Sackträgermotte, Bergmoor-Sackträger	
Stethophyma grossum/ Mecostethus grossus	Sumpfschrecke	large marsh grasshopper
Stethorus punctillum	Schwarzer Kugelmarienkäfer	
Stictia carolina/ Bembix carolina	Pferdewächter*	horse guard (wasp), horseguard
Stictocephala bisonia	Büffelzikade	buffalo treehopper
Stictoleptura cordigera/ Corymbia cordigera	Beherzter Halsbock	heart-shaped flower longhorn (beetle)*
Stictoleptura erythroptera/ Corymbia erythroptera	Rotflügeliger Halsbock, Rotflügliger Halsbock	red-winged longhorn beetle*
Stictoleptura rubra/ Corymbia rubra	Rothalsbock, Roter Halsbock, Gemeiner Bockkäfer	red longhorn beetle
Stictoleptura scutellata/ Leptura scutellata/ Corymbia scutellata	Haarschildiger Halsbock	large black longhorn beetle
Stigmella aceris	Ahorn-Zwergmotte	scarce maple pigmy (moth)
Stigmella aeneofasciella	Odermennig-Zwergmotte	brassy pigmy (moth)
Stigmella alnetella	Kleine Erlen-Zwergmotte	silver-barred alder pigmy (moth)
Stigmella anomalella	Rosenminiermotte	rose leaf-miner (moth), rose leaf miner
Stigmella assimilella	Espen-Zwergmotte	aspen pigmy (moth)
Stigmella atricapitella	Schwarzköpfiger Eichen-Zwergminierfalter	
Stigmella aurella	Brombeer-Zwergmotte	bramble leaf-miner
Stigmella betulicola	Kleine Birken-Zwergmotte	common birch pigmy (moth)
Stigmella carpinella	Hainbuchen-Zwergmotte	hornbeam pigmy (moth)
Stigmella catharticella	Große Kreuzdorn-Zwergmotte, Weißfleckiger Kreuzdorn-Zwergminierfalter	buckthorn pigmy (moth)
Stigmella confusella	Große Moorbirken-Zwergmotte	pale birch pigmy (moth)

Stigmella continuella	Kleine Moorbirken-Zwergmotte	double-barred pigmy (moth)
Stigmella crataegella	Gewöhnliche Weißdorn-Zwergmotte	common thorn pigmy (moth)
Stigmella desperatella	Wildapfel-Zwergmotte	scarce apple pigmy (moth)
Stigmella dryadella	Alpen-Zwergminierfalter	Alpine pigmy (moth)
Stigmella filipendulae	Mädesüß-Zwergminierfalter	
Stigmella floslactella	Große Hasel-Zwergmotte	coarse hazel pigmy (moth)
Stigmella freyella	Winden-Zwergminierfalter	
Stigmella glutinosae	Große Erlen-Zwergmotte	white-barred alder pigmy (moth)
Stigmella hemargyrella	Große Buchen-Zwergmotte	beech pigmy (moth)
Stigmella incognitella	Große Apfel-Zwergmotte	grey apple pigmy (moth)
Stigmella lapponica	Große Birken-Zwergmotte, Nordischer Birken-Zwergminierfalter	drab birch pigmy (moth)
Stigmella lemniscella	Gelbköpfige Ulmen-Zwergmotte	red elm pigmy (moth)
Stigmella luteella	Gewöhnliche Birken-Zwergmotte	short-barred pigmy (moth)
Stigmella malella	Kleine Apfel-Zwergmotte	apple pygmy, apple pigmy (moth), banded apple pigmy
Stigmella microtheriella	Kleine Hasel-Zwergmotte	nut-tree pigmy (moth)
Stigmella minusculella	Kleine Birnen-Zwergmotte	brown-tipped pigmy (moth)
Stigmella nylandriella	Ebereschen-Zwergmotte	common rowan pigmy (moth)
Stigmella oxyacanthella	Weißdorn-Zwergmotte	common fruit-tree pigmy (moth)
Stigmella poterii	Feuchtwiesen-Zwergmotte, Sumpf-Zwergminierfalter	downland pigmy (moth)
Stigmella prunetorum	Pflaumen-Zwergmotte	scarce sloe pigmy (moth)
Stigmella pyri	Gartenbirnen-Zwergmotte	pear-tree pigmy (moth)
Stigmella rhamnella	Grauer Kreuzdorn-Zwergminierfalter	
Stigmella roborella	Johanssons Eichen-Zwergminierfalter	
Stigmella salicis	Salweiden-Zwergmotte	sallow pigmy (moth)
Stigmella sanguisorbae	Wiesenknopf-Zwergminierfalter	
Stigmella sorbi	Gebirgsebereschen-Zwergmotte	barred rowan pigmy (moth)
Stigmella speciosa	Bergahorn-Zwergmotte	barred sycamore pigmy (moth)
Stigmella splendidissimella	Himbeer-Zwergmotte	glossy bramble pigmy (moth)

Stigmella spp.	Zwergmotten, Zwergminiermotten, Zwergminierfalter	pigmy moths (Br.), pygmy moths (U.S.), (leafminers a.o.)
Stigmella svenssoni	Svenssons Eichen-Zwergminierfalter	
Stigmella tiliae	Linden-Zwergmotte	lime pigmy (moth)
Stigmella tityrella	Kleine Buchen-Zwergmotte	small beech pigmy (moth)
Stigmella torminalis	Elsbeeren-Zwergmotte, Elsbeeren-Zwergminierfalter	Herford pigmy (moth)
Stigmella trimaculella	Pappel-Zwergmotte	black-poplar pigmy (moth)
Stigmella ulmivora	Schwarzköpfige Ulmen-Zwergmotte	barred elm pigmy (moth)
Stigmella vimineticola	Lavendelweiden-Zwergminierfalter	
Stigmellidae (Nepticulidae)	Zwergmotten	leaf miners, leaf-miners
Stilbia anomala	Drahtschmieleneule	anomalous (moth), the anomalous
Stilbus testaceus	Schwarzbrauner Glattkäfer	
Stilicus rufipes	Schwarzbrauner Dünnhalskurzflügler	
Stilpnochlora couloniana	Riesen-Blattschrecke, Riesen-Blattheuschrecke, Kubanische Riesen-Blattschrecke, Kubanische Riesenblattheuschrecke, Kubanische Blattschrecke	giant katydid, giant Florida katydid
Stiroma affinis	Hainspornzikade	a delphacid planthopper
Stiroma bicarinata	Waldspornzikade	a delphacid planthopper
Stiromella obliqua	Mongolenspornzikade	a delphacid planthopper
Stomaphis quercus	Große Eichenrindenlaus	giant oak aphid
Stomis pumicatus	Spitzzangenläufer, Zangenläufer, Dunkelbrauner Fressläufer	longjaw ground beetle
Stomoxys calcitrans	Stechfliege, Wadenstecher	stable fly, dog fly, "biting housefly"
Stratiomyidae	Waffenfliegen	soldier flies
Stratiomys chamaeleon	Chamäleonfliege	soldier fly, soldier-fly
Strauzia longipennis	Sonnenblumenfruchtfliege, Sonnenblumen-Fruchtfliege	sunflower maggot fly
Streblidae	Fledermausfliegen u. a.	bat flies u. a.

Strepsiptera	Fächerflügler, Kolbenflügler	twisted-winged insects, twisted-winged parasites, stylopids
Strongylognathus testaceus	Parasit-Säbelameise, Gelbe Säbelameise, Bräunliche Säbelameise	yellow-brown slave-making ant
Strophosoma capitatum	Baum-Trapezrüssler, Kranzrüssler	
Strophosoma melanogrammum	Schwarzfleckiger Kranzrüssler, Schwarzfleckiger Trapezrüssler	nut leaf weevil
Struebingianella lugubrina	Schwadenspornzikade	
Strymon melinus	Grauer Zipfelfalter	gray hairstreak
Strymonidia pruni	Pflaumenzipfelfalter	black hairstreak
Strymonidia w-album/ Strymon w-album/ Satyrium w-album	Weißes W, Ulmen-Zipfelfalter	white-letter hairstreak
Stylopidae (Strepsiptera)	Stylopiden	parasitic beetles
Subcoccinella vigintiquatuorpunctata	Luzernenmarienkäfer, Luzerne-Marienkäfer	twenty-four-spot ladybird, 24-spot ladybird
Subilla confinis	Eichenbusch-Kamelhalsfliege	snakefly
Suillia tuberiperda	Trüffelfliege	truffle fly
Suillia univittata	Knoblauchfliege	garlic fly
Supella supellectilium/ Supella longipalpa	Braunbandschabe, Braunband-Schabe, Möbelschabe	brown-banded cockroach, brownbanded cockroach, furniture cockroach
Sylvicola fenestralis/ Anisopus fenestralis	Gemeine Fenstermücke, Fensterfliege, Fensterpfriemenmücke, Pfriemmücke, Weißer Drahtwurm	common window gnat, common window midge
Sympecma annulata/ Sympecma paedisca	Sibirische Winterlibelle	Siberian winter damselfly
Sympecma fusca	Winterlibelle, Gemeine Winterlibelle	winter damselfly
Sympecma paedisca	Sibirische Winterlibelle	Siberian winter damselfly
Sympetrum danae	Schwarze Heidelibelle	black darter, black meadowhawk, black sympetrum
Sympetrum depressiusculum	Sumpf-Heidelibelle	ruddy darter, Eastern European sympetrum
Sympetrum flaveolum	Gelbflüglige Heidelibelle, Gefleckte Heidelibelle	yellow-winged darter, yellow-winged sympetrum

Sympetrum fonscolombii/ Sympetrum fonscolombei	Frühe Heidelibelle	red-veined darter, red-veined sympetrum, nomad (dragonfly)
Sympetrum meridionale	Südliche Heidelibelle	southern darter, meridional sympetrum, Southern European sympetrum
Sympetrum pedemontanum	Gebänderte Heidelibelle	banded darter, banded sympetrum
Sympetrum sanguineum	Blutrote Heidelibelle	ruddy darter, ruddy sympetrum
Sympetrum striolatum	Große Heidelibelle	common sympetrum, common darter
Sympetrum vulgatum	Gemeine Heidelibelle	vagrant darter, moustached darter, vagrant sympetrum
Sympistis nigrita	Alpen-Silberwurzeule	an Alpine noctuid moth
Synanthedon andrenaeformis	Schneeball-Glasflügler	orange-tailed clearwing (moth)
Synanthedon cephiformis	Tannen-Glasflügler	
Synanthedon conopiformis	Alteichen-Glasflügler	Dale's oak clearwing (moth)
Synanthedon culiciformis	Kleiner Birkenglasflügler, Kleiner Birken-Glasflügler	large red-belted clearwing (moth)
Synanthedon flaviventris	Weidengallen-Glasflügler	sallow clearwing (moth)
Synanthedon formicaeformis	Kleiner Weiden-Glasflügler	red-tipped clearwing (moth)
Synanthedon loranthi	Mistel-Glasflügler	mistletoe clearwing (moth)
Synanthedon melliniformis	Pappel-Grabwespen-Glasflügler	
Synanthedon myopaeformis	Apfelbaumglasflügler, Apfelbaum-Glasflügler	red-belted clearwing (moth)
Synanthedon polaris	Nordischer Glasflügler	northern clearwing (moth)
Synanthedon scoliaeformis	Großer Birkenglasflügler, Großer Birken-Glasflügler	Welsh clearwing (moth)
Synanthedon soffneri	Heckenkirschen-Glasflügler	honeysuckle clearwing (moth)
Synanthedon spheciformis	Erlenglasflügler, Erlen-Glasflügler	white-barred clearwing (moth), alder clearwing (moth), alder borer
Synanthedon spuleri	Spulers Glasflügler, Wacholder-Glasflügler	
Synanthedon stomoxiformis	Faulbaum-Glasflügler, Kreuzdorn-Glasflügler	
Synanthedon tipuliformis/ Aegeria tipuliformis	Johannisbeer-Glasflügler, Johannisbeerglasflügler	currant clearwing (moth), currant borer
Synanthedon vespiformis	Wespen-Glasflügler, Eichenglasflügler	yellow-legged clearwing (moth)

Synaphe punctalis	Dürrwiesen-Zünsler	long-legged tabby (moth)
Synaptus filiformis	Fadenförmiger Walzen-Schnellkäfer	hairy click beetle
Synchita separanda	Reitters Rindenkäfer	
Syngrapha ain	Lärchen-Goldeule	
Syngrapha interrogationis	Heidelbeer-Silbereule, Rauschbeeren-Silbereule	scarce silver Y (moth)
Syngrapha microgamma	Moor-Goldeule	little bride looper moth
Synopsia sociaria	Sandrasen-Braunstreifenspanner, Heidekraut-Braunstreifenspanner	
Synthymia fixa	Goldflügeleule*	goldwing (moth), the goldwing
Syntomaspis druparum	Kernobstsamenwespe	apple seed chalcid
Syntomidae	Widderbären, Fleckenschwärmerchen	wasp moths
Syntomis phegea	Weißfleckenwidderchen, Weißfleckwidderchen, Ringelwidderchen	yellow-belted burnet
Syntomium aeneum	Gedrungener Mooskurzflügler	
Syntomus foveatus	Sand-Zwergstreuläufer	
Syntomus truncatellus	Schwarzer Rennkäfer, Gewöhnlicher Zwergstreuläufer	
Synuchus vivalis	Scheibenhalsläufer, Dunkelbrauner Scheibenhalskäfer	
Syricoris lacunana/ Celypha lacunana	Wiesenwickler	common marble (moth), lacuna moth, dark strawberry tortrix (moth)
Syritta pipiens	Gemeine Mist-Schwebfliege, Kleine Mistbiene, Gemeine Keulenschwebfliege	thick-legged hoverfly
Syromastes rhombeus	Rautenwanze, Rhombenwanze	rhombic leatherbug
Syrphidae	Schwebfliegen (Stehfliegen, Schwirrfliegen)	hoverflies, hover flies, flower flies, sweat bees, syrphid flies
Syrphus ribesii	Gemeine Garten-Schwebfliege	currant hover fly
Systropha curvicornis	Spiralhornbiene	European spiral-horned bee
Systropha planidens	Flachzahn-Spiralhornbiene	flat-spine spiral-horned bee*
Tabanidae	Bremsen	horseflies & deerflies, gadflies
Tabanus bovinus	Rinderbremse	large horsefly
Tabanus ssp.	Pferdebremsen & Rinderbremsen	horseflies

Tabanus sudeticus	Pferdebremse	dark giant horsefly
Tachinidae	Raupenfliegen (Schmarotzerfliegen)	tachinids, parasitic flies
Tachopteryx thoreyi	Thoreys Libelle*	grayback dragonfly, gray petaltail (dragonfly), Thorey's grayback
Tachycixius pilosus	Pelz-Glasflügelzikade	
Tachyporus chrysomelinus	Zweifarbiger Schnellkurzflügler	
Tachyporus obtusus	Stumpfer Schnellkurzflügler	
Tachys bistriatus	Zweistreifiger Zwergahlenläufer	
Tachys micros	Heller Zwergahlenläufer	
Tachyta nana	Rinden-Zwergahlenkäfer, Rinden-Ahlenkäfer, Rindenahlenläufer	a ground beetle
Tachyterges salicis/ Rhynchaenus salicis	Weidenspringrüssler	sallow leaf-mining weevil, European willow flea weevil
Taeniapion urticarium	Brennnessel-Spitzmaulrüssler	nettle seed weevil
Taeniopterygidae	Weiden-Steinfliegen*	willowflies
Taeniothrips inconsequens	Birnenthrips, Birnenblasenfuß	pear thrips
Taeniothrips laricivorus	Lärchenblasenfuß	larch thrips
Taeniothrips simplex	Gladiolenthrips	gladiolus thrips
Talaeporiidae	Sackmotten	bagworms, bagworm moths
Taleporia tubulosa	Röhren-Sackträgermotte, Röhren-Sackträger	brown smoke (moth)
Tanaoceridae	Langhorn-Wüstenheuschrecken	desert long-horned grasshoppers
Tanypezidae	Zartfliegen	tanypezids
Tanyptera atrata	Holzschnake, Schwarze Kammschnake	giant sabre comb-horn cranefly
Tanystoma maculicolle/ Agonum maculicolle		tule beetle, overflow bug, grease bug
Taphrorychus bicolor	Buchenborkenkäfer, Kleiner Buchen-Borkenkäfer, Kleiner Buchenborkenkäfer	beech bark beetle, lesser beech bark beetle
Taphrorychus villifrons	Kleiner Eichen-Borkenkäfer	lesser oak bark beetle
Tapinoma erraticum	Gemeine Drüsenameise, Schwarze Blütenameise, Lumpenameise, Tiefkerbige Blütenameise	erratic ant

Tapinoma melanocephalum	Schwarzkopfameise, Geisterameise	ghost ant, black-headed ant
Tapinoma sessile	Haus-Drüsenameise, Wohlriechende Hausameise	odorous house ant
Taxomyia taxi	Eibengallmücke	yew gall midge, yew artichoke gall midge
Tebenna bjerkandrella	Silberfleck-Spreizflügelfalter, Silberfleck-Spreizflügel	
Technomyrmex albipes	Weißfußameise	white-footed ant
Telegeusidae	Langlippenkäfer	long-lipped beetles
Teleiodes proximella/ Carpatolechia proximella	Erlen-Palpenmotte, Erlen-Palpenfalter	black-speckled groundling (moth)
Teleiodes wagae	Grauer Haselnuss-Palpenfalter	hazel groundling (moth)
Teleiopsis rosalbella	Rosafarbiger Palpenfalter	
Telmatophilus typhae	Schwarzer Schimmelkäfer	
Temnochila caerulea	Blauer Getreidenager	blue bark-gnawing beetle
Temnostoma bombylans	Hummel-Moderholz-Schwebfliege	a bumblebee mimic hoverfly
Temnostoma vespiforme	Wespen-Moderholz-Schwebfliege	a wasp mimic hoverfly
Temnothorax interruptus/ Leptothorax interruptus	Querfleck-Schmalbrustameise	long-spined ant
Tenebrio molitor	Mehlkäfer, Gelber Mehlkäfer	yellow mealworm (beetle)
Tenebrio obscurus	Dunkler Mehlkäfer	dark mealworm (beetle)
Tenebrio spp.	Mehlkäfer	mealworm beetle
Tenebrionidae	Schwarzkäfer, Dunkelkäfer	darkling beetles, flour beetles, mealworm beetles
Tenebroides mauritanicus	Schwarzer Getreidenager, Getreide-Finsterkäfer	cadelle, cadelle beetle
Tenthredinidae	Blattwespen	common sawflies
Tephritidae/ Trypetidae	Bohrfliegen, Fruchtfliegen	fruit flies
Tephronia sepiaria	Totholz-Flechtenspanner	dusky carpet (moth)
Teredilia	Kleine Holzwürmer	lesser wood-boring beetles
Teredus cylindricus	Glänzender Walzen-Saftkäfer, Walzenförmiger Schiffswurm, Walzenförmiger Schwielenkäfer	
Termitidae		nasutiform termites & soldierless termites

Tethea ocularis	Augen-Eulenspinner, Achtzigeule, Pappelhain-Eulenspinner, Schwarzgebändeter Wollrückenspinner	figure of eighty (moth)
Tethea or	Pappel-Eulenspinner, Pappel-Wollrückenspinner	poplar lutestring (moth)
Tetheella fluctuosa	Birken-Eulenspinner, Birken-Wollrückenspinner	satin lutestring (moth)
Tetramorium bicarinatum	Guinea-Ameise	Guinea ant, penny ant
Tetramorium caespitum	Rasenameise, Gemeine Rasenameise	pavement ant, black pavement, ant turf ant
Tetramorium impurum	Bräunliche Rasenameise	brownish pavement ant*, French pavement ant
Tetratoma ancora	Anker-Keulendüsterkäfer	
Tetrigidae	Dornschrecken	pygmy grasshoppers, grouse locusts
Tetrix bipunctata	Zweipunkt-Dornschrecke	twospotted groundhopper
Tetrix ceperoi	Westliche Dornschrecke	Cepero's groundhopper
Tetrix depressa/ Depressotetrix depressa/ Uvarovitettix depressus	Eingedrückte Dornschrecke	depressed groundhopper, flattened groundhopper
Tetrix kraussi	Kurzfühler-Dornschrecke	short-winged pygmy grasshopper
Tetrix subulata/ Acrydium subulatum	Säbeldornschrecke, Säbel-Dornschrecke	slender groundhopper
Tetrix tenuicornis/ Tetrix natans	Langfühler-Dornschrecke	longhorned groundhopper, long-horned groundhopper
Tetrix tuerki	Türks Dornschrecke, Wildfluss-Dornschrecke	Alpine groundhopper, Turk's groundhopper
Tetrix undulata/ Tetrix vittata	Gemeine Dornschrecke, Säbeldornschrecke	common groundhopper
Tetrodontophora bielanensis	Riesencollembole	giant springtail, European giant springtail
Tetropium castaneum	Gemeiner Fichtensplintbock, Fichtensplintholzbock	black spruce beetle, black spruce longhorn beetle
Tetropium fuscum	Brauner Fichtenbock	brown spruce longhorn beetle
Tetropium gabrieli	Lärchensplintholzbock, Lärchenbock	larch longhorn beetle, larch longicorn beetle

Tetrops praeustus/ Tetrops praeusta	Pflaumenböckchen, Gelber Pflaumenbock, Kleiner Pflaumenbock, Angebrannter Schmalbock	little longhorn beetle, plum longhorn, plum beetle
Tettigettalna argentata/ Tettigetta argentata	Silbrige Zikade	metallic singing cicada*
Tettigettula pygmea/ Tettigetta brullei	Zwergsingzikade	pygmy cicada, pygmy singing cicada
Tettigometra atra	Schwarze Ameisenzikade	
Tettigometra fusca	Mönchsameisenzikade	
Tettigometra griseola	Gefleckte Ameisenzikade	
Tettigometra impressifrons	Kurzflügel-Ameisenzikade	
Tettigometra impressopunctata	Gemeine Ameisenzikade	
Tettigometra laeta	Schwarzgrüne Ameisenzikade	
Tettigometra leucophaea	Punktierte Ameisenzikade	
Tettigometra longicornis	Wimpernameisenzikade	
Tettigometra macrocephala	Spatelkopf-Ameisenzikade, Pfaffenameisenzikade	
Tettigometra sulphurea	Schwefelameisenzikade	
Tettigometra virescens	Grüne Ameisenzikade	
Tettigometridae	Käferzikaden	tettigometrids
Tettigonia cantans	Zwitscherschrecke, Zwitscherheupferd, Zwitscher-Heupferd	twitching green bushcricket, upland green bush-cricket
Tettigonia caudata	Östliches Heupferd	eastern green bush-cricket
Tettigonia viridissima	Großes Heupferd, Grünes Heupferd	great green bush-cricket
Tettigoniidae	Singschrecken, Laubheuschrecken	long-horned grasshoppers (incl. katydids/ bushcrickets)
Tettigonioidea	Laubheuschrecken	bushcrickets
Thalassophilus longicornis	Langfühleriger Zartläufer	
Thalera fimbrialis	Magerrasen-Grünspanner, Grüner Trockenkräuterspanner, Scheckspanner	Sussex emerald (moth)
Thalpophila matura	Rötliche Wurzeleule, Gelbflügel-Raseneule, Gelbflügel-Wieseneule	straw underwing (moth)
Thamnurgus delphinii	Rittersporn-Borkenkäfer	

Thamnurgus euphorbiae	Südlicher Krautborkenkäfer	southern European spurge stem-feeding beetle, Mediterranean spurge stem-feeding beetle
Thamnurgus kaltenbachi	Lippenblütler-Borkenkäfer	
Thamnurgus varipes	Wolfsmilch-Krautborkenkäfer	wood spurge stem-feeding beetle
Thanasimus femoralis	Rotbeiniger Ameisenbuntkäfer	red-legged ant beetle
Thanasimus formicarius	Ameisen-Buntkäfer, Ameisenbuntkäfer, Gemeiner Ameisenbuntkäfer	ant beetle, common ant beetle
Thaumalea testacea	Gemeine Dunkelmücke	a trickle midge
Thaumastocoridae	Königspalmenwanzen*	royal palm bugs, thaumastocorids
Thaumatomyia notata	Kleine Halmfliege, Gemeine Rasenhalmfliege	small cluster-fly
Thaumatotibia leucotetra	Falscher Apfelwickler	false codling moth
Thaumetopoea pinivora	Kiefernprozessionsspinner, Fichtenprozessionsspinner	pine processionary moth
Thaumetopoea pityocampa	Pinien-Prozessionsspinner	pine processionary moth
Thaumetopoea processionea	Eichenprozessionsspinner	oak processionary moth
Thaumetopoeidae	Prozessionsspinner	processionary moths
Thea vigintiduopunctata	Zweiundzwanzigpunkt-Marienkäfer	twenty two-spot ladybird beetle
Thecla betulae	Birkenzipfelfalter, Nierenfleck-Zipfelfalter, Nierenfleck	brown hairstreak (butterfly)
Thecodiplosis brachyntera	Nadelkürzende Kieferngallmücke, Kiefernnadelscheiden-Gallmücke	needle-shortening pine gall midge
Thecodiplosis japonensis	Kiefernnadelgallmücke	pine needle gall midge
Thelaxidae	Maskenläuse, Maskenblattläuse	thelaxid plantlice
Thera britannica	Sägezahnfühler-Nadelholzspanner	spruce carpet (moth)
Thera cembrae	Bergkiefern-Spanner, Zirbelkiefer-Blattspanner	stone-pine carpet (moth)*
Thera cognata	Brauner Linien-Blattspanner, Brauner Wacholder-Nadelholzspanner	chestnut-coloured carpet (moth)
Thera cupressata	Zypressenspanner	cypress carpet (moth)

Thera juniperata	Wacholderspanner, Grauer Wacholder-Nadelholzspanner, Grauer Wacholder-Blattspanner	juniper carpet (moth)
Thera obeliscata	Zweibrütiger Kiefern-Nadelholzspanner, Brauner Kiefernwald-Blattspanner	grey pine carpet (moth)
Thera variata	Veränderlicher Nadelholzspanner	
Thera vetustata	Weißtannen-Nadelholzspanner	
Therea olegrandjeani	Fragezeichenschabe, Fragezeichen-Schabe, Amulettschabe	question mark roach, question mark cockroach
Theresimima ampellophaga	Wein-Zygaene	vine bud moth, European grapeleaf skeletonizer
Therevidae	Stilettfliegen, Luchsfliegen	stiletto flies
Theria primaria	Früher Winterspanner, Früher Schlehenbusch-Winterspanner, Schwarzgrauer Breitflügelspanner	early moth, the early moth
Theria rupicapraria	Später Winterspanner, Später Schlehenbusch-Winterspanner	early moth, the early moth, *actually:* late winter moth
Thermobia domestica/ Lepismodes inquilinus	Ofenfischchen	firebrat
Thetidia smaragdaria	Smaragdspanner, Smaragdgrüner Schafgabenspanner, Smaragd-Grünspanner	Essex emerald (moth)
Thinonoma atra	Schwarzer Langbeinkurzflügler	
Thisanotia chrysonuchella	Goldener Nachtgraszünsler	powdered grass-veneer (moth)
Tholera cespitis	Dunkelbraune Lolcheule, Bergraseneule	hedge rustic (moth)
Tholera decimalis	Große Raseneule, Weißgerippte Lolcheule	feathered gothic (moth)
Thomasiniana crataegi/ Resseliella crataegi	Weißdornzweiggallmücke	hawthorn stem midge
Thomasiniana oculiperda/ Resseliella oculiperda	Okuliergallmücke, Okuliermade	red bud borer midge (larva)
Thomasiniana theobaldi/ Resseliella theobaldi	Himbeerrutengallmücke	raspberry cane midge
Thorictidae	Ameisenglattkäfer	
Thrips angusticeps	Ackerblasenfuß, Frühjahrs-Ackerblasenfuß, Ackerthrips	field thrips, cabbage thrips, flax thrips

Thrips atratus	Schwarzfühler-Blasenfuß, Schwarzfühlerthrips	carnation thrips
Thrips calcaratus	Lindenblasenfuß	basswood thrips
Thrips flavus	Gelber Nelkenblasenfuß, Gelber Thrips	honeysuckle thrips, yellow flower thrips
Thrips fuscipennis	Rosenblasenfuß, Rosenthrips	rose thrips
Thrips imaginis	Apfelblüten-Blasenfuß	apple-blossom thrips, plague thrips (AUS)
Thrips linarius	Flachsblasenfuß, Flachsthrips	flax thrips
Thrips nigropilosus	Chrysanthemen-Blasenfuß, Chrysanthementhrips	chrysanthemum thrips
Thrips palmi	Palmenblasenfuß, Melonenthrips	palm thrips
Thrips physapus	Löwenzahn-Blasenfuß, Löwenzahnthrips	dandelion thrips
Thrips simplex	Gladiolenblasenfuß, Gladiolenthrips	gladiolus thrips
Thrips tabaci	Tabakblasenfuß, Zwiebelblasenfuß, Zwiebel-Blasenfuß	onion thrips, potato thrips
Throscidae	Hüpfkäfer	false metallic wood-boring beetles, throscid beetles
Thumatha senex	Rundflügel-Flechtenbärchen, Rundflügelbär	round-winged muslin (moth)
Thyatira batis	Roseneule, Rosen-Eulenspinner	peach blossom (moth)
Thyatiridae/ Cymatophoridae	Eulenspinner (Wollrückenspinner)	thyatirid moths
Thymalus limbatus	Kleinkopf-Flachkäfer	
Thymelicus acteon	Mattscheckiger Braun-Dickkopffalter	Lulworth skipper (butterfly)
Thymelicus lineola/ Thymelicus lineolus	Schwarzkolbiger Braun-Dickkopffalter	Essex skipper (butterfly)
Thymelicus sylvestris/ Thymelicus flavus	Braunkolbiger Braun-Dickkopffalter, Ockergelber Dickkopffalter, Ockergelber Braun-Dickkopffalter	small skipper (butterfly)
Thyreocoridae	Schwarzwanzen	blackbugs (*formerly*: negro bugs)
Thyreocoris scarabaeoides	Schwarzwanze	blackbug
Thyreonotus bidens	Zweizahnschrecke*	two-toothed bush-cricket
Thyreus orbatus	Fleckenbiene	spotted cuckoo bee
Thyridanthrax fenestratus	ein Trauerschweber	mottled bee-fly

Thyrididae	Fensterschwärmer, Fensterschwärmerchen	window-winged moths
Thyris fenestrella	Fensterschwärmerchen, Waldreben-Fensterfleckchen	the pygmy (moth), window-winged moth
Thysania agrippina	Agrippinaeule	giant owl moth
Thysanoptera	Fransenflügler, Blasenfüße, Thripse	thrips
Thysanura	Borstenschwänze, Thysanuren (Felsenspringer & Fischchen)	bristletails, thysanurans
Tibicina haematodes/ Tibicen haematodes	Blutrote Singzikade, Blutrote Zikade, Lauer, Weinzwirner	vineyard cicada
Tibicina quadrisignata	Vierfleckzikade	
Tiliacea aurago/ Xanthia aurago	Rotbuchen-Gelbeule, Buchen-Gelbeule, Goldeule, Gold-Gelbeule	golden sallow (moth)
Tiliacea citrago/ Xanthia citrago	Linden-Gelbeule, Streifen-Gelbeule	orange sallow (moth)
Tiliacea sulphurago/ Xanthia sulphurago	Schwefel-Gelbeule	sulphur-yellow sallow (moth)*
Tillus elongatus	Buchen-Buntkäfer, Holzbuntkäfer, Laubholz-Buntkäfer	dead-wood checkered beetle
Timandra comae	Ampferspanner	western blood-vein (moth)
Timandra griseata/ Timandra amata	Schrägstreifiger Ampferspanner	eastern blood-vein (moth)
Timarcha tenebricosa	Labkrautblattkäfer, Labkraut-Blattkäfer	bloody-nosed beetle
Tinagma balteolella	Quergestreifter Natternkopf-Wippflügelfalter	scarce spear-wing (moth)
Tinagma ocnerostomella	Natternkopf-Wippflügelfalter	bugloss spear-wing (moth)
Tinea columbariella	Taubenmotte	eaves clothes moth
Tinea pallescentella	Große Helle Kleidermotte	large pale clothes moth
Tinea pellionella	Pelzmotte	case-bearing clothes moth, case-making clothes moth
Tinearia alternata	Abortfliege, Tropfkörperfliege	filter fly, drain fly, trickle filter fly
Tineidae	Echte Motten	clothes moths
Tineola bisselliella	Kleidermotte	common clothes moth, webbing clothes moth, destroyer clothes moth
Tingidae	Netzwanzen (Blasen-, Buckel- oder Gitterwanzen)	lace bugs

Tingis ampliata	Ansehnliche Netzwanze	creeping thistle lacebug
Tingis cardui	Distelnetzwanze, Distel-Netzwanze	spear thistle lace bug, spear thistle lacebug
Tiphia femorata	Gemeine Rollwespe, Rotschenkelige Rollwespe	common tiphiid wasp
Tiphiidae	Rollwespen	tiphiid wasps
Tipula maxima	Riesenschnake	giant cranefly
Tipula oleracea	Kohlschnake	cabbage cranefly, brown daddy-long-legs (Br.)
Tipula paludosa	Wiesenschnake	meadow cranefly, European cranefly, European crane fly, grey daddy-long-legs (Br.)
Tipulidae	Schnaken, Stelzmücken, Erdschnaken, Pferdeschnaken (Bachmücken, Langbeinmücken, Riesenschnaken)	crane flies, crane-flies, daddy-long-legs (Br.)
Tirachoidea biceps/ Pharnacia biceps	Grünbraune Riesenastschrecke	giant green stick insect, giant green stick bug
Tischeria dodonaea	Kleine Eichen-Schopfstirnmotte	small carl (moth)
Tischeria ekebladella	Eichenminiermotte, Große Eichen-Schopfstirnmotte	oak carl (moth), red-feather carl (moth), trumpet leafminer
Tischeriidae	Schopfstirnmotten	trumpet leafminers, trumpet miners
Titanus giganteus	Riesenbockkäfer	titan beetle
Tolmerus cingulatus	Burschen-Raubfliege, Burschenraubfliege	
Tomicus minor	Kleiner Waldgärtner	lesser pine shoot beetle
Tomicus piniperda/ Blastophagus piniperda	Großer Waldgärtner, Gefurchter Waldgärtner, Kiefernmarkkäfer, Markkäfer	pine beetle, larger pith borer, large pine shoot beetle
Tomoxia bucephala	Breitköpfiger Stachelkäfer	
Tortricidae	Wickler	tortricids, leaf rollers, leaf tyers
Tortricodes alternella	Eichenwald-Frühlingswickler	winter shade (moth)
Tortrix viridana	Grüner Eichenwickler	pea-green oak curl, green oak tortrix, oak leafroller, green oak roller, oak tortrix
Torymus varians	Amerikanische Apfelsamenwespe	apple seed wasp, apple seed chalcid
Toxoptera aurantii	Schwarze Zitrusblattlaus	black citrus aphid
Toxoptera citricida	Braune Zitrusblattlaus	brown citrus aphid
Toya propinqua	Südliche Spornzikade	

Trabutina mannipara	Manna-Schildlaus	tamarisk manna scale
Trachea atriplicis	Meldeneule	orache moth
Trachelus tabidus	Schwarze Getreidehalmwespe*	black grain stem sawfly
Trachyaretaon brueckneri	Riesendornschrecke, Große Dornschrecke, Glatte Gespenstschrecke	giant thorny stick insect
Trachycera suavella/ Acrobasis suavella	Schlehen-Gespinstschlauchzünsler	thicket knot-horn (moth)
Trachypteris picta	Gefleckter Zahnrand-Prachtkäfer	
Trachys fragariae	Erdbeer-Prachtkäfer, Erdbeer-Kleinprachtkäfer	strawberry jewel beetle*
Trachys minutus	Gemeiner Zwergprachtkäfer, Laubholz-Kleinprachtkäfer, Kleiner Prachtkäfer	minute metallic wood-boring beetle
Trachys scrobiculatus	Gundermann-Prachtkäfer	ground-ivy jewel beetle
Trachys troglodytes	Karden-Prachtkäfer, Karden-Kleinprachtkäfer	devil's-bit jewel beetle, devil's-bit scabious jewel beetle
Trachys troglodytiformis	Malven-Prachtkäfer, Goldhalsiger Kleinprachtkäfer, Goldhalsiger Klein-Prachtkäfer	a jewel beetle
Tragosoma depsarium	Zottenbock	hairy pine borer
Trechoblemus micros	Bräunlicher Haarflinkläufer	
Trechus obtusus	Schwachgestreifter Flinkläufer	
Trechus pilisensis	Herzhals-Flinkläufer	
Trechus quadristriatus	Gewöhnlicher Flinkläufer, Feld-Flinkläufer	yellow-brown four-stripe ground beetle
Trechus rubens	Ziegelroter Flinkläufer	reddish-brown subterranean ground beetle
Trechus splendens	Glänzender Flinkläufer	
Tremex fuscicornis	Riesenlaubholzwespe	tremex wasp, tremex wood wasp
Trialeurodes vaporariorum	"Weiße Fliege"	greenhouse whitefly
Triatoma infestans	Vinchuca (Raubwanze)	vinchuca, winchuka (reduviid bug)
Triberta helianthemella	Regensburger Faltenminiermotte	
Tribolium audax	Amerikanischer Schwarzer Reismehlkäfer	black flour beetle, American black flour beetle
Tribolium castaneum	Rotbrauner Reismehlkäfer	red flour beetle
Tribolium confusum	Amerikanischer Reismehlkäfer	confused flour beetle

Tribolium destructor	Großer Reismehlkäfer	greater flour beetle, false black flour beetle (Scandinavian flour beetle)
Tribolium madens	Schwarzbrauner Reismehlkäfer, Schwarzer Reismehlkäfer	European black flour beetle
Tribolium spp.	Reismehlkäfer	fluor beetles
Trichiinae	Pinselkäfer	trichiine beetles
Trichiocampus grandis/ Trichiocampus viminalis	Gelbe Pappelblattwespe	hairy poplar sawfly
Trichiosoma tibiale	Keulhornblattwespe	hawthorn sawfly
Trichiura crataegi	Weißdornspinner, Weißdorn-Haarspinner	pale eggar (moth)
Trichius fasciatus	Pinselkäfer	bee chafer, bee beetle
Trichobaris trinotata	Kartoffelstengelkäfer, Kartoffelstengelbohrer	potato stalk borer (weevil)
Trichocellus placidus	Sumpf-Pelzdeckenläufer	
Trichocera hiemalis	Gemeine Wintermücke	winter cranefly, winter crane fly, winter gnat
Trichocera spp.	Wintermücken, Winterschnaken	winter gnats, winter crane flies
Trichoceridae (Petauristidae)	Wintermücken, Winterschnaken	winter gnats, winter crane flies
Trichodectes canis	Hundehaarling	dog-biting louse, dog-biting louse, canine chewing louse, canine biting louse
Trichodes alvearius	Zottiger Bienenkäfer	
Trichodes apiarius	Immenkäfer, Gemeiner Bienenkäfer, Bienenwolf	bee beetle, bee wolf
Trichodes ircutensis	Sibirischer Bienenkäfer	
Trichoferus pallidus	Bleicher Alteichen-Nachtbock	
Trichomyrmex destructor/ Monomorium destructor	Singapur-Ameise	Singapore ant, destructive trailing ant
Trichoniscus pusillus	Zwergassel	common pygmy woodlouse
Trichophaga tapetzella	Tapetenmotte	tapestry moth, carpet moth
Trichoplusia ni	Aschgraue Höckereule	the ni moth, cabbage looper
Trichoptera	Köcherfliegen, Haarflügler	caddis flies
Trichopteryx carpinata	Hellgrauer Lappenspanner	early tooth-striped moth
Trichopteryx polycommata	Brauner Gebüsch-Lappenspanner, Gestrichelter Lappenspanner	barred tooth-striped moth

Trichorhina tomentosa	Weiße Assel, Tropische Weiße Assel	white woodlouse, white dwarf isopod
Trichosea ludifica	Gelber Hermelin, Ebereschenule	
Trichotichnus laevicollis	Glatter Stirnfurchenläufer	
Trichotichnus nitens	Stirnfurchenläufer	
Tridactylidae	Dreifingerschrecken	pygmy mole crickets
Trifurcula beirnei	Beirnes Zwergminierfalter	
Trifurcula headleyella	Braunellen-Zwergminierfalter	
Trifurcula serotinella	Regensburger Zwergminierfalter	
Trigona spp.	Stachellose Bienen	sweat-bees
Trigonaspis megaptera	Eichenblatt-Nierengallwespe, Eichen-Nierengallblattwespe	oak leaf kidney-gall cynipid wasp
Trigonocranus emmeae	Weiße Glasflügelzikade	
Trigonogenius globulus	Chilenischer Diebkäfer	globular spider beetle
Trigonophora flammea	Kanalinsel-Eulenfalter*	flame brocade (moth)
Trimium brevicorne	Kurzfühleriger Palpenkäfer	
Trinoton anserinum	Gänsefederling	goose body louse
Triodia sylvina/ Hepialus sylvina	Ampfer-Wurzelbohrer	orange swift (moth)
Trioza alacris	Lorbeerblattfloh	bay sucker, bay psyllid, laurel psyllid
Trioza apicalis	Möhrenblattsauger, Gelbgrüner Möhrenblattfloh	carrot sucker, carrot psyllid
Trioza remota	Eichenblattsauger	oak leaf sucker (psyllid)
Trioza urticae	Brennnesselblattsauger, Brennnesselblattfloh, Brennnessel-Blattfloh	nettle psyllid, stinging nettle leaf sucker (psyllid)
Triphosa dubitata	Olivbrauner Höhlenspanner, Höhlenspanner, Kellerspanner	tissue moth, the tissue
Triphosa sabaudiata	Gelblichgrauer Höhlenspanner	
Triplax aenea	Metallblauer Pilzkäfer	metallic blue shiny fungus beetle*
Triplax rufipes	Rotbeiniger Pilzkäfer	red-legged shiny fungus beetle*
Triplax russica	Schwarzfühleriger Pilzkäfer	black-horned shiny fungus beetle*
Trisateles emortualis	Gelblinien-Spannereule	olive crescent (moth)
Tritoma bipustulata	Rotfleckiger Pilzkäfer, Rotfleckiger Faulholzkäfer	red-spotted fungus beetle*

Tritomegas bicolor	Schwarzweiße Erdwanze	
Tritophia tritophus	Espen-Zahnspinner	three-humped prominent (moth)
Trixagus dermestoides	Gemeiner Hüpfkäfer	
Trogium pulsatorium/ Atropos pulsatoria	Totenuhr (Gemeine Staublaus, eine Bücherlaus)	larger pale booklouse, larger pale trogiid, lesser death watch beetle (a booklouse, dust-louse)
Troglophilus cavicola	Kollars Höhlenschrecke	cave cricket
Trogoderma glabrum	Kahler Speckkäfer	colored cabinet beetle
Trogoderma granarium	Khapra-Käfer, Khaprakäfer	Khapra beetle
Trogoderma inclusum/ Trogoderma versicolor	Speicherkäfer	larger cabinet beetle, European larger cabinet beetle, mottled dermestid
Trogoderma parabile	Amerikanischer Speicherkäfer	American cabinet beetle (grain dermestid)
Trogoderma variabile	Lagerhauskäfer	warehouse beetle
Trogosoma depsarium	Zottenbock	
Trogossitidae	Flachkäfer	bark-gnawing beetles, trogossitid beetles, trogossitids
Trogoxylon impressum	Geprägter Splintholzkäfer, Punktierter Splintholzkäfer, Y- Splintholzkäfer	dotted powderpost beetle
Trogoxylon parallelopipedum	Parallel-Splintholzkäfer	parallel powderpost beetle
Troilus luridus	Spitzbauchwanze	bronze shieldbug
Tropidacris collaris	Südamerikanische Riesenheuschrecke	South American giant grasshopper, blue or violet-winged grasshopper
Tropideres albirostris	Eichen-Breitrüssler	European white-snouted oak weevil* (a fungus weevil)
Tropinota hirta/ Epicometis hirta	Zottiger Rosenkäfer, Zottiger Blütenkäfer, Zottiger Blumenkäfer	apple blossom beetle
Trox sabulosus	Breitstreifiger Erdkäfer	
Trychopeplus lacinatus	Moos-Stabheuschrecke, Moos-Schrecke*	mossy walking stick, moss mimic walking stick, moss mimic stick insect, moss insect
Trypetimorpha fenestrata	Vierpunkt-Mückenzikade	
Trypetimorpha occidentalis	Sechspunkt-Mückenzikade	
Trypocalliphora braueri	Vogelfliege	bird blow fly, bird blowfly
Trypocopris vernalis	Frühlingsmistkäfer	springtime dung beetle

Trypodendron lineatum/ Xyloterus lineatus	Gestreifter Nutzholzborkenkäfer, Linierter Nutzholzborkenkäfer, Nadelholz-Ambrosiakäfer	lineate bark beetle, striped ambrosia beetle, two-striped timber beetle, conifer ambrosia beetle
Trypodendron signatum/ Xyloterus signatus	Linierter Laubnutzholzborkenkäfer, Laubnutzholzambrosiakäfer, Eichen-Ambrosiakäfer, Eichennutzholz-Borkenkäfer, Eichennutzholzborkenkäfer	oak wood ambrosia beetle
Trypophloeus alni	Kleiner Erlenborkenkäfer	
Trypophloeus asperatus	Höckeriger Aspenborkenkäfer	
Trypophloeus rybinskii	Weidenborkenkäfer	
Trypoxylon attenuatum	Schlanke Holzbohrwespe	slender wood borer wasp
Trypoxylon figulus	Schwarze Holzbohrwespe, Spinnen-Grabwespe, Töpfergrabwespe, Töpfer-Grabwespe	black wood borer wasp, black borer
Tuberculoides annulatus	Eichenzierlaus	oak leaf aphid
Tuberolachnus salignus	Große Weidenrindenlaus	large willow aphid, giant willow aphid
Tunga penetrans	Sandfloh	chigoe flea, jigger flea, sand flea
Tuta absoluta	Tomaten-Palpenmotte, Tomatenminiermotte	tomato leaf miner moth, tomato leafminer, tomato borer, South American tomato moth
Tychius crassirostris	Wärmeliebender Blütenrüssler	
Tychius picirostris	Gewöhnlicher Blütenrüssler	clover seed weevil
Tychius pusillus	Winziger Blütenrüssler	
Tylidae/ Micropezidae	Stelzfliegen	stilt-legged flies
Typhaea stercorea	Behaarter Baumschwammkäfer, Gelbbrauner Baumschwammkäfer	hairy fungus beetle
Typhlocyba bifasciata	Gebänderte Blattzikade	hornbeam leafhopper
Typhlocyba rosae/ Edwardsiana rosae	Rosenzikade	rose leafhopper
Typhoeus typhoeus/ Typhaeus typhoeus	Stierkäfer	minotaur beetle
Typhonia beatricis	Basler Sackträger	
Typhonia ciliaris	Bergmagerrasen-Sackträger	

Tyria jacobaeae	Jakobskrautbär, Karminbär, Jakobskreuzkrautbär, Jakobskraut-Bär, Blut-Bär, Blutbär	cinnabar (moth), the cinnabar
Tyta luctuosa	Windeneule	four-spotted moth, the four-spotted
Tytthaspis sedecimpunctata	Sechzehnpunkt-Marienkäfer, Sechzehnpunkt	sixteen-spot ladybird
Udea carniolica	Dolomitschutthalden-Zünsler	
Udea ferrugalis	Wander-Fettzünsler	rusty-dot pearl (moth), rusty dot pearl
Udea hamalis	Schwarzweißer Bergwaldzünsler	
Udea lutealis	Lehmfarbener Fettzünsler	pale straw pearl (moth)
Udea olivalis	Buschwald-Fettzünsler	olive pearl (moth)
Udea prunalis	Pflaumen-Fettzünsler	dusky pearl (moth)
Udea rhododendronalis	Grüner Alpenrosenzünsler	
Uleiota planata	Plattkäfer, Langhorn-Plattkäfer, Quetschkäfer	
Uloma culinaris	Großer Faulholz-Schwarzkäfer, Roter Schwarzkäfer, Küchenkäfer	
Uloma rufa	Kleiner Faulholz-Schwarzkäfer	
Ulopa reticulata	Heidekrautzikade	heather leafhopper
Unaspis yanonensis	Schneeweiße Zitrusschildlaus	Japanese citrus fruit scale, citrus snow scale, arrowhead scale, arrowhead snow scale, Oriental cirtus scale
Unkanodes excisa	Strandroggen-Spornzikade	
Urocerus gigas/ Sirex gigas	Riesenholzwespe	giant woodwasp, giant wood wasp, giant horntail, greater horntail, greater horntail wasp, banded horntail
Uromenus brevicollis	Kurzschild-Sattelschrecke	short-backed bush-cricket
Uromenus elegans	Schöne Sattelschrecke	elegant bush-cricket
Uromenus rugosicollis	Kantige Sattelschrecke	rough-backed bush-cricket
Utetheisa bella/ Utetheisa ornatrix	Amerikanischer Schönbär*, Amerikanische Bella*	bella moth, rattlebox moth, inornate moth, calico moth, beautiful utetheisa
Utetheisa pulchella	Punktbär, Prunkbär, Harlekinbär, Grassteppenschönbär	crimson speckled (moth), crimson-speckled flunkey (moth), crimson-speckled footman

Valanga irregularis	Australische Riesenheuschrecke	Australian giant grasshopper, giant grasshopper, giant valanga, hedge grasshopper
Valeria jaspidea	Schlehen-Jaspiseule	green-brindled square (moth)
Valeria oleagina	Olivgrüne Schmuckeule	green-brindled dot (moth)
Vanessa atalanta	Admiral	red admiral (butterfly)
Vanessa cardui/ Cynthia cardui	Distelfalter	painted lady, thistle (butterfly)
Vanessa indica	Indischer Admiral	Indian red admiral (butterfly)
Vanessa polychloros/ Nymphalis polychloros	Großer Fuchs	large tortoiseshell (butterfly)
Vanessa virginiensis	Amerikanischer Distelfalter	American painted lady (butterfly)
Variimorda villosa	Gebänderter Stachelkäfer	a tumbling flower beetle
Velia caprai	Großer Bachläufer	water cricket
Velia spp.	Bachläufer, Stoßwasserläufer	water crickets, broad-shouldered water striders
Veliidae	Bachläufer, Stoßwasserläufer	broad-shouldered water striders, ripple bugs, small water striders, water crickets
Velleius dilatatus	Hornissenkurzflügler, Hornissenkurzflügelkäfer, Hornissenkäfer, Sägehorn-Kurzflügler	hornet rove beetle
Venusia blomeri	Bergulmen-Spanner, Bergulmenspanner	Blomer's rivulet (moth)
Venusia cambrica	Ebereschen-Bergspanner	Welsh wave (moth)
Vermileo vermileo	Wurmlöwe (eine Schnepfenfliege)	wormlion
Vespa crabro	Hornisse	hornet, brown hornet, European hornet
Vespa mandarinia	Asiatische Riesenhornisse	Asian giant hornet
Vespa orientalis	Orientalische Hornisse	oriental hornet
Vespa simillima	Asiatische Gelbe Hornisse*	yellow hornet, red wasp
Vespa vetulina	Asiatische Hornisse	Asian hornet, Asian predatory wasp, yellow-legged hornet
Vesperidae/ Vespidae	Soziale Faltenwespen	vespid wasps, social wasps (hornets & yellowjackets & potter wasps & paper wasps)
Vespula austriaca	Österreichische Wespe	Austrian cuckoo wasp
Vespula germanica/ Paravespula germanica	Deutsche Wespe	German wasp, German yellowjacket, European wasp

Vespula maculata/ Dolichovespula maculata	Fleckwespe*	bold-faced hornet
Vespula rufa	Rote Wespe	red wasp
Vespula spp.	Kurzkopfwespen	short-headed wasps*
Vespula vulgaris	Gemeine Wespe	common wasp, common yellowjacket, English wasp
Vibidia duodecimguttata	Zwölffleckiger Pilz-Marienkäfer	twelve-spot ladybird (beetle)
Villa hottentotta	Kurzrüsslige Hottentottenfliege	Hottentot bee-fly
Vincenzellus ruficollis	Gelbrotköpfiger Scheinrüssler	
Viteus vitifoliae/ Viteus vitifolii/ Dactylosphaera vitifolii/ Phylloxera vastatrix	Reblaus	vine louse, grape phylloxera
Vitula edmandsii	Nordamerikanische Trockenobstmotte, Amerikanische Wachsmotte, Dörrobst-Motte	dried-fruit moth, American wax moth
Volucella bombylans	Pelzige Hummel-Schwebfliege, Pelzige Hummelschwebfliege	bumblebee mimic hoverfly
Volucella inanis	Gelbe Hummel-Schwebfliege, Gebänderte Waldschwebfliege	lesser hornet hoverfly, lesser hornet mimic hoverfly
Volucella pellucens	Gemeine Hummel-Schwebfliege, Gemeine Waldschwebfliege, Mondfliege	great pied hoverfly
Volucella zonaria	Hornissenschwebfliege, Hornissen-Schwebfliege, Große Waldschwebfliege, Riesen-Hummel-Schwebfliege	hornet hoverfly, hornet mimic, hoverfly, belted hoverfly
Vulcaniella pomposella	Strohblumen-Silberfleckfalter	
Wasmannia auropunctata	Kleine Feuerameise	electric ant, little fire ant
Watsonalla binaria/ Drepana binaria	Eichensichler, Eichen-Sichelspinner, Zweipunkt-Sichelflügler, Eichen-Sichelflügler	oak hook-tip (moth)
Watsonalla cultraria/ Drepana cultraria/ Platypteryx cultraria	Buchen-Sichelflügler, Buchensichler	barred hook-tip (moth)
Watsonarctia deserta/ Arctia casta	Labkrautbär, Waldmeisterbär, Steppenbär	
Werneckiella equi/ Bovicola equi/ Trichodectes equi	Pferdehaarling (Beißlaus des Pferdes)	horse biting louse

Whittleia retiella	Salzwiesen-Sackträgermotte, Salzwiesen-Sackträger	
Wohlfahrtia magnifica	Gefleckte Fleischfliege (> Fliegenmadenkrankheit)	spotted flesh fly (screwworm fly)
Xanthia gilvago/ Cirrhia gilvago	Ulmen-Gelbeule	dusky-lemon sallow (moth)
Xanthia icteritia/ Cirrhia icteritia	Gemeine Gelbeule, Bleiche Gelbeule	sallow (moth), the sallow
Xanthia ocellaris/ Cirrhia ocellaris	Pappel-Gelbeule	pale-lemon sallow (moth)
Xanthia ruticilla/ Spudaea ruticilla	Graubraune Eichenbuscheule	
Xanthia togata	Violett-Gelbeule, Weiden-Gelbeule, Weidengelbeule	pink-barred sallow (moth)
Xanthocrambus saxonellus	Gelber Steppengraszünsler	
Xanthodelphax flaveola	Gelbe Spornzikade	
Xanthodelphax straminea	Strohspornzikade	
Xanthodelphax xantha	Altaispornzikade	
Xanthogaleruca luteola	Ulmenblattkäfer	elm leaf beetle
Xanthogramma citrofasciatum	Frühe Gelbrand-Schwebfliege, Frühe Gelbrandschwebfliege	early yellow-margined hoverfly*
Xanthogramma pedissequum	Späte Gelbrand-Schwebfliege, Späte Gelbrandschwebfliege	late yellow-margined hoverfly*
Xanthorhoe biriviata	Springkraut-Blattspanner	balsam carpet (moth)
Xanthorhoe decoloraria	Braungebänderter Blattspanner, Heller Binden-Blattspanner	red carpet (moth)
Xanthorhoe designata	Kohl-Blattspanner, Kreuzblütler-Blattspanner	flame carpet (moth)
Xanthorhoe ferrugata	Dunkler Rostfarben-Blattspanner, Rostspanner	dark-barred twin-spot carpet (moth)
Xanthorhoe fluctuata	Gemeiner Blattspanner, Garten-Blattspanner	garden carpet (moth)
Xanthorhoe incursata	Bergwald-Blattspanner	
Xanthorhoe montanata	Schwarzbraunbinden-Blattspanner, Mückenspanner	silver-ground carpet (moth)
Xanthorhoe quadrifasciata	Vierbinden-Blattspanner	large twin-spot carpet (moth)
Xanthorhoe spadicearia	Heller Rostfarben-Blattspanner	red twin-spot carpet (moth)
Xenopsylla cheopis	Pestfloh, Tropischer Rattenfloh	oriental rat flea
Xenopsylla vaxabilis	Australischer Rattenfloh	Australian rat flea
Xeris spectrum	Schwarze Kiefernholzwespe, Schwarze Fichtenholzwespe, Tannenholzwespe	spectrum wood wasp, spectrum woodwasp

Xerocnephasia rigana	Küchenschellenwickler	
Xestia agathina	Heidekraut-Bodeneule	heath rustic (moth)
Xestia alpicola	Zetterstedts Bergwald-Bodeneule, Zetterstedts Alpeneule	northern dart (moth)
Xestia ashworthii	Aschgraue Bodeneule	Ashworth's rustic (moth)
Xestia baja	Baja-Bodeneule	dotted clay (moth)
Xestia c-nigrum	Schwarzes C, C-Eule	setaceous Hebrew character (moth)
Xestia castanea	Ginsterheiden-Bodeneule	neglected rustic (moth)
Xestia collina	Mittelgebirgs-Bodeneule	
Xestia ditrapezium	Trapez-Bodeneule, Ditrapez-Eule	triple-spotted clay (moth)
Xestia ochreago	Gelbliche Alpen-Bodeneule	a yellowish alpine clay (moth)*
Xestia sexstrigata	Sechslinien-Bodeneule, Gelbbraune Quecken-Erdeule	six-striped rustic (moth)
Xestia stigmatica/ Xestia rhomboidea	Rhombus-Bodeneule, Rauteneule, Violettbraune Erdeule	square-spotted clay (moth)
Xestia triangulum	Triangel-Bodeneule, Triangel-Erdeule	double square-spot (moth)
Xestia xanthographa	Braune Spätsommer-Bodeneule	square-spot rustic (moth)
Xestobium plumbeum	Dickfuß-Pochkäfer, Bleigrauer Pochkäfer	
Xestobium rufovillosum	Totenuhr, Gescheckter Nagekäfer, Bunter Pochkäfer	death-watch beetle
Xiphydria spp.	Schwertwespe	wood wasps
Xiphydriidae	Schwertwespen	wood wasps
Xya pfaendleri	Pfaendlers Grabschrecke	Pfaendler's mole cricket
Xya variegata	Dreizehen-Grabschrecke, Dreizehenschrecke	pygmy mole cricket
Xyelidae	Urblattwespen	xyelid sawflies
Xyleborus dispar	Ungleicher Holzbohrer	shot-hole borer, European shot-hole borer, broad-leaved pinhole borer
Xyleborus dryographus	Gekörnter Nutzholzborkenkäfer, Gekörnter Eichenholzbohrer, Gekörnter Laubholzbohrer, Buchennutzholz-Borkenkäfer, Buchen-Nutzholzambrosiakäfer, Laubnutzholz-Borkenkäfer	broad-leaf wood ambrosia beetle a.o.

Xyleborus monographus	Eichenholzbohrer, Gehöckerter Eichenholzbohrer (Kleiner Schwarzer Wurm)	oak wood ambrosia beetle
Xyleborus pfeili	Kleiner Erlenholzbohrer	fruit-tree pinhole borer, small scoly
Xyleborus saxeseni	Saxesens Holzbohrer, Kleiner Holzbohrer	lesser shot-hole borer, fruit-tree pinhole borer
Xylechinus pilosus	Fichtenbastkäfer	Norway spruce bark beetle
Xylena exsoleta	Graue Moderholzeule, Gemeines Moderholz	sword-grass (moth)
Xylena solidaginis/ Lithomoia solidaginis	Rollflügel-Holzeule, Weißgraue Moderholzeule	golden-rod brindle (moth)
Xylena vetusta	Braue Moderholzeule, Braunes Moderholz, Fahlgelbe Moderholzeule	red sword-grass (moth)
Xyletinus ater	Schwarzer Sägehornkäfer	
Xylocampa areola/ Dichonia areola	Holzkappeneule, Heckenkirschenwald-Streifeneule, Geißblatt-Kappeneule, Geißblatt-Eule	early grey (moth)
Xylocleptes bispinus	Waldreben-Borkenkäfer	clematis bark beetle
Xylocopa caerulea	Südostasiatische Blaue Holzbiene	blue carpenter bee
Xylocopa spp.	Holzbienen	large carpenter bees
Xylocopa violacea	Blauschwarze Holzbiene, Blaue Holzbiene, Europäische Blaue Holzbiene, Große Blaue Holzbiene, Große Holzbiene, Violettflügelige Holzbiene	violet carpenter bee
Xylocoris galactinus	Gelber Nick	hot-bed bug
Xylodrepa quadrimaculata/ Dendroxena quadrimaculata	Vierpunkt-Aaskäfer, Vierpunktiger Aaskäfer	four-spotted burying beetle
Xylophagidae	Holzfliegen	xylophagid flies, xylophagids
Xylosandrus germanus	Schwarzer Nutzholzborkenkäfer, Schwarzer Nutzholzbohrer, Japanischer Nutzholzborkenkäfer	smaller alder bark beetle, alnus ambrosia beetle
Xylota segnis	Gemeine Langbauch-Schwebfliege, Gemeine Langbauchschwebfliege	a hoverfly

Xyloterus domesticus	Buchennutzholz-Borkenkäfer, Laubnutzholzborkenkäfer, Laub-Nutzholzborkenkäfer	broad-leaved wood ambrosia beetle
Xyloterus lineatus	Gestreifter Nadelnutzholzborkenkäfer	
Xylotrechus arvicola	Sauerkirschen-Widderbock	
Xylotrechus pantherinus	Panther- Holzwespenbock	
Xylotrechus rusticus	Dunkler Holzklafterbock	rustic borer (longhorn beetle), gray tiger longicorn
Yersinella raymondi	Kleine Strauchschrecke	Raymond's bush-cricket
Yponomeuta cagnagella	Pfaffenhütchen-Gespinstmotte	spindle ermine (moth)
Yponomeuta evonymella	Traubenkirschen-Gespinstmotte	bird-cherry ermine (moth)
Yponomeuta mahalebella	Steinweichsel-Gespinstmotte	
Yponomeuta malinellus	Apfelbaum-Gespinstmotte, Apfel-Gespinstmotte	apple ermine (moth)
Yponomeuta padella/ Hyponomeuta padella	Schwarzdorn-Gespinstmotte, Pflaumen-Gespinstmotte, Zwetschgen-Gespinstmotte	orchard ermine (moth), cherry ermine, ermine moth
Yponomeuta plumbella	Faulbaum-Gespinstmotte	black-tipped ermine (moth)
Yponomeuta rorrella	Weiden-Gespinstmotte	willow ermine (moth)
Yponomeuta sedella	Sedum-Gespinstmotte	grey ermine (moth)
Ypsolopha dentella	Heckenkirschen-Schabenmotte	honeysuckle smudge (moth), European honeysuckle leafroller
Ypsolopha mucronella	Pfaffenhütchen-Schabenmotte	spindle smudge (moth)
Ypsolopha persicella	Zitronengelber Pfirsichfalter	
Ypsolopha scabrella	Schuppenflügel (eine Schabenmotte)	wainscot smudge (moth), wainscot hooktip
Ypsolopha sequella	Rundfleckige Schabenmotte, Osterhasenfalter	pied smudge (moth)
Zabrotes subfasciatus	Brasilbohnenkäfer	Mexican bean weevil
Zabrus tenebroides	Getreidelaufkäfer	corn ground beetle
Zacladus geranii	Feinkörniger Storchschnabel-Rüssler	
Zanclognatha lunalis	Felsbuschwald-Spannereule	jubilee fan-foot (moth)
Zanclognatha zelleralis	Felsflur-Spannereule	dusky fan-foot (moth)
Zeiraphera griseana/ Zeiraphera diniana	Grauer Lärchenwickler	larch tortrix, grey larch tortrix, larch bud moth
Zeiraphera rufimitrana	Rotköpfiger Tannenwickler	red-headed bell (moth), red-headed fir tortrix
Zerynthia polyxena	Osterluzeifalter	southern festoon

Zerynthia rumina	Spanischer Osterluzeifalter, Westlicher Osterluzeifalter	Spanish festoon
Zeugophora subspinosa	Zweifarbiger Blattminierkäfer	blue-and-brown leafmining beetle*
Zeuzera pyrina	Blausieb, Kastanienbohrer	leopard moth, wood leopard moth
Zicrona caerulea	Bläuling, Blaugrüne Baumwanze	blue shield bug, blue bug
Zonocerus variegatus	Harlekinschrecke	variegated grasshopper, stinking grasshopper
Zophodia grossulariella	Großer Stachelbeer-Zünsler	gooseberry knot-horn (moth), gooseberry fruitworm (moth)
Zygaena angelicae	Schneckenklee-Widderchen, Ungeringtes Kronwicken-Blutströpfchen, Ungeringtes Kronwicken-Widderchen, Elegans-Widderchen	slender Scotch burnet (moth)
Zygaena carniolica	Esparsetten-Widderchen, Krainer Widderchen, Krainisches Widderchen	carniolan burnet (moth)
Zygaena cynarae	Haarstrang-Widderchen	
Zygaena ephialtes	Veränderliches Blutströpfchen, Veränderliches Widderchen, Veränderliches Rotwidderchen, Wickenwidderchen	variable burnet (moth)
Zygaena exulans	Hochalpen-Rotwidderchen, Hochalpenwidderchen, Schottisches Bluttröpfchen	Scotch burnet (moth), mountain burnet
Zygaena fausta	Glücks-Widderchen, Bergkronwicken-Widderchen	auspicious burnet (moth)
Zygaena filipendulae/ Anthrocera filipendulae	Gemeines Blutströpfchen, Steinbrechwidderchen, Gewöhnliches Sechsfleck-Blutströpfchen, Sechsfleck-Widderchen, Erdeichel-Widderchen	six-spot burnet (moth)
Zygaena lonicerae	Klee-Blutströpfchen, Klee-Widderchen, Hornklee-Widderchen, Großes Fünffleck-Widderchen	narrow-bordered five-spot burnet (moth)
Zygaena loti	Beilfleck-Blutströpfchen, Beilfleck-Widderchen, Beilfleck-Rotwidderchen	slender burnet (moth)

Zygaena minos	Bibernell-Widderchen, Bibernell-Rotwidderchen	pimpernel burnet* (moth)
Zygaena osterodensis	Platterbsen-Widderchen, Nördliches Platterbsen-Widderchen, Platterbsen-Rotwidderchen	woodland burnet (moth)
Zygaena purpuralis	Thymian-Widderchen, Thymian-Blutströpfchen, Thymian-Rotwidderchen	transparent burnet (moth)
Zygaena romeo	Südliches Platterbsen-Widderchen	
Zygaena transalpina	Hufeisenklee-Widderchen, Hufeisenklee-Rotwidderchen, Hufeisenklee-Blutströpfchen	horseshoe vetch burnet* (moth), transalpine burnet, southern six-spot burnet
Zygaena trifolii	Sumpfhornklee-Widderchen, Kleewidderchen, Feuchtwiesen-Blutströpfchen	five-spot burnet (moth)
Zygaena viciae	Kleines Fünffleck-Widderchen, Bibernell-Rotwidderchen	new forest burnet (moth)
Zygaenidae (Anthroceridae)	Blutströpfchen (Widderchen)	burnets & foresters, smoky moths
Zygina pallidifrons	Gewächshauszikade	glasshouse leafhopper
Zygogramma exclamationis	Sonnenblumenkäfer	sunflower beetle
Zygoptera	Kleinlibellen	damselflies

XVI. Echinodermata – Stachelhäuter – Echinoderms

Acanthaster planci	Dornenkronenseestern	crown-of-thorns starfish
Acrocnida brachiata	Langarmiger Schlangenstern	longarm brittlestar, a sand-burrowing brittlestar
Amphiodia occidentalis	Grabender Schlangenstern*	burrowing brittlestar
Amphipholis squamata	Schuppiger Schlangenstern	scaly brittlestar, small brittlestar
Amphiura filiformis	Fadenstern, Fadenförmiger Schlangenstern, Fadenarm-Schlangenstern	filiform burrowing brittlestar
Amphiura spp.	Fadensterne, Fadenförmige Schlangensterne	filiform burrowing brittlestars
Anseropoda placenta	Gänsefußstern	goose-foot starfish, goosefoot starfish
Antedon bifida	Rosiger Federstern, Atlantischer Haarstern	rosy feather star
Antedon mediterranea	Mittelmeer-Haarstern	orange-red feather star
Apostichopus japonicus/ Stichopus japonicus	Japanische Seegurke	Japanese spiky sea cucumber, Japanese sea cucumber
Aquilonastra cepheus/ Asterina cepheus	Königsseestern	Burton's seastar
Arbacia lixula	Schwarzer Seeigel	black urchin, black sea urchin
Arbacia punctulata	Atlantischer Violetter Seeigel	Atlantic purple urchin, purple-spined sea urchin
Aslia lefevrei	Lefevres Seegurke	brown sea cucumber
Asterias rubens/ Asterias vulgaris	Gemeiner Seestern	common starfish, common European seastar, Northern seastar

T.C.H. Cole, *Wörterbuch der Wirbellosen / Dictionary of Invertebrates*,
DOI 10.1007/978-3-662-52869-3_16

Asterina coronata	Kronenstern*	crown sea star
Asterina gibbosa	Fünfeckstern, Fünfeck-Seestern, Kleiner Scheibenstern, Kleiner Buckelstern	cushion star, cushion starlet
Asterinidae	Scheibensterne	cushion stars
Asteroidea	Seesterne	seastars, starfishes
Asteropsis carinifera	Gekielter Seestern	keeled seastar*
Asthenosoma marisrubri	Rotmeer-Feuerseeigel	Red Sea fire urchin
Asthenosoma varium	Variierender Feuerseeigel, Stecknadelkopf-Seeigel	variable fire urchin
Astroba nuda	Indopazifisches Gorgonenhaupt	Indopacific basket star
Astropecten aranciacus/ Astropecten aurantiaca	Großer Kammstern, Roter Kammstern, Mittelmeer-Kammstern	red comb star, red comb starfish, red sand star
Astropecten armatus	Gepanzerter Kammstern	armored seastar, armored comb star, spiny sand star, comb sand star
Astropecten articulatus	Königlicher Seestern, Randplatten-Kammstern	royal sea star, royal starfish, margined sea star, plate-margined sea star
Astropecten bispinosus	Schlanker Kammstern	slender sand star*
Astropecten irregularis	Nordischer Kammstern	sand star
Astropecten spinulosus	Kletter-Kammseestern, Kleiner Kammseestern, Kleiner Kammstern	spiny comb star
Astrophyton muricatum	Karibisches Gorgonenhaupt	Caribbean basket star
Astropyga magnifica	Prächtiger Diadem-Seeigel, Prächtiger Diademseeigel	magnificent hatpin urchin, magnificent urchin
Astropyga pulvinata	Kissen-Diademseeigel*, Kissen-Seeigel*	cushion urchin
Astropyga radiata	Strahlen-Diadem-Seeigel, Roter Diademseeigel	radiating hatpin urchin, radiant fire urchin, radiant sea urchin, false fire urchin, blue-spotted urchin, blue-spotted sea urchin
Astrospartus mediterraneus	Mittelmeer-Gorgonenhaupt	Mediterranean basket star
Axiognathus squamatus	Schuppiger Zwerg-Schlangenstern	dwarf brittlestar
Blastoida	Knospenstrahler	blastoids
Bohadschia argus/ Holothuria argus	Augenfleck-Seewalze, Augenfleck-Seegurke, Leopard-Seegurke	eyespot holothurian, eyed sea cucumber, leopard sea cucumber, ocellated sea cucumber, argus sea cucumber

Bohadschia marmorata	Marmor-Seewalze, Marmorierte Seegurke	brown sandfish, chalky sea cucumber, chalky fish, marbled holothurian
Bohadschia vitiensis/ Bohadschia tenuissima	Unscheinbare Seewalze	brown sea cucumber, brown sandfish
Brissopsis lyrifera	Leier-Herzseeigel, Leierherzigel	lyriform heart-urchin, fiddle heart-urchin, spiny mudlark
Brissus unicolor	Grauer Herzseeigel, Grauer Herzigel, Einfarbiger Herzigel	grey heart-urchin, grooved burrowing urchin
Centrostephanus longispinus	Mittelmeer-Diademseeigel, Langstachliger Diademseeigel, Langstachliger Seeigel	Mediterranean hatpin urchin, needle-spined urchin
Ceramaster placenta	Fladenstern	placental sea star*
Chiridota laevis	Seidige Seegurke*	silky sea cucumber
Choriaster spp.	Nadelkissensterne u. a.	pincushion starfish a. o.
Cidaridae	Lanzenseeigel	cidarids
Cidaris cidaris/ Cidaris papillata	Grauer Lanzenseeigel (Kaiserigel)	long-spine slate pen sea urchin, pecil spine urchin, piper, king of the sea-eggs
Cidaroida	Lanzenseeigel	cidaroids
Clypeaster humilis	Gewöhnlicher Sanddollar	common sand dollar
Clypeaster rosaceus	Brauner Sanddollar, Brauner Schildseeigel, Kleiner Sanddollar	brown sand dollar, brown sea biscuit
Clypeaster subdepressus	Großer Sanddollar	flat sea biscuit, giant sand dollar*
Clypeasteroida	Sanddollars, Schildseeigel	sand dollars, true sand dollars
Colobocentrotus atratus	Schild-Seeigel, Helmseeigel, Schindel-Seeigel	shield urchin, shingle urchin, helmet urchin
Colochirus crassus	Kleine Warzen-Seewalze	pink candy sea cucumber
Colochirus quadrangularis	Warzen-Seewalze, Langwarzige Seewalze*	thorny sea cucumber
Colochirus robustus	Gelbe Seewalze	robust sea cucumber, yellow sea cucumber
Comatulida	Haarsterne, Federsterne, Comatuliden	feather stars, comatulids
Concentricycloidea	Seegänseblümchen	sea daisies, concentricycloids, concentricycloideans
Coscinasterias tenuispina	Dornenstern, Dornenseestern, Dornen-Seestern, Blauer Seestern	blue spiny starfish, thorny sea star*

Crinoidea	Seelilien, Crinoiden (inkl. Haarsterne = Federsterne)	sea lilies, crinoids (incl. Feather stars)
Crossaster papposus	Stachelsonnenstern, Warziger Sonnenstern	common sun star, spiny sun star, spiny sunstar
Ctenodiscus crispatus	Schlickstern*	mud star
Cucumaria elongata	Sichel-Seegurke	sickled sea cucumber*
Cucumaria frondosa	Schwarze Seegurke, Orangenfuß-Seegurke*	orange-footed sea cucumber, "pudding"
Cucumaria miniata	Rote Seegurke	red sea cucumber
Cucumaria planci	Kletterholothurie, Kletterseewalze	climbing sea cucumber*
Culcita spp.	Stachel-Kissenstern	pincushion star, pincushion starfish a. o.
Dendraster excentricus	Exzentrischer Sanddollar	eccentric sand dollar
Dermasterias imbricata	Lederstern, Lederseestern, Leder-Seestern	leather star, garlic star, garlic sea star
Diadema antillarum	Antillen-Diademseeigel	long-spined sea urchin
Diadema mexicanum	Ostpazifischer Diademseeigel	Mexican Pacific sea urchin, Mexican long-spined sea urchin, eastern Pacific long-spined sea urchin, eastern Pacific hatpin urchin
Diadema savignyi	Savignys Diademseeigel	Savigny's hatpin urchin
Diadema setosum	Langstacheliger Diademseeigel, Gewöhnlicher Diademseeigel	hatpin urchin, longspined sea urchin, black longspine sea urchin, black longspine urchin
Diadematidae	Diademseeigel	hatpin urchins
Echinarachnius parma	Sanddollar	common sand dollar
Echinaster sepositus	Purpurstern, Purpurseestern, Roter Seestern, Blutstern, Roter Mittelmeerseestern	red Mediterranean sea star, red starfish
Echinidae	Echte Seeigel	sea urchins
Echinocardium cordatum	Kleiner Herzigel, Herzigel	common heart-urchin, sea potato, heart urchin
Echinocardium flavescens	Gelber Herzigel, Nordischer Herzigel	yellow sea potato
Echinocardium mediterraneum	Mittelmeer-Seeigel, Mittelmeerseeigel, Herzigel	Mediterranean heart-urchin, Cyprus heart urchin
Echinocardium pennatifidum	Großer Herzigel	sea potato
Echinocyamus pusillus	Kleiner Schildigel, Zwergseeigel, Zwerg-Seeigel	green sea urchin, green urchin, pea urchin

Echinodermata	Stachelhäuter, Echinodermen	echinoderms
Echinodiscus auritus	Zweikerben-Sanddollar, Geschlitzter Sanddollar	two-slit sand dollar
Echinoidea	Seeigel, Echinoiden	sea urchins, echinoids
Echinometra lucunter	Atlantischer Bohrseeigel	Atlantic boring sea urchin*, rock-boring sea urchin
Echinometra mathaei	Riffdach-Seeigel, Riffdach-Bohrseeigel, Matheus-Seeigel	pale rock-boring sea urchin, pale rock-boring urchin, burrowing urchin, reef-boring sea-hedgehog
Echinometra viridis	Grüner Seeigel, Riff-Seeigel	reef urchin
Echinothrix calamaris	Bleistift-Diademseeigel, Kalmar-Diademseeigel	banded sea urchin, black banded sea urchin, double-spined urchin
Echinothrix diadema	Schwarzer Diademseeigel	black hatpin urchin, blue-black sea urchin, blue-black urchin
Echinothuridae	Lederseeigel	leather urchins*
Echinus esculentus	Essbarer Seeigel	edible sea urchin, common sea urchin
Echinus melo	Melonen-Seeigel	melon urchin
Eucidaris metularia	Zehnstreifen-Lanzenseeigel	ten-lined urchin
Eucidaris tribuloides	Karibischer Lanzenseeigel	slate pencil urchin, mine urchin, club urchin
Forcipulatida	Zangensterne	forcipulatids
Gorgonocephalidae	Medusenhäupter, Gorgonenhäupter	medusa-head stars, basket stars
Gorgonocephalus arcticus	Arktischer Medusenstern, Arktis-Gorgonenhaupt	northern basket star
Gorgonocephalus caputmedusae	Gorgonenhaupt	medusa-head star, Gorgon's head, basket star
Gracilechinus acutus/ Echinus acutus	Rotgelber Seeigel, Spitzer Seeigel, Langstacheliger Seeigel	white sea urchin, red-yellow sea urchin
Gracilechinus elegans/ Echinus elegans	Schöner Seeigel, Hübscher Seeigel	elegant sea urchin
Henricia oculata	Gepunkteter Blutstern	bloody Henry (starfish)
Henricia sanguinolenta	Blutstern	northern henricia, blood star
Heterocentrotus mammillatus	Griffelseeigel, Griffel-Seeigel	slate pencil urchin
Hippasteria phrygiana	Pferdestern, Pferde-Kissenstern	horse star, rigid cushion star
Holothuria aculeata	Stachelige Seewalze, Philippinische Stacheseewalze*	Philippine spiny sea cucumber*

Holothuria arenicola	Grabende Seegurke, Sandgrabende Seegurke	burrowing sea cucumber
Holothuria atra	Schwarze Seegurke	black sea cucumber, lollyfish
Holothuria edulis	Eßbare Seegurke, Rosafarbene Seegurke	edible sea cucumber, pink-and-black sea cucumber
Holothuria forskali	Variable Seegurke, Forskals Seewalze	cotton spinner
Holothuria fuscogilva	Weiße Seegurke	white teatfish
Holothuria fuscopunctata/ Holothuria axiologa	Braungepunktete Seegurke, Braungepunktete Seewalze	brown spot sea cucumber, brown-spotted sea cucumber elephant trunkfish
Holothuria glaberrima	Braune Steinseegurke*	brown rock sea cucumber
Holothuria grisea	Graue Seegurke	gray sea cucumber
Holothuria hilla	Schlanke Warzenseewalze	light-spotted sea cucumber, sand-sifting sea cucumber, tigertail sea cucumber, tiger-tail sea cucumber
Holothuria impatiens	Schlanke Seegurke	slender sea cucumber
Holothuria leucospilota	Weißgefleckte Seegurke, Schlangen-Seewalze	white thread-fish sea cucumber, white threads fish, larger black sea cucumber, long black sea cucumber
Holothuria mexicana	Eseldung-Seegurke*	donkey dung sea cucumber
Holothuria nobilis	Weißfuß-Seegurke, Schwarze Seewalze	noble sea cucumber, whitefoot sea cucumber*, black teatfish
Holothuria polii	Weißspitzen-Seegurke	white-spot sea cucumber, white-spot cucumber
Holothuria scabra	Sandgurke*, Sandfisch-Seegurke	sandfish (a sea cucumber)
Holothuria stellati	Braune Seewalze, Braune Seegurke, Braune-Mittelmeer-Seegurke*	brown sea cucumber, Mediterranean brown sea cucumber
Holothuria thomasi	Tigerschwanz-Seegurke	tigertail sea cucumber, tiger tail sea cucumber
Holothuria tubulosa	Röhrenholothurie, Röhrenseegurke	Mediterranean trepang
Holothuriidae	Seegurken, Seewalzen	sea cucumbers
Holothuroidea	Seewalzen, Seegurken, Holothurien	sea cucumbers, holothurians
Isocrinida	Zirrentragende Seelilien	sea lilies with cirri

Isostichopus badionotus/ Stichopus badionotus	Drei-Reihen-Seewalze, Variable Seegurke	three-rowed sea cucumber, chocolate chip cucumber, cookie dough sea cucumber, sea pudding
Isostichopus fuscus/ Stichopus fuscus	Galapagos-Seewalze, Braune Seegurke	Galapagos sea cucumber, brown sea cucumber
Leptasterias hexactis	Sechsarmiger Seestern*	six-rayed seastar, six-rayed star
Leptasterias littoralis	Grüner Schlank-Seestern*	green slender seastar
Leptasterias polaris	Polar-Sechsarm-Seestern*, Polarstern*	polar six-rayed seastar, polar six-rayed star, polar starfish
Leptasterias tenera	Schlank-Seestern*	slender seastar
Leptosynapta inhaerens	Wurmholothurie, Kletten-Holothurie, Kletten-Seegurke	common white synapta
Linckia laevigata	Blauer Seestern	blue star, blue seastar
Linckia multifora	Kometenstern	comet star*, comet seastar
Lovenia cordiformis	Herzförmiger Herzigel	heart urchin, cordiform heart urchin
Lovenia elongata	Länglicher Herzigel	elongate heart urchin
Loxechinus albus	Chilenischer Seeigel	Chilean sea urchin
Luidia ciliaris	Siebenarmiger Seestern, Siebenarmiger Kammseestern, Schmalarmiger Großplattenstern, Großplattenseestern	seven-armed starfish, seven-rayed starfish
Luidia clathrata	Schlanker Seestern*	slender seastar
Lytechinus variegatus	Weißer Westindischer Seeigel, Verschiedenfarbiger Seeigel	variegated urchin
Lytechinus williamsi	Vielfarbseeigel	jewel urchin
Maretia planulata	Irregulärer Herzseeigel	longspine heart urchin, irregular urchin
Marthasterias glacialis	Eisseestern, Eisstern, Warzenstern	spiny starfish
Mellitidae	Schlüsselloch-Sanddollars	keyhole urchins
Meoma ventricosa	Roter Herzigel	sea pussy, cake urchin, red heart urchin*
Mesothuria intestinalis	Graue Seegurke	grey sea cucumber, grey-brown sea cucumber
Mespilia globulus	Kugel-Seeigel, Kugelseeigel	sphere urchin, globe urchin, tuxedo pincushion urchin, blue tuxedo sea urchin, crown urchin, royal urchin
Millericrinida	Zirrenlose Seelilien	sea lilies without cirri

Moira atropus	Schlammigel*, Schlamm-Herzigel*	mud heart urchin
Neopentadactyla mixta	Schotter-Seegurke*	gravel sea cucumber
Ocnus planci	Kletter-Seegurke	brown sea cucumber, brown climbing sea cucumber*
Opheodesoma australiensis	Australische Wurmseegurke	Australian sea cucumber, harmonica sea cucumber, sticky snake sea cucumber (*not:* ticky snake sea cucumber)
Opheodesoma spectabilis	Ring-Wurmseegurke, Rotring-Wurmseegurke	conspicuous sea cucumber, red-ring sea cucumber*
Opheodesoma spp.	Alabaster-Wurmseegurke	alabaster sea cucumber
Ophiactis balli	Kleiner Band-Schlangenstern*	small banded brittlestar
Ophiarachna incrassata	Olivgrüner Schlangenstern	green brittle star
Ophidiaster ophidianus	Rotvioletter Seestern, Purpurstern	purple sea star, purple seastar
Ophiocoma echinata	Stacheliger Schlangenstern	spiny brittlestar
Ophiocoma scolopendrina	Riffdach-Schlangenstern	centipede brittlestar, reefflat brittlestar*
Ophiocomina nigra	Schwarzer Schlangenstern	black brittlestar, black serpent-star
Ophioderma brevispina	Kurzstachel-Schlangenstern	short-spined brittlestar
Ophioderma longicauda/ Ophiura longicauda	Brauner Schlangenstern, Großer Schlangenstern	long-spined brittlestar
Ophioderma rubicundum	Rubin-Schlangenstern	ruby brittlestar
Ophiomyxa flaccida	Roter Riesenschlangenstern	slimy brittlestar
Ophiomyxa pentagona	Fleckiger Schlangenstern, Fünfeck-Schlangenstern	pentagonal brittlestar*
Ophiopholis aculeata	Gänseblümchen-Schlangenstern	daisy brittlestar, crevice brittlestar
Ophiopsila annulosa	Schotter-Schlangenstern*	gravel brittlestar
Ophiorachna incrassata	Olivgrüner Schlangenstern	green brittlestar, olivegreen brittlestar*
Ophiothrix angulata	Langstachel-Schlangenstern*	Atlantic long-spined brittlestar
Ophiothrix fragilis	Zerbrechlicher Schlangenstern	common brittlestar
Ophiothrix quinquemaculata	Fünfflecken-Schlangenstern	fivespot brittlestar
Ophiothrix spiculata	Stacheliger Schlangenstern	spiny brittlestar
Ophiura albida	Heller Schlangenstern	lesser sandstar, serpent's table brittlestar, little serpent-star
Ophiura ophiura	Großer Schlangenstern	serpent star, serpent brittle star

Ophiura texturata	Großer Schuppen-Schlangenstern	large sand brittlestar
Ophiuroidea	Schlangensterne, Ophiuroiden	brittle stars, serpent stars; basket stars *(Gorgonocephalus, Astrophyton)*
Oreaster reticulatus	Netz-Kissenstern	reticulate cushion star
Oreasteridae	Kissensterne	cushion stars
Paracentrotus lividus	Stein-Seeigel, Steinseeigel	purple sea urchin, stony sea urchin, black urchin
Parasalenia gratiosa	Weißspitzenseeigel	red urchin, whitespot urchin
Parastichopus regalis/ Stichopus regalis	Königsholothurie, Königsseegurke	royal sea cucumber
Patiria miniata	Netzstern, Seefledermaus	bat star
Pawsonia saxicola	Pawson's Seegürkchen	sea gherkin
Pearsonothuria graeffei/ Bohadschia graeffei	Gestrichelte Seegurke, Strichel-Seewalze, Strichel-Seegurke, Graeffes Seewalze	black-spotted sea cucumber, blackspotted sea cucumber, Graeffe's holothurian, Graeffe's sea cucumber
Peltaster placenta	Fladenstern	penta star, penta starfish
Pentacta anceps	Rosa Seegurke	pink-and-green sea cucumber, pink knobby cucumber, pink spiny cucumber, spiny sea cucumber, pink cucumber, pink sea apple
Phrynophiurida	Krötenschlangensterne	phrynophiurids
Phyllacanthus imperialis	Sputnik-Lanzenseeigel, Sputnik-Seeigel	imperial sea urchin, imperial urchin, imperial lance urchin, sputnik sea urchin, pencil urchin
Pisaster giganteus	Riesenstern	giant seastar
Pisater ochraceus	Ockerstern	ochre seastar, ochre star
Polyplectana kefersteini	Braune Wurmseegurke	Keferstein's sea cucumber
Porania pulvillus	Karminroter Kissenstern, Kurzarmiger Seestern	red cushion star
Prionocidaris baculosa	Kronenstachel-Lanzenseeigel	crown-spined pencil urchin
Protoreaster nodosus	Knotiger Walzenstern	horned sea star, chocolate chip sea star
Psammechinus microtuberculatus	Kletter-Seeigel, Kletterseeigel	green sea urchin
Psammechinus miliaris	Strandseeigel, Strand-Seeigel, Olivgrüner Strandigel	green sea urchin, shore sea urchin, shore urchin, purple-tipped sea urchin

Pseudocolochirus violaceus	Bunte Seegurke, Violette Seegurke, Seeapfel	multicolored sea cucumber*, violet sea cucumber
Psolus phantapus	Schuppen-Seegurke	pink-spotted sea cucumber
Pteraster militaris	Klappenstern	winged seastar
Pycnopodia helianthoides	Sonnenblumenstern	sunflower star
Salmacis bicolor	Zweifarben-Seeigel	bicoloured sea urchin, bicolor urchin, pink urchin
Salmacis sphaeroides	Grüner Seegraswiesen-Seeigel, Grüner Seegrasseeigel	round sea urchin, short-spined white sea urchin, white sea urchin, green-spined sea urchin
Solaster endeca	Violetter Sonnenstern	smooth sun star, purple sun star, purple sunstar
Solaster papposus	Seesonne, Sonnenstern, Europäischer Quastenstern	common sun star, spiny sun star
Solasteridae	Sonnensterne	sun stars
Spatangoida	Herzigel, Herzseeigel	heart urchins
Spatangus purpureus	Violetter Herzigel, Violetter Herzseeigel, Purpur-Herzigel, Purpurigel	purple heart urchin
Sphaerechinus granularis	Violetter Seeigel, Dunkelvioletter Seeigel	purple sea urchin, violet urchin
Sterechinus neumayeri	Antarktischer Seeigel	Antarctic sea urchin
Stichopus chloronotus	Grünliche Seewalze, Grüne Zahnrad-Seewalze	greenfish sea cucumber, spiky sea cucumber, black knobby sea cucumber
Stichopus horrens/ Stichopus variegatus	Schreckliche Seegurke, Schreckliche Seewalze, Riesen-Seewalze	durian sea cucumber, horrid sea cucumber, dragonfish sea cucumber, peanutfish, Selenka's sea cucumber, warty sea cucumber, curryfish
Stichopus ocellatus	Augenpunkt-Seewalze, Ocellus Seewalze	ocellated sea cucumber, eye-spotted sea cucumber
Stichopus vastus	Sternlinien-Seewalze	brown curryfish sea cucumber, brown curryfish, zebrafish
Strongylocentrotus droebachiensis	Purpurseeigel	northern urchin, northern sea urchin, green sea urchin
Strongylocentrotus franciscanus	Pazifischer Roter Seeigel	red sea urchin
Strongylocentrotus purpuratus	Pazifik-Purpurseeigel	purple sea urchin
Stylocidaris affinis	Roter Lanzenseeigel	red lance urchin, red cidarid
Synapta maculata	Gefleckte Wurmseegurke	maculated synaptid, spotted worm sea cucumber

Synaptula lamberti	Lambert's Wurmseewalze	Lambert's worm sea cucumber, Lambert's sea cucumber, medusa worm sea cucumber
Thelenota ananas	Ananas-Seewalze	pineapple sea cucumber, prickly red 'fish'
Thelenota anax	Riesen-Seewalze, Kasten-Seegurke	amberfish sea cucumber, giant holothurian, giant sea cucumber
Thelenota rubralineata	Rotgestreifte Seewalze, Rotstrichel-Seewalze	red-lined sea cucumber, candycane sea cucumber
Thyone fusus	Sand-Seegurke, Spindel-Thyone	dark-tentacled sediment cucumber, sand-ghurkin*
Toxopneustes pileolus	Giftzangen-Seeigel, Blumenseeigel	poison urchin, flower urchin, trumpet sea urchin
Toxopneustes roseus	Rosenseeigel	rose flower urchin, pink flower urchin
Tripneustes gratilla	Pfaffenhut-Seeigel	collector urchin, hairy pincushion urchin, priest-hat urchin, sea egg
Tripneustes ventricosus	Westindischer Seeigel, Westindischer Seegras-Seeigel, See-Ei	West Indian sea egg

XVII. Tunicata (Manteltiere/tunicates), Acrania (Lanzettfischchen/lancelets)

Aplidium californicum	Kalifornische Seescheide	yellow encrusting tunicate, California sea pork
Aplidium conicum	Kegel-Seescheide, Kegelförmige Synascidie	conical sea-squirt
Aplidium elegans	Elegante Seescheide, See-Erdbeere	elegant sea-squirt, sea strawberry synascidian, sea strawberry
Aplidium glabrum	Glänzende Seescheide	shiny sea-squirt*, shiny synascidian*
Aplidium proliferum	Spross-Seescheide, Spross-Synascidie	prolific sea-squirt*, sprouting sea-squirt*
Aplidium punctum	Orangene Flocken-Seescheide*, Orangenfarbige Spross-Synascidie	orange flake-ascidian (a stalked sea squirt), club sea squirt, club-head sea squirt
Aplidium solidum	Rote Seescheide	red sea pork, red ascidian
Aplidium stellatum	Stern-Seescheide, Stern-Synascidie	sea pork *(of the tunic)*
Aplousobranchia	Mehrteilige Seescheiden	aplousobranchs
Appendicularia/ Larvacea	Appendicularien, Geschwänzte Schwimm-Manteltiere	appendicularians
Ascideacea	Seescheiden, Ascidien	sea-squirts, sea squirts, ascidians
Ascidia callosa	Schwielen-Seescheide	callused sea-squirt
Ascidia mentula	Stumpen-Seescheide, Stumpen-Ascidie	pink sea-squirt, red sea squirt

T.C.H. Cole, *Wörterbuch der Wirbellosen / Dictionary of Invertebrates*,
DOI 10.1007/978-3-662-52869-3_17

Ascidia virginea	Weiße Seescheide, Jungfern-Seescheide, Glatte Seescheide	virgin sea-squirt*, virgin tube tunicate
Ascidiella aspersa	Spritz-Seescheide, Spritz-Ascidie	fluted sea squirt
Ascidiella scabra	Gemeine Seescheide, Gemeine Ascidie, Raue Seescheide, Rauhe Seescheide	common sea-squirt, hairy sea squirt
Atriolum robustum	Robuste Seescheide	robust sea-quirt, robust sea quirt
Boltenia echinata	Kaktus-Seescheide	cactus sea-squirt
Boltenia villosa	Gestielte Haarige Seescheide	stalked hairy sea-squirt
Botrylloides leachii/ Botryllus leachii	Mäander-Seescheide, Mäander-Ascidie	daisy ascidian, Leach's compound ascidian (a colonial tunicate)
Botrylloides violaceus	Violette koloniebildende Seescheide	purple colonial tunicate, purple chain tunicate
Botryllus schlosseri	Stern-Seescheide, Sternascidie	star ascidian, star sea-squirt, star sea squirt, golden star tunicate
Branchiostoma lanceolatum	Lanzettfischchen	lancelet
Branchiostoma spp.	Lanzettfischchen	lancelets
Cephalochordata (Amphioxiformes)	Cephalochordaten, Lanzettfischchen	cephalochordates, lancelet
Ciona intestinalis	Schlauch-Ascidie, Schlauchascidie, Schlauchseescheide, Durchsichtige Seeurne	sea vase, yellow-ringed sea squirt
Clavelina borealis	Nordische Keulensynascidie, Nordische Keulenseescheide	northern light-bulb sea-squirt
Clavelina coerulea	Blaue Seescheide, Blaue Keulenseescheide	blue light-bulb sea-squirt
Clavelina lepadiformis	Gelbe Seescheide, Gelbe Keulen-Synascidie, Gelbe Keulenseescheide, Glaskeulen-Seescheide	light-bulb sea-squirt, light-bulb tunicate
Clavelina moluccensis	Blaue Molukken-Keulenseescheide	bluebell sea-squirt, bluebell tunicate
Clavelina nana	Kleine Büschel-Seescheide, Zwerg-Seescheide	dwarf light-bulb sea-squirt
Clavelina picta	Büschel-Seescheide, Zwerg-Seescheide	painted tunicate, painted sea-squirt
Clavelina spp.	Glaskeulen-Seescheiden, Keulensynascidien, Keulenseescheiden	light-bulb tunicates, light-bulb sea-squirts

Cnemidocarpa finmarkiensis	Knallrote Seescheide*, Breitfuß-Seescheide*	shiny red sea squirt, shiny red tunicate, broadbase tunicate
Corella parallelogramma	Parallel-Seescheide, Gasmantelascidie	gas mantle sea squirt, gas mantle ascidian
Cumacea	Kumazeen	cumaceans
Cyclosalpa bakeri	Kreissalpe	cyclical salp, Baker's cyclosalp
Dendrodoa carnea	Bluttropfen-Seescheide	blood drop sea-squirt
Dendrodoa grossularia	Stachelbeer-Seescheide, Tangbeere	gooseberry sea-squirt, gooseberry sea squirt, baked-bean sea squirt, baked-bean ascidian
Diazona violacea	Fußball-Seescheide, Kugelseescheide	football sea-squirt, football sea squirt
Didemnum candidum	Weißer Schwammtunikat	white sponge tunicate, white crust, white didemnid
Didemnum conchyliatum	Weißfleck-Schwammtunikat	white speck tunicate
Didemnum molle	Grüne Riffseescheide	green reef sea-squirt, green barrel sea squirt, green barrel colonial tunicate, tall urn ascidian
Didemnum vexillum	Tropf-Seescheide	carpet sea squirt, compound sea squirt
Diplosoma spongiforme	Gallert-Synascidie	jelly synascidian, sponge sea squirt
Eudistoma hepaticum	Seeleber*	sea liver
Halocynthia aurantium	Westpazifischer Seepfirsich	sea peach, Western Pacific sea peach
Halocynthia papillosa/ Tethyum papillosum	Rote Seescheide, Roter Seepfirsich*	red sea-squirt, red sea peach*
Halocynthia pyriformis	Seebirne*, Meerbirne* (Seepfirsich*, Meerespfirsich*)	sea pear* (a sea peach)
Halocynthia spinosa	Runzelige Seescheide	spiny sea peach*
Halocynthia spp.	Seespfirsiche*, Meer-Pfirsiche	sea peaches
Lissoclinum perforatum	Weiße Perforierte Synascidie*, Weiße Sieb-Ascidie*	white perforated sea squirt
Microcosmus sulcatus/ Microkosmus sabatieri	Essbare Seescheide, Mikrokosmos	grooved sea-squirt, sea-egg, edible sea-squirt
Molgula manhattensis	Meertraube, Blaugrüne Seescheide	sea grape tunicate, sea grape
Molgula spp.	Meertrauben*	sea grape tunicates, sea grapes
Morchellium argus	Rotflocken-Synascidie*, Rote Spross-Synascidie	red-flake ascidian

Nephtheis fascicularis	Pilz-Seescheide	lollipop tunicate
Pegea bicaudata	Riesensalpe	giant salp
Perophora listeri	Zwergseescheide	dwarf sea squirt, dwarf ascidian
Phallusia fumigata	Rauch-Warzenseescheide, Rauchschwarze Warzenseescheide	fumigate sea-squirt*, smoke tube tunicate
Phallusia julinea	Gelbe Seescheide	yellow sea squirt
Phallusia mammillata	Warzen-Ascidie, Weiße Warzenseescheide, Knorpelseescheide	simple sea-squirt, white-and- warty sea-squirt*
Phallusia nigra	Schwarze Seescheide	black sea-squirt
Phlebobranchia	Glattkiemen-Seescheiden	phlebobranchs (smooth-gill sea-squirts)
Polycarpa aurata	Gold-Seescheide	golden sea-squirt, golden sea squirt, gold-mouth sea squirt, goldmouth sea squirt, ox heart ascidian, ink-spot sea squirt, ink-spot ascidian
Polycarpa scuba	Teekannen-Seescheide*	teapot sea squirt
Polycarpa spongiabilis	Riesen-Seescheide	giant sea-squirt, giant tunicate
Polycitor crystallinus	Pilz-Seescheide	fungal sea-squirt*, crystalline community sea-squirt
Polyclinidae	Krusten-Seescheiden	sea biscuits
Polyclinum aurantium/ Aplidium ficus	Meerfeige (Goldenes Meerbiskuit)	golden sea biscuit
Polyclinum planum	Elefantenohr-Seescheide, Elefantenohr	elephant ear tunicate
Pyrosoma atlanticum	Atlantische Feuerwalze	Atlantic pyrosome, Atlantic fire salp
Pyrosomatida/ Pyrosomida	Feuerwalzen	pyrosomatids, pyrosomes
Pyrostremma spinosum	Riesenfeuerwalze	giant fire salp
Rhopalaea crassa	Blaue Keulenseescheide	blue club tunicate, blue yellow-ringed sea squirt
Thalia democratica/ Salpa democratica	Gemeine Salpe	common salpid, whale blobs
Salpa fusiformis	Kleine Salpe	lesser salp
Salpa maxima	Große Salpe	giant salp
Salpa zonaria	Gegürtelte Salpe	girdled salp
Salpida	Eigentliche Salpen	salps

Stolidobranchia	Faltkiemen-Seescheiden	stolidobranchs, stolidobranch sea-squirts
Stolonica socialis	Orangefarbige Seescheide, Orangene Meerbeere(n)*	orange sea grape(s), orange sea squirt
Styela canopus/ Styela partita	Einsiedler-Seescheide, Raue Seescheide (Rauhe Seescheide)	rough sea squirt, rough sea-squirt, Atlantic rough sea-squirt, divided tunicate, hermit sea-squirt
Styela clava	Japanische Keulenseescheide, Ostasiatische Seescheide, Warzige Seescheide, Ledrige Seescheide	club tunicate, clubbed tunicate, Asian sea squirt, leathery sea squirt, Pacific rough sea quirt, stalked sea squirt
Styela gibbsii	Erdnuss-Seescheide*	peanut sea squirt
Styela plicata	Falten-Ascidie, Walzen-Ascidie	wrinkled sea squirt, pleated sea squirt
Thaliacea	Salpen, Thaliaceen	salps, thaliceans

Literatur/References

Abbott RT, Dance SP (2000) *Compendium of Seashells*, 4th edn. Odyssey, El Cajon, CA

Alford DV (2014) *Pests of Fruit Crops – A Colour Handbook*, 2nd edn. CRC Press/Taylor & Francis, Boca Raton, FL

Alford DV (2012) *Pests of Ornamental Trees, Shrubs, and Flowers – A Colour Handbook*, 2nd edn. Manson Publ. London

Barnard PC (2011) *British Insects – Royal Entomological Society Book.* Wiley-Blackwell, Chichester

Bees, Wasps & Ants Recording Society, 2016. http://www.bwars.com/index.php?q=bee/apidae/anthophora-plumipes

Bellmann H (2010) *Der Kosmos Spinnenführer*. Frankh Kosmos, Stuttgart

Bellmann H, Honomichl K (2007) *Jacobs/Renner Biologie und Ökologie der Insekten,* 4. Aufl. Spektrum Akad. Verlag, Heidelberg

Betts CJ (2000) *Checklist of Protected British Species,* 2nd edn. Betts Ecology, Worcester

Binot M, Bless R, Boye P, Gruttke H, Pretscher P (1998) *Rote Liste gefährdeter Tiere Deutschlands.* Bundesamt für Naturschutz, Bonn-Bad Godesberg

Bosik JJ (1997) *Common Names of Insects and Related Organisms.* Entomological Society of America, Washington DC

Bratton J (1991) *British Red Data Books 3: Invertebrates other than Insects.* JNCC

Brauns A (1991) *Taschenbuch der Waldinsekten,* 4. Aufl. Fischer, Stuttgart/Jena

Breene RG (2003) *Common Names of Arachnids,* 5th edn. The American Arachnological Society Committee on Common Names of Arachnids, American Tarantula Soc., Artesia, New Mexico

Cairns SD et al. (1991) *Common and Scientific Names of Aquatic Invertebrates from the United States and Canada: Cnidaria and Ctenophora.* American Fisheries Society, Bethesda, MD

Carter DJ, Hargreaves B (2001) *Caterpillars of Britain and* Europe (Collins Field Guide). Collins, London

Chalkley A (2014) *Common Names of Water Fleas.* Cladocera News 1(5): 6–9

Chinery M (2009) *British Insects: A Photographic Guide to Every Common Species* (Collins Complete Guide). Harper-Collins, London

Chinery M (1993) *Insects of Britain & Northern Europe,* 3rd edn. Harper-Collins, London

Cole TCH (2015) *Wörterbuch der Biologie/Dictionary of Biology*, 4te Aufl. Springer Spektrum, Heidelberg Berlin New York

Cole TCH (2000) *Wörterbuch der Tiernamen.* Spektrum Akad. Verlag, Heidelberg Berlin

Dance SP (1992) *Shells.* Dorling Kindersley; (1994) *Muscheln und Schnecken.* Meier, Ravensburg

Dijkstra KDB (2006) *Field Guide to the Dragonflies of Britain and Europe.* British Wildlife Publ., Oxford; (2014) *Libellen Europas: Der Bestimmungsführer.* Haupt Verlag, Bern

T.C.H. Cole, *Wörterbuch der Wirbellosen / Dictionary of Invertebrates,*
DOI 10.1007/978-3-662-52869-3

Emanoil M (1994) *Encyclopedia of Endangered Species.* Gale Research Inc., Detroit

Entomological Society of America (ESA) (2014) *Common Names of Insects Database.* ESA, Annapolis, MD; access at www.entsoc.org/common-names

Essl F, Rabitsch W (Hrsg.) (2002) *Neobiota in Österreich.* Umweltbundesamt, Wien

European Community (1998) *Multilingual Illustrated Dictionary of Aquatic Animals and Plants,* 2nd edn. Fishing News Books/Blackwell, Oxford

Falk SJ, Lewington R (2015) *Field Guide to the Bees of Great Britain and Ireland.* British Wildlife Publishing/Bloomsbury, London

Geiter O, Homma S, Kinzelbach R (2002) *Bestandsaufnahme und Bewertung von Neozoen in Deutschland.* In: Doyle U (ed.) Texte 25(02), 290 S., Umweltbundesamt

Gellermann M, Schreiber M (2007) *Schutz wildlebender Tiere und Pflanzen in staatlichen Planungs- und Zulassungsverfahren – Leitfaden für die Praxis.* Springer-Verlag, Berlin Heidelberg

Godan D (1974) *Common Names von Schadgastropoden.* Mitt. Biol. Bundesanst. Berlin-Dahlem (159). Parey, Berlin/Hamburg

Grzimek B (Hrsg.) (1971) *Grzimeks Tierleben, Enzyklopädie des Tierreichs*, 13 Bände. Kindler, Zürich; (1972–1975) *Grzimek's Animal Life Encyclopedia*, 13 Vols. Van Nostrand Reinhold, New York; Kleiman DG, Geist V, McDade MC, Trumpey JE (2003) *Grzimek's Animal Life Encyclopedia*, 2nd edn. *Mammals*, Vols 12–16. Gale Cengage, Boston

Harasewych MG, Moretzsohn F (2010) *The Book of Shells – A Life-Size Guide to Identifying and Classifying Six Hundred Seashells.* University of Chicago Press, Chicago

Harde KW, Severa F (2014) *Der Kosmos-Käferführer. Die Mitteleuropäischen Käfer*, 7. Aufl. Franckh Kosmos, Stuttgart

Hayward P, Nelson-Smith T, Shields C (1996) *Collins Pocket Guide to the Sea Shore of Britain & Europe.* Harper-Collins, London

Hayward PJ, Ryland JS: *Handbook of the Marine Fauna of North-West Europe.* Oxford University Press, Oxford, 2003

Hodek I, Van Emden HF, Honek A (2012) *Ecology and Behaviour of the Ladybird Beetles (Coccinellidae).* Wiley-Blackwell, Chichester

Holzinger WE, Kammerlander I, Nickel H (2003) *The Auchenorrhyncha of Central Europe – Die Zikaden Mitteleuropas, Vol. 1: Fulgoromorpha, Cicadomorpha excl. Cicadellidae.* Brill, Leiden/Boston

Ingle R (1997) *Crayfish, Lobsters, and Crabs of Europe.* Chapman/Hall, London

The IUCN Red List of Threatened Species. Version 2015.4. http://www.iucnredlist.org. Last accessed March 2016

Jedicke E (1997) *Die Roten Listen: Gefährdete Pflanzen, Tiere, Pflanzengesellschaften und Biotope in Bund und Ländern* (mit CD-ROM). Ulmer, Stuttgart

Kelcey JG (ed) (2015) *Vertebrates and Invertebrates of European Cities.* Springer, New York

Kerney M (1999) *Atlas of the Land and Freshwater Molluscs of Britain and Ireland.* Harley, Colchester, Essex

Kingston N (2012) *Checklist of Protected & Rare Species in Ireland.* Unpublished National Parks & Wildlife Service Report

Klotz J, Hansen L, Pospischil R, Rust M (2008) *Urban Ants of North America and Europe – Identification, Biology, and Management.* Comstock Publ. Assoc./Cornell Univ. Press, Ithaca

Köhler G (Hsg.) (2015) *Müller/Bährmann Bestimmung wirbelloser Tiere*, 7. Aufl. Springer Spektrum, Berlin Heidelberg

Kühlmann D, Kilias R, Moritz M, Rauschert M (1993) *Wirbellose Tiere Europas.* Neumann, Radebeul

Leftwich AW (1977) *A Dictionary of Entomology.* Constable, London

Leftwich AW (1975) *A Dictionary of Zoology.* Constable, London

Lindner G (1999) *Muscheln und Schnecken der Weltmeere,* 5. Aufl. BLV, München

Malten A (1998) *Rote Liste der Sandlaufkäfer und Laufkäfer Hessens.* Hessisches Ministerium des Innern und für Landwirtschaft, Forsten und Naturschutz, Wiesbaden

MarLIN (Marine Life Information Network), *Marine Life Information Network.* Plymouth: Marine Biological Association of the United Kingdom, 2009. Available from: www.marlin.ac.uk

Mehlhorn H (2012) *Die Parasiten des Menschen – Erkrankungen erkennen, bekämpfen und vorbeugen*, 7te Aufl. Spektrum Akad. Verlag/Springer, Heidelberg Berlin New York

Metcalf RL, Metcalf RA (1993) *Destructive and Useful Insects,* 5th edn. McGraw-Hill, New York

Miller PR, Pollard HL (1977) *Multilingual Compendium of Plant Diseases. Viruses and Nematodes.* American Phytopathological Society, St. Paul, IL

Pennak RW (1964) *Collegiate Dictionary of Zoology.* Ronald Press

Pfadt RE (1978) *Fundamentals of Applied Entomology,* 3rd edn. Macmillan, New York

Ragge DR, Reynolds WJ (1998) *The Songs of the Grasshoppers and Crickets of Western Europe.* Harley/NHM, London

Robinson WH (2005) *Urban Insects and Arachnids – A Handbook of Urban Entomology.* Cambridge University Press, Cambridge/New York

Roper CFE, Sweeney MJ, Nauen CE (1984) *Cephalopods of the World.* FAO Fisheries Synopsis 125 (3), FAO/UN, Rome

Schaefer M (2009) *Brohmer – Fauna von Deutschland,* 23. Aufl. Quelle & Meyer, Wiebelsheim

Schmidt G (1970) *Die deutschen Namen wichtiger Arthropoden.* Mitt. Biol. Bundesanst. Berlin-Dahlem (137). Parey, Berlin/Hamburg

Schultz SA, Schultz MJ (2007) *Common and Scientific Name Correlations of the Theraphosid Tarantulas.* The American Tarantula Society, http://people.ucalgary.ca/~schultz/cn-genus.html

Seymour PR (1989) *Invertebrates of Economic Importance in Britain. Common and Scientific Names,* 4th edn. Her Majesty's Stationary Office, London

Sokolov VE (1988) *Dictionary of Animal Names in Five Languages. Amphibians & Reptiles* (L/R/E/G/F). Russky Yazyk Publ., Moscow

Stresemann E (2011–2016) *Exkursionsfauna von Deutschland.* Bd. 1–3. Springer Spektrum, Heidelberg

Taylor MA, Coop RL, Wall RL (2015) *Veterinary Parasitology*, 4th edn. Wiley Blackwell, New York

Tolman T, Lewington R (2008) Collins *Butterfly Guide Britain & Europe*, 3rd edn. Harper-Collins, London; (2012) *Schmetterlinge Europas und Nordwestafrikas*, 2. Aufl. Frankh Kosmos, Stuttgart

Triplehorn CA, Johnson NF (2000) *Borror and Delong's Introduction to the Study of Insects,* 7th edn. Cengage Learning, Boston

Turgeon DD, Quinn JF Jr, Bogan AE, Coan EV, Hochberg FG, Lyons WG et al. (1998) *Common and Scientific Names of Aquatic Invertebrates from the United States and Canada: Mollusks,* 2nd edn. American Fisheries Society, Bethesda, MD – online at ITIS, www.itis.gov

Walters J (2011) *Guides to British Beetles.* www.johnwalters.co.uk/publications/guide-to-british-beetles.php

Weidner H, Sellenschlo U (2010) *Vorratsschädlinge und Hausungeziefer – Bestimmungstabellen für Mitteleuropa,* 7. Aufl. Spektrum Akad. Verlag/Springer, Heidelberg Berlin New York

Wells SM, Pyle RM, Collins NM (1984) *The IUCN Invertebrate Red Data Book.* International Union for Conservation of Nature and Natural Resources (IUCN). Gland, Switzerland

Wiese V (2014) *Die Landschnecken Deutschlands: Finden - Erkennen – Bestimmen.* Quelle & Meyer, Wiebelsheim

Williams AB et al. (1989) *Common and Scientific Names of Aquatic Invertebrates from the United States and Canada: Decapod Crustaceans.* American Fisheries Society, Bethesda, MD

Wissmann W (Hrsg.) (1963–1968) *Wörterbuch der deutschen Tiernamen. Insekten,* Lieferung 1–6. Akademie-Verlag, Berlin

Wood C (2007) *Observer's Guide to Marine Life of Britain and Ireland.* Marine Conservation Society, Ross-on-Wye

World Spider Catalog (2016) *World Spider Catalog.* Natural History Museum Bern, online at http://wsc.nmbe.ch, version 17.0, last accessed March 2016

WoRMS Editorial Board (2016) *World Register of Marine Species.* Available from http://www.marinespecies.org at VLIZ, last accessed March 2016

Zulka KP (2009) *Rote Listen gefährdeter Tiere Österreichs – Checklisten, Gefährdungsanalysen, Handlungsbedarf. Teil 3: Flusskrebse, Köcherfliegen, Skorpione, Weberknechte, Zikaden.* Böhlau Verlag, Wien

Printed by Printforce, the Netherlands